謹以此書向

唐納德・卡根（Donald Kagan）與斯蒂文・奧茨曼（Steven Ozment）致敬

目錄

第二部分　延續 CONTINUITY

第九章 個人主義 中途島，一九四二年六月四—八日

第十章 秉持異議與自我批評 春節攻勢，一九六八年一月三十一日—四月六日

結語 西方軍事—過去與未來

後記　二〇〇一年九月一一日之後的《殺戮與文化》

圖片來源

阿利納裡照片博物館／藝術資源庫，紐約——大流士與薛西斯在伊蘇斯；伊蘇斯之戰；漢尼拔胸像

美聯社圖片庫／大世界照片庫——約克城號航空母艦中彈；春節攻勢照片

美國陸軍通信兵攝影集／美國國家檔案館——山口多聞海軍少將

美國海軍歷史中心，藝術品收藏庫——日本帝國海軍航空母艦／中途島之戰，油畫

貝特曼檔案館／高品圖像服務公司——薩拉米斯海戰；大流士與薛西斯；V字形排列的美國海軍俯衝轟炸機

高品圖像服務公司——墨西哥城地圖／科爾特斯畫像／蒙特蘇馬畫像

高品圖像服務公司／美國海軍／UPI照片——第八魚雷機中隊成員合影

埃裡克·萊辛照片檔案館／藝術資源庫，紐約——坎尼之戰

吉羅東檔案館／藝術資源庫，紐約——普瓦捷之戰；阿茲特克遭到屠殺；波斯第一帝國士兵

格蘭傑檔案館，紐約——地米斯托克利；亞歷山大大帝；被圍攻的西班牙人；被擊敗的奧斯曼海軍

赫爾頓-多伊奇檔案館／高品圖像服務公司——開芝瓦約國王，切姆斯福德勳爵；羅克渡口之役後倖存的英軍士兵

法國巴黎，盧浮宮／彼得·威利／布裡奇曼藝術圖書館——高加米拉之戰

安德伍德兄弟檔案館／高品圖像服務公司——祖魯戰士

美國海軍／美國國家檔案館——幹船塢中的約克城號

韋爾納・福爾曼／藝術資源庫，紐約——普瓦捷之戰／法蘭克人的版本

地圖列表

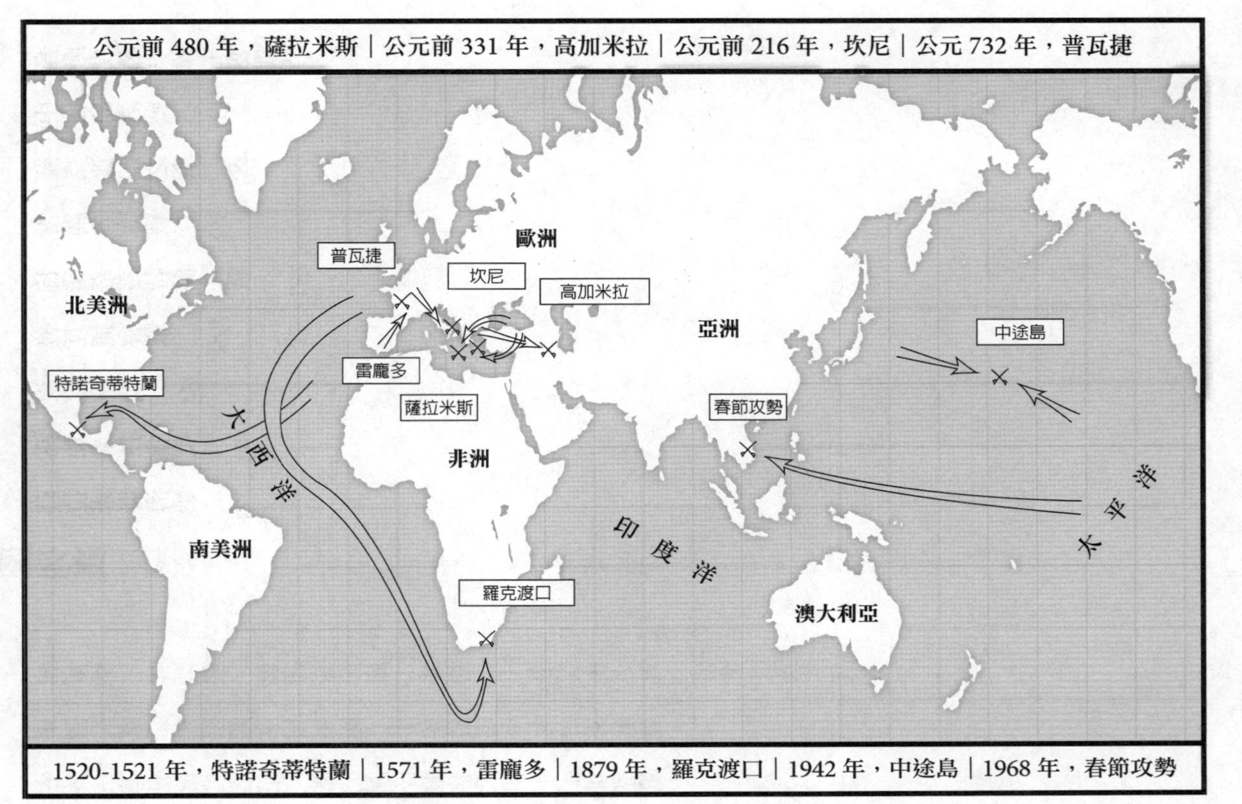
公元前 480 年，薩拉米斯｜公元前 331 年，高加米拉｜公元前 216 年，坎尼｜公元 732 年，普瓦捷
北美洲
南美洲
歐洲
非洲
亞洲
澳大利亞
大西洋
印度洋
太平洋
普瓦捷
坎尼
高加米拉
雷龐多
薩拉米斯
特諾奇蒂特蘭
羅克渡口
春節攻勢
中途島
1520-1521 年，特諾奇蒂特蘭｜1571 年，雷龐多｜1879 年，羅克渡口｜1942 年，中途島｜1968 年，春節攻勢

序言

通觀全書，我用「西方」這一概念來指代源自希臘與羅馬的古典文明體系。在羅馬帝國崩潰的過程中，這個體系倖存下來了，在之後的歲月裡，古典文化被傳播到歐洲的西部和北部；在地理大發現的時代，在殖民擴張的歲月裡，從十五世紀到十九世紀，西方文明延伸到美洲與澳洲，並涉足亞洲和非洲的部分地區；至於現在，這個文明所秉持的理念則滲透到全世界的政治、經濟、文化與軍事等諸多領域，其影響之大，遠遠超過西方人口和土地面積所體現出的表像。在本書中，每一章的章節標題，都能反映出西方文化傳統共通的特性。當然，這並不意味著歐洲國家都有著完全一樣的價值觀，或者西方社會的核心體系與實踐在之前二千五百年的時間裡都不曾改變過。我相信，批評家一定會對歐洲軍事體系的活力、西方文明的本質提出爭議，對於這類當代文化領域的討論我並無興趣參與，因爲我把全部注意力都集中在西方的軍事力量而非道德水準上。

因此，我把所有精力都放在東西方的差異分析上，特別是軍事體系的威力方面，並將西方文明和其他源自亞洲、非洲和美洲的文明進行比較。由於分析問題時採用了較爲概括的方式，讀者應當注意，歐洲國家之間仍然存在著廣泛的不同，而東西方文化之間也並非始終處於一家獨大的狀態，兩者之間的對立也未必始終存在。在討論一些範圍更廣的話題，例如政府、宗教與經濟時，我的主要目的仍然是去解釋西方軍事力量的來源，而不是詳細闡釋西方文明的基本特性及其演進過程。

因此，這本書的受眾，並非那些鑽研學術的專業人員。相反，我試圖向普通讀者提供一本能夠反映西方社會戰爭形態的綜合性書籍。這本書貫穿了西方文明二千五百年的發展史，並且始終關注著文明的總體走向，較之那些專注於某一特定歷史時期進行基本研究的原創著作，本書與其有著本質區別。在本書的寫作中，只有遇到直接引用原文的語句時，我才在正文裡採用學術引用的規範方式，至於那些關乎歷史事實的細節資訊，則可以參考全書末尾提供的書目，其中包括一手和二手的資料來源。

在此，我需要向許多人致以謝意。感謝薩賓娜．羅賓遜和卡林．李，他們是優秀的校對人員。感謝凱薩琳．貝克，他是俄亥俄州立大學的軍事歷史專業博士生，幫助我完成了編輯和目錄整理工作。再一次感謝我在加利福尼亞州立大學古典學專業的同事們，包括布魯斯．桑頓教授，他通讀了整本手稿並向我指出了大量的錯誤。路易士．科斯塔是加利福尼亞州立大學弗雷斯諾分校的藝術人文學院院長，在他的幫助下，我得以在最終完稿之前，對為數不少的圖書館進行訪問，並及時獲取了相關手稿的資訊。下筆至此，我希望能夠再一次表達我的感激之情。

此外，關於西方式戰爭的理念，我也從喬弗里．派克、約翰．基根和拜里．斯特勞斯的作品中受益良多，並在與約西亞．邦廷、艾倫．米萊特、喬弗里．派克、約翰．林恩和羅伯特寇利的交談中頗有所獲。我要感謝查理斯．格瑞古斯、唐納德．卡根、約翰．希斯、史蒂文．奧茲曼特和布魯斯．桑頓，感謝他們持續的友情付出。在過去的十年中，唐納德．卡根和史蒂文．奧茲曼成為我的良師，使我能夠更好地學習西方文明發展史的知識，在常常充滿恐懼與壓抑的時代裡，是他們傳承著西方文化遺產的火種。同時我還要感謝麗塔．阿德伍德、尼克．傑曼尼克斯、黛比．卡紮茲斯、蜜雪兒．麥肯納和麗蓓嘉．西諾斯，謝謝他們在我寫作過程中給予的巨大幫助。

M.C.德雷克女士是加利福尼亞州立大學弗雷斯諾分校戲劇藝術與設計專業的教授，她為我繪製了文中地圖的原始版本，非常感謝她的幫助。我的文學經紀人格蘭·哈特利和林·楚，和我合作的友誼已經超過十年之久，他們給了我許多其他地方無從獲得的建議。在弗雷斯諾南部一個偏僻農場和嘈雜紛亂的紐約之間，他們爲我建立了通信紐帶。同樣的，我也需要感謝雙日出版社的編輯——亞當·貝洛，感謝他幫助我完成了這本書以及之前的一些作品。

我的妻子卡拉，進行了全書終稿的校對勘誤工作，在這裡我希望再一次感謝她的支持，並對她維持一個大家庭——包括三個子女、六條狗、七隻貓、一隻鳥、一隻兔子外加一幢一百二十年高齡老屋以及六十英畝賠本的果樹和葡萄藤種植區——所付出的辛勞，致以深深的謝意。我的三個孩子，蘇珊娜、威廉和寶林，在我完成這本書時，再一次承擔起農場中的許多工作，並幫助維持家庭的日常事務。

維克托·大衛斯·漢森（V.D.H）

於加利福尼亞塞爾瑪，二〇〇〇年九月

西方為何獲勝

隨著戰號聲音的響起，士兵們拿起武器走向戰場。他們衝鋒的速度越來越快，同時伴隨著響亮的呼喊，士兵們自發地開始奔跑，衝向營地。反觀佔據主場的野蠻人軍隊卻陷入了恐慌；乞里西亞女王坐著馬車直接逃之夭夭，而營地中的商人們則扔下了貨物，同樣溜之大吉。此時，希臘人爆發出一片笑聲，然後衝向營地。乞里西亞女王被希臘士兵的勇敢行為與方陣士兵的紀律所折服；而小居魯士則對野蠻人見到希臘人時顯露出的恐懼狀態感到十分滿意。

——色諾芬，《遠征記》（Xenophon，Anabasis，一．二．一六—一八）

文明的暴徒們

即便身處困境，這些富有冒險精神的殺手仍然能給我們一些啓示。公元前四〇一年夏季，一萬零七百名希臘重裝步兵——裝備沉重護甲、長矛與大盾的戰士——被小居魯士王子（Cyrus the Younger）雇傭，幫助他奪取波斯帝國的寶座。這些士兵中的很大一部份是經歷過戰爭洗禮的老兵，大多參加過此前延續二十七年之久的伯羅奔尼薩斯戰爭（Peloponnesian War，公元前四三一～前四〇四年）。作為雇傭兵，他們來自整個希臘語世界（Greek-speaking World）的不同地區。這支部隊中的許多人是殘忍的變節者與流放犯。就年齡而論，其中不乏稚氣未脫的年輕人，以及老當益壯的中年人，他們都是為了報酬加入軍隊的。軍中也有為數不少的失業者，之前的希臘人內戰幾乎摧毀了整個希臘世界，在一切都化為廢墟的戰後，他們不顧一切把殺手這種有利可圖的工作作為自己的職業。然而，這支龐大的軍隊裡也有少數出身特權階級、修習哲學與演說的人，像蘇格拉底的學生色諾芬、彼奧提亞（Boeotian）將軍普羅克森努斯（Proxenus），還有外科醫生、職業軍官、計畫殖民異鄉的人以及小居魯士王子身邊富有的希臘友人，他們將和窮困潦倒的雇傭兵們一起踏上希臘。

這支軍隊成功地向東行進了一千五百多英里，粉碎了沿路的一切抵抗，在巴比倫以北的庫那科薩（Cunaxa）戰役中，希臘人徑直衝破了波斯皇家軍隊的行列。小居魯士的軍隊成功摧毀波斯人整個陣形的代價僅僅是一名希臘重裝步兵受到箭傷而已。萬人遠征軍的勝利是波斯王位爭奪高潮中的一幕，然而希臘人的出色表現卻被他們的雇主浪費了。居魯士魯莽地衝入敵人陣線尋找他的哥哥阿塔薛西斯（Artaxerxes），最終被波斯禁衛軍砍倒在地。

轉眼間，希臘人被佔據主場的敵人攻擊，就連不久前還是盟友的波斯人也反目成仇，他們被困在遠離家鄉的地方，沒有金錢、嚮導和補給，試圖加冕波斯王冠的王子戰死沙場，甚至沒有足夠的騎兵或者遠端部隊輔助他們。儘管如此，孤立無援的希臘遠征軍仍然通過投票拒絕向波斯大王屈膝投降。他們有自己的計畫，那就是一路殺回到希臘世界。根據色諾芬的《遠征記》（即「異國征途」）的記載，這支軍隊長途跋涉取道小亞細亞，向北直抵黑海之濱。作者本人正是希臘遠征軍撤退時的軍隊領袖之一。

對於這支希臘軍隊而言，儘管他們被數以千計的敵人包圍，儘管他們原來的將軍們被誘騙捕獲、斬首示衆，儘管他們自己的行軍路線還不得不穿越超過二十個野蠻部族的領地並與之奮戰，儘管他們要途經冰冷的雪山，穿過高聳的山口，走過缺水的荒原，遭遇霜凍，遭受營養不良和疾病，同時還要對抗野蠻的部落民，但是他們中的絕大多數人在離開家鄉不到一年半的時間之後還是毫髮無傷地抵達了黑海的海濱。他們在行軍路上擊潰了所有擋路的亞洲軍隊。每六個人之中有五個人活著回家，而客死異鄉的人中，絕大多數不是在戰場上陣亡的，而是死於亞美尼亞的皚皚白雪。

在這場嚴峻的考驗中，萬人遠征軍也親身見證了許多奇聞逸事。他們被陶基安人（Taochians）所震驚，這個民族的婦女兒童從村莊所在的高聳懸崖上躍下，執行一種儀式化的群體自殺活動。至於膚色蒼白的野蠻人莫錫諾錫安人（Mossynoecians），則在公開場合下交媾，同樣令人難以理解。卡里比安人（Chalybians）殺死敵人，並帶著他們的頭顱繼續自己的旅行。即便是波斯大王的皇家軍隊，看起來也是如此詭異：追擊希臘步兵時，被他們的軍官鞭打著驅趕前進，一旦希臘方陣展開攻勢，他們便作鳥獸散。讓《遠征記》的讀者印象深刻的，不只是希臘軍隊所展現出的勇氣、技藝以及粗暴殘忍——畢竟在征伐亞洲的歲月裡，以上特徵只和殺戮與金錢有關——更有這些希臘人和與其對抗的那些勇敢部落民之間巨大的文化鴻溝。

哲學家、修辭學家和謀殺犯並肩作戰，迎面衝向敵人，除了希臘，整個地中海世界哪裡還會有這樣的奇景？又有哪支軍隊能像他們一樣，任何人地位相當，至少是自由的並掌握自己的命運？又有哪支軍隊能夠像他們一樣，自己選舉自己的領導者？這樣的一支小部隊，在自己選舉的委員會的監管下，在千萬敵人的包圍圈中，是如何跨越數千英里征途安全回家的？

一旦萬人遠征軍離開庫納科薩的戰場，在這個既是雇傭兵軍隊同時也是「移動的民主政府」的團體中，士兵們會按期舉行集會，對當選將軍們的提議進行投票表決。在危急時刻，他們會組建特別委員會管理事務，以提供足夠的弓箭手、騎兵和醫療人員進行應對。當他們面對一系列未曾預料到的天災人禍之時，諸如難以逾越的河流、糧草缺乏的困境以及情況不明的敵對部落，他們召開集會，通過爭辯和討論來決定新的戰術、打造新的武器，並改進現有的組織制度。當選的將軍們和士兵一起行軍、戰鬥，而且還要爲自己的開銷提供詳細的帳目清單以贏得信任。

這些士兵們渴望在戰鬥中面對面地與敵人進行衝擊式的戰鬥。他們都接受嚴格紀律的約束，只要條件允許，他們會肩並肩地形成緊密陣形與敵人交鋒。儘管這些希臘人嚴重缺乏馬匹，但是他們對波斯大王的騎兵卻充滿蔑視，「至少我們中沒有人被馬咬死或者踢死在戰場上」，色諾芬這樣告訴身處重圍的步兵們（《遠征記》，三・二・一九）。在整個征途中，一直到抵達黑海沿岸爲止，萬人遠征軍都會對內部進行司法監察，並監督其領導人在這一年多時間裡的一舉一動。任何對行軍方式心存不滿的人都可以投票決定離開大部隊，按照自己的路線返回故鄉。在這裡，一個出身低微的來自希臘阿卡迪亞地區（Arcadian）的牧羊人，在投票時，與出身貴族的色諾芬有著同樣的權利，儘管後者曾向蘇格拉底求學，後來還撰寫了一系列專著。這些專著涵蓋了古代雅典的諸多領域，從道德哲學的討論到公民潛在收入的研究，不一而足。

對波斯人而言，打造一支像萬人遠征軍這樣的部隊是絕不可能的。我們可以想像一下，一支類似於波斯大王精銳部隊的重裝步兵部隊，即所謂的「長生軍」（Amrtaka），這支部隊同樣有一萬人。倘若這支部隊被十倍於己的敵人包圍，失去後援，在希臘身陷敵境，從伯羅奔尼撒半島行軍到特薩利（Thessaly），擊敗了每個他們入侵的希臘城邦派出的無數重裝步兵方陣，然後安全抵達赫勒斯滂海峽（Hellespont）。然而這一切都只停留在想像之中，歷史提供了更爲悲劇也更爲眞實的情況：在公元前四七九年，波斯將領馬爾多尼烏斯（Mardonius）的龐大入侵軍隊，在普拉提亞戰役（Battle of Plataea）中被人數較少的希臘聯軍所擊敗，被迫北撤三百英里，取道特薩利和色雷斯（Thrace）返回故鄉。儘管這支波斯軍隊人數龐大，希臘人也沒有進行有組織的追擊，但仍只有少數波斯軍人得以逃生。顯然，這些部隊和萬人遠征軍完全不同，他們的國王很久以前就拋棄了他們：薛西斯（Xerxes）在薩拉米斯（Salamis）大海戰失敗後，在前一年的秋天就起駕返回安全的波斯宮廷去了。

儘管色諾芬在許多場合都提到，萬人遠征軍士兵身上有青銅、木頭和鐵製成的甲冑，要優於任何亞洲人的裝備，但單單在裝備方面的領先，並不能解釋希臘人奇跡般的成就。沒有任何證據能夠表明，希臘人在天性方面與阿塔薛西斯的軍人有何不同。後世有僞科學觀點認爲，歐洲人在人種上優於波斯人，對於這種看法，在古典時代可不會有希臘人買帳。儘管萬人遠征軍大都是久經戰陣的傭兵，靠分贓戰利品和偷竊過生活，但這並不意味著他們比當時任何其他劫掠成性的軍人更爲野蠻好戰。當然，和他們在亞洲遭遇到的部落民相比，這些希臘人也不會顯得更爲仁慈或者更有道德觀念。希臘人的宗教並不會教育信衆們逆來順受，也不會把戰爭本身形容爲超自然或者超道德的。在兩個民族的對比中，氣候、地理和自然資源也並非決定性因素。事實上，色諾芬的同胞對於小亞細亞的居民只有嫉妒的份，在亞洲，可供耕種的土地與自然資源蘊藏的財富，和貧瘠的希臘本土形成了鮮明的對比。因此，他們警告自己的同胞，任何希臘人倘若移居東方，難免會在這片富庶遠勝故鄉的土地上變得好逸惡勞。

然而，色諾芬在《遠征記》中也明確指出，希臘人進行戰鬥的方式與他們的敵人大爲不同，展現出特有的戰爭特點：他們擁有個人自由的感受，紀律更爲嚴明，武器也更加致命，戰士之間關係平等，主動求戰的意識突出，思維靈活並能夠適應新的戰術，而且偏愛重裝步兵的衝擊作戰方式。這也是希臘文化中極具致命特點的產物。這種特有的殺戮方式，源於他們的共識政府體制，源於中產階層內部的平等地位，源於對軍事事務的民衆監督，也源於政教分離、自由主義、個人主義和理性至上思潮的大行其道。在希臘遠征軍面臨絕境、險些全軍覆沒的時刻，他們搬出城邦體制這一法寶，激發出每個希臘士兵內心的力量，然後，這些希臘人便以城邦公民的態度進行每一場戰鬥，所向披靡。

對東方人而言，在萬人遠征軍之後，他們還將面對各式各樣殘忍兇暴的歐洲入侵者：斯巴達王阿格西勞斯（Agesilaus）與他的士兵們，雇傭兵隊長卡瑞斯（Chares），亞歷山大大帝，尤利烏斯・凱撒和他幾個世紀的軍團統治，十字軍，埃爾南・柯爾特斯（Hernán Cortés），亞洲水域的葡萄牙探險者，印度和非洲土地上的英國紅衫軍團（British redcoats），還有其他數不勝數的小偷、海盜、殖民者、雇傭兵、帝國主義者和探險家。和萬人遠征軍一樣，絕大多數後來的西方遠征軍，與佔據主場的東方人相比，人數上都處於劣勢，而且遠離故鄉進行戰鬥。儘管如此，他們總能戰勝比自己多得多的敵人，並利用西方文化所帶來的種種優勢殺死對手，絲毫沒有一點兒心慈手軟。

在歐洲人對軍事領域的長年實踐中，一支西方軍隊最大的軍事擔憂是對抗另一支西方軍隊，這在過去二千五百年的歷史里已經成爲常態。在對抗波斯人的馬拉松戰役（公元前四九〇年）中，只有少數希臘人喪生；但在尼米亞（Nemea）和喀羅尼亞戰役中（Coronea，公元前三九四年），一旦希臘人面對希臘人，造成的傷亡便會數以千計。後來的希波戰爭（公元前四八〇～前四七九年）中，希臘人損失寥寥，反觀希臘城邦聯盟之間進行的伯羅奔尼撒戰爭（公元前四三一～前四〇四年），死傷之多，如同血浴一般。亞歷山大在亞洲殺死的歐洲人，比大流士麾下幾十萬波斯大軍所殺的還要多。幾乎毀滅羅馬共和國的羅馬內戰，比迦太基（Carthage）軍事奇才漢尼拔（Hannibal）所造成的損失更勝一籌。滑鐵盧、索姆河以及奧馬哈灘頭的屠殺，更進一步證實了當西方人遭遇西方人時，殺戮的慘烈程度將會更上一層樓。

本書試圖對以上這一切情況進行闡釋，即爲何西方人如此擅長利用他們文明的某些特質來進行殺戮，或者說如此殘酷、頻繁地進行戰爭，自己卻安然無恙。無論是過去、現在還是未來，軍事發展的歷史都是西方軍隊勇往直前的歷史，當然，軍事學家們肯定不會認同這種高度概括的說法。大學裡的學者們則會把類似的觀點斥為盲目愛國的謬論，或者更糟，他們會引用從溫泉關戰役（Thermopylae）到小巨角戰役（Little Big Horn）的一系列反例來證明該觀點的錯誤。至於公眾本身，他們並沒有意識到自身文化所帶來的非凡的持續的軍事致命性。儘管如此，在過去的二千五百年間——即便是在黑暗時代，遠在「軍事革命」、文藝復興、歐洲人發現美洲以及工業革命的時代之前——西方戰爭就擁有其獨特的因素，一種西方國家所共有的戰爭基礎與傳承不斷的戰鬥模式，使得歐洲人成了文明史上最具殺傷力的戰士。

戰爭的第一因素

以戰爭為文化

對於西方軍事文化在道德上是否優於非西方文化這點，我不想予以過多討論。征服美洲的西班牙人，結束了墨西哥城中大金字塔上用活人祭祀、酷刑折磨的可怕景象，然而，這些人本身就來自一個設置大審判庭、發動殘酷的「收復失地運動」的動盪社會，他們身後留下了一個疾病肆虐、幾乎化為廢墟的新世界。同樣，對於確定某一場戰爭的正義性，我也興味索然。在秘魯大開殺戒的皮薩羅（Pizarro，他曾經毫無感情地宣佈「印加的時代到此爲止」）和他那些充滿殺戮欲望的印加敵人相比是好是壞，印加從英國人的殖民活動中受益或者受害，日本人偷襲珍珠港與美國人用燃燒彈毀滅東京孰爲正道，這些都不在我的考量範圍之內。我感興趣的並不是西方人內心的陰暗面，而是他們進行戰鬥時所表現出來的能力，特別是西方人高超的軍事技藝如何對社會、經濟、政治與文化等更大領域造成影響，儘管這些領域本身與戰爭並沒有什麼直接聯繫。

價值觀與戰鬥力方面的聯繫並非與生俱來，而是事出有因。古希臘的歷史學者們將自己關注的焦點放在戰爭上，總是試圖從文化差異的角度來分析成敗。在修昔底德（Thucydides）所著《伯羅奔尼撒戰爭史》中，生活在近二千五百年前的斯巴達將軍布拉西達斯（Brasidas），對那些對抗斯巴達重裝步兵的伊利里亞（Illyria）和馬其頓部落所表現出的勇猛充滿鄙視，他將這些部落民稱爲「野蠻的對手」，認爲他們缺乏足夠的紀律，無法承受衝擊式戰鬥的考驗。「就像所有的烏合之衆一樣」，這些人一旦遭遇陣形嚴整的敵人所揮舞的冰冷鋒刃，原本兇惡可怕的形象便會煙消雲散，取而代之的則是恐懼的哀號。爲何如此？布拉西達斯繼續告訴他的士兵們，這樣的敵人產生於「多數人無法統治少數人，反而被少數人所統治」的文化氛圍中（修昔底德，《伯羅奔尼撒戰爭史》，四．一二六）。

這些沒有共識政府與成文憲法的野蠻人擁有數量龐大、聒噪不休的軍隊，他們的外表看來令人畏懼，他們的呼喊讓人難以忍受，他們揮舞著看起來十分可怕的武器。布拉西達斯向他的士兵們保證，較之這些野蠻人，「像你們這樣的城邦公民，能夠輕鬆應付他們」。我們可以發現，他並未提及任何關於膚色、種族或者宗教的內容。相反，他只不過簡單地把軍事紀律、成列而戰以及對衝擊作戰方式的偏愛與大衆建立的共識政府聯繫在了一起，他認爲以上這些因素能夠讓方陣中的普通士兵具備衆人平等的意識並在精神風貌方面勝過敵人一籌。布拉西達斯爲了自己的利益而把部落民歪曲描述爲西方人幻想中的狂野暴徒，無論我們是否把這種描述當作西方人自大的捏造，也不必糾結於是否該將他所在的斯巴達採用的寡頭體制歸爲一種基礎廣泛的政府形式，或是吹毛求疵地認爲歐洲步兵常常被更爲敏捷的輕步兵伏擊而敗北，但至少有一點是無可爭辯的：憲政統治下的希臘諸邦擁有重視紀律性的重裝步兵傳統，這種傳統是居住在他們北方的部落民無法獲得的。

那麼，在分析不同文化以及文化間衝突的過程中，爲何需要將目光聚焦在短短幾小時的戰鬥過程以及普通士兵的作戰經驗上呢？爲什麼不去關注史詩般的大型戰役、不勝枚舉的宏大戰略、獨闢蹊徑的戰術機動與戲劇化的行動過程呢？上述的方方面面要比分析社會和文化有趣得多。戰爭的歷史永遠都是關於悲劇性殺戮的歷史，這種歷史的細節永遠只能從戰爭中找到。一支軍隊傳承何種文化，決定了數以千計的年輕人在數小時的戰鬥裡能夠活下去，還是成爲被遺留在戰場上腐爛的屍體，儘管他們中的多數人對戰爭不需要承擔任何罪責。類似資本主義與公民軍隊這樣的概念在戰場上並不抽象，它們成爲實際影響戰爭勝負的因素，正是這些因素決定了雷龐多（Lepanto）海戰中一名二十歲的土耳其農民將會生存還是會與幾千名異教徒一起葬身魚腹；同樣也決定了來自雅典的鞋匠與皮匠們是在薩拉米斯（Salamis）外海屠殺波斯人之後安然回家，還是泡在海水裡腐敗發漲，隨著浪濤一起被沖刷到阿提卡半島的海灘上。

在戰鬥中有一條固有的眞理，即沒有人能夠掩蓋戰場上的結果，也幾乎沒有人能爲死人辯護，或者是把悲慘的失敗裝點成偉大的勝利。一系列戰鬥的結果，決定了整場戰爭的成敗，而戰場上每個個體或生或死的結果，便是單場戰鬥勝負的風向標。各式各樣的觀察家們，從阿爾多斯・赫胥黎（Aldous Huxley）到約翰・基根（John Keegan）一致指出，描寫衝突並不意味著僅僅記錄威力十足的步槍、戰鬥力出眾的帝國軍隊或者羅馬短劍舉世無雙的劍刃，而在於描述子彈如何射入一個年輕人的眉心，或者利器如何切開無名高盧人身上的動脈和內臟。用另外一種方式來言說，戰爭帶來的是不朽而非死亡：受創的戰士只是陷入沉睡，而不是被撕成碎片；將領們仿佛是在命令整連整營機器人一般的部隊走向戰場，而不是朝十八九歲大的孩子怒吼，命他們進入毒氣與鉛彈彈幕中。一具腐爛的屍體和科學與文化的進步沒有任何關係。

對於軍事歷史學家來說，描寫戰鬥時用語委婉，或者回避對殺戮景象的描述，近乎一種犯罪。從荷馬、修昔底德、凱撒到維克多・雨果和列夫・托爾斯泰，從斯蒂芬・朗西曼（Steven Runciman）、詹姆斯・瓊斯（James Jones）到斯蒂芬・安布羅斯（Stephen Ambrose），善於描寫戰爭的學者與作家們都會將戰略戰術與流血和死屍放在一起加以著墨，這並非巧合。在描寫戰爭時不去講述青年人如何廝殺和死亡，不讓後人記住數以千計的戰士年紀輕輕就命喪沙場，不去記載堅實而充滿生機的軀體如何在幾分鐘內化爲沒有生命的腐肉，倘若我們在撰寫關於文化的更大話題時回避對上述殺戮景象的描述，歷史又該如何寫就？

對於政府制度、科學研究、法律之約與宗教信仰如何在轉眼間改變戰場上千百人的生死命運，我們只能用戰死者的生命爲代價加以衡量，至於發掘其中的因果奧妙，也要付出同樣的代價。在海灣戰爭（一九九〇～一九九一年）期間，美國精靈炸彈的設計者，裝備工人，下發訂單、接收武器、儲存並安裝彈藥的物流人員，這些人和他們在伊拉克的對手以一種完全不同的方式進行工作——倘若在伊拉克有對等的軍事從業者的話——這些美國人的行動註定了一名薩達姆・海珊（Sadam Hussein）手下被徵募的無辜士兵將在戰場上沒有多少機會逃脫被炸成碎片的命運，也無法在死前展示一下英雄氣概或者殺死向他轟炸的美國飛行員。爲什麼這些伊拉克年輕人成了美國直升機駕駛員面前閃爍螢幕上的目標，爲什麼兩者所處的位置不會互換，爲什麼那些來自天寒地凍的明尼蘇達州的美國士兵，比來自戰場附近酷熱難耐的巴格達的伊拉克軍人更適合沙漠氣候？這一切主要都歸功於文化中的遺產，而非戰場上的勇氣，至於地理上與基因中的偶然因素，更是影響甚微。戰爭的終極目的在於殺戮。倘若歷史學家們忽略死亡的殘酷，那麼他們就無法講述出眞實的故事。

那些「偉大戰役」

武斷地給某些戰役安上「決定性」的光環，勢必會聲名掃地。相關領域的經典有愛德華・克雷西爵士（Sir Edward Creasy）的《十五場世界經典戰役》（*The Fifteen Decisive Battles of the World*）、湯瑪斯・諾克斯（Thomas Knox）的《滑鐵盧以來的決定性戰役》（*Decisive Battles Since Waterloo*），以及富勒（J・F・C・Fuller）的《決定性世界戰役：從薩拉米斯到馬德里》（*Decisive Battles of the World: From Salamis to Madrid*）。這類概要式的著作都試圖向讀者展示這樣一副場景：文明的進程取決於一場里程碑戰役中一兩場衝鋒的成敗。個人的怯懦、勇敢以及運氣所產生的行爲被克雷西稱爲「人類的可能性」，它們與更大範圍的「因果」相抗爭，後者更像是已經被註定的東西，因此被克雷西稱爲「宿命的部份」。

這些偉大的戰役同樣也被挑選出來作爲道德和倫理方面的研究物件。克雷西在他的序言中承認，「在經過磨煉得到的勇氣之中，在對榮耀的熱愛之中，有著無可爭辯的偉大屬性，正是這種屬性幫助戰士對抗痛苦與死亡的命運」（《十五場世界經典戰役》，附錄vii）。戰鬥能夠使得我們自己體內或英勇或怯懦的一面無所遁形。按照十九世紀時人們的邏輯，塑造個性最好的方式莫過於閱讀過去的戰爭史，瞭解其中關於英雄和懦夫的故事。也許一開始我們很難確定克雷西關於一場戰鬥改變歷史的立論是否正確，也不能對這種看法蓋棺定論。倘若地米斯托克利（Themistocles）沒有出現在薩拉米斯海戰中，代表處於西方文明初始階段的希臘人可能早就被波斯帝國擊敗，且被征服成爲帝國最西部邊陲的一個行省，這對於後世歐洲歷史的發展將會是災難性的。類似的，我們在閱讀歷史著作時，當翻到亞歷山大的長槍方陣在高加米拉戰役（Battle of Gaugamela）的戰場上進行衝擊的篇章，便能學習到尚武而大膽進攻的軍事理念；而看到李維（Livy）關於羅馬人在坎尼（Cannae）戰役中的糟糕表現，也能警醒人們愚蠢指揮會導致何種災難。對我而言，重拾十九世紀的「偉大戰役」式題材，並非爲了像前人一樣寫作，本書一方面是爲了展示歷史的絢爛瞬間，另一方面也是爲了留住戰爭中英雄勇猛的剪影。除此之外，文化也會在戰爭的熔爐中錘煉成型，一旦有組織的殺戮最終謝幕，那些曾經在文化中朦朧不定、毫無定勢的元素終將脫穎而出，在歷史長卷上留下濃墨重彩的一筆。

相比其他文明，西方文明在軍事領域中，乃是唯一能夠在紀律、士氣方面達到如此高度，同時在技術上取得高深造詣的文明體系，也只有這樣的文明會在凡爾登（Verdun）會戰裡將殺戮的藝術推向瘋狂的極致——工業文明下永無止境的殺戮遠比部落時代最血腥的屠場來得可怕。無論是來自北美印第安部落的武士，還是祖魯（Zulu）族的軍人，在組織、後勤與武備方面都無法達到現代西方軍隊的水準——他們也無法殺死或者替代——數以十萬計的西方士兵，這些人花費數年時間浴血奮戰，只爲了民族國家所秉持的一條抽象的政治路線而已。即便是最爲勇武的阿帕契（Apaches）族印第安戰士——他們在大平原上的掠襲與散兵作戰中無比勇敢——在經歷了葛底斯堡（Gertysburg）戰役的第一個小時之後也會難以承受，只能打道回府。

基於同樣的理由，一九四一年十二月，在大不列顛已經處於失敗的邊緣，納粹德國兵臨莫斯科城下，日本人的飛機翱翔於夏威夷外海之時，美國政府處於如此絕望的時刻也不會命令數以千計的海軍飛行員撞擊山本五十六的龐大航母艦隊，或是用B—17轟炸機撞擊德國油田的精煉設施。在哈斯德魯巴（Hasdrubal）慘敗於梅陶魯斯（Metaurus）河畔的戰役之後，迦太基的公民大會不太可能號召進行一次所有體格健全公民的總動員，雖然羅馬在遭遇損失更爲慘重的坎尼戰役時採取了這樣的行動。迦太基不是一個眞正意義上全民皆兵的國家，因而也無法在失敗後立馬恢復元氣，對抗重生後的羅馬軍團。在戰鬥中，我們得以管中窺豹，捕捉人們在戰場上殺戮和死去的方式及其原因，從而發現更大圖景下的箇中緣由，在戰場上這是難以隱藏也更難被忽視的。

大約一個世紀之前，克雷西在描寫亞歷山大大帝在高加米拉戰役中的勝利時，評價道：「這場戰役不僅推翻了一個東方王朝，同時還取而代之建立了西方人的統治。高加米拉打破了單調乏味的東方世界的統治，展現了西方文明的活力與優越性，正如現在英國的使命是用商業與征服作為手段，將活力注入僵化的印度和中國，打破他們在精神與道德上故步自封的圍城。」（愛德華．克雷西，《十五場世界經典戰役》，六三）克雷西的每句話幾乎都是錯的，除了一個詞無可爭辯，那就是「西方的活力」。英格蘭的精神存在於印度，而印度的精神卻難以進入英格蘭。亞歷山大大帝的騎兵隊很難被稱作文化的使者，他們向東的征程更多是為了掠奪和搶劫，而非「帶去文明」。儘管如此，他們能夠進行殺戮而自己卻毫髮無傷，正是因為幾百年來繼承了整個古代世界中獨一無二的軍事傳統，而產生這種傳統的社會、經濟與政治環境，和阿契美尼德（Achaemenid）治下的波斯相比，顯得大有不同。

九場戰役被選入本書進行詳細分析，在這幾場戰役中，文明的命運取決於戰場的勝負，儘管以薩拉米斯、高加米拉以及墨西哥城之役的情況而論確實如此，但這並非這些戰役入選的唯一原因。我同樣不會因為一場戰役中有人展現出超乎尋常的英雄氣概或者勇猛無畏的素質便為此落筆，至於那些理應被欣賞或者摒棄的道德觀念和民族特性，同樣不值得過多的關注。誠然，一支軍隊的組織、紀律與裝備水準能夠提升或者削弱士兵的勇武精神，但勇氣本身仍舊是人類共有的基本屬性，因此對於軍隊狀況的瞭解，既不能體現單兵戰鬥力，也無法代表一個特定民族在軍事或者文化上的整體實力。從本質上說，歐洲人並不比非洲人、亞洲人或者美國土著更為果敢智慧，即使在戰場上後者往往成為前者殺戮的對象。被柯爾特斯的大炮轟成碎片的阿茲特克武士和在羅克渡口戰役中被英軍馬提尼．亨利步槍打成篩子的祖魯戰士，可以說是整個戰爭史上最為英勇的士兵；而在太平洋戰爭的中途島戰役裡擊毀加賀號航母的美國飛行員，論勇氣也未必能抵得上那些被困在下方受創戰艦火海中的日本海軍士兵。

此外，我並不能從軍事角度提供通行普適的「課程」。本書中沒有什麼秘訣可以保證在戰術上瞬間擊垮一整支軍隊，類似的不明智嘗試包括摧毀了德國人在俄國前線裝甲力量的庫爾斯克會戰，以及思慮不周的瓦盧斯（Varus）帶領遠征軍進入日爾曼人地盤的行動，後者導致數以千計的羅馬軍團士兵命喪沙場，而羅馬也失去了將日爾曼併入自己領土的機會。當然，確實存在一些關於「戰爭藝術」的不變理念，它們超越時間與空間的限制而存在，對戰爭中人類的表現的影響可以說是與生俱來的，而不是經由文化薰陶而後天獲得的。這些顛撲不破的眞理包括：集中兵力進行打擊，適當利用出其不意的因素，保證後勤補給的安全等等。然而，絕大多數此類關於戰場知識的書籍早已由前人寫就，他們的著作旨在揭示戰爭之所以勝利或者失敗的普遍眞理。然而，他們通常無法理解跟隨一支軍隊踏上戰場的特定文化，也難以發現它的重要性。

與前人不同的是，我選取數個戰役進行詳細分析，是爲了發掘其中的文化元素，尤其是西方文明的核心本質。選中的戰役之所以被稱爲「里程碑」，是因爲它們展示了一個社會怎樣面對戰爭，而非因爲它們體現了歷史的重要性：它們是關於戰爭文化傳統的縮影，而非細緻而循序漸進的西方軍事進化史。這些戰役的勝利者甚至都未必是西方人。舉例來說，坎尼戰役對羅馬人而言，便是一場可怕的失敗，至於春節攻勢（Tet Offensive），則在政治上徹底羞辱了美國人。同樣的，這些戰役也未必都是西方與非西方軍隊之間進行的較量。在西方戰爭藝術方面，我們同樣可以從迦太基、日本帝國以及越南民主共和國那裡學到很多，以上這些對手都或多或少根據戰場情況選擇性地使用了一些西方軍事實踐與武器裝備，在這一方面是他們非洲或者亞洲的鄰居們所無法比擬的，而這種學習能力最終幫助他們殺死了數以千計的西方士兵。從這個角度來說，大流士三世雇傭希臘士兵爲他作戰，奧斯曼土耳其人遷都到新近征服的君士坦丁堡，祖魯人在羅克渡口戰役中使用馬提尼・亨利步槍，中途島海戰中日本海軍的蒼龍號與美國海軍的企業號外形神似，以及AK-47與M-6步槍擁有相近外觀的原因，都是一脈相承的。反過來，西方人學習東方的情況卻寥寥無幾。亞歷山大大帝並不會雇傭波斯的長生軍爲自己作戰，而十字軍也不會把法國或者英格蘭的首都遷到他們所征服的推羅和耶路撒冷城，大不列顛的軍隊不會裝備土著士兵的長矛大刀，而美國海軍也不可能引入武士刀的訓練。

爲了甄別出過於普遍或者重複出現的戰爭主題，我在最廣泛的範圍內尋找獨具特性的樣本：戰爭形式包括海戰、空戰與陸戰；戰場範圍涵蓋新大陸、地中海、太平洋地區，涉及歐亞非三大洲；入選戰役中有小規模的，也有大規模的；從戰役的重要性來說，中途島戰役對於二戰的走向至關重要，而羅克渡口戰役則對英國和祖魯人之間的勝負毫無影響；交戰的雙方可以是殖民者和土著民，也可以是一個國家對抗一個帝國，或者是一種信仰挑戰另一種信仰。除此之外，我還嘗試利用最不可能發生的例子來闡述西方戰爭的特性：本書展示了當一支雇傭兵軍隊摧毀羅馬人的國民軍隊時，公民軍隊的價值所在；同時也向讀者證明了，即便是在所謂的黑暗時代，在傳說中西方虛弱不堪、騎兵獨自主宰戰鬥的歲月裡，步兵也能在戰場上展現出無比強大的統治力；科技的優越性則在西班牙征服者身上得到了充分的體現，儘管他們來自一個建立宗教審判庭、剛剛完成「收復失地運動（reconquista）」不久的國度；讀者能夠看到西方軍隊面對祖魯人時在紀律方面的巨大優勢，儘管後者的紀律與組織力在非洲本土軍隊中是最爲出色的；當文章進行到關於春節攻勢的章節時，我們也能看到西方人思維多樣化以及批判思考的特性，有時過於激烈的反對意見可能會將戰場上明確的勝利轉變成一場徹底的失敗。很明顯，公民的尙武精神或登陸的步兵部隊在普拉提亞戰役（Battle of Plataea）中拯救了西方文明，英國、法國和德國的軍隊則體現了西方軍事技術的巔峰，相較於太平洋島民，殖民地軍隊具備更好的紀律性。然而，我們能夠審視最糟糕狀況下西方軍隊的表現——乍一看他們完全缺乏應有的活力，甚至偶爾會與勝利背道而馳，但正是此時方能見到西方人頑強與堅韌的品質。

除了西方與非西方對抗這種涇渭分明的界限之外，一個關於戰爭的模糊年表同樣始終存在於戰爭史中，從遠古時代的粗陋長矛，直至現代的高科技戰機。本書之所以把重點放在古典時代，是經過深思熟慮的：儘管多數歷史學家都會同意，歐洲人在軍事領域的統治地位在十六世紀到二十世紀是無可撼動的，但只有少數人相信，自從西方文明誕生之日開始，它就在軍事領域享有超出對手的優勢，或者說，這種優勢並非僅僅源自更好的武器裝備，而是建立在更有活力的文化機制之上。本書中的里程碑式戰役，並沒有體現出戰爭模式在演進過程中的巨大變化。事實上，儘管西方人的戰爭技藝隨著時間流逝顯得越發精巧和致命，但戰爭的基本原則早在古典時期就確定下來了。因此，我所挑選的戰例事實上都反映出軍事實踐中的一系列共性。舉例而言，討論戰略戰術時的暢所欲言是第一章薩拉米斯戰役中希臘人戰爭模式的組成部份，也是二千五百年後春節攻勢中美國軍隊的特徵。我認爲當今西方軍事的優越性（「第三部份：控制」）並不來源於其過去在軍事規範上的改良（「第一部份：創造」），而是西方軍事理念逐漸傳播到歐洲乃至整個西半球的最終結果（「第二部份：延續」）。這樣的文化遺產充滿爭議，卻又掌控著歷史的關鍵脈搏，並且決定著未來歷史走向，因爲它昭示著，無論那些非西方文明如何吸收先進的軍事科技，西方文明在殺戮致命性方面始終保持著遙遙領先的地位。

對西方軍事持批評態度的人也許會找出更多西方人失敗的戰例，但是，即便是那些最可怕的災難性失敗，如卡萊戰役（Carrhae，公元前五三年），也無法改變西方人最終取勝的結局。在這場戰役中，取勝的帕提亞（Parthia）控制著附近的幼發拉底河流域，而遠離本土上千英里作戰的羅馬人，雖然損失巨大，戰死的士兵也不過佔了可用人力資源的五分之一而已。阿德里安堡戰役（Adrianople，公元三七八年）和曼茲科爾特戰役（Manzikert，公元一〇七一年）同樣是西方軍事力量遭受了慘重失敗，但在這兩場戰役中，羅馬和拜占庭的軍隊之所以被屠殺，主要是因爲寡不敵衆、遠離本土、指揮不當而且國內矛盾重重。也許有人會問：「那麼奠邊府戰役又該如何解釋？」他們忘記了，這場戰役中越南人擊敗的是法國人組成的軍隊，而非法國這個國家，同時勝利者使用的是西方人設計的火炮、火箭與自動武器，而非東南亞本土的裝備，而且這是一場愛國者利用中國援助與自己母國之間進行的較量，遠非一般毫無後援的殖民地戰爭可以比擬。在奧蘭、阿富汗、阿爾及爾、摩洛哥與印度，數量處於絕對劣勢的西班牙、法國或者英國軍隊有時會被全殲，他們常常遭到包圍，缺乏後勤，而且要面對使用歐洲造火器的數量龐大的敵人。

在每一場伊桑德爾瓦納（Isandhlwana）式的戰役中，西方人在數量上都處於絕對劣勢，由於指揮失誤，往往會遭遇當地軍隊出其不意的打擊並最終慘遭屠戮，而在羅克渡口戰役中，一百三十九名大不列顛士兵就頂住了四千名祖魯人的攻擊。很難想像相反的情況——幾十上百的祖魯士兵，殺死幾千名手持來福槍的英國紅衫軍。無論雙方傷亡如何，歐洲軍隊對抗非洲軍隊時在武器裝備、後勤、組織與紀律方面的優勢是難以否認的，因此他們能夠以很少的人數擊敗數量衆多而且充滿勇氣的對手。所有針對祖魯人的戰爭都在非洲的土地上發生，祖魯人不可能發起對英國本土的入侵。祖魯國王開芝瓦約（Cetshwayo）打算去倫敦，是出於失敗者對勝利者的好奇，在倫敦，他身著西裝領帶，被維多利亞時代的英國所震驚、折服。

西方的理念

西方更為卓越？

西方的經濟與政治霸權有其獨特的軍事力量作為後盾，從古至今無不如此。在軍服方面，無論哪個半球，各國的現代軍隊都相差無幾，伊拉克人對抗伊朗人時，索馬里人對抗埃塞俄比亞人時，都能見到西式的卡其軍服、迷彩服和靴子這樣的標準行頭。從連到旅、師一級的編制方法，傳承自羅馬時代，至今仍然是全世界軍隊通行的組織模式。中國坦克與歐洲坦克在外觀上頗為相似；非洲軍人使用的機關槍仍然沿用了美國人的設計；亞洲國家的噴氣式飛機並沒有採用諸如韓國或者柬埔寨設計的自主創新的動力系統；倘若一個第三世界的獨裁者向中國、印度或者巴西購買武器，那只是因為這些國家能夠製造出用西方理念設計卻比西方國家賣得便宜的武器罷了。越南和中美洲國家的本土軍隊或許可以戰勝歐洲人，但這在很大程度上是因為他們所擁有的自動武器、高爆炸藥與彈藥都是按照西方的規格來生產製造的。

誠然，有一個小學派依舊宣稱，非歐洲的軍隊在任何方面都不會輸給他們的西方對手。但是，我們分析了西方軍隊遭遇挫敗的案例之後發現，無論是在太平洋地區、非洲、亞洲還是美洲的土地上，都一再上演著重複的劇情：歐洲人的數量常常少於敵人，而且總是征戰在異鄉的土地上。倘若他們戰敗，勝利者通常使用的是某些歐洲人的武器裝備；然而，西方戰敗很少會以投降或者停戰協議收場。只有少數非洲和亞洲地區，如尼泊爾、阿富汗和埃塞俄比亞成功抵禦了歐洲人的入侵。在其他成功的政權中，日本是最為引人矚目的，日本軍隊幾乎照搬了西方人的軍事實踐模式。在溫泉關戰役之後，除了在西班牙的摩爾人和在東歐的蒙古人，事實上並沒有其他非歐洲軍隊利用非歐洲的武器在歐洲擊敗本地人的例子。某些戰例中，歐洲小部隊難以抵擋數量龐大、勇氣可嘉的當地勇士的進攻，無奈死於自己製造的武器之下，這並不能體現西方軍事的弱點。

部份反對「歐洲軍事優勢」理論的評論家指出，軍事科技很容易被其他文明所學習，他們舉出了以下例子進行論證：美洲土著接觸火器之後在射擊上很快超過了歐洲來的移民；而摩洛哥人則很快掌握了葡萄牙人的炮術。然而，從這種理論中也能得出另一個截然相反的論點：英國人到達了一個對他們而言全新的世界，並且將火槍賣給了當地人，而相反的情況卻從未發生。同樣的，沒有摩洛哥人在里斯本教授當地人操縱伊斯蘭重炮的知識。在這個問題上，有些人將人類利用、掌握以及改進工具的能力與提供知識、政治和社會背景的文化問題混淆了。後者有利於科學上的發現、向大衆傳播知識、推進實際應用和掌握大規模製造的技術。

正如我們在迦太基與日本那裡看到的，關於西方化有一個頗有爭議的問題，「西方化」這個詞有一個簡單、有時甚至顯得荒謬的特點：在軍事上，並沒有一個與之相對的「東方化」概念存在於整個西方世界的軍隊中，至少不存在西方軍隊大規模地接受非西方文明的軍事實踐或者科技體系這回事。思想、宗教與哲學，和工業化生產、科學研究與技術創新是完全不同的兩類事物。一件武器在哪里被發明出來並不重要，重要的是它在哪里得到批量生產、持續改進，同時大量裝備部隊。然而，只有少數學者會將道德問題與精神活力的討論剝離開來。因此，任何關於西方軍事優越性的討論，往往會被懷疑爲文化上的沙文主義。

本性超越文化？

那麼，西方文明的霸權，是否是運氣、地理環境、自然資源，抑或是發現與征服新世界（一四九二～一七〇〇年）和工業革命（一七五〇～一九〇〇年）綜合作用下的產物呢？許多學者——最有名的支持者是費爾南・布勞岱爾（Fernand Braudel），最新近的信奉者則有賈雷德・戴蒙德（Jared Diamond）——在論述時，都會提及西方在自然資源與地理位置方面享有的優勢。按照這個邏輯，西方文明表面上的一些「最新」科技優勢，如火藥武器和鋼鐵工業都是因為一些「根本」原因所導致的，而這些「根本」原因在很大程度上都是偶然因素。舉例而言，歐亞大陸的軸線附近地區，有一個較長的適合耕作的季節，能夠馴化的動物種類和物種多樣性也與其他大洲完全不同。上述原因導致了城市居民人口的增長、家養動物的馴化，由此又產生了致命的細菌，通過疾病來快速篩選遷入城市的新居民，保證城市化民族擁有足夠的免疫能力。另一方面，歐洲的地理條件，決定了充滿敵意的遊牧民族難以進入這片土地，其他對立文化同樣無法輕易產生，歐洲人在與這兩種勢力的競爭和戰鬥中得以倖存，同時能不斷地創新和適應。除此之外，歐洲擁有天賜的豐富礦脈，由此大規模的鋼鐵生產也成為可能，凡此等等。

自然決定論者備受讚揚的功績在於，他們否定了基因對於文明優越性的作用。歐洲人在本性方面並不比亞洲人、非洲人或者新世界的原住民更加聰明。同樣，他們在基因層面上來說也不會更愚笨。很不幸，賈雷德・戴蒙德這位著名的自然決定論者也揭示了這一點。在一段十分令人困惑的材料中，他分析了不同人種之間的智力差別，並試圖說明基因已經決定西方人在智力上處於劣勢：

新幾內亞人……最讓我驚異的一點在於，總體而言，較之普通的歐洲人或者美國人，他們顯得更為聰明、警覺，更善於表達且更具好奇心。當進行某些能夠合理反映大腦效能的任務時，例如在頭腦中描繪周遭陌生環境的地圖，相比西方人，這些新幾內亞人有著巨大的優勢。」

（J．戴蒙德，《槍炮、病菌和鋼鐵》，二〇）

有人也許會感到好奇，評論家們會如何看待戴蒙德將「新幾內亞人」與「歐洲人」並列的論述方式。而我們是否也會相信，哥倫布在一望無際的大洋中航行時，無法在腦海中構建地圖來描繪周圍不熟悉的環境？那些試圖將歷史中的一切都歸結為生物學與地理學理論的人，過分貶低了文化的力量和神秘性，有時他們的這種態度近乎歇斯底里。儘管中國文明給全世界帶來了火藥和印刷術，但它從未發展出包容的文化環境，使得這些發明能夠讓大多數人分享，從而讓那些富有探索精神的個人對其進行調整與持續的改進，以適應不斷變化的條件。這種僵化的狀況並非「中國長期的大一統模式」，或是「一條平滑的海岸線」以及缺乏島嶼所導致的結果，而是一系列有利於帝國獨裁統治的複雜因素在共同起作用，而這些因素漸漸地紮根於所處的自然環境，而自然環境本身與地中海地區並沒有本質上的區別。

相比之下，羅馬帝國持續統治的能力能夠與中華帝國的許多王朝相提並論，然而，前者相比後者來說卻更富創造力，並能夠從統一的帝國與近四個世紀的長久統治中汲取力量。雖然古典時代的科學研究普遍具有反功利的傾向，羅馬人仍然發展出許多實用性的技術並將其推廣到千百萬人的生活中，例如使用混凝土與拱形結構的複雜建築技巧，廣泛使用螺旋壓力機與螺旋泵，以及建立起能夠供應從盔甲、武器到染料、毛衣以及玻璃製品和傢俱等一切事物的工廠，其原因在於，羅馬政府對於知識的傳播與使用並沒有採取所謂的管控措施。至於希臘人，他們在希臘化時代面對其他文明甚至取得了更大的成功，他們的國家軍隊征服了當時已知的東方領域。在繼承者王朝時代，希臘應用科學蓬勃發展，這在之前由幾千個爭吵不休、相互獨立的城邦組成的古典時代是未曾有過的。在中國以外的地方，政治統一給其他的文化形態既帶來優勢，也帶來衰敗。中國的文化氛圍，由地理因素和政治傳承共同決定，缺一不可。

我們必須記住，美洲的耕地同歐洲一樣肥沃，而且使得新大陸上的諸帝國得以繁榮昌盛。中國、印度和非洲三者還擁有一份天賜的恩惠，那就是豐富的礦產，而且這些文明所居地區適宜耕作的季節也比北歐更長。當然，羅馬與希臘坐落在地中海北岸中部，因此處在歐洲、西亞與北非貿易網路的核心位置，而迦太基也享有同樣的優勢，它所處的地理環境如羅馬一樣好。眞實情況在於，我們永遠無法得知，爲何來自希臘與羅馬的西方文明會走上一條和北面、南面、東面的鄰居們完全不同的道路，而希臘和義大利的氣候地理與古代的西班牙、法國南部、波斯西部、腓尼基或者北非又是如此的相似。

在近期這種生物因素決定論的潮流中，諸如在近東「肥沃新月」地區有灌溉體系的耕地，或者是波斯的廣袤平原，以及中國的政治統一傾向，都被視爲是「不好的」因素；而那些會導致戰爭的氣候學與地理學因素，無論如何終歸是「好的」。然而，整個東方並沒有統一的地理學特徵，誰又能將希臘的一小塊偏遠谷地，與波斯或者中國領土上幾乎完全一樣的谷地進行區分，並找出兩者的不同特點呢？一些現代生物學家不自覺地走回了希臘時代樸素的決定論者的老路。希波克拉底、希羅多德和柏拉圖曾經宣稱，儘管波斯人的金錢讓希臘人墮落，但希臘本土嚴酷的環境仍然賦予了希臘民族堅韌的天性。

事實上，希臘所處的位置，幾乎比任何其他古代文明都要更爲不利。希臘人毗鄰擁有七千萬人口、充滿敵意的阿契美尼德波斯帝國，同時身處征戰不休的近東國家的北面，本土可耕種的土地不到其總面積的一半，沒有一條可以行船的河流，同時如同受到詛咒一般缺乏自然資源而僅僅有一些黃金、金屬和木材儲量。希臘的海岸線容易受到波斯艦隊的侵擾；北方則是平原，敞開面對著從歐洲和南亞遷徙而來的遊牧民族；希臘大陸之外是狹小、脆弱的島嶼，島上的城邦離亞洲近而離歐洲遠。那麼，我們是否應該埋怨希臘的群山阻礙了大規模灌溉農業的運用，或者讚揚遍佈岩石的崎嶇地形導致的政治破碎化反而促進了發明創造？維多利亞時代的觀點認爲，希臘人在兩敗俱傷的內耗中消磨了自己的力量，現在的大衆生物學見解取而代之，聲稱是足以導致不斷「對抗」的自然環境多樣性賦予了西方文明不斷創新的優勢。

在托勒密王朝統治下的埃及（Ptolemaic Egypt，公元前三〇五~前三一年），穀物的產量之大令人驚異。在這裡，失去活力的尼羅河穀終結了埃及人諸王朝的統治，但在希臘人和羅馬人的管理下，尼羅河又重新煥發青春，農業生產達到了一個前所未有的高度。假如法老們因爲不利的自然環境和消耗殆盡的土壤肥力而受到詛咒的話，那麼處在相同位置上的托勒密統治者們卻沒有被這些因素影響。亞歷山大里亞（Alexandria）在近五百年的時間裡都是整個地中海地區的文化與經濟中心，這一高度是盧克索的卡納克神廟無法企及的。如果之前的幾千次收穫耗盡了尼羅河盆地中土壤的營養，那麼希臘殖民者爲何能取得如此成功？爲何法老們不能善加利用亞歷山大里亞面積巨大的三角洲，建立一座服務整個地中海的商業中心，成爲亞洲、歐洲與非洲貿易的樞紐？顯而易見，是埃及的文化——而非地理、氣候或者資源——發生了改變，而這個地區從公元前一二〇〇年到公元前三〇〇年的歷史走向也隨之發生了變化。

文化層面的巨大變化不僅可以發生在同一個地區，同樣也可能發生在同一個民族身上。公元前十三世紀的邁錫尼線形文字B（Mycenaean Linear B）是一種笨拙的文字，很大程度上類似於象形文字，而其使用範圍被限制在一小群人手裡，作爲記錄王室貴族倉庫存儲的媒介；而到了公元前七世紀，希臘語的使用範圍則擴散到了哲學、科學、文學和詩歌等領域，並在這些領域的使用中得到了改進。當然，無論是希臘中部地區的氣候、地理還是動物種群的影響，都不足以在短短五百年內對希臘人造成如此巨大的改變。一種強大的力量，使得曾經僅限於希臘大陸上使用的書面語言，在舊有希臘文明的框架下得到進化發展，這一演變態勢有別於地中海其他任何地區，是一場席捲社會、政治與經濟組織的激進變革。邁錫尼時代的希臘人和城邦時代的希臘人居住在同樣的地區，說著相差無幾的語言，但他們在價值觀和理念方面卻有著天壤之別。希臘特有的生物學與環境學因素，也許可以解釋這兩種文明都栽種橄欖樹、放牧羊群，同時依賴石頭、泥磚和瓦片來建造房屋，而且他們用一樣的詞語來命名群山、乳牛和大海，但這些學說卻不能解釋為何邁錫尼希臘時代國家農場大行其道，而希臘城邦時代家庭農場卻取而代之。至於古典時代希臘軍隊的實力為何大大超過王國時期的邁錫尼人，這些學說更是難以給出一個令人信服的答案。

沒人能夠否認地理、氣候和自然歷史因素在人類歷史進程中所扮演的重要角色。斯堪的納維亞人對於時間、旅行和戰爭的概念肯定和爪哇人截然不同。印加人和阿茲特克人沒有蓄養馬匹，這意味著他們無法擁有像西班牙入侵者那樣的機動性。然而，近東、印度、中國與亞洲其他的文明，曾經在很長的一段時間裡擁有和西方相似的海拔、氣候以及地形，在資源和地理位置方面多多少少都擁有類似的優勢和劣勢。土地、水土、天氣和自然資源，命運和運氣，少數幾個精英人物和自然災害等因素都在文化的形成過程中扮演著各自的角色，但我們並不能武斷地認為人、自然或者機緣巧合中的某一個單獨因素成了西方文明產生的催化劑。但有一點是顯而易見的，那就是一旦發展壯大，無論是在古代還是在現代，西方文明在探究自然、組建資本與推動言論自由等領域闊步向前時，並不像其他文明那樣會受到來自宗教、文化與政治的掣肘，而對於後者來說，他們的人民往往被神權領袖、中央集權的驕奢王朝或者落後的部落聯盟所統治。

後發優勢？

有人也許會爭辯說，西方軍事力量的崛起相對較晚且顯得突然，在火藥的使用傳播（一三〇〇～一六〇〇年）、新世界的發現（一四九二～一六〇〇年）或者說工業革命（一七五〇～一九〇〇年）發生之後，這種優勢才顯現出來，由此，他們否認希臘羅馬文化的延續性，而恰恰是這種延續性能夠解釋爲何軍事以及工業領域的革命發生在歐洲，而不是在埃及、中國或者巴西。對於其他文明而言，西方影響帶來的衝擊始終存在，無論是從五世紀的黑暗時代到八世紀的歲月里，還是在西方世界相對閉塞的八～十世紀，當他們驅逐來自北方的遊牧民族與東方的穆斯林時，這種衝擊就一直存在。至於那些認爲西方很晚才在軍事領域憑藉技術優勢建立統治地位的觀點，則忽略了兩個重要的因素：第一，在將近一千年的歲月裡（公元前四七九年～公元五〇〇年），西方文明在軍事領域的領先是無可爭辯的，希臘與義大利的小國常常能戰勝領土面積更大、人口更多的鄰國；第二，古典時代所奠定的科學、技術、政治和文化基礎並沒有完全湮滅在歷史長河中，而是由羅馬帝國傳遞給之後的歐洲諸王國，或是在加洛林王朝統治年代、義大利文藝復興時期被再次發現。

至於火藥武器和炸藥，這些東西並沒有在突然之間賦予西方軍隊在戰場上的統治地位。事實上，西方文明之所以能在火藥時代主宰戰場，是因爲只有西方國家能夠大規模生產品質過硬的火藥武器，歸根結底這是因爲西方文明始終崇尚傳承自古典時代的理性主義、民事監督與傳播知識的精神，而且這種精神並非僅僅存在於某一個特定的時代，而是貫穿整個歐洲歷史，延綿不絕。還有一種激進民主的觀點能夠解釋火藥武器爲何只在西方國家中大行其道。槍炮摧毀了戰場上的等級制度，將身披鎖甲的騎士趕出了戰鬥的舞臺，就連長年訓練的弓手，在火藥武器面前也顯得毫無用處。封建體系下的日本最終發現了火藥武器的革命性威力與危險性，這毫不奇怪；而伊斯蘭文明從未發展出適合大規模齊射的戰術，畢竟火藥武器與他們依賴單打獨鬥展現勇猛的騎馬武士風格背道而馳。槍炮的有效使用仰賴於理性主義與資本主義的結合，只有如此才能在武器的設計、裝配和生產方面不斷取得進步，除此之外，一種平等主義態度尤爲重要，只有持歡迎而非懼怕的態度，一個文明才能真正掌握戰場上新式的致命武器。

即便是在拜占庭帝國覆亡之後，在被認爲經歷衰退且文化領域遠遠落後於中國和伊斯蘭世界的時代，西方仍然擁有與其人口和土地面積極不相稱的強大軍事實力。在所謂的「黑暗時代」里，拜占庭人掌握了使用「希臘火」的精深技藝，這種武器使得他們能夠擊敗數量上比自己多得多的伊斯蘭艦隊。舉例而言，在七一七年，利奧三世（Leo III）便率領爲數不多的拜占庭部隊摧毀了哈里發蘇萊曼（caliph Sulaym n）的龐大海軍。歐洲人還發明了十字弓（八五〇年前後），儘管它的殺傷力不及反曲弓，但是這種武器製作工期較短且成本更低，因此，它能夠在很短時間內，裝備到數以千計相對缺乏訓練的士兵手中。從六世紀到十一世紀，拜占庭帝國始終保持著歐洲文明在亞洲的影響，而在十世紀初期之後，沒有任何一支伊斯蘭軍隊敢冒險攻入西歐腹地。西方人進行的「收復失地運動」，是一個緩慢但穩步向前推進的過程。羅馬的陷落，在某種程度上意味著西方世界的影響被散播到更遠的北方，因爲那些攻擊羅馬的日爾曼部落最終定居下來並皈依基督教，變得比以往更爲西方化了。

在十六世紀，歐洲人戲劇化的快速擴張也許是堅船利炮推動的結果，但這些軍事領域的發明創造，則是西方文明長期以來堅持資本主義、科學創新與理性至上理念所帶來的紅利，這是其他文明所不具備的。因此，十六世紀西方的軍事復興，應當被看作是歐洲實力的一次復蘇。這次復興，更應該被看作是歐洲人自古典時期以來的一千年裡，在戰場上佔據優勢地位的一種「轉型」表現形式，而這種優勢本身從未喪失，即便是在最爲衰敗的黑暗時代。因此，所謂的「軍事革命」，同樣不是偶然產生的，而是起源於希臘的歐洲文明的發展所導致的必然結果。

我們不應該指望從希臘式的自由中看到一模一樣的美國式自由；或者從希臘民主制度裡找到英國式的議會制度；至於想從希臘集市裡發掘出華爾街的縮影，更是無稽之談。在薩拉米斯島的海濱取得勝利的希臘自由制度，和在中途島附近擊敗日本人的美國自由政體並不完全相同；這兩個時代中的西方文明的政治架構，和雷龐多海戰或者特諾奇蒂特蘭（Tenochtitlan）圍城戰時西方人的組織方式更是有著天壤之別。任何理念都會隨著時間流逝與空間轉換而不斷變化，絕大多數西方人在看待現今的希臘時往往感到陌生甚至是厭惡。希臘城邦不會制定《人權法案》，同樣的，我們美國人也不會在未經高等法院審理的情況下，採用公民大會的方式來審理案件，並用多數票來決定審判的結果。在我們的時代，蘇格拉底能夠享有米蘭達權力（Miranda rights），得到免費的法律諮詢，並且永遠不需要親自爲自己辯護，還能在認罪協商時得到建議，同時即便認罪也能在經年的上訴期內得到保釋。蘇格拉底以死捍衛法律尊嚴的舉措，對於他同時代的雅典人來說也許顯得過於激進，但以我們現代的眼光來看可謂是死不悔改的保守行爲。事情的關鍵在於，不要用現在的標準來衡量過去的事物，而要在歷史中發掘出跨越時間與空間且能創造變革、創造可能的種子。從這種意義上來說，華爾街更像是希臘集市的傳承，而非波斯波利斯宮殿的轉世；雅典人與美國人的法律頗有神似之處，而與法老或者蘇的法令大相徑庭。

西方文明在軍事領域的統治地位源自多種因素的共同作用，並非道德品格與先天基因所能決定，其統治性地位也不僅僅限於武器方面的優勢。西方式的戰爭模式之所以如此致命，完全是其超越道德框架的特性所決定的——軍隊不必受到慣例、傳統、宗教或者倫理的約束，能夠心無旁鶩地致力於滿足軍事層面的需求。在分析上述問題時，我們不應該被技術決定論迷惑以至於相信戰爭工具能夠神奇地憑空扭轉戰局，而應該去思考某種武器被創造出來的目的與方法，同時去探究這些武器爲何被運用、怎樣被運用。西方科學技術並不總能處於領先地位——在薩拉米斯海戰中，地米斯托克利（Themistocles）的三列槳戰艦在技術上並沒有領先薛西斯大王的戰船；而中途島海戰中，南雲忠一（第一艦隊）司令長官航母上的飛機，在性能方面甚至勝過美國海軍飛機一籌。儘管如此，在人身自由程度、個人主義的認可和公民軍隊的構建方面，這兩場海戰中的雙方卻有著懸殊的差距。正如這些戰役在每一個回合中所展示的，歐洲士兵們不僅在武器上常常處於優勢地位，在組織、紀律、士氣、主動性、靈活性以及指揮水準方面同樣勝過對手，由此才導致了西方軍隊的普遍性優勢。

西方軍隊在戰鬥時，通常擁有法定自由，他們也正是爲了這種權利而戰。西方的軍人通常是公民軍隊與共識政府理念下的產物，他們的行爲受到監督，而這種監督並不受宗教或者軍隊本身掣肘。「公民」這個罕見的詞語，存在於歐洲人的字典裡。此外，重裝步兵也是一種具有西方特色的武裝力量。這並不意外，因爲西方社會重視財產保護，擁有地產的人群形成了一個人口龐大的階層。自由探究與理性主義都是具有西方特色的標誌，因此在踏上戰場時，西方軍隊往往能在武器方面勝過對手或者至少旗鼓相當，而且還能得到相當豐富的補給，這是西方世界與資本主義、經濟學以及高度發達的後勤體系緊密結合的結果。出於同樣的原因，一旦發現自己的傳統戰術和武器存在缺陷，歐洲人往往能迅速調整他們的戰術，學習他國的先進技術，或者借用他國的發明爲己所用。西方的資本家與科學家一樣，顯得異常務實和功利，而且他們很少會害怕原教旨主義者、監察官或者激進的文化保守派的干涉。

西方式戰爭通常是爲了擴大某種國家理念的影響，而非僅僅是爲了獲取土地、個人地位、財富或者復仇。西方軍隊對個人主義評價頗高，而公民對於軍隊的批評和抱怨則往往會提升軍隊的戰鬥力。至於展開殺戮的戰爭理念，或者說爲了徹底摧毀敵人而進行的面對面戰鬥，看起來更像是西方所特有的戰爭模式，歐洲以外的軍隊對此十分陌生，他們往往偏好儀式性的戰鬥，或者強調依靠詭計與消耗戰來獲取勝利。自古希臘的重裝步兵戰鬥禮儀被打破之後，西方軍隊中再也沒有出現過諸如日本武士道、毛利戰士，或者阿茲特克人「鮮花戰爭」之類的概念。簡單來說，西方人早已將戰爭視爲一件工具，用以完成政治上難以實現的任務，因此他們更願意徹底消滅那些阻擋去路的人，而不是阻止或者羞辱他們。

以上所述的西方軍事特色，在歷史上的許多時期並沒有全部體現出來。從共識政府到關於宗教寬容的理念，往往都顯得過於理想化而無法普遍推行。縱觀整個西方文明，妥協無處不在，最終實現的東西往往不像西方文化所宣揚的那般成就。十字軍的戰士成了狂熱的宗教極端分子；在較爲久遠的年代，許多歐洲君主全權控制軍隊，對他們的審議監管只是偶爾爲之；科爾特斯的那支小部隊中，宗教與政治的分野相當模糊；亞歷山大大帝的軍隊中，沒有哪個長矛手能夠投票推選他們的將領，更不要說選舉國王了。從六世紀到九世紀，並沒有清楚的跡象表明，西方軍隊總是能夠在技術方面壓倒對手。至於個人主義方面，日爾曼的部落民和羅馬的軍團兵至少在表面上享有相同程度的自由。

當然，倘若人們閱讀以上各個時代的文獻，抽象意義上的西方理念仍然隨處可見：儘管亞歷山大大帝率領的馬其頓人摧毀了希臘的民主政治並帶來了整體上的根本性轉變，但馬其頓帝國仍然與希臘傳統保持著緊密的聯繫。這種共同的傳承，解釋了為何無論是方陣中的士兵、戰場上的指揮官還是亞歷山大大帝帳篷裡的將軍們，都能自由地說出自己的觀點，這在阿契美尼德王朝的宮廷中是無從得見的。宗教審判庭的建立，固然是西方歷史中狂熱與迷信的一幕，神權甚至在某些時候脫離了世俗權利的約束，但與阿茲特克人於一四八七年在太陽金字塔上進行四天祭祀後堆積如山的屍體相比，歐洲人在血腥程度上還是略遜一籌。對於那些最具爭議性的理念，如自由、共識政府與容忍反對意見，我們不應該用烏托邦式的完美主義眼光來審視西方文明的缺陷，而應該放眼全球，對比同時代的其他文明。西方價值觀是客觀存在的，但同時它也在不斷進化，不論是在誕生之日，抑或是在摸索前進之時，價值觀本身並非完美無瑕。

在討論戰場上士兵們英勇表現的同時，我們也應該看清宿命論者與自由意志者的細微區別，前者是拋棄生命，後者則是勇敢無畏。在本書所做的研究中，我並沒有暗示西方文明的固有特點就能決定歐洲人在每一場戰爭中都能取勝。西方文明確實給歐洲軍隊帶來了一系列的優勢，這些優勢使得歐洲人在面對敵人時，即便犯下錯誤或者在戰術上處於劣勢，例如戰場經驗缺乏、士兵勇氣不足、兵力短缺或者指揮水準低下等，仍能保持更高的容錯率。其他戰場因素，諸如運氣、個人主觀能動性、勇氣、像漢尼拔或者薩拉丁那樣的偉大指揮官，或者是像祖魯人或者印加人那樣在數量上佔據上風，所有這些都無法抵消掉西方人固有的軍事優勢。

隨著時間的推移，西方文明堅韌的軍事體系最終會戰勝一切對手，至於那些災難性的失敗，諸如溫泉關（Thermopylae，公元前四八〇年）、特拉西美涅湖（Lake Trasimene，公元前二一七年）、征服墨西哥的「傷心之夜」（*la Noche Triste*，一五二〇年）、伊桑德爾瓦納（Isandhlwana，一八七九年）以及小巨角（一八七六年），並不會影響戰爭的宏觀進程，或者動搖西方人戰爭能力的根本。在一些精於指揮或者善於殺戮的個人的影響下，西方軍隊的戰鬥力往往會大大提高，亞歷山大大帝、阿非利加的西庇阿（Scipio Africanus）、尤利烏斯·凱撒、查理大帝、獅心王理查以及艾爾南·科爾特斯都帶領著他們的軍隊走向勝利，除了他們之外，還有一些英勇無畏的軍人，雖然他們的名字早已湮滅於歷史長河裡：在普拉提亞戰役（公元前四七九年）中斯巴達人右翼的指揮官，高盧征服（公元前五九年～公元前五一年）中凱撒第十軍團的老兵們，或者是亞蘇夫（Arsouf，一一九一）會戰中身披重甲的騎士，這樣的軍人能夠在合適的時機執行正確的作戰方案，無情地打擊敵人，最終改變戰役的進程。

當然，把西方軍隊勇武的特性放在文化大環境下來審視，其固有的軍事優勢和整個文化氛圍都是密不可分的，而西方文明的對手恰恰缺乏這一氛圍。在評判西方軍隊的戰鬥力時，我們不能用絕對的數值去加以衡量，而要用橫向比較的方式適應他們所處的時代環境。學者們也許會爭論關於西方武器殺傷力的議題，討論中國和印度龐大軍隊的巨大威力，或者研究歐洲殖民軍隊偶然遭遇的慘重失敗，但在進行上述爭議時，我們應當記住，只有西方軍隊常年且頻繁地被部署到世界各地進行戰爭；只有西方軍隊常常將自己先進的軍事技術傳授給其他民族；也只有西方文明殖民了三個新大陸，而非西方文明常常是在家門口被動迎擊西方侵略者，而不是遠征歐洲攻打西方文明的老巢。在討論歷史時，儘管需要提及重要的反例，但闡述普遍情況則是更加不可或缺的，儘管學者們由於害怕或者無視，總是避免提及那些最常見的事例。

仔細審視本書中選取的戰役之後，我們會發現在西方戰爭藝術長期發展的過程中，在戰爭實踐裡或多或少都會出現一個核心要素，而且這一要素反覆出現在每個時代中，有時關於它的資訊顯得零星瑣碎，有時又像是一個整體。這一要素解釋了為何在戰爭史上，西方軍隊常常能在血腥殘忍的殺戮戰中取得勝利，以及為何時至今日，西方軍隊仍然如此致命，他們無所畏懼，僅僅懼怕他們自己。

第一部

創造

Creation

自由——或者說「以你喜歡的方式生活」

薩拉米斯，公元前四八〇年九月二十八日

希臘之子們，勇往直前吧！解放你們母國的領土。解放你們的孩子、妻子，解放你們父輩崇敬的神靈以及祖先的墓地吧！現在，你們將為這一切而戰。

——埃斯庫羅斯，《波斯人》（Aeschylus, *The Persians*，四〇一—四〇四）

溺死的人們

在海水中溺斃，想必是種非常糟糕的死法——一個人的手臂徒然地撲打著海浪，但肺中卻已經充滿海水，身體越來越沉重與麻木，溺水者的大腦機能也隨著最後一點氧氣的耗盡而崩潰消失，他模糊意識中的最後一幕景象，是泛著漣漪的水面之上，此生再也難以觸及的陽光，昏暗難辨，逐漸消失。這一天是公元前四八〇年九月下旬，隨著白晝將盡，波斯艦隊中三分之一的水手，正以溺水的方式走向他們生命的盡頭。距離被燒毀的雅

典衛城幾英里之遙，波斯薛西斯大王人數超過四萬的臣民正在海水中載沉載浮——有些已經死去，有些也命不久矣，還有一些則在二百多艘三列槳戰艦的殘骸中絕望掙扎著。對他們來說，安全的亞洲太遠，而愛琴海沿岸溫暖的海水又太近，他們命中註定的墓地便是薩羅尼克灣（Saronic Gulf）的水底。他們眼中最後關於陸地的景象，便是希臘落日餘暉中的薩拉米斯島——或是他們那冷峻的衆王之王所安坐的艾格列奧斯山巔（Mount Aigaleos）。就在那裡，波斯大王遠遠地看著他的水手們逐漸被波濤吞沒。在堅實土地上發生的戰鬥中，敵人的致命程度能夠用他們的殺戮技巧加以預估，而在海戰中，戰鬥過程本身就是致命的，不需要任何人、任何武器，海洋就會帶走成千上萬人的生命。在薩拉米斯海戰中，多數人並非死於兵刃，而是肺中填滿海水窒息而死。

古典時期的主力戰艦——三列槳戰艦可能是古埃及人或者腓尼基人發明的，在戰鬥中它依靠人力划動，完全不使用風帆。一般而言，戰艦上的槳手在一百七十人左右，另有大約三十人擁擠在甲板上，這些人中包括戰士、弓手和舵手。和後來歐洲人使用的槳帆戰船不同，三列槳戰艦的槳手以三人爲一組，每一組的三人由下向上垂直排列，每名槳手揮動一根標準長度的船槳。三列槳戰艦設計上的優越之處在於其超乎尋常的重量、速度與動力之間的比例。流暢的船型與合理的槳手佈局能使這載著二百多人的龐大戰艦在幾十秒內加速到九節的航速，這類戰艦兼具速度和靈巧，能夠很好地使用其主要武器——船艏水線處安裝的青銅質分叉撞角，可將任何類型的船隻攔腰撞斷。這種戰艦的船體、槳具和帆具配置複雜精密，即便到了十六世紀，威尼斯的造船工人曾經嘗試仿造古代雅典人的操槳戰鬥模式來設計艦隻，但最終的成果只是非常不適合航海的槳帆戰船而已。到了現代，借助先進的電腦技術和超過二千五百年的航海知識，人們依然無法完全掌握古人戰艦設計的精髓。

另外，三列槳戰艦負載沉重而結構脆弱，在海上其二百名載員的生命幾乎沒有什麼保護——最靠下一層槳手搖槳的視窗，距離戰艦的水線只有幾英尺。和現代海戰中的情況不同，古代船隻在沉沒時幾乎沒有任何棄船逃生的時間，絕大多數戰艦一旦被撞角衝擊到側面，傾覆幾乎是立刻發生的，因爲即便是短暫的碰撞都會使得大量海水湧入，將船隻連同船員一起拖向海底。對水手來說，唯一的希望在於立刻游向岸邊，或者抓住任何浮在水面上的殘骸碎片苟延殘喘。對於那些不會游泳的槳手和士兵，溺水而亡只是轉瞬間的事情——不幸的是這樣的乘員在古代世界相當常見，波斯艦隊也不例外。儘管古代戰艦的大多數槳手不像十六世紀的搖槳奴隸一樣被鐵鍊鎖在座位上，但這也無法提高他們的生還概率：三列槳戰艦可能會在沒有任何預警的情況下翻覆，或者灌滿海水。在這種情況下，波斯人的長袍只會使情況變得更加糟糕。古希臘劇作家埃斯庫羅斯可能是一位參加過薩拉米斯海戰的老兵，他在戰役發生八年之後如此敘述波斯人在水中無助的慘狀：「那些得到波斯人愛戴的人們，他們的屍體浸泡在鹹澀的海水中，常因爲裹在長袍裡而被拖到水下，或者毫無生氣地被來回拖動。」（《波斯人》，二七四—二七六）

這片海上墓地，在薩拉米斯島和阿提卡半島所在的大陸之間，是一條不足一英里寬的小水道。就像其它前工業時代發生的大規模海戰一樣，薩拉米斯海戰在陸地視線可及範圍之內進行。在這場規模宏大的戰役中，參戰的艦隻包括超過一千艘三列槳戰艦，但戰場的面積卻侷限在大約一平方英里的海面上，因此戰鬥之後留下的死屍充塞了狹小的海面，不斷被沖上附近的海灘。關於這種可怕的景象，埃斯庫羅斯回憶並記敘如下：「薩拉米斯島及所有附近的海灘上，到處都是那些遭遇可怕命運的人們的屍體。」（《波斯人》，二七二—二七三）

埃及人、腓尼基人、乞里西亞人和各式各樣亞洲人的屍體數以千計，這些屍體被海浪沖刷到薩拉米斯島和阿提卡半島的岸上，另一部份還活著的人則在二百艘戰艦的殘骸旁孤獨無助，掙扎求生。希臘海軍用弓箭和標槍解決掉那些海上的倖存者，同一時間，重裝步兵搜索薩拉米斯島的整個海岸，尋找任何可能逃上岸的敵人。

埃斯庫羅斯宣稱「波斯人的無敵艦隊全軍覆沒」，當然這是誇大之詞，因爲有數百艘戰艦成功逃出，從殺戮場划行到安全的庇護所，他們對希臘人的艦隊充滿恐懼，不得不放棄了回頭拯救落水同袍的打算。根據記載，這場偉大勝利的構建者——雅典人地米斯托克利，在戰後漫步在海灘上審視敵人的屍體，並鼓勵他的戰士們掠奪波斯死人身上的金銀細軟。根據埃斯庫羅斯所說，屍體被潮水洗刷，而後又被希臘士兵掠奪褻瀆，慘不忍睹。

薩拉米斯這個名字已經成爲抽象概念自由與「西方崛起」的同義詞，但並沒有與血腥的屠戮場聯繫在一起。事實上，縱觀整個希臘波斯戰爭史，這場戰役堪稱一場災難性的屠殺，即便與公元前四八〇年的溫泉關戰役，或者是公元前四七九年的普拉提亞戰役相比也不遑多讓。在溫泉關戰鬥的最後關頭，斯巴達國王列奧尼達斯和他麾下的二百九十九名戰士堅持抵抗波斯大軍的入侵並最終壯烈犧牲，因此獲得了不朽的名譽，但作爲代價，列奧尼達斯的頭顱也因此被插在木樁上示衆；而在普拉提亞戰役中，波斯人被斯巴達重裝步兵無情地砍倒，那些僥倖活下來的人們逃竄到彼奧提亞的鄉間苟延殘喘。相比之下，在薩拉米斯大海戰中，至少有二百艘波斯帝國的戰艦被撞沉，而其上的全部船員和戰鬥人員也大多難以倖免，在此戰中，波斯一方至少有四萬人溺斃海中，還有不計其數的其他士兵在掙扎上岸的過程中或被殺死或被俘。薩拉米斯島與大陸之間的水道狹窄逼仄，而波斯艦隊又如此龐大——多達六百～一千兩百艘戰艦投入了戰鬥，正因爲如此，在波斯人失敗之後，海面上大片屍體堆疊擁擠的景象想必也頗爲壯觀，在附近阿提卡海岸制高點觀戰的波斯皇帝薛西斯對此一定印象深刻。

一方面因爲狂怒的希臘人決定徹底清除那些佔據他們家園的敵人；另一方面，正如希羅多德所指出的，「野蠻人中的大多數人之所以淹死，是因爲他們根本就不知道如何游泳」，因此，直到今日，薩拉米斯海戰仍然是整個人類海戰史中死亡人數最多的戰役之一。薩拉米斯海戰的死亡人數，超過了雷龐多海戰（四萬～五萬人），同樣也遠多於西班牙無敵艦隊整個航程中損失的人數（二萬～三萬人），以及特拉法爾加海戰中法國－西班牙聯合艦隊的總死亡人數（一萬四千人），至於日德蘭大海戰中英國人的損失（六千七百八十四人）和日本帝國艦隊在中途島海戰中的損失（二千二百五十五人），與之相比就更加不足掛齒了。相比波斯人的慘重傷亡，希臘人僅僅失去了四十艘三列槳戰艦，我們可以想像，這四十艘船上八千名希臘人中的大多數應該都會被同袍救起。據希羅多德所說，只有「少數」希臘人因溺水而死，大多數落水者都能游過海峽安全上岸。無論如何，在火藥出現之前的年代，短短幾小時內殺戮如此多的生命，使得這場戰役顯得前無古人，後無來者。

縱觀整個希臘波斯戰爭，直到米卡勒戰役（Battle of Mycale）之前，所有戰役都發生在歐洲，並且都伴隨著慘重的傷亡——其中尤以阿提卡海岸外發生溺死數以千計波斯人的這場戰役爲最。在古希臘人看來，淹死是最爲可怕的死亡方式——死者的靈魂找不到身體來進行合適的安息緬懷儀式，無法進入冥界，只能成爲在外遊蕩的孤魂野鬼。差不多要到八十年之後，儘管雅典將軍們在阿吉紐西戰役（Battle of Arginusae，公元前四〇六年）中擊敗伯羅奔尼薩斯艦隊，雅典公民大會仍然決議處死他們，原因就在於他們沒能指揮下屬在戰後救起那些在水中掙扎沉浮的倖存者——這意味著數以百計的雅典人的丈夫、父親和兄弟將長眠深水，永遠得不到合適的葬儀。

那麼，薛西斯麾下浮屍在薩拉米斯海峽的四萬名海軍中，又有幾個人的名字能夠爲後人所知呢？很不幸，他們中的絕大多數都難以在史籍中留下蹤跡。我們僅僅能夠發現幾個社會精英或是出身高貴的波斯人出現在歷史記載裡，而且是希臘人的記錄裡。希羅多德只提到了一個波斯人，那就是薛西斯的兄弟同時也是海軍將領阿里阿比格涅斯（Ariabignes），在海戰中，他和座艦一起沉入大海。埃斯庫羅斯的記載則更爲詳細，他提到了一系列波斯的陸海軍將領：阿特穆巴瑞斯（Artembares）「撞上了塞倫尼亞（Silenia）礁石林立的海岸」；達達西斯（Dadaces）「在跳下他的軍艦時被長矛刺死」；巴克特里亞貴族特納貢（Tenagon）的屍體「隨著浪濤，在阿賈克斯島旁的海水里載沉載浮」，凡此等等。之後，埃斯庫羅斯又繼續描述了不少於一打波斯將領，他們的屍體都漂浮在海峽中。在這場戰役發生不過八年之後，雅典人在舞臺上對這場戰役的戲劇性描寫顯得尤爲可怕，劇作家借波斯使者之口這樣描述海上屠場：

> 我方戰艦殘餘的船殼在海面上翻滾，海面被戰艦和人體的碎片覆蓋充塞，不復得見。海灘上，礁岩間，遍佈著我方勇士的遺體，我方艦隊中每一艘倖存的船舶都轉舵向後，試圖劃到安全的地方。然而，這些倖存者彷佛是被網住的金槍魚一樣，被敵艦使用破損的船槳和遇難船隻的漂浮物不斷撞擊著。尖叫和啜泣的聲音始終在外海上回蕩，直到夜幕降臨，覆蓋在這座巨大的舞臺上。（《波斯人》，四一九—四二九）

這場慘劇的許多受害者並非波斯人，而是被波斯大王徵召到戰場上的巴克特里亞人、腓尼基人、埃及人、賽普勒斯人、卡里亞人和乞里西亞人，以及許許多多這個龐大帝國治下附庸國的臣民——甚至包括愛琴海對岸的愛奧尼亞希臘人——這些希臘同胞被薛西斯強迫徵召，不得不航行到薩拉米斯與自己的同胞作戰。絕大多數槳手對於是否參軍根本沒有發言權，而他們也不願在如此狹窄的薩拉米斯水道中參與戰鬥。希羅多德和埃斯庫羅斯都提到，到了九月二八日的決戰時分，槳手在劃行時的任何遲疑，都會導致整船人的徹底毀滅。古典時代文獻中最陰森可怕的記載之一，便是希羅多德提到的呂底亞人皮西烏斯（Pythius the Lydian）的慘劇。這位老人向波斯大王請願，希望薛西斯能夠允許讓自己五個兒子中的一個留在亞洲，不用跟隨大軍繼續前往歐洲的征途。作爲回應，薛西斯將皮西烏斯最愛的兒子肢解了——軀幹釘在道路的一側，兩條腿在另一側——這樣，波斯大王麾下龐大的徵召軍隊在艱難行軍時，就能在經過破碎腐爛的屍體時，親眼看到違逆薛西斯意志所付出的慘重代價。薩拉米斯海戰的諷刺性在於，希臘人對波斯入侵進行了英雄式的反抗，並保衛了珍貴的自由，但這樣的抗爭，事實上導致了波斯亞洲盟邦數以千計水手的死亡，他們不過是被迫參軍的炮灰罷了。當帝國水手們在狹窄的水道中付出生命的代價時，薛西斯正在不遠處艾格列奧斯山巔的王座上觀看戰事的狀況——他的秘書們簇擁著他，記錄著大王的臣民在戰鬥中勇敢或者怯懦的舉動以作爲未來獎懲的依據。

十年之前，在波斯國王大流士（Darius）發起的上一次不走運的入侵中，六千四百名波斯帝國的戰士死在馬拉松平原的戰場上。而就在薩拉米斯海戰之前數週，波斯人付出了超過一萬條生命的代價，才在溫泉關戰役中取得「勝利」，粉碎了希臘守軍的抵抗並打開了通往希臘諸邦的通道。在通道附近的阿提密喜安海岬（Artemisium），一場風暴可能導致超過二百艘波斯戰艦沉沒，由此造成的傷亡不亞於另一場薩拉米斯海戰。在隔年秋季，薛西斯在普拉提亞戰役中再次損失五萬名士兵，而在波斯勢力最終撤出希臘的過程中還有另外十萬人喪生在異國他鄉。由此，爲了奪走巴爾幹半島上一個小國家的自由，超過二十五萬人爲了波斯大王徒勞無功的嘗試而喪生。

希波戰爭的結束，不僅標誌著波斯人的擴張意圖遭遇挫敗，對波斯帝國的人力資源而言也是災難性的打擊。正如希臘人所紀念的一樣，「神聖的薩拉米斯」這場海上勝利，乃是爲了「所有希臘人的自由」而戰。而解放希臘人的代價，便是一場大屠殺，儘管屠殺的受害者們是被驅趕著入侵希臘的，而且他們無論是在宗教上、民族上抑或是文化上都與希臘文化圈的人民無冤無仇。薛西斯麾下的陣亡將士無一是生活在自由社會的自由公民，因此可以想見，我們無從得知關於他們的任何資訊，也沒有波斯人通過戲劇來緬懷亡者。沒有任何波斯歷史學家像希羅多德那樣，在溫泉關、薩拉米斯和普拉提亞戰役中記錄下那些勇者的姓名，遠在波斯波利斯的薛西斯也不會像西方人那樣，發佈法令舉行儀典來紀念勇士的犧牲。至於紀念碑與輓歌，更是無從得見。恰恰是因爲那些沒有名字、大部份無辜受死的人們，我們才記住了薩拉米斯的故事幾乎是一整天的英雄史詩：四萬名落水者在阿提卡海岸旁撲打水花、哭喊求救並漸漸沉入海底。以下是拜倫爵士筆下輕描淡寫的、無名無姓的「那些人」的遭遇：

國王高坐的山巔怪石嶙峋，
他遙望著外海的薩拉米斯，
山腳下停靠著千萬戰艦，無數的民族組成大軍——
一切盡在他的掌握！
天明之際，國王統計麾下戰士的數量，
但到了日落時分，他們又去了哪里？（《唐璜》，八六・四）

阿契美尼德王朝與自由

在薩拉米斯海戰的年代，波斯帝國是個龐然大物——一百萬平方英里的疆域，將近七千萬人口——在當時文明世界中乃是排名第一的統一霸權國家。相形之下，歐洲大陸上的希臘人不足二百萬，而其居住地區也只有大約五萬平方英里而已。同時，波斯是兩個文明中相對年輕的，距離帝國的建立不到一百年時間，正處在力量的頂峰，充滿活力——這主要是傳奇式波斯國王居魯士大帝（Cyrus the Great）的遺產。在不到三十年的時間裡（公元前五六〇～前五三〇年），居魯士將地處偏僻、規模有限的波斯國家（波斯人源於帕爾蘇阿（Parsua）部落，更早的亞述帝國曾與這個部落交戰，帕爾蘇阿的疆界位於現在的伊朗和庫爾德斯坦境內），轉變爲一個世界級的強大政權。居魯士在位後期所統治的疆土，包括亞細亞絕大多數的民族——西抵愛琴海邊，東至印度河畔，南達波斯灣，北及里海與鹹海的廣袤土地，此時盡在波斯人之手。

在愛琴海東岸的愛奧尼亞希臘城邦（Ionian Greek states）付出巨大代價之後，歐洲大陸上的希臘人逐漸熟悉了龐大而複雜的波斯帝國，後者正不斷擴張它的領土已經來到希臘的東部邊界。希臘人從波斯人那裡學到的東西——正如同之後歐洲人從奧斯曼土耳其那裡學到的一樣，令西方人著迷又恐懼。在那以後，一系列傑出的政治家與陰謀家，諸如戴瑪拉托斯（Demaratus）、地米斯托克利（Themistocles）以及亞西比德（Alcibiades）將會幫助波斯人對抗他們自己的同胞，爲了一己私欲拋棄對希臘的認同感。類似的，義大利城邦的海軍將領、造船工程師與戰術家們也會爲了金錢不惜投靠奧斯曼帝國。長期以來，希臘的倫理學者在研究文化與倫理道德的關係時，一直將希臘人的貧窮與他們的自由和卓越聯繫在一起，而東方式的富有則被看作招致奴役與生活腐化的根源。正因爲如此，希臘詩人福西尼德（Phocylides）如此寫道：「城邦，以法律爲準繩而運作，雖然規模有限、立於貧瘠的山地之上，遠勝於繁華而缺乏理性的尼尼微都城。」（片段四）

到了大流士一世統治時期（公元前五二二～前四八六年），波斯帝國已經相對穩定。所謂的阿契美尼德王朝統治帝國，監管著二十個總督治下複雜的行省。波斯總督們行使徵稅的權利，爲國家的戰征徵募所需的兵源，同時還要建造並維護屬於國家的驛道並維持有效的皇家郵政業務。除此之外，總督們大多給予被征服的民族信仰他們自己神祇的自由，在徵稅時也允許他們使用自己的方法，只要達到所需的繳納標準即可。希臘人在他們小小的本土上尚且不能很好地統一本民族的力量，而相比之下，阿契美尼德王朝的帝國統治，達到了洲際標準的整合能力，能夠驅使超乎希臘人理解範圍的龐大人力物力資源。

對西方人而言，拋開他們關於東方人軟弱無力、女性化的偏見不提，最爲神秘的莫過於波斯帝國幾乎在文化的每個方面都與希臘人截然相反——無論是政治、軍事還是經濟與社會生活都是如此。愛琴海中的希臘島嶼和小亞細亞大陸相距不過數十英里，然而，儘管氣候相似，兩者之間還有長達幾個世紀的互動，兩種文明仍然分屬兩個世界。波斯人的體系並不像希臘人有時所宣揚的那樣導致軟弱和腐化，事實上，東方文明帶來了看起來更爲高效的帝國管理模式，同時也有助於財富的積聚：薛西斯攻入雅典衛城，而希臘人在希波戰爭中並沒有反攻到波斯波利斯。希臘人對波斯的瞭解，來自往來商旅、作爲動產從東方進口的奴隸、與愛奧尼亞同胞的聯繫、數以千計爲波斯行政僚機構工作的希臘雇員，以及返回故鄉的雇傭兵的誇誇其談，這些人提及波斯帝國的實力時，都充滿敬畏。阿契美尼德王朝的統治如此成功，意味著世界上有人以完全不同於希臘人的方式管理國家，而且在這個過程中變得比希臘人更富有、更繁榮——而且這樣的統治，距離希臘本土越來越近了。

在絕對君權的統治下，數以百萬計的生命掌控在少數幾個人手中。波斯國王和由皇親國戚與幕僚組成的小朝廷（這些人的稱號繁多，例如「持弓者」、「執矛者」、「國王之友」、「贊助國王者」以及「國王的耳目」等）掌管著官僚機構和宗教祭祀，而這一切都仰賴行省稅收與皇家大型莊園的收入，與此同時，一小部份波斯人骨幹精英和阿契美尼德皇室親族一起管理龐大的多元文化的軍隊。看起來，在阿契美尼德治下的波斯，並沒有絕對意義上或者法律規定下的自由概念。即便是行省總督，在帝國管理中也被當作奴僕來對待：「衆王之王，大流士之子西斯塔佩斯（Hystapes），向他的奴隸加達塔斯（Gadatas，愛奧尼亞行省的總督）進行了如下的宣諭：『我發現，你沒能在所有的方面遵從我的旨意……』」（R・梅格斯，D・路易斯編輯，《古希臘銘文集》（*Greek Historical Inscriptions*），#一二，一一五）。阿契美尼德君主的權利是絕對的，同時，儘管君主自身沒有被神化，但他至少是作爲阿胡拉・馬茲達（Ahura Mazda）神在人間的代表，在人間進行統治。任何臣屬和外國人在覲見波斯大王時，都要行跪拜禮。後來，亞里斯多德將這種把人當作神靈來崇拜的方式看作一種證據，體現了東方文化和希臘文化在對待個人至上主義的態度，以及政治與宗教等方面的廣泛不同。在希波戰爭中獲得偉大勝利的希臘將軍們，如斯巴達攝政王保薩尼阿斯（Pausanias），以及雅典的米太亞德（Miltiades）和地米斯托克利，都因爲利用獲得的勝利來提升自己的個人名望而受到了同胞嚴厲的批評。與此相對的是，在試圖渡過波濤滾滾的赫勒斯滂（Hellespont）海峽時，薛西斯曾經儀式性地鞭打大海並「刻上烙印」，以懲罰海洋「不服從」自己旨意、不願平靜下來讓波斯大軍渡過的態度。

法律條文存在於任何文明世界中，在波斯帝國統治下，任何行省的地方法官確實可以在呂底亞（Lydia）、埃及、巴比倫和愛奧尼亞的官邸裡審理案件——但前提是阿契美尼德王朝的法律高於任何地方性法律，而任何條款的發佈或者修改也僅僅取決於眾王之王個人的判斷。在九月二十八日，所有在水中掙扎沉浮的人在法律意義上只是「班達卡（*bandaka*）」，或者說屬於薛西斯的「奴隸」，這一概念源自古巴比倫時代，任何普通人對於國君而言，都只是「活的財產（*ardu*）」而已。

相反，在公元前五世紀的希臘，幾乎所有政治領袖的產生，都來源於抽籤、選舉，他們在任上還要經由一個被選出的委員會每年進行審查監督。任何一個執政官，都不會聲稱自己具有神聖的地位；強制執行死刑等同謀殺；而人們始終對僭主制度可能存在的死灰復燃保持著最大的警覺，畢竟在不久之前，僭主們的權力曾經蹂躪過希臘土地上爲數不少最繁榮、商業最發達的城邦。即便是私人所有的奴隸和僕人，在希臘城邦中也常常得到保護，免於遭受主人隨意的折磨甚至被殺死的厄運。凡此種種東西方的巨大差別，並非體現在管理國家時不同的施政方針上，而是體現在個人自由這一理念上，這種差別將會決定在薩拉米斯外海，哪些人可以活下去，哪些人只能接受死亡的命運。

波斯皇家軍隊規模龐大，由那些向波斯大王宣誓效忠的皇親國戚和權貴精英進行管理。這支軍隊的核心是職業化的波斯人步兵——所謂的「長生軍」是其中最爲著名的部隊，他們和許多輔助他們的重裝、輕裝步兵共同構成皇家軍隊，並由大量的騎兵、戰車和遠端軍隊進行支持。在戰鬥中，這樣一支軍隊依賴它的速度和數量取勝。希臘人依賴重裝步兵方陣，以衝擊的方式打破一切敵軍的騎兵和步兵的阻礙；相比之下，波斯軍隊成分龐雜，徵召自數以百計的不同地區，士兵說幾十種不同的語言，裝備從劍、匕首、短矛、鶴嘴鋤、戰斧到標槍花樣繁多，護具則包括柳條盾、皮甲背心，少數人會裝備鏈甲衫。大體而言，波斯軍隊沒有任何軍事操演，士兵們也不知道應該固守自己在行列中的位置，缺乏作戰單位之間協同進退的概念。希臘人對於波斯重裝步兵的品質頗爲輕視，而這種看法基本是準確的。幾十年後，在公元前四世紀早期，一位來自阿卡迪亞的外交官安條克曾經評論說，波斯軍隊中沒有任何一個人能夠勝任對抗希臘人的戰鬥。畢竟，在波斯帝國自亞洲草原崛起的年代，並不需要由身穿七十磅甲胄的公民組成的重裝步兵方陣爲帝國而戰。

阿契美尼德君主並不總是坐在高處的寶座上俯視殺戮場——薛西斯在溫泉關和薩拉米斯戰役中是這樣做的——更常見的情況是，波斯大王會站在一輛巨大的戰車中，在衛隊重重保護下位居戰線中央參與戰鬥。通常，這個位置最爲安全，同時這也是發號施令的最爲合理的位置。從希臘歷史學家的記載中可以看出東西方軍隊指揮官的明顯不同：一旦戰敗，波斯君主總會帶頭逃跑；而在任何一場希臘人戰敗的重要戰鬥中——從溫泉關、德里姆（Delium），到曼提尼亞（Mantinea）和硫克特拉（Leuctra）戰役，戰敗方的希臘將軍在己方部隊的潰退中都沒有生還。軍事行動以災難性的方式收場，並不意味著阿契美尼德君主本人的蒙羞；下級軍官，比如薩拉米斯海戰中的腓尼基船長們往往會成爲替罪羊，並被處以極刑。與之形成鮮明對照的是，縱觀諸城邦的歷史，不止一位偉大的希臘將領——包括地米斯托克利、米太亞德、伯里克利（Pericles）、亞西比德（Alcibiades）、布拉西達斯（Brasidas）、萊山德（Lysander）、佩洛皮達斯（Pelopidas）和伊帕密濃達（Epaminondas），他們在某些狀況下要麼被處以罰金，遭遇放逐，要麼被降級，或者和他的軍隊一起戰死沙場。某些最爲成功、極具才華的指揮官，在取得偉大勝利之後仍然遭到審判，甚至可能被處以極刑——例如在阿吉紐西海戰（公元前四〇六年）中擊敗伯羅奔尼撒艦隊的雅典將領們，以及在解放了美塞尼亞（Messenian）的斯巴達西洛特（helots）之後返回底比斯的伊帕密濃達（公元前三六九年）都是如此。這些將領受到的指控，往往不是因爲怯懦或者指揮能力不濟，更多的是被認爲他們忽略了麾下公民士兵的福利，或者沒能和平民監察官保持聯繫。

波斯帝國的領土如此龐大，理論上帝國境內有數以千計的地主和商人，然而，從這個角度觀察，波斯和希臘在經濟文化領域又呈現出巨大的不同。在古典時代的雅典，沒有任何一個農場的面積超過一百英畝，而在亞洲——無論是在阿契美尼德王朝還是之後的希臘化王朝，統治下——巨型莊園往往占地超過一千英畝。一個薛西斯的親戚所佔有的土地，就可能超過所有波斯艦隊的槳手所擁有的土地之和。絕大多數帝國境內最好的土地由祭司集團控制，他們將這些土地分給佃農或者外居波斯領主耕種，後者往往擁有若干個村莊。在理論上，波斯大王自己領有帝國的所有土地，因此他可以隨意將任何土地收爲己有，或者將土地的所有者直接處死。

根據財產多寡，希臘人有自己的階層劃分方法，但希臘人和波斯人的不同之處在於對待土地所有制的態度。在希臘，公有土地或供給祭祀的農場面積有限，而且數量相對較少——通常僅佔據不超過城邦周圍百分之五的可耕地，而財產的分配和持有也顯得更爲公平合理。二次土地分配通過標準化的拍賣進行，整個過程保持公開，並且使用較低的統一價格。對於新近殖民的地區，城邦會將土地統一分配或者公開銷售，而絕不會把土地集中交到少數精英的手中。在所謂的重裝步兵階層中，一個戰士所擁有的典型土地大約有十英畝。在絕大多數城邦中，大約三分之一的公民屬於這個階層，而他們控制的可耕地面積大約是城邦總數的三分之二——舉例來說，這樣的土地分配遠比現在的加利福尼亞要平均，後者全部可耕地的百分之九十五掌握在占人口百分之五的地產主手中。

任何希臘公民都不能在未經審判的情況下，被處以死刑。而倘若沒有經過議政院或是公民大會審議通過，他的財產也不能被沒收。在希臘人的腦海裡，自由擁有地產——包括對其具有法定所有權、可以擴展或者轉手自己的土地——是自由的基石。儘管這些古典時代的傳統可能在後來羅馬帝國時期以及黑暗時代初期不斷弱化，但隨著大型外居地主莊園與教會采邑的出現，這種土地資產自由的理念並未被徹底拋棄，而是在西方成了革命與農村改革的溫床，並從文藝復興時代一直延續至今。

儘管波斯帝國擁有龐大的國有鑄幣機構，但我們獲得的關於阿契美尼德王朝管理機構的材料——這些資料來自後世亞歷山大大帝軍隊中的那些掠奪者和破壞者——表明數以噸計的貴金屬並沒有鑄造成貨幣，而是以條塊的方式進行保存。這種對待貴金屬的方式無疑對波斯帝國的經濟帶來了負面效應。由於金銀都收集起來存放在帝國庫房中，省份需要繳納的稅收在更多情況下以「貢禮」的方式進行上交——食物、家畜、金屬、奴隸以及產業等。和使用貨幣繳納稅收不同，波斯帝國稅賦沉重，而且缺乏發達的貨幣經濟。晚期希臘化時代（公元前三二三年～前三一年）迅速擴張和通貨膨脹的原因之一，便在於馬其頓系的繼承者國君們將波斯帝國儲備的大量貴金屬鑄造成貨幣進行流通，使得原本處於中央管制下的經濟體系變得更加資本化，由此可以雇傭到數以千計的建築工人、造船工人和雇傭兵。

對波斯人而言，任何成篇的戲劇、哲學或者是詩歌，都不能掙脫宗教與政治的鐐銬而自由發揮。我們必須承認瑣羅亞斯德教（Zoroastrianism）在對形而上的哲學探究方面有著迷人的魅力，但這種探究的源頭來自宗教，因此思維的尺度已經被限制在所有神聖教條允許的範圍之內。這種限制猶如宗教狂熱一般固執，阻止了一切天馬行空的質疑與無拘無束的表達。希臘人對待歷史的態度，卻是自由地進行質疑，對過往事件的一切記錄和資料一直處於質疑和分析之下，這種努力本身是為了獲取一種永垂不朽的進行闡述的方法——這一切對於波斯人則是聞所未聞的，至少在阿契美尼德王朝治下，這樣的方法沒能得到廣泛傳播。在波斯，最接近這種努力的文本存在於阿契美尼德君主們自己設立的公開銘文上，以下就是大流士一世或者薛西斯發佈的一段頌詩：

> 吾神阿胡拉．馬茲達，功業甚偉，開闢天地，創世造人，維繫和平，以薛西斯為王，是為眾王之王，眾領主之領主。吾乃薛西斯，偉大之王，眾王之王，許多人民之主，廣闊大地之主，大流士王之子，阿契美尼德家族之血裔，波斯人，波斯人之子，雅利安人，雅利安人之子。（A．歐姆斯德，《波斯帝國的歷史》，二三一）

奧古斯都皇帝也曾經在羅馬帝國時期發佈過類似的公告，但即便如此，終究還是有諸如蘇埃托尼烏斯（Suetonius）、普魯塔克（Plutarch）和塔西陀（Tacitus）這樣的歷史學家去記錄下真實發生的事情。就像後世的奧斯曼帝國因為懼怕自由表達觀點的權利而禁止印刷術傳播一樣，對阿契美尼德政權的公開抨擊從未見諸書面材料。

所有關於阿契美尼德的波斯的文字資料——無論是公共場所的碑刻、宮廷記錄或者是神聖的宗教祭文——

往往與波斯大王、他的祭司以及官僚有關，在內容上僅限於政務與宗教而已。即便存在公開發表觀點的其他管道，倘若沒有薛西斯本人的批准，波斯人在溫泉關的勝利也不能被搬上舞臺或者成爲詩篇——而且在這樣的作品中，薛西斯本人必須是故事的主角。關於波斯帝國在巴克特里亞（Bactria）所取得勝利的紀念文獻，就很好地說明了這一點：「衆王之王薛西斯如是說：我登基稱王之時，以上所載之土地中，尚有一地不安其位。此後，吾神阿胡拉·馬茲達賜福於我。憑藉神威，我擊垮了這塊土地上的一切反抗，令其俯首歸位。」（A·歐姆斯德，《波斯帝國的歷史》，二三二）

波斯的神權統治並不如埃及那般絕對，究其原因在於阿契美尼德君主自稱爲阿胡拉·馬茲達在人間的代理人，而非神自己的化身。儘管如此，波斯人依然認爲皇室血脈具備神聖的權力，帝國法令也被視爲神聖不可侵犯，正如阿契美尼德國王們不斷宣稱的那樣：「吾之意志即阿胡拉·馬茲達之意志，反之亦然。」當亞歷山大大帝嘗試以這種方式發號施令時，即便是他手下最爲忠誠的馬其頓領主們，也試圖策劃針對大帝的刺殺、政變來反抗，或者拋棄他回到馬其頓。然而，在波斯帝國境內，諸如巴比倫人和猶太人這樣的被征服民族，被允許在他們自己居住的地方膜拜自己的神靈。在被波斯征服的東方世界中，沒有任何一個文化體系具有神權、世俗權分治的傳統，也沒有任何一個民族能夠忍受宗教多樣性的自由，在多數波斯帝國的臣屬看來，阿契美尼德政權下的宗教——政治架構和他們自己的並無多少差別——如果波斯人的宗教觀不顯得更爲寬容的話。

而這也就意味著，在波斯有著各種等級的神職人員，他們不僅作爲波斯國王的王權代理人享受著政治權利，同時還索取了大量土地來維持他們的職業。官方的神職官員身披白袍，由君主支付俸祿，在公共紀念活動中充當稽查官的角色，同時保證帝國的臣屬們虔誠敬神。在這裡，數學與天文學高度發達，然而這兩種學科終究是宗教的附屬品，其進步不過是爲了提升宗教背景下預言術的藝術罷了。像普羅塔哥拉這樣的人文主義者

（Protagoras，他的名言是「人乃衡量萬物的尺度」），或者是像安那克薩哥拉這樣的唯理性無神論者（Anaxagoras，他宣稱「任何有生命的東西，無論大小，唯有精神（心靈，*nous*）能對其施加控制……無論事物現在如何，將會怎樣，只有通過精神，才能改變它們」），在阿契美尼德王朝治下肯定難以生存。只有當王權放鬆控制之時，這樣的自由思想才可能在波斯的國土上出現；否則，一旦被發現，則會馬上遭到王權的嚴厲制裁。也許古典時代的希臘人對於宗教的虔誠程度相對波斯人不遑多讓，但如果保守市民打算將無神論的壞分子從城邦中趕出去的話，他們至少會首先嘗試進行看似合法的公開審判，通過爭取公民的多數票來達到目的。

在過去，西方歷史學家通過研究諸如埃斯庫羅斯、希羅多德、色諾芬、歐里庇德斯、伊索克拉底（Isocrates）和柏拉圖等希臘名家的資料來評判波斯，將波斯視為腐化墮落、陰柔、受制於太監和後宮的妖魔政權。而現在，經過對阿契美尼德波斯文獻和碑刻的仔細檢視研究，在還原歷史時我們理應保持警醒，防止自己在另一條偏見的道路上越走越遠。在薩拉米斯海戰中的波斯軍隊，確實並不顯得墮落或者像女人一樣懦弱，但與希臘人相比，確實完全是另一種模式。究其原因，在於東方世界中並沒有城邦國家存在。阿契美尼德波斯就像奧斯曼土耳其和蒙特蘇馬的阿茲特克一樣，是一個龐大的兩極化社會，其中數以百萬計的人民由專制君主統治管理，被祭司洗腦，被將軍壓迫。

希波戰爭與薩拉米斯的戰略

薩拉米斯海戰，是兩種完全不同的文化互相碰撞的決定性戰役，雙方一個是龐大而富有的集權帝國，另一個則是弱小、貧窮、一盤散沙的城邦聯盟。前者強大的力量來源於稅收、人力和服從，這是集權帝國的長項；後者的實力則源於自覺自願的行動、創造力，以及小規模的、自治的、由平等公民組成的終生爲伍的共同體所產生的主觀能動性。希波戰爭時代的希臘人相信，這場戰爭的最終極目的恰恰是爲了不同的價值觀而戰。他們眞心誠意地認爲，這場戰爭的焦點便是他們對於自由特有的理念，他們稱之爲「*eleutheria*」——他們希望能保有自由，薛西斯則要奪走它。在他們眼裡，這場戰爭體現出自由的價值所在，並且向世人揭示這種嚮往自由的信念將會抵消波斯大王在兵力、物質財富和軍事經驗方面的巨大優勢。十年之前，雅典重裝步兵在馬拉松戰役中的勝利，徹底粉碎了大流士國王對該地區懲罰性的入侵行動，在一整天的戰鬥之後，雅典人和普拉提亞人依靠自己的力量獲得了戰場的控制權。在那一次入侵行動中，以後世的標準來看，波斯參戰軍隊的規模並不算大——最多也就是三萬名波斯軍人，而與他們對陣的是一萬人多一點的希臘聯軍。在馬拉松戰役之後，薛西斯進行了大規模徵召，這一次他得到了一支完全不一樣的龐大軍隊。

在馬拉松戰役十年之後的溫泉關攻防戰，對希臘人而言無疑是一場慘痛的失敗——儘管希臘人表現出驚人的勇氣和對自由的嚮往，但希臘聯軍仍舊遭到了可能是歷史上最慘重的損失，這也是爲數不多的幾次亞洲軍隊在歐洲土地上擊敗西方軍隊的戰例之一。在和溫泉關戰役同時發生在阿提密喜安（Artemesium）的海戰中，希臘人則用行動詮釋了什麼是最好的戰略性撤退。在分析希臘人最終取得希波戰爭勝利的原因時，我們只需要考察兩場最重要的戰役：薩拉米斯海戰，以及隨後發生的、由陸軍決定整個戰爭結局的普拉提亞陸戰。

公元前四七九年八月，在小亞細亞的愛奧尼亞海岸進行的密卡爾戰役（Battle of Mycale）和普拉提亞戰役（Battle of Plataea）同時或是幾乎處於同一時期，這場戰役標誌著希臘勢力不再只是被動防禦本土，而開始向愛琴海地區擴張進攻。當然，沒有薩拉米斯的勝利，密卡爾大捷也就永遠不會成為可能。至於普拉提亞戰役，則是一場偉大的希臘勝利，希臘聯軍於薩拉米斯取勝一年之後，在底比斯（Thebes）以南大約十英里的一個小谷地中，在戰場上徹底粉碎了留在希臘的波斯陸軍，這場戰役的勝利標誌著波斯大王的軍隊被徹底逐出希臘的土地。倘若沒有前一年九月的薩拉米斯大勝，以及隨之而來的戰略、戰術優勢與作戰意志的提升，希臘人無疑不可能有信心繼續作戰，並最終在普拉提亞殺死波斯將軍瑪律多尼烏斯（Mardonius），並殲滅擊潰絕大多數繼續留在希臘的波斯軍隊。在普拉提亞奮戰的波斯軍隊缺乏薛西斯本人親臨打氣，也沒有波斯無敵艦隊的支持，而一部份最精銳的波斯部隊，要麼在薩拉米斯戰役中淹死在海裡，要麼在海戰失利之後逃回波斯本土，沒有參加一年之後的決定性陸戰。在戰場所處的彼奧提亞（Boeotia），放眼東面海岸之外，沒有任何艦隊來支持瑪律多尼烏斯的陸軍——波斯戰艦要麼已經沉入薩拉米斯海峽的水底，要麼分散向東撤走了。此外，在普拉提亞的希臘軍隊異常龐大——大約六萬到七萬重裝步兵，以及更多的輕步兵，這樣的兵力規模在希臘歷史上後無來者。希羅多德相信戰場上的希臘軍隊總數超過一一萬人，因此，在公元前四七九年夏天的普拉提亞與希臘軍隊對抗的波斯人，既沒有薩拉米斯時的數量優勢，也沒有國王督戰、艦隊支持，作為入侵者，他們無論是從路上還是海上都難以得到有效的支援。反觀，自信滿滿的希臘人，他們湧進狹小的彼奧提亞平原，他們堅信波斯人已經因為薩拉米斯的失敗而喪失士氣並從阿提卡撤退，並且被他們的政治軍事領袖拋棄。

一年之前，在薩拉米斯，勝負之勢是多麼不同——對於歷史學家而言，預言勝利屬於希臘是多麼困難啊！

雅典人將鄉村與衛城的居民盡數撤離，而此時的雅典艦隊剛剛完成二百艘戰艦的打造，數量爲希臘艦隊總數的三分之二——他們寧可一戰，也不願再後退一步了。幾乎所有的雅典公民都撤到了薩拉米斯島內陸、埃伊納島（Aegina）或者阿戈利德半島（Argolid）的特洛曾（Troezen），因此，在公元前四八〇年九月，倘若希臘聯合艦隊從薩羅尼克灣向南航行超過一里格（約等於三海浬），那就意味著他們拋棄了阿提卡的難民，將其拱手交給薛西斯的軍隊——如此也就意味著雅典本身的滅亡，如果希臘人在薩拉米斯戰敗，雅典人將無立錐之地。「如果你們不這麼做（在薩拉米斯對抗波斯人）」，地米斯托克利警告他那些來自南面伯羅奔尼撒半島的同盟者們，「那麼我們雅典人就會直接離開希臘，帶上所有的財產和艦隊，航向義大利的西里斯（Siris），那里自古以來就是我們的土地，而神諭也指示我們在那裡建立一塊殖民地。至於你們這些拋棄我們的所謂盟友，相信你們有理由記住我們所留下的話語」（希羅多德，《歷史》，八．六二）。希臘人在希波戰爭中爲了自由而戰，但伯羅奔尼撒諸城邦中部份精明的領導人希望推遲最終和薛西斯交戰的時間，直到雙方兵戎相見的局勢無可轉圜，而且其他所有的城邦都已經把自己最後的家底投入大決戰的戰場爲止。

在薩拉米斯，大多數希臘人同意，如果需要正在避難的雅典人（他們仍舊是希臘聯盟中海軍實力最強的城邦）參戰，那必須有兩個先決條件：其一，一旦阿提卡半島上的人完成撤離，就需要立即在海上開始戰鬥；其二，這場戰鬥的地點必須落在波斯入侵軍隊與雅典脆弱難民之間的緩衝區內。因此，在九月的薩拉米斯海面對波斯人，是唯一能留住雅典人繼續參戰的選擇，而雅典艦隊的參與則是希臘聯軍保持戰鬥力的基礎。在北希臘，除了少數城邦，大多數人在家園被佔領的情況下早已放棄抵抗，事實上，他們此時已經在爲薛西斯的入侵提供兵源了。雅典人打算航向西邊重建家園並非空洞的威脅：倘若南部希臘的同胞們不願在薩拉米斯進行最後的抵抗，雅典眞的會徹底放棄聯盟。

雅典人之所以撤離阿提卡，原因就在於他們大約一萬人的重裝步兵部隊難以對抗波斯騎兵。在溫泉關戰役敗北之後，沒有任何希臘聯盟的重裝步兵願意在阿提卡半島的平原上保護雅典，對抗那些挾勝利餘威南下的波斯人，而薛西斯的軍隊此時剛剛佔領了特薩利和彼奧提亞，並在那里得到了補充和增強。直到此時，多數希臘人仍然希望用一場決定性的戰鬥解決問題，不過他們更偏好在陸地上進行的重裝步兵戰鬥。然而此時，希臘人對於陸上決戰的想法只是一種美妙的空想而已，只有當薛西斯在海上的支援能力、運輸能力和來自盟友的支持被粉碎之後才能成爲現實，否則倘若貿然交戰只會遭到屠殺。多數希臘人已經意識到，溫泉關的英雄式失敗不能重演，只要波斯的龐大艦隊存在一天，任何希臘方的陸上防禦就可能被來自海上的敵軍包抄夾擊，而之前失去彼奧提亞已經意味著他們損失了希臘本土最優秀的步兵徵募地之一。

從希臘海岸線向南看，薩拉米斯島和科林斯地峽（Isthmus of Corinth）之間沒有更大的島嶼，而更南方的阿戈利德半島（Argolid peninsula）北岸也是如此，沒有海峽和峽灣能夠幫助數量更少、裝備更重的希臘艦隊利用地形在狹窄的水域抵消波斯龐大艦隊的數量優勢。即便其他盟友能說服雅典人在薩拉米斯以南作戰，將埃伊納島（Aegina）和薩拉米斯島上的難民向南撤，與在特洛曾（Troezen）的雅典人會合後，也只有兩條路可走：要嘛在南面的開闊水域和波斯交戰，要嘛只能在放棄科林斯地峽的防禦之後，和波斯人進行一場無異於自殺的陸戰。無論採用這兩個方案中的哪一個，都看不到取勝的希望。

希羅多德記述了一段地米斯托克利向同盟將軍們發表的戰前講話，其中，他拒絕在科林斯外海和敵人的海軍交戰：「倘若你們和敵人在地峽外海遭遇，你們就不得不在開闊水域進行戰鬥，如此一來我們的劣勢就暴露無遺，因爲我們的艦船更爲笨重，而且數量也較少。此外，即便我們在那裡獲勝，我們也會不得不放棄薩拉米斯、麥加拉（Megara）以及埃伊納。」（《歷史》，八．六〇）。「相較之下」，地米斯托克利補充說如果在薩拉米斯作戰的話，伯羅奔尼撒人應該可以確保敵人無法進入地峽，這樣的話就可以保護他們自己的領土。薩拉米斯的一場勝利可以給雅典和伯羅奔尼撒人帶來安全。假如不這麼做，就算在地峽打贏了，對於解救阿提卡（Attica）來說也來不及了。希臘防衛的關鍵在於保存最強的力量，也就是雅典和斯巴達，讓它們鼓舞希臘聯盟防禦的士氣。」

雅典人奈希菲里烏斯（Mnesiphilus）曾警告過地米斯托克利，如果希臘人不在薩拉米斯背水一戰的話，希臘聯盟就很難再集結起這樣一支龐大的艦隊了，即便是在科林斯地峽也未必能做到。「每個人，」他這樣預測道，「都會撤回到自己的城邦，無論是歐利拜德斯（Eurybiades，斯巴達人，希臘同盟艦隊的最高指揮官）還是其他人都沒法把他們再集結起來，同盟艦隊就會因此分崩離析。」（《歷史》，八．五七）因爲這個原因，希羅多德筆下的阿特米西亞女王（Queen Artemisia）——薛西斯的海軍將領之一，儘管擔心自己會因爲諫言而性命不保，還是向大王提出了這樣的建議：避免在薩拉米斯交戰，暫且按兵不動，然後通過在科林斯地峽登陸逐漸向南進兵。她爭辯說，對希臘人而言，只有在薩拉米斯進行一場海戰，才能將所有那些爭論不休的城邦團結起來，對抗波斯大軍。

根據希羅多德所言，伯羅奔尼撒半島上的希臘人都頑固地堅持在陸地上進行防禦的想法，當他們的海軍將領們爲了是否在薩拉米斯戰鬥而爭論不休時，他們的陸軍則匆忙地在科林斯地峽處建立防禦工事。對雅典人來說，一方面如果雅典難民遭受奴役，他們的艦隊恐怕也不太願意幫助伯羅奔尼撒人——對於躲在工事後面的戰鬥，海軍可幫不上什麼忙，更何況希羅多德還預料到了另一個更重要的理由：這樣的陸上防禦根本沒法成功。一支未受挫敗的波斯艦隊，能夠沿著伯羅奔尼撒海岸任意選擇登陸點，輕易將部隊卸載到希臘陸軍的背後發動攻擊。

拯救希臘文明、擊敗一個比希臘大二十倍的帝國的最後希望，在於強迫敵人在薩拉米斯進行一場海戰。取勝的機會渺茫，而且還主要取決於地米斯托克利的戰略戰術天才，以及希臘艦隊水手們的勇氣和膽量，畢竟這些人是在為了他們自己的自由、家庭的生存而戰。貫穿整個公元前四八〇年，希臘面臨的問題是，儘管波斯在繼續吞併他們故鄉的領土，他們卻仍舊在爭吵、投票並彼此威脅。這種不斷探討不同戰略、爭辯戰術安排、聽取水手抱怨的自由無拘束的方式，也許看起來粗魯而不精緻，但只要戰鬥開始進行，人們就會看到，是希臘而非波斯最終找到了在薩拉米斯海峽中作戰的最佳策略。

戰鬥

倘若那溺水而亡的四萬波斯士兵沒有遭遇戰敗身死的結局，而是和那些倖存的同袍一起獲得了勝利，那麼自由自治的希臘將不復存在，西方文明也就會僅僅存在兩個世紀之後就被扼殺在搖籃裡。在某種意義上，薩拉米斯是希臘人脆弱聯盟的最後機會，他們必須在薛西斯佔領近在咫尺的伯羅奔尼撒半島，從而在完成對希臘本土全境的征服之前阻止他。雅典的難民們此時正蜷縮在前線附近薩拉米斯島、埃伊納島和阿戈利德沿岸的臨時庇護所中，他們獨特的文化正處於生死存亡的邊緣。我們應該記得，在薩拉米斯海戰進行之時，雅典人早已失去了家園。這場戰鬥並不是為了拯救他們自古以來居住的土地，而是為了奪回屬於自己的城邦。

不幸的是，根據我們掌握的古代文獻資料——包括歷史學家希羅多德、劇作家埃斯庫羅斯，以及後世羅馬時代的普魯塔克（Plutarch）、迪奧多羅斯（Diodorus）和涅波斯（Nepos）的作品——幾乎沒有任何人描寫戰鬥本身，但確實有材料提到，重組之後的希臘聯盟艦隊在數量上至少是處於一比二的劣勢，雙方戰艦的數量比甚至可能達到一比三或者一比四。我們無法確定交戰雙方的實際艦隻數目——考慮到在幾週之前阿提密喜安海岬附近進行的戰役中，雙方都遭受了損失，戰後又得到了補充——但大致而言，應該有三百到三百七十艘希臘戰艦去對陣波斯超過六百艘的龐大艦隊。事實上，在埃斯庫羅斯和希羅多德的描述中，波斯艦隊甚至要比以上所描述的更為龐大——擁有超過一千艘戰艦、二十萬海員。如果他們所述為實，那麼薩拉米斯海戰就成了整個人類海戰史中，參戰人員最多的一場戰役。

絕大多數古代的觀察者還提到了一點，即希臘艦隊的水手們在經驗方面遠遠遜色於那些在波斯皇家艦隊中服役的對手，後者久經戰陣，這些老水手們來自腓尼基、埃及、小亞細亞、賽普勒斯，還有一部份甚至就是希臘人。龐大的雅典分艦隊距離建立僅僅有三個年頭，地米斯托克利準確地預估到了其他希臘城邦或者波斯海軍擴建所帶來的威脅，因此倉促提議，新建了二百艘戰艦以擴充軍備。由於希臘聯盟的戰艦在數量和適航性方面處於劣勢，以地米斯托克利之見，取勝的唯一機會便是將波斯人引誘進大陸和島嶼之間的狹窄水道中。在這裡，入侵者缺乏進行機動的足夠空間，由此失去了數量和航海經驗方面的優勢，而士氣高漲的希臘人則會不斷地用戰艦撞擊敵人，最終打敗民族成分複雜的龐大波斯艦隊。同時，希羅多德在描述希臘艦隻時還用了「更沉重」（*baruteras*）這個形容詞，這個詞並不意味著希臘人的船設計得更好或是航海性更佳。有些學者認為，希羅多德可能是在表述希臘的船隻使用曾受到水浸、未經晾乾的木材，或者是體積更大、缺乏優雅感，這兩種可能都意味著希臘艦船相比波斯艦船，轉向不夠靈便，卻也更難以被擊沉。無論如何，很顯然希臘人更希望不要航向遠海作戰，由此他們既能避免寡不敵眾，也能防止自己遭到敵人的包抄攻擊。

波斯可能是被地米斯托克利的小計謀所迷惑，他們相信雅典將會通過埃硫西斯灣（Bay of Eleusis）向南撤退經過麥加拉海峽。作為回應，波斯分兵在薩拉米斯島的南北兩岸進行堵截，這一舉動反而削弱了他們自己的兵力。波斯大王的艦隊在拂曉即將降臨之際展開攻勢，他們將戰艦排成三條戰線，而希臘只有兩條戰線與之對抗。由於波斯將太多戰艦開進了如此狹窄的水域，很快，在希臘艦船的撞擊之下，波斯艦隊的陣形開始陷入混亂。相對而言，希臘的水手來源單一，方便指揮，在紀律上更勝一籌，而且士氣更為高漲，由此解釋了為何在戰鬥中他們能夠一再划船撞擊敵艦，而很少會被佔據數量優勢的敵人強行登船被迫展開肉搏戰。此外，波斯經驗豐富的埃及分艦隊完全沒有參加戰鬥，這支分艦隊一直毫無意義地等待在遠方北面的海峽出口，想當然地相信希臘人會從那里向麥加拉（Megara）撤退。

地米斯托克利本人在他的座艦上領導希臘聯盟艦隊的攻勢，他恩威並施，在波斯已經佔領科林斯地峽以北所有希臘領土的情況下，仍然將希臘人團結在一起；而他在開戰前夕，秘密地向波斯大王傳遞出欺敵的投降訊息，成功愚弄了薛西斯並隱藏了希臘聯盟艦隊的真實意圖。縱觀簡短的歷史記載，關於戰鬥的描寫充斥著希臘人有序的進攻——戰艦整齊地向前攻擊，而槳手在命令下有條不紊地劃動船隻，在水中後退進行機動，或者前進撞擊敵艦——這與波斯形成了鮮明的對比，後者陷入混亂的各自為戰，波斯海軍也曾嘗試著登上希臘的三列槳戰艦並殺死水手，但他們的努力卻徒勞無功。

這場戰鬥耗時可能長達八個小時，大約發生在九月二十號到三十號之間，最可能的日期是九月二十八日。戰至夜幕降臨，波斯戰艦要嘛被擊沉，要嘛被打散，入侵艦隊的水手們已經徹底喪失了士氣。絕大多數波斯戰艦都是遭到撞擊沉沒的。希臘的三列槳戰艦在波斯人笨拙的陣形中衝進衝出，沒過多久，薛西斯麾下不同民族的分艦隊就不得不分頭行動，陷入只求自保的境地了。儘管理論上來說，逃走的波斯殘部仍舊擁有數量優勢，但此時的波斯艦隊早已失去了再戰的能力，他們有超過十萬名水手要嘛戰死、受傷，要嘛失蹤、逃散，或者索

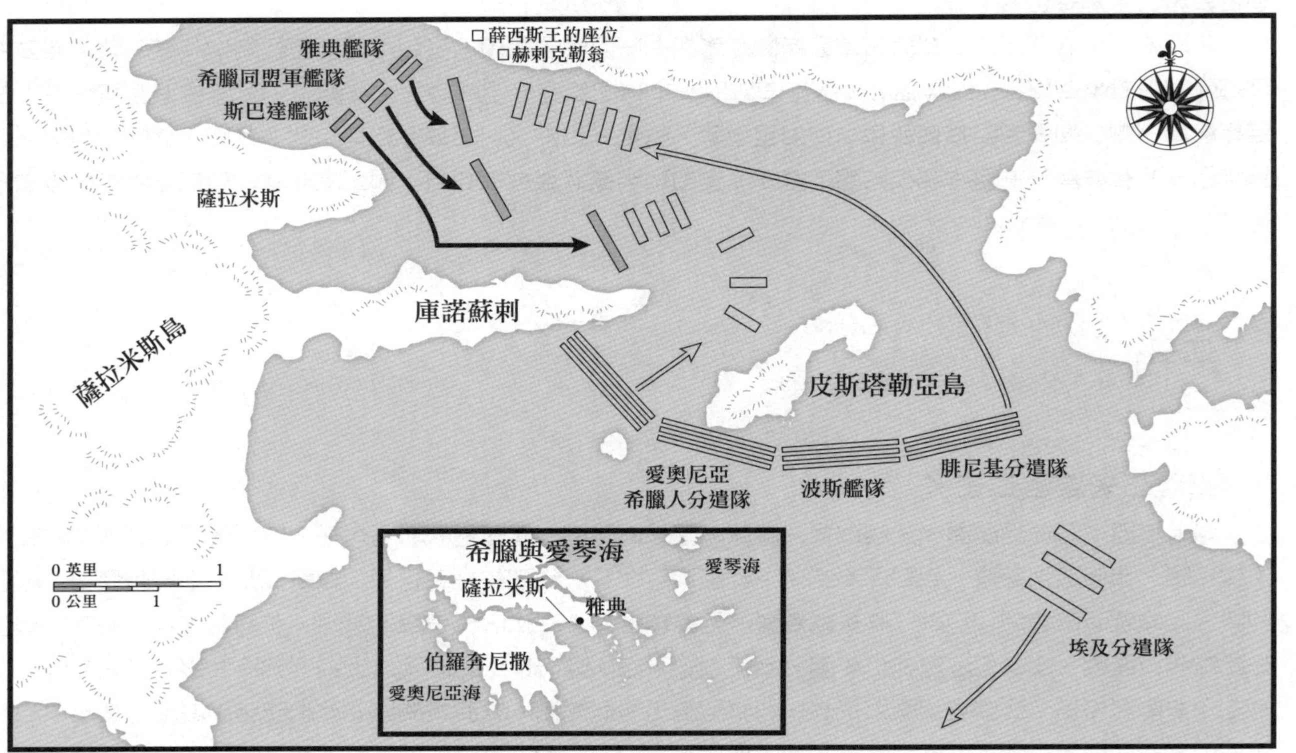

薩拉米斯海戰，公元前 480 年 9 月 28 日

性開船逃回愛琴海的另一邊。

沒過多久，薛西斯自己也經由赫勒斯滂海峽踏上了回國的歸途，跟他一起回國的還有六萬步兵。他留下代理指揮官瑪律多尼烏斯（Mardonius），同時也留下了一支仍然龐大的軍隊，將希臘本土的戰事延續到了下一年。而在希臘人這一邊，他們很快地宣告自己的勝利，雅典人在不久之後重新控制阿提卡半島。幾個月之後，希臘聯盟的步兵從希臘本土的各個角落湧向戰場，將已經北撤到彼奧提亞並在普拉提亞紮營的波斯陸軍徹底粉碎。

自由

在薩拉米斯的自由人

公元前四八〇年的希臘人，儘管寡不敵眾、國小民窮而且身處敵人包圍之中，但就像其他戰爭裡被侵略的一方一樣，在面對波斯時，他們仍然擁有一些固有的優勢：他們對本地的地形更為熟悉，在後勤補給方面較為容易，而且能利用當地的防禦工事來抵消敵人的數量優勢。根據希羅多德的說法，希臘步兵的青銅甲冑在陸戰中顯得尤為關鍵，優異的防護對於希臘人在馬拉松、溫泉關和普拉提亞的良好表現功不可沒。甚至連波斯自己也對於希臘人追求一場毀滅性戰役來決定勝負的做法感到震驚，特別是重裝步兵方陣衝擊敵陣的做法令他們恐懼不已。對於希臘軍隊的紀律性波斯顯得一無所知，然而正是這種紀律帶來了近身肉搏中的巨大優勢。在希臘軍陣中，戰士的第一要務是固守在行列中，而不是去盡可能多地殺死敵人。這種歐洲人固有的軍事素質，在薩拉米斯海戰發生一個世紀之後被發揮得淋漓盡致，而這種素質也解釋了爲什麼來自歐洲的色諾芬、阿格西勞斯（Agesilaus）和亞歷山大大帝，僅僅率領幾千到數萬名士兵，就能橫行在亞洲的土地上，並實現薛西斯在亞洲用幾十萬人都無法達成的偉大戰功。

所有這一切意味著，那些在薩拉米斯奮力划槳、催動戰艦迎頭撞向波斯船隻的希臘人相信，自由（eleutheria）是他們取勝的關鍵所在。他們認爲，對自由的渴望，將他們變成了比波斯人更好的戰士，無論來自東方西方，無論是哪些沒有自由的部落、民族或者國家，都不能擊敗希臘人。希臘人士氣更爲高漲，而且作戰殺敵的欲望也更加強烈。對此，埃斯庫羅斯和希羅多德的記載頗爲明確。相對的，對於波斯人的作戰習俗與動機，我們並沒有多少興趣，更何況相關記載往往具有傾向性，或者從來源來看屬於二手貨，我們能從這兩位作者的描述中確定的是，希臘人很確信，在薩拉米斯他們是在爲了什麼東西而孤注一擲。

舉例來說，從希羅多德所描述士氣對比來看，在這個方面，雙方的差距是確定無疑的：自由公民組成的軍隊是更好的軍隊，因爲他們在戰場上是爲了自己、自己的家庭和財產揮動武器，而不是爲了那些國王、貴族或者祭司而進行殺戮。相較於奴隸部隊和雇傭兵團，這些自由民士兵能夠保持更好的紀律性。在描述了馬拉松戰役（公元前四九〇年）的情形之後，希羅多德提出，雅典人在他們新近爭取到的民主政體支持下，戰鬥力遠勝於原先在庇西特拉圖家族僭主們（Peisistratid tyrants）長期統治的時代：「只要雅典人還在獨裁暴君統治下，他們在戰爭中取得成功的機會就不會比周圍的鄰國強。」希羅多德還解釋了這種情況發生的原因：在過去「他們（雅典人）沒有以最好的面貌進行戰鬥，因爲他們是爲了一個主人效勞；但作爲自由人，每個個體都會渴望爲了他自己去完成些什麼事業」（《歷史》，五・七八）。

當被問及爲何不在戰爭剛開始的時候便達成和平協定，斯巴達使者們如此回答波斯帝國西方省份的軍事統帥海達爾尼斯（Hydarnes），他們認爲自由本身就是最好的理由：

> 海達爾尼斯，你給我們的建議脫離了對於我們狀況的瞭解。對於整個事件的前因後果，你只明白了其中一半；另一半對你而言，則是一片空白。究其原因，你對於奴役的瞭解已然非常完全，但你卻未曾體驗過自由的滋味，無論甜蜜或是苦澀，你都一無所知。倘若你曾經歷過自由的生活，你必定會建議我們，不僅要用槍矛去捍衛它，更要用戰斧去爭取它。（希羅多德，《歷史》，七·一三五）

就像本章卷首引語所描寫的一樣，在埃斯庫羅斯的劇本裡，希臘人在駛向戰場時互相激勵：「解放你們母國的領土。解放你們的孩子、妻子，解放你們父輩崇敬的神靈以及祖先的墓地吧！」（《波斯人》，四〇二—四〇五）在取得薩拉米斯大捷之後，雅典人用一條簡短的回覆拒絕了波斯人所有關於斡旋的請求：「我們很清楚，波斯帝國的實力遠超雅典；因爲力量的差距而嘲笑譏諷我們是毫無必要的。儘管雅典顯得弱小，但我們狂熱地追求自由之身，不惜一切代價也要保衛自己。」（希羅多德，《歷史》，八·一四三）對於希臘人而言，他們對自由的追求，猶如生來即有的宗教信仰一樣。雅典人崇拜抽象意義上的「民主」和「自由」，對於後者的崇拜更是祭拜「自由賜予者宙斯」（Zeus Eleutherios）的祭儀的一部份——由此可見，希臘的衆神爲每一個平凡雅典人所做的，遠比阿胡拉·馬茲達爲所有不自由的波斯人所做的多得多。

對薩拉米斯的勝利，希羅多德也發表了自己的觀點：「是雅典人拯救了希臘，他們做出了選擇，認定希臘必須保持自由之身，並繼續存在下去，他們在其他城邦尚未卑躬屈膝之時奮起鬥爭，激勵了他人。」（《歷史》，

七．一三九）大約一年之後，在普拉提亞戰役中，希臘聯盟要求每一名戰士在戰前宣誓，以這樣的話語作爲誓詞的開頭：「我將奮戰，至死方休，視自由高於生命。」（狄奧多羅斯，《歷史叢書》，一一．二九．三）在戰爭結束之後，希臘人在德爾斐神廟奉獻了一座精心裝飾的紀念碑，上有銘文：「廣大希臘的拯救者們樹立了這座紀念碑，是他們保衛自己的城邦，使之免於令人厭惡的奴役」。（狄奧多羅斯〔Diodorus〕，《歷史叢書》，一一．三三．二）

古代的觀察家們不僅相信薩拉米斯與希波戰爭中的其他戰役一樣，是爲了免遭「令人厭惡的奴役」，同時他們也認爲在理論上，自由之身是戰鬥時保持士氣的基礎：只要士氣旺盛，便能擊敗那些在數量或財富方面居於上風的敵人。希臘作者們在行文時不斷將戰鬥的效率與自由人軍隊聯繫在一起；自由本身並不能保證勝利，但卻能使得一支軍隊佔得先機，也許他們由此就能在任何狀況下抵消敵人在指揮、數量或是裝備方面的優勢。亞里斯多德生活在一個雇傭兵數目不斷增長的年代，對於自由與優秀軍事素質之間的關係，他有著清晰的認識。對於自由城邦，他如此寫道：「隸屬城邦的步兵認爲，臨敵逃跑乃是可恥的行爲，他們寧可選擇死亡，也不願當個逃兵生還。相對的，雇傭兵從一開始就試圖以衆暴寡，而一旦發現己方兵力不濟，便逃之夭夭，他們害怕死亡遠勝於蒙羞。」（《倫理學》〔*Nicomachean Ethics*〕，三．一一一六b，一六—二三）

在希臘的自由公民士兵與波斯帝國慣常徵召的多文化農奴軍隊之間，總能形成鮮明的對比。以色諾芬的記述爲例，他在書中借波斯王子小居魯士之口，在公元前四〇一年的克納科薩戰役之前向小居魯士的希臘雇傭兵們解釋了爲何他要雇傭他們向自己的人民發動戰爭：

> 來自希臘的人們啊，我之所以率領你們來到此地作戰，並非是我手下缺乏足夠數量的野蠻人軍隊。我之所以如此，是因為我認為你們在勇氣與力量上遠勝許多野蠻人的武士。你們擁有自由（freedom,

eleutherias）並因此得到我由衷的讚賞，在戰場上證明這一切的價值吧。你們都非常清楚，我會把自由（freedom, *eleutherian*）置於我所擁有的其他一切之上，甚至願意付出更多的代價。（《遠征記》，一・七・三—四）

這段話中包含了一個希臘學者所擁有的一切傳統套路。儘管如此，我們還應注意三個重要事實。其一，色諾芬自己在希臘雇傭兵的萬人長征中，可謂身經百戰，率領部下戰勝了遇到的每個亞洲敵人。其二，波斯的君王們，包括大流士、薛西斯、小居魯士以及阿塔薛西斯（後世的大流士三世也一樣）都會雇傭大量的希臘雇傭兵，但儘管爲數不少的希臘城邦有錢在整個地中海範圍內招募軍隊，卻幾乎沒有城邦會雇傭波斯人作爲士兵進行戰爭。其三，小居魯士認識到，他生來作爲波斯貴族，因此才能夠擁有無價的自由之身，而這寶貴的自由在愛琴海對面卻是普通人就能擁有的無價財富。在克納科薩戰役七十年之後，就在距離萬人遠征軍逐退波斯人的戰場不遠處，亞歷山大大帝在高加米拉戰役（公元前三三一年）的前夜告訴麾下的馬其頓人，他們將輕易獲得勝利，他向部下誇耀說，波斯奴隸組成的軍隊面對他手下的自由人將毫無勝算。話雖如此，亞歷山大大帝本人在摧毀希臘人的自由這點上倒是做得比其他任何人都多。

縱觀古希臘的文學作品，希臘式自由是一個十分顯眼的特點，它顯得與眾不同，作爲一個抽象概念不存在於同時代的任何其他文化中。在公元前七世紀至前六世紀，操希臘語的民族居住在小規模的、相對閉塞的巴爾幹半島上的谷地中，以及愛琴海的島嶼上，小亞細亞也有一部份西海岸的土地是屬於希臘人的，是這些人發展出了獨特的希臘式自由概念。「自由」（freedom）這個詞，以及其他相當的概念——就像其他一些同樣奇怪的名詞諸如「公民」（*politēs*）、共識政府（*politeia*），以及民主（*dēmokratia*，*isēgoria*）等，在同時代的語言中，這些詞僅見於拉丁語（例如：*libertas*自由，*civis*公民，*res publica*公共事務等）。無論是北面部落制的高盧（Gauls），還是南面隔著地中海、有著複雜社會體系的埃及，都未曾擁有這些古怪的思想。

希臘城邦中的自由概念與部落遊牧民只求無拘無束、漫遊天地之間的自由是完全不同的。舉例來說，就連歷史學家狄奧多羅斯也承認，即便是野獸也會為了某種意義上的「自由」而撕咬爭鬥。同樣的，希臘人的自由也不是像波斯、埃及那樣的等級社會中精英階級統治者們所享受的不受限制與監管的自由。希臘式的自由觀，突破了時間和空間的限制——無論是在城市還是郊區，無論人口分佈密集抑或是稀疏，無論共識政府的概念在寡頭政體中有限地運用還是在民主政體中廣泛實施，概莫能外。這種觀念保障公民個體的社交自由，賦予人們選舉權，使得普通人擁有與取得的財產不會遭到隨意的沒收，同時防止公民受到逼迫威脅，或者在私刑氾濫的社會中成為受害者。

希臘人曾建立過超過一千個城邦，身處其中，並非每個人都能擁有自由之身。在自由城邦所存在的四個世紀（公元前七〇〇～前三〇〇年）的歷史中，對於公民身份的財產要求經歷了一個漸變的過程，成為公民所需的財產數額，從高到低，直到完全消失；與此同時，允許擔任公職的公民範圍則從小到大，直至涵蓋了所有具有公民身份的人。在很多情況下，名義上擁有公民身份的人並不能自由、公開地說出他們的想法，也無法擔任任何公職。儘管如此，絕大多數寡頭政權控制下的城邦並沒有建立神權統治並以此來控制整個社會中的人民和文化經濟活動。西方式的獨裁者，在獨斷專行的程度上來說，永遠都不能與東方的專治君主相提並論，他們也無法像後者那樣掌管屬民的生死大權。當然，由於時代局限，從黑海之濱到南義大利的諸多城邦中，沒有任何一個能夠將政治平等的概念延伸到女人、奴隸或者是外國人身上。更廣泛的社會平等概念固然值得稱讚，但在那個時代，只有少數人持有此類觀點，包括：烏托邦式的思想家，阿里斯托芬（Aristophanes）這樣的喜劇作家，前蘇格拉底派哲學家，柏拉圖主義者以及斯多葛派（Stoic）的哲學家等。

在面對希臘社會中諸如此類的政治歧視時，我們必須考慮到兩點。第一，總體而言，希臘人社會中的種種罪惡現象——奴隸制，性別歧視，經濟剝削和民族沙文主義——對於任何時代的所有文化，都是常見現象。希臘世界中的「其他人」——外國人、奴隸和婦女，在那個時代的其他社會中同樣也是「其他人」（時至今日，在某些地方這些不平等狀況依然被延續了下來，如非洲的奴隸制度，印度的種姓制度以及針對婦女的暴力都是）。第二，自由本身是個不斷演進的概念，自從這個概念誕生之日開始，其最終的發展方向從來不受任何邏輯上的限制。從公元前七世紀到前六世紀，早期城邦堅持按照財產多寡進行劃分，建立公民身份的准入制度；而到了公元前五世紀時，雅典和其他民主制度的城邦則取消了財產要求。到了公元前四世紀馬其頓征服希臘的時期，無論是在文學作品中、戲劇的舞臺上、哲學思辨裡，還是在演講稿的字裡行間，希臘人都在呼籲，試圖將自由和平等的觀念擴展到本城邦出生的男性公民以外的人群中。當然，我們不能指望在自由這一概念出現的前二百年時間里就能達到臻於完美的境界，相反，我們應當滿懷讚賞地認識到，這種特殊的觀念竟然在如此早的時代，就已經以某種形式出現在這個世界上了。

自由的含義

如果我們詢問一名在薩拉米斯參戰的水手：「你爲之划槳拼搏的自由，到底是什麼？」也許他給你的答案將包含四個部份。第一，自由意味著能夠說出自己想說的東西。事實上，對於自由發言這個概念，希臘人有兩個不同的詞：「*isēgoria*」，它的含義是指在公民大會上公開發言的權利，而「*parrhēsia*」的含義則是說出自己想說的話語。正如希臘戲劇家索福克勒斯所言，「自由人擁有自由的舌頭」（《索福克勒斯殘卷集》，九二七a）——我們可以看到，這樣不受限制表述思想的方式，不僅能在雅典的戲劇舞臺上看到，同樣能在整個薩拉米斯戰役進行期間得到無處不在的體現。雅典人爲了是否撤出阿提卡半島而辯論，伯羅奔尼撒人爲了是否在科林斯地峽戰鬥而辯論，而所有的希臘人則爲了是否要在薩拉米斯孤注一擲而辯論——在得到肯定的答案之後，爲了戰爭的時間和地點他們的辯論仍會繼續下去。諸如歐里庇德斯、地米斯托克利和阿德曼圖斯這樣的政治家，和將軍們一起就許多問題展開激烈的公開辯論，大喊和尖叫此起彼伏。這種幾乎持續不斷的審議活動，被希羅多德形象地稱爲「語言的戰爭」或者是「一場語言的激烈競賽」。在戰鬥之前，街頭巷尾的人們可以對戰勢發展發表自己的觀點，歷史學家希羅多德稱之爲「大衆的騷動」——將軍們不得不分別到各地去平息公衆的情緒。在這之後，雅典人甚至把他們的三列槳戰艦命名爲「民主」號、「人身自由」號和「言論自由」號——這樣的命名法則，恐怕會使這些戰艦在海戰中成爲波斯無敵艦隊的首要目標。至於將一艘波斯戰艦命名成類似名字的做法，則是徹頭徹尾的幻想。

而在波斯這一邊，之前所述發表意見的方式是不可能被允許的。由此導致的結果是拙劣得多的戰略制定，波斯的高階指揮官也會脫離艦隊所接觸的實際事務，大王本人對於任何一個海軍將領在進攻計畫中所扮演的角色都不甚明瞭。埃斯庫羅斯的作品中有一段合唱，描寫了波斯長者們在戰前的哀歎，這預示著之後薩拉米斯的敗局已定：「人們的舌頭不再會被束縛住，一旦驅使人民的皇家權力的牛軛支離破碎，從此以後，每個人都能隨心所欲地表達自己的觀點了。」（《波斯人》，五九一—九二）斯巴達叛徒德馬拉圖斯向迪凱歐斯建議，不要在波斯大王薛西斯面前表現出對希臘艦隊的恐懼：「保持沉默，也不要把這件事告訴他人。假如你的話被報告給了大王，你就會掉腦袋。」（希羅多德，《歷史》，八·六五）在戰鬥之後，腓尼基艦長們跑到薛西斯面前抱怨，說自己在戰鬥中遭到了愛奧尼亞希臘人的背叛，後者拋棄了波斯的入侵大業。他們批判式的語氣令薛西斯非常不悅，於是這些腓尼基人都被下令處死了。在海戰中，當希臘艦隊接近敵人時，希臘的槳手在划行時帶著承諾，他們能在戰鬥中喊出自己對於戰鬥的觀點；而在波斯這邊，任何有如此行為的水手都難逃當場被處以極刑的命運。

第二，在薩拉米斯，希臘水手們在戰鬥時肯定抱著堅定的信念，確信他們在雅典、科林斯、埃伊納、斯巴達以及其他希臘聯盟中城邦的政府的基石是公民制度，而他們也將為此而戰。像地米斯托克利和歐利拜德斯這樣的領袖，要麼直接由選舉產生，要麼由民意代表進行任命獲得。那些划動戰艦撞向敵艦的希臘水手們知道，進行這場戰鬥是他們自己做出的選擇；而那些沉入海中溺水身亡的入侵者們則不得不接受一個海水般冰冷的事實：他們之所以在海峽戰鬥，只是因為波斯大王希望如此。從長遠來看，人們在擁有選擇自己死亡場合的自由時，總能戰鬥得更為勇猛高效。

在薩拉米斯海戰之後，經過戰爭考驗的希臘士兵們投票選出他們眼中的英雄事蹟，並做出相應嘉獎。反觀波斯這邊，皇家書記官們在薛西斯所處的高處進行記錄，對造成厄運的部屬進行懲罰。在早先的溫泉關戰役中，波斯按照慣例，由軍官用鞭子驅趕著己方部隊向希臘人衝鋒。而他們面對的斯巴達人則是自願地為了希臘人的自由事業而獻出生命。在戰時，倘若一個將軍毆打一名重裝步兵的話，很快會導致對其本人的公開審查；而對於波斯來說，鞭打步兵的行為只不過是維持軍隊士氣的一項必要工作罷了。地米斯托克利曾被自己戰艦的水手指責，在雅典公民大會上遭到嘲笑，也曾在希臘聯盟會議上受到言語攻擊；而薛西斯卻坐在海峽旁高處裝飾華麗的座椅上，讓遠處下方他麾下的每個士兵都清楚地感受到恐懼，因為波斯大王正俯視著他們。巨大的精神壓力和可能身首異處的恐懼，也許能很好地激勵士兵奮勇作戰，但長期來看，希臘式的自由作風仍然是更好的作戰動力。

第三，在薩拉米斯的希臘人能夠自由地購進或者出售地產，將其轉手給他人，也能動手改良其品質，倘若他們喜歡的話也能棄置不管。他們對地產的處置不會因爲受任何政治性或宗教性壓力的驅動而進行，這些土地也不會遭到充公處理。即便是雅典的無地水手們，在理論上，也可以通過開設商鋪、買賣皮貨而攢錢購得葡萄園，或者應聘做一個牧人，最終積蓄一些金錢和土地傳給他的子女。而在波斯這邊，多數在薩拉米斯溺水而死的人們，都在國王、總督、神祇或者貴族所有的巨型莊園中勞作。在戰爭中，如果人們相信戰鬥能夠保護他們自己的財產而非別人的，那麼他們的戰鬥力就會更加強大。當波斯人撤離希臘時，有不少傳聞聲稱有大量的貴金屬和金條被留了下來——這很容易理解，因爲我們知道，在東方沒有銀行或者其他商業機構保護私有財產，使之免受充公或者隨意徵稅。

在後來的歲月裡，東方軍隊總是將軍餉帶到戰場上，而他們的西方對手則把薪金留在家裡，信任法律，相信自由人公民的私有財產總能得到保障。在雷龐多海戰中，阿里帕夏（Ali Pasha）將財寶都藏在他的艦船蘇丹娜號上，而基督徒聯合艦隊的指揮官唐胡安（Don Juan）在皇家號艦船上則沒有放置任何他自己的財產。如果在薩拉米斯戰敗的是希臘人，那麼阿提卡將迅速淪爲波斯大王的私人領地，薛西斯肯定會將這片領地分配給他寵信的貴族精英和皇親國戚們，而後者將會把這些土地進一步分成小塊，讓那些退役士兵作爲佃農並用不合理的要價讓他們耕種。自由是資本主義的黏合劑，在自由制度的驅使下，超道德的市場智慧能夠以最大效率將產品和服務分配給每個公民。

最後，在薩拉米斯的希臘人擁有行動上的自由。舉例來說，一部份固執的雅典人在波斯人攻來時就選擇留在城市中，爲衛城殉葬。而伯羅奔尼撒人則選擇留在主場等待進攻，並著手加固科林斯地峽處的工事。在整個戰役期間，難民、士兵與旁觀者們來了又去，有的人選擇待在埃伊納島，有些去了特洛曾，也有人將薩拉米斯島作為落腳點。這樣的行動自由是波斯人所不能容忍的，呂底亞人皮西烏斯試圖用自己的方式使一個兒子免於服役，薛西斯就下令把那孩子劈成兩半；但在雅典，那些拒絕公民大會決議，不肯撤離阿提卡的公民們並不會在自己同胞的手上遭此厄運。在亞里斯多德對於自由的解釋中，一個關鍵內容便是「一個人應能以他喜歡的方式生活，便是享有自由的標誌，因為反過來說，倘若不能在生活上隨心所欲，那便是身為奴隸的標誌了」（《政治學》，六．一三一七b，一〇—一三）。這種自由的理念，即不受限制的選擇權，同樣出現在伯里克利在陣亡將士葬禮上的精彩演說中。伯里克利的話語被記錄在了修昔底德所著《歷史》的第二冊中：「我們在自己政府中所享受到的自由方式，同樣延伸到日常生活裡。在生活中我們不會以嫉妒的眼光互相監視，我們也不會因為鄰居依照自己愛好所為之事而生氣發怒。」在幾句話之後他又補充說，在雅典，「我們完全按照自己喜歡的方式生活著」（《歷史》，二．三七，三九）。在波斯軍隊中，這種程度的自由僅僅被局限在阿契美尼德王室的精英之中。倘若龐大的波斯艦隊裡有一小部份槳手擁有類似的自由，它或者是因為監管的鬆懈，或者是親屬關係下的網開一面，或者可能來自波斯大王的恩賜——這樣的自由隨時可能因為國王的一個念頭而徹底消失：自由可不是所有公民都能享有的、天生而來、法律規定且抽象的權利。

倘若一個波斯方的水手選擇留在後方被佔領的阿提卡，或者是試圖和他的總督爭論，或者在薛西斯大王個人所擁有的沙灘上漫步，那麼他肯定會受到懲罰，而在薩拉米斯海峽對岸，敵軍士兵的類似舉動則沒人會加以約束。事實上，西方軍隊總是這樣難於駕馭。在薩拉米斯，如此多的小國之間居然能夠一起同心協力發動攻勢，甚至形成一個粗略的協議進行戰鬥部署，這簡直是個奇跡——類似的在自由人之間發生的爭執，在雷龐多海戰之前的幾個小時也差點毀掉了基督徒抗爭的努力。儘管如此，自由行事的權利最終在戰鬥時發揮了積極的作用。士兵和水手們一旦得到保證自己不會被鞭打、砍頭，就會相機而動、自發作爲。他們不會因爲可能的失敗而被處決，因此也就不會因爲隱藏的恐懼而影響作戰的動力。自由人在作戰時完全相信，戰後同胞們會指出哪些人勇敢、哪些人怯懦，他們必將被公正地對待。

在戰前，地米斯托克利本人向波斯人發出了一條欺瞞的訊息。在開船前一刻，希臘人還進行了最後一次大規模的集會商議。在開戰前的最後關頭，希臘的三列槳戰艦或者單獨行動，或者成群結隊地從附近的海島開來加入戰鬥，有些隸屬波斯的希臘人則拋棄了薛西斯投向自己人這邊。雅典人中保守的陸戰派阿里斯蒂德（Aristides）沒有加入海戰，而是主動登陸附近的蒲賽塔列阿島（island of Psyttaleia），驅逐守島的波斯軍隊。以上這些個人的、自由的行動，都是那些「做自己喜歡的事」的人們所採取的。自由發言能夠激發集體的智慧，這在幫助最高層指揮戰鬥方面顯得非常關鍵。關於如何守護薩拉米斯海峽，希臘人進行了激烈的討論，據普魯塔克記載，地米斯托克利向他的對頭斯巴達人歐利拜德斯大吼大叫，後者是伯羅奔尼撒人艦隊的總指揮，卻幾乎沒有表現出爲了薩拉米斯島上的雅典人一戰的意願。地米斯托克利如是說：「如果你想打我就動手，但是聽我把話說完！」（《希臘羅馬名人傳・地米斯托克利》，一一・三）歐利拜德斯確實聽了下去——於是，希臘人贏了。

戰鬥中的自由

西方式的自由理念，源於早期的希臘政治觀念，諸如共識政府（*politeia*）；同時也植根於能夠允許個人獲取利益（*kerdos*），並保護個人地產（*klēros*）；同時提供一定程度的自治（*autonomia*）以及遠離高壓統治和強迫奴役的開放式經濟體系。幾乎每一場西方士兵參與的戰役中，自由的理念都是不可忽視的因素。自由，和其他西方的特有優越性一起，抵消了西方軍隊在人力資源、機動性與補給能力方面的劣勢。

在薩拉米斯海戰中，我們能夠很容易地分辨出自由理念對士兵所施加的影響，而在墨西哥城之役或是雷龐多海戰中則不是如此明顯——諸如阿金庫爾（Agincourt）、滑鐵盧和索姆河戰役等西方文明的內戰中也是如此。然而，不論西方文明範疇下的國家之間區別有多大，如中世紀的法蘭西之於英格蘭，十九世紀初的法國與英國，或者是第一次世界大戰期間的德國和協約國，在它們之間仍然保持著相同的衡量自由的標準，而類似的概念在歐洲以外國家的軍隊中則是無從得見的。

即便是在憲政政府的建設受到阻礙以至消失無蹤，而古典時代的遺產遭人遺忘的時代，西方經濟文化的寬容特質仍舊留存下來，西方國王的軍人擁有的自由待遇超過任何其他文明體系下的軍人，無論是中華帝國的徵募兵、土耳其蘇丹的耶尼切里近衛軍還是蒙特蘇瑪（Montezuma）的鮮花武士，概莫能外。其他文明的軍人在社會地位、經濟生活和個人精神層面都會受到一定程度的控制，這在歐洲是聞所未聞的。阿茲特克人讓科爾特斯的征服者們驚駭不已的，一方面是他們在大金字塔下持續不斷進行的人殉活動，另一方面，就像希臘人對薛西斯、威尼斯人對奧斯曼土耳其、不列顛人對祖魯、美利堅合衆國的人們看待大日本帝國一樣，是個人相對於國家的從屬地位。非西方人中，毫無權利的個人僅僅由於說話（或者保持沉默）而觸怒國君、帝王或者祭司就被隨意剝奪生命，這讓西方文明薰陶下的人們感到驚詫莫名。

嚴格的服從可以讓人無條件地獻出生命，這在戰場上固然能帶來優勢，但倘若這種軍事化社會的中樞神經遭遇打擊——例如蒙特蘇馬被西班牙人綁架，薛西斯或是大流士三世在戰鬥中公開逃跑，祖魯人的領袖開芝瓦約（Cetshwayo）被抓獲，日本將領剖腹自殺——那麼這些被強迫拿起武器的農奴或者帝國的屬民們的戰鬥意志就會和他們的指揮官一起消失，宿命論和不可控制的恐懼就會悄然爬上每個人的心頭。對日本而言，天皇一旦投降，整個日本便會放下武器；對美國來說，羅斯福總統的開戰宣言必須經過立法機構的通過才能將整個美國武裝起來，而杜魯門總統的停戰協議也必須經過同一機構的批准方能生效。

看起來，自由是一種軍事上的無形資產。引入自由的理念，能夠整體上增強軍隊的士氣；即便是地位最低微的士兵也能從中獲得信心；而且能讓軍官們群策群力，而不是僅僅依靠指揮官的個人智慧來進行戰鬥。自由不止意味著自治的權利，也不僅僅使得人們在自己的土地上更好地擊退入侵者。在公元前四七九年的米卡勒戰役中，以及在亞歷山大大帝入侵波斯（公元前三三四年～前三三三年）期間，波斯人都在防禦者的位置上面對入侵的敵人，但他們只是爲王權服務、在阿契美尼德家族所有的亞洲土地上耕作的農奴，而不是爲了自由理念奮戰的自由民，因此他們遭遇失敗也就不足爲奇了。

薩拉米斯的遺產

在世界歷史上，利害關係的重量使得勝負的天平顫動不已。東方式的專制統治模式在天平的一端，這種模式由一個君主獨斷專行，一統天下；天平的另一端則是些分散的小國，無論是規模還是資源都顯得微不足道，但這些國家因為自由個性而充滿活力，而且面對戰鬥時能夠並肩戮力奮勇殺敵。在漫長的歷史進程中，精神力量終究淩駕於物質資源之上而取得了勝利，在此，這種勝利得到了最為榮耀也是最大規模的展示。

以上是喬治·黑格爾在他的著作《歷史哲學》（二·二·三）中對於薩拉米斯海戰的評價——他的激情洋溢

的觀點與阿諾德．湯恩比的看法大不相同，後者甚至在一段論述中認為，倘若希臘人被薛西斯的入侵軍隊擊敗，則希臘文明能夠得到更多的好處：無處不在的暴君式統治至少能夠幫助希臘人擺脫持續不斷的內鬥。這種看法無疑是愚蠢的。湯因比應該更仔細地審視在公元前六世紀時，愛奧尼亞被波斯統治之後所遭受的厄運。這塊愛琴海東岸的希臘土地，在哲學、政府體制與言論自由方面都曾達到相當的高度，但在經歷了一個世紀的東方式統治後卻漸趨衰落。

假若希臘人在薩拉米斯失敗，那也就意味著西方文明及其特有自由觀念的終結，希臘本土會和愛奧尼亞一起被佔領，並成為波斯帝國的一個西部行省。少數倖免於難、繼續保持自由生活方式的希臘人生活在義大利或者西西里島的諸城邦中，他們面對波斯人的攻擊除了屈服別無它法，況且這一小群希臘人在已經成為波斯人或者迦太基人內湖的東地中海中，也只會默默無聞地生活下去。一旦希臘本土陷落，城邦體系的獨特文化也會消失在歷史長河中，搖籃中的西方文明也會因此煙消雲散，一切價值都歸於湮滅。在公元前四八〇年，民主體制距離初創才度過兩個世紀的光陰，幾十萬鄉民在東地中海一個不起眼的角落建立了它。羅馬之所以能夠統治希臘和迦太基曾經的勢力範圍，便在於其強大的軍隊，在於自由人公民提供的龐大人力資源，以及由人民監管的強韌的軍事體系和充滿活力的科研傳統——最後這一條為羅馬提供了所需的一切軍事裝備，從弩炮、高度發達的攻城設備到精良的武器與鎧甲。而所有這一切，要麼直接從希臘人那裡模仿得來，要麼是受到希臘人啓發的再創造。

在薩拉米斯之後，自由的希臘人民再也不必害怕任何外來勢力的攻擊，直到他們遇到同樣由自由人組成的羅馬共和國。薛西斯之後，沒有任何一個波斯國王能夠踏上希臘的土地。在接下來的二千年時間裡，任何一個東方勢力都無法佔據希臘，直到十五世紀奧斯曼佔領巴爾幹，並最終使得衰落、孤立且被遺忘的拜占庭希臘屈服。在薩拉米斯之前，雅典只是一個古怪的城邦，它採取民主制度只有二十七年，不過是繦褓之中的嬰兒罷了，民主制的優越與否還有待事實的檢驗。薩拉米斯之後，擴張性的民主文化模式在雅典生根發芽，它的影響輻射到了整個愛琴海。我們記住了諸如埃斯庫羅斯、索福克勒斯、伯里克利與蘇格拉底這些能人異士，也目睹了帕台農神廟的雄偉壯麗。薩拉米斯的結局證明，自由人總能戰勝被奴役之人，而自由人中獲得自由最為徹底的群體——雅典人，最富有戰鬥的意志與力量。

在薩拉米斯大海戰之後的三個半世紀的歲月裡，希臘精神引導下的那些致命軍隊——萬人遠征軍（the Ten Thousand）、亞歷山大大帝麾下的馬其頓人以及皮洛士（Pyrrhus）率領的雇傭兵——結合了優越的軍事技術和衝擊作戰模式，在戰場上橫衝直撞所向披靡，他們的征戰遍及從義大利南部的土地一直延伸到印度河畔的廣大區域。希臘人在建築學方面發展出無人能及的造詣，從奧林匹亞的宙斯神廟到雅典的帕台農神廟無不肅穆壯麗；至於文學領域，更是成為永恆的經典，阿提卡風格的悲劇、喜劇、演講術以至希臘歷史記載本身都獨具一格；紅色陶瓶彩繪的流行，雕塑中現實主義和理想主義交相輝映，民主理念的不斷擴展——所有這些都在希波戰爭中成長發展，激勵那些藝術與歷史巨匠們，用他們自己的方式去記錄下這場標誌著希臘由古風時代走向輝煌古典時代的戰役。

關於薩拉米斯和自由的理念，還有一點頗為諷刺。希臘人的勝利不只是使得自由的希臘城邦文化存續了另外兩個世紀，同樣重要的是，這場戰役催生了整個希臘範圍內民主制度的復興，通過給予自由人更多的權利而徹底改變了城邦制度發展的軌跡。人們可以擁有的自由，超過任何一個生活在公元前七世紀的自耕農重裝步兵的想像。正如一百五十多年後亞里斯多德所看到的那樣，在一個曾經普通的、不起眼的城邦裡，平凡無奇的人民在經歷了一場制度改革試驗——授予那些本土出生的窮人投票權——之後，迅速崛起成為薩拉米斯的英雄群體，並且作爲希臘文化的引領者站上風口浪尖。

在這場戰役之前，絕大多數城邦的公民身份有嚴格的資產限定，本地出生的人群中只有大約三分之一能成爲公民，那些未經教育、窮困潦倒、居無定所的人們普遍不能得到信任。然而，由於在薩拉米斯取得勝利的是那些較貧窮的「海軍平民」，而不是那些在陸戰中充當主角的小地產主，在下一個世紀的時間裡，在雅典，沒有地產的槳手們將發揮出更大的影響力。貧窮卑微的人民爲了性命攸關的海上霸權而展現他們的勇氣，因此他們也會得到相應的政治地位及其代理人。在西方，那些奮勇殺敵的人們總會尋求政治上的承認。這些新近崛起的海軍自由民階層重塑了雅典的民主整體，將其變得更爲不可預測，也更具擴張性。通過公民大會的多數票，自由人可以在任何一天進行很多活動。在公民大會的意志下，雅典衛城中興，建起宏大的神廟，政府公款補貼戲劇活動，同時雅典的三列槳戰艦被派往愛琴海的每個角落——同樣的意志也將米洛斯的無辜平民屠殺、奴役，並毒死了偉大的蘇格拉底。馬拉松戰役的勝利賦予雅典陸軍不可戰勝的神話，而在薩拉米斯，雅典海軍接過了榮耀，繼續前行。

柏拉圖認爲，馬拉松戰役標誌著希臘人一系列勝利的開始，而薩拉米斯則是終結，薩拉米斯「使得作爲一個民族的希臘人變壞了」。在他的眼裡，民主制度是一種墮落的制度，參與其中的草根公民比所謂的「拍腦袋思想家」好不了多少，他們索取自己從未贏得的權利；他們將平等的身份作爲自己追求的結果，而不是作爲提供機遇的敲門磚；他們使用多數票代替法律，把自己的決議作爲統治的準繩。在薩拉米斯海戰之前，希臘諸邦用一系列禁令來限制激進的、新生的、特立獨行的自由思潮——投票權由資產進行限定，戰爭限於那些因爲資本和收入而獲得特權的富裕地產主，沒有稅收，沒有海軍，也沒有擴張式的國策。這些傳統將農業城邦中的自由和平等限制在一小部份擁有財富、受過教育的土地所有者之間。此時的城邦，平等並不能降臨到每個人頭上，它只是每個人在道德層面追求的目標而已，這種求索的過程還要符合一群具備足夠資格和天賦的自由人的認同。

柏拉圖、亞里斯多德，以及從修昔底德到色諾芬的絕大多數希臘思想家，對於薩拉米斯海戰所導致的結果都顯得諱莫如深。當然，他們並非每個人都出身精英階層，也不是有意爲統治階級辯白。他們看到了激進民主制度下潛藏積累的危險，國家授權、抽籤選舉、職務津貼、言論自由與開放市場，問題和矛盾猶如滾雪球一般越積越多。從更爲保守的視角來看，倘若沒有內在的審查和平衡機制，城邦將從自由走向瘋狂，最終成爲培養高度個人主義、自私自利公民的溫床，個人不受限制的自由和權利將會阻礙爲集體做出的犧牲，也會使得道德底線蕩然無存。儘管給予公民無限政治自由的民主制度基於一條不可剝奪的權利——一個人由生到死，始終應該保有自由之身——但亞里斯多德與柏拉圖之後的主流歐洲哲學家——霍布斯、黑格爾、尼采等數十位大家——對此都不約而同地持保留態度。

也許保守主義者會覺得，將絕大多數選票的主人限定在受過教育、見多識廣的公民之間是個不錯的主意，再加上某種財產限制就更好了。戰爭——類似馬拉松或者普拉提亞那樣的戰役——都是爲了爭奪有形資產而進行的，陸戰需要個人的勇武，而不只是需要先進技術和公共資金建設的戰艦，數量優勢也未必起作用。公民只有擁有自己的農場，提供自己的武器裝備，不受稅收與中央集權的政府之累，同時關心自己的財產安全才算是具備資格——這樣的人不必用勞力換取工錢，不必被政府雇傭，也不受任何公共頭銜困擾。然而在薩拉米斯，勇敢的無產槳手們和他們操弄的用公共資金建造的戰艦，在一下午的時間裡徹底改變了這一切。激進政治自由思潮一旦破殼而出，即便是最強大的西方獨裁者也難以熄滅它燃起的燎原烈火。

波斯艦隊從薩拉米斯海峽撤退後，愛琴海上已無阻礙，此時的雅典站在希臘對抗波斯的最前沿，它接納了激進的民主制度，駁斥那些故步自封的老派城邦思維。哲學家們也許會痛恨薩拉米斯——柏拉圖對這場戰役的看法可以用叛逆來形容——但這一切都無法抹殺地米斯托克利和他的槳手們在薩拉米斯的勝利，他們不僅拯救了希臘和西方文明，還不可逆轉地激發了西方軍事制度的活力，並且擴展了自由理念本身。薩拉米斯海峽中溺水身亡的四萬波斯士兵，就是對於一個理念所激發出的力量的最好闡釋。

薩拉米斯並不是希臘文明的緩刑。相反，這場戰役給整個東地中海地區帶來了前所未有的東西：西方式的戰爭方式從此走出希臘的國界。僅僅一個半世紀之後，曾經在雅典海岸幾千碼之外拯救希臘艦隊的軍事體制，將會幫助亞歷山大大帝向東遠征三千英里之外的異邦，兵鋒直指印度河畔。

決定性戰鬥

高加米拉，公元前三三一年十月一日

據我所知，希臘人習慣於以最愚笨的方式進行戰爭。他們互相宣戰之後，便著手尋找最好最平坦的平原，在那裡拼個你死我活。戰鬥的結果往往異常慘烈，即便是勝利一方也會付出慘重的代價；至於失敗一方，則將面臨全軍覆歿的命運。

——希羅多德，《歷史》，七・九・二

視角

那位老人

可憐的帕米尼奧（Parmenio）！神聖的亞歷山大大帝遠在右翼，像一柄利劍直插波斯大軍的心臟，而他卻再次被留在了後方。幾乎整條馬其頓戰線中的士兵，都在跟隨他們的國王向前移動。精銳的馬其頓禁衛夥友騎兵在帕米尼奧的兒子菲洛塔斯（Philotas）率領下直衝向波斯中軍，其他的部隊，包括皇家長槍方陣、雜牌雇傭兵、老資歷的持盾衛隊——看起來似乎每個人，不論步兵還是騎兵，在戰場上都是步步向前，將死亡帶給敵人，只有帕米尼奧是個例外。再一次，這位老人的任務是堅守自己的陣地，除了守衛左翼之外，他無法去追求任何其他勝利的榮耀。亞歷山大留給他的只有數百名久經戰陣的馬其頓騎兵，外加克拉特魯斯（Craterus）和西米阿斯（Simmias）麾下的長槍方陣，艾利吉亞斯（Erigyius）率領的一部份希臘騎兵，以及由菲力浦（Philip）統領的那令人畏懼的二千名特薩利（Thessalian）騎兵。

在這之前，即在公元前三三四年發生的格拉尼克斯河戰役和公元前三三三年的伊蘇斯戰役中，帕米尼奧的任務同樣是守衛馬其頓軍陣的左翼遠端——從戰術術語上來說，他所在的側翼處於樞軸的地位——而更有機動性的亞歷山大則在波斯陣形的中央和左側之間打開一個缺口，徹底擊潰敵人，追亡逐北，就連波斯大王也狼狽逃竄。亞歷山大對戰波斯的取勝之道，在於他總是能搶在帕米尼奧被波斯人的數量優勢壓倒之前，先把波斯部隊打垮。帕米尼奧負責堅守，亞歷山大負責進攻——這樣的分工就是亞歷山大取勝的慣常模式。倘若取勝，榮耀都歸於亞歷山大一人；而一旦失敗，帕米尼奧將會獨自承擔一切後果。

在高加米拉戰役中，帕米尼奧所領軍的左翼在局面上確實曾經危險到幾乎崩潰的地步——古典時代傳記作家希羅多德在《希臘羅馬名人傳》之亞歷山大大帝章節（二三．九—一一）中只有乾巴巴的描述，「（馬其頓人）被迫後退，形勢岌岌可危」。而事實則要嚴酷得多，帕米尼奧的手下士兵在數量上處於嚴重的劣勢——也許達到了一比三——在某些時刻甚至面臨全軍覆沒的危險。我們所掌握的古代資料顯示，在高加米拉，雙方軍隊在數量上的不平衡以左翼的情況爲最，在這個地方，馬其頓人的陣線幾乎是在交鋒一開始就差點崩潰。帕米尼奧麾下的馬其頓貴族騎兵不得不面對驍勇善戰的敵方對手：來自亞美尼亞和卡帕多契亞的騎兵，大約五十輛捲鐮戰車，以及一支波斯步騎混合部隊，這支大軍由波斯帝國的敘利亞行省總督馬扎亞斯（Mazaeus）親自指揮。超過一萬五千名馬上殺手，如同巨浪拍打孤島一般，衝擊著帕米尼奧那五千步騎在戰場上構築的小小防線。

這些波斯騎兵的戰鬥力不容低估。從馬的品種上來說，波斯馬匹的體型在某種程度上相較馬其頓馬匹更爲高大。而在高加米拉，更是出現了不少人和馬同樣披著重型前護甲的重裝騎兵。在波斯帝國的東部，逐漸興起一種特殊的騎兵類型，後來演化成了鐵甲騎兵（cataphract），這些渾身披掛重甲的武士騎乘強壯的高頭大馬，足以踏破由輕步兵或輕騎兵組成的鬆散陣線。儘管當時的波斯騎兵在近戰技能方面尙顯不足，難以適應血腥的當面肉搏——他們裝備的短標槍和刀劍，並不能與亞歷山大精銳夥友騎兵手上的長槍和適合砍殺的寬刃劍相提並論——但他們坐騎的巨大身材，人馬所披的厚重護甲，波斯騎兵龐大的數量以及衝鋒陷陣時裹挾的氣勢，在攻擊帕米尼奧原地防守的軍團時造就了一場殘酷的交鋒。

關於馬其頓重裝騎兵對戰東方軍隊中的步騎兵時究竟能造成怎樣的殺傷，大流士的將軍們早已有所瞭解，在高加米拉，他們決定使用數量更多、裝備更重的騎兵來對抗馬其頓人——他們這樣做，彷彿只需要在人力物力上壓倒對方，而不用考慮戰術與戰鬥意志便能在戰爭中取勝。據歷史學家庫爾提烏斯（Curtius）記載，甫一交戰，馬其頓官兵對這些來自巴克特里亞與西徐亞（Scythia）的遊牧武士的異樣外表心存恐懼，這些騎兵「臉上毛髮蓬亂，未加修剪，而且身形偉岸，軀體龐大」（《亞歷山大史略》，四．一三．六）。

在亞歷山大宮廷里的高官顯貴中，帕米尼奧是第一批攻入歐洲的人之一，在其後的一系列戰役裡，他作爲馬其頓國王戰線中的磐石，戰鬥在格拉尼克斯河（Granicus）、伊蘇斯（Issus）與高加米拉戰役中。爲了亞歷山大的事業，此時他已經犧牲了一個兒子，而另外兩個兒子也將在一年內走到生命的盡頭，就連這位七十歲的老兵自己也將在一年內悲慘地死於謀殺。他最後剩下的一個兒子菲洛塔斯（Philotas）此時就在亞歷山大身邊帶領夥友騎兵，然而，菲洛塔斯最終的命運卻是因爲子虛烏有的背叛指控而遭受國王本人的折磨，最終在集合的軍隊面前被亂石砸死。可憐的帕米尼奧是馬其頓先王菲力浦二世（Philip II of Macedon）的原班貼身幕僚（Companions）中僅存的一位，在亞歷山大尚未出世時，他就已經致力於爲其構建軍隊。在戰場上，數以百計的波斯人也沒法殺死這位勇猛的元帥——據庫爾提烏斯所言，他在「亞歷山大所有將領中，對戰爭藝術的掌握最爲嫻熟」（《亞歷山大史略》，四．一三．四）。——帕米尼奧將在和平時期死於可恥的謀殺，而發佈命令的正是那位被他拯救多次的國王本人。

在踏上亞洲土地的首戰——格拉尼克斯河戰役之後，亞歷山大爲陣亡的夥友騎兵奉獻雕像，關心傷者，同時免去那些陣亡將士家中的賦稅。三年之後，現在的亞歷山大已經和以前截然不同了——他愈發懷疑軍官們的忠誠，不久又打算把波斯人招募到自己的軍隊中。他像東方式神權君主一樣，被虛榮與傲慢蒙蔽雙眼，他希望攫取更大的功業和榮耀，而不僅限於洗劫與破壞波斯帝國的西方行省。馬其頓國王的妄想和偏執，最終將促使他殺死那位替他創建軍隊的老將軍。帕米尼奧曾年復一年地替亞歷山大除去他王位繼承之路上的反對者，並教導年輕的國王如何讓那些桀驁不馴的馬其頓低地領主們俯首稱臣，至於在戰場上——這次在高加米拉，他又一次守住了自己的戰線，拯救了整支軍隊。亞歷山大軍事生涯後期最大的諷刺之一，是他有計劃地毀滅了自己的軍官階層，而這些軍官正是他一系列主要戰役勝利的基石——在老將軍們的努力下阿契美尼德王朝的滅亡已是板上釘釘之事，於是這些經過精心策劃的「軍隊大清洗」行動便悄然浮出水面。

帕米尼奧之死——他先是被亞歷山大的信使出其不意地用匕首奪取性命，死後又被戮屍，頭顱被斬下之後送給國王——這一切都將在高加米拉戰後的第十一個月，在埃克塔班納（Ecbatana），一個遙遠的波斯行省首府發生。讓我們把目光轉回到戰場，現在，忠誠的帕米尼奧有著更加迫在眉睫的危機需要處理，因爲他已經身處波斯人的重重包圍之中。四面八方響起萬千馬蹄聲，揚起的漫天塵土迷住了士兵的眼睛，儘管如狄奧多羅斯所言，帕米尼奧已被波斯總督馬札亞斯所部的「重量和絕對人數」壓迫到了極限，但他並沒有被擊敗（《歷史叢書》，一七・六〇・六）。至少眼下局勢並非無可挽回，於是帕米尼奧集合了那些久經戰陣的馬其頓貴族騎士，試圖逼近波斯人從而展開貼身肉搏，並砍擊和戳刺敵人的馬匹和騎手的臉。加上特薩利騎兵的輔助——這些騎手是古代世界中最優秀的輕騎兵——他抵擋住一波又一波的攻勢，保證己方亞歷山大遠去的部隊不會遭受來自左側或者背後的偷襲。帕米尼奧又一次阻擋住了預料之中的波斯人發起的包抄機動，保護住馬其頓本陣後方，同時又拖住了波斯人一半的兵力。正因爲如此，亞歷山大——或者說亞歷山大大帝、亞洲之王、宙斯—阿蒙神的兒子、大流士三世的征服者，以及不久之後的波斯皇帝與東西方交鋒史上最偉大勝利的設計師，才能繼續勝利的神話，並且最終毀滅阿契美尼德王朝的統治。

此時，帕米尼奧面對著兩個關鍵問題。大流士三世在選擇戰場方面十分謹愼，高加米拉平原的戰場附近既沒有山脈也沒有海洋——甚至連河流與溝渠也難覓其蹤，沒有任何東西能夠保護馬其頓軍隊遠離波斯人更長戰線的側擊。交戰沒多久，帕米尼奧左側的波斯騎兵就快速集結並完成了迂回，在數百碼外包圍了馬其頓陣線的側翼，迫使寡不敵衆的帕米尼奧將單薄的陣形彎曲成馬蹄形，試圖在這些波斯人攻擊馬其頓陣形背部之前擺脫他們的糾纏。緊挨他右側列陣的特薩利騎兵擊退了卷鐮戰車（scythed chariots）的衝擊，甚至擊退了一些希臘雇傭兵，他們面對敵軍巋然不動，迫使敵人不得不繼續包抄機動而不能直插帕米尼奧步兵的側翼。在右翼的更遠處，即距離特薩利人大約四分之一英里的地方，馬其頓軍隊的陣線出現了一個不斷擴大的缺口，這直接威脅到整支軍隊的中央部份。亞歷山大親自領軍向右側發起猛烈進攻，這對波斯人來說稱得上是致命一擊，但此刻，他帶走了馬其頓陣形中央右側絕大多數的軍隊，只剩下兩個連隊的長槍方陣作爲戰術預備隊，以及一部份散兵，這些就是用於保護帕米尼奧右側的全部兵力了。

數以百計老練的波斯與印度騎兵，從馬其頓陣形中央的缺口湧入，甚至已經衝到了亞歷山大軍隊的後方，他們進入了馬其頓的營地，掠奪補給物資，殺死守衛，釋放波斯囚犯。任何時候他們都可能調轉馬頭，攻擊帕米尼奧遭到孤立的左翼部隊，和馬扎亞斯的部隊會合並展開兩面夾擊，包圍並屠殺年逾古稀的老將軍和遭受圍攻不能脫身的騎兵。阿里安提到，在這個節點上帕米尼奧已經「在兩邊同時受到攻擊」（《亞歷山大遠征記》，三．一五．二）。如果馬其頓人的左翼在此時崩潰並且馬其頓夥友騎兵來不及粉碎波斯陣形，那麼波斯騎兵就能從後面攻擊亞歷山大本人並將他徹底擊敗。帕米尼奧可以自行脫離本陣進行機動，保護馬其頓左翼免遭包抄；或者選擇留在陣形中保持馬其頓軍中央部份的完整，但他無法做到兩者兼顧。

也許是敵軍渴望劫掠的貪欲拯救了帕米尼奧，因爲穿過缺口的波斯人和印度人停了下來，只顧屠殺營地中徒手的守衛。看上去搶劫錢財與殺死毫無反抗能力的目標，總要好過衝向冷峻的馬其頓騎兵戰士。意識到危急處境的帕米尼奧馬上派出一名信使，向著戰場另一邊升起的塵煙衝去——這總能很好地顯示出亞歷山大的位置所在——向充滿戰鬥力的國王尋求幫助。與此同時，他下令讓那些還留在側翼作爲預備隊的長槍兵向後轉向，戳刺那些還在劫掠的波斯人。在這之後，帕米尼奧讓他自己的騎兵部隊待命，準備進行最後一擊，打破環繞他的包圍圈，希望此舉能夠突破圍攻，與亞歷山大在無人地帶的中間會合，並用兩支騎兵部隊形成的鐵鉗將波斯大軍的右翼夾得粉碎。戰場上謠傳戰場另一邊的大流士三世在向後方逃跑，聽到這個消息，即便是前方戰鬥最順利的波斯部隊也開始動搖了，這給了帕米尼奧一些希望。也許最糟糕的部份已經結束了。他說不定能夠活著離開這個屠場。至於現在，老將軍仍然留在他的位置上，一邊擊退波斯騎兵的鋒線，一邊準備發動最後一次衝鋒，與亞歷山大會合。

懷恨在心的亞歷山大

該死的帕米尼奧，亞歷山大腦海裡一定曾閃過這樣的念頭。當恐慌的信使最終在塵煙中找到他時——國王身著閃亮的鎧甲，頭戴鑲著寶石的頭盔，漂亮的軍腰帶和胸甲傲氣地繫在身上，身跨名駒布賽法拉斯（Bucephalas）——他剛做好準備，打算窮追逃跑的波斯國王大流士三世呢。此時此刻，波斯大王的皇家衛隊和整個波斯中軍都已經崩潰，正向北退去。塵煙、吶喊以及屍體使人的感官變得遲鈍，無論是視覺、聽覺還是觸覺都是如此，混亂的局面讓亞歷山大幾乎迷失了方向，好不容易才找到波斯皇家戰車與車上驚慌失措的大流士三世。阿里安說，馬其頓騎兵「用長矛戳向敵人的臉」，同時，步兵方陣「帶著林立的長矛」殺入敵陣，猛力衝殺，口中呼喊著馬其頓人古老的戰吼「阿拉拉，阿拉拉」（「*alala*，*alala*」）（《遠征記》，三．一四．二—三）。倘若這條關於帕米尼奧的最新消息是真實的——這意味著在他左後方超過一英里的地方，老將軍和他的部下已經快要全軍覆沒了——那麼馬其頓國王就必須停止追擊眼前的阿契美尼德君主，至少在他後方的部隊轉危為安之前不得不這麼做。

對取得勝利的亞歷山大而言，轉向一百八十度然後回到兩方騎兵的混戰中，並拯救他的高級將領，想必是一件令人困擾的事情。在歷史學者庫爾提烏斯的記載中，一想到要放棄追逐大流士三世，亞歷山大「狂怒地咬著牙」（《亞歷山大史略》，四．一六．三）。好不容易等到了前進的機會，此時他卻只能撤退——並非是因為他自己的失敗，而是因為他的副手所做的一切都配不上他的不世戰功。一旦亞歷山大帶兵突入波斯陣線，他也就喪失了對於整場戰鬥的絕對控制，但帕米尼奧和他麾下的將領們都應該知道馬其頓國王的作戰計畫：守住陣地，將左翼作爲全軍旋轉進行機動的支撐點。位於右翼的亞歷山大會阻止波斯人的包抄攻擊，敵人在運動時必然會在戰線上留下缺口，而夥友騎兵則將通過這個缺口楔入波斯陣線。

在這次動身拯救帕米尼奧之前，亞歷山大早就厭倦了老將軍，以及那些圍繞在他周圍的保守的馬其頓低地領主們。按照普魯塔克的說法，他們「行動遲緩，自鳴得意」，到了高加米拉戰役時，馬其頓軍隊的老舵手已經「被歲月消磨了勇氣」（《希臘羅馬名人傳・亞歷山大》，三三・一〇—一一）。所有那些老資格的馬其頓馬上領主們不僅讓年輕的君主煩擾，而且還令他變得疑心重重：軍隊向東方推進得越遠，這些騎兵軍官們就越是思念自己的故鄉；他們打敗波斯人的次數越多，帕米尼奧和他的小集團成員們就越是擔心，他們最終還是會被擊敗；而隨著亞歷山大越來越多地談及他的帝國，以及在他構思下將會出現的世界性文明，他手下的這些鄉巴佬領主們則越來越多地討論著他們可憐的那點虜獲，以及何時回到歐洲，過上富裕閒適的退休生活。這些老兵身上的銳氣已然喪失，不斷增長的年齡和思鄉之苦取代了他們曾經的兇悍。

三年前，在格拉尼斯克河畔進行的戰役中，帕米尼奧就曾警告亞歷山大，當時天色已晚，不適合強渡河流進行攻勢。帕米尼奧試圖勸阻亞歷山大不要在此發動攻擊，因爲河灘上水深甚至達到腰部，而這一舉措卻刺激了年輕的國王。亞歷山大嘲笑說，他剛剛渡過波濤洶湧的赫勒斯滂海峽，倘若他害怕「一條小溪對面」的敵人，這對他無疑是一種羞辱！（阿里安，《亞歷山大遠征記》，一・一三・七）最終帕米尼奧被駁倒，而隨後的戰鬥也取得了勝利。在一年後的伊蘇斯戰役中，已經六十八歲的帕米尼奧顯示出毫無必要的焦躁情緒，認爲亞歷山大可能會在戰前被人投毒。之後幾個月裡，他甚至希望用馬其頓軍隊所不擅長的海戰替代對一些腓尼基城市的圍攻！而在高加米拉，帕米尼奧和他的老兄弟們再一次在戰前顯得尤爲緊張，他們對大流士三世龐大的軍隊十分恐懼，因此建議用一場夜襲來發動進攻。對於夜襲，亞歷山大堅定地否決了，「我不會用這種偷偷摸摸的方式來竊取勝利」（普魯塔克，《希臘羅馬名人傳・亞歷山大》，三一・一二），國王堅持用正面對決來分出勝負。除此之外，帕米尼奧甚至還（明智地）說服了亞歷山大，在交鋒前幾天先行勘察好戰場，以保證在亞歷山大進行預定的右翼騎兵打擊時，不會因爲平原上隱藏的陷阱而導致計畫偏離軌道。

簇擁在亞歷山大周圍的阿諛奉承之輩，總是在嘲笑老人的謹愼態度。哲學家卡利斯提尼斯（Callisthenes，不久他自己也會被處決）是最有可能撰寫這些道德低下段子的人，故事在帕米尼奧建議亞歷山大徹底停止向東進軍之時達到了最高潮。據說在高加米拉戰役之前，帕米尼奧催促亞歷山大接受大流士三世在最後一刻提出的提議：波斯大王把半個西波斯帝國割讓給亞歷山大統治，雙方就此達成停戰。「如果我是你，我會接受他們的條件」，帕米尼奧這樣告訴他的國王。「如果我是帕米尼奧，我也會這樣做」，亞歷山大大聲駁斥道（普魯塔克，《希臘羅馬名人傳・亞歷山大》，二九・八—九）。

在戰鬥正酣之際，亞歷山大幾乎將大流士擒獲之時，他還在嘲笑帕米尼奧，認爲後者對馬其頓營地與其中財物的損失過於操心，而沒有好好思考整個戰鬥的進程。儘管如此，亞歷山大還是派出信使告訴老將軍，允諾他和他的夥友騎兵會掉頭救援。不過他並沒有忘記羞辱一下帕米尼奧，他告訴後者，只要取勝就能把敵人的財物據爲己有，而失敗者可沒時間去擔心自己的錢財和奴隸，重要的是勇敢地戰鬥、榮譽地死去。帕米尼奧所擔心的，既不是他自己在軍營裡的行裝，甚至也不是去搶劫敵軍的營地，他所害怕的是他所在整個左翼軍隊的生死存亡，以及一支距離愛琴海數千英里之外的馬其頓全軍的命運。幾十個世紀之後的拿破崙體會到了同樣的恐懼感，他評論高加米拉戰役時指出，這是一場偉大的勝利，然而卻太過冒險，因爲倘若決戰失敗，那麼亞歷山大將會「被困在距離馬其頓本土九百里格（歐洲和拉丁美洲一個古老的長度單位，約相當於三英里。——編者註）遠的地方，」。帕米尼奧瞭解他的國王勇猛的衝勁，並且總能把握絕佳的時機擊潰已經被削弱的波斯陣形中央和左翼，但整個行動仍然是一個巨大的賭局：一旦夥友騎兵離開，馬其頓戰線中央就會出現一個缺口。亞歷山大認爲馬其頓人只要再打下一場勝利就能接替整個龐大波斯帝國的統治。就算他是正確的，帕米尼奧的看法也沒錯：這些遠在異鄉的戰士們距離全軍覆沒也只有一場失敗的距離——此時此刻，距離家鄉一千五百英里之遙的五萬歐洲人如今身處百萬敵軍的茫茫人海之中。

直到帕米尼奧的信使到達之前，這天的戰鬥看起來堪稱完美。普魯塔克說，當亞歷山大率部攻入波斯的陣線時，他遇到的主要麻煩是堆積如山的波斯死傷人員，「他們試圖伸手纏住到來的騎手和馬匹」（《希臘羅馬名人傳·亞歷山大》，三三·七）。阿里安還提到，在步兵和他們林立的長矛趕到之前，騎兵事實上是在「推開」那些擋路的波斯人（《遠征記》，三·一四·二—三）。亞歷山大的戰術計畫一如既往的簡單和高明：以左翼的帕米尼奧部爲全軍機動的轉軸，吸引住波斯人右翼的注意力並保護自己後方的安全，而他自己則帶著整個馬其頓陣線緩緩向右、向前逐次伸展，一直將戰列移向較爲崎嶇的地形，在那裡大流士三世的卷鐮戰車將毫無用武之地。作爲回應，波斯大王將被迫用自己的左翼卷擊馬其頓右翼來阻止亞歷山大的移動——如此一來他將因爲試圖擊退馬其頓人而耗盡自己中央部份的機動力量。

亞歷山大將會繼續不斷地向自己的右側派出部隊——輕裝的騎兵或是步兵——來迫使上鉤的波斯側翼打擊分隊走進越來越大的圈套。同一時間，馬其頓國王自己則會和他的精銳之師待著不動，直到觀察到敵方被削弱的中央部份出現缺口爲止。爲了這一刻的到來，亞歷山大保留著他最主要的打擊力量——他麾下夥友騎兵、持盾步兵和長槍方陣的組合部隊。和這些久經沙場的戰士們——古代世界所能出現的最優秀的戰鬥人員——一起，他將會衝過缺口，進入波斯陣線的心臟部位，直取大流士三世本人。波斯軍隊固然在人數上佔據絕對優

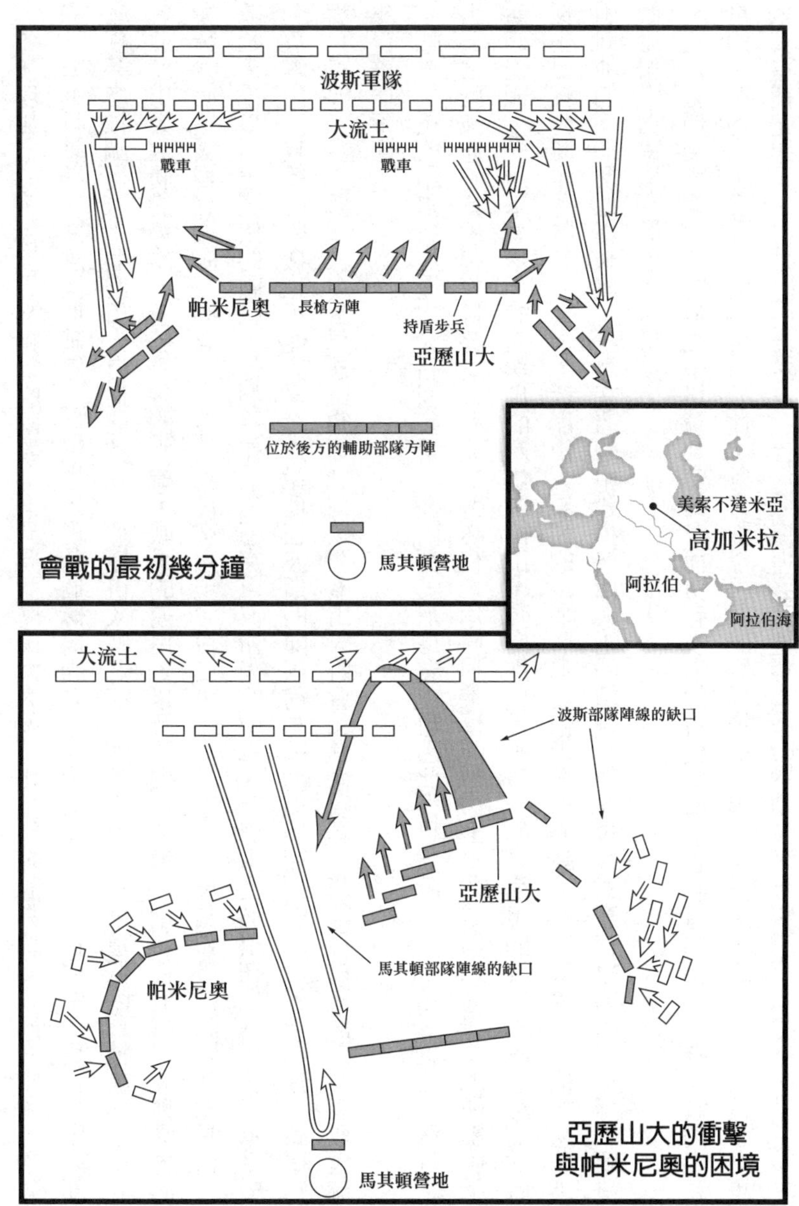

高加米拉會戰，公元前 331 年 10 月 1 日

勢，並在理論上能夠包抄馬其頓軍的兩翼，但只要亞歷山大的騎兵和預備隊能夠誘使波斯的側翼打擊分隊到更遠的地方進行戰鬥，那麼波斯戰線上必然會出現某個薄弱的點。在任何側翼包抄打擊中，負責打擊的部隊必須從戰線某處抽調得來；亞歷山大自信能夠在一切變得太晚之前，察覺到並且利用這個因爲抽調而出現的缺口。

亞歷山大取勝的秘訣，在於軍隊的組織，戰術的運用，以及時機的把握。創新性的具有高機動力的輕裝步兵與騎兵必須被獨立配置在側翼——他們身後有六千七百名重裝步兵——而馬其頓最好的騎兵和長槍方陣則被藏匿起來不參與一開始的戰鬥，他們將作爲尖刀突擊波斯人的中軍。亞歷山大必須在他兩翼超出承受壓力之前發動攻擊——攻擊的時機也不能太早，以免他在波斯的陣線尚未因爲調動而削弱之前就一頭撞上牆壁一般的波斯步兵軍陣。當波斯陣線中出現缺口的那一刻，亞歷山大將會和禁衛騎兵一起躍馬揚鞭而入，直取大流士三世並奪得整個帝國。

帕米尼奧的請求將亞歷山大召回戰場，而阿契美尼德君主也因此得以逃脫——不過，就在九個月之後，大流士三世就被他的行省總督貝蘇斯（Bessus）所謀殺。在高加米拉的戰場上，亞歷山大氣快快地勒緊胯下布賽法拉斯的韁繩，從籠罩著垂死的人與馬的塵煙中衝出，奔向那些幾乎殺死帕米尼奧的波斯軍隊。然而此時，老將軍似乎已經脫離了危險；事實上，亞歷山大看到的是那些進攻帕米尼奧的敵人正四散奔逃。他故意快馬加鞭直面衝向他們。即便他本來沒有打算在追擊中殺掉波斯大王的精銳，現在也很樂意在這第二次交鋒中解決掉這些西徐亞和巴克特里亞最優秀的騎兵。

這是整個交戰過程中的最後一場騎兵交鋒，而所有現存的古代文獻都強調這場交鋒是整個戰鬥中死傷最爲慘重的。超過六十名夥友騎兵喪命於此；雙方數以百計的戰馬橫屍當場；試圖逃走的波斯騎兵幾乎全軍覆沒。阿里安還補充道，「這場戰鬥里雙方不再投擲標槍或者依賴馬匹的機動性來打擊對方」（《亞歷山大遠征記》，三・

一五・二），這是一場雙方之間不間斷的肉搏打擊的較量。六十多年前，在喀羅尼亞（Coronea）進行的步兵較量中，斯巴達的老國王阿格西勞斯（Agesilaus）也遇到過與亞歷山大相類似的情況，經過深思熟慮，他率領取勝的斯巴達方陣返回戰場，衝向撤退中的底比斯重裝步兵方陣並予以打擊，他在這場戰鬥中幾乎筋疲力盡。目睹戰役經過的色諾芬如此描述重裝衝擊部隊之間的致命交戰：那場戰鬥「在我們的時代是獨一無二的」。在希臘的傳統中，只要有一線機會，士兵們就會全體出擊、迎面衝向出現在地平線上的敵人，躲避、繞道或者熟視無睹之類的做法都是無法接受的。

亞洲統治者

大流士三世相信，亞歷山大一定會來高加米拉應戰。對此，他深信不疑。因此，波斯大王為馬其頓人的到來做足了準備，他要尋找一塊適合卷鐮戰車前行且沒有障礙的平原，同時為了他的戰象、數以千計的騎兵和遠長於對方的戰線而預先清理地面——大流士三世心里想，即便是亞歷山大，也無法抵消掉這樣的地形與數量優勢了吧。最後，大流士三世相信，一場開闊平原上的騎兵戰鬥，正是他手下的遊牧騎兵最為擅長的，同時也恰恰是那些來自西方的長槍兵最為害怕的作戰方式。大流士三世還知道，亞歷山大將會在高加米拉騎上馬投入戰鬥，就像他躍馬揚鞭渡過格拉尼克斯河仰攻陡峭河岸上的波斯大軍一樣；也正如他下令他的士兵穿過溪流、柵欄和堤道，在伊蘇斯戰役中奮勇向前一樣；亞歷山大堅持要攻破堅不可摧的推羅城（Tyre），面對加沙（Gaza）龐大的城牆也毫不畏縮，正如他總是要摧毀障礙、軍隊或者堡壘——血肉之軀和頑石磚頭對他來說沒什麼區別——只要他們阻擋了他的去路。大流士三世沉思著，亞歷山大一定會來高加米拉，管它有沒有河流，土地平整與否。亞歷山大將會落入波斯大王大流士三世所選擇的戰場，被迫按照大王陛下的計畫和他交戰。

而且，爲什麼不呢？這些「最爲愚蠢的」希臘人總是如此。在馬拉松，在溫泉關，在薩拉米斯和普拉提亞，他們強迫波斯人進行決定性的戰鬥，儘管他們在人數上始終不及對手。七十七年前，在距離這裡不遠的地方，被波斯人圍困的希臘萬人遠征軍拒絕了大流士三世先祖阿塔薛西斯二世（Artaxerxes II）的提議，他們寧可自己殺出一條路離開波斯。他們的將軍們被誘騙到高加米拉附近參加談判，然後受到折磨並被處決，即便如此，沒人領導的萬人遠征軍仍然選擇了戰鬥到底。這些希臘人在之後的一整年裡惡戰無數，一直殺到黑海之濱，最終回到了安全的地方。而當他們終於見到歐洲的土地時，許多人選擇繼續他們的軍事生涯，加入小亞細亞的斯巴達軍隊再次和波斯人交戰。是啊，大流士想，這些瘋狂的馬其頓年輕人會沿著底格里斯河逆流而上追擊自己，爲的就是在一場最終決戰中奪走他祖輩交給他的帝國。

這一次，大流士三世很好地選擇了他的戰場。這裡少有山巒丘陵，亞歷山大也不能利用河流或是海洋來保護他的側翼。大流士三世的手下清理平整了平原上的土地，捲鐮戰車能夠輕易地在那裡展開殺戮。在亞歷山大最有可能騎馬經過的路徑上，埋設著陷阱和拒馬防禦騎兵進攻的障礙物。波斯大王心里想，這些馬其頓人，以前遭遇過龐大的戰象嗎？

那麼，唯一需要擔心的是什麼呢？大流士三世早就損失掉了他的絕大多數希臘雇傭兵，這些戰士曾在早先的兩場對抗亞歷山大的血腥戰役中發揮出色。波斯人原本雇傭的希臘步兵方陣部隊，在格拉尼克斯河邊被合圍，這些步行殺手們或戰死或被俘。而他們的替代者們——超過兩萬人——在伊蘇斯戰役中要麼被消滅，要麼被打散了。現在波斯境內沒有任何地方能夠提供和他們旗鼓相當的兵源，也無從尋覓偏愛進行衝擊式戰鬥的步兵，大流士三世需要能夠頂住亞歷山大麾下長槍兵的戰士——顯然這既不是波斯傳說中老一輩的精銳長生軍，也不是那些衣飾浮華、長矛底部裝著著名金銀飾球的「持蘋果衛隊」。現在大流士三世手裡只剩下二千希臘雇傭兵，而這個有七千萬人口的帝國里居然沒有人敢於向著馬其頓方陣的槍矛叢林長驅直入。亞歷山大在高加米拉以及亞洲其他戰役中所向披靡的原因，和希臘雇傭兵在海外沒有敵手的原因一樣：他們的戰爭文化偏好成行成列的方陣之間進行面對面的肉搏，而非利用機動性、數量優勢或者出其不意的伏擊來取得勝利。亞歷山大久經沙場的部隊，用長槍短劍直指波斯騎馬貴族的臉龐，這些老爺們可沒經歷過這樣的場景：敵人衝進他們的陣形，將他們推擠在地，然後槍刺劍砍把他們撕成碎片。這種戰鬥的結局，絕非偶然。

大流士三世還在戰場上集結了超過二百輛卷鐮戰車。如果這支傳奇式的戰車部隊能夠出其不意地從他的戰線中現身，在平坦的土地上縱橫馳騁，並在步兵方陣能夠進行機動之前困住他們的話，這些戰爭機器就能像割草般解決掉運轉笨拙的馬其頓步兵。另外，那些戰象——他從印度獲得了十五頭——能夠被印度馭手們安全地驅使到陣前，並引導它們面對面直衝亞歷山大的夥友騎兵嗎？大流士三世知道，他手裡沒有眞正意義上的重裝步兵，但他擁有的騎兵數量卻成千上萬，因此他決定把高加米拉變成亞洲最大規模的騎兵戰役，規模超過近一千年前在埃及和赫梯之間進行的傳奇般的卡迭石戰役。在高加米拉，大流士三世可能擁有多達五萬騎兵來對付亞歷山大手里的近八千騎兵，倘若波斯大王能夠讓部隊繞過馬其頓軍隊的側翼，並把他頗爲看好的巴克特里亞與西徐亞騎兵送到敵人右翼後方，而讓馬扎亞斯統領的部隊逐漸包抄到敵人左翼的後面，那麼亞歷山大令人生畏的步兵方陣將會徹底失去威力——反倒是這些步兵會驚駭不已，因爲這些馬上殺手能夠在部隊後方自由馳騁，並從中切斷這些笨拙步兵的退路。在高加米拉，亞歷山大的部隊之前從未在攻打波斯帝國西方行省時遭遇到來自東方行省的可怕而老練的軍人，這些敵人能夠包抄馬其頓陣線，並把他們趕向大流士三世行進中的龐大的中央陣線。這種作戰方式對於那些征戰波斯的馬其頓軍隊而言，前所未見。

帝國的最後一戰

在公元前三三一年十月一日這一天，倘若在開戰伊始從空中俯瞰高加米拉戰場，人們就能看到激戰中的馬其頓陣線，它的陣形就像缺了一條邊的矩形，陣形兩翼向後翻轉，那裡的士兵正在奮力作戰，試圖將包抄己方的敵人拖在側翼，阻止他們繞到後方。然而，在一小時以內，高加米拉的戰場圖景就徹底變了樣，成了雙方騎手間的殊死一戰，波斯和馬其頓的騎兵都已經穿過了雙方的陣線，試圖一舉決定勝局。亞歷山大和他的禁衛夥友騎兵，能夠在大流士三世的波斯鐵騎踏破馬其頓本陣之前，穿過缺口，粉碎敵人的陣線嗎？答案是顯而易見的，馬其頓贏了。亞歷山大希望能夠以一種卓爾不群的方式，殺死大流士三世，摧毀波斯軍隊，並且殺死每一個戰場上的波斯士兵。他將會無情地追逐並殺死逃跑的敵人，直到他們潰不成軍。為了這一切，他義無反顧地騎向汪洋大海一般的波斯軍隊：用長矛戳刺敵人的臉龐，赤手空拳將他們摔下馬來，或是操縱自己的坐騎勇敢衝向體形更大的波斯戰馬。為了這一切，恪盡職守的夥友騎兵們同樣會跟隨他們的國王，向著波斯的騎兵陣衝鋒。

反觀大流士三世的軍隊，打破馬其頓陣線的波斯人和印度人直衝亞歷山大的營地和財寶而去，他們更希望通過解救阿契美尼德皇室俘虜來討好波斯大王本人，而不願去承擔手刃帕米尼奧的艱巨任務。亞歷山大在波斯部隊的茫茫人海中四處廝殺，擊斃每一個遭遇的敵人；而衝入馬其頓陣線的波斯騎兵們則盡可能地去屠殺隨營僕役。對出生在平原的波斯騎兵來說，散落一地的金銀財寶，屠殺手無寸鐵隨營僕役這一千載難逢的機會，以及在帳篷和輜重車之間的瘋狂驅馳與掠奪，這一切都是遊牧式戰爭的種種景象：好好用你的雙手去劫掠財物，不要多管閒事，免得讓這雙好手在面對其他貪婪劫掠者時被砍下來。然而，對於馬其頓人和希臘人來說，衝鋒

—殺戮—繼續面對面進行殺戮的方式，乃是存在了三個世紀之久的西方戰爭方式的本質。

高加米拉（本意「駱駝屋」）戰役，是亞歷山大在進行對抗阿契美尼德王朝的戰爭中，第三場也是最後一場最偉大的勝利。這場戰役與其說是一場較量，倒不如稱之爲一場一邊倒的屠殺，因爲佔據數量優勢的一方在戰慄、恐懼以及對方戰術的作用下，很快作鳥獸散不復存在。在高加米拉，日暮前的幾個小時一直都是這樣的場景：數以萬計的波斯帝國士兵——五萬也許是一個比較合理的估計——在底格里斯河上游的平原上尋求安全的庇護所，並在這個過程中不斷被追擊的馬其頓人用矛刺死或者被踩在馬蹄下。對於十月一日這天雙方到底有多少人參與了作戰，學者們莫衷一是，但他們都確信，古代文獻聲稱波斯方集結了超過一百萬人的軍隊的說法只是無稽之談而已。最可能的情況是，大流士三世麾下步兵騎兵總計遠遠超過十萬人，而亞歷山大的馬其頓軍隊則有四萬七千人，其中七千五～八千人是騎兵——這是亞歷山大迄今爲止所能集結的最大的一支歐洲軍隊。在高加米拉，亞歷山大手下的希臘部隊數量可能比前兩場大型戰役都要多，而希臘化的雇傭兵也更多——色雷斯人、特薩利人，以及堅定的伯羅奔尼撒人——這些人逐漸發現，爲馬其頓服務意味著生命安全和荷包飽飽，反之替阿契美尼德君主賣命則很有可能在遙遠的土地上孤獨地死去。

美索不達米亞是個好戰場。兩支軍隊均補給充足，且擁有足夠的水源。早秋的氣候顯得乾燥而溫和，戰場附近也有足夠大的平原容納這些數以千計的殺手團。巴比倫城，能夠給戰鬥的勝利者提供休憩所、宴飲處、財寶和女人，而且只有三週的路程，就在下游容易抵達的地方。

在奪走了波斯帝國的西部諸行省並控制埃及之後，亞歷山大在公元前三三一年夏末向巴比倫行軍，試圖迫使波斯帝國亮出他手裡最後的實力了。大流士三世本人目睹波斯人在格拉尼克斯河（公元前三三四年）和伊蘇斯（公元前三三三年）的潰敗，體驗了丟失諸如推羅和加沙這樣的關鍵堡壘的痛苦，在損失了愛奧尼亞、腓尼基、埃及與乞里西亞諸行省之後，他明白自己最終必須停止逃跑，爲了保住他帝國剩下的東半部反戈一擊。他選擇了巴比倫以北三百英里處，底格里斯河支流布莫多斯河附近的一小塊平原作爲戰場，這里距離阿貝拉城七十五英里遠。

因爲已經完全瞭解了亞歷山大的戰術，大流士三世便能很好地預料敵人的行動。馬其頓國王總是身處整個陣線的右翼，試圖通過缺口或者利用包抄機動來攻擊大流士三世所處的左翼，在突破口投入二千～三千重裝騎兵，然後直衝波斯最高指揮中樞所在的位置，這種戰術將全部希望寄託在騎兵的衝擊能夠將敵軍的人牆成功突破，並且能讓亞歷山大的持盾步兵和威名遠揚的長槍方陣隨後湧入缺口。與此同時，左翼的帕米尼奧必須堅守陣地，如果需要的話還必須成爲全軍旋轉的樞軸，一直到波斯軍隊的指揮官爲了保命選擇逃跑，致使波斯帝國軍隊士氣崩潰爲止。大流士三世清楚地知道這一切，但無力阻止，於是這一天的殺戮將會按照大流士三世所害怕卻是亞歷山大計畫中的方式進行。

當捲鐮戰車襲來時，馬其頓陣線在恰到好處的時候分散開隊形來應對——似乎高加米拉戰役是歷史上唯一一次大量使用這種看似可怕實則不夠實用的武器——在戰車失去速度之後，馬其頓士兵會用長矛殺死馭手。大流士三世的戰象要麼受驚逃走，要麼從方陣中間的通道裡通過了——可以說它們根本沒有走上戰場。在戰後，絕大多數戰車和戰象都沒有受到損害，成了贏家的戰利品。這兩種特殊的武器，後者在高加米拉戰役中首次亮相，之後更是成爲希臘化軍隊的主力兵種；前者卻從現實中徹底消失，直到李奧納多·達·芬奇的時代，只有在希臘人浪漫的修辭描寫與工程師繪製的草圖中才能尋覓到它們的身影。波斯承擔包抄任務的分隊始終沒能徹底包圍敵人，而印度人和波斯人決定性的衝鋒雖然穿透了馬其頓陣線的左翼和中央，但他們隨後的目標轉爲劫掠營地的財寶，而非摧毀帕米尼奧搖搖欲墜的戰線。

到了十月二日的早晨，塵埃落定，這場戰役也落下帷幕，可怕的高加米拉平原戰場上一片狼藉——按照狄奧多羅斯的說法，「整個戰場處處遍佈屍體」（《歷史叢書》，一七．五〇．六一）。古代文獻提到波斯有三十萬人戰死的說法不太可信，眞實情況也許是五萬名波斯士兵死在戰場上，或者還在垂死掙扎——戰場上到處是零零散散隨處亂跑的隨營者、傷殘的戰馬以及那些掠奪戰利品的人們。數以千計的傷者向著小小的溪流和沖積平原上的泥洞爬去尋找水源。至於亞歷山大自己，也回到了戰場掩埋己方將士的屍體。他指揮手下從超過一千匹死去的馬其頓戰馬下找出略超過一百人的遺體。在高加米拉，每死去一個馬其頓人，就有五百個波斯人陪他殉葬——這種巨大的比率，是因爲多語言、多文化的戰敗部隊在潰散後，背對著一群訓練有素的重裝甲職業殺手的追趕。他們被久經戰陣的槍兵和騎兵追殺，這些殺手唯一害怕的東西，是擔心自己會在一生的戰友面前露怯。亞歷山大的敵人，只剩下堆積如山的屍體在秋日的陽光下腐爛。因爲擔心腐爛屍體發出的惡臭氣味，他迅速率領軍隊離開這裡，向南直取巴比倫，接手阿契美尼德王朝的皇權。「這場戰役」，普魯塔克評論道，「導致了波斯帝國的徹底覆滅。」（《希臘羅馬名人傳．亞歷山大》，三四．一）

馬其頓的軍事機器

在馬其頓征服希臘與波斯的過程中，有一件頗爲諷刺的事：亞歷山大大帝的父王——菲力浦二世，在花費二十年時間打造一支軍隊並壓服整個希臘之後，被一名出身貴族、對他充滿怨恨的扈從保塞尼亞斯（Pausanias）

刺殺。這個事件或許是因爲同性戀關係破裂而導致，但更大的可能是兇手得到了來自亞歷山大及其母親奧林匹亞斯（Olympias）的命令，這兩人的動機是爲了保住亞歷山大的繼承權。如果說，菲力浦二世正好活到他二十年殺戮無數的軍事生涯開花結果，在建立了一個統一馬其頓與希臘的王國之後就馬上遇刺身亡的話，那麼，亞歷山大則是在一路殺到印度河的水濱之後，年近三十三歲就在巴比倫身死，同樣在長久的戰鬥和無數的殺戮之後無福享國。

馬其頓的皇家軍隊屬於菲力浦二世，而非亞歷山大。這支軍隊由菲力浦二世花費二十年心血建設與統領，而亞歷山大統帥這支大軍的時間只不過十年多而已。菲力浦二世打造了這支常勝之師，爲其提供補給，親自掛帥，並且以過去在希臘前所未見的方式進行軍隊的組織——這是爲了殺死其他希臘人。結果證明，亞歷山大發現自己繼承的軍隊，在殺戮波斯人方面甚至顯得更加卓有成效。

儘管亞歷山大的方陣步兵是雇傭兵性質的，同時他們也是亞歷山大從菲力浦二世時代的兵源中選拔出來的「最高大最強壯」的那批人，但從理論上來說，亞歷山大的馬其頓方陣，無論是在裝備上還是在戰術上，和希臘城邦傳統的重裝步兵方陣並沒有什麼本質上的區別。希臘步兵使用的用於戳刺的矛被馬其頓人沿襲使用，但其長度由八英尺增加到十六～十八英尺，矛身上安裝了更爲沉重的矛尖，尾部也安裝了更爲堅固的青銅質地的尖刺。由此，馬其頓步兵手中的武器成了名副其實的長槍——重量幾乎達到十五磅，是老式希臘步兵短矛的六倍還多——而且這種武器需要雙手方能正常使用。士兵在持握這種被稱爲「薩里沙」（*sarissai*）的長槍時，手放在距離尾部六英尺的位置，因此矛尖位於使用者身前十二英尺，這使得馬其頓長槍兵在面對古希臘重裝步兵時，武器比對手長出八～十英尺。馬其頓軍隊拋棄了重裝步兵使用的直徑三英尺左右的大圓盾，用一個掛在脖子上的小圓盤取而代之作爲防護；與此同時，護脛、沉重的青銅重甲以及頭盔等護具也被一併拋棄，士兵要麼使用皮革甲冑或者複合甲，要麼索性不用任何護具。在肉搏時，馬其頓方陣的前四排或者前五排都能進行戳刺，相比傳統情況下的三排，殺傷區內的矛尖數量增加了百分之四十。方陣像刺蝟一樣的正面不僅在進攻威力上超乎尋常，且在面對輕甲敵軍進攻時同樣能提供很好的防禦。

在意識形態範疇，傳統的希臘重裝步兵所使用的大盾、重型胸甲與頭盔，以及中等尺寸的短矛象徵著自由城邦國家舊式的由公民組成的防禦性民兵組織——這恰恰是揮舞長矛、防禦簡單而以攻擊立足的馬其頓方陣步兵的對立面。後者是雇傭兵性質，沒有牽掛也不屬於任何一個城邦。和希臘士兵相比，馬其頓士兵的長矛長出數英尺，但盾牌的面積卻縮小了三分之二。他們大多沒有自己的農場。在他們看來，殺戮與進擊遠比保護自己進行防禦有價值得多。除了這支冷酷的職業步兵軍團「夥友步兵」（foot companion, *pezetairoi*）之外，菲力浦二世還創造了夥友騎兵（Companion Calvary, *hetairoi*），這是一支貴族精英部隊，身披重甲，騎著高頭大馬。在馬其頓以南希臘諸邦的文化中，飼養馬匹常常招致不滿；這種行爲是對於本就稀缺的土地資源的浪費，而且等於是賦予那些醉心於獨裁統治的貴族們一種特權，而由此培養出的騎兵在銅牆鐵壁一般的自耕農步兵方陣面前又無甚大用。然而在馬其頓，情況卻並非如此，這里只有兩個階層，領主和農奴，不像希臘還有第三階層的自耕農群體，而土地像特薩利一樣廣闊無垠。我們應該記住，像夥友騎兵這樣的兵種，歸根結底是爲了打敗東方式的輕裝步兵而創設，並不是爲了對付西方式的持矛重裝步兵。

在馬其頓步兵中，除了方陣步兵之外還有一支部隊，他們的護甲更爲厚重，並使用較短的矛，被稱爲「持盾步兵」（*hypaspists*），這些人同樣出現在馬其頓陣線的中央，位居方陣的兩側。持盾步兵還是緊跟在夥友騎兵之後最先行進、展開殺戮的部隊，由此他們的存在成爲一種關鍵性的聯結，將展開攻擊的騎兵和後方依次出動跟進的步兵方陣彌合爲連續的陣線。其他職業性部隊，包括輕步兵、投石手、弓箭手以及標槍手，圍繞在這支複合軍隊周圍，一方面提供戰鬥開始時的遠端攻擊，另一方面也作爲關鍵時刻提供支援。在高加米拉，馬其頓預備隊和堅韌的阿格里安人雇傭兵（Agrianians）一起，阻止了波斯人對馬其頓陣線右側的包抄攻擊；而與此同時，他們前方的亞歷山大和他的夥友騎兵開始衝鋒打開缺口，持盾步兵緊緊跟隨，最後的長槍方陣緩緩前行，用薩里沙長槍清理並擴大波斯陣線上的缺口。

菲力浦二世對舊式的希臘重裝步兵方陣進行了再創造，在其中植入了全新的關鍵因素。希臘軍隊的組織運作依賴鄉村之間的協議與慣例，因此只能在靠近本土的地方進行戰鬥，一旦遠征就難以保證補給，而馬其頓軍隊通過改革避免了上述問題。菲力浦二世的思想是建立一支全新的國家軍隊，一方面在機動性上超過運轉不靈的希臘方陣，另一方面仍然能輕易碾碎波斯長生軍這樣的步兵。他希望擁有類似於希臘萬人遠征軍那樣的軍隊，後者在公元前四〇一年的庫納克薩（Cunaxa）戰役中將波斯步兵徹底逐出戰場；但同時，菲力浦二世也希望自己的軍隊具有充分的機動性，能夠通過戰術機動對裝備更重、殺傷力更強的希臘步兵進行包抄打擊。

關於希臘式集中大量部隊進行衝擊作戰的核心思路仍然在馬其頓軍界佔據統治地位。菲力浦二世麾下由長槍組成的方陣，通過與各式各樣的其他兵種混編並得到他們的輔助，展現出遠遠超過傳統重裝步兵方陣的殺傷力和適應性。歷史學家波里比烏斯在兩個世紀之後這樣總結道，「沒有任何東西能夠抵禦長槍方陣的攻擊，一名羅馬士兵在面對十支同時指向他的矛尖時，根本沒有揮動短劍的機會，也無法突破長槍的屏障」（《通史》，一八．三〇．九—一〇）。波里比烏斯說得沒錯：沒有人在面對三個、四個、五個甚至更多矛尖時能夠有效地進行應對，這些矛尖會同時紮向人的四肢、頭顱、脖子與軀幹，令人防不勝防。馬其頓方陣的前五排士兵身前，仿佛有一堵矛尖組成的死亡之牆——最前排士兵的矛尖向身前延伸十英尺之遠，形成一片殺傷區域——任何踏入該區域的敵人都必須在如暴風雨般迎面襲來的鋒刃面前殺出一條血路才能最終衝到方陣的前排士兵面前，而且他面對的打擊將來自任何可能的方向。

馬其頓方陣中的士兵能夠將全部精力集中在刺殺敵人上面，而不像舊式的身著全副甲冑的重裝步兵那樣被沉重裝備所拖累，同時也不需要右側緊挨著自己的戰友使用大型盾牌爲他們提供保護。對馬其頓方陣而言，施展攻擊性動作，放平長槍，外加保持向前移動就能解決一切問題；相比之下，像希臘人那樣保持守勢、拿著大盾並且時刻注意掩護身旁戰友的作戰模式顯得遜色不少。一旦方陣開始以巨大的動能向前移動，長槍紛紛指向前方，此時沒有任何東西能夠抵擋密集矛尖的可怕威力。想像一下對面不走運的波斯士兵被撕碎的下場吧：對於勝利的馬其頓殺手們來說，首要問題是要確保矛尖能從敵人損毀的裝備裡抽出，並防止自己的長槍被堆積的屍體壓住。從文學作品中我們可以感受到長槍方陣在殺戮時的可怕威力。馬其頓的步兵軍官可不希望士兵中出現細皮嫩肉、肌肉線條優美的年輕人，堅定、手段卑鄙的老兵才是最好的選擇，他們的意志力和經驗能夠保證面對危險時不會退縮，最終完成手中的任務，只有這樣的人才能在兩軍對衝、肉搏交戰中堅守自己的位置。

眼前的敵人一旦遭到騎兵和輔助兵種的削弱打擊，這時新式的具有更佳殺傷力的馬其頓方陣就能夠對其進行致命一擊。如鐵錘一般的騎兵部隊能夠將衝鋒的威力集中到敵軍戰線的一個點上形成突破，攻擊敵人的後背，最後將對手推向步兵方陣構成的鐵砧，鐵錘—鐵砧的組合最終會將敵人碾得粉碎。在西方軍事史上，這種步騎協同的作戰方式標誌著戰爭藝術發展到了一個新的層次，它的出現意味著數量優勢變得不再那麼重要。菲力浦二世進行的戰役不再是步兵方陣之間的大型沖撞較量，而轉變爲拿破崙式的、在戰線一個點上進行的突然打擊，一旦得手，足以導致突破點附近敵軍的徹底崩潰，並且徹底摧毀敵人其他分隊的士氣。馬其頓軍隊在希臘進行戰役時與敵人在數量上相差不大，但到了亞洲之後，他們往往處於嚴重的數量劣勢，以一比三的兵力挑戰波斯大軍。

在亞歷山大死後的數十年中，他霸業的繼承者往往被批評沒能沿襲步騎協同的作戰方式，轉而完全依賴數量壓垮對手：長槍的長度被延伸到了二十英尺或者更多，軍隊中引入了戰象和扭力拋射裝置來替代技藝精湛、久經沙場的騎兵。亞歷山大繼承者們的內戰中，馬其頓軍隊無論是在安提貢努斯（Antigonus）、塞琉古（Seleucus），還是攸美尼斯（Eumenes）或者托勒密（Prolemy）的指揮下，面對的敵人往往是馬其頓人和希臘人組成的軍隊，這和亞歷山大當年對抗波斯人的情況大不相同，依靠騎兵衝鋒根本無法撼動對方的戰線。在一場關鍵戰鬥中，只有戰象或者另一個長槍方陣才能打破敵人的長槍方陣。因此，亞歷山大強調的機動性和騎兵攻擊的作戰風格事實上並沒有被繼承者們遺忘，只是被認爲不符合新時代的戰爭方式罷了。畢竟在亞歷山大死後，戰爭的主角變成了希臘與馬其頓裔方陣步兵，而指揮他們的則是意志堅定、久經沙場的歐洲老將們，這些人可不會懼怕亞歷山大的騎兵部隊。

菲力浦二世留給西方軍事藝術的遺產，是一種加強版的決定性戰鬥方式。馬其頓人腳踏實地面對面的戰鬥風格，能夠讓人回想起過去希臘重裝步兵方陣所採用的衝擊作戰模式。對於任何一名隸屬於長槍方陣的馬其頓士兵而言，使用密集的步兵佇列奔跑著衝撞敵人，以及用矛尖指向對手的希臘式風格，仍舊是他們所喜愛的作戰信條。但與希臘人相比，馬其頓人進行戰鬥的地點已經不再被限制在距離己方國界不遠的區域，而戰爭本身也是爲了充滿野心的國家政策服務。相比那些保護現有自耕農社會組織的保守希臘政府，菲力浦二世毀滅式的征戰與吞併土地方式顯得過於激進，這成了社會動盪和文化劇變的溫床。決定性的面對面戰鬥方式一旦成爲希臘文化的一部份，傳統戰爭中雙方互相通知意圖、勝者不窮追不捨、交換戰俘、兩軍在戰場上對衝一場決勝負的風格早已成爲過去，現在已經蛻變爲全新的全面戰爭，其殘酷的殺戮是世人前所未見的。在公元前七世紀至前六世紀，小型的希臘軍隊在小平原上碰撞、推擠、戳刺，直到將敵人逼出戰場爲止，一兩個小時的戰鬥往往就能決定整個戰爭的勝負。然而，對馬其頓人而言，倘若能徹底摧毀從戰場上潰退的敵人，並且掠奪、損毀或者吞併他們的房產與土地，那就沒有理由停止戰鬥。

至於菲力浦二世的士兵，他們和城邦出身的希臘重裝步兵有本質上的區別。在全本現已佚失的喜劇《菲力浦》中，劇作家美涅西瑪克斯（Mnesimachus）讓一名扮演馬其頓方陣步兵的演員如此自誇：

> 你可知道，你會被迫面對怎樣的敵人？我們在刀鋒上用餐，以爆燃的火炬為佳釀。至於餐後甜點，敵人們自會為我們帶來破裂的克里特箭頭與粉碎的長槍矛柄。我們困倦了就枕著盾牌和胸甲成眠，身旁放著強弓與投石索。我們拆下敵人投石器上的繩索，編織成自己的皇冠。（《美涅西瑪克斯殘卷》，七，（參閱《阿忒那奧斯》，一〇・四二一b））

在保守的公元前四世紀，希臘城邦演講界將菲力浦二世形容爲一個跛腳、獨眼的怪物，一個隨時都可能發動戰爭的狂人，德謨斯蒂尼盡己所能地警告雅典人：

> 你們已經得知菲力浦的行軍無可阻擋，這並非因為他麾下的步兵方陣，而是因為他統率著一大群輕步兵、騎兵、弓箭手、雇傭兵以及許多類似的部隊。他用這些部隊進攻孤立無援的人民，一旦人們因為互相之間的不信任而拒絕出城迎戰，他就架起攻城器開始圍城。我無須提醒你們，菲力浦進行戰爭時不受酷暑與寒冬的影響，在任何季節都不會停止軍事行動。（《德謨斯蒂尼文集》，九，《第三篇反菲力浦的演講詞》，四九—五一）

在菲力浦二世於公元前三三六年遇刺之後，亞歷山大摧毀了底比斯城並迫使希臘諸邦屈膝臣服。此時，這位年僅二十歲的少主繼承父志，開始了入侵波斯的計畫，在赫勒斯滂海峽附近進行的格拉尼克斯河戰役（公元前三三四年）便是整個計畫成功的第一步。在格拉尼克斯河戰役中的第一場殺戮中，亞歷山大建立了一種戰鬥模式，我們從中可以粗略地辨別出一系列亞歷山大式的戰爭要素，它們會在之後的三場重要戰役（公元前三三三年的伊蘇斯，公元前三三一年的高加米拉以及公元前三二六年的希達斯佩斯河）中重現：亞歷山大往往能夠出色地適應不利地形的考驗（每次交戰的戰場都是由他的敵人挑選的）；在每場戰鬥中，亞歷山大身先士卒的爲將之道總是幾乎令他喪命——比如他往往會勇敢地衝在夥友騎兵的最前列；馬其頓騎兵會在敵人戰線的某一點上集中力量，發動雷霆一擊，在穿透敵軍陣形之後，把尚未從震驚中清醒過來的敵軍擠壓向方陣密集的槍尖；至於取勝之後不知疲倦的追亡逐北，則體現出亞歷山大的戰爭旨在消滅而非僅僅擊敗敵人的意圖。在所有戰例中，亞歷山大的主要方案便是——找到敵人，向著敵人衝鋒，並且徹底消滅之——勝利並不屬於人數更多的一方，而屬於能夠在戰場上維持行列，以完整的陣形粉碎對手的那一方。

亞歷山大麾下的軍隊從未超過五萬人——這主要是因爲迫不得已：他不得不在希臘留下至少四萬馬其頓駐軍來保證後方穩定。在開始的幾場戰役裡（比如格拉尼克斯河戰役與伊蘇斯戰役），敵人擁有的希臘戰士比他的希臘軍隊還要多。考慮到他還需要兵力駐守在已征服土地上以維持治安，而馬其頓的人力資源儲備又是如此有限，很難想像亞歷山大還能剩下多少部隊用於戰鬥。對於人力資源的務實考慮，是他此後一些「人道」行爲的主要原因，包括將波斯人和亞洲人招入軍隊也是因爲如此。在馬其頓—波斯戰爭的前四年（公元前三三四～前三三一年），數以千計的希臘人自己跑到波斯，幫助大流士三世對抗「解放者」亞歷山大，但卻幾乎沒有波斯人會爲馬其頓人而戰。

對於亞歷山大而言，和拿破崙一樣，他並不在乎敵人有多少數量，他只會專注於突破敵人戰線上一小部份，而他父親的老將軍們會在戰線的其他地方頂住敵人的進攻。至於馬其頓預備隊，則是用於防止敵人包抄到他的背後。亞歷山大本人在關鍵一刻來到之前會一直等待，尋找理想的突破口，在合適的時機將他的騎兵和重步兵作爲楔子插入突破口並撕開敵人的戰線。他帶領士兵進行的衝鋒，會在數以千計缺乏紀律的波斯士兵中掀起巨大的恐慌。敵軍中不同的部隊有著完全不一樣的語言和習俗，誰願意先被瘋狂的馬其頓人殺死，好讓波斯大王的其他軍隊蜂擁包圍亞歷山大呢？

大殺四方

亞歷山大是希臘人嗎？從語言上來說馬其頓人和希臘人相去甚遠，希臘中部和南部城邦的人們大多不能理解馬其頓語，後者只是希臘語中一種與正統的多利安語、愛奧尼亞語關係疏遠的方言，其巨大的差別甚至超過了阿肯色方言與牛津英語之間的差距。對希臘人而言，他們和馬其頓之間的糾紛並非因爲其刺耳而難以理解的語言，也不是因爲種族問題，而是植根於不同的文化。確切地說，在希臘—特薩利邊界以北，不存在任何形式的城邦，這里要麼是窮人的小村莊，要麼是少數屬於富人、能夠供養馬匹的大型農場——這一切都由一些好戰的小國王來統治，這些國王的宮殿與陵墓遺跡大多成爲古馬其頓王國留存至今的考古對象。菲力浦二世將這些地方領主們統一到了一個眞正意義上的國家治下，他爲馬其頓帶來了希臘的藝術家、哲學家與科學家，用搶來的戰利品和攬取來的金錢延攬希臘最有學識的人，爲他所用。

最終，數以千計的希臘科學家和工匠們，伴隨亞歷山大和他的馬其頓部隊遠征東方，提供壓倒阿契美尼德王朝軍隊的技術優勢和組織保障：在他們中有迪亞德斯（Diades）這位來自特薩利的攻城專家和他的同僚查理亞斯（Charias），以及另外兩名設計人員菲力浦斯（Phillipus）和波塞冬尼烏斯（Poseidonius），他們一起「攻克了推羅城」；水利專家高爾吉斯（Gorgias）與城市規劃大師狄諾克萊特斯（Deinocrates）一起建立了亞歷山大里亞城；拜同（Baeton）、狄奧格內托斯（Diongnetos）以及菲羅內德斯（Philonides）三人負責系統地建立營地、研究行軍路線；至於海軍方面的專家則有涅阿克斯（Nearchus）以及歐奈西克瑞塔斯（Onesicritus）；攸美尼斯（Eumenes）全權總領所有秘書事務；天生的哲學家與歷史學家卡利斯提尼斯（Callisthenes）和他的助手們會記錄下這場偉大遠征的每個細節；至於亞里斯托博魯斯（Aristobolus），則是一位偉大的建築師與工程師。馬其頓人還雇用了數以千計的南部希臘人充實自己的軍隊，一些是雇傭兵，另一些則作爲科學家進行服務，他們跟隨亞歷山大都是爲了一份穩定的薪水，以及王室的垂青。在伯羅奔尼撒戰爭（公元前四三一～前四〇四年）中，交戰雙方爲了原則和希臘的主導權而兵戎相見，這場戰爭幾乎毀滅了既有的希臘諸邦；亞歷山大卻把掠奪毀滅的欲望發洩到東方的敵人身上，由此非但沒有消耗反而是爲西方文明累積了資本。

菲力浦二世與亞歷山大對引進的希臘傳統加以劃清界限的是地方政治（*ta politika*）——原意即爲「城邦的事務」。在這一方面，後來的日本和馬其頓如出一轍。菲力浦二世年輕時曾經在底比斯做過人質（公元前三六九～前三六八年間），而這段時間恰是出色的底比斯將軍伊帕米儂達如日中天之時。菲力浦二世對於方陣戰術非常喜歡，他學習了大規模步兵的徵召、決定性的正面作戰、講求紀律的行列規範以及粗具雛形的眞正意義上的戰術機動。在希臘，菲力浦二世還接受了理性至上的思想，以及脫離宗教與行政的管制對科學和自然進行的追尋探索——只有這樣的態度才能允許他支持建造精密的攻城器械和扭力弩炮。在希臘期間，他對於個人主觀能動性從瞭解到認同，還採納了將集體主義置於個人英雄主義之上的做法，後者盲目追求殺敵數目，遠不及前者鐵一般紀律下所能達到的殺戮效果。菲力浦二世回國後招募並且訓練了他自己的長槍方陣部隊，他們在國王的命令下赴湯蹈火也在所不辭。

在高加米拉戰役之前，亞歷山大提醒他的雇傭兵們，他們至少是「自由」的人——這和波斯人形成了鮮明的對比，後者在希臘—馬其頓人看來不過是奴隸罷了。儘管並沒有任何一個人用投票的方式把亞歷山大推上王位，但馬其頓國王的話還是說對了一部份。希臘式自由所留下的遺產並沒有停留在政治層面，而是存在於生活之中，就像亞里斯多德所說的那樣，「做你喜歡做的事情」。亞歷山大的雇傭兵們，就像更早的希臘萬人遠征軍一樣，享受著組織制度上的自由，他們能夠召開群情激昂的會議，在對亞歷山大有利時投票通過決議支持他，並在皇家宴會與體育活動中和高層人士親密接觸，這在波斯宮廷是無論如何也想像不到的。看起來，即便是非公民身份的雇傭殺手們最終也開始對亞歷山大不斷推進的東方化政策產生了不滿——他們反對匍匐前行跪拜禮（*proskynēsis*）這種大逆不道的做法，它迫使一個自由人向國王卑躬屈膝，好像他是生在凡間的神祇一般。

對於公民軍事，以及普羅大衆對於軍隊的控制，或是給予麾下士兵絕對的政治自由，菲力浦二世就沒有任何興趣了——正是這些拖累並削弱城邦國家的實力。菲力浦二世對政治自由的不信任，對亞歷山大而言不啻是一種言傳身教，同時年輕的新國王也在政治理念中加入了一些新東西：偉大的泛希臘聯盟構想，用一場神聖遠征入侵波斯，讓諸神之黃昏（Götterdämmerung）一般的毀滅降臨到阿契美尼德王朝頭上，以此報復他們焚毀雅典衛城、奴役同為希臘文化圈的愛奧尼亞人以及一個世紀以來干涉希臘事務的新仇舊恨，掏空波斯的國庫讓巴爾幹前所未見地富有，並最終團結起所有使用希臘語的民族，建立一個統一而尙武的國度。菲力浦二世知道，只有如此，才能在東征時保證自己的後方有一個穩定的希臘。當然，總會有一些像德謨斯蒂尼和希培理德斯（Hyperides）這樣的愛國主義者和攪局專家在煽風點火組織叛亂，希臘雇傭兵們也樂於在波斯大王旗下對抗馬其頓國王領導的名不副實的「科林斯聯盟」，但菲力浦二世還是聲稱，他所進行的殺戮是「爲了希臘」，而非爲了他個人的利益。在這第一場歐洲人的「十字軍聖戰」中，菲力浦二世將紛爭不休的希臘人集結到自己的麾下，只有這樣，西方才能擊敗君主專制而統一的東方國家，並洗劫他們的財富。

總而言之，亞歷山大與希臘精神的關係，以及對整個西方文化的態度，都顯得自相矛盾。亞歷山大大帝本人讓希臘文化中的藝術、文學、哲學、科技、建築以及軍事等內容走出希臘本土，向東方廣泛傳播，在這個方面沒有人比他做得更好。但與此同時，菲力浦二世父子作爲外來勢力在摧毀希臘本土上延續了三百多年的自由自主精神方面，也是前無古人後無來者。亞歷山大大帝集結了有史以來最多的希臘士兵，這些人在他麾下殺死了有史以來最多的非希臘敵人——但與此同時，他在柯洛尼亞戰役、底比斯圍城、格拉尼克斯河畔、伊蘇斯戰場上指揮部隊殺死的希臘人數目，也遠超過任何一名希臘將領。亞歷山大東征的最初意圖，可能是爲了掠奪日漸衰微的剝削政權阿契美尼德王朝所擁有的財富。在這個過程中，他將波斯帝國幾個世紀以來收納的貢金釋放到流通領域。數以千計的希臘商人、工程師與游方工匠跟隨亞歷山大進入波斯，成就了一次文化上的再生，這在波斯統治的時代是無法想像的。亞歷山大繼續東行，按照他自己的說法是爲了傳播希臘文化。然而，大帝本人恰恰比任何哲學家、國王或者聖人更熱衷於推動希臘人的東方化進程，他削弱了世俗化的城邦政治以使人們適應亞洲式的獨裁統治，在他死後曾經傳承三個世紀的希臘自由傳統蛻變爲神權君王的獨裁體系，他高高在上遠離自己的臣民，身處帝國首都的重重宮殿之中。

亞歷山大借鑒了希臘軍事傳統中的優點，同時也摒棄了其中的不足，諸如規模很小的地方政府與後勤受限的業餘重裝步兵，這意味著希臘人有史以來第一次能夠脫離社會組織上的束縛，在遙遠的印度河畔檢驗他們軍事能力的極限。然而，由於亞歷山大拒絕接納共識政府的政體，排斥公民軍隊與地方自治，這使得他的一系列征服行動從未在亞洲建立一個穩定的希臘化政權，甚至連希臘本土的自由也無從得到保障——只有那些與他思路類似的馬其頓元帥們在他死後建立了一系列繼承者王國（存在時間為公元前三二三～前三一年）。在三個世紀的時間里，獨裁者們——馬其頓、伊庇魯斯、托勒密和阿塔羅斯王朝的統治者在亞洲和非洲建立統治，進行戰爭和掠奪，並過著奢侈的生活，他們由宮廷貴族和專家異人輔佐，直到羅馬共和國的軍團迫使他們屈服。事實上，是羅馬而非那些希臘化的繼承者國家，最終整合了希臘人關於政治、公民軍事以及決定性戰鬥的理念，最終鑄就了龐大致命且具有選舉權的公民軍隊。與其說是羅馬的軍隊造就了如此偉大的政權，倒不如說是他們的政權創造了戰無不勝的軍隊。

那麼，在亞歷山大手中，決定性戰鬥的風格在政治和文化方面又造成了怎樣的影響呢？羅馬時代的歷史學家們所接觸到的史料來源可以追溯到亞歷山大同時代的人，這些材料顯得複雜而又相互矛盾，在史家筆下也就有了一個「好」亞歷山大和一個「壞」亞歷山大並存——要麼是荷馬筆下的阿基里斯（Achilles）再世，洋溢著活力充滿虔誠的好國王，他為整個希臘文化圈帶來了繁榮的頂峰；要麼是個徹頭徹尾的自大狂，這個嗜酒而放縱的混蛋將擋路的無辜者屠殺殆盡，然後又把屠刀砍向他父親的朋友、他的同胞們，全然不顧這些人曾用他們的忠誠和智慧將自己推上寶座。這樣的辯論一直持續到今天。與亞歷山大同時代的希臘人對他心存惡感，因為他奪走了希臘的自由，也因為他從攻陷底比斯到格拉尼克斯河戰役中採取了一系列殺戮希臘人的做法。倘若我們不考慮後世對亞歷山大的浪漫解讀——比如他達成了「四海之內皆兄弟」的平等觀念，或者說把「文明」帶給了野蠻人——那麼我們便能發現，他最主要的天才都集中在軍事與政治領域，而非人道主義和哲學的範疇：

他對於希臘式戰爭藝術進行了傑出的創新，並且領悟到如何利用獲得的力量消滅或者賄賂任何能夠和他分庭抗禮的敵人。

對那些早就被馬其頓所征服的希臘人來說，他們所沒有想像到的是，亞歷山大對於決定性戰鬥的卓越運用已經到了如此爐火純青的地步——更令人驚訝的是，亞歷山大所進行的殺戮，按照他靈光一現的說法，是為了一種兄弟友愛之情而進行的。新大陸的征服者西班牙的科爾特斯（Cortés）是類似的軍事天才，他指揮的部隊能夠像熱刀切黃油一般楔入墨西哥人的陣形，在超出敵人理解範圍的決定性戰鬥中成批屠殺墨西哥人的部隊。科爾特斯稱，他所做的一切，都是為了西班牙王室，為了基督教的榮耀，以及為了西方文明不可阻擋的腳步。對亞歷山大而言，在戰略層面上，戰爭的目的並非擊敗敵人，雙方交換戰死者的屍體，建立勝利紀念碑以及解決既有的爭端；事實上，就像菲力浦二世曾經教導他的那樣，倘若有人膽敢用軍事手段來對抗馬其頓帝國的統治，那麼因此進行的戰爭的目的便是殺死所有的敵人，並毀滅他們的文化。因此，亞歷山大在戰爭中運用了一系列革命性的方式，例如窮追不捨潰逃的敵人，以及一旦取勝就讓對手亡國滅種，這在幾十年前還都是不可想像的。

在格拉尼克斯河戰役（公元前三三四年五月）中，亞歷山大徹底摧毀了戰場上的波斯軍隊，並包圍了波斯方的希臘雇傭兵，然後幾乎把這些希臘人屠戮殆盡——大概只有二千人倖存並被送回馬其頓作為奴隸。對於希臘雇傭兵的傷亡數目，現存的資料眾說紛紜，也許在此次戰鬥勝負已分之後，馬其頓軍隊殺死的希臘人數量在一萬五～一萬八之間。僅僅在一天之內，亞歷山大殺死的希臘人數量，就超過了希波戰爭時代幾場大戰中希臘陣亡人數的總和——馬拉松、溫泉關、薩拉米斯外加普拉提亞，這四大戰役中死亡的希臘戰士數量加起來也不及格拉尼克斯河一役！同一場戰役中，波斯人的陣亡數目也超過了兩萬人——這個數字超過了之前兩個世紀以來希臘本土上任何一場重裝步兵戰鬥的死亡人數。格拉尼克斯河戰役證明了兩點：亞歷山大爲了實現他自己的政治目標，會不惜殺死無數生命，遠超之前任何西方政治家；同時他在實現這一目標的過程中肯定會不得不消滅數以千計的希臘人，因爲這些傭兵會爲了利益或者自己的原則而效力於波斯大王，擋在馬其頓大軍的面前。

在之後一年（公元前三三三年）發生的伊蘇斯戰役中，亞歷山大對抗大流士三世本人率領的波斯大軍，戰鬥的殘酷程度又更進一步，戰爭中的死亡人數更是遠遠超出以往希臘或者是馬其頓軍隊參加過的戰鬥。在這場戰役里又有兩萬名希臘雇傭兵陣亡，而波斯軍人戰死的數量達到了五萬～十萬人之多——在八小時的時間裡，平均每分鐘就要殺死三百人，這無論在殺戮的時間還是空間上都是個大挑戰。西方文明的戰爭模式曾經只是爲了解決局部地區的邊界糾紛，現在卻發展爲使用衝擊作戰的方式盡可能地屠殺敵軍，這場戰役無疑是最好的寫照。在已經奠定勝局的情況下，馬其頓方陣與其說是將敵人驅趕出戰場，倒不如說是在戰鬥的收尾階段極力殺死敵人。

在高加米拉戰役之後，亞歷山大還進行了第四場也是最後一場大規模的戰役，在希達斯佩斯河畔擊敗了印度王公波魯士（公元前三二六年），並在戰鬥中殺死了超過兩萬人的敵軍。即便根據非常保守的統計資料，亞歷山大在八年時間的東征中，僅僅是在決定性戰鬥裡就指揮軍隊殺死了超過二十萬敵人——而這僅僅付出了幾百名馬其頓人的性命作爲代價。只有在格拉尼克斯河戰役與伊蘇斯戰役中，希臘雇傭兵給他造成了一些真正意義上的麻煩，但最後這些希臘人還是難逃寡不敵衆、被包圍殲滅的結局——這兩場戰役中這些希臘人的陣亡人數超過四萬，這使得到了高加米拉戰役時，波斯已經沒有多少希臘雇傭兵可用了。就戰場殺戮與戰後鎮壓平民所造成的死亡而言，只有凱撒征服高盧與柯爾特斯征服墨西哥時的手筆能夠與亞歷山大比肩。顯而易見，西方的戰爭方式——進退如牆訓練有素的職業步兵之間進行正面衝擊作戰——會造成交戰雙方完全一邊倒的交換比，這在亞洲國家中是前所未見的可怕戰法。

在上述這些戰役的間歇，亞歷山大還攻取了許多希臘諸邦與波斯帝國控制下的城市，無可辯駁地證明了西方的戰爭之道不再僅僅限於一種步兵戰鬥風格，而是將殘酷的正面戰鬥上升爲一種理念，西方軍隊願意用這種方式掃除一切前進時遇到的障礙。亞歷山大有條不紊地攻佔並奴役了幾乎所有擋在他面前的敵對城市，從小亞細亞開始，然後是敘利亞海岸，再接著是波斯帝國的東方諸行省，最後是現在旁遮普境內的印度城市，對該城所進行的屠城行爲爲這一系列血腥攻城行動畫上了句號。亞歷山大所奪取的名城大邑包括：米利都（Miletus，公元前三三四年），哈利卡納蘇斯（Halicarnassus，公元前三三四年），薩迦拉索斯（Sagalassus，公元前三三三年），皮西迪亞（Pisidia，公元前三三三年），塞拉那（Celanae，公元前三三三年），索里（Soli，公元前三三三年）和遭遇屠城的布蘭奇迪埃（Branchideae，公元前三二九年），錫爾河（Syr Darya，公元前三二九年）沿岸的大小堡壘，強固的亞理阿馬茲城（Ariamazes，公元前三二八年），以及印度的馬薩迦（Massaga，公元前三二七年），阿努斯（Aornus，公元前三二七年）與桑加拉（Sangala，公元前三二六年）。這些城市中的大部份在規模上都大於底比斯城，而後者作爲亞歷山大毀滅的第一座城市，僅僅在巷戰中就有六千多希臘人死亡。根據阿里安的說法，在亞歷山大橫掃印度旁遮普的辛蒂瑪納城（Sindimana）及其周邊城市時就有八萬人被殺，而在桑加拉城則有一萬七千人死亡，七萬人被戴上奴隸的鐐銬。保守估計之下，從公元前三三四年到公元前三二四年的十年間，亞歷山大至少殺死了二十五萬城市居民，他們唯一的錯誤就是擋在了亞歷山大東征的道路上被迫自保。

關於亞歷山大指揮的攻城屠殺行動，記載最爲詳細的首推推羅和加沙這兩個腓尼基城邦。在進行了爲期幾個月英雄式的抵抗之後，推羅城在公元前三三二年六月二十九日被攻陷。關於城內的傷亡情況缺乏確切的記載，但在城陷時應該有七千～八千名居民在混亂中死於非命。僥倖暫時活命的二千多男性居民最後還是被折磨致死，馬其頓人以此警告其他人不要進行無謂的抵抗。至於被俘虜的二萬～三萬名婦孺，則難逃成為奴隸的命運。推羅和之前的底比斯一樣，在城市被摧毀後僅留下一個地名而已。推羅城陷落之後，敘利亞海岸南面的加沙就成為亞歷山大的下一個目標。經歷了兩個月的圍攻之後，亞歷山大率領士兵攻入城市，肆意屠殺其中的居民。城中所有的敘利亞男性，無論是波斯人還是阿拉伯人都難逃死亡的厄運，死者數目近一萬。剩下的婦女和小孩仍有幾千人，同樣被售賣為奴。亞歷山大將加沙的總督巴提斯（Batis）綁在馬車後面，用繩子綁住腳踝，然後駕車拖著他環繞整個加沙城，就像希臘神話中阿基里斯蹂躪赫克托的屍體一樣，只不過這次是將尚且活著的巴提斯拖在車後折磨致死而已。

亞歷山大在亞洲的時間不過十年，在這期間的絕大多數時間裡，他無法引誘敵人主動和他進行陣地戰，於是他反其道而行之，把戰爭帶給敵人。他率領軍隊不聲不響地進入東方土地，在這場復仇的戰爭中，他面對的敵人遵循東方式的遊牧戰法，接戰時總是散兵游勇，擅長伏擊，用這種打了就跑的方式來威脅馬其頓軍隊，而亞歷山大則有計劃地焚毀村莊，屠殺當地精英人物，把堡壘燒成廢墟作為回敬。亞歷山大在現在的阿富汗、伊朗和旁遮普所摧毀的小部族數不勝數。在亞歷山大沿著既定路線攻佔敵人大型聚居地的過程中，沿途他或撫或剿，無情地平定了數目龐大的小部落。此後他的征途轉而向南指向蘇撒（Susa）南部，烏克西斯山脈（Uxiis）與札格洛斯山脈（Zagros）之間的山區村莊也遭到馬其頓大軍有計劃的掠奪，那裡的居民要麼被殺死，要麼被更恭順的臣民所取代。當亞歷山大試圖從伊朗西部的蘇撒隘口向波斯波利斯進軍時，他擊潰了當地總督阿里奧巴紮尼斯（Ariobarzanes）的部隊，只有少數倖存的敵人得以逃進山間。隨後，亞歷山大僅僅花了五天時間就追上了伊朗東部的瑪律迪斯人（Mardis），迫使他們俯首稱臣，並將他們吞併進自己的帝國中，從而迫使他們提供人力、馬匹，且用人質來保證忠誠（公元前三三一年）。

在巴克特里亞，當亞歷山大面對當地人的反抗與暴動時，他開始進行以牙還牙的清剿行動。當地有一群被波斯人流放的希臘人，他們的城市被稱爲布蘭奇迪埃，據說該城被馬其頓人屠殺之後不剩一人。至於索格迪安納的撒坎人（Sacans of Sogdiana）——他們在高加米拉的戰場上被認爲是強悍老練的戰士，此時也遭滅族，他們曾經居住的土地也受到蹂躪。亞歷山大相信那些居住在富庶的澤拉夫尚河谷（Zervashan）村莊中的居民幫助了索格迪安納的人們發動叛亂，於是他同樣掃蕩了澤拉夫尚河沿岸的所有堡寨，並處死了所有敢於抵抗他的人，僅僅在錫魯波利斯（Cyrupolis）一地就有八千人被殺。在巴克特里亞與索格迪安納叛亂的兩年時間裡（公元前三二九～前三二八年），幾乎就是不間斷的戰鬥、掠奪與處決的過程。亞歷山大在進入印度之後（公元前三二七～前三二六年），也是以這種全面戰爭的方式進行征服，他殺死了現在巴基斯坦境內巴焦爾特區（Bajaur）的科埃斯河（Choes）沿岸的所有抵抗者。他許諾被圍的阿薩瑟尼斯人（Assacenis）只要投降就能保全性命，但在受降之後就處決了這些人雇傭的所有戰士。至於像奧拉（Ora）與阿奧努斯（Aornus）這樣地處山巔形勢險要的堡壘，同樣難逃被攻破的厄運，而其中的守軍可能也全軍覆沒了。位於下旁遮普省的馬利族人（Mallis）所居住的村莊，多數被馬其頓人焚掠一空，而逃亡沙漠的難民則在半途遭到追擊和屠殺，多數歷史材料聲稱死者數以千計。

像亞歷山大麾下馬其頓軍隊這樣的侵略者，是東方諸國從未經歷過的，亞歷山大給敵人的選擇只有兩個：臣服或者滅亡，而且這支軍隊擁有足夠的意志力與實力，樂意同時實現以上兩點。沿途的部落在對抗馬其頓人時毫無勝算可言，他們唯一的機會便是在群山之間和入侵者進行捉迷藏式的斷續戰鬥，指望這樣能夠延緩馬其頓人的進軍速度並挫敗他們的戰略意圖，至於徹底擊敗亞歷山大的軍隊則是毫無可能的妄想。到了公元前三二五年，亞歷山大帶著部隊橫穿格德羅西亞（Gedrosia）沙漠，在他的部隊還沒有乾渴致死之前他繼續進攻沿途的定居點歐雷泰（Oreitae）。僅僅在一次交鋒中，亞歷山大的一個副官，列奧納圖斯（Leonnatus）就率部殺死了六千名敵人。在饑饉和軍事打擊的雙重作用下，歐雷泰變成了一片無人區。我們現在已經無法統計亞歷山大的殺戮行徑對巴克特里亞、伊朗和印度的人口數目造成了多大的影響，但有一點毫無疑問：亞歷山大摧毀的許多村莊以及扼守一省要隘的堡壘，往往都是數千人的家園。在馬其頓人到來之後，許多當地的居民聚落都被徹底抹去，其中的男性在保衛領土時要麼被殺死，要麼淪爲奴隸，運氣好一些的則加入馬其頓軍隊成爲侵略軍的一員。

那麼，進行所有這些殺戮又是爲了什麼呢？沒有人知道亞歷山大的眞實想法。當然，想要在阿契美尼德王朝的殘骸上建立一個新帝國，本來就需要平定所有抵抗，這也許能解釋他在亞洲不斷的瘋狂殺戮。馬其頓人不論是在行軍途中，還是在戰場上都時刻準備著殺死敵人；這台致命的軍事機器甚至對自身而言也充滿危險。在波斯首都波斯波利斯投降之後，亞歷山大給馬其頓士兵一整天時間，讓他們肆意掠奪、隨意殺戮。狂熱的馬其頓士兵們搶劫民居，帶走女人，那些倖免於無端殺戮的人則被賣作奴隸。普魯塔克還提到，即便是那些已經成爲囚犯的人，也多半會死於非命；庫爾提烏斯則補充說，當時許多人寧可和妻兒一起跳下城牆，或者在家中自焚了結性命，也不願在街上面對入侵者的屠刀。大規模自殺的行爲在歐洲相當罕見，但對西方軍隊的犧牲品而言卻爲數不少：西方以外的人民在面對無法抵抗的西方軍隊時，如色諾芬的萬人遠征軍，在聖地攻城掠地的羅馬軍團，或者是沖繩島上的美國大兵，絕望往往會促成他們集體性的尋死行爲。

在破城幾個月的平復期之後，波斯帝國的所有財寶都被裝車運走——現代考古在波斯波利斯城址中發現了少數貴金屬——而皇家宮殿，則在一群酗酒統治者的授意下被一把火燒成灰燼。也許大火最終蔓延到了皇宮以外，在一段時間內把整個首都燒得無法居住。根據文字記載，勝利者獲得了數額極其巨大的虜獲——大多數記錄者認爲其價值達到了十二萬塔蘭特之多，而搶掠來的財寶得用兩萬隻騾子和五千頭駱駝才能全部運走——對征服者來說他們收穫了財富，對被征服者而言他們失去的則是生命。波斯波利斯曾是一個帝國的首都，統治著數以百萬計的人民，其人口也許達到了數十萬人，而到了亞歷山大凱旋之時，早已有數以千計的居民要麼死於非命，要麼淪為奴隸，要麼流離失所。

在波斯這樣一個擁有七千萬人口的龐大帝國中，竟然沒有一支本土警戒部隊能夠阻止西方三萬精兵強將的肆意妄為，其結果便是有幾十萬人僅僅是因為擋在了亞歷山大行軍路上就被無端殺死。在亞歷山大穿越格德羅西亞沙漠的不幸征途中，不少馬其頓人與沿途土著在公元前三二五年夏末死去，倒在了從印度河三角洲到波斯灣的沿路上。古代文獻對這次為期六十天、跨越四百六十英里的死亡之旅進行了記載，記錄了人們所遭受的可怕折磨與傷亡情況。在出發時，亞歷山大麾下的戰鬥人員至少有三萬人，外加為數不少的隨軍婦女和兒童。阿里安、狄奧多羅斯、普魯塔克以及斯特拉波這些記錄者都提到了這次死亡之旅，在旅途中，馬其頓軍隊與隨軍者因為乾渴、疲勞和疾病而不斷減員，數以千計的死屍被丟棄在路途中。在這三個月中，因亞歷山大造成的馬其頓人損失人數，就超過了此前十年與波斯人戰爭中死亡人數的總和。對於馬其頓方陣步兵而言，他們自己的將軍，遠比那些波斯和印度士兵更加危險致命。

與之前希臘城邦的軍事體制不同，馬其頓軍隊里並沒有一群將軍共同分享指揮權——沒有民事監督，沒有投票流放，也沒有法庭審判以制衡馬其頓軍隊的最高指揮官以及國王本人。作為擁有絕對權力的統治者，亞歷山大一旦懷疑下屬的忠誠，做出的反應便是立即對可疑者處以死刑。整整一代馬其頓貴族，幾乎都喪命在他們為之服務的亞歷山大手下。在亞歷山大統治末期，隨著他的偏執與癡狂與日俱增，這種謀害下屬的行為也隨之愈演愈烈——更何況此時那些忠於阿契美尼德王朝的軍隊早已土崩瓦解，而作為潛在危險的希臘雇傭兵也早就淪為奴隸，亞歷山大想必也已經意識到，他不需要這些精英軍人為自己在激戰中贏得勝利了。

公元前三三〇年，亞歷山大針對他的將軍菲洛塔斯進行了徒有其表的審判，並對他施以石刑處死，此事頗爲世人所知。菲洛塔斯遠非一個陰謀叛逆的小人，恰恰相反，他作爲馬其頓騎兵的指揮官之一，曾經在歷次戰役中英勇奮戰——在高加米拉正是他率領夥友騎兵突破了波斯戰線——他全部的罪行，恐怕只不過是過於傲慢，同時沒有及時告發可能存在的對國王的怨懟之詞而已。菲洛塔斯遭遇處決之後，他的父親帕米尼奧（這位老人甚至沒有受到任何指控）同樣也難逃被謀殺的命運。在馬其頓軍隊向東往巴比倫開拔的過程中，相當數量的馬其頓貴族要麼消失無蹤，要麼被處決。被稱爲「黑」克萊特斯的將軍曾經在格拉尼克斯河邊救過亞歷山大的命，但他卻在一場狂飲大醉的筵席上被神志不清的亞歷山大親手用長矛捅死。不少貴族侍從因被懷疑叛亂而被亞歷山大處以石刑（公元前三二七年），在此之後，他還下令處死了哲學家克利斯蒂尼，後者乃是亞里斯多德的外甥，他之所以遇害，恐怕是因爲反對亞歷山大所接受的東方式跪拜禮。

走出格德羅西亞沙漠之後，亞歷山大花了七天時間狂歡宴飲，同時還不忘把自己處決部下的數量推上一個新的高峰。他的將軍們，先是寇里安德（Cleander）和錫塔克里斯（Sitacles），然後是阿伽松（Agathon）和赫拉孔（Heracon）以及他們的六百名士兵，在沒有收到任何告誡，也未經任何審訊的情況下被直接處死了。據稱，他們的罪名是瀆職和抗命，但更有可能的原因是，他們曾經執行了亞歷山大的命令去殺死頗有人望的帕米尼奧——這樣的罪行顯然不能在老兵中被輕易忘卻，總要在形式上找幾個替罪羊才能替亞歷山大開脫。

亞歷山大曾經下令處決一整個軍團的士兵——六千人之多：他讓全軍列隊，然後處死每十名士兵中的其中一名，這在西方軍事史上還是前所未見的事。亞歷山大將來自東方與南方文明的處決和酷刑方式引入西方軍隊裡，由此，他自己對於西方軍事發展的貢獻在於，徹底拋開了道德規範的約束、人民的監管，在決定性戰鬥中用殺戮解決一切問題。亞歷山大將衝擊作戰模式的威力釋放出來，使之成爲消滅敵人的利器。對整個希臘世界而言，沒有任何人能像亞歷山大一樣如此深遠地影響文明發展的進程。

亞歷山大大帝並非希臘主義的善意信使。他是一個充滿活力和悟性的年輕人，一個天才式的將領，他天性樂於求知，並且明白如何讓身邊的文人墨客爲自己做宣傳。從他的父王那裡，他繼承了一支善於殺伐的可怕軍隊，以他的智慧也能夠獲得那些狡詐多謀的沙場老將們的忠誠效勞——至少直到他擊敗波斯爲止都是如此。亞歷山大知道如何利用希臘傳統中的決定性戰鬥，並將之推向一個新的高峰，他寧可用衝擊部隊進行面對面的碰撞，也不願使用伏擊、陰謀、談判或者劫掠來解決問題，而他也正是用這種方式戰勝了東方的敵人。

亞歷山大最終摧毀了希臘人的自由與政治自治的理念，由此揭開了希臘化時代（The Hellenistic Age，公元前三二三年～前三一年）的序幕。因爲他的關係，希臘軍事文化被傳播到了愛琴海以外，而此前深藏於波斯國庫的貴金屬則在東征過程中被散播流通於整個希臘世界，成了政治壓迫與經濟不平衡的源頭——然而，這個經濟動盪的時代，同時也將文學和藝術推向了一個全新的巔峰。亞歷山大用獨裁君主的統治方式取代了希臘式的自由城邦政治——但仍然保留了西方傳統中理性至上的思想和冷靜審視的態度，由此孕育出偉大的城市、瑰麗的藝術，以及精耕細作的農業手段與精明睿智的商業理念。在亞歷山大的世界中，沒有愛國者與政治家的存在空間，但藝術家和學者們卻能得到前所未有的機遇和財力支持。

儘管亞歷山大投身於希臘文化，但在他撒手人寰之時，他內心的恐怖更接近薛西斯，而非地米斯托克利。在他之後的繼承者諸王國中，軍人像雇傭兵一樣爲了薪水作戰，而戰爭所吞噬的人力與財富達到了天文數字。自由市場的擴張，軍事研究的進步，以及完善後勤的運用，這些因素一起將西方軍隊的致命程度推上了新的高峰，幾十年前的人們恐怕根本無法想像。東方式的對統治者的神化態度，在希臘化繼承者王國中成爲常態——妄自尊大、隨意殺戮和殘酷鎮壓，這些與神權國家聯繫在一起的事物也成了亞歷山大之後君王們的屬性。有時，學者們會把亞歷山大與凱撒、漢尼拔和拿破崙相提並論，這些統治者都擁有堅定的意志和天才的軍事思想，他們不顧現有資源的限制，試圖超越極限去獲取一個更加龐大的帝國。亞歷山大和這些歷史人物互相之間固然有相似之處，但恐怕阿道夫．希特勒與他更爲相像——儘管這種可怕的比較會使古典學者和親希臘者驚恐不安。

從一九四一年夏天到該年秋天，希特勒組織了一場邁向東方的大行軍，堪稱卓越而殘忍。他和亞歷山大一樣，都被視爲西方世界的軍事天才，他們都能意識到高度機動的部隊在衝擊作戰中將會產生世所未聞的強大力量。這兩位都是自我讚揚的神秘主義者，他們將自己僞裝爲西方文明的使者，宣稱自己將會把西方「文化」帶給東方，把人民從獨裁的中央集權政府統治下「解救」出來；實則是爲了劫掠財富，搶奪戰利品。兩人都有善待動物的作風，對女人遵從敬重（雖然實際上他們對女人興趣一般），喜歡談論自己的天命和神性，對待下屬謙恭有禮卻同時籌畫著殺死幾十萬人的戰役，最後，他們都處死了不少自己的親信與最優秀的將軍。馬其頓國王和德意志元首都是半吊子街頭哲學家，他們喜歡借用文學和詩歌中的比喻來發佈大規模殺戮的指令。他們每一個關於「平等兄弟會」的承諾背後，都隱藏著「千年帝國」的野心；大詩人品達（Pindar）的聲望拯救了幾座房屋，使得底比斯不至於全城皆爲瓦礫，文化傳承年復一年，新羅馬的願景才能降於柏林；遭到刺殺的帕米尼奧不由讓人聯想到服毒自盡的隆美爾；被夷爲平地的推羅、加沙和索格迪安納一如後世化爲廢墟的華沙和基輔；相比格德羅西亞沙漠的死亡行軍，斯大林格勒的自殺式進攻也不遑多讓。

亞歷山大能夠理解歐洲人的個人主義精神，知道如何利用希臘主義爲己所用，打造一支極富戰鬥精神的軍隊，爲他的獨裁統治服務；希特勒則很好地利用了日爾曼的豐富傳統及其曾經擁有的自由公民制度，創造了一支同樣充滿活力、令人畏懼的閃電戰雄師。歷史學家們將亞歷山大描繪爲傳播文化的使者、充滿夢想的理想家，對希特勒卻沒有粉飾，直斥其為精神錯亂、殺人如麻的怪物。倘若亞歷山大在剛剛踏上亞洲土地時就戰死在格拉尼克斯河邊（在現實中，他的腦袋也幾乎被敵人的一名騎兵劈成兩半），倘若希特勒的裝甲洪流沒有在一九四一年十二月在莫斯科城下幾十英里處停住腳步，那麼歷史的寫法便會迥然不同。肯定會有部份歷史學家認為，那位馬其頓國王不過是個名不副實的自大狂，他的狂妄野心終結在赫勒斯滂的泥濘溪水之中；而德意志元首儘管為人殘酷，卻是個無所不能的征服者，通過卓越的決定性戰鬥徹底摧毀了史達林統治的野蠻帝國。

從古至今，獨裁者的事業最終都會以失敗收場——亞歷山大死後帝國解體，分裂出的繼承者國家之間爭鬥不休，最終統統被併入羅馬版圖；而希特勒的千年帝國僅僅存在了十三個年頭便轟然倒下——這警示著我們，決定性戰鬥風格、技術優勢、資本主義體系以及超越對手的軍事紀律都只能給西方軍隊帶來一時的勝利，倘若沒有西方式自由、個人主義、人民監督以及共識政府制度作為基礎，一切輝煌的軍事成就與過眼雲煙無異。考慮到西方軍事制度的起源和其複雜的形式，它只有在自己誕生的環境中才能更好地發揮作用。縱觀整個古代世界，沒有人比反希臘的亞歷山大擁有更多的個人勇氣、軍事天才，也沒有人比他更善於籌畫陰謀和殺戮，他是名副其實的第一個出身歐洲的征服者，身後將有一系列傑出人物追隨與仿效。

決定性戰鬥與西方軍事

戰爭最終總是由那些面對面交戰的士兵們決出勝負，他們互相戳刺砍殺，或是近距離交火射擊，直到將對方趕出戰場爲止。遠端武器能夠在戰鬥中輔助士兵，但這些武器本身——箭鏃、投石乃至榴彈——是無法擊敗敵人並結束一場戰爭的：

> 倘若一支軍隊僅僅依靠火力對抗敵人，一旦交戰雙方發生正面接觸，取勝的希望將會相當渺茫。衝擊作戰的武器只有在攻擊一方手中時，才能粉碎對手的抵抗，也只有這樣，這些武器才會成為出類拔萃的軍事工具。一旦敢於近戰的勇猛戰士手中握有衝擊式武器，他就能夠發動決定性的一擊，打敗對手，這才是真正致命的武器，更是決定戰鬥勝負的神兵利器。（H．特尼—海，《原始戰爭：現實與理念》，一二）

在格拉尼克斯河戰役、伊蘇斯戰役和高加米拉戰役中，波斯軍隊靜止不動，等待亞歷山大的到來，試圖選擇更加有利於防守一方的戰場地形。波斯人把希望寄託在人爲設立的柵欄、自然形成的河岸、鐵蒺藜、卷鐮戰車與戰象上，想用這些東西擋住他們步兵無法阻擋的可怕敵人。在和帕米尼奧爭論時，亞歷山大有一段頗爲知名的反駁，他曾宣稱自己寧可日間在開闊的地域和大流士三世的軍隊交戰，也不願意用夜襲這種偷偷摸摸的方式來獲取勝利。許多類似的逸聞趣事都顯示出希臘文化中對於直接、正面且致命交鋒的嚮往之情。庫爾提烏斯提到，亞歷山大對於進行消耗戰的想法嗤之以鼻，更不用說和大流士三世進行和談了：「我的戰爭之道可不是與婦孺打仗，我所憎恨的敵人必須全副武裝準備好面對我。」（《亞歷山大史略》，四．一一．一八）

庫爾提烏斯的記載聲稱，在高加米拉戰役之前，亞歷山大唯一擔心的事便是大流士三世可能會拒絕交戰。在戰鬥當天早上，帕米尼奧把安穩沉睡中的亞歷山大喚醒，年輕的馬其頓國王顯得信心滿滿，他如此說：「倘若大流士堅壁清野，焚燒村莊，摧毀食物補給，我會坐立不安。但現在既然他正準備正面交戰，我又有什麼可擔心的呢？感謝諸神，他已經滿足了我的每一個願望。」（《亞歷山大史略》，四・一三・一三）普魯塔克還提到，亞歷山大當時還向將領們解釋了自己爲何如此自信：「現在還有什麼問題可擔心呢？難道你們不覺得，我們已經顯出勝利之勢了嗎？我們不再需要在荒涼廣闊的鄉間尋找大流士的蹤影，他也不再消極避開面對面的較量，這就是最好的證明。」（《希臘羅馬英雄傳・亞歷山大》，三二・三—四）就在這個早晨，當亞歷山大發表講話爲士兵打氣時，他告訴馬其頓軍隊，他們的敵人雖然數量龐大，但——「敵人的數量越多，我方的鬥志越旺」——這些敵人可不喜歡衝擊作戰，他們從未經歷過類似的戰鬥，而馬其頓人皆是精銳老兵。他告訴自己的部下，波斯人只不過「是一群亂哄哄的野蠻人，他們中有些人使用標槍，有些人使用投石索，只有少數人才會使用眞正（*iusta*）的武器」（《亞歷山大史略》，四・一四・五）。在西方人的意識中，「眞正的武器」意味著在近距離面對面格鬥中所使用的兵器，比如矛與劍。在之後的戰鬥里，以寡擊眾的馬其頓人挺身衝向敵人戰線的茫茫人海，試圖突破對方防線。當安全地衝破波斯大隊人馬之後，他們無視大流士三世營地中的金銀財寶，直奔波斯大王本人所乘坐的戰車而去。無論大流士三世逃到哪裡，亞歷山大的部隊都會步步追擊，他們視死如歸不顧一切艱難險阻去追殺逃跑的波斯國王並殺死一切擋路的人。

那麼，西方文明對於決定性戰鬥的特殊理念又源於何處呢？關於尋求面對面與敵人交戰，拋棄一切陰謀詭計和伏擊陷阱，在白天決一勝負，在平原上要麼徹底毀滅敵軍、要麼光榮戰死的觀念，又是從哪裡得來？決定性戰鬥最早見於公元前八世紀的希臘，早於其他任何地方。在更早的年代中，埃及人曾經和近東人在公元前二千年展開大規模較量，但他們之間的戰役並未使用重裝步兵進行衝擊作戰，而是利用戰車、騎兵和弓手，在戰場上進行大規模機動來爭取上風。決定性戰鬥這一理念誕生的環境，始於公民身份的小地產主們之間的戰鬥，這些人投票決定是否交戰，然後親自上陣參加戰鬥——由此產生的戰鬥顯得極為激烈。只有具有投票權、享受自由的人們願意親身參與這種可怕的步兵較量，因為衝擊式作戰被證明是一種較為經濟的方法，能夠簡單明瞭地解決糾紛——有時這種方法也會異常致命。

從公元前七世紀到前六世紀，倘若一個小型希臘人聚居區能夠自給自足，同時由其周圍的私有地產主們聯合管理，那麼重裝步兵風格的決定性戰鬥就比固守工事或者扼守要衝顯得更為明智：這樣可以集結起最多、武器裝備最好的自耕農士兵，用最迅速、費用最低廉的方式，進行一場最具決定性的戰鬥來決一勝負。讓農民在自己的土地上保衛土地，或徵稅並使用稅金來雇傭無地傭兵守衛要衝，相較之下，前者顯得更為經濟和行之有效——儘管在山多地少的希臘，總能找到無地貧民並將他們變成願意冒險的劫掠者。突襲、伏擊與燒殺搶掠仍然是戰爭的普遍形式——這些事對於人類而言幾乎可以說是與生俱來的——至於選擇何種軍事手段來贏得戰爭、保衛土地，則取決於公民的選擇，擁有地產的步兵需要自己投票決定這個問題。從這個角度來說，決定性戰鬥以外的方案都顯得漫長無期、耗費巨大且不能一錘定音。

早期希臘時代，重裝步兵在小谷地中的衝擊式交戰標誌著西方軍事體系的萌芽，並發展為一種定型的理念，滲透於法律、倫理與政治的各方面。公元前七世紀到前六世紀，幾乎所有在希臘的「一天戰爭」，都是在缺乏耐心的自耕農之間進行的陸上步兵較量，而這些戰爭的目的更主要地是在邊界糾紛中保持土地所有者的尊嚴，而非因為垂涎肥沃的耕地。按照習慣，無論是阿戈斯、底比斯或者斯巴達，任何一個城邦所屬的軍隊，都會在白天列下堂堂之陣，用步兵方陣迎接對手——同時按照一系列規定的程式進行，這些程式使得戰鬥血腥殘酷，但不見得招招致命。

對於戰鬥時可怕的場景，在希臘文學中存在著一整套對應的詞語，由此可見衝擊作戰模式在希臘文化中的核心地位，遠非其他文化中的任何戰鬥方式能夠比擬。重裝步兵之間的交戰本身被稱爲「近距離的戰鬥」（*parataxeis*）、「帶協議的較量」（*machai ex homologou*）、「平原上的作戰」（*machai en to pediō*），在描述戰鬥本身時往往用諸如「公平公開」（*machai ek tou dikaiou kai phanerou*）之類的字眼加以修飾。對於戰場的位置和區域，也有如下詞語——「前排」（*prōtostatai or promachoi*）、「無人區」（*metaixmion*）、「貼身肉搏」（*sustadon*）等——這些內容都被仔細地加以描述。至於戰鬥本身的幾個清晰的階段分隔——兩軍起始階段的「衝鋒」（*dromō*）、鋒線的碰撞與戰線的「突破」（*pararrēxis*）、「長矛戳刺」（*doratismos*）、「白刃戰」（*en chersi*）、「推擠」（*ōthismos*）、「包抄」（*kuklōsis*）、「擊潰」（*egklima or tropē*）——這些詞都得到了正式的認可。這些術語，顯示出重裝步兵戰鬥機制本身已經成爲當時大衆文化的一部份，這對於騎兵或者輕步兵體系而言是聞所未聞的。

希臘城邦的人民認識到，在他們時代誕生的決定性戰鬥方式，與以前的戰爭大有不同。舉例而言，歷史學家修昔底德在開始講述歷史時，提到更早時期的希臘人並不像他自己時代的人們那樣戰鬥，同時他也向讀者們敘述了陸戰與農耕社會之間的關係。在修昔底德的描述中，在希臘本土佔據主導地位、定居的農耕人口，以及作爲常備兵存在的部隊，乃是決定性戰鬥模式的源頭。亞里斯多德則更進一步詳細描繪了希臘戰爭藝術進化的路線，他同樣也強調了以步兵爲主的戰鬥方式與重裝步兵體系的崛起。根據他的說法，起源於君主制度的早期希臘城邦其實是由馬上貴族所治理。這樣的國家在戰爭中也主要依賴騎兵，原因在於當時重裝步兵在戰場上並不能有效發揮作用，他們既沒有「井井有條的陣形」，也沒有「對於部伍列陣所需的經驗與知識」。而此後，重裝步兵變得更爲強大，最終導致社會變革，以及共識政府的崛起。（《論哲學》，四．一二九七b，一六—二四）

亞里斯多德在其著作中暗示，早期希臘國家所進行的戰爭主要由騎兵部隊來承擔，但隨著城邦政治揭開序幕，戰爭的方式也轉變爲重裝步兵部隊之間的較量。因爲這個兵種佔據了主導地位，同時也可能是由於重裝步兵的戰鬥方式，最終把他們推上了城邦政治的統治地位，由此對於共識政府政體的傳播產生了推動作用。儘管在地中海地區，無論哪個年代、什麼區域，大型戰役都常見於史冊之中，而在古希臘時代，這些戰役則成爲重裝步兵所統治的領域，他們排成有序的行列，以一種震撼大地的方式進行密集衝鋒，最終與敵人迎面碰撞。除此之外，希臘城邦的民兵式軍隊也是他們所在社會總體架構的一部份，這個架構對政治與文化的影響遠遠超過戰爭的範疇：特定的戰鬥即便不能摧毀失敗者全部的戰爭潛力，也依然能夠決定整場戰爭的勝負。

正如我們所見到的，馬其頓的菲力浦二世徹底結束了重裝步兵主宰戰場的時代。在這個過程中，他借鑒了希臘人發現的步兵衝擊作戰模式，並將其應用在全新的西方式全面戰爭理念中。在自由城邦時代末期，在菲力浦二世統治的陰影下，演說家德謨斯蒂尼（Demosthenes）在他的《第三篇反菲力浦的演講詞》（四八—五二）中哀歎，決定性戰鬥已經經歷蛻變，變得極爲可怕：「儘管一切藝術形式都取得了巨大的進步，而一切事物都已與過去不同，但我相信，人類對戰爭技藝的改進超過其他任何東西。」在演講中，他繼續提醒聽眾，在過去，「拉克第夢人（斯巴達人），就像其他所有人一樣，慣於每年用四到五個月時間——主要是夏季——使用公民組成的重裝步兵軍隊來入侵並蹂躪他們敵人的土地，然後再撤軍返鄉。」在演說最後，德謨斯蒂尼指出，重裝步兵軍隊「深受傳統的影響，或者說它由城邦中優秀的公民所組成，所以不願依靠金錢來佔據優勢，而情願用規範性的戰鬥方式在空曠平地上決一勝負」。

相較於不斷進化的希臘—馬其頓式軍事傳統，大流士三世繼承了波斯祖先留下的軍事遺產，儘管兩者迥然不同，但波斯人也擁有自己的卓越軍事體系，這套體系可以追溯到居魯士大帝的時代，並且在與西徐亞和巴克特里亞重裝騎兵、埃及戰車部隊、東方部落民以及北方強悍山民的戰爭中不斷發展。波斯軍隊依賴機動性、速度與詭計，在騎兵與弓箭手部隊方面佔據優勢——而重步兵則是他們的軟肋，因爲波斯軍隊畢竟是來自草原的遊牧民，他們缺乏以農耕爲基礎的城邦國家的傳統，也從未經歷過共識政府的統治方式。亞洲人的尙武精神，與自耕農的勇武之風是截然不同的。無論是米底人、西徐亞人還是巴克特里亞人，都不會加入任何形式的公民大會，也不會投票決定集結軍隊、從牆上取下盔甲、加入同鄉組成的部隊，並在執政官的身旁走向戰場，用一場殘酷的衝撞戰鬥對抗敵人的步兵方陣——至於戰後匆忙趕回家鄉保衛財產、對整個軍隊與指揮官的表現進行公開評估之類的事務，對波斯人而言同樣是聞所未聞的。

波斯人、米底人、巴克特里亞人、亞美尼亞人、乞里西亞人和呂底亞人，要麼樂於生活在部落體制之下，要麼身爲帝國政府的奴僕，這些民族在戰爭中倚仗勝於對手的人力資源，慣用遠端部隊傾瀉箭雨的戰術，同時利用騎兵與戰車集群進行大範圍機動來發動攻擊。倘若一支西方軍隊犯了足夠愚蠢的錯誤，在沒有足夠騎兵支援的情況下與大平原上的東方軍隊交戰，那麼西方人必定會被上述的東方作戰方式所擊垮——後來羅馬人在卡萊戰役（公元前五三年）中的遭遇，就是一個很好的例子。但在通常情況下，西方人擁有更優秀的步兵，而且他們會選擇衝擊式作戰，這就意味著只要西方軍隊的指揮者使用合適的戰術——比如保薩尼阿斯在普拉提亞戰役（公元前四七九年）、凱撒在高盧（公元前五九～前五〇年），或者亞歷山大大帝在高加米拉所做的那樣——那麼這支軍隊所展開的攻擊與殺戮，將會是所向無敵的。

對於那些追隨亞歷山大東征的希臘貴族而言，他們見證了己方的方陣在面對亞洲軍隊時未嘗敗績，而馬其頓軍隊的戰術也足以擊敗一個又一個對手。然而，他們最終會發現，在統一且政局穩定的義大利，羅馬人不僅發展出一套極富侵略性的官僚機構，而且培養了一種傲慢尙武的精神，他們還復興了曾經幫助希臘人打贏薩拉米斯海戰的公民軍隊。和希臘人不同的是，羅馬人關於決定性戰鬥的理念，總是被作爲法律規章而體現出來（*ius ad bellum*），按照羅馬人的說法，決定性戰鬥是爲了抵制敵人迫害義大利鄉村人民所採取的措施。統率軍隊的將軍也許會爲了榮耀去戰鬥，但共和國時期的軍團士兵們則堅信他們之所以戰鬥，是爲了存續源自祖先的傳統（*mos maiorum*），並依照一個民選政府頒佈的法令進行合法行動。羅馬的軍隊之所以能不斷取得勝利，在於他們爲決定性戰鬥的方式加入了自己的創新。我們將在史無前例的大規模殺戮——坎尼戰役一章中看到，羅馬軍事理念基於直面敵人的大規模對抗的策略。他們受到希臘人的影響，全盤接受了希臘式科學理念、經濟實踐與政治架構，由此，羅馬軍團在戰場上發揮出可怕的殺戮能力——而與此同時，羅馬自身也幾乎被這股可怕的力量所反噬。

亞歷山大的龐大帝國分裂之後，希臘化時代諸王國的興衰轉眼即逝（公元前三二三～前三一年），但希臘人的戰爭之道非但沒有就此失傳，反而得到了傳承。在歐洲之後的二千年裡，戰爭的威力將被激發出來，傳承戰爭之道的並非希臘人，而是那些繼承了西方式悖論的民族：他們能夠做到一些自己認爲有時候不應該去做的事。亞歷山大大帝在短期內將決定性戰鬥的屬性從公民軍隊中剝離出來，打造出一支致命的軍隊；而羅馬人則讓衝擊式戰鬥方式返璞歸眞，回到共識政府的基礎上，由此創造出一支更加令人畏懼的虎狼之師，這是希臘人無論如何也想像不到的。

至於西方式的衝擊作戰方式，同樣在羅馬滅亡之後得到了存續：在拜占庭帝國與周圍的遊牧部族和伊斯蘭騎兵軍隊數個世紀之久的交戰歷史中，以及法蘭克人殘酷的內戰和法蘭克勢力攻擊伊斯蘭的戰爭中，都能看到西方衝擊作戰的影子。中世紀的條頓騎士（Teutonic knights）們接受了面對面近戰的理念，以及大規模重裝騎兵衝鋒戰術，因而在中東地區作爲十字軍進行戰鬥時能夠以少勝多。步兵方陣作爲歐洲特有的戰術，將會在十四～十五世紀復興，出現在瑞士、德意志、西班牙以及義大利的軍隊中。文藝復興的理論家們試圖將古典時代關於「爲將之道」與「排兵佈陣」（*stratēgia*和*taktika*）的思想運用到他們自己的時代，提高長槍步兵的戰鬥力。像馬基維利、利普修斯（Lipsius）和格勞秀斯（Grotius）這樣的現實主義者還預見到這樣的軍隊將爲政府推行憲政提供服務，他們意識到，從自耕農階層招募來的重裝步兵部隊，在大規模戰鬥中將是最爲有效的衝擊部隊。中歐國家的小型部隊沿襲了源自古典時代的陸戰傳統，採用衝擊作戰方式。到了十六世紀，西方軍隊正處在衝擊式戰鬥改變戰爭模式的時代，職業軍隊在戰場上追求的是徹底摧毀敵人的抵抗，這種變革在中國、非洲或者美洲是難以見到的。從十六世紀到二十世紀，歐洲發生的步兵戰鬥遠遠多於世界上其他任何地方。

在美洲，阿茲特克武士試圖把科爾特斯和他的西班牙征服者拉下馬來，並且在大金字塔上獻祭俘獲的西班牙人。顯然，他們與歐洲人相比傳承了截然不同的戰爭之道，他們並不把戰爭視爲一種面對敵人並通過徹底摧毀敵人的抵抗來即刻解決爭端的方法。反觀西班牙人，科爾特斯顯然精於此道，他通過攻破城市的各個街區來實現進軍，最終攻破墨西哥城。除非阿茲特克人投降，否則他就會殺死所有敢於抵抗的人。祖魯人在伊桑德爾瓦納取得了決定性勝利之後曾經一廂情願地認爲，英國人在正面較量失利之後會撤退。他們顯然缺乏對於西方戰爭之道的理解。事實上，他們必須和英國人進行一次又一次的戰鬥，一場又一場的戰役，直到對方的戰爭意志——或者說對方的文化——被徹底粉碎爲止，這樣才能在眞正意義上戰勝對手。奧斯曼土耳其的耶尼切里近衛軍，學習並掌握了歐洲人使用火器的藝術，但他們從未接受與火器相稱的西方軍制，因而也就不能排成紀律嚴明的佇列進行戰鬥衝擊敵人。西方軍事藝術壓制個人英雄主義而強調更大的利益，把目標定位在發揮集體火力與集團衝鋒上，有時僅憑這兩方面的優勢就能徹底消滅對手。新幾內亞的馬林人，新西蘭的毛利人，城邦時代之前存在於希臘神話中的荷馬式英雄們，以及絕大多數部落制度下的人民，作戰的目標要麼是獲得社會群體中的認可，要麼是得到宗教意義上的救贖，或者是文化地位的提升——而集體行動下的衝擊作戰所求無它，不過是在戰場上將敵人撕成碎片而已。

決定性戰鬥的理念始終傳承於西方文明中。西方人篤信在原地直面敵人的衝擊式作戰是唯一能夠決定勝負的戰爭方式，這解釋了為何美國人認為轟炸利比亞的行為乃是對抗後者對歐洲發動恐怖襲擊的光榮而有效的方式；類似的，美國人為了報復巴勒斯坦人曾「懦夫般地」使用炸彈殺死睡夢中的美國海軍陸戰隊隊員，而在海上使用戰列艦將雨點般的炮彈傾瀉到巴勒斯坦村民頭上，這也被認為是一種直接而「公平」的方式。只要西方人光明正大地與他們的對手較量火力，那麼隨後引發的殺戮行為反倒顯得不那麼重要了：那些不知羞恥去謀殺少數婦孺的恐怖分子，那些試圖在星期日早上奇襲我們艦隊的軍國主義者，往往會發現武裝到牙齒的復仇軍隊將會反撲在他們的土地之上，而龐大的轟炸機編隊也會在白天大搖大擺地巡航在他們的領空之中。

鑒於我們傳承了源自希臘化時代的傳統，我們西方人將突然的恐怖襲擊所造成的傷亡稱為「懦夫式的屠殺」，而將我們在正面、直接的交戰中對敵人造成的可怕損失稱為「公平的傷亡」。對於西方人而言，真正暴行的衡量標準並不在於屍體的多少，而在於士兵們以怎樣的方式死去，以及他們是被何種戰爭模式所殺死。我們能夠理解一戰中凡爾登要塞與二戰諾曼第奧馬哈灘頭的血腥戰鬥與慘重傷亡，但我們永遠不會接受一部份人因為伏擊、恐怖襲擊而死，抑或是作為俘虜和非戰鬥人員而被處決。在一九四五年三月十一日的東京大轟炸中，數以千計的日本平民被燒死，但在西方人看來，其殘酷程度遠不及將跳傘後被俘的B—29飛行員斬首。

那麼，這種加諸西方人身上的悖論是否永遠存在呢？從古典時代重裝步兵的舞臺到現代戰場之間，中間經歷了第一次世界大戰的戰壕，第二次世界大戰的地毯式轟炸與集中營，以及未來可能存在的第三次世界大戰所帶來的啓示錄級的人類毀滅。現代西方人處在一種兩難的境地，他們在正面交鋒與決定性戰鬥方面登峰造極——相關殺戮技術的適用範圍一直延伸到地球大氣層之外，同時也能深入海平面以下——這些技術能夠消滅一切，卻不能抹殺他們的道義、他們關於開戰的道德底線。我們西方人也許會像非西方人那樣進行戰爭——無論是在雨林間穿梭，或是在夜裡潛行，又或是作爲反恐力量對抗恐怖分子——我們會和那些不敢與我們在衝擊戰鬥中較量的敵人交戰。因此我們並不會每時每刻都遵循偉大的希臘傳統，利用更勝一籌的技術與紀律來戰勝對手，並把我們的公民士兵投入到衝擊戰鬥中——除非我們與另一個類似西方勢力的軍隊之間進行致命的碰撞。我們仍然記得，亞歷山大大帝在和多數非西方人交戰時，每每用短促而決定性的戰鬥一錘定音取得勝利，而己方的傷亡卻微乎其微。而當他遇到其他西方人時——不論是喀羅尼亞（Chaeronea）與希臘聯軍還是在小亞細亞與希臘雇傭軍的激烈交戰——戰鬥的結果都是以可怕的屠殺收場。

我把以上這種兩難的困境交給讀者去思考：源自希臘遺贈並經由亞歷山大之手而發揚光大的西方式戰鬥方式，是如此具有破壞性和致命性，以至於我們已經無法離開這條道路而只能繼續向前。只有少數非西方的民族願意在戰爭中直面我們的軍隊，而在對抗西方軍隊時，唯一取勝的機會便在於擁有另一支西方式的軍隊與之對抗。隨著科技的進步、文明的發展，時至今日，任何西方文明內部鬥爭的結果，已經和當年希臘時代的初衷南轅北轍：這種內鬥無法迅速解決糾紛，只能給交戰雙方都帶來悲劇性的、屠殺式的損失。儘管希臘城邦的人民發現衝擊式作戰能夠拯救更多生命，並將衝突限制在重裝步兵之間僅僅爲時一個小時的英雄式交鋒，但亞歷山大大帝和其他後繼的歐洲人物卻嘗試釋放出他們文化中的一切毀滅性力量，企圖在轉瞬之間用衝擊作戰的方式摧毀他們的敵人。如今，這種具有毀滅性威力的瞬間，卻反而成了我們自己的夢魘。

公民士兵

坎尼，公元前二一六年八月二日

「隸屬城邦的步兵認為，臨敵逃跑乃是可恥的行為，他們寧可選擇死亡，也不願作為逃兵生還。相對的，雇傭兵從一開始就試圖以眾暴寡，而一旦發現己方兵力不濟，便逃之夭夭，他們害怕死亡遠勝於蒙羞。」

——亞里斯多德，《倫理學》，三・一一一六b，一六—二三

一場夏季的屠殺

公元前二一六年八月二日的傍晚，對被圍困的羅馬軍團士兵而言，身邊空間狹窄，難堪戰鬥；腳下立錐之地，唯有一死。筋疲力盡的同袍們互相擠壓著，進退不能，逼仄的空間甚至不足以揮動短劍。在他們面前是身披白袍、狂熱好戰的伊比利亞人和半身赤裸的高盧人。久經戰陣的阿非利加雇傭軍突然出現，包抄了軍團的側

翼。同時，羅馬人的身後也響起了吼聲，凱爾特、伊比利亞和努米底亞騎兵斷絕了任何逃脫的希望。漢尼拔麾下的傭兵，成千上萬，無所不在，而且這些傭兵來自與羅馬長久敵對的部落。此時的羅馬人，卻沒有足夠的騎兵和預備隊化解攻勢，從而避免厄運。一群組織落後卻得到出色領導的士兵，將兵力兩倍於己、多達七萬人的英勇羅馬軍團，包圍在義大利西南部的一處小平原上。

暮色將近，士兵們盲目地向各個方向推擠著，漸漸將同袍壓向敵人的利刃，而混亂與恐懼也漸漸滲入每個人心中。羅馬人擁擠隊形的縱深達到了三十五人或更多，轉動不靈的密集佇列本身就導致了軍團的覆滅。這樣一支原本排兵佈陣極具靈活性的優秀軍隊，因為以僵硬的縱隊接戰而寸步難行。在義大利，羅馬人從未在一場戰鬥中投入如此眾多的兵力。直到公元三七八年，羅馬人在阿德里安堡戰役（公元三七八年）中才再次使用了難以機動的大縱深陣形。在這場類似的災難中，由於陣列嚴重缺乏靈活性，士兵們成了投射武器的目標，軍團中的絕大多數人甚至難以接敵近戰。

大戰場中的景象，一定讓人既著迷又難受。與羅馬人不同，漢尼拔的士兵成分混雜。在迦太基戰陣的中央是且戰且退的凱爾特人和高盧人，他們在戰鬥中慣於赤裸上身（據波里比烏斯的說法是全裸）對敵廝殺。他們的裝備也許只有沉重的木盾和鈍頭無鋒的拙劣長劍。長劍只能用於揮砍，一擊之後會留下空檔，這樣往往使揮劍者容易遭到對手的迅速反擊。他們之中的少數人可能裝備了標槍和短矛。羅馬歷史學家們樂於談及他們白色的皮膚、發達的肌肉與高大魁武的身軀，緊接著又指出，身形短小、膚色較深的義大利軍團士兵依靠訓練、秩序和紀律，能夠在戰鬥中屠殺數以千計這樣的蠻族部落武士。在坎尼戰役之後的二百年裡，以蓋烏斯．馬略和尤利烏斯．凱撒為代表的羅馬將軍們，一次又一次消滅了這些僅在勇氣和肌肉方面佔上風的蠻族敵人。人們對屠戮法軍的記憶，往往僅限於阿金庫爾會戰，或者是凡爾登戰役。但事實上，高盧人的真正慘敗發生在與羅馬人長達兩個世紀的不知名戰鬥中，倒在這些戰場上的高盧人遠比之前或之後的任何一場戰役都多得多。羅馬人的兵刃而非疾病或饑饉，毀滅了獨立的古代法蘭西。在這場浩劫中喪命的男性人口遠甚於有史以來的任何一次西方殖民活動。與愷撒最終吞併高盧相比，十九世紀在美國邊境上發生的戰鬥有如兒戲。根據普魯塔克的記載，在爲期兩個世紀血腥的高盧征服史中，僅在過去的幾十年裡，就有一百萬人被殺，一百萬人淪爲奴隸。

也許，漢尼拔是有意將高盧勇士置於自己戰陣的中央，以此激起羅馬人的狂怒，並引他們誘進入包圍圈的深處。在李維筆下，這些高盧人是漢尼拔軍隊中看上去最令人恐懼的戰士。在古典世界，談及那些未開化的野蠻人，人們總會想到蒼白的皮膚、油亮的金髮（更糟的則是火紅的頭髮）以及亂蓬蓬飄散的鬍子。坎尼的高盧軍隊中，有四千人被訓練有素的義大利人砍成碎片。和高盧人在戰場中心並肩作戰的是衣飾華麗的西班牙傭兵，他們頭戴鐵盔，手執重型標槍，身披令人目眩的紅邊白袍。像高盧人引以爲傲的赤身作戰一樣，他們的戰袍很快就會在血戰中成爲一道亮麗風景。和高盧人不同，西班牙人使用雙刃短劍，羅馬人學習並改進這種武器，收爲己用，成爲著名的羅馬短劍。這種武器無論是砍切還是刺擊，都極爲致命。西班牙傭兵在高盧人身邊戰鬥，因此也遭受了羅馬人的無情攻擊，儘管根據波里比烏斯的記載，這些武器和防具相對精良的戰士僅僅倒下了數百人，而高盧人的陣亡數字則高達數千。

在迎擊羅馬密集陣形的正面戰線上，戰爭很快演變成劍鬥、肉搏推擠，激戰中牙齒和指甲也成了武器。只有高盧人和西班牙人佯裝敗退和即將發生的側翼包圍讓這些拼死一戰的部落戰士免於徹底毀滅。李維和波里比烏斯大多著力描寫被包圍的羅馬軍團如何遭受滅頂之災，但他們很少提及，在戰鬥全程中，羅馬軍團如同絞肉機一般，在正面戰線中吞噬了超過五千名西班牙人和高盧人的生命。沒有人講述漢尼拔及其胞弟馬戈是如何存活下來的，但他們兩人確實在戰列的前排和高盧人、西班牙人一起奮勇殺敵，同時確保己方陣線在包圍陷阱形成前只是緩慢後退，而非全線崩潰。

漢尼拔麾下最爲精銳的部隊是他安置在側翼的阿非利加傭兵。當羅馬人莽撞嗜血地向前挺進時，非洲軍受命向敵軍的側翼旋轉，展開攻勢。這些人是冷峻的職業軍人，曾鎮壓過許多北非部落；他們追隨主帥從西班牙出發，在行軍過程中一路和歐洲人作戰；而一旦迦太基雇主的酬金沒能按時到賬，他們有時也會反戈一擊。許多個世紀之後，他們傳奇般的強悍風格引起了著名小說家古斯塔夫·福樓拜的注意，他的小說《薩朗波》便是依據這些傭兵無數次血腥叛亂的背景所寫。在坎尼，他們先用標槍開路，殺散了靠外側的羅馬士兵，然後用劍在軍團的側翼殺出一條條血路，而面對未曾預料到的新威脅，軍團士兵往往很難迅速轉身迎戰。

儘管阿非利加傭兵並不熟悉羅馬人的裝備，更多情況下，他們作爲馬其頓風格的方陣士兵，使用雙手長槍作戰，然而，作爲久歷戎行的殺手，他們遠比塡補羅馬軍隊空缺的青年人有經驗。此前在特雷比亞（Trebia）河畔、特拉西美涅（Trasimene）湖邊的會戰中，有成千上萬羅馬人慘遭殺戮，軍團面臨兵員枯竭的窘境。此外，由於佈置在敵軍側翼的阿非利加重步兵以靜制動，得到了充分的休息，相較於和高盧人、西班牙人廝殺推擠而精疲力竭的羅馬人，他們顯然更佔優勢。阿非利加傭兵虎視眈眈，而羅馬人則對危險毫無察覺，很快，殺戮者成了被殺戮的對象，阿非利加傭兵在整個下午的廝殺中的損失是否達到一千人都很難說，而這個數字僅是羅馬戰死人數的五十分之一而已。阿非利加步兵和羅馬軍團之間的碰撞無疑是慘烈的，混亂的軍團列成密集的佇列，在脆弱的側面遭到突襲並被撕成碎片，而羅馬人甚至沒有足夠的機會或者空間停下整隊來轉身面對攻擊者。相對而言，羅馬士兵的正面防護較好，對背部的防護也不錯，但側面則相對裸露：盾牌後面暴露的手臂、肩膀下較少的防護，以及裸露在外的耳部、頸部以及部份頭顱都是易受攻擊的目標。

當阿非利加人和義大利人戴著類似的胸甲、帶冠頭盔與羅馬式大方盾互相砍殺時，誰又能辨別敵我呢？波里比烏斯聲稱，當阿非利加人殺進羅馬人側翼時，雙方都徹底陷入混亂，行列不復存在。此時，羅馬縱隊的後方行列和營地尚未被包抄，但羅馬軍隊的另一個重大缺陷開始顯現：除了統帥水準低劣，羅馬人也缺乏足夠數量的騎兵。此戰出場的義大利騎兵，相對迦太基人右翼約二千人的努米底亞輕騎兵顯得技藝生疏。努米底亞人自孩提時代便生活在馬上，他們能夠在風馳電掣的坐騎上精准地投擲標槍，近戰時也能如履平地一般自由揮舞短劍和戰斧。在迦太基人左翼則部署著大約八千名西班牙和高盧騎兵，他們大多裝備長矛、長劍以及重型木盾，和努米底亞人一樣將羅馬騎兵撕成碎片。在兩翼，漢尼拔一共佈置了多達一萬名精銳的騎兵來對付六千名訓練不佳的義大利騎兵。驅散了羅馬騎兵之後，迦太基的努米比亞和歐洲騎手們返回戰場，繞到被圍的羅馬步兵後方展開殺戮。

羅馬人龐大縱隊的前方是漫天煙塵，間或夾雜著高盧人和西班牙人垂死的呻吟；他們的兩側是二萬名阿非利加傭兵，而背後則遭到了超過一萬名銳氣正盛的騎兵的包抄。場面混亂，敵友難辨，炎炎夏日下這塊狹小的戰場成了屠場。三個小時前，龐大的羅馬軍隊，如同一股銅鐵堅木的洪流，一排排頭戴羽冠頭盔、手持大盾和致命標槍的軍團士兵氣勢洶洶地前進，面對漢尼拔的雜牌雇傭兵，堅定肅穆的羅馬人毫不掩飾他們的傲慢和蔑視。而三個小時之後，曾經驕傲地邁進戰場的羅馬軍團只剩下破碎的武器、淌血割裂的肢體，以及成千上萬爬行掙扎、垂死的傷患。

由此看來，戰鬥所帶來的恐懼並不在於剝奪人類的生命。短暫的戰鬥便將無數鮮活的生命變成腐爛的血肉，令整潔的外表變得污穢四溢，把一往無前、無所畏懼的勇士變成哭泣悲鳴、屁滾尿流的懦夫。一九四二年六月四日十點二十二分，中途島附近的海面上，山本五十六大將麾下的四艘航空母艦就像幾千年前整裝待發的羅馬軍團一樣，充滿了力量和優雅，看似不可戰勝。然而決定命運的六分鐘之後，海面上留下的，僅僅是烈火中焦灼的肢體、融化的金屬。相形之下，由數以千計頭戴羽飾、整齊劃一的戰士組成的如臂使指般靈活的巨大團隊，在轉瞬間就變成了無生命的肢體、內臟、彎折的銅鐵、破碎的木片，這樣的劇變是何其相似。在一位將軍精心設計的陷阱面前，耗費時日訓練出的人員、鑄造出的裝備，轉瞬之間化為塵埃，從此人們發現，優秀的領軍能力是多麼令人恐懼，像漢尼拔或者西庇阿（Scipio）這樣的名將的一個念頭，就足以在一下午的時間裡令數以千計年輕人的生命走向盡頭。

在此後的二千年中，那些紙上談兵的戰術家會為如何重現坎尼戰役中的大屠殺而爭吵不休，畢竟，兵力較弱的一方在戰鬥中能夠通過簡單的包抄機動，徹底消滅數量更多的敵軍，是如此有誘惑力。克勞塞維茨（Clausewitz）和拿破崙都認為，漢尼拔的陷阱顯得過於冒險，巨大的戰果更多來自運氣而非戰術天才的構思（克勞塞維茨的評價是「兵力較弱的一方不應採取向心攻擊的方式發動進攻」）。而普魯士的戰略家馮・阿爾弗雷德・施里芬（Alfred von Schlieffen）伯爵則認為，坎尼戰役的達成並非偶然，而是戰術家一次夢想成真的完美之作——在戰鬥中發揮了全部力量，而戰前策劃也考慮到了一切細節。總而言之，對於戰爭的學識和戰鬥精神的結合，才實現了看似不可能的勝利。在施里芬的時代，他預見到德國將會遭遇佔據數量優勢的敵人的圍攻，但同時也堅信個人的天才能夠抵消敵人在訓練、技能和數量上的優勢。事實上，此後他完成了一本書，旨在指導普魯士軍隊採取大膽激進的戰術，達成漢尼拔式大規模包抄打擊敵人的效果，這本書被合適地冠以《坎尼》之名。一九一四年九月結束的馬恩河戰役（battle of Marne），以及同年八月結束的坦能堡戰役（battle of Tannenberg）中，德軍在大規模進攻時都試圖引誘整支敵軍進入陷阱並完成包抄，實現坎尼式神話的結局，儘管這樣的戰術包圍並不能帶來戰略層面的勝利與真正的讚譽。不過，有一點人們不會忘記，在坎尼之後的漫長歷史中，很少有指揮官能夠遇到公元前二一六年八月羅馬人那樣糟糕的兵力部署。羅馬人本可以將戰線再延長兩英里，徹底包抄漢尼拔的部隊，但在實際操作中，他們卻佈置出了一個與迦太基人長度相似，而且更加呆板的陣形。

許多傷兵被留在戰場上。他們的隨身物品遭到了遊兵的搜掠，他們的身體痛苦地扭曲著，等待著搜刮戰場者、八月的烈日或者第二天迦太基人派出的清場隊結束他們的生命。在這場戰爭的兩個世紀之後，李維的描述中提到，有數以千計的羅馬傷兵熬到了八月三日的早晨，在熾熱的風中繼續掙扎，最終被漢尼拔的劫掠者「迅速地了結性命」。在戰場上發現的羅馬人屍體中，許多人死後「頭朝下埋向大地」，「看起來他們爲自己挖了一個小坑，然後用泥土悶死自己」（李維，《羅馬史》，二二．五一）。還有幾千人像殘缺的昆蟲一樣在地上爬行，他們袒露出自己的脖子，乞求別人給自己一個痛快。李維的記敘中確實也提及了羅馬人出衆的勇氣，不過那已經是檢視屍體，而非親眼所見。迦太基人將一名還有氣息的努米底亞士兵從羅馬人的屍體下搶救出來，陣亡的羅馬人用嘴咬掉了對手的鼻子和耳朵，看起來憤怒的羅馬步兵在打鬥中已經只剩牙齒作爲武器了。可以想見，儘管在戰鬥一開始，這些義大利士兵中的多數人就發現這是一場無望取勝的戰鬥，但他們仍然不顧一切地揮動武器，打擊敵人。

按照古代的勝利傳統，軍隊主帥漢尼拔威嚴地檢視了戰場上的屍體。據說，他自己也被這場大殺戮所震驚，儘管是他自己給予了生還的迦太基士兵一項獎勵，讓他們可以隨意掠奪死屍、殺死傷者。在八月烈日的炙烤之下，屍體已然腫脹發臭，剝去衣服並馬上燒掉這些腐爛的血肉顯得十分必要，同時從後勤角度而言，只要翻開這幾千具屍體，把盔甲剝下留爲己用就好了。迄今爲止，沒有考古發現表明戰場附近存在墳墓，同時也沒有發現任何骨骸留存，因此，也許所有屍體被遺留在戰場上，任其腐爛。

在短短一下午的時間裡，超過五萬名義大利人被引入陷阱，喪命戰場，也許每一分鐘死傷都會超過二百人。子彈和毒氣的時代之前，僅僅通過肌肉和鐵器的威力殺戮數以千計的人，本身也非常具有挑戰性。李維

（《羅馬史》，二二．四九）提到羅馬軍隊「拒絕後退一步」，同時強調他們願意「戰死在自己的位置上」，這樣的做法無疑「進一步激怒了敵軍」。按照傷亡情況推算，戰場上噴濺而出的血液肯定超過了三萬加侖，即便到了三百年之後，羅馬諷刺詩人尤維納利斯還在作品中將坎尼的景象描繪爲「噴濺出的鮮血匯成了河流」；雷龐多海戰中基督徒聯軍殺死了三萬多土耳其人，但海水在幾分鐘內就沖去了血污；特諾奇蒂特蘭城（Tenochtitlán）湖邊的最後圍城戰中，一共有五萬至十萬人在可怕的屠殺中喪生，由於城市毗鄰湖泊，水流總能最終洗去屍體的惡臭。考慮到羅馬人的密集縱深陣形，以及漢尼拔的包抄戰術，坎尼不同尋常的狹小戰場上容納了大量的陣亡者，成爲步兵戰鬥史上最血腥最狹小的殺戮場之一。在公元前二一六年餘下的炎夏中，坎尼平原上一定充斥著屍體的異味和腐爛的屍體。

從現存的記錄來源，希臘羅馬時代的那些歷史學家，如阿庇安（Appian）、普魯塔克、波里比烏斯（Polybius）和李維的記載來看，公元前二一六年八月二日午後晚些時分所發生的這場戰役相當特殊，在正面接戰中全軍覆沒的情況實屬罕見。整體而言，在這些史學名家筆下，不論是希臘重裝步兵、馬其頓方陣還是羅馬軍團，都很少遭遇全軍覆沒的噩運，這樣慘重的損失往往是敵軍進行側翼包抄、騎兵的長時間追擊或者精心安排的伏擊導致的。在坎尼，整支羅馬軍隊在平整的地形上，以一個完整的攻擊鋒線前進，因此他們戰鬥的結果，要麼獲得完勝，要麼徹底失敗。波里比烏斯將漢尼拔在八月二日白天進行的這場戰鬥稱爲「謀殺」。李維也認爲這是一場屠殺而非戰役，而且因爲坎尼惡名昭著的戰鬥過程，古典時代對此戰的記錄有三份之多並且十分詳細。

羅馬建城五百年來，數量如此龐大的羅馬軍團和他們選舉的領袖一起被困在戰場中無法脫身，這是從未有過的事。戰鬥之後，時年不過三十一歲的漢尼拔收到一份厚禮：士兵們從戰場上搜集到無數的戒指，它們的主人包括八十多位執政官、前執政官、財務官以及護民官，而屬於陣亡騎士階級士兵的戒指更多，能以升斗計算。軍事史家往往對於漢尼拔的軍事天才不吝溢美之詞，而大肆貶低羅馬人官僚體系下將官的選舉和培養，但這樣的評價未免不公。儘管羅馬人的軍事體系中，戰術指揮官深受民政監督的掣肘，而且缺乏必要的職業素養，因此導致了在第二次布匿戰爭（公元前二一九～前二〇二年）中，外行將軍們指揮下的一系列軍事失敗；但同時羅馬的體系也確保了羅馬在遭遇了諸如坎尼戰役，以及之前的特雷比亞河戰役和特拉西美涅湖戰役等慘敗之後，仍然能夠繼續戰事，而沒有就此一蹶不振。和之前的幾個里程碑式的戰役一樣，證明了下述「定理」：儘管羅馬軍團在指揮層面多有不足，排兵佈陣問題重重，而且在戰前對於陣形的安排往往爭議不斷，儘管在戰鬥中羅馬人可能面對不世出的戰術天才，儘管戰役遭遇慘敗，這一切對於羅馬人的戰爭進程卻似乎全無影響。羅馬人令人震驚的強韌品性的由來——有史以來西方軍隊的標誌，正是本章的主題。

漢尼拔的鐵鉗

羅馬人在公元前二一六年八月的慘敗，一般被歸於三個原因：其一是拙劣的指揮和佈陣；其二是他們遭遇了漢尼拔這樣的軍事天才；其三則是在此戰之前的兩年時間裡，羅馬人在連續三場大敗中已經損失了大量的士兵，父喪其子，子失其父，兄弟陰陽兩隔，士氣大挫。這三種說法，各有其理。從戰術規劃角度而言，羅馬人就已經先輸一籌，人數衆多的軍團不應該聚集於狹小、平坦的戰場上，因爲這樣會衝進敵方的陷阱，最終遭到敵人的長矛手包抄、擠壓，同時被騎兵截斷後路。在戰場中，無論是自然形成的峽谷地形，還是人爲造就的逼

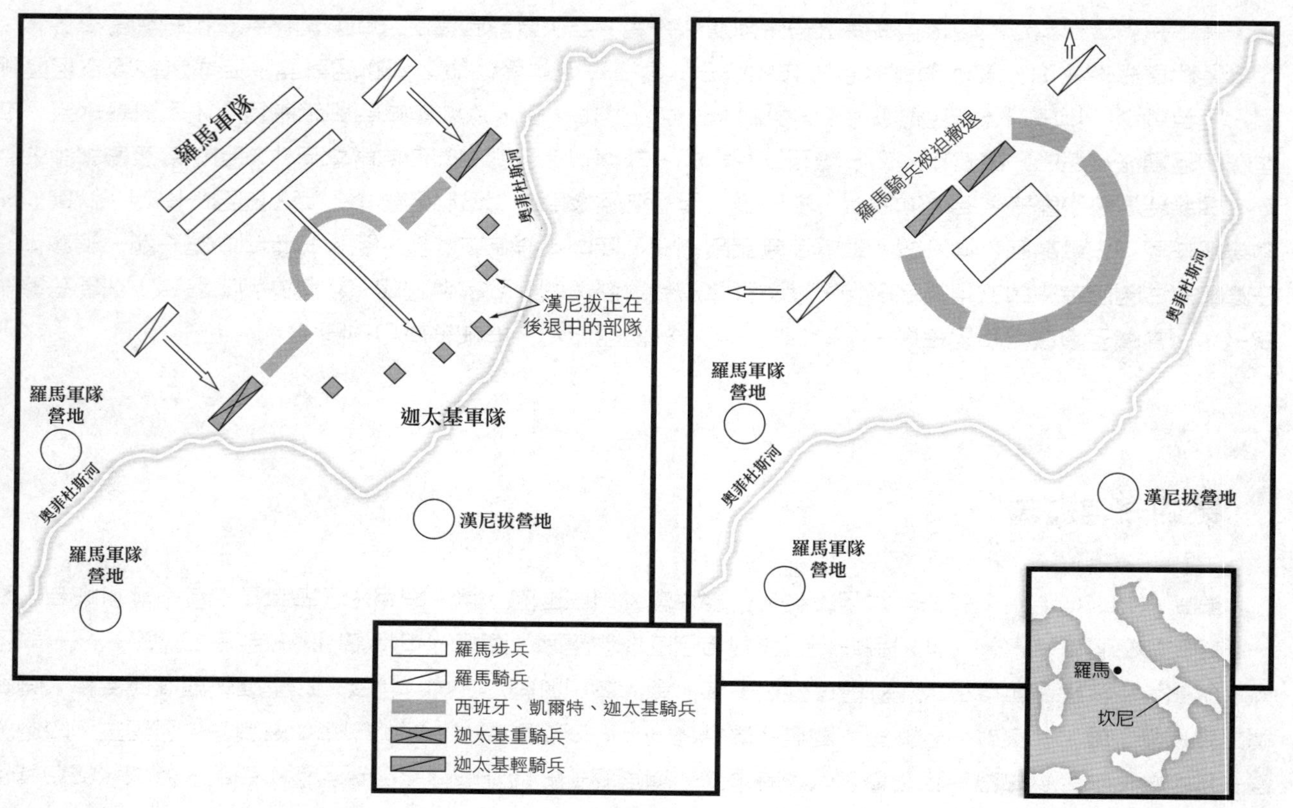

坎尼會戰，公元前216年8月2日

仄空間，身在其中的步兵部隊都無法獨立進退，而是被推擠成一團，極易遭到各個方向敵人的殺傷。因爲擁擠在人群中不能轉向，個別軍團士兵沒有獲得足夠的活動空間，也就無法自如揮劍展現其優勢。大批揮舞長兵器而非短劍的方陣步兵一旦喪失陣形，後果將不堪設想，他們漸漸被推擠著面對漢尼拔手下裝備精良的劍盾兵和長槍兵。在前隊已經接戰的情況下，排在後方的幾十排羅馬士兵顯得束手無策，他們無法脫離擁擠的陣形，只能等待厄運降臨在自己的頭上。在之後的一個世紀裡，羅馬人將會利用包抄和機動的戰術，在一系列的戰役中擊敗更爲笨拙的希臘長槍方陣，包括在賽諾斯克法萊戰役（Cynoscephalae，意譯爲狗頭山）和皮德納戰役（Pydna）中擊敗馬其頓王國，以及在瑪格尼西亞戰役（Magnesia）中擊敗塞琉古帝國的軍隊。最終，他們學會了如何擊敗地中海世界中的外國軍隊，那就是採用和坎尼戰役中盲目衝鋒截然不同的方式進行戰鬥。

公元前二一八年到前二一六年的時間裡，漢尼拔自從踏上北義大利的土地之後，一路高奏凱歌。指揮權原本掌握在獨裁官法比烏斯．馬克沁斯手中，但羅馬人的不斷落敗使得元老院（Roman Senate）最終解除了這位傑出將領的職務，將指揮權交給了新一年選舉上臺的兩名執政官——謹慎保守出身貴族階層的盧修斯．埃彌利烏斯．保羅斯（Lucius Aemilius Paulus）和激進大膽的泰倫提烏斯．瓦羅（Terentius Varro）。後者據說是一位頗受平民大衆歡迎的領袖。學者大多批評瓦羅在八月二日命令全軍越過奧菲杜斯河，移動到平坦、缺乏植被的坎尼平原的舉動（兩位執政官輪流指揮軍隊，每日一換，在這之前相對謹慎的保羅斯並沒有進軍）。事實上，羅馬的指揮官確實有開戰的理由。漢尼拔的優勢騎兵一直在劫掠羅馬人的補給線，蹂躪附近的鄉村地帶，使得供應羅馬大軍的補給工作變得越發困難。而瓦羅麾下龐大的兵力，給予了羅馬人極大的自信，相信能夠在平原上擒獲漢尼拔：羅馬軍團的優勢兵力和完善組織，一定更能戰勝漢尼拔的傭兵團，畢竟在坎尼他們不能耍弄陰謀詭計，也無從通過埋伏或利用暗夜和霧氣來抵消數量上的差距。一年前的特拉西美涅湖戰役中，羅馬人在正面較量的階段就險些擊敗了迦太基軍隊，只不過之後羅馬人身陷埋伏，並在霧中遭遇敵人包抄。在坎尼，平原地形相對簡單，儘管有風存在，但對戰鬥影響有限，而且看起來迦太基人沒有佈置包抄部隊，而是試圖和羅馬軍團正面較量。無論怎麼審視，這次的戰場中都看不出暗藏陰謀的可能性。

瓦羅真正的指揮失誤在於在戰鬥一開始他就一次性投入了麾下的絕大多數軍隊，只有區區一萬人的預備隊被留在戰場後方的營地中，分別駐守在隔岸相對的兩個營地裡。瓦羅並沒有保留第三線部隊用於擴大戰果或者防止潰敗。也許是擔心新兵的戰鬥素質，或者是爲了防止部隊的戰線拉得太長，無論出於何種原因，瓦羅將戰線的長度限制在了大約一英里以內。一支數量達到七萬至八萬人的部隊，在交戰開始時只有不到二千人能夠在第一線接敵應戰。在羅馬陣形的某些部份，人群的厚度超過了三十五排，甚至達到了五十排，這已是古代戰爭中最爲厚實的陣形了。只有在公元前三七一年的琉克特拉戰役中，底比斯人才使用了類似的厚重陣形，並成功擊敗了斯巴達人。但在那場戰役裡，斯巴達人並沒有多少騎兵，而且他們的國王在指揮時顯得過於謹慎刻板，而底比斯人則由極具戰術天賦的伊帕米儂達指揮。

在戰場上，面對羅馬軍團的迦太基步兵也許只有四萬人，這個數目差不多只有羅馬步兵的一半。顯而易見的是，絕大多數敵人不用等到羅馬人展開殺戮，僅僅是面對如此數量優勢的對手就已經開始恐懼顫抖了。戰術天才漢尼拔的指揮扭轉了這一劣勢，他充分利用了羅馬人急躁冒進的作戰方式制定了自己的戰術。正如我們所看到的，漢尼拔和他的弟弟馬戈一起站在那些相對不太可靠的高盧人和西班牙人身邊，直面羅馬人進攻的高潮，因爲他們相信，只要自己出現在戰鬥的第一線，就能夠穩定那些相對不夠可靠的雜牌軍，保持漸漸後撤的態勢，逐漸吸收羅馬軍團集體衝鋒的巨大力量。逐漸地，迦太基軍的中央部份開始向內凹進，波里比烏斯稱之爲「新月陣」，這樣的陣形一方面給了側翼非洲雇傭兵發揮的空間，另一方面也使得迦太基的陣形看起來比實際情況更厚重。彎曲的陣線提供了後退的空間，迦太基軍隊的中央部份在不潰散的情況下，後退得越多，它的兩翼就能更好地包圍較短的羅馬戰線。

對於漢尼拔和他那些歐洲盟友而言，取勝的關鍵在於他們必須堅持到精銳的非洲士兵和騎兵完成對龐大羅馬軍團兩側和後方的包抄，並由此分擔迦太基軍正面的壓力，防止中央部份在重壓之下直接崩潰。李維在他的羅馬史中提到，迦太基人的正面佈陣「太過薄弱，幾乎無法承擔羅馬人的壓力」。羅馬人的問題在於，在他們龐大進攻縱隊的第一線，僅僅有兩三千名軍團士兵能夠揮動武器打擊敵人；至於他們身後多達七萬名同袍，只不過是在盲目地向前推擠，理所當然地認為軍團的鋒線正在不斷砍倒前排的敵人。按照羅馬人的安排，那些受訓最少的新兵也許被分配在了陣形最兩側，由此他們也就成了漢尼拔夾緊「鐵鉗」時首當其衝的部隊，將直接面對佔據上風的非洲步兵。無論那些同時代的記載如何評論高盧人和西班牙人，在當天的戰鬥中，他們顯然進行了英勇的戰鬥，並在某種意義上挽救了迦太基全軍的命運。

就在這恰到好處的時刻，非洲騎兵衝擊在羅馬人的側翼和後背，投射的武器如同傾斜而下、避無可避的死亡之雨落在軍團士兵的頭上，舉目四望，周圍隨處都能見到敵軍殺來，在這些因素共同作用下，羅馬軍團前進的步伐終於停止了。晴朗的晝間，漢尼拔在不依賴任何地形掩護的情況下，靠著特殊的新月陣形和巧妙的兵力部署，將羅馬軍隊困在陷阱之中。完成這一創舉的同時，他站在與羅馬人交戰最激烈的鋒線上，身體力行參與到戰鬥中，激勵筋疲力盡的伊比利亞、高盧傭兵面對佔據數量優勢的敵人，讓他們繼續戰鬥並保持戰線完整。包圍羅馬軍隊的行動很快就完成了，來自迦太基和歐洲的非正規軍形成了一道看似單薄的長牆，將大批的羅馬士兵死死地困在了牆內。倘若每個羅馬士兵在臨死前都能帶走一個迦太基士兵墊背的話，那這場戰鬥早就以羅馬人的勝利而告終了，如果羅馬人知道他們眼前的迦太基軍隊只有三到四排的厚度，也許早就已經成功突圍。

然而，迎面吹來的強風、戰場揚起的沙塵、戰鬥中震天的喧囂，以及關於每個方向都有敵軍出現的謠言，只是加重了軍團的混亂局面。在之前的兩年時間裡，羅馬人在特雷比亞河畔（Trebia）、特拉西美涅湖（Trasimene）邊的會戰中連吃敗仗，損失了絕大多數老兵。在坎尼，沒有人去穩住那些新近招募的士兵的軍心，蔓延的恐慌使得人們很快相信，這將是羅馬的第三場大敗，而且很少有人能夠從中生還，軍團中因此彌漫著低落的士氣。許多未成年士兵，恐怕在聽到被包圍的消息後就一時糊塗丟下武器。十九世紀著名軍事理論家阿丹・迪・皮克（Ardent du Picq）認爲，漢尼拔也許早就正確地估計到，包圍行動「對於人群所帶來的恐懼和驚嚇遠遠超過人們困獸猶鬥的本能所帶來的勇氣」。簡單而言，在坎尼，是恐懼擊敗了羅馬軍團，是恐懼殺死了羅馬士兵。況且，如此衆多位高權重的貴族出現在軍團中——就像許多醫生、律師以及其他社會精英人士出現在奧斯維辛的大門前——這無疑會給人帶來一種幻覺，讓人覺得這些人和自己一起被徹底毀滅是不可能的。在坎尼的羅馬軍隊，人數超過義大利除羅馬以外任何一座城市的公民總數，軍隊裡如此多的貴族，幾乎可以滿足共和國絕大多數立法和執政的事務需要了。

漢尼拔・巴卡（Hannibal Barca，這個姓氏意爲「巴爾的恩典」）對於羅馬軍團的威名不屑一顧。在九歲時，他就發誓將畢生仇恨羅馬，這一幕在雅各・米格尼的著名油畫中得到了戲劇性的再現。漢尼拔也是整個古代歷史中，少有的願意正面對抗西方軍隊的將領。他希望能夠在野戰中徹底打敗羅馬人，從此粉碎羅馬不可戰勝的神話，這是他整個計畫中的一部份，接下來就是有步驟地將羅馬和義大利中部、南部的那些義大利盟邦分離開來。

隨著羅馬軍團一敗再敗、蒙羞戰場，義大利也將變得四分五裂，軟弱可欺，迦太基就能隨意安排西地中海的商貿流通，同時爲第一次布匿戰爭（the First Punic War，公元前二六四～前二四一年）的失敗雪恥。自從公元前二一八年八月從阿爾卑斯山麓現身以來，直到公元前二一六年八月二日在坎尼擊敗羅馬軍團爲止，在歷次戰役中漢尼拔殺死或者俘虜了八萬至十萬名羅馬軍團士兵，其中有數以百計的元老院成員、騎士階級成員，包括兩名執政官以及爲數不少的前執政官。在二十四個月的時間裡，羅馬三分之一的一線部隊中，超過三十萬士兵在一系列的戰役中被殺死、受傷或者被俘，戰場包括提西努斯、特雷比亞河和特拉西美涅湖，以及坎尼。由此可見，坎尼的慘敗並非偶然。

羅馬軍團在坎尼慘遭屠戮之後，漢尼拔並沒有向羅馬城進軍，這一點令很多軍事專家驚愕不已，對此反對者衆多，從同時代、服役於他麾下的副官馬哈巴爾開始（他曾經對漢尼拔說：「漢尼拔，你知道如何獲得勝利，但卻不知道如何利用你的勝利」——李維，《羅馬史》，二二・五一），一直到英國元帥、二戰名將伯納德・蒙哥馬利，都持類似觀點。在接下來的十四個春秋中，漢尼拔將在義大利繼續作戰，在一系列戰役中或勝或負，而這些戰役的結果，對於改變第二次布匿戰爭的進程幾乎毫無戰略意義。直到他被召回迦太基本土，抵禦西庇阿・阿非利加努斯所率領的羅馬入侵軍，這才結束了他在義大利的征戰。公元前二〇二年，在距離迦太基城不遠處的扎馬（Zama），西庇阿率領羅馬軍團擊敗了漢尼拔從義大利帶回來的老兵，迦太基不得不接受羅馬苛刻的城下之盟，從此不再作爲地中海地區的重要軍事力量存在。而此時，距離公元前一四六年迦太基城的滅頂之災，也不過半個世紀而已。

漢尼拔在公元前二一九年離開迦太基，進入歐羅巴，此後，他將在一場漫無止境、毫無結果的旅途中鬥爭整整二十年：他轉戰地中海、西班牙，進入阿爾卑斯山，又踏上義大利的土地，最終又回到自己出發的原點，在那裡用數以千計士兵的陣亡作爲謝幕。然而最終，羅馬人還是得以再一次自由出入地中海，將一支大軍投入到迦太基本土，向漢尼拔的祖國進軍。作爲一名歷史學家，波里比烏斯總結了羅馬在坎尼之後快速恢復實力的過程，以及迦太基對此的反應：「取得戰鬥勝利的漢尼拔非常愉悅，然而，發現羅馬在絕境中所爆發出的偉大精神，他顯得更為震驚和沮喪。」

迦太基與西方

坎尼戰役令世人驚異的一點在於，儘管在戰場上數以千計的羅馬人被輕易屠殺，但迦太基對羅馬造成的慘重傷亡，卻似乎沒有任何戰略意義。在這場戰役僅僅一年之後，羅馬就能夠重新派出素質極高的軍團士兵，他們的戰鬥力絲毫不遜於那些在去年八月慘遭屠戮的同袍。事實上，在坎尼戰死的許多士兵，原本就是羅馬在特雷比亞河戰役和特拉西美涅湖戰役中損失慘重之後重新徵召過來的士兵。坎尼之後的羅馬軍隊，同樣由元老院任命的將領統帥，但這一次羅馬將軍們已經學會改變過去戰術中的愚蠢行為。學者們將羅馬人強韌的恢復能力歸功於羅馬政府對於重組軍團、動員公民的高效表現，以及其立憲政體下的民心所向，即便是最底層的農民也會堅定地支持羅馬的政權。進軍義大利的漢尼拔會發現，和他麾下的傭兵相比，羅馬軍隊在裝備、組織、軍紀以及精神面貌方面並不見得有什麼優勢，但在潛力上卻更勝一籌。即便經歷了最慘烈的失敗，羅馬人也能重新振作，學習模仿他們的敵人，士兵和軍官們依然願意加入軍隊，通過最艱苦的訓練提升自己的戰鬥力，繼承他們父輩的精神繼續奮戰。雖然坎尼的戰歿者們早已腐朽在土壤中，但是他們的後輩會接過戰鬥的旗幟，並且在不久的將來在迦太基城外殺死數以千計的非洲士兵。

勝利並不能給漢尼拔帶來許多士兵，相反的，失敗卻使羅馬組織起更多的新軍團加入戰鬥。在坎尼的戰場上，一名五十歲的軍團士兵也許會被敵人的武器切成碎片，但在臨死前他會毫不懷疑地相信，自己膝下同爲羅馬公民、還是嬰兒的孫子，將在某一天披上同樣形制的鎧甲、經歷類似的訓練，並在戰鬥中替自己復仇，將羅馬遭受的羞辱在非洲（而非義大利）的土地上全數奉還。而且事實得到了驗證。在公元前二〇二年的札馬戰役中，羅馬人徹底擊敗並消滅了漢尼拔賴以起家的雇傭兵部隊，而參加此戰的羅馬軍團在人數上僅僅是當時羅馬可以投入海陸戰爭總人力的十分之一而已。在噩夢般的第二次布匿戰爭中，正如李維所言，羅馬人「對於和談，未吐一言」。漢尼拔在坎尼的勝利，如同日本人在珍珠港所取得的勝利一樣，是一場出色的戰術勝利，然而對後續戰爭並沒有戰略價值，而且這樣的勝利並不能使敵人失去戰鬥的勇氣，相反卻激勵對方動員更多的人力物力決一死戰。面對敵人入侵所帶來的羞辱，羅馬人和美國人的公民大會所做出的反應便是動員規模龐大的新軍隊；而迦太基帝國與大日本帝國，卻故步自封於已經取得的成果中，與最終的勝利漸行漸遠。

我們很難將羅馬在面對危機時的優異表現全數歸功於其良好的立憲政府體制，畢竟迦太基的政府同樣通過發展渡過了較爲落後的君主制和僭主制時期。由於這兩個文明都深受泛希臘文化的影響，從表面上看，羅馬和迦太基在政治架構上頗有相似之處。此外，迦太基的腓尼基語言母本，正是希臘字母借鑒的原型，由此腓尼基文學（*libri Punici*）往往也由腓尼基語和希臘語寫就，其水準得到了羅馬作家的尊重。考量到在之前的一個世紀中迦太基像羅馬一樣已經融入了東地中海的泛希臘經濟交流中，而且迦太基人在葡萄種植、作物培養方面同樣造詣頗深，加上之前長達三百年的時間中，迦太基與西西里島上的希臘城邦在不間斷的交戰和殖民中保持接觸，兩者之間大量的共通性也就不足爲怪了。

相對羅馬而言，迦太基距離西西里島和南義大利啓發性的希臘文明更近。公元前四世紀到公元前三世紀，對於許多希臘人而言，他們對北非海岸的風情相當瞭解，但對義大利中部山脈的情況知之甚少。在迦太基，有使用兒童獻祭於祭壇（the *tophet*）的可怕傳說——這種儀式多見於較為富庶的迦太基市區，成為祭司和神使祭祀嗜血雷神巴爾（the god Ba'al）複雜儀式的一部份，也是瑪格諾伊德王朝（Magonid dynasty）血腥統治的記錄之一（這個王朝的國王既是祭司，同時也是戰場上的最高指揮官）。除此以外，在軍事方面，迦太基的野戰軍和東方絕大多數受泛希臘文明影響的國家相比，並無太多不同之處。

迦太基，就像絕大多數同時代的希臘君主國家一樣，招募步兵，組成長矛方陣，同時引進戰象成為軍隊的一部份，並雇傭職業的希臘戰術家和將軍訓練雇傭兵並提供相應的策略。儘管漢尼拔的軍隊常常在數量上處於劣勢，但漢尼拔手下的士兵並不像面對西班牙人的阿茲特克人，或面對英國人的祖魯人，在技術方面遠遠落後於西方軍隊，而在數量上大大超出。從純軍事的角度而言，自從公元前五世紀早期入侵西西里以來，迦太基部隊通過與希臘步兵方陣交手，以及雇傭方陣步兵，早就轉變為一支「準西方」的軍隊。在第一次布匿戰爭期間，來自斯巴達的雇傭兵將軍科桑西普斯（Xanthippus）被邀請到迦太基，負責整個迦太基軍部隊重建工作。古代資料表明，這名斯巴達人同樣是公元前二五五年幫助迦太基在當地城外擊敗羅馬執政官盧庫魯斯（Regulus）所部的關鍵人物。希臘歷史學家索西魯斯（Sosylus）在一系列戰役中全程追隨在漢尼拔身邊，直接扮演著希臘軍事專家和示範榜樣的角色。漢尼拔自己也試圖和馬其頓的菲力浦五世建立聯繫，希望來自希臘本土的方陣部隊能登陸義大利東海岸，形成迦太基—馬其頓聯軍夾擊羅馬的局面。

較之於羅馬，迦太基的政府體制中貴族的因素更多。儘管如此，在第二次布匿戰爭期間，迦太基同樣由兩名每年通過選舉執政的官員（*suffetes*）管理，這兩名官員共同執政，同時配合三十名長老（*gerousia*），以及一百零四名法官組成的最高法院進行事務的審議工作，以上這些官員的決議將會由幾千名貴族構成的公民大會進行監督。歷史學家波里比烏斯和李維能夠使用古希臘語或者拉丁語的術語來描述迦太基的政治——例如「公民大會」（*ekklēsia*）、「常務會議」（*boulē*）、「元老院」（*senatus*）以及「執政官」（*consul*）等，儘管這樣的描述方式看上去比較笨拙，但確實能夠在描述漢尼拔的非軍事官員時，粗略地闡釋迦太基的政府與機構概況。即便是亞里斯多德在他的名著《論政治》中談論迦太基時，也會時常將其立憲政治體制與早期的合法寡頭統治進行比較討論，讚揚迦太基人將立法權、行政權和司法權分立的混合政府模式。

迦太基也許可以被稱爲一座建城於公元前九世紀末、地處北非的腓尼基人殖民城市，由謎一般的女王艾麗莎—黛朵（Elissa-Dido）所建立。在語言、宗教及文化方面，它的源頭可以追溯到這些移民母城推羅（Tyre）的閃米特人。儘管擁有著閃族人的淵源，到了公元前三世紀時，迦太基政治架構的本質已經完成了向準西方化的轉變，而這座城市的經濟也早已與西地中海北岸的諸國密不可分。

除了宗教和語言方面的差異之外，相較於南面的鄰居，羅馬有一個最根本的不同，那就是對於公民權的態度，以及作爲一名公民所承擔的權利與義務。這樣的公民概念，早已超越了僅僅做一個遵紀守法的社會個體的侷限。在西方世界，關於這樣具備權利與義務雙向要求的政治概念，最早出現在公元前八世紀希臘的鄉村地區。這樣的概念在矛盾中誕生，因爲早期政治形態的出現，便是源於少數具備中等財產等級的人群聚集在一起試圖獨自決定整個社區的政策走向。關於公民應當親力親爲建立自己政府的觀點不僅顯得激進，而且很快帶來了一個悖論：什麼樣的人應該被視爲公民，爲什麼？

在此之前，在早期基礎廣泛的寡頭制希臘城邦中，公民權的加入對於那些被統治的人民是一項廣受支持的革命性舉措，然而這類政府通常也只能代表整體居民中不超過四分之一具有投票權的部份。然而，正如柏拉圖所感歎的，在城邦中，總有一種發展趨勢將城邦推向公平主義與包容思維。到了公元前五世紀，投票權和擔任公職的資格被限制在很小的圈子內，例如需要十英畝的土地作爲准入條件，或者是持有等價的現金才具有從政資格，這種情況在希臘的彼奧提亞地區和部份伯羅奔尼撒的城邦中顯得尤為普遍。

這種政治變動最終所帶來的結果是，到了公元前五世紀，在希臘式政府中，城邦周圍土地上絕大多數的男性自由公民都能獲得完全參與政治事務的權利。到了雅典的「帝國」時期，在雅典本土及其民主體制的衛星國中，每一個男性公民的男性後代，不論財產多寡、血統高低，都能獲得完全公民權，由此雅典得到了數量龐大的自由民組成的海軍兵源。更令人驚異的是，隨著西方民主理念的擴散，它所代表的內涵早已超越了諸如投票之類的行為，而是成為一種平等主義的光環，籠罩希臘城邦人民生活的方方面面。無論是言語談吐還是衣飾穿著，抑或是公眾表現與行為習慣，民主生活所特有的模式將會在之後的西方世界中傳承延續下去，即便是在君主和獨裁制度的黑暗時代也不例外。

那些較為保守的人，例如公元前四四〇年前後的「老寡頭派們」往往會抱怨，在雅典窮人與奴隸的待遇居然與富人無甚區別。柏拉圖認為，民主概念在邏輯上的演變幾乎無止境：所有的階層區分終將消失，到最後，即便一艘船上最底層的水手也會將自己視為船長，認為他們生來就有掌舵的權利，即便他們對航海一無所知也是如此。如同柏拉圖所調侃的，倘若這種情況繼續發展下去，即便是雅典的動物們也會質疑，在這樣一種「將眾生都降為同一階級」的社會中，自己為何不被給予平等的地位呢？

儘管隨著菲力浦二世和亞歷山大大帝（公元前三五九年～前三二三年）以及他們之後希臘化繼承者各帝國（公元前三二三年～前三一年）的崛起，許多希臘城邦自治和自由的傳統受到了暴力和強權的侵蝕，但城邦的理念並沒有被徹底遺忘，而是糅合進希臘以外許多國家的構架之中。舉例而言，在義大利，當地人向那些在南部義大利建立的殖民地學習到了大量關於立憲政府如何構建的知識，這對他們的影響遠遠超過同期那些跨越亞德里亞海侵入亞平寧半島的國王們。這種情況同樣適用於公元前三世紀到公元前二世紀期間羅馬與希臘的衝突。在一系列戰爭中，羅馬軍團與在賽諾斯克法萊戰役（battle of Cynoscephalae，公元前一九七年）與皮德納戰役（battle of Pydna，公元前一六八年）中被他們屠殺的那些希臘傭兵相比，顯得更爲希臘化，這無疑是個巨大的諷刺。

很不幸，對迦太基而言，在徵募高素質的兵員方面，他的政府從來沒有在希臘式共識政府的模式中得到任何啓發，因而也就不能像羅馬那樣得到需要的人力資源。迦太基政府始終掌握在一批貴族和地主手中，這些人顯然都出身於精英階級。總而言之，迦太基是由一小撮保守的貴族商人和貿易家所控制的。相比之下，羅馬借鑒了源自希臘的共識政府這一概念，並結合其自身獨特的國家概念進行改造，其結果必然是慷慨地給予拉丁母語的同盟者以自治權，同時給予其他義大利的居民全部或部份公民權。在之後的幾個世紀中，公民權的授予逐步開放，最終任何遵守羅馬法並納稅的人，不論種族和母語，都能獲得全部公民權。在羅馬，公民的範疇從邏輯上而言，逐漸從一開始小範圍的講拉丁語、居住在羅馬附近的貴族群體，演變成多元化的社會群體，其中的地區性居民能夠和元老院抗衡，平民領袖也能夠一票否決寡頭制定的法律。即便是地位如弗拉米烏斯、瓦羅這樣的執政官（前者戰死在特拉西美涅湖邊，後者很大程度上要爲坎尼的大敗負責），也會被稱爲「屬於人民的人」，因爲他們主張應當速戰速決。作爲窮人的喉舌，他們和類似法比烏斯・馬克沁斯這樣的貴族領導者抗衡，反對後者提出的耐心拖延的作戰方式。而在迦太基，並沒有類似的平民領袖和貴族分庭抗禮。

羅馬軍團

倘若一支羅馬大軍在義大利本土展開作戰，全軍從上到下都會將勝利看做是必然之事，而絕不會想到軍團可能遭受滅頂之災。到了公元前三世紀早期，羅馬軍團的士兵早已成為當時世界上最致命的步兵部隊，無論在機動性、裝備和紀律方面還是其獨特的組織方式方面，羅馬軍團都勝人一籌。對於伊庇魯斯（Epirote）的國王、名將皮洛士（Pyrrhus，公元前二八〇～前二七五年入侵義大利），和第一次布匿戰爭（公元前二六四～二四一年）的迦太基將軍們，以及義大利北方高盧諸部落（公元前二二二年入侵）而言，一旦直面羅馬軍團這部殺戮機器，即便是他們最好的士兵都難以抵擋。羅馬人開發出一套獨特的作戰模式，一方面它足夠靈活機動，可以抓住並衝破高盧和西班牙那些陣形較為鬆散的部落聯軍；另一方面，它也能通過包抄機動，或者利用有利地形，在殘酷的戰鬥中打亂東方方陣步兵密集的大縱深陣形。公元前三世紀到公元前二世紀的羅馬歷史，就是一部羅馬軍團在地中海書寫的血腥戰史，它記載了軍團先後在西方、南方對伊比利亞人和非洲人的戰爭（公元前二七〇～前二〇〇年），以及之後同希臘本土和東方希臘化諸國所起的衝突（公元前二〇二～前一四六年）。

李維在他的《羅馬史》一書中常常以一名羅馬公民士兵——斯布里烏斯·李古斯提烏斯為例，以此說明在長年累月的征戰中，羅馬的各軍團在經歷戰役時所跨越的巨大地理範圍與積累的豐富經驗。在這名士兵長達三十二年的服役生涯中（公元前二〇〇年到公元前一六八年，在軍團中戰鬥到五十歲），作為八個孩子的父親，他曾經在義大利對抗菲力浦五世手下的方陣兵，隨軍遠征西班牙，然後回到義大利和軍團一起擊敗安條克三世和埃托利亞人的聯軍。隨後，他又回到義大利本土服役，之後又被調往海外的西班牙。在李維頗為誇張的敘述中，斯布里烏斯這樣說：「每次加入軍隊披掛上陣沒過幾年，我就會被指定爲首席百人隊長，我曾四次獲得這樣的榮譽。因爲作戰勇敢，我接受過長官的三十四次表彰，而接受『公民冠』（在戰鬥中拯救同袍生命的軍人，將被授予『公民冠』）的次數也有六次之多。」（《羅馬史》，四二・三四）參考斯布里烏斯的履歷，也許他在敘述自己經歷的時候，還能加上更多戰鬥的經歷，包括如何面對馬其頓方陣密集的矛尖、怎樣擊敗希臘化王朝軍隊中龐大的戰象，以及如何在庇里牛斯山中消滅陰險奸詐的部落游擊隊。羅馬人的天才在於他們發展出一套體系，將李古斯提烏斯這樣的農民訓練成軍人，而由這些羅馬人組成的軍隊，在戰鬥力上則遠勝任何地中海地區的雇傭兵。

無論軍團在哪里作戰駐紮，其步兵總人數通常爲四千到六千人，到了公元前三世紀末期，軍團在編制上由大約三十個鬆散的「中隊」（maniple，拉丁語稱之爲「手指」）組成，每個連隊下轄兩個百人隊，每個百人隊的實際人數在六十到二百人不等。每個百人隊由一名久經戰陣的職業軍人——百人隊長率領。每個百人隊長都精通羅馬軍團的戰爭藝術，能如臂使指地率領自己的百人隊進軍、作戰。當一整支羅馬軍團開進戰場時，其下屬的六十個百人隊分佈在三條漫長的戰列線中，根據地形特性和敵軍的情況，每一條戰列線既能合併形成一條綿延不斷的人牆，也能分散成多個小單位各自爲戰。羅馬軍團在戰術構思上，盡力避免與敵軍的龐大縱隊直接碰撞，從而擺脫被敵軍包抄攻擊的厄運，同時也防止被大縱深敵人衝破陣形的情況發生。

羅馬軍團和它的原型——希臘重裝步兵方陣的不同之處在於，前者更有靈活性，軍團在前進時的陣形易於變換，士兵們在整齊劃一的陣線中前進，首先向敵人投擲標槍，然後揮舞著致命的短劍衝向敵人的軍陣。名聞遐邇的羅馬短劍是一種雙刃劍，由西班牙鋼鍛造而成，在致命性和適用性方面都大大超過馬其頓式的長槍。軍團士兵裝備的大方盾一般被作爲武器而非防具使用，士兵們通常單手持盾，用盾牌中央凸起的金屬鈕猛擊敵人。通過結合標槍、大盾和雙刃劍的使用，羅馬人成功解決了常年來困擾軍隊的一系列問題，例如關於遠端與近戰孰優孰劣，以及陣形的靈活性和衝擊力怎樣兼顧等等。軍團士兵投擲的標槍，在遠端殺傷方面可以比肩亞洲人的遠端部隊，而他們的大盾以及雙刃短劍，在肉搏衝擊力方面也能做到與希臘人的重裝步兵不分軒輕。而且相比希臘方陣，羅馬軍團使用三條戰線輪番上陣的模式，一方面能夠保證足夠的預備隊，同時也能隨時在敵軍戰線的脆弱部位集中兵力，攻其一點。

在對抗馬其頓方陣時，羅馬軍團士兵投出雨點般的標槍，能夠擊暈或者擊傷方陣內的士兵，等到馬其頓方陣的陣形遭到削弱時，單個的中隊再挑選對方戰線的薄弱之處進行肉搏衝擊。而在對抗歐洲的那些蠻族部落時，軍團則會使用另一種戰術，全軍以一面盾牌和短劍組成的長牆穩步推進，那些蠻族缺乏紀律的散兵線在面對軍團士兵充滿紀律、整齊劃一的衝擊時顯然沒有任何勝算。面對以上兩種敵情況，除了第一排（青年兵中隊）已經交戰之外，後兩排的各中隊（主力兵和老兵中隊）也在後排待命，靜觀其變，隨時準備擴大戰果或者上前增援以防止一線部隊崩潰。

那麼，對抗一支排列成三線陣形、迎面襲來的羅馬軍團，又是怎樣一番感受呢？古典時期絕大多數記敘這段歷史的歷史學家們，諸如凱撒、李維、普魯塔克，特別是塔西陀，都是以羅馬人的視角記載戰鬥的。在他們充滿種族歧視和誇大其詞的文筆下，衣衫襤褸而身形高大（普遍有六英尺）的日爾曼人在發出懾人戰吼的同時還會敲打兵器和護具發出金屬的聲響；高盧人在戰場上通常怪叫不斷，半裸身體，用油膏打理頭髮，髮髻高聳以使自己看起來更為高大；至於亞洲人，大多身披斗篷，或文飾五彩刺青，數量眾多，聒噪並且喜歡炫耀。職業化的冷峻殺手們面對所有這些敵人，仍然會以紀律嚴明的攻擊來擊敗對手——智慧與文明帶來的優勢，每次都能抵消敵人龐大的數量、野蠻的衝勁以及野獸般的力量。野蠻人的隊伍裡充斥著文身、刺青、袒胸露乳的女人，非人的嚎叫，以及混合著鎖甲、鏈甲、長矛狀髮髻的外貌，偶爾還有人將人頭和殘破的軀體掛在腰帶上，以上這些便是任何西方文學中常見的對敵人的描述，從羅馬軍團到西班牙征服者莫不如此。

然而，在戰場上取得勝利的，並不是這些看似可怕的「野蠻人」，而是真正顯得毫無人性、令人恐懼顫抖的羅馬軍團。戰場上的羅馬人，就像在雷龐多海戰中的基督徒、祖魯戰爭中的英國人一樣，在戰鬥中毫不喧嘩。士兵們鎮定地步行在戰場上，直到最後兩軍相距三十碼的無人地帶才開始奔跑。到了預定的距離，第一排士兵開始有節奏地怒吼，同時向對方投擲出七英尺長的重型標槍，形成淩空齊射的局面。在標槍的死亡之雨下，幾乎是眨眼間就有數以百計的敵人被刺穿，那些用盾牌擋住標槍的敵人也會因此不得不丟棄已經損壞的盾牌。

此時，第一排的士兵已經短劍出鞘，趁著敵人被震懾的機會衝進敵人的軍陣中。軍團大盾的中央有一個鐵質的保護鈕，士兵們將它用作撞錘，猛擊敵人，同時，裝備精良的羅馬人會在對手暈頭轉向時用短劍砍下對方的手臂、大腿和頭顱。一旦敵軍的陣線中有人受傷或者戰死，羅馬士兵就會湧進這個缺口。每個士兵都在尋找機會，一旦對面的敵人受傷或者陣亡，他們就會推擠進入，擴大突破口。幾乎是在轉眼間，羅馬軍團的整個第二線軍隊，後排的主力兵，如潮水一般加入戰鬥，撕裂敵軍的防線。他們投出一波標槍，越過那些在前面廝殺正酣的同袍頭頂攻擊敵人，重複第一排士兵衝鋒、投擲而後揮劍殺入戰場的動作，而在他們身後，還有第三梯隊的軍團士兵嚴陣以待。

部落文化中的某些元素——殺人或被殺時的瘋狂與尖叫、追逐殘敵時的狂熱以及四散奔逃時歇斯底里的恐懼，儘管血腥，但也完全是人類的自然反應，難以體現戰爭真正的恐怖之處。相比之下，羅馬人在進軍時特意保持的冷靜、準確估算的標槍齊射，長期研習的劍術以及每個連隊精心調控的同步進退，才是戰場上令敵人聞風色變的東西。真正的恐怖在於羅馬人將人類不可預測的激情和恐懼變爲可控制的事務，在科學冷酷無情的指引下，將肌肉力量和手中鋼鐵的殺傷力發揮到極致，盡可能多地屠殺敵軍。猶太歷史學家約瑟夫在共和國之後的羅馬帝國時期，總結了羅馬軍團那種令敵人聞風喪膽的勇猛：「對羅馬人而言，訓練便是不流血的戰鬥，而一旦戰鬥，必定見血。」（《猶太戰爭》，三・一〇二—七）

羅馬人這種精心研究的殺戮技巧，毫無疑問會引起敵人強烈的憎恨。例如，在帕提亞（Parthia）的平原、日爾曼尼亞（Germania）的森林或高盧的山巒作戰時，羅馬軍團因寡不敵眾、指揮不當或佈陣失誤敗給了敵軍，獲勝的對手不僅將軍團士兵盡數殺戮，還會繼續戮屍以泄心頭之恨：砍掉頭顱，切下四肢，將這些曾殺伐多年卻總能逃脫死亡懲罰的敵人切成碎塊示衆。阿茲特克人同樣會切碎西班牙人的屍體，甚至吃掉俘虜或者死屍，儘管這種做法據說是爲了滿足他們饑渴嗜血的神，但恐怕也是爲了報復身披鎖甲的西班牙征服者。西班牙人排著紀律嚴明的佇列，用托萊多鋼劍、加農炮和十字弓這樣的武器，有組織而冷酷地殺死了數以千計保衛特諾奇蒂特蘭城的阿茲特克人。類似的，在伊桑德爾瓦納戰役之後，祖魯人斬下了許多英國人的首級，並且將其排列成一個半圓，這種方式恐怕也是爲了祭奠他們陣亡的衆多同袍，因爲在戰鬥中許多祖魯人都被英國士兵不斷發射的馬蒂尼—亨利步槍炸成了碎片。

羅馬共和國的軍隊並不只是一部殺戮機器而已。軍團眞正強大之處在於，其幹勁十足、堅忍頑強的義大利自耕農步兵。這些農民出身的軍人在鄉鎮和社區的公民大會上行使投票權，和其他那些身形高大的歐洲人相比，他們在戰場上表現得更爲殘忍無情。從憲政管理國家的傳統來看，即便是希臘歷史學家波里比烏斯也會驚歎於羅馬共和國立憲治理體制的優越性，在他看來，羅馬人改進了希臘城邦—人民之間雙向的權利義務模式，將整個國家組織成爲一支由自由公民構成的龐大軍隊。

和薩拉米斯大海戰中的希臘人一樣，大批的羅馬自耕農自願參與公民事務，在他們當地討論戰事的公民大會中行使投票權。在當選將軍的領導下，他們向坎尼的戰場進發，決心將迦太基入侵者徹底趕出義大利的土地。羅馬人深受之前希臘人「決戰定勝負」思路的影響，他們和亞歷山大大帝麾下的方陣步兵一樣，很少把取勝的希望寄託在計謀和伏擊上，更不要說仰賴弓箭手、騎兵或者輕步兵來獲取勝利了。倘若羅馬人喜歡陰謀，他們早就會聽從法比烏斯·馬克沁斯的提議，面對漢尼拔這樣出色的戰術家，繼續進行一場消耗戰而非殲滅戰。

倘若羅馬人能像馬其頓的菲力浦二世和亞歷山大大帝那樣，建立一支能夠衝擊敵軍的重騎兵，並將其與步兵部隊有效結合，就能抵消漢尼拔的騎兵在機動性和衝擊力方面的優勢，並在戰場上發揮得更好。然而，拖延戰術、焦土式戰爭方式和培養貴族騎兵的文化，與羅馬式的步兵正面衝撞作戰方式是背道而馳的。受制於一系列的文化、軍事和政治原因，在古典時期各國的軍隊中，騎兵都難以成爲主力兵種，馬上騎手要麼成爲典型貴族老爺的代稱，要麼則是窮困遊牧劫掠者的形象。菲力浦和亞歷山大對騎兵的運用，在希臘—羅馬時代的軍事實踐中絕對是特例，而非典型的作戰方式。絕大多數希臘—羅馬軍隊因爲本身在騎兵方面的弱點，在許多戰役中付出了血的代價。

儘管羅馬軍團的作戰方式簡單直接，且偶爾會招募缺乏經驗的新兵，但總的來說，羅馬軍團的紀律性是其他軍隊難以企及的，義大利本土士兵作戰時表現出來的強悍和勇敢也是毋庸置疑的。羅馬元老院和其之前的希臘公民大會、馬其頓精英的貴族聯席會議一樣，從形成傳統開始，就希望面對面迎戰敵軍，通過步兵部隊在幾小時內給對方決定性的雷霆一擊，徹底摧毀抵抗。很少有羅馬將軍因爲能力不足招致失敗而被起訴，絕大多數被告發司的將領都是被認爲在決定性的戰鬥中避敵怯戰。坎尼戰役中生還的執政官瓦羅，在巨大的軍事災難發生後回到羅馬，反而得到了羅馬方面的熱情接待。儘管他的錯誤戰術導致了數以千計羅馬人的死亡，但他畢竟以實際行動表明自己希望率領一群年紀尚輕、未經戰爭考驗的羅馬自耕農迎戰漢尼拔，並且願意奮戰至死。

在坎尼，邁入漢尼拔致命陷阱的羅馬步兵在武器裝備上也許要優於敵人：他們的盾牌、胸甲、頭盔和短劍都是兼容並蓄外來軍事實踐經驗，並在科學傳統孕育下獲得的成果。西方文化與其他文化的不同之處在於，西方人總能自由地借用外來的發明創造，整合以為己用，既不用考慮沙文主義的排斥，也不用擔心本土的傳統習慣遭到徹底拋棄。理性傳統與科學觀察研究相結合產生的靈活性保證了歐洲軍隊手中武器的先進性。不難想像，漢尼拔的軍隊在特雷比亞河、特拉西美涅湖戰役中奪取了不少羅馬人的戰利品，並且利用掠奪的武器和護具重新裝備了自己的大部份士兵。幾乎所有羅馬的敵人在戰後都會搜尋羅馬人的屍體來獲取武器，而羅馬人則很少使用死去的高盧人或者是非洲人的武器。

在坎尼的羅馬軍隊標誌著公元前三世紀西方軍事傳統的最高水準。然而正是這支軍隊，卻遭到了一支迦太基軍隊的無情殺戮，後者完全缺乏羅馬文化所帶來的任何優勢。漢尼拔的士兵在武器和技術方面完全居於下風，他們是雇傭兵，而非公民士兵。迦太基所屬的腓尼基人城邦中，少有愛國的小農場主作為自由公民為國效命。在迦太基，沒有任何關於個人政治自由或是公民武裝的概念。亞里斯多德告訴我們，任何迦太基士兵只要殺死一名敵人，就能獲得相應的獎金，這和古典時代的西方軍隊完全不同，後者在作戰時強調士兵應當堅守在佇列中，保持陣形的完整，絕不逃跑，並始終保護身旁的同袍。斯布里烏斯・李古斯提烏斯之所以被授予「公民冠」的殊榮，是因為他拯救了自己的同袍，而非殺死了大量敵人或者收集到許多戰利品。坎尼戰役的悲慘結局和古代世界中的常見情況截然相反：一支西方軍隊罕見地在數量上超過它的對手，並且在本土作戰，不明智地依賴簡單粗暴的力量進行戰鬥，最終被敵人擊敗；而這支敵軍恰恰是一支遠離本土的遠征軍，數量處於劣勢，但優秀的富有組織能力的將領指揮軍中多支作戰風格完全不同的分隊取得勝利。

全民皆兵的理念

在過去，希臘城邦偶爾會接納新的公民，但這種公民權的授予一般是榮譽性的，而且相當少見。在希臘城邦中很大一部份商業事務都由城中的外國人把持，相比公民，這些人顯得更有才幹，也更加勤奮，但他們卻沒有在公民大會上投票的權利。希臘人過於吝嗇他們自己享有的自治和自由，同時又非常自私地僅僅關心市郊鄉村的權益，因而不願大規模地向外國人和外來移民授予公民權，即便是來自其他城邦的希臘人也不能享此殊榮，只有本地人才能作爲吃苦耐勞的農民，在繼承自祖輩的土地上耕作。

一部份希臘世界的思想家，如希羅多德、伊索克拉底等，曾經構想了眞正的希臘概念，或者說是「泛希臘」概念，並將其視爲一個理念共同體，而非語言或民族共同體。在這種理念治理下的城邦，願意接納任何外國人，只要他們與城邦有著共同的文化紐帶，並且接受城邦的施政理念。隨著君主制馬其頓帝國的崛起，希臘城邦維護獨立自主、建立政府與公民之間雙向權利義務關係的進程也被打斷。古典時期希臘軍最主要的問題便在於軍事人力資源的缺乏，因爲重裝步兵的每個士兵都必須具備公民身份，但並非城邦中所有的居民都有資格成爲公民，爲國效命。舉例而言，在薩拉米斯大海戰中，許多雅典的窮人作爲槳手，爲了自由而戰。然而，還有相同數量的奴隸和外國人同樣應該在雅典政府中佔據一席之地，但是事實並非如此。希臘城邦狹隘的公民權理念，很快就註定了它們將失去獨立自主的權利。

反觀羅馬，與漢尼拔鬥爭的時期，恰恰是關於「什麼是羅馬」這一理念經歷革命性變化的時期。諷刺的是，正是漢尼拔這個羅馬不共戴天的仇敵在第二次布匿戰爭期間的所作所爲，促使羅馬將原來的「外人」也併入羅馬爲首的結盟體系之中，加強了羅馬的社會與軍事領域的基礎。漢尼拔的入侵幫助羅馬人加速進行西方式共和政府的第二次改造，徹底擺脫了狹隘的希臘式城邦國家體制的限制。而倘若能夠建立一個眞正意義上的民族國家，那麼這個國家強大的軍事力量，將會撼動整個地中海地區力量對比的天平。而同樣的理念，也能夠詮釋現今西方軍事機制的內涵。作爲步兵服役所需要的最低財產標準本來是一個源於古希臘重裝步兵共同體的概念，在坎尼戰役之後的危機中，這一標準被減半，而且在之後的公元前二世紀中不斷降低，直到馬略（Marius）改革徹底廢除了財產下限的相關規定爲止。

對義大利的諸民族——薩莫奈人（Samnites）、伊特魯里亞人（Etrurians），以及半島南部那些說希臘語的民族而言，他們或多或少都與羅馬有著聯盟的關係。在其他義大利人中，即便是那種對羅馬人的不信任，也並非來自被外族（羅馬）統治的仇恨，而是對於自己尚不能獲得羅馬完全公民權所導致的嫉恨。在古典時代，許多居住在義大利與希臘諸邦以外的人們都選擇移民到這些更爲自由的城市，以獲得更多的經貿機遇和更大的自由行動權利。在希臘人的統治下，外來人只能在少數時期享受到包容、平等和繁榮；但倘若身處羅馬人中間，他們終將獲得公民的待遇。羅馬人爲了對抗漢尼拔在整個義大利動員力量，這最終催生了一項革命，改變了羅馬與義大利其他城市之間地位的差別。

到了公元前三世紀，不少有遠見卓識者呼籲，在整個義大利範圍內授予完全公民權，而這個問題直到公元前一世紀早期的「社會戰爭（the Social War）」後才得到徹底解決。這意味著所有在意識形態和物質環境方面與羅馬相近的群體，理論上最終都會被完全地接納爲羅馬公民團體的一部份。面對漢尼拔，羅馬需要得到整個義大利的幫助，需要徵募更多的人手加入軍團，需要防止盟邦的叛變，所有這一切都促成羅馬人在公民權問題上對盟友的讓步。在共和國晚期以及隨後的帝國時期，羅馬治下的被釋奴隸和地中海地區非義大利裔的人會發現，他們在羅馬法中所獲得的權益，幾乎和羅馬貴族無甚差別。

西方世界中革命性的公民權理念，較之以往具有更多的權利與義務，在這樣的理念指引之下，不斷擴張的軍團將會獲得源源不斷的兵源。同時，公民權概念還提供了法理框架，使得服役的公民感到自己爲國效命的行爲處於規範約束之中，具有明確的保障。古代西方世界對於其所覆蓋範圍的界定，很快將會從民族、膚色、語言的區別轉爲由文化認同來區分，這種進步將會對戰場上軍隊的表現產生直接的影響。在羅馬帝國時代的數百年中，在帝國邊界的英格蘭或者北非駐守的軍團士兵，無論是外表還是語言，都和那些在坎尼戰死的軍人有所不同。這些後來的軍團士兵也許偶爾會遭受來自本土義大利人的文化歧視，但在裝備和組織上，他們與傳統意義上的羅馬士兵完全相同，作爲羅馬公民，他們將自己服兵役看作一種和國家間的合同，而不是將自己視爲被強徵的壯丁。

早在布匿戰爭時期，奴隸在某些情況下也會被釋放，作爲士兵參與戰爭，根據他們在戰場上的表現，他們也可能會被授予羅馬公民權。在坎尼戰役失敗之後，就有數千名奴隸被釋放，並參與到軍事行動中。簡言之，羅馬人接納了城邦的概念，並將這一概念改進爲「國家」（*natio*）：從此之後，羅馬人的界定徹底不再由種族、居住地和是否自由出生來進行區分。取而代之的是，即便是那些不說拉丁語、出身農奴或者是居住在義大利以外地區的人們，在理論上同樣能獲得公民權。只要一個人能讓相關審核機構相信，他有著羅馬人的精神，同時能夠承擔羅馬的軍事義務，也願意繳納稅款換取羅馬法律的保護以及自由的商業化經濟所帶來的保障，那麼他就能夠獲得羅馬公民的身份。

生活在坎尼戰役之後三個世紀（公元一～二世紀）的諷刺詩人尤維納利斯（Juvenal）嘲笑了那些「貪婪的希臘人」將羅馬變得嘈雜喧嘩，然而正是這些希臘人運作著整個羅馬的商業鏈，同時他們也會證明自己像其他數以千計的外國人一樣，能夠以公民身份作爲合格的軍團士兵，在戰場上和義大利人並肩作戰。古典時代的羅馬不同於希臘，它建立了現代化且具有擴展性的公民權概念和完善的財閥體制，後者在自由經濟的促進下得到發展。很快，資產總額將取代出身、祖籍或者職業，成爲界定一個羅馬人社會地位的新標準。在羅馬小說家彼德洛尼烏斯（Petronius）於一世紀完成的《薩蒂里孔》（Satyricon）一書中，奴隸出身的特里瑪律奇奧宴請他那些由奴隸被釋放爲自由人的暴發戶賓客，這一場景正是羅馬文明包容性的體現。對羅馬而言，即便是國家層面的政治自由被帝制所毀滅，社會、經濟抑或文化方面所體現的包容性等進步理念仍舊持續存在，在歷史的星空中熠熠生輝。那些最符合羅馬價值觀、最富有愛國精神的拉丁作者，諸如特倫斯（Terence）、賀拉斯（Horace）、帕布利烏斯·塞魯士（Publius Syrus）、波利比烏斯（Polybius）和約瑟夫斯（Josephus），要麼是被釋奴隸的後人，要麼自己曾經是奴隸，或者是非洲人、亞洲人、希臘人、猶太人的後裔。到了二世紀時，只有少數皇帝在羅馬出生。那麼，羅馬和他的敵人們對於公民權截然不同的態度，對公元前二一六年八月的戰事又有什麼影響呢？漢尼拔即便取得大勝，他的傭兵部隊也難以獲得人員補充，相形之下，羅馬在屢次失敗的陰影下仍然能得到源源不斷的有生力量，這就是兩者最大的區別。

早在羅馬人之前，希臘人就發明了全民皆兵的理念，在這種理念下，每個具有投票權的公民都必須拿起武器，保衛共同體的利益。這就是他們取得權益相對應的義務。古典希臘城邦採納了這種政策，使得一個城邦中能夠走上戰場的步兵人數幾乎佔據了男性公民總人口的一半。在公元前四七九年的普拉提亞戰役中，人數可能在七萬左右的自由希臘戰士，擊敗了多達二十五萬被波斯治下強徵去希臘作戰的士兵。對於希臘這樣的共和制陸上小國來說，能夠從中學到如何動員人力儲備，並獲得遠超舊有貴族精英模式的兵源，這無疑是個好的開始。但可惜的是，貫穿整個古典時代，希臘人總是吝嗇地限制著他們的公民範圍，公民權永遠也延伸不到所有的城邦居民，因而希臘人也就永遠無法享受到全民皆兵制度所帶來的全部優勢了。希臘人擊敗了波斯侵略軍，保持了希臘本土的自由，箇中原因部份在於他們採納了所有公民都必須從軍的軍事制度，但一百五十年後，面對馬其頓王國的崛起，希臘諸邦恰恰是因爲缺乏足夠的公民軍人，而失去了自主性。

希臘人缺乏眼光直接導致了菲力浦二世和亞歷山大大帝治下皇家軍隊的崛起，馬其頓君主們並不在意士兵的身份，作爲雇主他們只關心手下的傭兵是否能全力以赴投身戰場，爲自己服務。馬其頓人和之後的繼承者王國並非民主制的國家，但他們歡迎一切希臘人和馬其頓人進入軍隊服役，並在薪酬上一視同仁。一群渴望榮耀與戰利品的亡命之徒聚在一起，不以語言、地域或是民族自尊心作爲區分，在某種意義上，他們成了一個極端平等的共同體，這種情況在任何古典時期的希臘城邦中都是難以想像的。希臘化時期，在強而有力的希臘精神指引下的雇傭兵式軍隊（公元前三二三年～前三一年）暫時解決了由來已久的人力資源匱乏的問題，但這種解決方法的代價是對城邦式民主體制的拋棄。這種兩難的局面，曾經困擾過色諾芬、柏拉圖和亞里斯多德，他們都在有生之年眼看著自己理想中的大規模公民兵走向衰落和消亡。在公元前三三八年的喀羅尼亞戰役（battle of Chaeronea）中，每個戰死沙場的希臘士兵，都曾通過投票決定以戰爭的方式捍衛自己的自由。而在戰場對面的菲力浦二世的馬其頓軍隊中，沒有任何一名士兵對於自己爲何而戰，在何處、怎樣作戰有任何的發言權。缺乏指揮、裝備低劣、組織混亂的希臘聯軍，在戰鬥的開始幾乎擊退了菲力浦二世的皇家精銳部隊，這本身就是對於公民政府精神的致敬。

解決上述擁有農村精神的公民與兵源兩者之間的矛盾，一方面以公民軍隊的模式保證兵源數量足夠龐大，同時採取希臘化王朝對於社會各個階層都來者不拒一併招入軍隊的寬容態度。羅馬人的民族觀和他們對於擴大公民權問題的激進理念，在之後的歲月里最終都得到妥善解決。面對希臘人，他們保證了自己的軍隊在規模上佔據優勢，而且相較於希臘化王朝君主麾下的傭兵團，羅馬軍團的愛國精神遠在前者之上。

在大規模全民皆兵理念的指導下，第二次布匿戰爭爆發前夕的公元前二一八年，羅馬共和國在義大利的土地上居住著超過三十二萬五千名成年男性公民，在這些人當中，有超過二十五萬人符合服役資格。如此龐大的動員能力在迦太基人看來是不可想像的，因爲迦太基的公民權被限制在了一小撮會講腓尼基語、居住在迦太基城內和城周圍一小塊土地上的人群中。對迦太基人而言，更糟糕的問題在於，他們從未接納希臘傳統中關於徵召公民兵爲國效力的理念，即享受公民權所帶來利益的人群必須服役以回報他們佔用的資源。迦太基也不具備羅馬超越地域、民族和語言的國家觀念。

對迦太基而言，不論是城市周邊的非洲土著部落，還是他們自己雇傭的士兵，都有可能反戈一擊，和羅馬人攜手對抗腓尼基人的統治。迦太基和西方的相似不過是徒有其表而已，西方化僅僅是某些精英的特權，在政治和戰爭方面迦太基和希臘羅馬相去甚遠。與希臘人不同，迦太基人並不堅持用自己的公民兵去進行戰鬥。而相較於羅馬人，迦太基人缺乏同化吸納機制，不能把北非和歐洲的盟邦，或是被征服的居民與受奴役的農奴轉化成與一般迦太基人具有基本相當政治權利的公民，因此，迦太基總是不得不和反叛的傭兵進行長久的、有時甚至是血腥野蠻的鬥爭。除此之外，在迦太基的公民大會上，沒有任何人能夠爲平民請命，甚至連形式上的作爲也難覓蹤影。看起來，迦太基大致上只有兩個階級，而非三個——一個數量稀少、享有特權的商業貴族階級，一個爲前者服務、毫無權益保障的由僕役和勞工組成的受壓迫階級。

儘管在貴族成份方面，羅馬元老院的體制較之迦太基不遑多讓，但在迦太基並沒有類似公民大會的機構來制約貴族的權力，而且也沒有依靠平民改革領袖來推行改革的傳統。在迦太基，沒有李錫尼（Licinius），霍騰修斯（Hortensius）或者格拉古（Gracchus）這樣的改革家，因而也就沒有人和貴族爭鬥，爲平民爭取更多的權益，讓更多的中產階級和新貴族升居高位，或者掀起耕地改革和土地再分配。從軍事角度看，平民力量的缺乏使得迦太基陷入了一種長期公民兵源短缺狀態中。這意味著，即便迦太基的將軍十分優秀，即便迦太基在持續不斷的戰爭中積累了大量的經驗，他們始終不可能像羅馬軍團一樣，長期擁有數量充足且富有愛國主義精神的軍隊。在坎尼之後幾個世紀的歲月中，羅馬始終能徵召出一支又一支大軍，即便是在最爲黑暗的內戰年代也是如此。凱撒跨過盧比孔河，揭開內戰大幕之後的十七年裡（公元前四九年～前三一年），大約四十二萬名義大利人進入軍團，走上戰場。

相比之下，倘若漢尼拔在布匿戰爭中取勝，除了在坎尼擊敗羅馬人以外，他還有很多事要做。他必須連續在四、五場類似的戰役中給予羅馬人極大的殺傷，才能耗盡整個義大利超過二十五萬成年男性農民的人力資源。羅馬上下，從年滿十七歲初出茅廬的年輕人，到年屆六十歲的老人，都在爲了維持或者取得公民權而戰鬥，而漢尼拔的部隊裡，可能連一個享有投票權的迦太基公民都沒有，而實際上，它是以非洲的雇傭兵和歐洲的部落民爲主。這些人可不是爲了獲得迦太基的公民權而戰，也不是爲了自治的權利而戰，他們大多都是出於對羅馬的痛恨、爲了傭兵的薪酬和劫掠的貪欲而戰。只要他們的將軍足夠強大而且富有煽動性，他們便會繼續殺戮羅馬人。然而，最終漢尼拔的職業殺手還是敗給了羅馬軍團，敗給了那些通過投票決定走上戰場、替代坎尼的陣亡同袍繼續奮戰的羅馬自耕農。軍團是爲了保衛羅馬全體公民而戰，爲了保衛共和國（*populus Romanus*）而戰，爲了弘揚傳承自他們祖先的文化（「古人之道」，*mos maiorum*）而戰。絕大多數義大利農民都能正確地認識到，面對一個像迦太基這樣的由貴族寡頭統治的商業國家時，與其與這樣的外族人結盟，還不如身處在羅馬的統治下，只有這樣，他們的子孫才能夠擁有更好的未來。

「全世界的統治者」公民軍事體系的遺產

羅馬的人力資源

在古典時代，希臘羅馬以外的民族往往能夠動員數量龐大的兵源——高盧人、西班牙人、波斯人和非洲人等。然而，這些部落動員或是雇傭士兵的做法，並不能造就一支國家的軍隊。在幾個世紀的歲月裡，羅馬強大的敵人們卻從未想到過西方文明關於建立自由公民—士兵雙重身份的理念。朱古達（Jugurtha）在北非掀起的叛亂中（公元前一一二年～前一〇四年），努米底亞（Numidians）士兵的戰鬥力令人生畏；阿維斯托欽（Ariovistus）在公元前五八年率領幾十萬日爾曼大軍試圖擊敗凱撒；維欽托利（Vercingetorix）在公元前五二年掀起行省叛亂，多達二十五萬強悍的高盧人群起響應；跨過多瑙河的成群結隊的野蠻哥特部落，在阿德里安堡戰役（三七八年）中殺死了數以千計的羅馬人。所有這些羅馬的對手都是可怕的戰士，他們在數量上也常常令人畏懼。這些敵人往往經歷了多年部落體制考驗，由此形成了一套複雜有效的軍事組織體系。儘管如此，一旦失敗，他們就會四散奔逃；而即便取勝，他們的組織程度也難以繼續下一場戰鬥的勝利。

共和國體系的優越性，在坎尼大敗之後的幾天裡就得到了體現。此戰之後，羅馬政府和統治文化都在根本上遭到了動搖，李維在坎尼戰後的總結中寫道：「除了羅馬城曾經被蠻族攻破的歲月（公元前三九〇年）之外，羅馬的城牆之內從未有過如此的恐慌和混亂。因此，我必須承認我無法完成敘述這段歷史的工作，也不會嘗試進行完整的描述，因爲這只會偏離真相。」（《羅馬史》，二二．五四）坎尼之後，許多南義大利的城市叛變，它們在很長一段時間內拒絕向羅馬提供人員和物質支援。富庶的卡普阿城（Capua）直接投向了漢尼拔，而像坎帕尼亞（Campania）和阿普利亞（Apulia）這樣的南義大利城市很快也競相效仿。作爲公元前二一五年當選的執政官，珀斯圖米烏斯（Postumius）率領的一支羅馬軍隊在西班牙被擊敗，珀斯圖米烏斯本人也陣亡。據李維所述，此戰羅馬損失了超過兩萬名軍團士兵，指揮官被殺死，他的頭顱被挖空作爲高盧人飲酒的杯子。此時迦太基的艦隊正遊弋在西西里外海，隨意掠奪沿海的村鎮。到此時爲止，公元前二一八年到前二一五年間上任的羅馬執政官，已經有半數戰死沙場——弗拉米烏斯、塞維利烏斯、鮑羅斯和珀斯圖米烏斯都死於迦太基軍隊的手中，而其他人也因爲戰事不利而蒙羞。

那麼，羅馬人對於這樣的國家災難反應如何呢？一旦街頭巷尾的人們恢復平靜、一旦恐慌的情緒得到控制，元老院的集會就重新開始，並發佈一系列的法令。這些思慮深遠的法令讓人聯想到溫泉關戰役之後雅典人的冷靜作爲，六世紀西羅馬帝國崩潰之後拜占庭人的堅定行動，一五七一年賽普勒斯陷落之後威尼斯人的頑強信念，以及珍珠港事件之後美利堅人民的臨危不懼。馬賽盧斯被派往西西里，穩定那裡的局勢；所有通往羅馬的道路和橋樑都有士兵駐守警戒；羅馬城中每個身體健康的男人都被組織進民兵團體，參與到防禦城牆的工作中去。馬庫斯·朱尼烏斯（Marcus Junius）被任命爲獨裁官，且被授命以任何可行的方式組織起更多的軍隊，而他也以行動證明自己確實能夠勝任這個職位。羅馬人在他的領導下，很快組織起四個軍團，總兵力兩萬人，其中不少士兵的年齡還沒達到最低年齡要求的十七歲。此外，羅馬政府以公款贖買了八千名奴隸，武裝他們參加戰鬥，並允諾只要他們在戰鬥中奮勇殺敵，就能獲得自由之身。朱尼烏斯自己還釋放了六千名囚犯，並且親自掛帥擔任這支傳奇性的「囚犯軍團」的指揮官。羅馬人向所有的義大利同盟者下令，要求在年內再提供八萬同盟軍支援與漢尼拔的戰事。在此後的戰爭進程中，平均每年都有兩個軍團被組建以補充戰爭的損失。除此之外，羅馬人的武器裝備處於供應不足的狀態：迦太基軍隊在之前的十年中，繳獲了大批義大利本土打造的武器裝備。爲了獲得更多的金屬以供武器之用，羅馬人將神廟和公共建築中奉獻給神的祭品取出，充作刀劍盔甲之用。

在坎尼之後不到一年的時間裡，羅馬海軍已經在西西里轉守爲攻，之前慘敗的損失得到了彌補，而先前接連三敗的羅馬軍團早就恢復了實力，羅馬人在數量上是漢尼拔的兩倍，後者只能在南義大利的冬營裡無所事事。兩者形成了鮮明的對比：羅馬人頒佈了緊急法令，組建新的軍團，而漢尼拔手下的老兵只能日復一日打掃戰場，他們的天才統帥則試圖說服迦太基本土那些謹小愼微的貴族，派出更多的軍隊來援助自己。

公民士兵傳統的延續

在之後的五個世紀裡，羅馬將面對更多戰術天才的考驗，更多的皮洛士和漢尼拔，他們將在戰鬥中殺戮許多缺乏正確指揮的羅馬士兵。這些對手包括：獨眼的塞多留（Sertorius）和他那些強悍的羅馬—伊比利亞叛軍士兵；勇猛的斯巴達克斯及其麾下數量龐大、富有格鬥經驗的角鬥士；狡猾的努米底亞國王朱古達（Jugurtha of Numidia）；機敏的本都大帝米特拉達提斯（Mithridates）；凱爾特人和高盧人的領袖維欽托利；以及擊敗常勝將軍克拉蘇並且讓羅馬人損失大半兵力的帕提亞人。這些羅馬的敵人加起來至少在戰場上殺死了五十萬名軍團士兵，但最終，這些戰鬥所帶來的榮譽只是一場空而已。幾乎所有上述看似能成爲羅馬征服者的人們，最終要麼一命嗚呼，要麼戴著鐐銬在羅馬遊街示衆，他們的士兵被殺死、被奴役、被釘上十字架，或者遠遠地逃離羅馬的統治。他們所面對的不只是羅馬軍隊，實際上，他們在對抗一種軍事體系，一種戰鬥理念。他們獲得勝利的同時也將意味著又一支羅馬軍隊在天際線上等待著他們，而一旦他們遭遇失敗，那麼他們的軍隊則會如盛夏冰雪一般消融不見。

從羅馬帝國取代共和國，直到羅馬帝國轟然倒下（公元前三一年～公元四七六年），共和制度將從歐洲這片土地上徹底消失。和它的對手一樣，西方軍隊將會逐漸淪爲一支雇傭軍隊，而在某些地方甚至是部落軍隊。儘管如此，將所有選民納入軍事體系這一理念，以及當選將領在憲法指導下全力自由投入戰鬥的文化氛圍，已經深深植根於人們的心中，永遠不會被遺忘。在帝國末期的黑暗年代與之後的混亂狀況中，戰士即公民的理念仍然存在，而且依舊有人認爲，走上戰場的戰士對於他們所屬的群體，享有合乎法律，有時甚至是超越法律的權利與義務。

在羅馬帝國的時代中，公民軍隊的末日看似已經到來，但那些所謂的帝國職業軍人卻與幾個世紀前的共和國士兵一樣，依舊接受著傳承了五個世紀的軍事法典的約束。這就意味著每個士兵都有權拒絕強制徵召，入役後能夠獲得穩定的薪水，執行任務時遇到危險也會有契約保障，享有固定的退役時間，而且服役年限不會被延長——沒有強拉壯丁，沒有多次徵募，也沒有隨意處罰。對於軍團士兵而言，如果談及帝制下的羅馬與共和國的羅馬有何區別的話，那就是普通士兵在帝國時期享有更多的權益。倘若一個士兵出於對自己權益的考慮，提出關於薪酬和自由的要求，那麼行省的將軍相對於過去共和國的當選將軍會更加傾向於接受這樣的要求。羅馬，從一個農耕小城邦起步，由僅僅控制義大利中部的共和國發展到統治了整個地中海地區的大帝國，並孕育了繁榮的經濟，使得千百萬被釋奴隸、窮人和外國人享受到了難以想像的福祉。同樣的，對成千上萬戍守邊疆的軍團士兵而言，儘管他們的投票權逐漸受到削弱甚至消失，但帝國的官僚機構卻始終一如既往地關心他們的需求。

即便是在共和制度逐漸消亡的歲月裡，無論是在政府官僚和宗教階層的精英們中間還是在底層人民那裡，直接傳承自古典時代的公民軍事火種依舊得到了保留。這種理念，僅僅見於西方社會中。每個戰士即是公民，而整支軍隊則作爲戰士的集合，享有公民所有的合法權利，同時也肩負起所有的義務，這樣的理念在歐洲之外是找不到的。亞洲、非洲和美洲的居民，並沒有傳承希臘羅馬的理念和文化，因而也就無法接受羅馬特有的共和體制，包括公民大會投票通過或者否定決議，以及公民士兵的概念。

即便是在歐洲所謂的「黑暗」野蠻時代（五〇〇～一〇〇〇年），公民軍隊依然存在。墨洛溫家族（Merovingians）進入西歐，西哥特人（Visigoths）入侵西班牙，倫巴德人（Lombards）在義大利取得一席之地都是依賴這樣的軍隊。以上這些蠻族的公民軍隊和東面的拜占庭人一樣，接受了羅馬人的軍事術語和組織制度，用徵召的公民士兵保衛自己的城邦（*civitates*）。歐洲人抵禦伊斯蘭教所用的修築工事、鋪建道路和軍事上積累的思想經驗經由舊帝國交到了這些外來繼承者的手上。軍隊（*exercitus*）、軍團（*legio*）、統治（*regnum*）、主權（*imperium*），這些羅馬時代的術語和其他來自拉丁語、希臘語的軍事政治專有名詞，在五世紀之後的中世紀歲月裡仍在使用。弗龍蒂努斯（Frontinus）和瓦萊里烏斯·馬克沁斯（Valerius Maximus）在他們著作中涉及的有關公民軍隊的內容，將會在中世紀被後人仔細研究。從帝國末期、黑暗時代直到中世紀的基督教教父，包括米蘭主教安布羅斯、聖人奧古斯丁以及法學家格拉提安（Flavius Gratianus）和「天使博士」湯瑪斯·阿奎那（Thomas Aquinas），在投票選舉國家官員的權利遭到削弱以致消失的年代，都在書中概述了基督教共同體在某些特定情況下可以對敵人發動一場公正、合法的戰爭（*ius in bello*，即使戰爭合法化），格拉提安和阿奎那還分別在《格拉提安法典（*Decretum*，一一四〇年）》和《神學大全（*Summa Theologiae*）》中進行了詳細的論述。

在五世紀到七世紀，色諾芬和韋格蒂烏斯等思想家的著作成爲古典時期作品中被引用最多的拉丁語文獻，到了文藝復興時期，他們的軍事格言，將會被諸如李奧納多・布魯尼（Leonardo Brunni）和馬基維利等人所接受。韋格蒂烏斯（Vegetius）的手稿被印成口袋書，翻譯成英、法、德、意、葡、西等多國語言，以供中世紀的將領研究參詳。即便是西班牙查理五世手下的新世界征服者們在美洲建立獨裁統治的時候，也同樣接受了古典時期的理念。在進軍特諾奇蒂特蘭的過程中，整個軍隊就像一個微型的由士兵組成的國家一樣，每個士兵都作爲西班牙的屬民而享有特定的權利以及受到特殊的保護，而他們在墨西哥遇到的敵人則是無論如何也享受不到如此待遇的。

立憲政府這一概念本身將會在中世紀的瑞士長槍兵組織中重獲新生，也會在十五世紀的義大利發揚光大，至於在拜占庭帝國治下的希臘，憲政的概念則從未被遺忘，而這一切的發生遠在憲政促成現代歐洲民族國家，以及諸如美國、澳大利亞等國的崛起之前。這一切對於孟德斯鳩、盧梭和吉貝特（Guibert）等思想家而言，都是極佳的例證，正好呼應了他們所呼籲的恢復「全民皆兵」制度的舉措，因此他們在自己的作品中往往仿效撒路斯特、西塞羅、李維與普魯塔克，講述羅馬共和國中偉大自耕農士兵的故事。

成為殺手的公民

公民士兵這一概念本身，並不能保證西方軍隊的數量優勢，因爲歐洲及其殖民地在人力資源方面往往不能和亞洲、非洲和美洲相提並論。而從坎尼戰役的結果來看，全民皆兵的國策也未必能保證常勝不敗。坎尼戰役儘管是西方軍事史上最爲悲慘的敗局，但這一天的失利並不會改變戰爭的進程。儘管在坎尼戰役中，領導力的缺乏和錯誤的戰術，使得西方軍隊原本擁有的優勢蕩然無存，然而，這種將所有公民徵召入伍的軍事理念能夠保護歐洲在後羅馬時代中的絕大多數時間裡免遭外來入侵的威脅。與此同時，歐洲向海外派遣的遠征軍，對於訓練、組織和領導方面的關注都超越了狹隘貴族階級的限制，正因爲如此，西方軍隊才能夠在數量和戰爭技巧上對抗非西方對手。

非西方軍隊中也會出現更勇猛的軍人。有時候，他們與入侵其故鄉、奴役其親族、虐殺婦孺並掠奪財富的西方入侵者相比，更加戰之有名。對軍事活力的研究不等同於對道德的考察，像羅馬軍團這樣的軍隊往往會做出本不該發生的暴行。公民軍隊的理念確實能催生出數量龐大、士氣高昂的部隊，但這樣的軍隊未必會尊重他國的文化和民族願望，而對於人類生命的神聖性也鮮有顧及。就狹義的軍事效率而言，其他民族，諸如波斯人、中國人、印度人、土耳其人、阿拉伯人、非洲人或者美洲土著，在任何場合都無法以一支具備公民權利概念的公民軍隊出征，他們同樣也沒有一個選舉產生的公民大會來調整政策。這些民族總是爲酋長、蘇丹、皇帝或者神明服務，並且對他們畏威懷德。最終，戰場上的結果將證明這種統治方式是不合實際的。不幸的是，西方建立公民軍隊，並用法律規範人們對群體義務的理念——相對其他文明體系而言——僅僅能夠帶來一種軍事上的優勢，其本身並沒有善與惡、公正與不公、正確與錯誤的分別。

優秀軍隊的範例是：高人一等的戰場紀律，善於且偏好進行衝擊作戰，擁有技術優勢，並隨時準備在決定性戰鬥中投入大量的兵力。羅馬的諸多優勢，例如主場作戰、兵力佔據上風而且處於防守地位，都因爲佈局不周而無法發揮。對羅馬人不利的是在戰場上面對一位處在巔峰時期的軍事天才，而羅馬自己的兵源多是由未經磨煉的新兵組成，面對的卻是老道的雇傭兵對手，這些因素給他們造成了不少麻煩。但最終，戰爭的結果並沒有因爲這些而改變。

羅馬人在坎尼學到的眞正經驗教訓，並非包抄攻擊的戰爭藝術，也非漢尼拔天才般的戰術秘訣，因此這些經驗長期以來一直被軍事歷史學家們無視。在戰爭的課堂中，學生不能滿足於學習如何讓人們去戰鬥，而必須瞭解士兵為何而戰，更進一步包括戰鬥為何發生。戰爭的悖論在於，勇敢的戰士在激戰正酣時，能夠看到、聽到、感受到戰場上的勇氣、膽量和英雄主義，但這些都不是戰鬥中的決定性因素，決定勝敗的因素往往更概括、更抽象也更隱秘。技術、資本、政權的性質，士兵徵募和付薪的方式（而非肌肉力量的強弱），才是不同文化相互交鋒中決定勝負天平傾向的砝碼，這也決定了哪些人能活著離開戰場，哪些人會永遠倒下。

漢尼拔未免有些天真。他率領數以千計英勇強悍的士兵進入義大利，滿心以為他的軍事天才足以對抗敵軍的將領和士兵，想不到他真正面對的並非看得見摸得著的敵人，而是共和體制政府與公民軍隊理念本身，這令他陷入苦戰。他幻想在坎尼戰場上利用士兵的英勇表現和機警應變來獲得長久的勝利，但這都被羅馬人持久深遠的立國理念所打敗。最終看來，公民制度，才是歷史上最為可怖致命的殺手。

與漢尼拔生活在同一時代的學者和將軍，往往都對他有一種自然而然的移情心理。顯然人們更趨向於去支持本就處於劣勢的漢尼拔，即便是現在，我們也能感覺到，羅馬人在公元前三世紀到前一世紀的迅速擴張和他們所建立的帝國顯得令人憎惡，慘遭他們屠戮的民族有西班牙人、高盧人、希臘人、非洲人和亞洲人，這使得羅馬在道德上居於不義。但倘若我們回顧憲政政府帶來的軍事紅利，或者說公民體制在戰場上的優勢，我們就能發現，這並非羅馬詩人尤維納利斯筆下「坐在巨大怪獸上的獨眼軍官」，而是在坎尼默默戰鬥至死，並在烈日下腐爛的不知名人士。

波里比烏斯親身經歷了迦太基在公元前一四六年的毀滅，他在坎尼災難發生的七十年之後記敘歷史，正確地將羅馬驚人的復原能力歸功於它的制度，以及共識政府架構下民政和軍事兩者之間罕見的和諧。在這位希臘歷史學家看來，公元前二一六年八月二日羅馬軍隊遭遇的大屠殺，其重要性是羅馬歷史中的任何其他事件都難以比擬的。在記敘這段歷史時，他利用這個機會對羅馬的政府和軍隊進行了長篇累牘的分析，幾乎佔據了著作中第六冊整本書的篇幅，而這些記載也成了迄今爲止對羅馬機構設置最爲簡潔明晰的描述。波里比烏斯在完成了對羅馬卓越政治軍事體系的附記之後，以這樣的結語總結了坎尼戰役的深遠影響：

> 儘管羅馬人在戰場上遭受了顯而易見的失敗，軍團的聲譽也因此一落千丈，但因為羅馬政體的優越性以及顧問團的審慎態度，他們在之後的戰事中不僅重新控制了義大利，還更進一步征服了迦太基，並在隨後的幾十年裡，成為整個世界的主人。（《通史》，三・一一八・七—九）

第二部

延續

Continuiity

腳踏實地的步兵

普瓦捷，七三二年十月十一日

「然而，一旦城邦發展壯大，重甲步兵和他們的階層也隨之變強，於是便有更多的人分享了參與政府事務的權利。」（亞里斯多德，《論政治》，四．一二九七b，一六—二四，二八）

騎兵對步兵

在戰場上，步戰士兵和騎手之間的對抗，是一個通行於世界、由來已久的殘酷話題。對於逃散的步兵，或者那些不幸遇到大隊騎兵的小股遠端輕步兵而言，騎兵能夠無情地追逐他們，從他們身上踏過，或者砍倒這些不幸的傢伙，而絲毫不用擔心自己會遭受什麼損失。從某種程度上來說，騎兵對潰逃或者驚慌失措步兵的屠殺，是一種懦夫般的行為，例如，西班牙征服者佩德羅．阿爾瓦多（Pedro de Alvarado）對無武裝的阿茲特克人的追擊，第十七槍騎兵團在烏倫迪戰役（Battle of Ulundi）中對被驚嚇的祖魯人的攻擊行動，或者是蒙古大軍在小亞細亞村莊中的暴行都是如此。一八九八年，在蘇丹的恩圖曼（Omdurman），年輕的溫斯頓．邱吉爾繪聲繪色地描寫了英國槍騎兵最後一次衝鋒的情景，但他筆下故事的主要內容，卻是英國人如何系統地殺死那些已經敗北的逃兵。

一旦討論有關騎兵和步兵的問題，人們總有一種階級偏見：承平年代貴族對平民的歧視，在戰場上化為高高在上的長矛或者馬刀，向地位低下的步兵揮出致命一擊。短兵相接時，或許騎士貴族的傲慢並非完全源於出身與財富，而在於胯下的坐騎及其更佳的機動性。相對於步兵，騎兵受傷的概率也更低，同時騎士還有侍從陪伴保護，因此他們的優越感也就不言而喻了。同樣的道理也適用於現代的戰鬥機飛行員，他們能夠隨心所欲地支配天空，不受阻礙地以高速飛行，在機械巨獸中毫不費力地掃射轟炸地面上的敵人，而這種可怕的優勢幾乎是理所當然的，畢竟他們的作戰方式和那些躲在散兵坑裡、射擊迎面衝鋒而來的敵方步兵相比，是如此不同。

一旦戰局不利，行動迅捷的騎兵也能夠快速逃走，避免與死神遭遇，在伊桑德爾瓦納戰役中，面對大開殺戒的祖魯人，英國軍隊中得以逃生的幾乎全部是騎兵。而倘若己方取得勝利，精力充沛、乾淨清爽的騎兵經常如同天降一般開始追殺敗兵（對騎兵而言，戰爭的世界就是如此乾淨，不像步兵眼中永遠是一片泥濘），但往往要等到那些下層步兵之間面對面、你死我活的戰鬥見分曉之後。在伯羅奔尼撒戰爭中的德理姆（Delium）戰役（公元前四二四年）中，直到底比斯人強悍的重裝步兵方陣撕破了雅典人的陣形之後，洛克里斯人（Locrian）的騎兵才開始追擊，並且差點抓住了逃跑隊伍中的名人——哲學家蘇格拉底。更常見的情況是，即便是大群冷酷無情的步兵，在開戰伊始一旦見到騎兵的身影也會魂飛魄散。對於全世界的騎兵階層而言，無論他們騎馬的地位是源於世襲還是授予，他們都會憎恨十字弓的箭雨、矛尖密集的陷阱、鐵壁一般的盾牆以及槍林彈雨。這些武器在轉眼間就能摧毀他們所擁有的資本、訓練、裝備和騎士階級的自豪感。

正如承平年代裡，中產階層和窮人在數量上遠遠多於富人一樣，在西方世界的戰爭中，相比於步兵而言，騎兵的數量也顯得稀少。有錢人能夠利用既有的社會體制和可以預測的規則避開戰場上混亂的廝殺，但在面對面的肉搏中，社會階層的差別和行爲規則的約束都不再成爲他們的護身符。在南北戰爭前，雙方的重要將領格蘭特（Grant）和謝爾曼（Sherman）就已經認識到，戰爭在某種程度上是「民主」的：殺戮場是少數謀略、力量、勇氣能夠戰勝特權、規定和傲慢的地方之一。

無論什麼樣的戰馬，都不敢向密集長槍組成的銅牆鐵壁衝擊，即便是裝備沉重的鏈甲武士，倘若膽敢挑戰步兵槍陣，也會被擊打墜落或者拖下馬去，摔倒在地被人從腦後一擊斃命。在密集的劍刃和擺動的矛尖面前，騎兵沒法依靠速度攻擊敵人或者全身而退，而騎乘帶來的高度優勢和自上而下的角度便利也難以讓攻擊得手。因爲重裝步兵在合理組織、有效佈陣的情況下能夠成爲騎兵殺手，因此紀律嚴明的重裝步兵分隊深得軍隊的器重。相對於騎兵，步兵更爲靈活敏捷。他們能夠躲到騎兵對手的身後投擲遠端武器，而此時，騎兵轉向不便的劣勢就變得一目了然了。在可憐的戰馬試圖轉向的一小段時間裡，步兵能夠自由地用矛尖和劍刃攻擊它的側面、後部、馬腿和眼睛，一旦得手，騎手會被受到驚嚇的馬匹拋上幾英尺的高度，摔下來時常常因爲身著重甲而受到致命的傷害。作爲大型動物，戰馬一旦受傷，很可能不再是騎手的僕役，而成爲可怕的敵人。騎兵往往要騰出一隻手去控制馬匹，而步兵的雙手卻是自由的，可以一起配合殺敵。

事實上，騎馬本身就是一項危險的運動，在和平年代也會有數以千計的人因此喪生。色諾芬在他的《遠征記》中提到，他率領的一萬步兵，相對於追擊他們的波斯騎兵擁有不少先天的優勢：「相比騎兵，我們更加腳踏實地，他們卻掛在馬背上，不僅要擔心我們的攻擊，還要時刻提防不要摔下馬來。」（《遠征記》，三・一・一九）

騎術高超的喬治．S．巴頓將軍，在德軍的槍林彈雨中安然無恙，卻在閒暇遛馬回家時被摔了下來，差點癱瘓。同樣的，在美國內戰幾場最為險惡的交戰中，格蘭特將軍在敵人的炮口下都毫髮無損，但也曾被自己的坐騎掀落在地而動彈不得。騎兵的攻擊固然遠比步兵迅速，他們能閃電般刺出長矛、揮出馬刀，然後很快消失無蹤，但一旦戰場固定下來，雙方被迫面對面廝殺時，步兵就會重新佔據上風。無論是在高加米拉、阿金庫爾或者滑鐵盧的戰場上，即便是對最優秀的騎兵而言，直接衝擊堅韌的步兵排陣都是極不明智的。對於歐洲文化所孕育出的步兵而言，相比歷史上任何其他文明的軍隊，他們都更加願意以肩並肩的密集陣形和任何敵人捉對廝殺，無論對方是騎兵還是步兵。

血肉之軀的城牆

在普瓦捷戰役中，歐洲人將蜂擁而來的柏柏爾和阿拉伯騎兵稱為撒拉森人。撒拉森人的發源地是中東的敘利亞部落。這些騎兵如同潮水一般撲向法蘭克步兵的戰線。查理．馬特（Charles Martel，「鐵錘查理」）將他的混合軍隊——長矛兵、輕步兵和騎馬趕來參戰的貴族，一起組成步兵部隊，在敵軍的衝擊面前一直堅持到夜幕降臨。阿拉伯人的騎兵向法蘭克步兵傾瀉著箭雨，並且試圖劍砍槍刺削弱步兵的陣線，利用機動性打擊步兵陣形的側翼和後背；但最終，他們既沒能全部殺死面前這些歐洲敵人，也無法將這些人逐出他們的陣地。

關於這場戰役細節的記載，存世者寥寥，但所有的資料都有一點相同：伊斯蘭入侵者一次又一次向法蘭克人衝擊，而後者則以靜止的防禦性步兵陣形沉著迎戰。這些處於守勢地位的步兵，系統地封鎖了通往圖爾市的道路，並且成功抵擋了侵略者的攻勢，迫使他們鳴金收兵。《伊西鐸爾編年史》（*Chronicle of Fredegar*）中提到，法蘭克人（或者更準確地說，「屬於歐洲的人們」）像「大海一樣毫不動搖」（一〇四—一〇五），他們在戰鬥時「互相之間緊靠在一起」，密集堅固的陣形「如同城牆一般」。

「他們團結在一起，猶如凝固成一塊堅冰一般」，然後，「迅猛地揮動長劍」，擊退了阿拉伯人。同時代的史詩所描寫的形象顯然都是靜止迎敵的步兵，他們肩並肩站立在一起，用矛和劍抗擊敵軍騎兵的反覆衝鋒。法蘭克軍隊那令人驚訝的力量來源於他們密集陣形所疊加的身體重量以及他們的肉搏技巧。在《佛瑞德加編年史》的第四冊中，我們可以更進一步發現，查理．馬特在阿拉伯人面前「大膽地佈置了他的軍隊」，然後他「以戰爭之主的身份親臨戰場」。查理和他的軍隊擊潰了阿拉伯聯軍，衝破了他們的營地，並殺死了他們的將軍阿布德．阿—拉赫曼（Abd ar-Rahman），「如同連根拔起莊稼一樣，席捲了他們的軍隊」。顯然，某種意義上的「人牆」戰術拯救了法國，阿布德．阿—拉赫曼被法蘭克人的「長矛密林」阻擋在了普瓦捷。

那麼，人們不禁要問，普瓦捷混亂的戰場上究竟是何種景象呢？法蘭克人體形高大，身著鏈甲衫或者附加金屬片的皮甲背心，盔堅甲厚，令人生畏。他們的大圓盾牌與古希臘人的相類似，直徑差不多有三英尺並帶有弧度，由沉重的硬木製成並有金屬件補強，表面再覆以皮革保護。如果使用者足夠強壯，同時也具備一定的技巧，那麼他就能自如使用這樣龐大的裝備來保護自己免受弓箭或是標槍的打擊，畢竟遠端武器很難打穿幾乎有一英寸厚的盾牌。一頂小型的錐形頭盔保護了法蘭克戰士的頭部，這樣的盔形很適合抵擋來自騎兵的拋射——弓箭的打擊是從上方落下的。每個法蘭克士兵在踏入戰場時，身上武器和防具的重量幾乎有七十磅，因此一旦這樣的士兵落單就會顯得異常無助；相反的，如果這些重裝武士組成緊密陣形，他們的軍隊就會變得堅不可摧。

在過去，攻擊羅馬軍團的日爾曼部落武士裝備落後，他們僅有輕型護甲，在十五碼的地方擲出可怕的飛斧或者輕矛，然後拉近距離，用雙刃闊劍殺入敵陣。但這種揮動起來大開大闔的武器需要足夠的空間才能使用，於是，日爾曼人在鋒線上的攻擊就變成了一個個武士在混亂中單打獨鬥，這種野蠻人的進攻很快會被羅馬軍團大隊紀律嚴明的連續攻擊擊潰。然而，到了八世紀，法蘭克人不再喜歡使用傳統的標槍飛斧等投擲兵器，他們學習了經典的羅馬團隊作戰技巧，避免了單打獨鬥的傾向。在普瓦捷，法蘭克重裝武士們採用了新的裝備和戰術，他們更多地使用戳刺用的長矛而非投擲用的短矛，並使用短劍。短劍這種兵器可以在一手平胸舉起盾牌維持一條綿延盾牆保護戰線的情況下，從下向上刺擊敵人。

當看到對法蘭克步兵密集陣形的描述，諸如「如同城牆一般堅固」、「凝固成一塊堅冰」、「像大海一樣毫不動搖」等，我們不妨想像一下這種靠戰士的血肉之軀組成的防線：環環相扣的盾牌之後，是重甲保護之下的軀體，幾乎是不壞之身；而從佇列深處刺出的武器，則能夠攻擊任何膽敢愚蠢地衝進來的伊斯蘭騎兵，從缺乏保護的斜下方攻擊騎手和戰馬。由於正面難以穿透法蘭克人的防線，絕大多數阿拉伯人會混亂地向敵軍的陣形兩側移動，試圖用弓箭、投槍，或者長劍的砍殺打開缺口。史料中，沒有伊斯蘭入侵者能夠在正面衝擊中撕開歐洲人方陣的缺口，單純依賴衝撞攻破陣形的做法顯然是不可能的。取而代之的是，穆斯林軍隊試圖以大群騎兵掠陣的方式攻擊，利用機動性打擊難以移動的法蘭克人，在對方前進時射出箭矢，指望擊傷部份對手，由此導致敵方部隊陣線無法共同進退，進而造成鋒線上的缺口，給後續的我方騎兵帶來戰機。

作爲回敬，每個持盾而立的法蘭克士兵，都試圖將自己的長矛刺入騎兵的大腿或者面部，或者戳進戰馬的身側，然後通過短劍的砍刺將騎兵打倒在地，與此同時他們還一直揮動沉重的盾牌，盾牌中央的金屬鈕本來就是可以擊碎血肉的可怖鈍器。法蘭克人始終以龐大的隊形緩慢向前，一邊小心地保持人與人之間的協同，一邊一步步踏碎或者刺殺那些不幸被踩到腳下的騎兵。在戰場揚起的漫天煙塵中，在混亂的廝殺中，一排排士兵只需保持在佇列裡緩慢前行，打擊一切阻擋在面前的敵人，而不用去費心觀察敵軍的所在。相比之下，在馬上各自為戰的騎兵就需要良好的視線來觀察敵人佇列裡的缺口或者分不清東南西北的個別步兵，如此方能找到一條得來不易的通道，直入敵軍戰陣的內部。

對於重甲步兵而言，不停地揮動盾牌、刺出長矛對抗機動靈活的騎兵，無疑是一項消耗體力的工作。除了考驗士兵的耐力，在戰場上還有其他決定勝負的關鍵因素。在短兵相接的距離上，步兵相比騎兵可不是一個誘人的目標：錐形頭盔、護甲覆蓋的四肢和肩膀，以及高舉的盾牌使得攻擊者幾乎無從下手。對於戰馬上的阿拉伯人來說，事情就顯得不太妙了。一旦他們的戰馬受傷，或者這些武士在腿上挨了一刀，他們很可能會落馬，受傷在地而且孤立無助。根據編年史的記載，似乎阿布德．阿－拉赫曼從來沒有想到，自己麾下快速機動的騎兵掠奪者會在一條限制機動性的峽谷中遭遇大批重裝步兵部隊。在這種情況下，那些能夠使伊斯蘭戰士在普瓦捷平坦道路上製造恐懼的因素——散開的騎兵衝向三三兩兩缺乏護甲的目標時的優勢——在此時的戰場上，反而成為他們被重甲長矛兵成批屠殺的原因。

查理麾下的這些武士，是西歐對抗伊斯蘭軍隊的第一代重裝步兵。普瓦捷戰役將會開啓一個時代，在這個時代中，西歐士兵依靠紀律、力量和重型裝備對抗伊斯蘭軍隊的機動性、數量和個人技巧。只要法蘭克人保持在自己的行列中——神奇的是直到戰鬥結束他們也沒有離開陣形去追擊阿拉伯人——如此他們的防線就不可能被敵軍的騎兵衝開哪怕只是一個缺口。儘管同時代的資料將法蘭克人的損失限制在了僅僅一千人出頭，而把阿拉伯人的傷亡誇大到幾十萬人之巨，但眞實情況也許相差不遠，查理確實是以很小的損失擊退了以那個年代的標準而言非常龐大的一支敵軍。和所有其他騎兵參與的戰鬥一樣，普瓦捷的戰場血腥而混亂，散佈著數以千計受傷或者瀕死的戰馬、遺棄的戰利品、死傷枕藉的阿拉伯人。考慮到入侵者在戰前進行謀殺和掠奪的暴行，只有極少數的傷者被作爲俘虜留下活口。

而「歐洲人」這個詞（Europenses），第一次在歷史學家的敘述裡作爲一個形容西方人的通用名詞出現。儘管原作者採用這個詞的本意也許是爲了形容查理手下的軍隊是許多高盧和日爾曼部落拼湊起來的雜牌軍，但他也可能強調了「歐洲人」的概念乃是一種新興文化的斷層線：庇里牛斯山以北的人們依舊保持了羅馬時代的傳統，繼續使用重裝步兵作爲戰場上的主力；和入侵的伊斯蘭軍隊相比，這些互相爭鬥的當地人之間，從殺戮方式上來看並無多大區別。

結束了一天的戰鬥之後，兩支在戰前就彼此打量了一天的軍隊，最終收兵回營。法蘭克人做好了第二天清晨繼續斷殺的準備，期待著自己的援兵，同時也對下一波阿拉伯騎兵對己方防線的衝擊嚴陣以待。然而，當他們在晨曦中踏上戰場時，卻發現阿拉伯大軍已經消失了，留下空空蕩蕩的帳篷和來不及搬走的戰利品，以及同袍的屍體。這些死去的伊斯蘭軍人中，就有他們的埃米爾，他們的領袖阿布德·阿—拉赫曼。隨著這場戰役的結束，這些穆斯林放棄了佔領和洗劫圖爾城附近區域的計畫，同時，他們在戰鬥前一天劫掠普瓦捷的聖希拉蕊教堂獲得的戰利品也被胡亂丟棄在營地裡。

普瓦捷戰役，只是歐洲人逐漸將穆斯林驅逐出法國南部這一過程的開始。在之後的十年中，西班牙的伊斯蘭勢力發動了一系列劫掠行動，但都被法蘭克領主們所挫敗，查理·馬特分別在公元七三七年的阿維儂戰役（Avignon）和七三八年的科比爾戰役（Corbière）中擊敗入侵的撒拉森軍隊。然而，普瓦捷畢竟是伊斯蘭入侵歐洲最高潮的象徵，從此之後，穆斯林軍隊再也沒能進軍到比這裡更北方的土地。幾乎是在同一時期的東方，隨著公元七一七年在君士坦丁堡港口的戰鬥中阿拉伯人被徹底擊敗，之前整整一個世紀的伊斯蘭擴張風潮終於被阻止在歐洲的周邊。

「鐵錘查理」

我們無法確認這場戰鬥發生的精確時間，也許是在公元七三二年十月的某個週六。由於戰場地處普瓦捷和圖爾之間的羅馬故道上，仍然有一部份歷史學家將這場戰役稱為「圖爾市附近發生的戰鬥」。查理·馬特曾經下令沒收教會產業，因此招致基督徒的敵意，中世紀的編年史作者們往往忽視或者故意貶低他的功績。而在這之後歐洲人十字軍取得的巨大業績，更是自然而然地使得之前西方軍隊在與穆斯林對抗中取得的成就相形見絀。關於這場戰役，同時代的記載和現代的資料整理中或許會有神化誇張的成分，但都很容易分辨。穆斯林的入侵軍隊顯然沒有傳說中幾十萬那麼多，根據一份資料所稱，這場戰役中法蘭克人殺死的穆斯林士兵人數多達三十萬。更真實的情況可能是雙方兵力大致相當，都有二萬到三萬人。考慮到法蘭克人成功地動員了當地的幾千人來保衛他們自己的房產和農田，他們在數量上應該相對入侵者佔據優勢。儘管阿拉伯人的損失相比法蘭克人要大很多，但他們遠沒有到全軍覆沒的地步，據估計，在普瓦捷大約有一萬名阿拉伯人死在戰場上。

早期封建制度和普瓦捷戰役幾乎處於同一時代並得到廣泛傳播，但這種制度似乎也並不能解釋法蘭克人勝利的原因。查理剝奪教會土地，並將其分配給屬下領主和戰士的行為，主要發生在戰鬥之後。同樣的，查理的

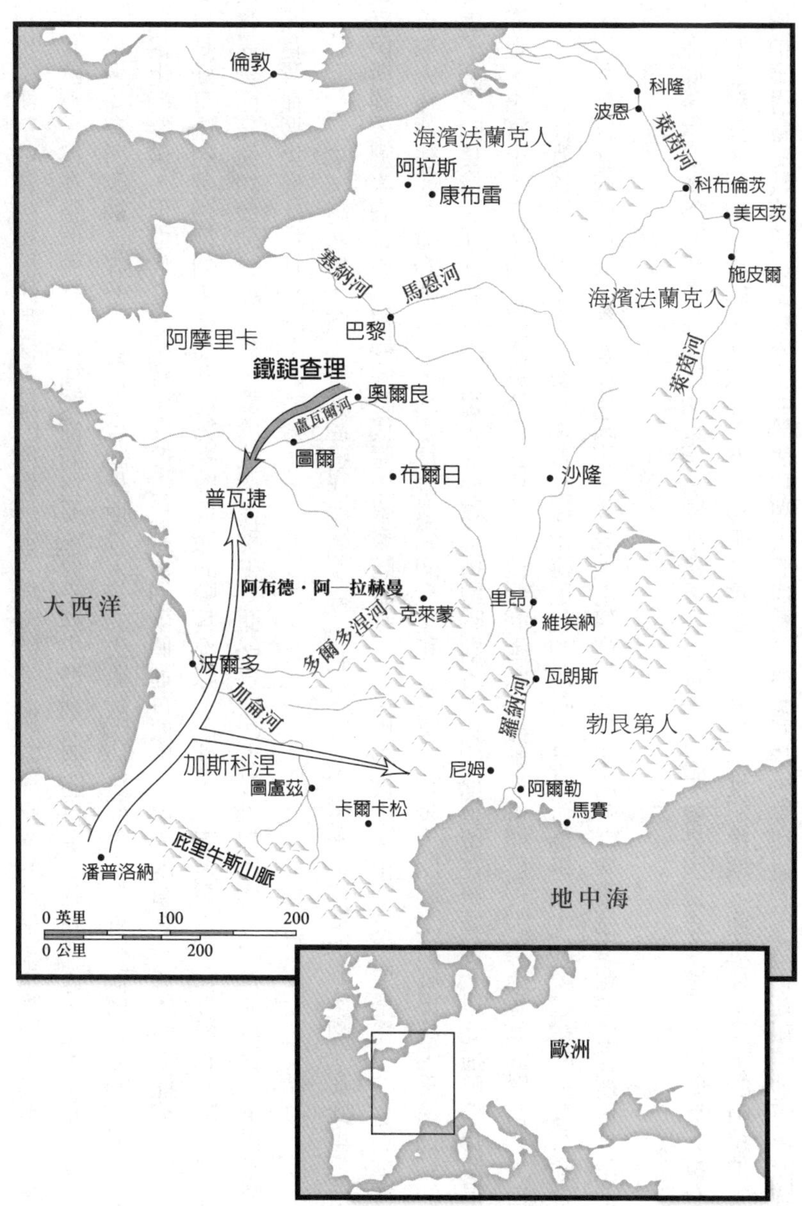

普瓦捷會戰，公元 732 年

勝利也不像某些資料宣稱的那樣，是因爲新近引入馬蹬裝備他的歐洲騎兵的結果。事實上，馬蹬在十年前就已經傳入歐洲，但在整個西歐，這種裝備的重要性似乎鮮少得到人們的肯定，直到不久之後，在九到十一世紀，這一情況才有所改觀。許多學者往往會將穆斯林入侵的失敗歸因於法蘭克人在戰爭技術方面的發展，或者是組織結構上的突破，但他們往往誤解了關於古代戰爭的兩個通行原則：優秀的重裝步兵，只要能夠在防守位置上保持良好有序的戰鬥佇列，往往就能夠擊敗優秀的騎兵部隊；此外，一支遠離本土在外征戰的騎兵部隊，倘若沒有周密而完備的後勤管理系統，那麼他們在補給方面就會與一大群以劫掠爲生的暴徒無異，不得不將大量的時間花費在搜集糧秣和戰利品上。

公元七三二年阿布德·阿―拉赫曼對法國的入侵，其目的並不是要系統地征服法國並在庇里牛斯山以北建立伊斯蘭教國家的統治。根據同時代歷史學家的記載，在這場戰役中，穆斯林主要是爲了掠奪的擄獲而戰：阿拉伯人在通往普瓦捷的道路上洗劫了每個遇到的教堂和修道院。在戰爭開戰之前就已經因爲搶劫到的財富而背上了沉重的負擔，而在戰後的午夜，他們試圖逃跑時則將大量的掠獲留在帳篷裡，以此拖延追兵使得自己安然撤退。事實上，在穆斯林軍隊到達普瓦捷時，他們的士氣和機動性可能已經因爲掠奪到的財富和人口而有所下降。倘若此戰穆斯林獲勝——要知道普瓦捷距離巴黎的距離不足二百英里——那麼這樣的掠奪行動會繼續下去，也許最終會促使伊斯蘭勢力在法國的一片飛地上建立自己的統治，就像兩個世紀之前在西班牙南部發生的情況一樣。

然而，伊斯蘭勢力想要長期佔領整個法國則是不太現實的，這主要是因爲查理麾下的法蘭克人擁有超過三萬名裝備精良、精神飽滿的步兵戰士，外加幾千名重裝騎兵。在八世紀後期，西班牙半島上的阿拉伯人和他們的柏柏爾附庸交戰連連，其頻率不亞於與歐洲人的作戰，與此同時，敘利亞的部落正在艱難地將伊斯蘭文化傳播到西面的北非土著中。到了公元九一五年，穆斯林已經被徹底驅逐出法國南部邊境。在十世紀的絕大多數時間裡，雙方攻守之勢逆轉，更多情況下是法蘭克人跨越庇里牛斯山脈掠奪伊斯蘭定居點，而以往穆斯林大軍北上攻入法國的情況則早已一去不返了。

查理在普瓦捷的勝利是一系列因素共同作用的結果。他的軍隊是爲了保衛自己的家園，而不是在一場遠離本土的劫掠活動中保住性命。同時，兩軍交戰時，如果雙方戰鬥力旗鼓相當，在數量上也大致相同，那麼無疑防守的一方會佔據上風。從裝備的角度看，儘管雙方都使用了傳承自羅馬時期的標配——鎖子甲和鋼劍，但法蘭克人的護甲和武器也許普遍較重些。加洛林政權曾謹慎地禁止其轄區內的鏈甲和武器出口到外國，這顯示出法蘭克人的武器在設計和品質上具有一定的優勢。從戰場來看，查理在普瓦捷附近選擇了一個天然的優勢位置，在這裡佈陣，他的步兵方陣就能避免被敵人的騎兵包抄或者側擊。他始終保持了法蘭克軍隊的緊密陣形，同時下定決心始終保持防守姿態。因爲查理在普瓦捷令人驚訝地抵擋住了穆斯林騎兵的衝鋒，他獲得了「鐵錘查理」的稱號，該稱號暗示他是《聖經》中的戰錘將軍猶大．馬加比的化身，後者的以色列軍隊在上帝顯靈的幫助下粉碎了敘利亞人的進攻。

在七世紀的大多數時間裡，相對處於數量劣勢的穆斯林騎兵部隊卻橫掃了周邊爲數不少的勢力：在亞洲他們吞併了腐朽的薩珊波斯，擊敗了過度擴張的拜占庭人；在北非和西班牙他們征服了西哥特人。然而，當阿布德．阿－拉赫曼率領穆斯林大軍翻越庇里牛斯山脈進入法蘭克人的地區時，他卻發現自己遭遇了一支完全不同類型的軍隊。對於這場戰鬥，法國學者正確地指出，阿拉伯人在面對和自己類似的、定居下來的遊牧部族，諸如同樣移居到北非的西哥特人和汪達爾人時往往能夠輕鬆取勝；但當他們進攻那些身居本土，爲了保家衛國而戰的法蘭克鄉村戰士時，卻是實實在在地撞在一堵牆上。在這些學者看來，普瓦捷的較量，是在掠奪者和保衛自己家園的戰士之間進行的，後者定居在戰場附近，擁有自己的不動產業，他們可不像前者那樣把戰鬥僅僅看作是一場搶劫而已。

根據公元一世紀的歷史學家塔西陀所述，法蘭克人屬於日爾曼人的一支，原本居住在現在的荷蘭以及德國東部，靠近萊茵河下游地域。大約是在五世紀時，大量的法蘭克部落移民到羅馬帝國的高盧邊界附近。對於「法蘭克」（Franks）一詞的起源，學者們仍舊爭論不休，有人認為這來自他們著名的飛斧「弗郎西斯卡」（francisca），有人則相信古德語中的「弗雷克」（*freh/frec*，即「勇猛」、「野性」）才是這個民族名字的源頭。無論如何，在克洛維（四八一～五一一年在位）的領導下，法蘭克部落聯盟佔據了之前古羅馬的高盧行省，建立國家，並以墨洛溫王朝的統治名揚後世。王朝的名字是以克洛維（Clovis）的祖父、傳奇式的法蘭克酋長墨洛維奇（Merovech）命名的，他曾經在四五一年的沙隆戰役（Chalons）中浴血奮戰，和羅馬人一起擊退了匈奴人的入侵。

克洛維死後，他的子孫之間開始了一系列的王朝爭霸戰爭，最終催生出一批新生國家：勃艮第（Burgundy）佔據了塞納河河谷的上游、盧昂及其附近地區和盧瓦爾河流域；奧斯達拉西亞（Austrasia）擁有墨茲河、摩澤爾河流域以及萊茵河流域；紐斯特里亞（Neustria）位於原高盧行省的西部，控制著靠近大西洋沿岸地區的大片平原。到了公元七〇〇年，高盧是一片破碎的地區，由好幾個互相征伐不休的小國統治著，直到查理·馬特執掌權柄方才改變了這一情況。儘管如此，法蘭克人仍然越來越傾向於認為他們都屬於一個民族而非一個部落，同時更加傾向於古典時代的生活而偏離了日爾曼部落的傳統。事實上，墨洛溫王族也試圖將他們的法蘭克血統追溯到神秘的特洛伊移民的後裔，而非日爾曼森林里的蠻族。

查理·馬特並不在墨洛溫王朝的直系繼承序列裡，他只是丕平二世的私生子。儘管查理沒有合法繼承法蘭克國家的權利——他是法蘭克人的宮相，地位相當於一名奧斯達拉西亞法蘭克人的公爵，但他畢生都在試圖將所有法蘭克人的國家統一起來。查理的努力沒有白費，最終，他的成就為之後更強大的加洛林帝國奠定了基礎，他的孫子查理大帝重新統一了歐洲地區。在長達十八年（公元七一四～七三二年）沒有外國干涉的內戰中，查理鞏固了他在傳承自克洛維的三個法蘭克人國家的統治，之後迅速在高盧境內擴張勢力。直到七四一年查理去世為止，他統治的每一個年頭都在進行戰爭，要麼是為了統治高盧全境，要麼是為了將伊斯蘭教從歐洲驅逐出去。七三四年，他在勃艮第作戰，第二年他就將統治的範圍延伸到了阿基坦。七三六年到七四一年他再一次攻擊勃艮第，進入普羅旺斯，並打擊薩克森人。查理年年挑起戰事、窮兵黷武的策略最終奏效，他終於將自己的兒子「矮子」丕平（七五一～七六八年在位）扶上了法蘭克王國的王位，後者以第一位加洛林王朝國王的身份正式開始統治。在討論普瓦捷戰役時，人們往往會忘記，查理帶上戰場的那些步兵，其實都是經歷了近二十年征戰的老兵，他們在踏上普瓦捷戰場之前早就多次和法蘭克人、日爾曼人、穆斯林等對手較量過，擁有豐富的戰鬥經驗。

根據同時代的資料記載，除了在普瓦捷擊敗阿布德·阿—拉赫曼的巨大勝利之外，查理還實現了三個卓越的成就，而它們都反映出古典時代的遺風對於後世宗教和政體的影響。第一項成就是重新對教會施加政治影響，通過對原教會資產的再分配，把農田授予地產主作為私人財產，作為回報，這些人會進入查理的國家軍隊服役。第二，查理嘗試為教會的等級制度增添世俗因素，他將自己忠實的僕人和將軍安插到基督教機構中。第三，查理將法蘭克人的勢力範圍延伸到舊高盧行省的絕大多數地方，並將當地的領主和男爵納入國家軍隊的體系中，依靠這樣一支軍隊，在整整一代人的時間裡，他成功地幫助高盧的絕大多數地區系統地抵禦著伊斯蘭力量的擴張。

在查理統治的領土上，每個自由人家庭都必須為國家軍隊提供一名成年戰士，一般是一名重裝步兵，他會和其他裝備類似的戰士並肩戰鬥。他們的裝備包括大型的木盾、鏈甲衫或者金屬補強的皮甲、錐形的金屬頭盔，武器則包括闊劍、長矛、標槍、戰斧中的一件或者幾件。墨洛溫王朝軍隊中強大的古典時代傳統解釋了其中重裝步兵佔據的優勢地位：

墨洛溫軍事體系深受羅馬帝國及其制度的影響，而和法蘭克人的作戰傳統相比則少有共同點，畢竟真正的法蘭克人僅僅是人口中的一小部份，在作戰部隊中的數量比例也很有限。和墨洛溫王朝治下生活的許多方面一樣，其軍事組織更多是仿照羅馬，而非日爾曼。（B·巴克拉克，《墨洛溫軍事組織架構》，一二八）

除了建立一個統一西歐的強力政權，並保護歐洲南部地區，使之有能力抵禦處在上升期的伊斯蘭勢力的進攻之外，查理·馬特給後世留下的最重要遺產莫過於延續了古典時代的傳統——通過徵召自由人組建了一支龐大的步兵部隊。這支軍隊是完全由公民而非奴隸或者農奴構成的。查理還重新規定了法蘭克宮廷和教會是互相獨立的機構，教會的地產與官員則由中央集權的君主所控制。所有這些軍政策略，與查理在普瓦捷對抗的敵人所秉持的立國理念，都是截然相反的。理論上而言，在接下來基督教與伊斯蘭教之間所進行的千年對抗中，所有穆斯林建立的政治實體都是神權至上的，所有的居民都是《古蘭經》的忠實信徒，而這些國家軍隊裡大部份的騎兵部隊都由一群奴隸組成。延續千年的文化隔閡，顯示出之前希臘—羅馬與波斯阿契美尼德王朝、薩珊王朝進行的鬥爭，已經被基督徒和穆斯林之間的鬥爭繼承下來了。

伊斯蘭崛起

也許是個巧合，先知穆罕默德撒手人寰的日期，正是普瓦捷戰役之前的一百年整。在公元六三二年~七三二年這一個世紀的時間裡，曾經渺小軟弱的阿拉伯民族迅速崛起，征服了薩珊波斯帝國，從拜占庭帝國手中奪取了整個中東和大半個小亞細亞，名義上，這個新帝國的統治範圍一直延伸覆蓋了整個北非地區。羅馬人曾經在敘利亞修築長城，保護這個羅馬的行省免遭好戰阿拉伯部族的攻擊，但他們也認爲，一個來自沙漠、貧窮而保持遊牧習慣的民族並不能帶來什麼實際威脅，畢竟阿拉伯人沒有眞正的定居點，人口有限而且沒有任何建立後勤系統的能力。然而轉眼到了八世紀中期，正是這些阿拉伯人建立的政權迅速崛起，建立了一個領土面積超過古羅馬、地跨三大洲的龐大帝國。

所謂的「阿拉伯大征服」是兩個因素互相作用的結果：由於之前曾經和拜占庭人有接觸，阿拉伯人從拜占庭帝國借用、搶劫來武器和盔甲加以改進，並通過學習拜占庭軍隊的組織架構提高了自己的戰鬥力；繼承原羅馬帝國一部份省份的薩珊波斯帝國和西哥特蠻族部落後裔，在阿拉伯人興起的年代已經衰弱不堪，客觀上也成了阿拉伯征服的催化劑。人們常常會忘記，公元八到十世紀伊斯蘭勢力的崛起，事實上體現了一種對波斯和歐洲人入侵所佔領土地的「再征服活動」。儘管古希臘和古羅馬在北非的統治可以追溯到這之前的七百多年，當地人在宗教、語言、文化等方面卻仍舊保持了本土特色，而其數量遠遠超過那些移居來的歐洲人以及本土的西方化精英階層。而伊斯蘭征服者的到來將原有的社會結構一掃而空。在羅馬帝國曾經的亞洲和非洲行省紛紛回復到東方的宗教和政體形式之後，只有歐洲部份的羅馬領土得以在南方和東方的伊斯蘭勢力的兩面夾擊中倖存下來。然而，對於歐洲中部——阿拉伯編年史作者們稱之爲「偉大的土地」的征服活動，則完全是另一回事。我們可以理解，由於伊斯蘭軍隊缺乏重裝步兵的傳統，沒有衝擊戰術和公民軍隊，同時也缺乏建立複雜的補給運輸體系的能力，因此直到十五世紀奧斯曼土耳其帝國崛起之前，伊斯蘭勢力都缺乏威脅歐洲的能力。

其他帝國的衰敗破落、從拜占庭借鑒來的軍事裝備和組織架構、一個亞洲王國在亞洲所具備的天然使命，即便把這些因素加在一起，似乎也不能夠完全解釋神奇的伊斯蘭征服是如何發生的。阿拉伯人的勝利，部份也由於他們新建立的宗教所具備的特性，而宗教熱忱能夠激勵那些遊牧民勇猛地戰鬥。對於伊斯蘭教徒而言，戰爭和信仰之間有一種特殊的聯繫，這種聯繫創造出了一種神聖的文化，這種文化認爲殺死異教徒、對基督徒城市的劫掠可能會得到進入天堂的獎勵。由此，殺戮和搶劫處在了適當的語境，變成了虔誠的行爲。

其次，攻擊波斯帝國、拜占庭帝國和歐洲國家，在穆斯林看來是一種自然而然的，或者說是命中註定的行爲。在穆罕默德的信徒眼中，這個世界不是以國界或者是民族來劃分的，而是說如果只有先知的追隨者們有足夠的勇氣去實現先知的憧憬，那麼普天之下的領土都應該信仰穆罕默德的宗教。伊斯蘭教並非一種靜止和被動的宗教，恰恰相反，其帶有的主動性的信念把征服與改宗看作世界大同的先決條件。同時，伊斯蘭教的傳播也是恰逢其時，很適合阿拉伯征服的大時代背景，在公元七世紀，拜占庭和波斯兩大帝國的諸多中心城市不斷萎縮，而大批勇敢的騎馬武士在征服鄉村的過程中顯得非常有效。

最後，在信仰面前，種族、階級和社會地位都被拋在了一邊。無論是奴隸還是窮人，無論膚色深淺，不同的人群都能被接納進入穆罕默德的軍隊，只要他們宣誓忠於伊斯蘭信仰就行。阿布德·阿—拉赫曼那支攻入普瓦捷的軍隊可能由以下人員組成：軍隊的主體由改宗的柏柏爾人構成，上層軍官主要是敘利亞阿拉伯人，並有被征服然後改信伊斯蘭教的西哥特人和猶太人作爲補充。阿拉伯人只是一個規模很小的民族，因此必須借助被征服民族的積極參與，才能在新近征服的伊斯蘭土地上建立有效的統治。

伊斯蘭教勢力的崛起如閃電般迅速，和基督教緩慢的擴散形成了鮮明的對比，而歷史學家對這種令人震驚的區別往往敷衍而過。這其中最爲著名的無疑是愛德華・吉本（Edward Gibbon）的觀點，他認爲基督教的傳播在西羅馬帝國滅亡後的一千年（公元五〇〇～一五〇〇年）時間裡削弱了西方軍隊的戰鬥力。歐洲軍隊實力的下降，固然有部份原因在於宗教發展過程中產生的對立或王朝戰爭的內耗，失去了作爲黏合劑的通行歐陸的拉丁語和羅馬文化也是原因之一，但同時，基督教教條內在因素的作用也不可忽視。

相比較而言，神秘的耶穌基督根本不像是和我們處在同一個世界的人，他不是戰士、商人或者政客，他在著名的山頂佈道中向信衆宣講的內容，以及後來提出的「上帝的歸上帝，凱撒的歸凱撒」的言論，至少在一開始對於歐洲的政治統一是不利的，同樣也會影響到原有宗教的正統性，削弱軍隊的戰鬥力。從短期來看，基督教的和平主義傳統和好戰的伊斯蘭教文化形成了鮮明的對比，後者的教義公開宣稱，穆斯林之間不應該內鬥，但教徒們應該殺死一切異教分子，直到「除了阿拉之外別無眞神」。最晚在十二世紀時，教堂的神父們就嘗試給予那些在比武或者競賽中死去的任何騎士適當的基督教葬儀，他們的目的不僅是爲了將歐洲人從和伊斯蘭勢力的鬥爭中拯救出來，同樣也是爲了抑制基督教社會日常活動中血腥而野蠻的一面。基督教傳遞的資訊，包括「左臉挨打，右臉送上」，對血腥打鬥的厭惡抵制以及對死後世界的追求，這些都與古典時代公民軍隊的絕大多數觀念格格不入，並不符合希臘—羅馬時代的愛國主義和全民尚武的傳統。基督教《新約》所傳遞的資訊，和《伊利亞特》、《埃涅阿斯紀》或者是《古蘭經》相比，是如此的不同。

阿拉伯軍隊的兵種結構，從來都不是爲了對抗重裝步兵而規劃的，也很難勝任控制領地、駐紮軍隊並建立永久統治的角色，與之相反，西方帝國的軍隊，諸如馬其頓、羅馬和拜占庭的軍事體系就能很好地完成上述任務。伊斯蘭軍隊中，騎兵所佔的比例很大，因此這些阿拉的戰士更多地依賴騎兵的迅速機動以及騎兵製造的恐懼，希望依靠己方軍隊造成的威懾力而非駐軍和堡壘來保障長久的統治。穆斯林式戰爭的標誌，不在於重裝步兵方陣之間的決定性較量，而在於騎兵的突擊和設伏：

> 伊斯蘭軍隊的組成，和西方軍隊大為不同。不同類型的騎兵主宰了戰場，而步兵只發揮了很有限的作用……他們非常依賴伏擊戰術，因為這種戰術對輕騎兵而言是不二之選。然而，東方軍隊和西方軍隊之間最為強烈的對比卻是作戰模式的不同。在西方，無論何處，近身肉搏都是最為決定性的作戰方式，西方軍隊在傳統上希望盡可能快地展開戰鬥，一戰定乾坤。而在東方，軍隊則利用輕騎兵的快速包抄和分兵進行戰術機動。（J．弗朗斯，《十字軍時代的西方軍事》，二一二—二一三）

當阿拉伯人面對暮氣沉沉的薩珊波斯，或者北非和西班牙的部落制哥特人時，他們能夠取勝是毫無疑問的。這些迎戰伊斯蘭征服者的勢力無一能夠提供足夠數量的重裝步兵迫使穆斯林軍隊進行短兵相接的較量；到了公元一〇七一年的曼茲科爾特（ManziKent）戰役時，就連拜占庭人也意識到，他們不再擁有足夠的人力儲備與後勤能力去擊敗亞洲的伊斯蘭勢力了。

伊斯蘭信仰以一種令人震驚的危險速度不斷擴散。到了公元六三四年，即先知穆罕默德去世兩年之後，穆斯林軍隊就開始了征服波斯的龐大計畫。六三六年敘利亞落入穆斯林之手，六三八年耶路撒冷也被奪取。阿拉的戰士們在六四一年奪下亞歷山大里亞，從此，西面整個西哥特人統治的國家也向穆斯林征服者敞開了大門。短短四十年之後，穆斯林已經兵臨君士坦丁堡城下，他們在六七三到六七七年之間屢次圍城，幾乎攻下了拜占庭首都。六八一年，阿拉伯兵鋒已經接近大西洋海岸，此時的阿拉伯帝國已將柏柏爾人國家的舊疆域全部囊括了。六九八年，迦太基被長期佔領，迦太基的最後一任女王卡伊娜（Kahina/Dihya）被俘並被斬首，首級被呈送給了遠在大馬士革的哈里發。截至七一五年，西班牙的西哥特人也向阿拉伯人屈服了，以西班牙爲基地的穆斯林軍隊攻入法國燒殺搶掠幾乎是家常便飯。七一八年阿拉伯大軍跨越比利牛斯山脈並攻下納博訥城，殺死了城中所有的成年男子，並將婦孺售賣爲奴。七二〇年時，阿拉伯掠奪者已經可以自由搶劫阿基坦的土地，而最爲大型的一次劫掠活動，正是由摩爾人轄下西班牙行省總督阿布德·阿－拉赫曼所率領的七三二年的遠征軍發動的，這次的穆斯林入侵已經佔領了普瓦捷，在前往洗劫圖爾的路上被查理·馬特所率領的軍隊攔截，地點就在老普瓦捷和穆薩伊·巴塔耶（Moussais-la-Bataille）這兩個通往奧爾良道路上的小村莊之間。

在九世紀餘下的時間裡，直到十世紀，東西方的勢力會在西班牙北部、南義大利、西西里以及地中海的其他大島上持續交鋒，彼時羅馬帝國的內湖，此時已然成了兩種針鋒相對的文化激烈交戰的前線。穆斯林艦船在地中海地區的存在，以及阿拉伯帝國和拜占庭帝國在亞德里亞海、愛琴海海面上不間斷的交戰意味著西歐和東歐的聯繫遭到了長時間的切斷。舊帝國治下大一統歐洲的理念被摒棄，從此在歐羅巴大地上，統一、帝制、東正教信仰的東部與破碎分散、互相征戰不休的天主教西部之間的對立和矛盾顯得越發尖銳。

騎兵在戰爭中帶來的優勢也是有限的。一支騎兵構成的軍隊很難進行海運，戰馬需要大量的土地提供草料和進行放牧，而且大量的騎兵很難翻越山脈進行戰略機動。當穆斯林軍隊進入西班牙和歐洲東部的谷地時，他們發現這裡和草原或者荒漠不同，沒有足夠的空間供大量的騎兵進行包抄機動。此外，中東地區始終不能提供足夠的兵源組建一支國家軍隊，取而代之的方法是使用奴隸作爲兵源，中東地區常見的馬木路克（Mamluks）軍隊和之後奧斯曼土耳其的耶尼切里近衛軍就是如此。一旦伊斯蘭軍隊潮水般的攻勢不能危害西歐和拜占庭帝國的根本，那麼等到退潮時分到來，穆斯林征服的勢頭勢必會陷入停滯。從此，一道靜止的防線建立起來，防線之後的西方文明諸勢力憑藉以自由公民為主體的軍隊，在西班牙、巴爾幹和東地中海地區逐漸轉守為攻。

黑暗時代？

隨著公元五世紀後期西羅馬帝國的崩潰，歐洲北部帝國建立的統治已經徹底消失，同時毀滅的還有環繞地中海、包含北非和小亞細亞的一體化經濟體系。一開始，由於缺乏軍團維持鄉間秩序、對抗土匪和入侵者，農業生產遭到了巨大的破壞。與此同時，戰鬥的方式也不再是依靠正面戰場上士兵的勇氣，取而代之的是大型工事的構築，人們認為堅固的城防比一支善戰的軍隊更能保衛一城平安。統籌式稅務體系的缺失，意味著水渠、梯田、橋樑和灌溉體系都會因為缺乏資金而難以為繼，只能被棄置不用，由此不僅減少了城市的活水供應量，同時也導致溝渠淤塞、耕地鹽鹼化，最終使得農業產出銳減。

中央政權的弱化以及城市文化的分崩離析同時還意味著，國家不可能繼續維持一支龐大的常備軍。無論是義大利、西班牙，還是高盧、不列顛，一旦失去羅馬的保護，這些地區都將陷入一系列的蠻族入侵和移民活動的威脅中，在汪達爾人、哥特人、倫巴德人、匈奴人、法蘭克人和日爾曼人的入侵大軍面前，這些地區顯得毫無抵抗之力。然而，蠻族民族遷徙大潮中的勝利者們，到六、七世紀時已經脫離了遊牧狀態，在原羅馬帝國境內定居下來。他們逐漸皈依了基督教，學習了拉丁語，並在舊羅馬的官僚體系和法律傳統指導下建立了一個個鬆散的小國家。這些新的西歐國家的軍隊和羅馬相比，規模很小而且分散，但至少他們仍然依賴徵召來的重裝步兵縱隊進行作戰，而不是採用一擁而上的部落式風格，這個區別對於進行決定性的戰役非常重要。

羅馬帝國的最終崩潰還導致了西歐地區的人口不斷減少，與此同時，在所謂的「黑暗時代」（公元五〇〇～八〇〇年），原本活躍的經濟活動也陷入沉寂。基督教體系不斷侵蝕公私土地來養活數量激增的男女修道院和教堂，顯而易見的是，這些機構在經濟領域都是沒有什麼產出的。有時法蘭克和倫巴德貴族會不明智地徵用羅馬時代傳承下來的貴族莊園用於馬匹飼養，類似的，教會也會利用本已寶貴而稀少的農業產出來支撐其龐大的等級制度，並經常野心勃勃地興建大型建築工程。到了五世紀末，從倫巴德人治下的義大利到西哥特人控制的西班牙，沒有一個國家能召集起一支龐大的軍隊；七百年前羅馬在坎尼慘遭屠戮的那支軍隊的龐大的規模只存在於人們的記憶裡。

儘管羅馬帝國毀滅了，但帝國的消亡並沒有使得古典文明徹底消失，恰恰相反，帝國的碎片在之後的歲月中慢慢恢復，保存了曾經的西方文明的內核，將文明的火種繼續傳播下去。書寫被保存下來，而文學技法與科學研究也並未徹底失傳。拉丁語繼續保持官方、宗教和法律領域通用語的地位，從義大利最南端的海岸到北海之濱莫不如是。「黑暗時代」（這種稱呼是為了突出這個時代嚴重缺乏書寫知識，事實上，這類知識仍然得到保存和延續）的特點，並不在於帝國湮滅所帶來的混亂，而在於古典文化的傳播——語言、建築、軍事操典、宗教以及經濟等領域的知識被傳播到歐洲北部，特別是現在的德國、法國、英國、愛爾蘭以及斯堪的納維亞境內。

通過建立一種全新的神權至上的國家，伊斯蘭教迅速地向南、向西傳播開來；與之相比，西方古典文明的殘餘，則與基督教相結合，在羅馬帝國崩潰的情況下一路向著歐洲西部和北部傳播。對於人們想像中的公元五世紀之後羅馬文明的「末日」，比利時歷史學家亨利．皮雷納（Henry Pirenne）這樣評論：「儘管（羅馬的崩潰）導致了混亂和毀滅，但並沒有新的經濟或者社會規則湧現出來，沒有新的語言環境，也沒有新的政權體系。在混亂中存活下來的文明，仍舊是地中海文明。」（《穆罕默德與查理曼》，二八四）

事實上，在公元六至七世紀，文明的步伐依然在向前邁進。在羅馬帝國末年，土地兼併現象嚴重，財富集中在少數人手中，而城市里的階級對立也日趨尖銳。六至八世紀，古典文明在高盧地區得到了延續與發展，儘管物質條件與羅馬時期相比有所不同而且往往更糟，地方政府官員對鄉村問題的態度卻要比生活在羅馬時代最後二百年的同僚們更為負責。在墨洛溫王朝和加洛林王朝治下，再沒有出現羅馬文明的特點之一——使用大批奴隸的情形（到了四世紀，在羅馬帝國的某些部份，有四分之一的人口處於被奴役的地位）。儘管在很長一段時間裡，羅馬的驚人財富與國家地位已經從整個西方世界消失了，但具有致命威力的西方軍事傳統卻流傳了下來。在接下來的一千年中，不論是武器還是戰術領域，絕大多數的發明創造都源於歐洲，這是歐洲體系下撒播的經驗、科學與自由觀察研究所帶來的紅利。

大約在公元六七五年的拜占庭某地，西方人發明了一種被稱為「希臘火」的武器。儘管這種武器的準確配方與比例仍舊不為人所知，但根據記載我們仍能還原出希臘火的使用情況。在戰鬥中，拜占庭槳帆戰船會噴出一股火焰，其成分大致是石腦油、硫黃、石油和生石灰的熔融混合物質，這樣的混合物一旦燃燒，就無法被水撲滅，散發出毒氣、難以撲滅的火舌能在幾十秒內將整條船燒成灰燼。希臘火的投射方式和它的化學配比一樣獨具匠心，火焰發射裝置的製造牽涉到複雜的泵驅動、加壓密封與機械工程知識。燃料被放置在一個密封的容器中進行加熱，並使用空氣泵從下方輸入壓縮空氣，由此混合物就從另一個出口被擠壓出容器，進入一條長長的銅管。在管道的出口處，凝膠狀的燃料被點燃，從這個古代的火焰噴射器裡噴湧而出，所過之處都變成一片火海。借助如此精巧而威力巨大的裝備，小小的拜占庭海軍才能取得東地中海地區的海上霸權，並在某些時刻拯救君士坦丁堡於危亡之中。最爲戲劇性的莫過於在公元七一七年，李奧三世的軍隊使用希臘火燒毀了哈里發蘇萊曼圍攻君士坦丁堡的龐大艦隊，由此拜占庭人才避免了亡國的厄運。

對於騎兵馬鐙這一發明的來歷，專家們仍然保持不同的觀點，有觀點認爲這種重要的裝備來自亞洲。也許西方的馬鐙來自阿拉伯人，後者仿照了拜占庭的相關裝備，或者在七世紀前後學習了東方某些民族的相關發明。無論如何，到了十一世紀時，西方騎兵已經普及了新型的帶馬鐙的馬鞍裝具。在西歐國家中，馬鐙並不是僅僅作爲一種增強對馬匹控制力的裝備而存在，而是成了新型持矛騎士戰鬥力的重要組成部份。從此以後，騎士在衝擊固定目標時，馬鐙能夠幫助吸收撞擊的動能，防止騎手被掀下馬來。儘管這樣的持矛騎兵並不能衝破眞正意義上的完整步兵陣形，但只要少數這樣的騎兵就能在攻擊或者防禦時輕易擊破被孤立的小股步兵分隊。馬鐙的出現，並不意味著騎兵會主宰西方軍隊，但是，以步兵爲主的軍隊在戰鬥時，一旦成功在敵軍陣形上打開缺口或者迫使敵人潰退，就能適時派出致命的騎兵小分隊，無情追殺裝備較輕、缺乏組織的敵方步兵，同時保證自身毫髮無損。

大概在九世紀中期，十字弓這種武器進入歐洲人的視野。早期的十字弓源自希臘時期的腹弓，它是一種手持的使用曲柄上弦的武器，是古典時代使用棘輪的扭力弩的縮小版。學者們往往引經據典試圖說明，與之後出現的英格蘭長弓、東方的反曲弓相比，十字弓效率非常低，前兩者的射程與射速遠遠超過十字弓。然而，和其他遠端投射武器相比，只需要很少的訓練就能掌握十字弓的使用技巧，而且十字弓不像其他直接用手拉開的弓一樣容易使射手疲勞，在短距離上，十字弓所使用的更小的全金屬弩箭，與弓箭相比也具有更高的穿透能力。十字弓發射的弩箭，能夠穿過騎士厚重的鎖子甲，這意味著一個相對而言並不富有的人能夠在轉眼間殺死一名貴族騎手和他那具裝備重鎧的坐騎——只要一根小小的金屬弩箭。有鑑於此，教會曾經頒佈公告，禁止使用十字弓類武器，後來稍稍修改了法令的條款，在基督徒內戰中禁止使用這種威力巨大的「窮人武器」。

即便是在「黑暗時代」中，軍事革新家們對於攻城武器的改良也沒有停滯過。到了公元一一八〇年之後，大型拋石機已經開始使用配重塊作爲動力取代扭力驅動。這種拋射武器往往僅配重塊就重達十噸，能夠將三百磅的石彈發射到超過一百碼之外，在彈丸重量方面，達到了古羅馬牽引上弦扭力投石機的五倍多，同時還能保證一樣的投送距離。攻城武器增強的同時，工事建造水準也並未止步不前，此時已經出現了完全使用石材建造的工事，其高度超出了古典時代工程師的想像範圍，而且這樣的堡壘中充滿了錯綜複雜的塔樓、垛口以及內部防禦體系。普遍而言，歐洲的城堡不僅比非洲和近東的同類建築更大、更堅固，而且因爲石料的切割、運輸和起重技術的提高，西方在城堡數量方面也遠遠超過東方。板甲在一二五〇年已經在歐洲普及，這種歐洲特有的防具類型保證了歐洲的絕大多數騎兵和步兵在防禦方面都優於伊斯蘭對手。十四世紀從中國引入火藥之後，歐洲人很快就掌握了獨立生產可靠的重型火炮的技術。公元一四五三年，君士坦丁堡就是在歐洲人製造的火炮炮口下陷落的，此時歐洲也具備了大規模生產火繩槍的能力。在一四三〇年，歐洲水域中航行的船舶普遍使用了完善的索具和多張組合帆具，在設備方面優於同時代的奧斯曼土耳其海軍與中華帝國水師的同級別艦船。

關於西方社會之所以能夠製造優質武器、形成高度靈活的創新戰術機制的原因，一般認爲其關鍵在於，西方軍事家有效結合了軍事理論與實踐，向指揮人員提出了許多具有實際操作價值的建議，而這些理論也通過出版成書得到了廣泛的傳播而被人們接受。即便是在「黑暗時代」，羅馬後期的弗朗提努斯（Frontinus）的《謀略》小冊子，在某種程度上被西歐的軍閥們視爲軍事理念的《聖經》加以研讀，而韋格蒂烏斯（Vegetius）的相關著作甚至更加深入人心。在九世紀，美茵茨的大主教拉班努斯・毛魯斯（Rabanus Maurus）主持出版了帶注釋的韋格蒂烏斯著作《羅馬軍制論（*De re militari*）》，以增強法蘭克人的軍事素質。在接下來的四百年時間裡，歐洲人對韋格蒂烏斯作品的改編與翻譯書籍不斷出現，並得到了諸如阿方索十世（Alfonso X，西班牙卡斯蒂利亞和萊昂王國國王，一二五二～一二八四年在位）、波諾・吉馬伯尼（Bono Gimaboni，一二五〇年）以及讓・德・默恩（Jean de Meung，一二八四年）等人的支持和推動。

歐洲人在攻城技巧方面的造詣本身就是其他文明所不能比擬的，其原因就在於傳承了古典時代的「城邦圍攻法」（*poliorkētika*）。九世紀的秘笈本《繪畫小重點（*Mappae Clavicula*）》中，就有指導攻城者如何使用機器和火焰來摧毀被圍者的內容。拜占庭的皇帝莫里斯（Maurice，著有《軍事的藝術》）和李奧六世（Leo VI，著有《論戰術》）通過著書立說，爲帝國步兵和海軍的戰術提供了概略性指導，並爲將軍們提供了戰術手冊，指導拜占庭人在地中海海戰和港口攻防中成功抵禦阿拉伯人的入侵。與之形成對比的是，關於戰爭的伊斯蘭寫作很少是抽象或理論性的——甚至很少是實用性質的，而是更加的歷史性和哲學性，很大程度上把戰爭和正義的統治以及吉哈德（jihad）的行爲聯繫起來。

在早期的法蘭克國家中，著書立說研究戰爭、發行作戰操典手冊等做法，可以說是對於之前希臘羅馬諸思想家的直接模仿。軍事實踐不是空中樓閣，必須培養一個經過教育的精英階層，熟悉古典時代就存在的軍事組織概念與武器裝備使用技巧，才能很好地執行軍事行動。在加洛林時代，國家的統治者就已經意識到必須系統地進行古典時代手稿的保存工作，同時也努力去繼承希臘—羅馬時代的軍事教育傳統：

「儘管各國的宗教信仰不盡相同，但整個歐洲的學者團體一直使用同樣的拉丁語進行讀寫，他們的工作挽救了大量的古典時代的寶貴遺產，使之免於湮沒在歷史長河中。在第九和第十世紀，學校的教師們部份參考這些被再次發現的古典著作，發明了一種新類型的課程，由此，為之後數百年的教育模

式奠定了基礎。」（P．Riché，《加洛林人》，三六一）

此外，希臘和羅馬人所特有的史學傳統也在基督教信仰的東西方國家中得到延續，傳承諸如希羅多德、修昔底德、李維和塔西陀等歷史作家的精神，將編寫歷史視爲「講述戰爭與政治故事」的衣缽可謂是這種延續的最好體現。圖爾的葛列格里（Gregory of Tour，五三四～五九四年，著有《法蘭克人的歷史》）、拜占庭的普羅科匹厄斯（Procopius，生於五〇〇年，代表作《查士丁尼戰爭史》）、塞維利亞的伊西多爾（Isidore of Seville，《哥特史》，大約完成於六二四年）、神學家聖徒比德（Venerable Bede，六二七～七三五年，《英格蘭教會史》）等人都是中世紀早期史學家的優秀代表，他們關於那些戰役勝敗的記載和大量的注釋，爲後世的研究者提供了大量關於不同蠻族部落的人類學細節材料。至於其他數以百計來自歐洲各地的、不太知名的編年史作者與編譯者，他們的作品就更加難以計數，這些歐洲作者的作品，在絕對數量上遠遠超過了世界其他任何地方的任何作品出版量。

在伊斯蘭勢力剛剛崛起的早期年代，穆斯林中同樣存在爲數衆多的歷史學家，他們中的很多人在寫作時顯得公正而帶有批判性，然而，他們之中少有人相信先知穆罕默德之前的時代裡「有歷史存在」（就像一句格言所說的，「伊斯蘭教抹去了在它之前一切事物的痕跡」）。人們探究和質疑的尺度受到《古蘭經》的限制，後者在書面材料中、在歷史上的地位是不容凡人挑戰的。似乎沒有證據表明，希臘著名史學家的作品曾經被早期的阿拉伯譯者翻譯成阿拉伯文。和古典編年史截然不同的是，伊斯蘭史學家往往認爲，道德缺失才是導致失敗的最大原因，戰術錯誤和社會結構問題則對勝負沒什麼影響。在普瓦捷戰役和雷龐多戰役之後，阿拉伯歷史學家在總結經驗教訓時，總是將戰敗的後果歸結爲他們自己不夠道德、不夠虔誠，因此才引發阿拉降下了天譴。

馬拉的鐵質犁最早出現在歐洲，和舊式的公牛拉動的木質犁相比，這種農具能夠更快地破開土地表面，並將更深層的泥土翻到地表。更高的農業效率，使得西方人相比東方和南方的同胞能夠獲得更多的食物和機遇。到了十二世紀末，風磨出現在英格蘭和歐洲北部，而在近東和亞洲從沒有類似的機械出現。通過使用水準軸和齒輪組，風磨能以非常快的速度碾磨小麥，這是生活在古典時代的西方先輩與非西方文明的人們所無法想像的。此外，在十一世紀的英格蘭一地，就有超過五千輛改進型的水車，它們不僅被用於穀物脫殼，還在紙張、布料和金屬的生產中大顯身手。因此，西方軍隊得以在遠離本土的地方作戰——一方面他們能夠攜帶更多地補給，另一方面他們的農民把農事的部份工作交給機械處理，自己也能夠離家作戰更久的時間。歷史學家往往會指責十字軍的無法無天，批評他們變換不定的指揮權與可怕的營地狀況，嘲笑他們偶然採用的愚蠢戰術，但他們卻忘記了十字軍中數以千計的士兵此時正在地中海另一端進行戰鬥，給這樣一支龐大軍隊進行著運輸和補給的工作，這對當時的伊斯蘭勢力而言恐怕完全是無能爲力的任務。

破碎分散的西方世界之所以能夠在入侵浪潮下倖免於難，不僅僅在於西方人科學技術的優勢，還在於他們秉持著源於古典時代的步兵傳統，以及對於有產者的普遍動員。西方的軍事指揮體系和軍紀軍規師從古羅馬軍團，因此使用的術語也就自然而然沿襲了希臘語和拉丁語的稱呼。拜占庭的皇帝們總是模仿馬其頓領主的做法，以「*systratiōtai*」——「同胞兄弟」的方式向麾下的士兵發表演講。拜占庭的將軍被稱爲「*stratēgoi*」，士兵則是「*stratiōtai*」，都與古希臘時期別無二致；而西方的自由人士兵被稱爲「*milites*」，看得出無論是步兵（拉丁語*pedites*）還是騎士（拉丁語*equites*），這些稱呼中都保留著羅馬時代不可磨滅的印記。徵召公民從軍的行爲，仍舊處在合乎法律的、公開發行的規範指導下進行——這些規範被稱爲「法典」（capitularies），上面清楚地標明了被徵召者應有的權利與義務。

查理・馬特統率的軍隊，無論是在紀律性上還是規模上都無法與一支羅馬的執政官軍隊相提並論，但查理的軍隊仍然是一支使用長矛和短劍進行近戰的步兵部隊。他們的作戰行列與古典時代的軍團完全相同，開戰需要得到會議的批准，而戰場上的指揮官，在戰後也必須經過財會的審計。

到了八世紀末，在四到五世紀受到削弱的東、西羅馬帝國遭遇了募兵兵源方面不可克服的障礙：一方面羅馬公民拒絕在軍隊中服役，另一方面早期基督教觀念又與公民軍隊和征服戰爭的理念背道而馳。此時，帝國的軍事基礎已經逐漸鬆動。奧古斯丁在他的《上帝之城》中，將羅馬在公元四一〇年破城後的浩劫，歸咎於上帝對羅馬人的罪孽而降下的神罰。而甚至早在這之前，格拉提安等一些皇帝就已經開始拆除紀念軍事勝利的雕像和紀念物，以遵循耶穌基督對於追求和平、寬恕的訓導。然而，在中世紀早期，諸如迦太基教會主教特圖里安（Tertullian,《致殉道者》、《論士兵的花環》）、神學家俄利根（Origen,《對殉道者的勸勉》、《論首要教理》）以及基督教作家拉克坦提烏斯（Lactantius,《論受迫害者的死亡》）等人爲代表的和平主義教父們，往往忽略了《舊約》的一部份精神及其對異教徒進行戰爭的態度，事實上，這種懲罰不信者的理念往往壓過了傳播福音的願望。以阿奎那爲例，他提出了一套規則，界定了「正義」基督教戰爭的範疇，即在某些情況下不同信仰之間的爭端可能帶來一場「符合道德」的基督教遠征。基督教諸邦從來沒有像伊斯蘭教國家那樣展現出軍事的熱情，但到了「黑暗時代」，基督教或多或少地抑制了早期傳教時體現出的和平主義宣傳，不再與世俗政客們保持距離。《聖經》中耶穌充滿博愛的訓誡並不能鼓勵人們奮起抵抗伊斯蘭的入侵，相反，關於約書亞和參孫的戰爭故事才是喚起信衆對抗阿拉伯征服者的關鍵。

法蘭克人、倫巴德人、哥特人和汪達爾人也許都曾經是部落蠻族，而他們的軍隊也顯得缺乏組織，但就是這樣的「蠻族」卻保持了這樣一種觀點，即自由人必須爲了集體的利益走上戰場，當然這樣的戰士也有自由掠奪戰利品的權利。因此，從公民軍隊的角度看，這些蠻族戰士與防衛羅馬帝國邊境的雇傭軍相比，更像當年共和國時代的舊式公民軍隊：

西方世界的政府依靠大量的公民士兵進行戰爭，這種做法降低了中央政府的軍事開支。事實上，西方國家靈活地在羅馬帝國晚期進步的基礎上發展自己強大的軍事體系，並獲得了成功。舉例而言，這種體系在十字軍國家兩個世紀的歷史中，幫助當地的基督教勢力一次又一次免於遭受滅頂之災，證明了它的價值。（B．巴克拉克，《中世紀早期的歐洲》刊登於K．拉夫勞伯與N．羅森施泰因合著《古代與中世紀世界的戰爭和社會》，二九四）

羅馬軍團制度的最終崩潰，並不是因爲其組織上的缺陷、技術上的落後抑或是指揮不當、紀律不佳，而恰恰在於缺乏足夠的自由公民參加軍隊去保護他們自己的自由，或是捍衛他們文明的價值觀。而這樣的公民戰士卻出現在了野蠻人中，當這些蠻族利用羅馬軍團的藍本重塑自己之後，爲數衆多的西方式軍隊在羅馬的廢墟中間崛起了，正如穆斯林在普瓦捷戰役中所發現的那樣。

步兵、財產與公民身份

騎兵主宰戰場？

查理・馬特和他的加洛林王朝繼承者們——他的兒子丕平三世和孫子查理大帝，建立起了中世紀封建國家的基礎，也就是公元十世紀之後人們傳統觀念中的馬上貴族、騎士精神與披著鎖甲的巨型戰馬所主宰的世界。一般觀點認爲，在羅馬帝國最終崩潰之後（六世紀初）到火藥廣泛傳播之前（一五世紀開始），騎士統治了歐洲的戰場。而事實是，在這一千年歲月中的大多數大型戰役裡，步兵相對於騎兵的比例至少達到了五比一。

即便是在中世紀後期，考察百年戰爭（the Hundred Years War）的三場大戰——一三四六年的克勒西戰役（battle of Crécy）、一三五六年發生在普瓦捷的戰役（battle of Poitiers）以及一四一五年的阿金庫爾戰役（battle of Agincourt）時，我們會發現，絕大多數有騎兵的軍隊，不論是英軍還是法軍，在戰鬥時仍然選擇了下馬步戰。西班牙征服者科爾特斯手下可怕的騎士們，在戰鬥中發動的衝鋒能將大群的阿茲特克人撕成碎片，但他們在科爾特斯征服墨西哥的軍隊中僅僅佔據了不到一成的比例。相反，在普瓦捷，查理・馬特銅牆鐵壁一般的步兵陣形並不是例外，法蘭克人、瑞士人和拜占庭人都毫無懸念地選擇了步兵作爲他們中世紀軍隊的中堅力量。

中世紀的藝術加工賦予了騎兵無上的榮耀，他們被視爲馬上的貴族騎士；而教會也試圖給騎士們灌輸保衛基督教社會的道德責任感；至於國王，他們天然的支持者便是擁有封地的精英騎士階層。儘管如此，在歐洲，騎兵在數量、經濟性和通用性方面很難成爲大型軍事行動中的決定性力量，在參戰人數多達兩三萬人的大戰役中尤其如此。在加洛林王朝時代，法蘭克軍隊所參加的每一場戰爭中步兵都是戰場上的主導性力量。封建制度的作用，以及對於早期騎馬武士的浪漫看法，必須用一種適當的文化視角來看待：

儘管加洛林王朝的封建制度將重點放在了擁有馬匹上，但其軍事系統在本質上和同樣強調戰馬的遊牧部族相比有著根本性的區別。西歐的土地以耕地為主，不能支撐大規模的戰馬飼養，因此回應徵召的軍隊在結構上肯定與馬上民族的遊牧部落大不相同。這種差異在很大程度上可以從條頓部落的獨特軍事文化中窺見一斑：條頓人更傾向於使用開刃的武器和敵人面對面廝殺，這種傳統可以追溯到他們在羅馬軍團尚未衰落的年代裡與之進行的較量。即便西方武士從步戰改為騎戰，這種傳統並未丟失，反而因為他們在馬鞍上使用的武器、身披的盔甲而更加深入人心。（J・基根，《戰爭的歷史》，二八五）

查理・馬特在普瓦捷戰場上的軍隊體現了一種長達一千四百年的傳承，這便是源於古希臘和古羅馬時代將取勝的希望寄託在步兵上的態度。這種西方原創的重視重裝步兵的態度在世界上是絕無僅有的，它由西方社會特有的經濟、政治、社會以及軍事現實情況所決定，在古典希臘文明的早期就已出現，在羅馬帝國傾頹之後，它仍舊屹立不倒。一支有效的步兵軍隊，意味著其中的步兵必須能夠原地承受騎兵的正面衝擊，並且衝破驅散弓箭手和其他遠端部隊。對於如何獲得這樣優秀的步兵軍隊，在古典時代和中世紀有三個重要的先決條件。第一，地理。最優秀的步兵兵源，往往是那些土生土長的鄉村居民，他們的家鄉主要是以山間適宜耕作的谷地和低地為主。相比之下，多山地形則是牧民的故鄉，這些強悍的山民慣於使用投石索、弓箭和標槍，熟練掌握了伏擊與截斷糧道的藝術。一個很好的例子便是色諾芬萬人遠征軍在撤退回黑海邊途經小亞細亞中部的路上攻擊他們的許多山地部落。另外，草原和其他沒有大起伏的平原類地形盛產部落制度下的遊牧騎手，一望無際的平坦草場既保證了足夠養活戰馬的牧場，更重要的是，它提供了足夠的空間供大隊騎兵進行機動，使得包圍和側擊步兵大陣成爲可能，正如羅馬人在面對帕提亞人時所學到的那樣。然而，從巴爾幹半島一直到不列顛的歐洲土地，主要是由一片片良田和河谷構成的。歐羅巴大地被山川分隔成一片片小塊地形，顯然更適合重裝步兵的戰鬥：小片的平地供笨重的步兵展開衝鋒，而平地兩側的起伏山巒則保護步兵的側翼免於遭到騎兵的攻擊。

第二，在前工業時代，最好的步兵往往出自中央集權政府，而非兇悍善戰的蠻族部落。城邦和共和國能夠徵召其治下人口的很大一部份進入軍隊服役，並且在行軍佈陣方面給予公民們一定的訓練，還能在一定程度上抑制或者至少團結那些大貴族與精英階層。事實上，羅馬的覆滅摧毀了幾百年來全民皆兵的理念，以及中央集權政府所推行的募兵、訓練、薪酬與退伍福利機制，這個機制曾經在整個地中海地區同時爲超過二十五萬名統一裝備的軍團士兵服務。儘管如此，西歐的部份國家以及被孤立在東方的拜占庭帝國，仍舊嘗試在被削弱的物質文化基礎上，通過大規模徵募的方式組織佃農和小地產主進入軍隊，團結他們來保衛他們自己的領土，由此保存了古典時代流傳下來的舊有傳統。

第三，爲了保持步兵的戰鬥力與足夠的數量，即便政府不與這些人建立雙向的責任義務關係，也要保持表面上的平等主義，至少要避免兵源人群受到廣泛傳播的農奴制度的侵蝕。對於合格的重裝步兵而言，他們需要足夠的資產才能維護保養自己的裝備。他們需要某種政治聲音來爲自己請命，或者要和更加富裕的階層保持互惠關係，以此保有最低限度的自治權利。理想中最好的步兵應當擁有耕地，或者至少在分配給自己耕作的土地上能夠獲得不錯的收入。在這種理念下，這些自耕農步兵在戰場上會爲了保衛自己擁有的一切實物財產而並肩奮戰。

從「黑暗時代」到中世紀的歲月裡，歐洲的山川地貌與古典時代並無多少不同。羅馬帝國的中央集權統治架構已然崩塌，早在公元第三世紀時，自由公民人口已經大幅縮減。儘管如此，西羅馬帝國境內仍然保持了大量的自耕農，他們向本地的領主或者地區性的國君宣誓效忠，響應他們的號召並在舊的徵召和作戰系統下繼續完成自己的使命。如果說他們的地位有時被稱爲「依附性自由」，那麼從公元六百年到一千年，歐洲的步兵都不能被稱爲農奴士兵，而且從政治角度而言，他們的境遇要比東方的農奴好得多。所有士兵在服役中的責任與義務，都會與特定的權利聯繫在一起。相比之下，偉大的拜占庭將軍貝利撒留（Belisarius，五〇〇～五六五年）在描述波斯軍隊中的步兵時，將他們稱爲一群紀律全無的鄉巴佬，被強征進入軍隊用於攻擊城牆、掠奪死屍以及作爲迎戰眞正軍隊時的炮灰，他的看法應當與眞實情況相去不遠。在西歐，沒有類似馬木路克（Mameluks）和耶尼切里近衛軍（Janissaries）這樣奇怪的奴隸軍隊。

重裝步兵的起源

即便是羅馬的毀滅，也無法使西方的步兵傳統消失，那麼這種傳統又是如何形成的呢？古典時期的希臘，便是重裝士兵的源頭所在。本書在之前的部份中討論了希臘人在衝擊式戰鬥風格方面的創新，希臘城邦的誕生（公元前八〇〇年～前六〇〇年）催生了一個新的階層，隸屬於該階層的公民是自由民。擁有一份不大的田產，一旦城邦之間產生土地糾紛，他們會作爲執矛持盾的重裝步兵組成方陣，用衝擊戰術解決爭端。重裝步兵階層的崛起，標誌著之前幾個世紀時間裡在戰場上佔據主導地位、享有特權的馬車貴族開始走向衰落。步兵的革命性崛起，在之前的邁錫尼時代的希臘或者同時代的東地中海地區，都是聞所未聞的。

隨著可耕地分配公正性的提高、耕作密集度的加強，提供馬匹草料的牧場逐漸減少了。即便在草場足夠的情況下，養馬也不是一件有利可圖的事情。十英畝的土地，倘若種植穀物、栽培果樹，再將一部份辟爲葡萄園，總能保證一家五、六口人的溫飽，然而同樣大小的草場也不過能供應富人的一匹坐騎的草料而已。到了查理・馬特統治的時代，一匹馬的價格能頂二十頭牛，而同樣數量牧草所供養的牛在犁地時無疑效率更高，更不用說牛肉也是很受歡迎的食物。相比之下，很多歐洲人都有不食用馬肉的禁忌。在希臘神話中，神馬阿里翁、飛馬別加蘇斯和《伊利亞特》中會說話的坐騎都是受到尊重的生物，而且它們在忠誠、勇氣與智慧等方面都和人類相差無幾。因此，在早期希臘人定居的平原上，在他們的小團體中，無論是從農業的角度還是以文化的觀點來看，都沒有蓄養馬匹的理由。

在公元前八世紀到前六世紀，公民權的範圍被擴展到了中層農民中間，保衛整個社區的義務落在了地產主們的肩上，而戰鬥的地點和時間則由他們自己投票決定。戰鬥通常是簡短而決定性的，並且是重裝步兵之間的碰撞，以此保證敵對雙方之間產生明確的勝負，同時也讓那些農民出身的戰士們能夠很快回家收穫農作物。在自耕農重裝步兵階層心目中，騎在馬上並不能帶來任何威望，他們只會覺得那些富裕的精英階層隨時會策劃政治陰謀，以顚覆現存的民主政體。人們總是傾向於認爲，那些有能力負擔馬匹的富人會利用他們獨享的社會資源，爲他們過更好的花天酒地的生活服務。從軍事角度而言，當時還沒有馬鐙，面對重裝步兵方陣那密集排列的矛尖，騎著小型馬的騎兵在衝鋒時顯得十分虛弱無力。而在考慮到一小塊土地上養活一個普通家庭所需的花費遠比養活一匹馬要低，對國家而言，訓練一名持矛步兵，讓他在佇列裡和同袍並肩奮戰，遠比養活一個騎馬貴族並將他放在馬背上投入戰場要經濟得多。

這種考量之下的結果就是，在四個世紀的時間裡，直到亞歷山大大帝崛起之前，希臘文化對待騎兵的態度都是嘲笑和挖苦。在斯巴達，色諾芬聲稱「只有那些最沒有力量、最不渴望獲得榮耀」的人，才會選擇騎在馬上加入戰鬥（《希臘志》，六·四·一一）。這種特殊的看待騎兵的態度，在古典希臘甚爲普遍。舉例而言，利西阿斯（Lysias，約公元前四五〇~前三八〇年，雅典雄辯家。——譯者注）在公民大會上爲自己的代理人——富有的貴族曼提西奧斯（Mantitheos）辯護時，就以誇張的言辭描述了曼提西奧斯曾經在哈利阿托斯河戰役（battle of Haliartos River，公元前三五九年）中，以一名步兵的身份直面戰鬥的危險，而沒有選擇在「安全的」馬背上參戰的英勇事蹟。亞歷山大大帝在征戰中則意識到，重裝步兵這種在希臘城邦內戰中佔據支配地位的作戰兵種，一旦離開希臘本土的谷地地形，面對各種類型的亞洲敵人時，從軍事角度來看就顯得不合時宜了。亞洲人的軍隊中往往包括大量的弓箭手、輕步兵和許多種類的騎兵，而東方國度的戰場也變成了大面積的平原和丘陵地形。同時，在對待均分土地政策的態度上，亞歷山大也持反對意見。他麾下夥友騎兵都是貴族出身，例如伴隨他縱橫沙場的特撒利騎兵就是一群馬上的貴族領主，他們居住在希臘北部廣闊平原上的大型莊園中，這樣的騎兵軍隊無疑是君主制度而非民主制度的產物。

在古代典籍中，有大量的材料體現了這樣一個觀念：小農場是孕育優秀步兵的最佳溫床，而大型的莊園經濟下只會產生少量精英階層的騎兵，農田的合適角色是扶植那些提供步兵兵源的家庭，而不是供養懶惰的奴隸主或者飼養昂貴的馬匹。亞里斯多德在他自己生活的公元前四世紀晚期曾經哀歎，斯巴達附近的領土已經不再供養那些培養出成年戰士的家庭了，儘管據他所說，這片領土本可以供給「多達三萬名重裝步兵」（《論政治》，二·一二七〇a，三二）。傳記作家普魯塔克生活在公元一世紀，對於希臘鄉間廣泛的人口銳減狀況他深爲痛惜，根據他所記載的情況，其時整個希臘的鄉間「僅能征得三千重裝步兵」（《道德論集》，四一四A），這大約和公元前四七九年普拉提亞戰役中區區麥加拉一個城邦所出的兵源相等。類似的，歷史學家塞奧彭普斯在評論馬其頓菲力浦二世的夥友騎兵隊天然具備的貴族特性時提到，儘管這支精英騎兵的數量只有八百人，但他們所擁有的土地的收益，卻相當於「不少於一萬名土地最好、產出最高的希臘地產主的資產」（《希臘歷史殘篇》，一一五，二二五）。

塞奧彭普斯（Theopompus）的觀點在於，密集耕作的農場能夠提供豐富的重裝步兵兵源，代表了一種綜合了政治、文化與軍事的理念，這和希臘北方支持騎兵而非自耕農士兵、孕育出獨裁政體的龐大莊園群相比，完全是兩種互相對立的體系。

除了擁有夥友騎兵作爲一支突擊力量之外，馬其頓皇家軍隊的核心仍舊是長槍方陣與皇家衛隊。亞歷山大的軍隊中，騎兵的比例從未超過百分之二十，顯然，菲力浦和亞歷山大從希臘人那裡學到的東西，比希臘人向他們學到的要多得多。亞歷山大使用以騎兵和槍兵爲主體的軍隊征服了波斯，但他寶貴的軍事遺產很快被繼承者國家的君主們所遺忘，或者在這些國家間無止境的互相征戰中變得不合時宜。從公元前三二三年到前三一年，東方的希臘化國家之間內訌頻繁，戰爭幾未停歇，而戰役的勝利與否往往由職業長槍步兵決定，僅憑步兵的衝擊就能撕開敵人的陣形，並且將整支敵軍逐出戰場。儘管亞歷山大自己曾經在波斯戰役中指揮騎兵把敵軍的步兵衝得四分五裂，但時代已經不同了，也許在迎頭衝擊他曾經的下屬將領率領的長槍方陣時，這位世界征服者也難有勝算。

在將近一千年的時間裡，羅馬將國家安危寄託在強大的步兵身上，這樣的傳統源於對公元前四世紀到前三世紀的義大利自耕農士兵的信心，正是這些人組成的羅馬軍團多次挽救共和政府於危難之中。作爲步兵的補充，羅馬人會從北方的歐洲部落、北非的遊牧民族中招募小隊騎兵來加強軍團的兩翼力量。羅馬這種步兵至上的傳統，延綿於其悠久的歷史中。由於軍團未能發展出一套類似亞歷山大麾下夥友騎兵的重裝騎兵體系，羅馬人曾經在騎兵面前遭遇失敗，諸如克拉蘇的軍隊在卡萊戰役（公元前五三年）中被帕提亞人屠殺，以及瓦勒良皇帝在阿德里安堡戰役（三七八年）中慘敗給哥特人都是如此。不過區區幾次失敗並不能掩蓋古希臘到古羅馬時代的一千年中，西方軍隊對敵人的軍事優勢，而這種優勢恰恰主要源自優秀的步兵。

古典傳統：在「黑暗時代」與中世紀的傳承

那麼，羅馬的毀滅，是否意味著歐洲回到了第一個「黑暗時代」（公元前一一〇〇年～前八〇〇年）的境地，回到了城邦初建之前，土地掌握於大貴族之手，畜牧業繁盛，騎馬武士作為統治階層，整個希臘處於人口稀少而混亂的境地呢？至少不完全如此。正如我們所看到的，羅馬的傳統並未被徹底遺忘，公元五〇〇年到一〇〇〇年的第二個「黑暗時代」，並不像邁錫尼希臘崩潰之後的時期那般灰暗。在五世紀至六世紀的浩劫中，步兵仍舊是拜占庭軍隊的支柱——步兵對騎兵的比例是四比一，而即便在發展出使用馬鐙、騎乘更大型戰馬、身披鏈甲承擔衝擊角色的騎兵之後依然如此。

無論是法蘭克人、諾曼人還是拜占庭人，都對軍隊中小規模的重裝騎士分隊引以為傲，並自豪於這些精英部隊摧枯拉朽的衝鋒，究其原因，恐怕在於這些部隊代表了一種理念，即將傳統的持矛重裝步兵角色轉移到馬背上。從騎士的單兵裝備來看，總體來說西方的騎兵比他們伊斯蘭對手的裝備更好更重，作為槍騎兵更為危險致命，而伊斯蘭騎士則更為迅捷機動，這也恰恰反映出西方軍隊對於決定性衝擊戰鬥方式的偏好。然而，在歐洲發生的大規模決戰，以及十字軍在聖地所進行的戰鬥中，這種看似無堅不摧的騎兵衝鋒往往只會招致慘重的失敗，除非有一支數量遠超騎兵的步兵部隊能夠拖住敵人，如此才能帶來勝利。在加洛林王朝的時代，往往是步兵而非騎兵決定了戰鬥的結局。

即便到了公元八〇〇～一〇〇〇年，在西方騎兵使用了馬鐙之後，騎士也很難在面對訓練有素、陣列整暇的重裝步兵時佔據上風，直接向環環相扣的盾牆與矛尖的森林衝鋒無疑是不可想像的。此外，並非所有騎兵都是極爲富裕的大地主出身，那些地產有限的戰士往往會在戰場下馬，步行參戰。並非擁有馬匹的戰鬥人員都是眞正的衝擊騎兵，馬匹可能僅僅是運輸重裝步兵抵達戰場的交通工具而已。總而言之，歐洲軍隊中的重裝騎兵並非太少，但相對於步兵的數量，騎兵在一支軍隊中佔據的比例終究有限。

「黑暗時代」與中世紀的神秘與傳奇性往往與騎士們聯繫在一起。在小型的戰鬥和劫掠中，鏈甲騎兵對於無防護農民的優勢是壓倒性的。儘管歐洲並沒有眞正意義上用於馴養馬匹的牧場——這種牧場能使遊牧民族爲每名武士配五到十匹馬，但富裕的莊園通常也能負擔足夠的馬匹組成一支規模不大的騎士武裝，他們作爲基層土地貴族幫助建立了附庸體系以及中世紀早期的整個封建等級系統。然而，這樣的系統缺乏中央管理，這意味著對士兵來說，系統化的統一的訓練操演體系是難以奢求的。當時的民間智者對此有評論，認爲一百名訓練有素的著甲騎士遠比一千名組織混亂的農民步兵有價值得多。

儘管如此，從數量上看，如果說貴族騎士們是大海中的礁石的話，那麼農民構成的步兵就是大海本身，在國家危難衝突擴大之際他們仍舊佔據了所有歐洲國家軍隊的主要部份。這些步兵中的多數都是地產主，他們要麼作爲附庸向領主繳納一定比例的收入作爲租稅以換取保護；要麼他們自己就享有封君授予的土地，並以此向封君服務效忠。因此，雖然查理．馬特的軍人缺乏希臘羅馬時代的完全公民權，但作爲這支軍隊核心的中層農民仍然被承認是自由人，在本地貴族面前具備自己的權利和義務。這些軍人在地位上，與雇傭兵、遊牧民、農奴或者徹頭徹尾的奴隸等完全不同，而沒有自由身份的屬民們成了之後侵略歐洲的軍隊的主要部份，也是柏柏爾人、蒙古帝國、阿拉伯人與奧斯曼土耳其等非西方帝國的主要人口成份。反觀西方，身為自由人地產主的後備軍人才是早期加洛林政權軍隊的核心，特別是在羅馬帝國解體後城市衰敗、商業蕭條的大環境下更是如此：

> 隨著經濟結構轉變為以農業為主，兵役義務漸漸與土地所有權緊密聯繫在一起。每個自由民家庭都有義務提供一名戰士和全套武器裝備，而且這種義務逐漸變為世襲。由此，法蘭克人的軍隊成為一支根據國王的意願徵募的、由自由人組成的軍隊，由國王在當地的代表進行指揮。（J．比勒，《封建制度下的歐洲戰爭》，七三〇—一二〇〇，九）

馬鐙這種裝備能夠幫助騎兵衝擊分散且缺乏訓練的步兵，隨著馬鐙的普及以及對抗更具機動性的伊斯蘭騎兵的需要，從公元十世紀開始，貴族騎士扮演了更加重要的角色。儘管如此，某些人想像中完全由重裝騎兵組成的橫掃一切的軍隊，仍然不過是一個神話而已。

步兵的價值

那麼，在衡量軍事力量的價值時，把軍隊一個兵種的重要性淩駕於另一個兵種之上是否是一種合理的分析呢？誰又能夠保證，弓箭手、騎兵、炮兵或者是陸戰隊中的哪一個在戰場上是更有價值的資源？考慮到不同的地形、天氣和戰略目標，簡單的結論無疑是不存在的。在每一支偉大的軍隊——亞歷山大、拿破崙或者威靈頓的軍隊中，騎兵、步兵和遠端部隊都能各司其職，沒有各兵種之間的通力合作，再偉大的指揮官也無法取得勝利。騎兵的衝擊和撤退速度始終要超過步兵，而且騎兵衝鋒附帶的心理震懾效果是任何強悍的步兵都無法實現的。西方世界面對的敵人中，大部份都擁有高度機動性的騎兵部隊，因此保持同樣的馬上戰鬥人員是最好的反制方法。在擊潰敵軍之後，倘若沒有騎兵的追擊，勝利也不會完美。

反過來說，無論是現代還是古代，如果不能徹底粉碎步兵的佇列，也就不能保證徹底的勝利。步兵不需要其他兵種的協助就能面對面衝擊對手，將敵人砍倒在地或者剁成幾塊，並佔據戰場，將雙方爭議的土地通過實際佔領牢牢掌握起來。步兵的武器——劍和矛歷史悠久，相比遠端兵器顯得更爲致命。在攻城和守城方面，步兵的效率遠較騎兵爲高，更何況在中世紀的歐洲，對城市堡寨的爭奪次數遠比野戰的數量要多。此外，步兵相比騎兵更能適應複雜的地形，無論是密集的叢林還是陡峭的山巒，步兵都能行動自如，同時步兵部隊也更容易在沒有肥沃草場、無法提供馬匹飼料的區域進行戰鬥。

如同現代概念中的裝甲、火炮和空中軍事力量一樣，騎兵和弓箭手能夠作爲輔助部隊，但它們並不能取代步兵的角色。從根本上來說，戰爭是一個經濟問題，所有的國家只能從成本效益比的角度去選擇最合適的兵種搭配，由此使得每個軍事單位以最低的開銷發揮出最大的軍事力量。與他們在古典時代的前輩們一樣，在「黑暗時代」與中世紀時期，軍隊同樣要遵循上述規則，因此人們很快意識到，同樣作爲戰士效命沙場，一名步兵所消耗的金錢僅僅是一名騎士的十分之一。

隨著十四到十六世紀火藥與手持火器進入戰場，步兵的功能變得更爲致命：他們不再僅僅是長矛手，他們同樣是射手，面對這樣的步兵馬匹就顯得愈發脆弱，密集衝鋒的槍騎兵會被步兵成片屠殺。然而，火器在世界上的廣泛傳播，並不意味著所有國家都會隨之發展出具有戰鬥紀律的持槍士兵。舉例來說，奧斯曼土耳其軍隊就從沒有具備在保持行列的同時進行射擊的戰場紀律，奧斯曼的耶尼切里近衛軍，總是一邊射擊，一邊肉搏，在一場個人的戰鬥中扮演個人英雄是他們所擅長的工作。類似的，北非的騎兵戰士，多半是在迅捷的突襲與劫掠中，在馬上或者駱駝上發射火槍。非洲和新世界的土著將火器看作是改進版的標槍和箭矢，對於齊射與輪射戰術的優點視而不見。在中國和日本，手持火器的引入同樣沒有產生高效的軍隊。

只有在歐洲，發展出了裝填——射擊——再裝填的迴圈發射的藝術；也只有在諸如英格蘭、德意志、西班牙和義大利等西方的核心國家中，步兵至上的傳統從古典時期傳承下來，經歷了「黑暗時代」的浩劫與中世紀的沉寂，將古老的日爾曼部落衝擊戰術發展爲有序的面對面較量的方式。火藥時代催生了能夠大規模生產、容易被每個人掌握的火器，非常適合歐洲人既有的嚴密的縱隊和橫隊陣形，正因爲如此，熱兵器的不斷發展也爲歐洲的崛起提供了助力。在自動連續射擊的步槍出現之前，步兵使用單發的、裝填緩慢火繩槍或者隧發槍，在這種情況下，密集隊形的步兵所射出的子彈，相比騎兵或者散兵的射擊，能夠提供更爲密集、準確和快速的火力。某種程度上，文藝復興時期歐洲的火槍兵陣形，自然而然地成了中世紀槍陣的後繼者。

普瓦捷與未來

（在普瓦捷之前）穆斯林征服者已經連戰連捷，步步前進了一千英里，從踏上直布羅陀海岸的礁石，到飲馬盧瓦爾河畔，倘若安拉的戰士們再向前推進一千英里，那麼撒拉森人統治的疆域將會一路推進

普瓦捷，七三二年十月十一日

到波蘭邊境與蘇格蘭高地：對他們而言，萊茵河並不比尼羅河或者幼發拉底河更難渡過，阿拉伯艦隊甚至可能不需要經歷一場海戰就駛入泰晤士河河口。假使普瓦捷的勝負與歷史截然相反，恐怕牛津大學中講誦的將是《古蘭經》，學生們會向接受割禮的人們傳授先知穆罕默德神聖的啟示與無可置疑的真理。」（愛德華・吉本，《羅馬帝國衰亡史》，第七卷）

以上愛德華・吉本的調侃，也許有此言不由衷，他看起來只是著迷於一個非基督教主導的牛津大學這種想法，倘若法蘭克人在普瓦捷戰敗的話——這並非沒有可能。和吉本一樣，多數十八到十九世紀的西方歷史學家都認爲，普瓦捷戰役標誌著穆斯林入侵歐洲活動的最高潮。德國著名歷史學家利奧波德・馮・藍奇（Leopold von Ranke）將這場戰役看作一個轉捩點，在他的筆下，「在公元八世紀的開始，當穆罕默德主義的擴張威脅到義大利和高盧時，這個事件的發生（普瓦捷的勝利），意味著世界歷史的新紀元」（《宗教改革史》，第一部，第五卷）。愛德華・克雷西將普瓦捷歸入他選擇的「世界性的關鍵戰役」中，他同樣也認爲這場戰役的結果拯救了整個歐洲：「此戰之後，現代歐洲文明的進程、國家與政府的發展再也沒有受到阻礙，歷史的車輪始終以其設定的軌跡滾滾向前。」（《十五場決定世界命運的戰役》，一六七）偉大的德國軍事歷史學家漢斯・德爾布呂克，也盛讚普瓦捷的重要性「在世界歷史的進程中無出其右」（《蠻族入侵》，四四一）。

如查理斯・歐曼爵士（Sir Charles Oman）和富勒（J・F・C・Fuller）等人，則對於普瓦捷戰役的重要性持懷疑態度，他們並不確信西方文明在普瓦捷得到了徹底的拯救，但也認同這場戰役體現了一種趨勢，證明歐洲能夠在後來的外族入侵中保護自己：軍隊陣形的中央是在全新的加洛林文化薰陶下戰鬥意志堅定的法蘭克步兵，兩側則是他們騎馬的領主們作爲騎兵參加戰鬥。這樣的組合，最終成爲歐洲人阻擋穆斯林和維京人入侵的堅強屏障。正如歐曼指出的那樣，「從此之後，我們只會聽到法蘭克人攻入西班牙的傳聞，而不再得知任何關於撒拉森人侵入高盧的消息」（《黑暗時代》，四七六—九一八，二九九）。

近來，部份學者提出，普瓦捷戰役在同時代的文獻中缺乏記載，可能因爲它僅僅是一次抵禦小規模劫掠的軍事行動，卻被後人神化爲決定性的戰役；也有人認爲如果穆斯林在普瓦捷取勝，對於法蘭克人的統治會更爲有利。無論如何，至少法蘭克人在這場戰役中的勝利，標誌著西方文明仍然成功地保護歐洲抵禦住了外敵入侵。在普瓦捷勝利的鼓舞下，查理·馬特繼續花了數十年時間將伊斯蘭侵略者從法國南部清除出去，並將那些互相征戰不休的國家都併入治下，逐步搭建起加洛林帝國的雛形。與此同時，他還通過重建社會關係，在地方的莊園里建立了一支可以信賴、時刻準備征戰的軍隊。

從公元前一〇〇年到公元四〇〇年的時間裡，羅馬帝國逐漸同化了北方的幾百萬蠻族，但對於那些羅馬直接征服並統治的、文明程度較高的數百萬亞洲和非洲人民而言，這五百年的時間是對正常歷史軌跡的偏移——羅馬人將自己的法律、習俗、語言乃至政治架構強加於他們身上。儘管如此，即便是羅馬帝國在公元第五世紀不可避免地轟然倒地之後，羅馬的古典精神並未消失，相反，這種精神成功地折服了毀滅羅馬的野蠻民族：歐洲的核心領域仍舊由保有羅馬精神、信仰基督教的民族佔據，不久之後，這些羅馬的傳承者就重新開始在自己的邊界之外擴張影響：

> 一方面，波蘭、匈牙利和斯堪的納維亞的皈依，將拉丁基督教的影響範圍擴大到了歐洲東部和北部；另一方面，通過「再征服」運動，歐洲將伊斯蘭勢力從西班牙驅逐了出去，將西西里收入囊中，並在不久之後將拉丁化的國家建立在中東的土地上。在這場運動開始的同一時期，一個在軍事、經濟

和民族概念上的全新德意志已經屹立於易北河畔。無論面對什麼樣的敵人、鄰居或者對手，西方世界的武士們都能取得接二連三的勝利。這場西方文明擴張活動的非凡之處在於，它是在整個歐洲力量不斷碎片化的同時獲得的。（P・康達明，《中世紀的戰爭》，三〇）

拜占庭帝國的千年歷史，就是一部抵禦波斯與伊斯蘭入侵的歷史。公元一四五三年君士坦丁堡的陷落，對於基督教諸國而言是一個可怕的事件，但事實上，在之前的數個世紀中，拜占庭人依靠自己的創造力和紀律性已經成功抵禦了很多次更大規模的伊斯蘭勢力入侵。拜占庭的首都在羅馬毀滅之後，又支撐了一千年之久才遭遇類似的命運——而且是在拜占庭很大程度上被西方孤立和拋棄之後。對西歐而言，在查理大帝統治時期（七六八～八一四年），法蘭克人已經將絕大多數穆斯林勢力從歐洲中路驅逐出去，將自己的影響擴展到現在的法國、德國和斯堪的納維亞以及西班牙北部地方。

到了一〇九六年，儘管歐洲依然政權林立，但此時的西方已經能夠跨越地中海，向中東派遣數以千計的士兵。從一〇九六年到一一八九年，基督教西方連續發動了三次十字軍遠征，不僅佔領了耶路撒冷，還在伊斯蘭勢力的核心地帶佔據了大片飛地，建立了基督教國家。貫穿整個中世紀，在面對外敵入侵時，歐洲相比伊斯蘭地區更為安全。兩相對比，伊斯蘭國家則沒有能力將一支軍隊從海路運送到歐洲的心臟地帶展開攻擊。在公元七、八世紀伊斯蘭軍事力量達到頂峰之時，阿拉伯人的龐大艦隊就曾經在君士坦丁堡城下鎩羽而歸。

歐洲軍事力量的這種快速恢復能力，很好地解釋了在十六世紀之後，西方勢力在新世界、亞洲和非洲的快速擴張。在新世界的黃金、大規模生產的火器以及新的軍事工程設計理念的幫助下，歐洲的勢力擴張到整個世界。當然，一名歷史學家的任務並不是簡單地記錄歐洲影響力的飛速擴張過程，而是去嘗試回答這樣一個問題：為什麼「軍事革命」發生在歐洲，而不是世界上其他任何地方？

答案在於，自古典時期發展而來的歐洲軍事傳統，經歷了「黑暗時代」與中世紀的歲月之後依舊存在，並且在一系列與伊斯蘭勢力、維京人、蒙古人和北方蠻族入侵者的血腥戰爭之後發揚光大。西方軍事傳承中的特有因素，諸如重視自由、強調決定性戰役、理性主義的戰爭觀、充滿活力的戰爭市場、強調作戰紀律、保留不同意見以及自由批判的精神都在羅馬陷落之後延續下來。在一系列不同政權下的軍隊，諸如墨洛溫王朝、加洛林王朝、法蘭西國家、義大利城邦、荷蘭共和國、瑞士共和國、德意志諸邦國中，源自古典時期的衣缽得到了傳承，繼而發揚光大。

西方世界中這種百折不回的力量，源自古典時代一直延續到中世紀的、對於步兵的重視，特別是徵募自由民地產主而非奴隸或者農奴作為重裝步兵的傳統。一旦火藥武器走上戰爭舞臺，歐洲文化體系就顯示出了超乎其他體系的適應性，長槍方陣變成了火槍橫隊，保留了密集的利刃攻擊之外還附加了致命的齊射能力。西班牙征服者科爾特斯在墨西哥城的成功，以及基督教聯軍在雷龐多海戰的勝利很大程度上就是因為他們所率領的軍隊不是部落制度下的遊牧民族，或者由神權至上的獨裁者所統治。這些軍人所繼承的制度，源自那些居住在小谷地的自耕農所構成的本地社區——正是這樣的士兵，在普瓦捷構成了一座名副其實的鋼鐵之牆，使得阿布德·阿——拉赫曼和他的伊斯蘭入侵者在這面牆前撞得頭破血流。

技術與理性的回報

特諾奇蒂特蘭，一五二〇年六月二十四日～一五二一年八月十三日

人類啊，真是機智的傢伙。
憑藉工具，他制服了原野中和山嶺裡遊蕩的猛獸……
無論什麼事，他都有辦法應對，
不管面對什麼挑戰，他的新發明都可以抵擋……
他狡黠，又熱愛創新，
他旺盛的創造力，超過一切想像的邊際，
他有時厄運纏身，有時卻又好運連連。

——索福克勒斯，《安提戈涅》，三四七—三六七

墨西哥城之戰

圍城——一五二〇年六月二四～三〇日

密集的標槍、投石和箭矢，殺傷了四十六名征服者（conquistadors），十二人當場戰死。在科爾特斯指揮部外的狹窄巷道裡，西班牙人到處遭到圍攻。「但我可以斷言，」目擊了西班牙人在特諾奇蒂特蘭遭遇突如其來的絕望困境的貝爾納爾·迪亞斯·德爾·卡斯蒂羅（Bernal Diaz del Castillo）寫道，「我不知道該如何去描述，火炮、火槍或弩的射擊都毫無作用，肉搏戰也無法擊退敵人，我們每次衝鋒都殺死敵軍三、四十人，他們卻絲毫不退，依然以緊密隊形作戰，看上去比開戰時精力更加充沛。」（《對墨西哥的發現與征服》，三〇二）

現在，戰場的態勢對數量上處於絕對劣勢的卡斯提亞人極爲不利，他們愚蠢地把微不足道的全部兵力都帶進了島上的特諾奇蒂特蘭城。在這可怕的一週裡，西班牙人放棄了此前在他們腦海中生根的、八個月佔領墨西哥城的宏大想法。試圖像歐洲領主一樣統治這座城市的嘗試，現在看來是全然愚蠢的。很快，休戰或等待阿茲特克人前來投降的想法都變得同樣荒謬。科爾特斯的士兵最終甚至開始懷疑他們能否活著衝出這座惡魔般的城市，至於能否帶著劫掠來的黃金寶藏離開就更不用提了。我不加區分地使用「墨西哥人（Mexicas）」和「阿茲特克人（Aztecs）」（源自納瓦特爾語「阿茲特蘭（Aztlan）」）這兩個名詞，儘管蒙特蘇馬和他的臣民們可能會自稱爲「墨西哥人」。「阿茲特克人」一詞在十七世紀後被歐洲史學家廣泛使用。科爾特斯的大部份西班牙士兵是卡斯蒂利亞人，因此我使用這兩個詞來描述他的征服者。

若非火繩槍手和弩手的反覆射擊，以及火炮的零星齊射——每發炮彈時常會殺傷大約三十名墨西哥進攻者——堅定的迭戈·德·奧爾達斯就無法返回卡斯蒂利亞人的堡壘，他向「考迪羅」（西班牙語caudillo，原意爲軍事首領，後多指西班牙語地區的軍事獨裁者）報告說，他的突破嘗試已經失敗：街道都被堵塞住了，滿是被激怒的城市主人。然而，奧爾達斯（Diego de Ordaz）的士兵依然揮舞著他們的托萊多劍砍向身無鎧甲的墨西哥人，往往一擊斬斷整個肢體。乘馬披甲的騎士在每次使用鐵矛戳刺時殺死的人就更多了。從火炮中射出的葡萄彈撕碎了一波又一波墨西哥人。少數幾匹馬就踩踏了很多毫無防備的阿茲特克人。醜陋的西班牙獒撕扯著進攻者的腿和手臂，讓他們發出尖叫。弩矢和來自火槍的鉛彈齊射到一百碼甚至更遠的距離刈割土著人。

城市戰爭的激烈程度，以及那些被激怒的、英勇的土著戰士的龐大數量，對此前未嘗敗績的征服者而言是全新的體驗。他們的指揮官是曾參與西班牙與義大利、奧斯曼土耳其戰爭的老兵，但在地中海地區的所有戰鬥中也未曾見到這樣的無畏和英勇。奧爾達斯很快就發覺，如果西班牙人被迫繼續在特諾奇蒂特蘭的小巷裡和窄路上作戰的話，他在技術和戰術上的優勢也許就不再能夠抵消敵軍在數量上的優勢。西班牙人在這里會時常被和他們同樣英勇的士兵擠開，或是被站在屋頂上的敵軍猛烈投射。更爲拼命的阿茲特克人不僅把西班牙人摔到地上捆起來作爲俘虜獻給他們饑餓的生靈，還開始殺戮奧爾達斯手下的一些士兵。

奧爾達斯麾下有四百名征服者——其中包括科爾特斯手上還剩餘的幾乎所有西班牙弩手和火繩槍手——他們發動的嘗試性突擊最終以潰敗收場，這已經足以證明，西班牙人無法離開這座堡壘城市。或者至少看上去如此。位於鄰近的特拉科潘〔Tlacopán，今天的塔庫巴（Tacuba）〕地區的湖畔盟友在此前一天已經明智地警告科爾特斯不要再次進入可怕的特諾奇蒂特蘭，而是應當和他們一道留在特斯庫科湖（Lake Texcoco）畔。「大人，」他們向科爾特斯懇求，「留在塔庫巴這裡，或者留在科約阿坎（Coyoacán），或者留在特斯庫科……因爲這裡是

在大陸上，如果墨西哥人起來反抗你，你在這些草地上要比在城市里更能保護自己。」（H．湯瑪斯，《征服》，三九五）

這是個不錯的建議，但在墨西哥首都特諾奇蒂特蘭有被精心看管的阿茲特克財寶，有被扣作人質的蒙特蘇馬皇帝，還有正遭遇圍攻的佩德羅．德．阿爾瓦拉多以及不到一百人的此次遠征中最優秀的征服者。當科爾特斯趕回海岸去平息對他此次戰役不滿的西班牙敵手的挑戰時，他們不得不被留在後方。除此之外，在潘菲洛．德．納瓦埃斯（Pánfilo de Narváez）未能完成對特諾奇蒂特蘭的征服後，他麾下新來的古巴軍隊在維拉克魯斯（Vera Cruz）與科爾特斯「會合」。科爾特斯手上有超過一千名士兵，而那座城市在過去八個月裡無論如何都只屬於他。在短暫遊歷了維拉克魯斯之後，他手下的武器和補給要比一五一九年七月他的士兵首次拆毀船隻向內陸進軍並於當年十一月八日進入蒙特蘇馬都城時多得多。他現在又爲什麼需要擔心呢？

整個墨西哥又有哪個部落表現出能夠阻擋這樣一支軍隊呢？在此前的十二個月裡，瑪雅人、托托納卡人（Totonacs）、特拉斯卡拉人、奧托米人（Otomis）和喬盧拉人（Cholulas）都已經領教了與槍騎兵、火藥武器、弩、兇猛軍犬和西班牙鋼鐵對抗的徒勞——更不用提古典的步兵密集陣戰術和科爾特斯本人的將才，他是要以訓練有素的方陣、時機把握準確的騎乘攻擊和集中炮火齊射殲滅敵軍而非俘虜敵軍。可以肯定的是，既然科爾特斯起初在一五一九年十一月就率領五百名征服者進入了特諾奇蒂特蘭，他難道不能一樣輕鬆地在一五二〇年六月帶著超過一千兩百名征服者離開此城嗎？

他驕傲地向特拉科潘的焦慮居民宣稱，他的卡斯蒂利亞人會經過堤道（causeway）返回新西班牙——這是科爾特斯獻給青年國王卡洛斯五世（Charles V）的禮物——的首都。他們將會展示武力，剷除更多的偶像，威脅一些阿茲特克領主，重返皇帝宮殿，收集戰利品，救出阿爾瓦拉多（Alvarado），然後命令蒙特蘇馬終止他的臣民的無意義抵抗。

但在科爾特斯騎行進入特諾奇蒂特蘭，與阿爾瓦拉多所部再度會合後，會師後的各部很快就被包圍在阿查亞卡特爾宮殿（Palace of Axayacatl）和特斯卡特普卡神廟（temple of Tezcatlipoca）裡。一度友好的墨西哥人堵住了離開島嶼都市的全部三條堤道。一千多名西班牙人和一小部份英勇的特拉斯卡拉人盟友——大約二千名阿茲特克人的土著敵人——被超過二十萬憤怒的墨西哥人和人數不斷增長的來自附近湖畔社區的部落同盟完全包圍在一小片建築裡。被俘的蒙特蘇馬不再能夠控制他的臣民，而奧爾達斯又未能找到出路，在這兩點變得十分明確後，卡斯蒂利亞人就把他們的黃金打包藏到地下，開始計畫在最終被殲滅前逃出特諾奇蒂特蘭。

要不是惡魔般的納瓦埃斯——他現在已經被折磨得處於半盲狀態，身戴鐐銬被關在科爾特斯的監獄裡——干擾了科爾特斯的計畫，科爾特斯和他手下的狂熱者們早就把所有阿茲特克石刻偶像推倒，煙熏墨西哥谷地裡的金字塔除去那裡的人體內臟惡臭，把墨西哥祭司和他們的可惡人皮斗篷從高地上扔下去，消滅可怕的祭祀犧牲行爲，禁止食人和雞奸，引入對救世主的愛，然後將蒙特蘇馬變成擁有一百萬基督徒臣民的帝國之主，科爾特斯本人則在蒙特蘇馬的宮殿中牢牢佔據新西班牙的威尼斯總督的地位。在科爾特斯妄自尊大的指導下，他們的歐洲監督者會怎樣看待這樣一大群勞動者的力量所能完成的功業！這樣一大群礦工會發掘出多少位於地下的黃金寶藏！在進入特諾奇蒂特蘭後，畏怯的墨西哥人一度把科爾特斯的雇傭兵視爲白皮膚的神，把馬當作能與人交談的神奇半人馬獸，把火炮當成從天而降的致命雷鳴兵器。至於他們的那些巨大尖齒獒？那一定和當地被閹割並食用的小型玩賞犬相去甚遠，更像是神話裡那些長著魔鬼獠牙的生物。這就是西班牙人的院落外面成千上萬憤怒的阿茲特克人破滅了的卡斯蒂利亞幻夢。

儘管科爾特斯擊敗了納瓦埃斯的部隊，將後者的士兵併入他自己的部隊，又成功地從堤道返回島嶼城市，但都城裡的一切卻在轉瞬之間變得一團混亂。在科爾特斯不在的時候，發狂的佩德羅·德·阿爾瓦拉多屠殺了數以千計的墨西哥貴族，還煽動攻擊了毫無武裝的婦女兒童。這個瘋狂的卡斯蒂利亞人以慶祝節日的人們正在籌畫暴動爲托詞屠殺了過節的人們。或許他們的意圖是爲了恢復現已被禁止的人祭，或許阿爾瓦拉多本人有偏執狂，他貪婪地看到阿茲特克貴族節日盛裝上的許多黃金和珠寶，又或許純粹是騎馬貴族的施虐快感——將成百上千令人厭惡又毫不防備的墨西哥人砍成碎片？儘管墨西哥人起初受了驚嚇，又不得不在有限空間內手無寸鐵地面對攻擊者，但是阿爾瓦拉多和他不到一百人的征服者同夥是怎樣成功屠殺了八千多名墨西哥人的過程依然並不十分清楚。邪念，竟能讓阿爾瓦拉多做出這樣的事。

無論如何，科爾特斯離開不過兩個月，他緊張的副手們，就要面對一度和平的阿茲特克當地人的兇殘反抗。「你做得很糟糕，」科爾特斯在返回的路上訓誡那些衝動性急的人，「你已經辜負了信任。你的行爲像瘋子一樣。」（W·普萊斯考特，《墨西哥征服史》，四〇七—四〇八）也許一個阿茲特克精神病患者——一個目擊了這場屠殺的人在數年後報告了鋼劍和鐵槍對毫無防護肉體的屠戮效果：

> 他們進攻所有慶祝者，戳刺他們，從後方用矛穿透他們，那些立刻倒地的人內臟流了出來。其他人有的被砍了頭。他們割下頭顱，或者把頭顱打成碎片。他們擊打其他人的肩部，乾淨俐落地將這些人的手臂從身體上砍下。有些人的大腿或是腿肚子被他們打傷。他們猛砍其他人的腹部，讓內臟流了一地。有的人試圖逃跑，但他們一邊跑，腸子一邊掉出來，似乎腳和自己的內臟都攪成一團。（M·里昂—玻第拉編著，《斷矛》，七六）

一個多月後，現在輪到西班牙人自己無路可逃了。他們從總部裡向外突圍，徒勞地刺探著阿茲特克人的抵抗力度，希望找到能夠通往橫越特斯庫科湖的高聳堤道的退路。在夜間，科爾特斯的士兵從總部窗子裡面看到他們死去戰友的頭顱被串在杆子上，仿佛在發出呻吟、做出癲狂的姿勢，好像腐爛的屍體是某種會說話的死人一樣——阿茲特克人利用他們作爲人形玩偶，恐嚇被包圍的西班牙人。儘管在西班牙人院落周圍的殊死戰鬥中死傷人數越來越多，但任何在戰鬥中失足的卡斯蒂利亞人還是有可能會被捆起來作爲戰俘，以紀念恢復向大金字塔貢獻犧牲。西班牙人的新鮮水源和食物補給已經被切斷，他們被完全封鎖起來，持續遭到來自周邊屋頂的投射襲擊。

在經歷了一個星期的這種損失之後，科爾特斯感到有些絕望了，要在眼前的危機中生存下來，就只能依靠他匆忙製造的機械和自己的軍事才幹。就在火炮射出葡萄彈成群屠戮阿茲特克人，成百上千地進行殺戮，粉碎他們突擊神廟據點意圖的同時，科爾特斯的士兵挖了一口井獲得了有鹽味的水。他們用阿茲特克神廟里的頂梁和橫樑製造大型移動木戰車（manteletes），這種木戰車能夠保護多達二十五個人，乘員可以從機械空穴中安全地向外射擊、戳刺。他的工程師希望能夠清理乾淨阿查亞卡特爾宮殿周邊區域，終止敵軍在夜間的投射攻擊。最後，科爾特斯把已經名譽掃地的蒙特蘇馬本人拉到了神廟屋頂上，讓他下令要求下方的臣民住手。墨西哥人譏諷身處桎梏的皇帝，用石頭砸向他們曾經像神靈般看待的統治者。很快的，西班牙人就把恍惚的皇帝拖回屋裡，卻發現蒙特蘇馬受了致命傷——他們的最後一點談判機會也消失了。後來與事實相反的記載認爲，是卡斯蒂利亞人在憤怒中謀殺了皇帝——根據傳言，蒙特蘇馬此前曾給海岸上的西班牙篡奪者納瓦埃斯派過信使，讓納瓦埃斯和他合兵一處對抗科爾特斯。

科爾特斯接著突擊了附近的約皮科神廟（temple of Yopico）。新建的攻城器械掩護著科爾特斯本人和四十名士兵爬上金字塔，砸倒偶像，將祭司從聖壇上扔下去，摧毀存放宗教儀式上剝下的人皮的倉庫，逐步清除對面塔上仍在向西班牙人發動致命襲擊的弓箭手和投石手。這場鏖戰是由宗教和戰術驅動的：針對敵軍的投射所造成的直接軍事挑戰的出擊，加上基督徒十字軍抹去一切墨西哥人的熱情。雖然宗教戰爭起初被某些征服者視作妨礙，但西班牙人發覺摧毀阿茲特克偶像和祭司也給戰場帶來了好處——這穩步削弱了敵軍的士氣和凝聚力，阿茲特克人絕望地發現他們用作戰來供養的神靈本身也無法免於毀滅。

在約皮科爭奪戰中，科爾特斯此前負傷的手再度受創，他在可怕的混戰中幾乎被人從金字塔上扔了下去。同時代的讚頌者貝爾納爾・迪亞斯・德爾・卡斯蒂略羅這樣描寫西班牙人瘋狂爬上約皮科的情景：「哦，這場鏖戰打得何等激烈啊！我們人人血流如注，個個渾身是傷，還有一些人不幸陣亡，見者莫不感到驚心動魄。」（《墨西哥征服史》，三〇六）至少又有二十名征服者在這以命相搏的第二次突圍中戰死。雖然有火炮，戰馬和攻城器械，但在這樣一個狹窄區域裡有太多的阿茲特克人，征服者無力取得任何突破。現在火藥正在越發短缺，子彈也變得很稀少（是否應當把金銀融成炮彈？科爾特斯對此滿懷好奇）。他的傷患十分饑餓，又得不到醫療救治。他們據守在神廟堡壘裡，四周的泥磚牆在成千上萬發投擲物和石塊攻擊下耗損嚴重。正如一個阿茲特克信使向他們指出的那樣，墨西哥人和他們的同盟可以用二百五十人的性命作爲代價，換取一個西班牙人戰死，這樣便能消滅這些被困的舊世界來客。

在一五二〇年六月的最後一週的最後幾天裡，科爾特斯面臨著抉擇。正如他的副手們向他指出的那樣，選擇已經很明確了：要麼空手離開，要麼留在他所選擇的新附庸國首都和金子死在一起。「考迪羅」以他典型的方式並未接受任何一個選擇。他會轉而嘗試在夜間冒著雨霧通過堤道，在阿茲特克人鼻子底下帶走搶來的笨重金條和成袋的珠寶。卡斯蒂利亞人要裹住馬蹄。科爾特斯下令他們帶上一座新建的移動橋樑架在堤道的缺口上。他們把金條裝在馬上，讓士兵帶走剩餘的金子——每個人都自行決定他能在外衣或胸甲里裝上多少黃金，這是在財富和即將到來的戰鬥中的笨拙之間做出的抉擇，或者說是在敏捷和窮困之間的抉擇——要是他們還能倖存下來的話。正如同時代的史學家法蘭西斯科・洛佩斯・德・戈馬拉（Francisco López de Gómara）指出的那樣，「在我們的人當中，被衣服、黃金和珠寶拖累得最厲害的人最先死去，那些活下來的人帶的最少，最無畏地向前衝鋒。所以那些死者死得很富有，是他們的黃金殺了他們。」（《科爾特斯》，二二二）

在接下來的二十年裡，從這個令人悲傷的恐怖之夜倖存下來的人們，將會被捲入無盡的相互指責、訴訟和誹謗，他們始終無法確定當年到底有多少黃金被帶走，有多少黃金還保存下來。大部份黃金顯然已經丟失了，但控告依然繼續。反正科爾特斯會沒收倖存者親自帶走的所有貴金屬，然而在未來的許多年裡，還會有數以百計的死者。科爾特斯的一千三百名征服者，此刻要做的是從這突然由天堂變成刑場的迷宮之島上，找到一條通道儘早離開。

悲傷之夜——一五二〇年六月三〇日~七月一日

外界漆黑一片，大雨傾盆。但卡斯蒂利亞人依然幾乎達成了目標，他們奇跡般地越過了三條將通往湖岸的特拉科潘鎮的堤道分割開的運河——特克潘欽科、塔庫巴和阿登奇卡爾科（Atenchicalco）。大部份人從特諾奇蒂特蘭城中脫身，並在特斯庫科湖上的堤道上列成一條綿長的縱隊。迄今為止，他們那令人驚訝的移動橋樑在填補逃跑道路上的缺口時，都取得了成功。但就在他們越過第四道運河，亦即米克索科阿特奇阿爾蒂特蘭（Mixocoatechialtitlan）時，一個正在取水的婦女看到了笨重的佇列，發出了警報：「墨西哥人，快點出來，我們的敵人正在逃跑。」維特西洛波奇特利神廟（temple of Huitzilopochtli）的祭司聽到她的尖叫，瘋狂地跑出來集結戰士：「墨西哥首領們，你們的敵人正在逃跑！衝向你們用來作戰的獨木舟！」（H・湯瑪斯，《征服》，四一〇）

幾分鐘之內，上百條獨木舟就在特斯庫科湖上分散開來，阿茲特克人在狹窄堤道上的許多不同地點登陸，伏擊敵軍縱隊。其他人則靠在西班牙軍隊的兩側，將投射兵器雨點般地扔到卡斯蒂利亞人頭上。移動橋樑承載不住瘋狂逃亡者的重量，很快崩塌了。從此刻開始，唯一的逃脫方法就是踏在掉進運河裡的先遣部隊人員和馱馬身上過河——他們受驚的戰友們把這些可憐的人和牲畜當成了墊腳物。從特諾奇蒂特蘭湧出來的人群離開了城市，從後方進攻退卻中的征服者，與此同時，阿茲特克人還在西班牙人前方集結部隊阻止他們向前推進。西班牙人有四條單桅帆船——無論要在堤道上進行什麼樣的戰鬥，控制特斯庫科湖對於取得勝利都是至關重要的——但它們早已經被焚毀。從水上協助戰鬥是不可能了。

在其後六個小時裡發生的事，是自哥倫布發現新大陸以來，歐洲人遭遇的最大失敗。在鎧甲裡塞太多黃金而重裝上陣的西班牙人，奮力把他們的火炮帶上前線，讓他們的馬匹保持鎮靜，組織火繩槍手和弩手，在時常出現的拋射武器攻擊下設法用瓦礫填塞阻礙逃跑的河溝。同時代的墨西哥目擊者後來詳盡敘述了西班牙人意識到橋樑崩塌，河溝擋住了去路，逃跑通道被弄斷後的混亂場面：

> 當西班牙人抵達托爾特克斯運河（Canal of the Toltecs）後，他們自己一頭紮進水裡，好像從懸崖上跳下來一樣。來自特利柳基特佩克（Tliliuhquitepec）的特拉斯卡拉（Tlaxcaltecas）盟友，西班牙步兵和騎兵，少數伴隨軍隊的婦女——都來到水邊，跳了進去。運河里很快就塞滿了人和馬的屍體，他們用自己人溺死的屍體填補了堤道上的缺口。

那些後來跟上來的人踩在屍體上到了對面。（M·里昂—玻第拉編著，《斷矛》，八五—八六）那些位於縱隊前頭的幸運者抵達了湖岸，隨後緊緊跟著的是科爾特斯本人和第二隊人員——但再也沒有其他人了。收攏了安全抵達湖岸的五名最好的騎手——阿維拉（Ávila）、貢薩洛（Gonzalo）、莫拉（Morla）、奧利德（Olid）以及令人敬畏的桑多瓦爾（Sandoval），科爾特斯率領他們衝回數以千計的敵軍之中，救援包圍圈裡少數可能倖存下來的士兵。不過這已經太晚了。

他手下的卡斯蒂利亞人中，至少有一半被墨西哥人殲滅，同時還有不少士兵被推下堤道，掉進水裡，一些人被獨木舟上的戰士手中的黑曜石刀片殺死，其他人則被特斯庫科湖裡的墨西哥戰士活捉，被捆綁起來拖走。許多墨西哥戰士是出色的泳者，他們在水里的機動力要比負擔沉重、時常披甲的征服者強得多。科爾特斯本人被擊中，打昏，差點就被銬起來帶走，不過還是讓他的同伴奧萊亞（Olea）和基尼奧內斯（Quiñones）拉回了安全地帶。

到早晨時，就連兇神惡煞的阿爾瓦拉多都最終被擊垮，喪失了對後衛部隊的控制。他失去了馬匹，又受了傷，在跳出水面後獨自蹣跚走向湖岸。此後，從未有人提起和阿爾瓦拉多一同負責指揮的胡安·貝拉斯克斯·德·萊昂（Juan Velázquez de Léon），他可能已經戰死、溺死或者被活活拖走獻祭並吃掉了。儘管西班牙人在雨霧彌漫的夜間兵分四路，有序出發，但這次行軍大逃亡很快就陷入各自爲戰的混亂狀態中，迷糊困惑的歐洲人被包圍起來，多數人在特斯庫科湖上長達一又四分之一英里的堤道上被推進了湖裡。

看到前方一盤散沙四散奔逃的人群，一些位於後方的阿爾瓦拉多的士兵轉而逃回了特諾奇蒂特蘭城里的院落。他們顯然更願意在乾燥的土地上完成光榮的最後一戰，而不願在夜間堤道上的污穢裡被毆打致死。抵達那裡之後，這隊註定要戰死的掉隊士兵，遇到了另一些嚇壞了的卡斯蒂利亞人，他們此前在一片混亂中被拋棄了，這些人可能是在附近的特斯卡特普卡神廟裡堅守的士兵，也可能是不願意冒險跨過特斯庫科湖突圍的士兵。多達二百名卡斯蒂利亞人從未沿原路離開特諾奇蒂特蘭。後來的阿茲特克記載提到，在幾天的頑強抵抗後，這些人要麼被殺，要麼被俘虜後獻祭。

不到一半的卡斯蒂利亞人和特拉斯卡拉人最終踏上了湖岸。最終將他們從全軍覆沒中拯救出來的是科爾特斯本人近乎瘋狂的堅定。科爾特斯遠沒有驚慌失措，而是在特拉科潘迅速把他那支小軍隊的殘部組織起來，次日就出發，踏上返回將近一百五十英里之遙的特拉斯卡拉首都的漫長旅途，路上將會遇到許多敵對地區，碰到不少崎嶇地形。儘管阿茲特克人大肆屠戮，但科爾特斯麾下最好的戰士卻倖存下來。阿爾瓦拉多——儘管他的狀況有些不太好——成功地越過了堤道，不過他損失了幾乎所有交給他指揮的士兵。其他優秀騎士——阿維拉、貢薩洛、莫拉、奧利德、桑多瓦爾和塔皮亞（Tapia）——都還活著。不可阻擋的也是極爲致命的瑪麗亞·德·埃斯特拉達（Maria de Estrada）也得以倖存，她曾經把墨西哥人嚇得夠嗆，以至於被當成某種超自然的基督教女神。

這些技藝嫻熟的殺戮者的倖存，確保了西班牙人還擁有一隊騎馬戰士的核心力量。這些數量雖少卻可靠的人物，能夠冷靜地衝過印第安人潮，不受傷害地進行刺殺劈砍，對此他們積累了豐富的經驗——這與納瓦埃斯那次遠征失敗後續徵召來的新兵的素質形成了鮮明對比。就大體情況而言，新來的人攫取了遠多於前人的黃金，在對戰墨西哥人時卻顯得更爲膽怯，這些新丁和那些在一五一九年秋季與科爾特斯一起第一批登陸的老兵們之間，沒什麼熟悉親近的關係。

科爾特斯還發現，忠誠且珍貴的翻譯唐娜·瑪麗娜（Doña Marina），也就是拉馬林切（La Malinche）同樣得以安全突圍。更爲重要的是，他麾下的傑出船匠馬丁·洛佩斯（Martín López）沿著堤岸殺出了一條通道。儘管洛佩斯受了重傷，但他也一樣得以生還。「考迪羅」向他手下崩潰且士氣低落的部隊評論說，「呃，我們走吧，我們不缺乏任何東西。」在他一生中最大失敗的關頭，科爾特斯意識到他依然有一個人能夠建造新的船舶，這就讓他能夠在返回特諾奇蒂特蘭的途中在不可避免的殊死戰鬥中獲勝。與此相比，墨西哥人的行爲是令人吃驚的：在趕走了西班牙人後，數以千計的英勇勝利者充滿喜悅，在極爲關鍵的幾個小時裡，他們沒有追擊數百名逃脫的敵軍——那些人正處於毀滅邊緣，卻已經決心要設法打回來，消滅折磨他們的人。

逃亡——一五二〇年七月二~九日

在悲傷之夜（*Noche Triste*）後的破曉時分，已經有接近八百名歐洲人戰死或失蹤。在上個月進入特諾奇蒂特蘭的卡斯蒂利亞人裡有一多半已經過世，死者要麼是在湖底腐爛，要麼在宗教儀式上被切開胸膛。西班牙人花費九個月時間不斷征戰的成果以及在數十個印第安城市中精心經營的同盟關係，轉瞬間全部落空。試圖和平贏得特諾奇蒂特蘭，而在城內半年時間裡對敵人的縱容——對蒙特蘇馬恩威並施的態度——顯然也同樣白白浪費了。在湖堤上大約六個小時的屠戮中，科爾特斯實實在在地損失掉了那支他花了將近一年時間才組建起來的軍隊。像阿隆索·德·埃斯科瓦爾（Alonso de Escobar）和貝拉斯克斯·德·萊昂（Valázquez de Léon）那樣健壯的人失蹤了，按常理推斷，他們應當是被拖到維特西洛波奇特利的大神廟，在墨西哥人的勝利閱兵中被摘去心臟。墨西哥祭司們已經準備好了把卡斯提亞人的頭顱作爲戰利品，送給湖岸上的附近村莊以及之外的地方，作爲新來者大量死亡的證明——與之相伴的，還有禁止援助那些絕望逃亡者的威脅——此時他們像人而不是神，同樣會受傷流血、驚嚇逃亡。

同時代的阿茲特克記錄講述了在卡斯蒂利亞人的「悲傷之夜」後，特諾奇蒂特蘭城中的景象：

> 但是他們把西班牙人的屍體從其他人當中找出來，成列擺放在一個單獨的地方。他們的屍體就和莖稈上的新芽一樣白，和龍舌蘭的花蕾一樣白。他們把曾載著「神靈」的死去的「牡鹿」（馬）扛在肩上。隨後，他們把西班牙人在恐慌中拋棄的所有東西都聚在一起。當一個人看到他想要的東西時，他就拿走那東西，那也就成了他的個人財產，接著就扛著財產帶回家。他們也收集了西班牙人曾經扔下或掉在運河里的全部武器——火炮、火繩槍、劍、矛、弓箭——此外還有全部鋼盔、鎖子甲和胸甲，以及金屬盾、木盾和皮盾。（M·里昂—玻第拉編著，《斷矛》，八九）

幾乎所有倖存的西班牙人都傷病纏身。考慮到他們曾經連續幾個星期不停地行軍，又在特諾奇蒂特蘭院落裡吸入夏日灰塵、天天吃粗劣的食物，還帶著傷，忍受著突如其來的降雨和湖里冰冷的水，還經常需要身著重磅金屬胸甲，許多人因此得了支氣管系統疾病——最有可能的是肺炎——有幾十人在逃跑路上斷氣了。儘管他手下的士兵狀況淒慘，科爾特斯還是不得不趁著墨西哥人慶祝勝利、重組部隊時儘快離開特拉科潘和湖岸。大部份偷來的黃金都丟了。火炮沉在特斯庫科湖底。火繩槍和弩也幾乎被丟棄乾淨了。就是剩餘的少數武器，也沒有火藥和弩矢。從理論上講，墨西哥人從堤道上的死者那裡拿來武器並殺死院落裡剩餘西班牙士兵獲得裝備之後，他們在可以支配的投射武器方面，已經勝過卡斯蒂利亞人了。

沒有關於被殺或被俘的特拉斯卡拉人數目的確切記載——他們的死亡人數無疑超過一千。其他的印第安同盟軍增援部隊則在許多英里之外，維拉克魯斯的少數西班牙守軍無法與外界接觸。總的來說，按照科爾特斯的統計，他損失了百分之七十的馬匹和百分之六十五的士兵。而更糟糕的是，他距離最鄰近的特拉斯卡拉友好市鎮還有多英里。他還有一點盟友軍隊嗎？此刻科爾特斯還在特拉科潘城邊緣，這里的人們看上去是中立的，但幾個小時內，就會有數以千計的墨西哥人前來追擊，他們還帶著用來賄賂和提供激勵的東西，打算送給任何盟友，只要他們能夠活捉並把這些可憐的、瀕臨餓死的卡斯蒂利亞人交出來。可以看出，這種策略正在谷地之外不斷發揮效果，因爲整個平原上的西班牙前盟友都變得越發敵對起來，他們渴望借著阿茲特克人勝利之勢得利。

不管科爾特斯當時是否知道這一點，他的運氣即將發生戲劇性的變化。第一，他並沒有被緊密包圍起來——至少暫時尚未如此。顯然，阿茲特克人對嶄新的歐洲作戰方式並不全然熟悉，這種方式並不像他們所習慣的「鮮花戰爭」那樣，只是爲了讓敵人屈服。歐洲作戰方式並沒有什麼規則或禮儀，俘虜也少得多，卻專注於立即殺死敵人，追擊敗軍，終結他的抵抗意志，從而通過殺戮獲得談判和政治無法得到的東西。在歐洲式的殲滅戰信條下，讓一個像科爾特斯——或者亞歷山大大帝、尤里烏斯・凱撒、獅心王理查、拿破崙、切姆斯福德勳爵（Lord Chelmsford）一樣——的人在戰敗後帶著軍隊逃出並非勝利，只是確保下一次交戰會更爲血腥而已。那時，一支更憤怒、更有經驗也更明智的軍隊會打回來，一勞永逸地解決問題。

就科爾特斯而言，他的所作所爲已經給墨西哥人造成了極大的損失。幾個星期之前，阿爾瓦拉多在托克斯卡特節（festival of Toxcatl）上愚蠢、怯懦卻致命的屠戮，奪走了毫無防備的墨西哥人中最傑出的軍事領袖——人們幾乎會懷疑，阿爾瓦拉多的狠毒屠殺或許有不在現場的科爾特斯的默許，因爲這場殺戮對阿茲特克人的戰鬥力造成了不可彌補的損害。在六月底的一週戰鬥中，成千上萬的貴族戰士戰死或受重傷。墨西哥人的皇帝在向他的臣民講話時（或在講話剛結束時）被無恥地殺死了。重要的神聖貢賦被永久性地打斷了。特諾奇蒂特蘭城內數以百計的房屋被焚毀，數十座神廟被劫掠、被褻瀆。

戰後，震驚的墨西哥人忙著返回特諾奇蒂特蘭，清理亂糟糟的大街，爲擺脫兇殘的闖入者而高興——畢竟這些外來人的癖好是摧毀幾乎一切碰到的東西。當地居民覺得，威脅似乎已經過去了。比起墨西哥人所受的客觀損失重要得多的事件，則是此時共有七支不同的西班牙分艦隊從海上開往維拉克魯斯，它們從古巴和西班牙運來了更多的火藥、弩、馬匹和火炮，裝滿了嗅到財富氣息的亡命之徒，他們已準備好加入劫掠傳說中有黃金節的國度。

科爾特斯知道，這麼多西班牙人死於非命的狀況，以及關於人祭、食人的傳言，將會激怒驕傲的卡斯蒂利亞人，呼喚每個懷有榮譽感的人返回此地，給這些食人的異教徒帶來火焰與毀滅。科爾特斯已經掌握了阿茲特克人的戰爭方式：他們強調俘虜敵人更甚於製造殺戮，他們的武器可以把人打暈，但很少能夠立即殺死對方，只有反覆擊打才會致死。阿茲特克戰士喜歡用劍和棍單打獨鬥，而非排成訓練有素的佇列展開突擊的大範圍戰術。他們的作戰單位以服飾花哨、飾有羽毛、攜帶軍旗的指揮官爲中心，這些人的死亡，也許就會導致他們麾下從某一地區招來的戰士驚慌逃跑。阿茲特克軍隊要比卡斯蒂利亞人更遭其他土著民族憎惡。

科爾特斯現在位於乾燥的土地上，遠離了地獄般的堤道和獨木舟，有空間施展他的馬匹和密集劍士陣。在「悲傷之夜」後的恐慌和沮喪中，他尚未意識到就在他的卡斯蒂利亞人和特拉斯卡拉人遭遇屠戮時，還有數以千計的印第安人——特帕內克人（Tepanecs）、托托納克人（Totonacs）、加爾卡人（Chalcans）和精神飽滿的特拉斯卡拉人（Tlaxcalans）——尚未決定好加入阿茲特克人，他們依然遊移不定。許多人私底下希望卡斯蒂利亞人返回特諾奇蒂特蘭。

對科爾特斯而言，「悲傷之夜」是一場大敗。但對大部份爲阿茲特克權貴的餐桌提供食物，爲惡魔般的阿茲特克神靈提供自己身體作爲祭品，因而堅定地與阿茲特克人爲敵的土著人而言，「考迪羅」率領軍隊突入了要塞城市，劫持受人憎惡的皇帝，並在撤退途中殺戮了數以千計的阿茲特克人的做法，只會令他們感到敬畏而非輕蔑。在墨西哥谷地裡流傳的消息，並不全是關於阿茲特克人對卡斯提亞人的勝利，許多資訊也同時強調，大膽又致命的白人沿著可怕的堤道行軍，並最終殺到了安全地帶。這些傳聞強調的是數以千計的阿茲特克人被屠戮的事實，而不是上百名卡斯提亞人戰死的慘劇。新的阿茲特克皇帝奎特拉瓦克（Cuitláhuac）也許可以聲稱他所展示的人皮和頭骨是科爾特斯、桑多瓦爾和阿爾瓦拉多身上的，但這三位傳奇殺手都依然活著並決心歸來的事實很快就會出現。即便是阿茲特克使節充滿自信的說法——大約四十五名留在特拉斯卡拉的卡斯提亞人已經在趕往海岸途中遭遇伏擊和屠殺——也只產生了很小的影響。觀望的墨西哥部落在衡量敵對雙方的差距，抱怨阿茲特克人每年索取的人祭貢品後，大部份人寧可選擇卡斯蒂利亞人的暴行，也不會選擇阿茲特克人的暴行——也許，他們寧願選擇白人殺手們的古怪耶穌基督，也不會選擇太過熟悉的、嗜血的維特西洛波奇特利（Huitzilopochtli）。

最後，還有傳言說近來有個抵達海岸的歐洲人——據說是個來自納瓦埃斯所部的非洲奴隸——正受天花困擾。在一五二〇年夏季處於毀滅邊緣的卡斯提亞人因而得到了一個新的、不可預見的盟友：在並無多少抵抗力的人群中肆虐的致命病菌。新病菌在睡在成排木屋裡的人群中肆虐，他們大多是城市居民而非農村居民，一整個社區都在一起吃飯、洗漱，很快這種疾病就將消滅數十萬人——對於盟友、中立者和敵人都一視同仁。死於天花的阿茲特克人，遠遠多於死在卡斯提亞人的托萊多劍下的人，他們對於歐洲的流行病毫無生物學或文化上的體驗。在七月二日早晨，待在特拉科潘的科爾特斯和他身邊可憐的那群人，渾身濕透，帶著傷痛，面臨毀滅威脅。他並不知道，自己麾下的士兵在幾個月內，不僅能夠重獲可怕的名聲，被視爲持有鋼劍和雷鳴武器的可怕陌生人，還會被當作一群不受疾病影響的超人，絲毫不受天花這種憤怒神靈所施新詛咒的影響。

因此，一五二〇年七月二日，科爾特斯把他的士兵集結起來，其後幾天裡在持續騷擾下緩慢突圍。最終在距離特拉斯卡拉人的安全地區還有大約一半路程時，墨西哥新皇帝奎特拉瓦克和他的大軍在奧通巴小村遇到了卡斯提亞人。西班牙史書後來聲稱有四萬人集結在一起，考慮到特諾奇蒂特蘭周邊村莊的心態變化，這個數字貌似是可信的。由於科爾特斯的士兵只剩下不到二十匹馬，所有人都帶著傷，並且沒有火炮或火繩槍，墨西哥人迅速包圍了他們，在接下來的六個小時裡逐步將其擊敗。即便是懷疑論者也不得不承認，科爾特斯的西班牙人在奧通巴平原上可能處於多達一比一百的數量劣勢。

就在西班牙人處於失敗的邊緣時，科爾特斯認出了阿茲特克戰線上的大首領「西瓦科亞特爾（*cihuacoatl*）」及其下屬，他們身上飾滿了明亮的色彩和花哨的羽毛，大首領本人背上扛著阿茲特克人的羽飾旗幟。迪亞斯・德爾・卡斯蒂羅注意到，科爾特斯對這一標誌的恐怖表像不爲所動，轉而選擇了與桑多瓦爾、奧利德、阿維拉、阿爾瓦拉多和胡安・德・薩拉曼卡（Juan de Salamanca）——這一時代最致命的槍騎兵——一起衝進人群。「當科爾特斯見到他和其他許多墨西哥首領都戴著很大的羽飾後，他告訴我們的指揮官，『嘿，先生們，咱們衝垮他們，讓他們個個掛彩』。」（B・迪亞斯・德爾・卡斯蒂羅，《墨西哥的發現與征服》，三二〇）儘管阿茲特克人擁有巨大數量優勢，最近也曾在堤道上取得了勝利，但他們在平原上面對騎兵和劍手的密集佇列時，可以說完全無法防禦——而奧通巴平原（Plain of Otumba）正是爲西班牙騎手量身定制的。沒有一個墨西哥人曾遇到直接衝向他們的「西瓦科亞特爾」的馬上敵人。隨著他們的首領被槍騎兵們撕裂，阿茲特克戰旗落入西班牙人手中，成千上萬的人逃回了特諾奇蒂特蘭。

僅僅在「悲傷之夜」後八天進行的奧通巴之戰，在許多方面都是埃爾南・科爾特斯最偉大的勝利。在威廉·普萊斯考特所寫的一個著名段落裡，他強調了紀律、軍事科學和埃爾南·科爾特斯的個人領導才能在阿茲特克命運的突然倒轉中所起的作用（正如此前的蒙特蘇馬一樣，奎特拉瓦克被隔絕在戰鬥之外）：

印第安人全力以赴，基督徒則受到了疾病、饑荒和長久以來痛苦的破壞，沒有火炮和火器，缺乏之前常常能夠給野蠻敵人製造恐慌的軍事器械—甚至缺乏常勝名聲對敵軍造成的恐怖。但紀律在他們一邊，他們的指揮官有著不顧一切的決心和不容置疑的信心。（《墨西哥征服史》，四六五）

當科爾特斯最終殺出重圍，安全抵達特拉斯卡拉後，他的許多士兵，尤其是那些後來者——背叛了科爾特斯的大敵納瓦埃斯之後轉投過來的人——中的少數倖存人員已經精疲力竭，對墨西哥感到厭倦。大部份人準備前往維拉克魯斯，找到返回古巴的通道。其他人則對科爾特斯進入特諾奇蒂特蘭時留在特拉斯卡拉的胡安·派斯（Juan Páez）所表現出的滯留不進感到憤怒——他有數以千計的特拉斯卡拉人可以作戰，這些人在得知征服者和他們的同族人被困在阿茲特克首都時，渴望著前去救援他們。此外，一支由四十五名西班牙人組成的輔助部隊在試圖趕往維拉克魯斯時慘遭伏擊和屠殺的消息也傳到了這支疲憊之師的耳中。

科爾特斯隨後的舉動，讓情況變得更糟：他宣佈要徵收所有從城裡帶出來的黃金，以此負擔給養開支。他也禁止任何倖存者前往海岸找尋返程船舶。法蘭西斯科·洛佩斯·德·戈馬拉寫下了他們的抱怨：

科爾特斯打算做什麼？為什麼他希望把我們留在這裡倒楣死去？他和我們對著幹，不讓我們走能得到什麼？我們的頭已經破了，我們的身體滿是傷口和潰瘍，正在腐爛，我們沒有血色、虛弱不堪、裸著身子。我們位於陌生的土地上、窮困又身體不適，被敵人包圍著，沒有希望從我們陷入的處境中掙脫出來。如果我們讓自己冒著像之前一樣的危險，那我們就是白癡和傻瓜。我們不像他，不想像傻子一樣死去。他對榮耀和權威貪得無厭，絲毫沒想到自己正處於垂死之中，更沒想到我們的死亡。他沒有考慮到這樣的事實：他沒有人、槍炮、武具和馬匹（它們是作戰的主力），最糟糕的是，還沒有任何給養。（《科爾特斯》，二二八）

那時沒人能夠想到，在短短十三個月內，埃爾南·科爾特斯就會回到特諾奇蒂特蘭，他將殺死成千上萬的人，並永遠終結阿茲特克國家的存在。

特諾奇蒂特蘭的毀滅——一五二一年四月二八日～八月一三日

卡斯蒂利亞人於一五二〇年七月九日安全抵達特拉斯卡拉城鎮韋約特利潘（Hueyotlipan）後，在這年餘下時間裡他們的境況逐步好轉起來。七月，特拉斯卡拉人同意簽署無限期同盟協定——他們有能力從附近的友鄰地區集結將近五萬名戰士——以此交換從特諾奇蒂特蘭得來的一部份戰利品，永久免除貢賦，並在征服阿茲特克首都後在城中據有一處堡壘。科爾特斯在八月重整了軍隊，率領數以千計的特拉斯卡拉人突襲了特佩亞卡（Tepeaca）的要塞，並開始有計劃地蹂躪周邊村莊。九月，優秀的（船匠）馬丁·洛佩斯得到了軍隊中最好的工匠——數以千計的特拉斯卡拉工人，以及從維拉克魯斯的被毀船隻上搶救出來的工具。他奉命建造一十四艘能夠在拆解後翻山運往特諾奇蒂特蘭，組裝後能夠在特斯庫科湖下水的雙桅帆船。

到當月月底爲止，致命的天花疫情已經從維拉克魯斯蔓延到特諾奇蒂特蘭。數以千計的墨西哥人開始死於他們起先以爲是神秘皮膚病的東西。若干年後，墨西哥倖存者向貝爾納迪諾・德・薩阿貢（Bernardino de Sahagún）提到了這種可怕症狀，後者以近乎修昔底德的方式展開記錄：

> 我們臉上、胸膛上、肚皮上在發疹，我們從頭到腳都有令人極度痛苦的瘡。疾病極為可怕，沒人能夠走動。得病者全然無助，只能像屍體一樣躺在床上，連指頭和腦袋都沒法動。他們沒法臉朝下躺著或者翻身。如果他們的確動了身子，就會痛苦地吼叫。很多人死於這一疫病，還有許多其他人死於饑餓。他們沒法起身找尋食物，其他人也都個個太過虛弱，沒法照料他們，結果只能在床上餓死。一些人的病情較為溫和，比其他人受苦更輕，康復狀況良好，但他們也不能完全擺脫疫病。他們毀了容，皮膚上出疹的地方留下了難看的疤痕。倖存者中的一小部份人完全瞎掉了。（M・里昂—玻第拉，編著，《斷矛》，八五—八六）

此前在奧通巴攻擊科爾特斯的蒙特蘇馬繼任者奎特拉瓦克就死於這一疾病，接替他的是更爲年輕也更爲魯莽的瓜特穆斯（Cuauhtémoc）。後者最終會投降，交出一座特諾奇蒂特蘭的廢墟——他是不到一年時間裡第三位和埃爾南・科爾特斯打交道的阿茲特克皇帝。

一系列奇特的事件逐漸將科爾特斯已經瓦解的軍隊，重塑成一支矢志向阿茲特克人復仇的可畏之師，這樣的勢頭依舊在繼續著。一五二〇年晚秋，共有七支船隊在維拉克魯斯靠岸，爲科爾特斯剩餘的四五百名征服者補充二百名士兵。六個月來，科爾特斯頭一次有了充滿活力的馬匹和充足的火藥、火炮、火繩槍、弩。此外，

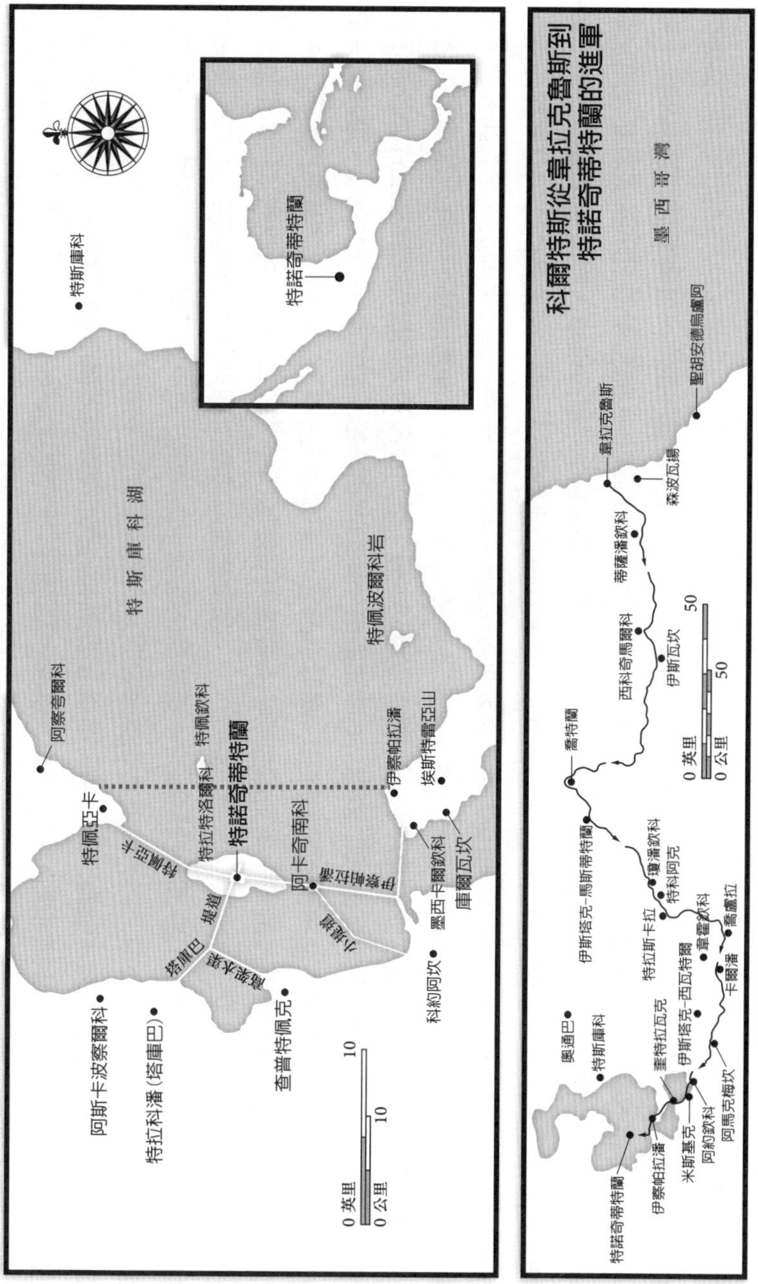

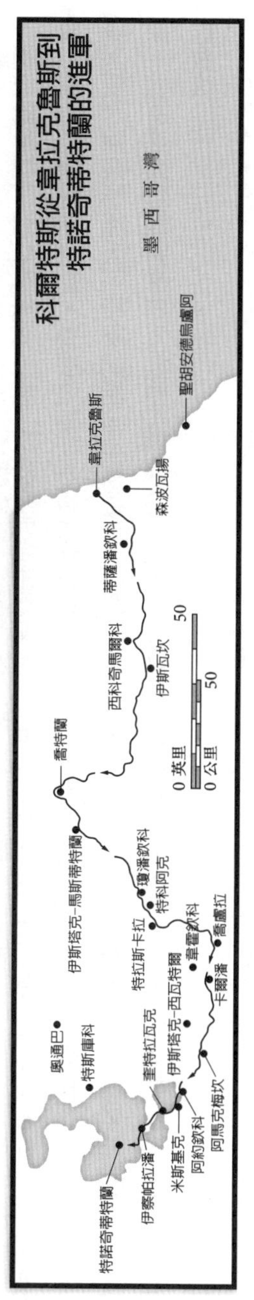

特諾奇蒂特蘭之戰，1520 年 6 月 24 日 ~1521 年 8 月 13 日

科爾特斯還派船隻前往伊斯帕尼奧拉（Hispaniola）和牙買加，索取更多的馬匹與武器。就在他於一五二〇年十二月花了不少時間平定特佩亞卡人（Tepeacans）的同時，永遠可靠的桑多瓦爾已經征服了特拉斯卡拉和海岸間的所有部落，確保了補給能夠從維拉克魯斯安全運往征服者在特拉斯卡拉的總部。如果說特諾奇蒂特蘭大城可以通過水運得到充分補給的話，西班牙人就擁有整個大西洋來爲維拉克魯斯安全地提供補給。但科爾特斯能夠建造艦隊阻止特諾奇蒂特蘭的獨木舟，卻沒有一個阿茲特克戰士知道該怎麼阻止「浮動的群山」帶著越來越多的惡魔般的白人和他們雷鳴般的武器在維拉克魯斯靠岸。

到一五二一年新年爲止，科爾特斯已經敉平了維拉克魯斯和特諾奇蒂特蘭之間的大部份敵對部落，獲得了充足的補給和新增的士兵。他那時正投身於龐大的造船計畫，以便確保他的步兵和騎兵返回湖上堤道時可以獲得水軍保護。科爾特斯也許已經率領大約五百五十名西班牙步兵開始行軍返回特諾奇蒂特蘭——這批部隊尚不足去年六月試圖從此城逃跑的卡斯提亞人的一半——其中包括八十名火繩槍手和弩手，還有至少四十匹新銳戰馬和九門新炮。此外，他還挑選了一萬名最優秀的特拉斯卡拉戰士，準備向特諾奇蒂特蘭附近的衛星城鎮進軍。到一五二一年四月初，這支新軍已經抵達墨西哥首都城郊，船隻已經做好下水準備，掃蕩分隊已經開始有計劃地截斷城市的食水供應。第二次攻勢完全不像第一次「拜訪」時那樣打著調解、聯盟的幌子。在「悲傷之夜」後，科爾特斯決定，要麼迫使新皇帝瓜特穆斯和他的臣民無條件投降，要麼就在戰鬥中擊敗阿茲特克軍隊。要是阿茲特克人不投降的話，卡斯提亞人就會逐個街區地摧毀特諾奇蒂特蘭，把它留給特拉斯卡拉人劫掠——這讓人想起亞歷山大把底比斯夷爲平地，然後讓周邊的彼奧提亞人肆無忌憚地劫掠、奴役、殺害倖存者的做法。

四月底，在周邊鄉村進行了持續六個月的不斷作戰，已割裂阿茲特克的納貢帝國後，科爾特斯重建後的軍隊回到了堤道上，對特諾奇蒂特蘭展開封鎖。湖岸上和墨西哥谷地裡的多數城市都已經屈服於科爾特斯，甚至派兵加入了他的部隊。要是在一年前的話，西班牙人進入這座島嶼上的要塞城市可能是不明智的，但現在科爾特斯渴望證明，此前卡斯提亞人圍城軍變成被困者時，墨西哥人待在城裡的舉動是更爲愚蠢的。到一五二一年四月二十八日爲止，馬丁・洛佩斯的平底雙桅帆船——裝配好了桅杆、划槳和火炮，配備了弩手和火繩槍手——已經越過群山，重新組裝後在特斯庫科湖下水，確保阿茲特克人的獨木舟無法進攻堤道上的卡斯提亞人。在一個沒有馬，沒有牛，甚至沒有輪子的世界裡，像特諾奇蒂特蘭這樣一個二十五萬人口的城市只能通過水運供給。事實上，它的日常生存依靠的是數以千計的獨木舟從湖上運來的成噸玉米、魚、水果和蔬菜。毀滅獨木舟船隊不僅削弱了阿茲特克的軍事力量，也用饑餓迫使城市就範。

伴著「卡斯提亞，卡斯提亞，特拉斯卡拉，特拉斯卡拉！」的吼聲，科爾特斯率領他的西班牙─印第安軍隊開往特諾奇蒂特蘭本城。儘管同時代觀察家聲稱這支聯盟軍隊的規模接近五十萬人，侵略軍的實際人數更可能是五萬～七萬五千。加上最後時刻從維拉克魯斯趕來的援軍，它的先頭部隊是七百到八百名卡斯提亞步兵，九十名騎手，一百二十名弩手和火繩槍手，三門重型火炮，再加上更小的隼炮和十四艘雙桅帆船上的火力。除了火器備件之外，許多卡斯蒂利亞人還得到了嶄新的鋼盔、鋼劍，少數人還有胸甲和盾牌。

科爾特斯的計畫相當簡單。他的三名騎兵精英——阿爾瓦拉多、奧利德和桑多瓦爾——將各自率領四分之一的部隊沿著三條主要堤道進入城市。通往特拉科潘的堤道將會暫時敞開，但也會派人守備，以便讓打算逃跑的人離開城市。科爾特斯本人則會率領第四部份部隊登上雙桅帆船，船上大約裝載三百名卡斯提亞人，大約每條船二十五人。此外，數以千計的特斯庫科人和特拉斯卡拉人將會跟在帆船後面——特斯庫科人領袖伊斯特利爾斯奧奇特爾後來聲稱，他的族群在科爾特斯的大艦隊中操縱了一萬六千條獨木舟參加戰鬥。這支聯合船隊將支援三路陸上進攻，加強封鎖，殲滅敵軍船隻。

到一五二一年六月一日，科爾特斯已經完全切斷了城市的活水供應，並強攻拿下了特佩波爾科（Tepepolco）的島嶼要塞——這是墨西哥人針對兵分多路的卡斯蒂利亞入侵者，用來協調反擊的地方。西班牙人將圍城戰開始的正式日期定爲五月三〇日，他們在那天封鎖了城市的補給來源——後來以從一五二一年五月三十日到八月十三日的「七十五天」來紀念特諾奇蒂特蘭的毀滅。但由於阿茲特克人依然在數量上遠遠超過入侵者，夏天剩餘時間裡的圍城進程依然艱難。他們在湖裡的淤泥上插上尖銳的木樁來迫使雙桅帆船擱淺，攀上了旗艦號（Capitana）。要不是馬丁．洛佩斯的英勇表現——在某種程度上他是科爾特斯所部裡面最爲令人印象深刻的——以及一小隊劍手趕來驅走阿茲特克登船者，殺死那些將要把「考迪羅」捆起來拖走的人，旗艦和它的艦長都會被阿茲特克人俘獲。

卡斯蒂利亞人也知道，如果他們要平息一切抵抗的話，不僅得擊敗阿茲特克軍隊，還要強攻城市，並將其夷爲平地。西班牙人兵分四路的進攻將沿著堤道緩慢推進，攻入郊區，然後在晚上退到安全地帶。科爾特斯能否填補堤道缺口並保持堤道完好，將決定他們是否能取得勝利。只要堤道完好，西班牙人就能在拆除特諾奇蒂特蘭街區，推倒神廟、牆壁和住宅時保持進退自由。騎手、弩手和火繩槍手逐步爭取到了活動空間，找到了清晰的火線，與此同時清除了來自街角和狹路上的伏擊點。科爾特斯借鑒了二千年來的歐洲圍城戰經驗——例如古希臘的圍城（poliorcetics）科技——把城市的水、食物供應和衛生設施作爲目標，在針對守軍的自然饑荒和疫病進行攻擊之外，還針對防守方的薄弱環節進行攻擊，以擴大自然饑荒和疫病對守城者的影響。

如果西班牙人在特諾奇蒂特蘭城裡推進得太遠的話——他們在那里有可能遭遇伏擊，並面對一擁而上的敵人，而撤退所須經過的堤道又被打出了缺口——他們就會面臨毀滅。但是假若雙桅帆船確保堤道可以通行，那麼進攻者就可以天天攻入城市，摧毀一兩個街區，殺死數以百計的阿茲特克人，然後在夜間退到他們加固了的院落裡去。通常情況下，步兵在火炮、火繩槍和弩的火力支援下推進，用他們的托萊多劍砍殺並無披甲的阿茲特克人。在關鍵時刻，數十名披甲的槍騎兵會衝擊敵軍的集中部份，或者在墨西哥人白天追擊撤退步兵時展開伏擊。到六月底爲止，瓜特穆斯皇帝已經注意到，阿茲特克戰術顯得毫無效果，於是他對防禦展開了根本性的調整，將特諾奇蒂特蘭城內的大部份倖存人口——戰士、平民，甚至是大神廟里的神靈偶像和肖像——轉移到鄰近的北側島嶼郊區特拉特洛爾科。這是個明智之舉：對防禦的調整拖住了西班牙人，他們錯誤地認爲阿茲特克人已被擊敗，正在逃竄。此外，卡斯蒂利亞人並不知道特拉特洛爾科是人口更爲稠密的地方，比起大體上已被摧毀的特諾奇蒂特蘭的寬敞大道更適合城市作戰。

整場鬥爭的關鍵在於，不讓西班牙人有足夠的空間進行戰馬衝鋒和步兵列隊，也不給他們的火炮和火器清晰可見的戰線來瞄準。隨著戰鬥轉移到特拉特洛爾科，特拉特洛爾科人加入阿茲特克人，在曲折狹窄的街道上湧向卡斯蒂利亞人，而且切斷了通往本土的堤道。科爾特斯本人被打下了馬，第三次幾乎被人拖走。克里斯托巴爾·德·奧萊亞和一位無名特拉斯卡拉人奮力砍殺憤怒的墨西哥人，砍斷了他們的手，這樣才救出了他們的「考迪羅」。在特拉特洛爾科的首場伏擊戰中，超過五十名西班牙人被捆起來拖走，另有二十人被殺，此外還有數以千計的特拉斯卡拉人爲卡斯蒂利亞人的衝動付出了被殺或被俘的代價。一艘雙桅帆船被擊沉，還有一門珍貴的火炮也丟失了。

墨西哥人立刻把一些戰俘砍了頭，在撤退的西班牙人面前展示頭顱，聲稱他們是科爾特斯和他的軍官：「因此我們將會殺死你們，就像我們殺死馬林切和桑多瓦爾一樣。」西班牙人一抵達安全地帶就聽到了鼓聲。貝爾納爾·迪亞斯·德爾·卡斯蒂羅這樣回憶此後發生的事情：

當他們（墨西哥人）把他們（戰俘）弄到神廟前面放置在他們那些可憎偶像的小平臺上時，我們看見他們在我們許多戰友的頭上戴上羽飾，讓他們拿著扇子似的一種東西，在維奇洛沃斯神（Huichilobos）之前跳舞。跳舞之後，墨西哥人把我們的戰友們放在用於祭神的不太厚的石塊上，用燧石刀剖開他們的胸膛，剜出活跳的心，奉獻給放在那裡的偶像。墨西哥人把屍體從臺階上踢下去，等在下邊的另外一些印第安屠夫便把屍體的四肢剁去，剝下面部的皮，留待以後鞣製成像做手套用的那種皮革，並把它連同鬍鬚保存起來，以便舉行酒宴時用來歡鬧；他們還拿人肉蘸著辣醬吃。（《墨西哥的發現與征服》，四三六）

西班牙人害怕「悲傷之夜」的景象會再次出現。墨西哥人朝著特拉斯卡拉人大呼，把烤過的被俘特拉斯卡拉族人的大腿和卡斯蒂利亞人的碎肢投給他們。「那些神使（卡斯蒂利亞人）的肉和你們弟兄的肉我們已經吃得太飽了，你們也可以來嘗嘗。」（《墨西哥的發現與征服》，四三七）阿茲特克人正在吃西班牙人的肉，數十名被捆綁著的征服者被插上羽飾，沿著金字塔拾階而上走向死亡。這些消息在科爾特斯的印第安盟友中傳遍了，於是幾乎整個印第安同盟突然崩潰了。大部份土著酋長都害怕阿茲特克恐怖的回歸，意識到歐洲人和西班牙人到來之前的他們一樣，在饑餓的阿茲特克神靈面前也是脆弱的。在瓜特穆斯集結盟友，尋求新的支援，並把被俘卡斯蒂利亞人和他們馬匹的屍體碎片送到特斯庫科湖畔的村莊裡作爲西班牙人戰敗證明的同時，科爾特斯和他的士兵正在調養傷口，重整部隊。但就在那時發生了一件怪事——考慮到墨西哥人此前未能在「悲傷之夜」後的那個早上立刻展開追擊，這或許是件可以預言的事。阿茲特克人在七月的大部份時間裡並未強攻被圍的西班牙院落，饑餓、疾病、他們城市的大規模破壞以及數以千計的戰鬥傷亡已經大量毀滅了他們的軍隊。殺死並獻祭卡斯蒂利亞人並未能夠阻止入侵者，科爾特斯也在受挫後變得更爲自信。

到七月下旬爲止，疲憊的阿茲特克人再也無法切斷堤道，這使得卡斯蒂利亞人能夠自由出入特諾奇蒂特蘭和特拉特洛爾科。來自維拉克魯斯的補給，也能暢通無阻地運到科爾特斯手裡。他的士兵不悅地前往波波卡特佩特火山採集至關重要的硝石，以便製造更多的火藥。阿茲特克逃亡者證實了特諾奇蒂特蘭處於饑饉之中，年僅十八歲的皇帝越發不能組織有效抵抗的消息。科爾特斯在他著名的寫給卡洛斯五世的第三封信中描述了阿茲特克人的絕望困境：

> 這座城裡的人們不得不在死者身上行走，其他人則游進或是淹死在分佈著他們的獨木舟的寬闊大湖的水裡；事實上，他們所受的苦難極為巨大，我們完全無法理解他們怎樣忍受住了這一切。無數的男子、婦女和兒童跑到我們這邊來，他們急於逃脫，許多人擠進水裡，淹死在許多屍體之中；而且似乎有超過五萬人因為飲用鹹水、饑餓和可憎的惡臭死去。所以，要是我們沒發現他們所處的困境的話，他們是既不敢跳進雙桅帆船可能發現的水裡，也不敢躍過分界線，跑到士兵可能看見他們的地方。因此，我們在他們所在的那些街道上遇到了成堆的死者，被迫在他們身上行走。（《墨西哥來信》，二六三—二六四）

此時，卡斯蒂利亞騎手們在堤道上肆意漫步，屠殺了成千上百的逃出自己在特拉特洛爾寇里的小屋，出去尋找食物的人。特拉斯卡拉人變得越發難以控制，他們在城中肆意漫遊，到處屠殺——還偶爾吃掉——他們發現的任何墨西哥人。八月十三日，桑多瓦爾和加西亞·奧爾古因（García Holguín）俘虜了乘坐一條獨木舟逃亡的瓜特穆斯。這兩人爲了爭奪俘虜他的榮譽互相攻擊，引起了科爾特斯的干預。他若有所思地說，這就像是馬略（Marius）和蘇拉（Sulla）爭奪桎梏加身的努米底亞國王朱古達（King Jugurtha）。一位特斯庫科同盟王公伊斯特利爾斯奧奇特爾的後裔費爾南多．德．阿爾瓦．伊斯特利爾斯奧奇特爾（Fernando de Alva Ixtlilxochitl）在征服之後撰寫了一部來自印第安盟友視角的史書，他這樣記載瓜特穆斯的投降講話：

> 啊！指揮官，我已經盡了權力範圍之內的一切來捍衛我的王國，讓它從你的手中解脫。既然我的運數已經不利了，就拿走我的生命吧，這非常公平。做到這一點，你就會終結墨西哥王國，因為你已經摧毀了我的王國和附庸。（《科爾特斯聯盟》，五二）

科爾特斯會寬恕這位年輕的皇帝，然後在自己對洪都拉斯的災難性遠征中一路帶著他前進——不過他在轉移這位囚犯時，於一五二三年無恥地以莫須有的指控將瓜特穆斯絞死，罪名是煽動印第安盟友叛亂。

從五月底這座城市被切斷與外界的聯繫開始，有超過十萬名阿茲特克人在戰鬥中喪生，同時喪生的還有至少一百名卡斯提亞人和二萬名印第安盟軍。但這只是持續兩年的墨西哥城爭奪戰中實際損失的一小部份。疫病、饑荒和持續戰鬥已經大體上消滅了特諾奇蒂特蘭所擁有的人口。在特斯庫科湖周邊地區，最終計算得出的死亡人數超過一百萬。在自從科爾特斯從維拉克魯斯進軍開始的持續兩年的戰役中，一千六百名在不同時間段裡參與特諾奇蒂特蘭之戰的西班牙人損失不超過一千人。

最終的大屠殺將更爲駭人聽聞。在隨後的幾十年裡，緊隨天花之後的麻疹、鼠疫、流感、百日咳和腮腺炎，將墨西哥中部的人口從科爾特斯登陸時的八百多萬人降到半個世紀後的不足一百萬人。在不到兩年的時間裡，科爾特斯和他的一丁點兒軍隊創造了一連串事件，改變了次大陸的面貌，並摧毀了整個文明。

阿茲特克戰爭

關於戰爭中的阿茲特克人，人們充滿了誤解和成見。中美洲人往往被視為只是為了奪取大規模人祭的材料才成群進行作戰的奇怪野蠻人，以奇怪作戰法則替代戰場上真實殺戮的捕俘者。直到最近，辯護者們才把他們重新撰寫成新大陸的希臘人，他們令人印象深刻的建築象徵著開明且進步的文明，他們並不真的進行人祭和食人，而且也看不到有什麼理由來創造不需要的軍事技術。事實上，阿茲特克人既非希臘人，也並非野蠻人，而是精明的政教合一的帝國主義者。他們在對恐怖的洞察能力基礎上，以一支致命的軍隊為後盾，佐之以龐大的進貢體系，創建了鬆散又牢固的政治帝國。

阿茲特克人的戰爭和歐洲戰爭相去甚遠的原因，源自這個民族在文化和地域上的巨大侷限。阿茲特克軍隊沒有馬、沒有牛，甚至沒有輪子，他們的活動範圍受人力搬運者能夠攜帶的食物補給量限制。隨著特諾奇蒂特蘭在中美洲影響力的擴張，隨著城市規模的增大，戰爭變得更加可以預料，整個墨西哥次大陸的政治組織在攻擊面前也變得越發脆弱。歐洲人能夠對一座島嶼城市——它的生存仰賴於每天用船運進來的上千噸食物——用一小群精英進行斬首式打擊，從而摧毀整個帝國架構。

戰爭在十月到隔年四月之間，總會有短暫的停頓——科爾特斯正好在一五一九年十一月進入特諾奇蒂特蘭——以便讓農民收割糧食。在五月到九月間的雨季，戰爭也很少會發生，至於夜戰，同樣存在傳統上的障礙。與此相反，西班牙人作爲生活在溫帶氣候中的海洋民族，在歐洲與地中海上致命戰爭中倖存的老兵們願意並且能夠不分時節、晝夜、內外、海陸作戰，他們只受到很少的自然或人爲限制。

阿茲特克人和他們鄰居間的許多對抗是以「鮮花戰爭」（*xochiyaoyotl*）開始的。這種在雙方精英戰士間沒有太多殺戮的表演性質競爭，顯示出了阿茲特克人的優勢——依靠戰士更好的訓練、更大的熱忱和更豐富的作戰經驗——從而使得眞正的武裝反叛變得徒勞。如果敵軍繼續堅持抵抗的話，「鮮花戰爭」就有可能升級爲旨在徹底擊敗敵軍併呑其領土的全面征服戰爭。考慮到這一點，我們應當相信，在建立阿茲特克帝國的過程中，僅僅十五世紀裡就可能有數十萬中美洲人死於戰爭。

儘管中美洲戰士同樣有擅長使用的武器，但還有兩個因素限制了他們迅速大量殺死敵軍士兵的能力。在所有戰爭中，俘獲用以人祭的戰俘的戰爭是對個人作戰表現和社會地位的重要證明，被視爲對社會大衆的宗教健康極爲關鍵。此外，人祭還是一個具有實際功效的場合，噩夢般的祭祀場景和當中放血的恐怖景象，能夠恐嚇和警告潛在對手，告訴他們抵抗將會帶來何種後果。例如，據稱阿茲特克國王阿維措特（Ahuitzotl）曾在一四八七年的特諾奇蒂特蘭維特西洛波奇特利大神廟（Great Temple of Huitzilopochtli in Tenochtitlán）落成典禮上組織了一場爲期四天的血腥人祭，屠殺了八萬四百名戰俘——對於工業化時代的殺戮來說，這也是個巨大的挑戰。阿維措特在九十六小時里每分鐘十四名受害人的殺戮頻率遠遠超過了奧斯維辛或達豪的每日屠殺紀錄。四個凸起殺人臺的存在——便於把受害者從金字塔上踢下去——將人祭轉變成了流水線作業。在祭典期間，一隊隊精力充沛的劊子手週期性地替換因爲反覆使用黑曜石刀切割而疲憊的同僚。我們不知道在通常狀況下用於獻祭的受害者數目，但必定數以千計。伊斯特利爾斯奧奇特爾相信墨西哥附庸國裡每年有五分之一的兒童被殺，不過唐・卡洛斯・蘇馬拉加（Don Carlos Zumarraga）主教對於每年人祭兩萬人的較低估計更爲可信。奇怪的是，很少有學者將阿茲特克人通過精心組織的殺戮消滅成千上萬鄰居的嗜好和納粹對猶太人、吉普賽人以及其他東歐民族的滅絕展開比較。

儘管阿茲特克人可以在艱苦環境下戰鬥至死，但阿茲特克戰士打昏敵軍，捆住之後穿過佇列帶回來的訓練方式，則被證明是不利於抵抗西班牙人的。學者們認爲，阿茲特克人在抵抗科爾特斯時迅速放棄了儀式性戰鬥方式，這是正確的，但他們必須承認的是，對許多戰士而言，在幾個月內放棄多年來的軍事訓練成果是不易的——尤其是在與自青年時代起就受一擊斃命技藝訓練的西班牙劍手和長矛手對壘的時候。

我們無法肯定這樣的儀式在何種程度上基於技術限制，但阿茲特克人戰爭的工具——橡木、石頭、燧石、黑曜石、獸皮和棉花——無法大量殺死戰士。闊劍（*machuahuitl*）和長矛（*tepoztopilli*）是木制的，在雙刃上嵌著黑曜石片。這樣的武器在銳利程度上可以和金屬相提並論，但只消擊打幾下刃部就會崩裂。阿茲特克劍是沒有劍尖的，而長矛的石矛頭也讓它們成了低劣的戳刺兵器。

因爲阿茲特克軍士中的貴族步兵兵種在對抗西班牙步兵和騎兵時顯得格外無效，土著指揮官們轉而依靠一系列有可能傷害到科爾特斯士兵手臂、腿部、脖子和面部的投擲兵器。有種特別的投矛器（*atlatl*）是用大約兩英尺長的木棍製成的，其中一端有凹槽和鉤子，以便放置投射物。火烤過的標槍（*tlacochtli*）偶爾會用燧石當槍頭，當使用投矛器發射標槍時，標槍可以在一百五十英尺距離內實現精確命中。但它們在遇上金屬鎧甲時基本上是無用的，遠距離時甚至無法擊穿多層棉花。阿茲特克人使用單體弓（*tlahuitolli*）而非複合弓。儘管他們在一個箭袋裝載二十多支箭（*yaomitl*）時可以實現快速射擊，但這樣的兵器是缺乏歐洲弓的穿透力射程的，後者自從古典時代起就使用黏合的角、皮和木製造。

許多記載證明了阿茲特克石彈的危險性，儘管土著投石手沒有金屬彈和精良投石索，但他們還是能夠在接近一百碼的距離上打傷不受保護的人體。阿茲特克人的木、皮、羽毛混合盾牌就像棉花戰袍一樣，也許能夠擋開中美洲的石刃，但在面對托萊多鋼、金屬弩矢或火繩槍子彈時毫無用處。可以準確地概括如下：蒙特蘇馬在他的炮兵、投射武器、鎧甲和攻擊兵器方面落後於十八個世紀之前的亞歷山大大帝。

墨西哥有著精密武器產業所需的一切自然資源。塔斯科（Taxco）不乏富鐵礦，米卻肯（Michoacán）的銅礦很豐富，波波卡特佩特火山（vocano Popocatépetl）可以供應硝石。事實上，在征服後不到一年時間裡，抗拒王國命令的科爾特斯本人就在阿茲特克人此前的疆土上生產火藥和火槍，甚至還能製造大型火炮。為什麼墨西哥人在這樣一個軍火要素聚寶盆裡只能生產棍棒、黑曜石刃、標槍和弓箭呢？最流行的解釋是需求。因為阿茲特克戰爭很大程度上是旨在俘虜而非殺戮，石刃就足以對抗裝備類似的中美洲人了。這一說法暗示著阿茲特克人能夠製造與歐洲人相匹敵的兵器，但並不認為有必要為他們旨在打昏而非殺死的儀式性戰爭中花費額外的代價。然而，這種所謂存在潛在技術技藝的說法，對一個沒有探究自然的複雜理性傳統的文化而言，無疑顯得十分荒謬。與該說法截然相反的理論，更有可能是正確的：阿茲特克人沒有能力製造金屬兵器或火器，因此被迫使用大體上只能殺傷卻無法輕易致死的兵器進行儀式性戰爭。儘管阿茲特克人擁有數量優勢，但他們在面對像特拉斯卡拉人這樣龐大而兇猛的軍隊時，用非金屬兵器發起一場殲滅戰是難以想像的——這就解釋了為何特拉斯卡拉人大體上能夠保持自治並通過准儀式性質的「鮮花戰爭」解決他們與阿茲特克人的爭端。

阿茲特克人的戰鬥就像祖魯人的作戰或日爾曼部落的進攻一樣，是一種包抄作戰模式。成群的戰士試圖有計劃地包抄敵軍，前方部隊圍攻並打暈敵人，把他們送到後方捆起來帶走。因為將勝利者和失敗者混在一群人裡只會增加補給需求，因此繼之而來的讓俘虜和軍隊一起行軍返回會導致阿茲特克人無力進行長距離作戰。儘管存在一支阿茲特克國家軍隊，但與此同時，事實上地方武裝也會聚攏在自己的首領周圍，要是他們的首領或旗幟倒下，他們就有可能脫離戰場。法蘭西斯科・德・阿吉拉爾這樣提及「悲傷之夜」後的奧通巴之戰：

> 科爾特斯在印第安人中殺出一條道路時，不斷認出並殺死敵軍中因為攜帶金盾而容易被識別的首領們，同時絲毫不和普通士兵糾纏，憑藉這種特殊的作戰方式，他得以衝到敵軍總指揮面前，用長矛一下戳死了他……就在他這麼做的時候，迭戈・德・奧爾達斯指揮下的我方步兵已經完全被印第安人包圍起來，他們的手幾乎碰到了我們。但當統帥埃爾南・科爾特斯殺死他們的總指揮後，他們就開始撤退，給我們讓出一條道來，因此幾乎沒人來追擊我們。」（P・德・富恩特斯，《西班牙征服者》，一五六）

因爲並不存在重裝步兵意圖在第一次交戰中就沖撞敵軍的決定性衝擊作戰概念，接力作戰的士兵們可能每十五分鐘左右就交替參戰一次。佇列是不存在的，戰士們不能按照步伐或指令衝鋒和撤退，投擲兵器和弓箭也不採用齊射，投射部隊更不會配合步兵衝鋒。由於沒有馬匹，阿茲特克人的戰鬥信條很大程度上是一維的，皇帝麾下戰士擁有更充分的訓練和更多的人數，加上羽飾戰士和旗幟的盛況與排場，就足以驅散敵軍或者導致敵軍抵抗崩潰。

最後，阿茲特克社會甚至要比十六世紀的西班牙貴族社會更加等級森嚴。在作戰中，大部份墨西哥戰士的武器、訓練、鎧甲和位置，都由出身和地位決定。在不斷積累的因果迴圈中，更大的先天優勢讓貴族們在捕捉俘虜的戰場上居主導地位，這反過來又爲他們的卓越武力提供了證明——繼而導致更多的特權。西班牙人也身處等級社會，但在入侵當中，由於軍事形勢所需，許多下層出身的征服者騎上了馬匹。火繩槍、弩和鋼劍在軍隊當中自由分配。驅使科爾特斯所部軍隊的動力在相當大程度上並非貴族特權，而是貴族和窮人們都具有的渴望——獲得足夠的金錢與名聲，以此作為卡斯蒂利亞社會上的晉身之階。就戰場本身而言，其結果取決於武器、戰術、招募和領導力，西班牙軍隊以純粹視殺戮為標杆的原則運作：士兵的訓練和工具的設計首要目的都在於將敵人肢解，其次才是提供晉升、特權和宗教回報。殺戮導致更高地位的機會，要高於地位導致更多殺戮的情況。

征服者的內心

跟隨埃爾南．科爾特斯進入特諾奇蒂特蘭谷地的殘忍征服者們，乍看上去是西方理性主義傳統的粗劣代表。最為臭名昭著的征服者中有許多人是狂熱的卡斯提亞基督徒，他們生活在善惡分明的摩尼教式世界里。卡洛斯五世治下的十六世紀西班牙正處於宗教裁判所（於一四八一年正式開始）的時代，焚燒女巫、嚴刑拷問和秘密法庭等都令鄉村居民深感恐懼。猶太人、摩爾人和新教徒成了可以自由攻擊的物件，信仰可疑的天主教徒也是如此，他們被指控的理由從日常洗澡到閱讀進口書籍，不一而足。所有為國王服務的人，都被要求毫不動搖地堅持已處於困境的正統天主教，這也是幾乎每個揚帆西去的征服者所懷有的意識形態——有時這會危害到軍事與政治本身的邏輯關係。

科爾特斯和他的追隨者在被大約二十萬墨西哥敵軍包圍在特諾奇蒂特蘭城中時，還在拼命要求蒙特蘇馬推倒阿茲特克偶像，以便讓他的臣民集體改宗基督教。天主教的教士在新大陸無所不在，多明我會、聖方濟各會和哲羅姆會的無數修道士得到了帝國給予的監察權，以確保印第安人改宗基督教而不是慘遭無理屠殺。他們被自己看到的東西——扯出祭品正在跳動的心臟，房間里塗滿了人血，成架排列的頭骨，祭司背上裝著剝下的人皮——嚇壞了。他們確信阿茲特克人和他們的鄰居是窮凶極惡的，他們的人祭和食人儀式是由反基督份子製造的。一位不願具名的征服者，這樣總結西班牙人對這種可怕儀式的反感：

> 新西班牙行省的所有人，甚至包括那些在鄰近省份的人都吃人肉，把它視為比世界上任何其他食物價值更高的東西；他們極為重視人肉，以致時常僅僅為了宰殺並食用人類就冒著生命危險發動戰爭。如我所述，他們中的絕大部份人都是雞奸者，而且還過量飲酒。（P·德·富恩特斯，《西班牙征服者》，一八一）

爲了保護基督徒的渺小武裝力量免於遭到傳說的黑暗軍團污染，西班牙人戰前必做的事是彌撒、懺悔和告解。在兩年的激烈作戰中，征服者們確信天上有一系列超自然力量爲他們提供保護。墨西哥大地上很快就綴滿了感謝聖母和各類聖徒賜予勝利，將他們從阿茲特克異教徒手中解救出來的聖殿。征服既體現在獲得黃金和土地上，也體現在轉化靈魂上，教會的實際態度時常是：雖然征服者的殺戮是錯誤的，也是無效的，但墨西哥人與其作爲活著的惡魔工具存在，還不如死掉了事。

在科爾特斯第一次佔據特諾奇蒂特蘭那一年，馬丁·路德被革除教籍，然而初生的新教和隨之而來的關於宗教信條的爭論卻在當時的卡斯提亞找不到任何能夠迅速接受的信衆。在科爾特斯登陸墨西哥前大約三十年，斐迪南（Ferdinand）和伊莎貝拉（Isabella）統一了阿拉貢（Aragon）和卡斯蒂利亞，在公元一四九二年將摩爾人逐出格蘭納達，開始了建立現代西班牙民族國家的奮鬥，最終結束了長達四個世紀的「收復失地運動」。在隨後一個世紀的許多時間裡，王國忙於平定西班牙南部企圖恢復伊斯蘭統治的摩里斯科人（Moriscos）的騷亂。此外，由於西班牙鄰近義大利和北非，它發現自己身處歐洲抵抗奧斯曼猛攻的前線，還要時常捲入與義大利城邦國家和難以控制的荷蘭人的週期性爭鬥。因此，在維拉克魯斯登陸的嚴肅老兵們，與那些在普利茅斯石（Plymouth Rock）登陸的農民和宗教流亡者相去甚遠。

教徒的狂熱態度和嚴格的天主教信條，是被南面和西面的伊斯蘭敵人以及在北歐新生的新教敵人包圍著的南地中海文化的防禦基石。歐洲新教徒遠離伊斯蘭攻擊的前線，也沒有堅持認同羅馬中央集權獨裁者的傳統，他們也許認爲宗教改革是遭遇圍攻的義大利人、西班牙人和希臘人無法負擔的恩惠。在墨西哥征服時代，西班牙愈加發覺它處於四面受敵的境地。有勢力的猶太人可以通過經濟權力和商業影響力壓榨並主宰天主教農民，新教狂熱信徒可能會四處出現在西班牙鄉村，破壞當地教堂和教廷地產，摩爾人和奧斯曼人也許會密謀讓西班牙重歸伊斯蘭世界，從而顛覆斐迪南和伊莎貝拉創建國家的新近努力。在偏執的西班牙頭腦中，宗教裁判所和「收復失地運動」僅僅是拯救了西班牙，而這個嶄新國家的持續生存，則要依靠一群能夠搶在北歐人殖民新大陸之前就將天主教傳播到新大陸的騎士，並將新大陸的財富進一步用於舊大陸的宗教紛爭。

有了上述這些存在於現實和想像中的敵人，就難怪在十六世紀緩慢過去後，西班牙甚至變得更爲保守——對外國的研究有時會被阻止，北歐的學術時常被忽略，學術研究越發非世俗化。在科爾特斯啓程前往新大陸時，羅馬帝國的舊地中海世界即將面臨極爲革命性的變化。對大西洋貿易路線的開發、對北美的勘察、新教主義和急劇的經濟變化，會不知不覺地將經濟力量從地中海世界轉移到北歐的英國、荷蘭、法國和德意志諸國等大西洋國家。

在卡斯蒂利亞人立足新大陸之前，他們當中早已建立起一種傳教中的熱忱感和軍事上的無畏感，其激烈程度令歐洲其它國家感到頗爲陌生。西班牙視自己爲神聖羅馬帝國的後繼者，哈布斯堡的卡洛斯五世不僅是嶄新的西班牙國家的皇帝，也是古羅馬皇帝的正當繼承人。這些皇帝中最有才能的人——人們首先會想到圖拉真和哈德良——恰恰誕生於伊比利亞。不管在羅馬征服之前還是之後，古伊比利亞人的勇猛都聞名遐邇。例如，漢尼拔如果沒有麾下伊比利亞雇傭兵的無畏，就不能實現在坎尼的屠戮。在羅馬文學中，沒有比叛國者塞多留以及他的伊比利亞叛軍更致命、更浪漫的形象了：在接近十年的時間裡（公元前八三～前七三年），這些人在他們的西班牙堡壘中吞噬著羅馬軍團。因此，對墨西哥土著居民而言尤爲不幸的是，他們所經受的不僅是原本意義上的歐洲闖入者或是宗教朝聖者，而且是十六世紀歐洲世界中最爲無畏、最爲致命、最爲狂熱的戰士，是西班牙在它作爲壯麗帝國的偉大世紀裡提供的最爲兇殘的士兵。

驅使科爾特斯和他麾下士兵的動力，是在西班牙本土擁有更高地位的追求和理所當然的在新大陸擁有更好物質條件的希望：墨西哥的免費土地和大莊園；對那些更爲理想主義的人來說，還有將數百萬人轉化成基督徒的精神酬勞。但是，最爲重要的則是黃金的召喚。黃金是西班牙人詢問土著人的第一個問題。幾乎毫無價值的小飾品、鐵質小刀和玻璃被用來交換黃金。只有墨西哥人的黃金才能令卡斯蒂利亞人滿足，其他那些珍貴的羽毛、精美的棉衣乃至繁複的銀盤都無法做到這一點。黃金也許能夠讓一個人在西班牙成爲貴族，也許能夠保證破產的西班牙王國趕上更具效率的英國、荷蘭經濟體，從而維繫歐洲的哈布斯堡帝國。最終，西班牙帝國四分之一的歲入將來自墨西哥和秘魯的金條和銀條：一五〇〇～一六五〇年，有一百八十噸黃金和一萬六千噸白銀從新大陸運抵西班牙海岸。

墨西哥和秘魯的黃金可用於建造擋住土耳其人的槳帆戰艦，也為在荷蘭的駐軍提供薪餉。手中的黃金並不意味著美麗的外表，而意味著權力、金錢和地位——因此墨西哥人用黃金製成的錯綜複雜的蜥蜴、鴨和魚，新大陸工匠花費成百上千個小時製作的工藝品被熔成便於攜帶的金條，它代表著對商品和服務的購買力。對西班牙人而言，這些閃閃發光的金屬製品與其說是直接且實在的歡樂，倒不如說是抽象而遙遠的東西。土著人無數小時的靈巧手藝和這些金屬能夠買來的貨物、地位和安全相比毫無價值。當科爾特斯作為客人看到主人的精緻黃金工藝品時，他首先想到的並不僅僅是即將到來的個人財富，甚至也不是為西班牙王國提供的收入，而是從來自古巴和西班牙的船上購買更多的馬匹、火藥、火繩槍、火炮和弩的儲備資本。征服者們對黃金的不斷搾取令人極為困惑，以至於墨西哥的印第安人起先相信了卡斯蒂利亞人的詐術：聲稱他們需要這種金屬作為藥品治療「心臟」；一些思考得更多的阿茲特克人甚至認為，西班牙人會愚蠢地吃掉黃金碎屑！

在哥倫布發現新大陸後的一個世紀裡，新大陸的征服者自行其是：在人口稀少又地域廣大的美洲土地上，帝國的監管幾近於無。外國人被排擠到中南美洲之外——法國人和英國人尤其不受歡迎。總督們到達當地之後會捲入錙銖必較的地方政治鬥爭，通常情況下都會被召回、在任上被殺或死於疾病——甚至還有可能劫掠他們所負責的省份。西班牙君主距離那裡有接近五個星期的海上航程，而且它輪調的官員很難留在地方，他們也以懶散而聞名。在秘魯總督（當地總督）退休後，針對他的一次審計耗費了十三年時間，整理出五萬頁材料，直到一六〇三年才最終完成，此時那位前任總督早已過世了。

眾所周知，對於任何可能為王國找到新土地和金銀的大膽探險家，政府總會在事後承認他們的地位。擊敗一位「殖民總督」，或者說對行省總督的瀆職進行王家調查的方式是把他趕走，然後發動一場遠征，為王國拓殖新的土地，聲稱在土著人中廣泛施行了洗禮，然後把從印第安人手中掠奪來的金銀珠寶中屬於國王的五分之一份額送回去。黃金可以蓋過不服從的後果，可以減輕教士們對大量屠殺美洲印第安人而非迫使他們改宗的憂慮，可以讓一位卡斯蒂利亞叛教者或一位安達盧西亞惡棍在國王的大臣眼中與一位總督等量齊觀——還會爲他贏得一份帝國年金，或者至少在晚年獲得一個家族徽章。隨著對新大陸的開拓，西班牙社會開始從土地貴族統治變爲財閥統治，一大群此前窮困或是中等家境的冒險者通過在美洲獲得的財富躋身上流社會。

幾乎沒有卡斯蒂利亞冒險家會攜帶家屬。尋求乏味自耕農式新生活的人就更少了。他們生活所需的並非（像北美殖民者一樣）開墾出一塊宅地，從而自給自足地養活一家人，並免於歐洲的宗教迫害和政治鎮壓，而是成爲擁有大農場的遙領地主，農場裡可能會有成百上千的印第安人照管牛群、開礦或者生產像咖啡或蔗糖一樣的奢侈品，以便確保「考迪羅」擁有穩定的收入來源。只有爲數很少的征服者會質疑國王或教皇的至高無上。和北美的定居者不同，西班牙人在早期是作爲本土教會和國家的使者來到新大陸的，他們並非逃亡者。一些在加勒比海上的卡斯提亞領導人是在義大利諸多戰役和針對西班牙摩里斯科人以及地中海上奧斯曼人的經年累月戰爭中久經考驗的老兵。以科爾特斯爲例，其中一些人是只有中等財產卻有著貴族式自命不凡的下層貴族，在帝國的繁雜稅收面前，他們的家族可以享有一定的豁免權。大部份人則是二十多歲的年輕人，渴望在四十歲時擁有軍銜、金錢和大莊園，然後返回西班牙——對多數人而言，如果他們留在本土，這樣的地位永遠無法達到。這樣的思考所帶來的結果是墨西哥並沒有被視爲清教徒的新英格蘭，成爲開啓嶄新世界的地方，卻被當作西班牙對抗黑暗力量威脅的有益資源。

十六世紀早期的卡斯蒂利亞的經濟生活極其蕭條。農業尤其處於衰退之中，小領主和主教們掌管著龐大的牛羊莊園。對猶太人和摩里斯科人的驅逐——在十五世紀末期約有二十五萬人——極大地破壞了西班牙鄉村經濟，向新大陸的移民又奪走了伊比利亞半島上數十萬最有活力的公民。雖然大西洋貿易路線一度利潤豐厚，但考慮到氣候條件、北歐劫掠者和自由海盜的影響，這仍舊相當危險。新大陸金銀與舊大陸奢侈品——繪畫、傢俱、服裝、書籍——的交易最終會擾亂西班牙和墨西哥的經濟，使它們越來越落後於北歐和北美——這些新教徒正依靠自耕農和富有創新精神的資本家快速發展。雖然新大陸的黃金把西班牙經濟中的結構性缺陷隱藏了將近一個世紀，但僅僅依靠採礦業和奢侈品製造業是不足以替代大規模製造業和市場導向型農業的。卡斯提亞征服者中，貴族家族和頭銜顯得過於繁多，但在這些人帶著稱號返回西班牙之後，卻沒有多少金錢和運氣能夠支撐他們繼續向上流動。難怪在哥倫布之後的兩個世紀裡，有接近一百萬卡斯提亞人前往新大陸。

到公元一五〇〇年爲止，印刷書籍已經在西班牙境內廣爲傳播，那一輩貴族不僅熟練掌握了宗教冊子和軍事科學，也對詩歌、民謠和充斥著亞馬孫人、海怪、不老泉和黃金城市的虛幻浪漫故事相當熟悉。破產的人們，未來的顯貴揚帆西去——僅在一五〇六～一五一八年間，就有超過二百艘西班牙船開往西印度——不僅是爲了躲避西班牙的貧窮，不僅是爲了使他們自己和西班牙王國富裕，也不全是爲了在即將到來的宗教戰爭中令數百萬人改宗。征服者們航向大海，也是因爲有著奇怪動植物群和土著人的新大陸被視爲流行的神話、奇跡和純探險故事的源泉——對於擁有勇氣和虔誠的年輕騎士而言，這是一個很合適的挑戰。畢竟，亞特蘭蒂斯（安的列斯群島）、亞馬遜人（亞馬遜河）和加利福尼亞（浪漫傳奇《西班牙傳奇功績》中的島嶼）終究都存在於現實中。

所有的征服者都擁有清晰的日程表，指導他們如何粉碎土著抵抗：劫掠地方獲得黃金，使異教徒皈依基督教，享用當地婦女，生下混血兒——科爾特斯似乎就有好幾個——隨後建立當地莊園和男爵領地，在那些地方，西班牙「大人」們也許會監督成群的印第安勞工輸出新大陸的食物和金銀。科爾特斯在剛過二十歲時曾宣稱，他在抵達新大陸的第一年裡，「要麼享用號聲，要麼死在處刑臺上」，隨後把他二十多歲和三十多歲早期的時間花在古巴的採金業和畜牧業上，以此積攢財富——這是幫助他對墨西哥的新土地發起遠征，以獲取更多財富的資本。

在公元一四九二～一五四〇年之間，征服者們得以自由探索並征服加勒比世界，在這五十年裡他們成了不合時宜的怪物——如果不是厭物的話。人們目睹了科爾特斯和他麾下騎士們在一五二一年征服墨西哥後不到十年裡財產的衰頹。新大陸西班牙帝國主義的偉大批評者，多明我會修道士巴托洛梅・德・拉斯卡斯嚴厲指責了一五〇二～一五四二年的「四十年」：他的一小撮同胞在此期間通過軍事征服、疫病和經濟剝削將加勒比海盆的居民掃除一空。到一五五〇年爲止，西屬美洲已是一個官僚、礦工和教士的世界，卡斯蒂利亞的窮困危險人物希望不受監督地折騰與國王和教皇有關的密謀，從而毀滅其他人從美洲人民和土地上較爲細緻地攫取靈魂和黃金的工作，後者在那時已經沒有生存空間了。國王和教會都開始體會到，像科爾特斯這樣的人具備危險傾向，他們會把新大陸的綿羊剝皮而不是剪羊毛。征服者時代開始後還沒多少年，國王和教會就不遺餘力地確保這一時代已然終結。

在加勒比海盆定居並開拓的第一代人，都是些強悍的角色，像古巴總督迭戈・貝拉斯克斯（Diego Valáquez），他在哥倫布的第二次遠航和解放格拉納達的最終戰鬥中積累了豐富經驗；還有哥倫布遠征中的另一位老兵，同時也是這位著名探險家的女婿，新發現的牙買加殖民地統治者法蘭西斯科・德・加拉伊（Fransisco de Garay）；西班牙內戰裡百戰鍛煉出的倖存者，西班牙總督中最爲殘忍的人，年齡高達七十八歲的巴拿馬「考迪羅」佩德羅・阿里亞斯・達維拉（Pedro Arias Dávila），等等。埃爾南・科爾特斯本人是麥德林的當地居民，也是一個爲王國服役五十年的傳奇士兵的兒子。

征服者與教士和手執羽毛筆的人之間，存在著天壤之別，後者的使命是前來鞏固並官僚化殘酷得多的前者用劍贏得的東西。在我們看來，征服者的道德觀缺乏平衡：屠殺毫無武裝的印第安人、把被征服者變成一群群契約奴隸並不會激起任何反感。與此相反，人祭、食人、異裝癖和雞奸則會激發道德上的義憤，不穿衣服、不具備私有財產、不執行一夫一妻制、沒有固定的體力勞動也會導致類似後果。卡斯蒂利亞倫理世界中的很大一部份並非關於生死的基礎問題，而是基於公開的地位、行爲習慣和文明的傲慢：

> 於是，正如十六世紀的西班牙人構想的那樣，一個文明政體的成員是穿著緊身上衣和長筒襪，留著短髮的城鎮居民。他的房屋不會滿是跳蚤和蝨子。他在桌上吃飯，不會在地上吃。他不會沉溺於不自然的惡行，如果他犯下通姦的話就會因此受到懲罰。他的妻子——這是他唯一的妻子，不是許多妻子中的某個——不會像猴子一樣把孩子帶在背上，他希望自己的遺產由兒子而非侄子或外甥繼承。他不會花時間喝醉，對財產有適當的尊重感——既是對自己的財產，也是對他人的財產……（J．伊里亞德，《西班牙和它的世界》，五五—五六）

西班牙式理性主義

科爾特斯所部和那些類似他們的人留下的遺產，是旋風般的軍事征服——以及在僅僅三十年裡通過軍事征服、毀滅土著農業習俗和無意中引入天花、痲疹和流感等疾病，就幾乎將加勒比和墨西哥的土著居民全數滅絕的「豐功偉績」。和「希臘人」亞歷山大大帝一樣，「基督徒」科爾特斯屠殺了成千上萬的人，劫掠了帝國金庫，摧毀並建立城市，拷打並謀殺他人——並聲稱他做這一切都是爲了人類的進步。他在給卡洛斯五世的信中宣稱，有興趣在所有土著人和西班牙人間建立兄弟情誼，這讀起來讓人想起亞歷山大在俄庇斯（公元前三二四年）的誓約，他那時宣稱要建立容納所有種族和宗教的新世界。在這兩個案例中，統計數字都講述了一個截然不同的故事。

征服者們遠非無知的狂熱者。儘管他們有強烈的信仰，卻並未生活在墨西哥人的神話世界裡——蒙特蘇馬派了一隊巫師和通靈者對卡斯蒂利亞人施法——儘管浪漫主義的世界有著野性的傳說和難以置信的傳言，最終還是要屈從於感官知覺和堅實資料。不管西班牙人有著怎樣的狂言，他們都不相信墨西哥人是惡魔的超人類代理者，而是可以通過政治陰謀和卡斯蒂利亞武器來迎戰、阻擋並最終征服的土著部落。就像西班牙人不熟悉墨西哥人一樣，墨西哥人對西班牙人也同樣陌生，但區別在於——且不說是西班牙人而非墨西哥人航行了半個世界前來征服未知的民族——科爾特斯的士兵可以不用憑藉宗教典籍注釋就可以解釋奇怪現象，他們所倚賴的是有二千年之久的傳統。通過感官知覺，依靠儲備的抽象知識和歸納推理，卡斯蒂利亞人迅速掌握了特諾奇蒂特蘭的政治組織方式，墨西哥軍隊的軍事能力和墨西哥民族的普遍宗教背景。

他們從未見過像墨西哥祭司那樣有著奇怪纏頭、噁心血斑和恐怖人皮斗篷的人，也沒有見過大規模人祭的儀式，或者拖走受害者、撕裂他們正滴血的心臟的典禮。但他們很快猜出這些印第安聖人並非神靈。儘管天主教會的言辭十分浮誇，但那些墨西哥人也絕不是惡魔，而是人類，是進行某種奇怪宗教儀式並因此招致那些被迫屈從的同盟者憎惡的人類。基督教告訴他們阿茲特克宗教是邪惡的，但歐洲的思考傳統則給了他們探究這種邪惡宗教，查出其弱點，最終將其摧毀的工具。與此相反，阿茲特克人在卡斯蒂利亞人到來後數個星期內依然在困惑他們究竟是在對抗人還是半神，半人馬還是馬，船隻還是浮動的山丘，外來的神還是國內的神，雷鳴還是火炮，神的使者還是敵人。

科爾特斯本人受過部份教育，曾當過一段時間的公證人，學習過拉丁語，閱讀過凱撒的《高盧戰記（Gallic Wars）》，李維的著作和其他古典軍事史。在身處墨西哥的最黑暗時間裡，他至少有一部份成功要歸功於令人著迷的演說術，他的演說中點綴著西塞羅、亞里斯多德的典故和來自羅馬史學家、劇作家的拉丁短語。我們必須銘記，公元前一世紀羅馬共和國末年和帝國初年的西班牙，是歐洲的知識中心，產生了像大小塞涅卡（elder and younger Senecas）那樣的道德哲學家，詩人馬提雅爾（Martial）和農學家科盧梅拉（Columella）。

儘管正在橫掃西班牙的異端裁判所和宗教不寬容的政策，很快就會將伊比利亞半島隔絕於北歐的學問中心之外，到一六五〇年開始明顯衰落，但十六世紀的西班牙軍隊依然處於軍事技術和抽象戰術科學的前沿。在與科爾特斯一起進軍的人當中，許多人不僅是熟悉拉丁語的公證人、破產貴族和教士，還是當代西班牙政治和科學小冊子的熱心讀者。更爲重要的是，他們是官僚和律師，受過舉證、援引先例和律法的訓練，並且能夠在假定的公正同行聽眾面前，證明某件事的正確性。

科爾特斯的征服者也許不是知識份子，但他們裝備著十六世紀歐洲最爲精良的武器，還有此前與摩爾人、義大利人和土耳其人交戰的經驗支撐。大約二千年來西方軍事科學的抽象基本原則——從堡壘、圍城、會戰戰術、彈道學、騎兵機動到後勤、使用矛劍作戰和戰地醫療——確保了墨西哥人要殺死一個卡斯蒂利亞人，就得眞正付出數以百計傷亡的代價。在敵軍蜂擁而上突擊時，西班牙人排成佇列，以無可置疑的紀律統一行動，成群地打出齊射。面對幾乎每週都突然出現的各種奇怪危機，科爾特斯和他的親近顧問——傑出的馬丁·洛佩斯、勇敢堅定的桑多瓦爾和機智多變的阿爾瓦拉多——並不僅僅是祈禱奇跡降臨，而是冷靜地面對面商討、爭論應對方案，並制定出戰術，搭建機械，試圖挽回將數千人開進島嶼要塞這一部署所造成的惡果。同時，科爾特斯也會擔心，他的每個行動會被記錄、批評和審查，任何錯誤最終都會在西班牙廣爲人知。

西班牙人的個人主義，自始至終都相當明顯。最令人難以置信的個人主義是某些戰鬥中的主意——某些主意並不成熟，就像在火藥變得短缺的時候，有義大利戰爭經驗的老兵說服科爾特斯他可以製造一架大型投石機（這將被證明是全然失敗的）。在西班牙將軍和士兵之間，存在一種墨西哥人毫不瞭解的親近關係：沒有一個阿茲特克戰士膽敢接近蒙特蘇馬或他的繼任者瓜特穆斯，提出關於船隻製造、戰術和後勤的新方法。就像亞歷山大的「夥友」與他們的國王之間享有大流士和他的長生軍之間不可想像的親密關係一樣，科爾特斯和他的騎士們以墨西哥人難以想像的方式一起進食、睡眠，並互相指責對方的錯誤。

自從公元前六世紀愛奧尼亞地理學家出現之後，西方人就開始在非西方土地上旅行、寫作和記錄。像卡德摩斯（Cadmus）、狄奧尼修斯（Dionysius）、卡戎（Charon）、達瑪斯忒斯（Damastes）和赫卡泰奧斯（Hecataeus）這樣跟隨他們的腳步進入亞細亞和埃及的旅行家，以及後來的雅典帝國主義者、色諾芬的萬人遠征軍以及亞歷山大大帝一樣的探索者、征服者，這些人寫下了關於波斯（Persica）和在希臘以外旅行（Periploi）的描述。與此相反，在薛西斯大舉入侵希臘期間（公元前四八〇年），那位國王顯然對希臘城邦的狀況知之甚少——如果不是一無所知的話。

希臘人探究自然的豐富傳統被羅馬商人、探險家、征服者和科學家繼承了，他們的活動範圍擴展到整個地中海、北非和歐洲。和阿茲特克皇帝不一樣，科爾特斯可以站在前人的肩膀上，他所生活的文明有書面文學傳統來描述外界現象和人群，將其編入目錄加以評估，並解釋他們所處的自然環境。這一傳統可以追溯到希羅多德、希波克拉底、亞里斯多德和普林尼的時代——古老且傲慢的西方思想認爲，只要探究者有足夠的經驗資料和適當的推理方法，對理性之神而言，萬物皆可解釋。反觀蒙特蘇馬，對於他無法解釋的新事物，他要麼是擔心，要麼是崇拜；而科爾特斯則試圖解釋那些事物，既不用害怕也不用膜拜。最終，這正是特諾奇蒂特蘭而非維拉克魯斯——更不用說塞維利亞——會淪爲廢墟的原因。

為何卡斯蒂利亞人會獲勝？

無法解釋的事

將近二十五萬人，居住在特諾奇蒂特蘭和特拉特洛爾科這兩座孿生島嶼都市裡。另有一百多萬操納瓦特爾語的墨西哥人沿湖居住，他們是向阿茲特克帝國納貢的臣民。更多的居住在墨西哥谷地之外的人也向特諾奇蒂特蘭臣服。特諾奇蒂特蘭的大市場可以容納六萬人。城市本身要比大部份歐洲主要都市還大——西班牙最大的城市塞維利亞只有不到十萬居民。這座島嶼要塞擁有拱橋衆多的、工藝精巧獨到的堤道，一條巨型石質輸水渠，其中的神廟在體積上大過埃及同類的金字塔，人工湖上還有數以千計的獨木舟船隊加以保護，看似金城湯池，可謂建築學上的奇跡。

這裡有浮動的花園，豢養奇異熱帶動物的動物園；龐大的宗教和政治精英階層擁有特權，他們身上華麗異常的飾物中充斥著各種黃金、珠寶和珍奇羽毛。這一切足夠讓科爾特斯的屬下驚異不已。他們在同時代的記載中發誓說，沒有一座歐洲城市能夠在財富、權力、美麗和規模上與特諾奇蒂特蘭相提並論。然而，在不到兩年時間內，一支渺小的卡斯蒂利亞軍隊擊敗了阿茲特克帝國，開啓了一系列最終將消滅大部份阿茲特克人並毀滅壯麗的特諾奇蒂特蘭城的事件——這些人沒有可靠的補給線，不熟悉當地風土人情，起初還招致了每一個土著群體的攻擊，並受苦於熱帶疾病和不熟悉的菜肴。在古巴的上級官員反對他們的進軍；後來這些先驅者還要抵抗另一支卡斯蒂利亞軍隊，後者被派來抓捕科爾特斯。

對於他們令人驚訝的成功，西班牙人自己不正確地將其歸因於固有品質、更優秀的智慧和基督教信仰。在將近五百年時間裡，墨西哥人和歐洲批評家對於這一看似不可能達成的業績，提供了各種互相衝突的解釋，包括特拉斯卡拉盟友所扮演的角色、疫病導致的後果，還有科爾特斯本人的軍事天才，或者時間測算體系、通信系統方面的差距。然而，很少有人試圖將更廣泛背景下，歷史悠久且非常致命的西方軍事傳統納入理論框架來尋求解答。

土著盟友？

難道科爾特斯在互相猜疑的同盟中，玩弄著用土著對付土著的手法，開啓了毀滅墨西哥自身文化的內戰，最終讓他自己成了唯一受益者？假如要把對墨西哥的征服視爲主要由墨西哥民族間的內戰所致，就需要讓三個命題成立。首先，中美洲部落在無須西班牙援助的狀況下，具備在此前某個時刻就單獨消滅特諾奇蒂特蘭的能力。然而，同時代的記載證明：在西班牙人到來之前，所有鄰近部落都無法推翻墨西哥人，在西班牙人到來之後，他們在沒有歐洲人支援的狀況下，也無法有效對抗阿茲特克人。其次，在毀滅墨西哥城後，墨西哥土著居民本可以轉而反抗西班牙人，就像在科爾特斯到來時那樣對歐洲人再次發起進攻，繼而一併消滅卡斯蒂利亞人，確保他們享有不受阿茲特克和歐洲壓迫者威脅的完全自主。實際狀況則恰恰與之相反：特諾奇蒂特蘭的毀滅標誌著整個墨西哥自主的終結。土著部落既不能夠在西班牙人到來前擊敗阿茲特克人，也不能在被征服後推翻西班牙人。最後，互相吵鬧且脾氣暴躁的中美洲人被一支團結且有凝聚力的歐洲軍隊組織起來，這意味著導致印第安人未能獲勝的主要原因不是土著人間的內鬥，而是西班牙的軍事優勢。然而，歐洲人隊伍中的糾紛幾乎和墨西哥土著人一樣多。科爾特斯本人差點在古巴被逮捕，還成了幾樁暗殺密謀的目標。他被伊斯帕尼奧拉當地政府宣佈爲叛徒，被迫偷盜補給，或者依靠槍口威脅沒收補給。在與蒙特蘇馬展開精細複雜談判的時候，他被迫放棄了特諾奇蒂特蘭。在留下阿爾瓦拉多指揮的一小隊人之後，他的部下進行了艱苦且危險的二百五十英里行軍返回維拉克魯斯，直面並擊敗了納瓦埃斯指揮下比他們規模更大的卡斯蒂利亞軍隊——其間他們始終面臨著各種各樣中美洲部族的進攻，後者試圖從西班牙顯露出的虛弱跡象中獲益。

簡而言之，沒有官方認可、四面受敵的科爾特斯，在加勒比地區的上級眼中近乎一個違法的罪犯，卻依然能夠在充斥著緊張關係和頻繁戰爭的土著世界裡生存，並投入到一場滅絕墨西哥史上最強大民族的戰爭之中——在沒有先進技術、馬匹和戰術的前提下這一切都無法實現。在這場戰役結束後，科爾特斯耗時數年將整個墨西哥納入西班牙統治之下，此戰的結局將決定從一五二一年特諾奇蒂特蘭陷落直至十九世紀墨西哥獨立戰爭間的當地政治形態：除了偶爾發生的暴動之外，無人再敢挑戰西班牙人的絕對統治。

在所有關於征服墨西哥的討論之中，統計數字本身很難說明問題。入侵者的紀律、戰術和技術，而非阿茲特克軍隊或他們土著敵人的龐大規模，決定了阿茲特克帝國會在科爾特斯到來後不到兩年內滅亡的命運。例行的土著衝突最終被西班牙人轉變成了滅絕民族的可怕戰爭，繼而終結了墨西哥所有部落的自主狀態。在一五二○年七月一日災難性的「悲傷之夜」後，科爾特斯失去了他的大部份特拉斯卡拉盟友，陷入了數以千計敵對部落戰士的包圍。然而，西班牙人至多得到少數倖存的特拉斯卡拉人的支援，卻就此殺出特斯庫科湖，並在行軍過程中殺戮了成千上萬的土著人，強迫其他當地土著返回同盟之中。此外，一五二一年七月初——「悲傷之夜」過後將近一年——科爾特斯在特拉特洛爾科遭遇伏擊後，隨著數十名卡斯蒂利亞戰俘在金字塔上可怕的公開祭祀中慘遭集中屠宰，他的大部份盟友便突然不告而別。關於此情景土著方面的記載說明了科爾特斯的同盟爲何會突然崩潰：

> 他們被強迫著一個接一個爬上神廟平臺，隨後就在那裡被祭司們獻祭了。西班牙人最先上去，隨後是他們的同盟者，所有人都被處死了。人祭一結束，阿茲特克人就把西班牙人的頭顱掛在長矛上排成排，馬頭也一樣。他們把馬頭放在底部，把西班牙人的人頭放在頂部，還把所有頭顱都排成面部朝向太陽。（M．里昂—玻第拉編著《斷矛》，一〇七）

同時代的記載強調，在科爾特斯從湖區村落中徵集來的龐大的土著軍隊裡，只有不到一百人逃生。距離較爲遙遠的馬利納爾科人和圖拉人當即反叛，導致科爾特斯派出部隊對其展開懲罰性遠征，以便確保出現動搖的庫埃納瓦卡人（Cuernavaca）和奧托米人（Otomí）的首領們恢復信心。

在所有此類交鋒中，數量上的差距都是令人吃驚的，阿茲特克人與卡斯蒂利亞人在戰場上的數量對比遠遠超過一百比一——這一差距甚至遠大於英國人在一八七九年祖魯戰爭大部份戰鬥中經歷的數量差距。在科爾特斯的軍隊陷入這樣的反叛之際，在他們的統治解體之時，他還是維持了對特諾奇蒂特蘭的圍困，重新降服了反叛的盟友，隨後迫使持懷疑態度的中美洲人返回他的軍隊服務。顯然，被包圍的阿茲特克人無法擊敗這些孤立的卡斯蒂利亞人，墨西哥的其他部族也沒有信心在不依靠西班牙援助的情況下，僅僅憑藉自身力量就摧毀特諾奇蒂特蘭——同樣，他們也沒有趕往堤道，去消滅已被削弱的科爾特斯。

也許對侷限於故紙堆的現代學者而言，要想理解那些被托萊多鋼劍削成碎片、被葡萄彈切碎、被披甲騎士踩踏、被獒撕成碎片、被火槍子彈和弩矢撕裂手指的人，體會他們心中的極大恐懼，無疑是十分困難的任務——更不用說數以千計被科爾特斯和阿爾瓦拉多在喬盧拉（Cholula）和特拉科奇卡爾科神廟（temple of the Tlacochcalco）不加審判便匆忙處死的人了。在同時代的納瓦特爾口頭記述和西班牙書面記載中，有數十幕西班牙鋼劍和子彈將中美洲人肢解、開膛的恐怖場景，此外還有此類混亂給土著居民造成的純粹恐怖的描述。我們這些生活在二十世紀的人，曾見證了數百萬猶太人被僅僅數百名納粹看守毒殺，或者數十萬柬埔寨人被幾千名精神失常的膽怯的紅色高棉分子（Khmer Rouge）謀殺的景象，因此不該對那些能夠輕易導致大量死亡的精良殺戮工具及其造成的恐怖感到驚訝。

傑出的阿茲特克學者羅斯・哈斯格（Ross Hassig）曾正確地指出，大部份關於征服的描述都低估了中美洲人對西班牙勝利的貢獻。所以，我們應當清楚如下事實：沒有土著盟友的大量支持（起初是托托納卡人，後來是特拉斯卡拉人），科爾特斯是無法在不到兩年內征服特諾奇蒂特蘭的；但倘若沒有科爾特斯的支持，在歐洲人到來之前的數十年中與阿茲特克人作戰屢屢無功而返的周邊印第安人，也無法摧毀阿茲特克的首都。在評估參戰土著人所扮演的關鍵角色時，我們需要認識到這是一個關乎參與程度的問題，同時也要考慮所用時間和耗費。

數以萬計的印第安人作爲戰士、搬運工和建築工人爲科爾特斯提供支援，與他並肩作戰，還爲他提供給養，他們是卡斯蒂利亞人戰爭努力中必不可少的部份。倘若沒有他們的幫助，在耗時十年乃至更久的戰爭努力中，科爾特斯就需要數以千計的西班牙援軍，也會額外損失數以百計的士兵。雖然如此，即便他在毫無土著幫助的狀況下與團結的墨西哥作戰，科爾特斯終究還是能夠完成征服。西班牙對墨西哥的征服——與沒有馬匹、輪子、鋼鐵武器、航海船舶、火藥武器和科學圍城手段等歷史悠久的戰爭傳統的民族作戰——是舊大陸對新大陸殘酷征服的一個象徵：在新大陸的其他地方，完成征服並不一定需要與土著人合謀才能做到。

中美洲人與阿茲特克人作戰並不是因爲他們喜歡西班牙人——事實上在一五一九年和一五二〇年初的多數時間里，他們還試圖消滅科爾特斯——而是因爲他們遭遇了一個未曾料到的強大敵人，而這個敵人又可以向他們更大的對手特諾奇蒂特蘭發起進攻，後者曾以極爲可怕且邪惡的方式，系統化地屠殺他們的婦孺。在過去一個世紀裡，與阿茲特克人發生的幾乎毫無停息的戰爭讓內陸和海岸間的大部份中美洲部族——尤其是特拉斯卡拉人——要麼處於被壓迫的臣服狀態，要麼處於被圍困的狀態，前者會剝奪他們的田地，時常還會出於肉體享受和人祭的需要奪走人口，後者則要耗費一年中多達六個月的時間用於抵禦阿茲特克人的蹂躪。

西班牙人的出現讓阿茲特克帝國的多數臣民相信，這裡有一個他們無法擊敗的民族，但這個民族卻能夠毀滅他們的大敵墨西哥人，而且擁有龐大的技術和物質優勢——正如擁有先見之明的阿茲特克抵禦者在圍城戰的最後一段艱苦時間里提醒特拉斯卡拉人那樣——足以讓這些外來者建立統治全部墨西哥土著人的持久霸權。我們應當將土著人的貢獻看作毀滅阿茲特克人大火的燃料，但要承認，點火者和火焰都屬於西班牙人。倘若西班牙人不出現，即便是勇敢的特拉斯卡拉人也無法擺脫阿茲特克人的壓迫，畢竟他們此前從未獲得解放。考慮到西方製造致命武器的能力，它生產便宜廉價貨物的傾向，它將戰爭視作推進政治目的的途徑，以及從實用角度而非儀式層面看待戰爭的傳統，中美洲人、非洲部落和北美土著人都加入歐洲軍隊，協助他們殺戮阿茲特克人、祖魯人和拉科塔人（Lakotas），就一點兒也不令人奇怪了。

消滅將交通線、官僚機構和軍事力量集中在一個島嶼要塞上的阿茲特克帝國，關鍵在於摧毀特諾奇蒂特蘭——沒有一個中美洲部族能夠完成這一任務，他們甚至根本無法想像這一點。在土著部族正在與墨西哥人展開的戰爭中，他們的確試圖利用科爾特斯作爲戰術資產。但他們完全未能理解西班牙人更龐大的戰略目標：摧毀阿茲特克帝國是吞併墨西哥，將其變成西班牙帝國附庸的先決條件——因此他們不明智地成了歐洲古老戰略思維傳統的工具，而這與他們自己對於戰爭目標的概念大相徑庭。

戰爭是政治的終極裁決這一抽象概念，特拉斯卡拉人和墨西哥人都無法理解，而這種思想可以追溯到亞里斯多德在他的《政治學》（*Politics*）》第一部中超道德的觀察——戰爭的目的總是在於「獲取」，因此當一個國家遠強於另一個國家，並「自然地」尋求以任何可能手段控制較弱對手時，戰爭便會合乎邏輯地發生——這是西方文化所獨有的概念。這樣的觀點，後來也成爲波里比烏斯《通史》（*Histories*）》中的主題，在凱撒《高盧戰記》中則處處體現，在此後的年代裡，又被馬基維利、霍布斯、克勞塞維茨這些思路差異極大的西方思想家通過抽象的名詞加以討論和詳述。柏拉圖在他的《法律篇》（*Laws*）》中認爲，每個國家都會在其資源所限範圍內，尋求吞併不屬於它的領土，這是出於國家野心和自身利益的合乎常理的結果。

疫病？

關於一五一九～一五二一年間死於疫病的阿茲特克人的數量，並不存在任何精確的數字統計。這是一個具有高度爭議性的問題，人們激烈爭論的不僅僅是數字本身，還涉及歐洲人是否精心設計疫病戰，應當負有何等罪責等問題。在十六世紀的大部份時間裡，墨西哥都受到一連串歐洲疫病的威脅——天花、流感、鼠疫、腮腺炎、百日咳、痲疹——它的本土人口較之入侵前人口總數，減少了百分之七十五到百分之九十五。作爲歐洲征服美洲過程中最大的悲劇之一，西班牙入侵之前可能供養了大約二千五百萬人口的墨西哥次大陸在不到一個世紀後就只剩下一、兩百萬居民了。

然而，就單純軍事目的而言，我們在此關注的是更爲狹隘，也在很大程度上無關道德的純粹軍事效力問題。於一五二〇年暴發的天花本身，在何種程度上與一五二一年西班牙人征服特諾奇蒂特蘭相關？後來向西班牙人描述極其痛苦的天花細節的土著觀察者認爲，這場流行病導致特諾奇蒂特蘭城內將近十五分之一的人口死亡。而現代學者曾估計，自第一波天花暴發開始，整個墨西哥中部有百分之二十到百分之四十的人口死於這一疾病——包括阿茲特克人和他們的敵人在內。在科爾特斯征服墨西哥的兩年時間裡，也許有兩萬或三萬阿茲特克人死於這一疾病。這一令人吃驚的死亡數字必然導致墨西哥人的力量有所削弱。

雖然那些數字相當可怕，儘管科爾特斯取勝後一個世紀內有數百萬人死於疫病——尤其是一五四五～一五四八年間、一五七六～一五八一年間的傷寒大暴發——這些人的死亡也許最終使得新西班牙行省得以建立，但天花與特諾奇蒂特蘭的最終毀滅之間是否有很大關係這一點尚不明確。根據《佛羅倫斯抄本》的記載，天花的第一次暴發範圍有限，傳播時間爲一五二〇年九月初到十一月末。在一五二一年四月到八月最後的圍城戰展開時，天花疫情已經大體消失了。等到科爾特斯於一五二一年四月逼近特諾奇蒂特蘭展開第二次戰役時，這座城市已經有六個月時間基本沒有疫情了。天花也導致成千上萬的科爾特斯盟友喪生，其死亡數字甚至高於阿茲特克人，因爲托托納卡人、加爾卡人和特拉斯卡拉人在歐洲人抵達維拉克魯斯後就與其有密切接觸，而維拉克魯斯正是疫情暴發的地方。此外，這一疾病似乎在海岸地區最爲知名，那裡鄰近西班牙人的活動基地，也位於與科爾特斯同盟的部族當中。在一定程度上，特諾奇蒂特蘭的孤立島嶼位置、它的海拔高度以及提供緩衝區的戰場無人地帶隔開了傳染源——儘管如此，這些有利因素仍然無法幫助阿茲特克人免受疫病折磨。

關於疫病的爭論具有兩面性：當地有許多熱帶疾病，而不少歐洲人對此同樣幾乎毫無應對經驗或抵抗力。大部份同時代記載都提到，歐洲人中間時常出現支氣管疾病和熱病。這些疾病嚴重削弱了科爾特斯士兵的戰鬥力，有時甚至導致死亡。新大陸的瘧疾和痢疾相比在西班牙出現的類似疾病，在發作時要猛烈得多。有的人還受到梅毒潰瘍的困擾，對於在熱帶地區披甲作戰的士兵而言，這是極爲不快的體驗。此外，科爾特斯麾下的士兵並非都曾因生過天花而得到抗體，在當時，這種疾病依然能夠在歐洲主要的城市地區導致成千上萬人死亡。考慮到科爾特斯的軍隊在人數方面非常有限，倘若幾十名西班牙人得了天花的話，對征服者軍事力量的影響，也相當於數以千計的患病土著人對超過一百萬人口的阿茲特克帝國的影響。在科爾特斯本人的書信和同時代西班牙觀察者的歷史記載當中，儘管提到了天花，但從未將其列爲對戰爭任何一方有顯著影響的因素。這是因爲卡斯蒂利亞人本身就被衆多疾病所困擾，同時他們也並未察覺特諾奇蒂特蘭的抵抗因爲疾病的原因有任何顯著的削弱，因此，我們也就永遠無法分析出在阿茲特克人當中疫病的流行程度。

歐洲人之所以不至於被接觸到的新舊疫病消滅殆盡，既有人口統計學和文化因素的原因，也有生物學方面的原因。作爲由一大群成分混雜、生活背景和旅行經歷多種多樣的年輕男性戰士組成的群體，卡斯蒂利亞軍隊很少會擠住在狹小的城市住所裡，也沒有與婦女、兒童、老人頻繁接觸。此外，他們也幾乎沒有照料患病平民的責任。除了一些對天花的生物抗體之外，西班牙人還帶來了對抗疫病暴發的漫長的經驗主義傳統——塞維利亞在公元一六〇〇年因爲疫病喪失一半人口，但它既沒有被疫病毀滅，也沒有毀於伺機而動的外來入侵之手，而是成功恢復正常。

在作戰當中，征服者使用羊毛和棉花包紮傷口。他們有一項可怕的發現：從新近殺死的印第安人身上取下的油脂，可以作爲良好的藥膏或癒合膏。儘管十六世紀的歐洲人並沒有對病毒和細菌的科學知識，對傳染性病原體機理也毫無瞭解，但西班牙人卻可以依賴漫長的經驗主義傳統——這可以追溯到像希波克拉底（Hippocrates）和蓋倫（Galen）這樣的古典醫學家，這些先行者根據在希臘和義大利城市中對流行病的第一手觀察資料，明建立了強調適當隔離、藥膳、睡眠和仔細安葬死者等措施的西方醫療傳統。

作爲這一悠久歷史的成果，西班牙人意識到，與疫病患者的近距離接觸會導致感染，因此死者需要立刻加以處理，而疾病的發作過程也可以依靠對症狀的準確觀察加以預計，經驗主義的觀察、診斷和預斷過程顯然優於僅僅進行念咒和獻祭。天主教教士也許會指出，某人得病是因爲上帝懲罰他之前的罪惡，並提供祈禱作爲治療手段。但大部份西班牙人都意識到，一旦開始傳染，隨後就是可以預計的疾病發作流程，在某種程度上可以通過醫療、細心治療、飲食和隔離加以改善。

與此相反，墨西哥土著人就像古埃及人和許多天主教教士一樣，相信體內的疾病是神靈或邪惡的敵人造成的，他們希望懲罰或掌控被疾病影響的人們——因而也可以用符咒消除病情。阿茲特克算命人會查看扔在棉織物上的豆子圖案，以此判定病因。倘若獻上包括人類和動物在內的各式各樣的犧牲，那就一定能夠緩解馬奎爾索奇特爾、特斯卡特利波卡乃至克西帕（Xipa）的憤怒吧？即便是中美洲的草藥醫生，也對集體睡眠和洗浴、成群人擠在一起流汗的做法，或者是在地上吃飯、披掛人皮、食人的習俗，以及不立即埋葬或處理死者的方法等和疾病傳播有關的概念知之甚少。

天花疫情對科爾特斯的真正好處，並不在於減少阿茲特克人數量本身，而在於它導致了一系列文化與政治後果。因爲西班牙人的死亡數量和印第安人相比微乎其微，在阿茲特克人中間開始傳播這樣的看法——這種看法在「悲傷之夜」後原本已被淡忘了一段時間——歐洲人能夠超越死亡。隨著天花在中美洲居民中傳播，其領導階層大量死亡，卡斯蒂利亞人得以精心挑選並扶植那些傾向於他們統治的新領導人。天花增強了西班牙人超人能力的名聲，強化了他們從土著盟友那裡得到的支持，儘管事實上疫病殺死的西班牙人支持者和敵人一樣多——因此疫病造成的傷亡本身對攻守雙方之間的數量對比並未造成任何影響。

文化困惑？

近年來，對西班牙人奇跡般的勝利，有一個較爲通行的解釋和文化困惑這一概念有關。根據這種理論來解釋的話，倘若從符號學的角度出發，我們可以認爲，阿茲特克人構想並表達現實的方式與西班牙人大相徑庭，因此在歐洲人到來之後，他們陷入無能爲力的迷惑中；當然也可以用更合乎邏輯的主張來看待這個問題，亦即他們受到自身文化的限制，因此無法改變自己的戰爭方式去對付截然不同的敵人。起初，阿茲特克人的確毫不瞭解西班牙人和他們的優越軍事技戰術所帶來的威脅。他們也許相信，征服者本身就是某種神靈——長久以來流傳的預言認爲，淺色皮膚的羽蛇神（Quetzalcoatl）和他的隨從會從海上歸來。許多墨西哥人相信西班牙火器是雷鳴的兵器，他們的航海船舶是浮動的群山，馬匹則是某種半人馬神獸，騎手和坐騎是同一個生物。許多學者認爲，由於阿茲特克人缺乏音節文字體系，他們的正式演講也高度儀式化，加之西班牙人帶來了陌生的概念，這就讓阿茲特克人被歐洲人的直率方式弄得十分困惑，使得他們在歐洲人直截了當的國家政治與戰爭手法面前顯得相當脆弱。

早在西班牙人到達維拉克魯斯之前，蒙特蘇馬就似乎得知他們會出現在加勒比地區。有傳言說，這些人的到來將會帶來命中註定的羽蛇神回歸，並導致阿茲特克帝國的滅亡。宗教權威和絕對政治權力繫於統治者一人之手，加之蒙特蘇馬神話般的世界觀，在一定程度上解釋了阿茲特克統治集團會做出允許科爾特斯於一五一九年十一月進入特諾奇蒂特蘭的致命決定。他們很快就判斷出，西班牙人絕非神靈，但他們起初的猶豫和害怕給了科爾特斯在戰爭中至關重要的優勢。其他學者則強調，宗教儀式在阿茲特克生活中無所不在，尤其是阿茲特克戰爭的儀式化和慣例化程度非常高——這種戰爭模式強調，應當捕獲戰俘作爲給神靈人祭的犧牲品，而非當即殺死敵人。正是因爲這種態度的存在，許多西班牙征服者（包括科爾特斯本人在內）本該會被輕鬆殺死百十來次，但由於阿茲特克人堅持要生擒，他們總能逃脫一死。

和天花暴發的案例一樣，這種關於盲目相信西班牙人神性的理論，有一個相信程度深淺的問題。墨西哥人可能會相信科爾特斯及其屬下是神。當這些人於一五一九年底被圍在特諾奇蒂特蘭城內處境危險時，他們可能會放鬆守備，或者害怕去攻擊這些所謂的「神」。阿茲特克人沒有一上來就試圖在作戰中殺死西班牙人，從而喪失了無數次消滅數量上嚴重處於劣勢的敵人的機會。但到「悲傷之夜」時，西班牙人已經在特諾奇蒂特蘭待了將近八個月。阿茲特克人有無數機會可以搶先消滅西班牙人——這些外來者對飲食、睡眠、排泄，以及與土著婦女發生性關係等方面，都有著特別的癖好，還對黃金極爲貪婪。從早已傳到蒙特蘇馬手中的報告來看，他們知道在西班牙人此前與奧托米人和特拉斯卡拉人的戰爭（一五一九年四月至一一月）中，西班牙人也會像人一樣流血。事實上，有一些人還在戰鬥中被殺。這就極爲清楚地表明他們的肉體和墨西哥居民完全類似。在他們抵達特諾奇蒂特蘭之前，還有馬匹被帶進城，砍成碎片並獻祭：在馬匹抵達之後，對墨西哥谷地裡的所有人來說，這些生物只是像鹿一樣的大型生物而已，並不具備任何神性。

在一五二〇年七月一日於堤道上展開的第一場眞正軍事交鋒中，包圍科爾特斯的阿茲特克人所想做的事，明顯是去消滅凡人而非神靈。在狹窄堤道上展開大規模夜間攻擊的環境下，俘獲卡斯蒂利亞人是幾乎不可能實現的，當夜被消滅的六百到八百名西班牙人中大部份都被當場有意殺死或聽任淹死，這樣的下場絕非偶然。

在西班牙人逃往特拉斯卡拉的後續戰鬥中，以及在特諾奇蒂特蘭的最後攻城戰裡，墨西哥人使用了繳獲的托萊多劍進行戰鬥。他們甚至可能曾經嘗試通過強迫的方式讓被俘的征服者向他們展示使用弩的機巧。墨西哥人時常改變他們的戰術，學會了避免在平原上一擁而上地進攻。在大規模攻城戰中，他們還表現出創造性，將戰鬥侷限在城市狹窄街巷里獲得優勢——如此，利用伏擊戰術和投射兵器，他們也許能夠抵消西班牙人因爲使用馬匹和火炮所帶來的優勢。最後，阿茲特克人還可以推測出，西班牙人一心要將他們徹底滅絕，由此他們會合乎邏輯地懷疑，西班牙調停者給出的一切保證都是虛假的。他們用有著先見之明的話語嘲弄特拉斯卡拉敵人——在阿茲特克人覆滅後，特拉斯卡拉人也終究會成爲西班牙人的奴隸。

如果說，阿茲特克人在作戰中有什麼不利條件的話，那就是他們的訓練和習慣教育他們要捕獲並捆綁敵人，而非砍殺敵人——即便是在抵抗像西班牙人這樣毫不留情的殺手時，這一習慣也被證明難以改變。然而，我們必須記住，士兵應當俘獲而非殺戮敵人這一概念，恰恰是最爲非西方化的概念，這讓我們再次回憶起本書主題：闡述西方戰爭的諸多細節——包括殲滅性的、集群進攻的、使用訓練有素佇列的戰術和勝出一籌的戰爭技術——這些東西才是西班牙人得以征服墨西哥的主要原因。

除了最主要問題，即武器低劣和戰術錯誤之外，阿茲特克人在文化方面同樣處於劣勢，儘管這一方面並不受人關注：宮廷王朝將所有政治權力集中在一小撮精英手中，對這樣的統治架構而言，系統崩潰的古老威脅始終存在——這又是歐洲以外文明中存在的一個現象。在跨文化衝突中，這種狀況總能給西方軍隊優勢。邁錫尼宮殿的驟然毀滅（大約公元前一二〇〇年），波斯帝國在大流士三世從高加米拉脫逃後的突然瓦解，印加帝國的終結和蘇聯的迅速崩潰都證明，宮廷王朝在外界刺激面前極不穩定。不管在什麼時候，倘若有一小撮精英試圖從要塞城堡、島嶼堡壘、龐大宮殿或是克里姆林宮圍牆內控制一切經濟和政治活力，在帝國顯貴死亡、逃亡或名譽掃地後，帝國就會很快瓦解——這再次和非中央集權化的、階層較少的、地方自我控制的西方政治經濟實體形成了反差。繼任皇帝瓜特穆斯於公元一五二一年八月最終逃跑後，阿茲特克人的抵抗便立刻結束了。

馬林切

威廉・普萊斯考特（William Prescott）和休・湯瑪斯（Hugh Thomas）在他們精彩的敘述中認為，要是沒有土著人稱為「馬林切（Malinche）」的埃爾南・科爾特斯的非凡天才和罪犯般的大膽敢為，西班牙人是不可能以微小的代價讓墨西哥人突然崩潰的。「馬林切」一名，來自科爾特斯的固定伴侶兼瑪雅翻譯——才華橫溢且無可替代的唐娜・瑪麗娜，她的姓名由她的納瓦特爾語（Nahuatl）名字邁努利（Mainulli）或馬利納利（Malinali）衍生出來。在幾乎所有關於西班牙征服的現代歐洲記載中，其他征服者——甚至像古巴總督貝拉斯克斯那樣勇敢的人，或者被派來捉拿科爾特斯的納瓦埃斯，或者科爾特斯手下的能幹親信、英勇的桑多瓦爾和魯莽的阿爾瓦拉多——儘管同樣出眾拔萃，卻無法複製科爾特斯的成功。

就算一個人並不信奉「偉人造就歷史」的歷史理論，他也會意識到，科爾特斯的勇敢、演講術和政治理解力在許多關鍵場合發揮了重要作用——例如在一開始就毀棄船隻向內陸進軍，與特拉斯卡拉的戰爭和隨後明智的結盟，奇跡般幾乎毫無傷亡便擊敗納瓦埃斯，在經歷「悲傷之夜」後的英勇跋涉，以及折返進軍和建造雙桅帆船的計畫，還有在特拉特洛爾科最終受挫後的迅速恢復——正是所有這些行為，挽救了這場遠征。在一五二一年的征服過去後僅僅七年，此前未能阻止住科爾特斯，還因此丟了一隻眼的潘菲洛・納瓦埃斯指揮發起對佛羅里達的遠征，其部隊規模與科爾特斯起初進兵墨西哥的規模相當，足足有五百名士兵和一百匹馬。據我們所知，只有四名征服者在此役中倖存下來，拯救倖存者還消耗了長年累月的時間——這說明了當領導人不具備能力和勇氣時，即便是補給充足的西班牙軍隊也會在新大陸遭遇淒慘的災難。

曼努埃爾·奧羅斯科—貝拉（Manuel Orozco y Berra）描繪了一幅超越善惡，近乎馬基維利式的科爾特斯肖像，而他所描述的科爾特斯顯然與同輩人中的任何人都截然不同：

> 想想他對迭戈·貝拉斯克斯的忘恩負義，對部族的兩面三刀，以及對蒙特蘇馬的背信棄義吧。記住他在喬盧拉毫無意義的屠殺，對阿茲特克君主的謀殺，對黃金和珠寶貪得無厭的欲望吧。不要忘記他殺死第一任妻子卡塔利娜·華雷斯（Catalina Juárez）的殘暴行為，以及他在折磨瓜特穆斯時做出的低劣的行徑。他毀滅了自己的對手加拉伊（Garay），為了保住指揮權，讓自己成了殺死路易士·龐塞（Luis Ponce）和馬科斯·德·阿吉拉爾（Marcos de Aguilar）的嫌疑犯。即便用歷史記載所證明的一切其餘罪惡來指控他，但只要讓他以自己是睿智的政治家和勇敢能幹的指揮官的理由來抗辯，他所做的一切，就終會被認為是近代歷史上最為令人吃驚的偉業之一。（《科爾特斯聯盟》，XXVI）

的確，科爾特斯是一位戰士，一個無情而詭計多端的人，一個具有超人精力的政治家。以才能而論，在十六世紀西班牙開拓新大陸的諸多天才競爭者中，他也無人可以匹敵。他無數次因爲熱帶病幾乎病死，甚至在從西班牙出發航海之前還得了一場嚴重的瘧疾。在墨西哥城爭奪戰當中，他差點得了腦震盪，手上、腳上、腿上都受了傷，他三次差點被俘虜，險些被拖到特諾奇蒂特蘭大金字塔上獻祭。他挫敗了土著人和卡斯蒂利亞人多次嘗試刺殺他的圖謀，擺平了遠在卡洛斯五世宮殿里的敵人。科爾特斯和各種婦女生下數個孩子，還被人指控謀殺第一任妻子卡塔利娜。他的軍隊幾乎在「悲傷之夜」中被消滅，他本人也負了傷，軍隊則被敵軍包圍起來。因爲宗教狂熱、卡斯蒂利亞人的榮譽、西班牙愛國主義、單純的貪婪、個人名望或上述所有原因及其他因素相加的結果，科爾特斯最終拒絕退往維拉克魯斯的安全地區：

我記得命運總是偏愛大膽的人，此外，我們還是堅信上帝大恩的基督徒，祂不會讓我們完全死盡，也不會讓我們丟掉曾經屬於陛下也將屬於陛下的龐大又寶貴的土地；我也不能放棄繼續進行戰爭，再次征服曾經臣服過的土地，我必將完成這一偉業。因此，我決心，無論如何都不會翻過群山，趕回海岸。與此相反，我將不顧一切可能落在我們頭上的危險和苦累，告訴他們我不會放棄這塊土地，因為放棄不僅對我而言是可恥的，對所有人而言是危險的，還是對陛下您的極大背叛；我寧願決心盡我所能，以各種可行方法，在各個地方對敵軍展開進攻。（H．科爾特斯，《墨西哥來信》，一四五）

在兩年時間裡，科爾特斯見證了他超過一半的部下——一千六百人中的大約一千多人——戰死或被俘。曾經有三次，他麾下得病和受傷的倖存者們忍無可忍，做好準備打算反叛他們的指揮官。他劫持了蒙特蘇馬，對阿茲特克皇帝的弟弟和侄子發動戰爭，無數次與他的特拉斯卡拉同盟作戰並將其擊退，他還擊敗並控制了一支西班牙「援軍」，這支部隊原本是被派來逮捕他，並將他戴上鐐銬帶走的。他航向西班牙爲自己的事業抗辯，還曾指揮大軍趕往瓜地馬拉，也曾聲稱，只要得到船隻和士兵就可以指揮開往中國的遠征軍。這一切都來自一個高不過五英尺四英寸，重約一百五十磅的小個子，他在一五〇四年抵達伊斯帕尼奧拉時，只是個不名一文的二十歲年輕人而已。

儘管如此，倘若沒有馬匹、火器、鋼制兵器、鎧甲、船隻、軍犬和弩，更不用說他副手們的軍事才幹——這些人擁有從造船、製造火藥到使用步騎結合戰術的專長——那麼即便是科爾特斯，也終究會失敗。西班牙人和阿茲特克人之間的差距實在太大，它遠比羅馬和迦太基或馬其頓和波斯的差距顯著得多，即便出現了傑出的阿茲特克領袖或無能的西班牙征服者，也無法改變最終的結果。要是阿爾瓦拉多或桑多瓦爾指揮卡斯蒂利亞人在一五二〇年十一月進入墨西哥城，要是他們遇到了暴躁易怒的瓜特穆斯而非謹慎又混亂的蒙特蘇馬，這場遠征可能會步履艱難。但只要在一五二一年科爾特斯受挫期間抵達墨西哥海岸的七隻後續船隊仍舊出現，就會有更大規模的遠征軍補充起初戰敗後的損失，其中一些會得到更優秀的將軍的統率，也會有更多的士兵——在附近的加勒比定居點上有三萬西班牙人可以作爲兵員。科爾特斯本人在「悲傷之夜」的災難發生後宣稱，他自己的生命並沒有多少價值，因爲在那時的新大陸，有成千上萬的卡斯蒂利亞人可以取代他，並繼續征服阿茲特克的偉業。

征服墨西哥是歷史上少有的、用技術勝過各種各樣的個人天才與成就的事例——正處於軍事復興中的歐洲，對抗既無馬匹也無輪子，完全沒有見過金屬和火藥的敵人。對北美洲西部的征服過程中，沒有湧現出像科爾特斯那樣有能力的征服者，而土著民也沒有像島嶼都市特諾奇蒂特蘭那樣集中且脆弱的神經中心，入侵者們依靠連續不斷的戰爭，在四十年中完成了整個征服。美國在其邊境和土著人的戰爭中，用許多說英語的無能將領指揮軍隊，而他們的對手則是英武勇敢、心靈手巧，而且大規模裝備西方武器和馬匹的印第安部落。美國指揮官在對抗中總是發起愚蠢的進攻，從而損失部隊並丟掉自己的性命——但這一切並不影響印第安土地不斷受到侵犯的事實，也不會改變土著軍隊逐步被擊敗的結果。我們也應當銘記，從十世紀到十一世紀出現在北美東北海岸（原文誤爲西北。——譯者註）的北歐探險家——他們是新大陸的第一批歐洲入侵者——由於缺乏火器、馬匹和合理的戰術，同時也無法依靠後續的大型海船船隊補充大量士兵，在對抗土著部落時最終只在個別場合獲得過持久性的勝利。北歐人雖然在導航和操船上擁有卓越才能，還有傳奇般的勇猛武力，但他們沒有便利且充分的人力和物資補給，因此他們的諸多優勢並不足以確保征服或殖民的行動能夠成功。

西班牙的武器與戰術

將卡斯蒂利亞人令人吃驚的勝利歸因於文化混亂、疾病、土著盟友以及其他次要因素的現代學者們，非常不情願承認在征服過程中西方的技術和軍事優越性所發揮的主要作用。也許他們害怕這樣的結論會暗含歐洲中心主義，或者承認西方在精神文明上的優勢。然而，墨西哥和西班牙軍隊在裝備和戰術上的巨大差異是無關道德或基因的，它只和文化與歷史有關。

在所有兵器和鎧甲方面，西班牙人都要遠遠優於他們所遭遇的每個土著部落。他們的鐵劍比墨西哥人的黑曜石棒更銳利，更輕巧，刃也要長得多。技藝嫻熟的劍手可以用劍進行刺擊和砍殺，這樣的武器——正如書面材料和墨西哥藝術作品所證明的那樣——能夠一次攻擊就砍下一整條肢體，或是將毫無甲冑的敵人徹底肢解。征服者的劍是長度更短的羅馬劍的直系後裔，它起初也是一種西班牙劍，曾給予羅馬軍團在古代地中海地區最強大的穿透鎧甲的能力。各個時期在墨西哥作戰的全部一千六百名卡斯提亞人，都裝備了這樣的致命武器，即便在西班牙人的子彈和弩矢都用盡時，精良的劍也能夠在很大程度上保證他們取勝。

許多士兵裝備了梣木制的長矛。大部份長矛長度在十二英尺～十五英尺之間，頂部裝有沉重銳利的金屬頭。和給予此類武器靈感的馬其頓薩里沙長槍（*sarissai*）一樣，當密集陣形的士兵揮舞西班牙長矛時——卡斯提亞「大方陣（*tercio*）」在十六世紀的西班牙一度成為最致命的步兵力量——就會創造出一堵不可擊穿的牆壁。在西班牙習慣用語當中，它的意思就是無法進入的「鋼鐵麥田」。當長矛被披甲騎兵當作騎槍用於追殺潰逃士兵時，一次攻擊就能夠把一名士兵的頭顱打飛。最後，西班牙人還有數以百計的輕型鋼尖標槍（*jabalinas*），當劍手在近身狀況下投出標槍時，就像羅馬標槍（*pila*）一樣致命。

幾乎所有西班牙人都裝備了鋼盔，鋼盔保護了部份臉部，而且不會被弓箭或投石擊穿。絕大部份人還裝備胸甲，攜帶用鋼加固過的盾，這就解釋了為何很少有人被阿茲特克人的棒打或劍擊弄死。與此相反，那些戰死的人是被數十名墨西哥戰士絆倒或打倒的重裝上陣的卡斯提亞人。新大陸沒有任何部落曾體驗過歐洲式的步兵衝擊作戰概念——這一傳統源自公元前七世紀古希臘沙場上的密集方陣，在歐洲之外十分罕見。歐洲人在與特拉斯卡拉人、阿茲特克人的諸多步兵交戰中，最主要的敵人是疲憊。披甲的西班牙人幾乎無法被劍或投石傷害到，但在頻繁使用重劍、長矛進行砍殺、戳刺後，他們很快就會勞累不堪，最終時常被迫退到火炮和輕兵器火力掩護幕之後休息：

他們從四面八方包圍了他們（西班牙人），西班牙人開始攻擊他們，就像殺戮蒼蠅一樣作戰。一有人被殺，就立刻會有新銳士兵補上。西班牙人就像海里的孤島一樣，被四面的波濤拍擊。可怕的衝突持續了超過四個小時。期間有許多墨西哥人、幾乎所有西班牙盟軍戰死，一些西班牙人也犧牲了。在快到中午的時候，西班牙人已經再也無法忍受作戰中的勞累，開始出現了動搖。（B．撒哈古恩，《征服墨西哥》，九六）

爲了確保自身的生存，每個卡斯提亞人都屠宰了數十名敵軍——有的場合下可能是數百名敵軍。對這些套在鎧甲中，身形又相對較小的士兵而言，這需要他們付出極大的努力，消耗極多的肌肉力量和耐力。他們主要害怕的事在於自己可能會不慎失足或被絆倒，然後被敵人拖走。我們的資料曾提到，在兩年的戰爭進程中，有數以百計的卡斯蒂利亞人受過傷，但這些砍傷和挫傷幾乎都發生在四肢上，很少能夠致命。殺人的方法是用戳刺的金屬劍擊穿人的胸部或面部，但這對抵抗披甲步兵的阿茲特克戰士而言，幾乎是不可能完成的任務。

有些學者對西班牙鋼材所發揮的重要性表示輕蔑，但他們無法解釋一點，即爲何在「悲傷之夜」和特拉特洛爾科伏擊戰後，阿茲特克人迅速使用了他們得到的數量稀少、相當珍貴的卡斯提亞劍和長矛。爲何在與阿茲特克人的所有步兵交戰當中，特拉斯卡拉人都認識到只有卡斯提亞人能夠突破阿茲特克戰線，所以他們十分歡迎使用西班牙步兵作爲突擊行動的刀刃？在潮濕的時節裡，許多征服者發覺更輕巧也更舒適的當地棉織品就足以防禦土著石彈和石刀。他們有時會拋下自己的鎧甲——這令人印象深刻，因爲這證明，儘管阿茲特克兵器的使用者是戰爭史上最爲兇殘的戰士之一，但西班牙人對此並不感到害怕。

優越的金屬兵器只是西班牙人的一部份優勢而已。與土著的投石索或弓箭相比，火繩槍和弩更爲準確，射程更長，穿透力更強。西班牙弩可以在超過兩百碼遠的地方拋射弩矢，在接近一百碼遠的地方直瞄射擊極爲準確。使用弩幾乎不需要什麼技巧，弩矢和可替換部件也能使用當地材料輕鬆製造。弩的主要弱點在於，弩身過於沉重（十五磅）和相對較低的射擊速度（每分鐘一發）。儘管阿茲特克弓箭手能夠在一分鐘內射出五、六支箭，但他們很難在二百碼遠的地方命中目標，即便在更近的距離上，它們的燧石箭頭也無法擊穿西班牙士兵的護甲傷害到重要器官。此外，土著弓箭也遠沒有弩矢準確。熟練掌握箭術需要多年的訓練，而一個卡斯提亞人可以在幾分鐘內重新使用戰死或受傷弩手的弩。

火繩槍（harquebuses，擁有火繩點火裝置的早期火槍）大體上有著和弩一樣的優缺點——巨大的穿透力，很少的訓練要求，優良的準確度，較遠的射程，對應缺點則是緩慢的射擊速率和笨重——當單發射擊無數毫無鎧甲的戰士時，火繩槍要比弩更爲致命。它們也更易於製造和修理。火器的眞正優勢不在於它們易於使用——它們相當難以操縱，也難以裝塡——而在於它們擁有更好的準確度和致命性。一個優秀的射手，可以在一百五十碼的距離有一定把握地展開殺戮。他手中武器發射出的龐大彈頭——可能重達六盎司的鉛彈——在近距離有時會連續穿透多達六個無甲的阿茲特克人軀體。當科爾特斯於一五二一年春季返回特諾奇蒂特蘭時，他擁有近八百名火繩槍手和弩手。在西班牙陣形中，弩手排成密集佇列，越過火繩槍手頭頂射出弩矢。科爾特斯的士兵能夠每十秒鐘射出十～十五發投射物，進行連續的地毯式射擊。面對墨西哥人的密集人群，在十～十五分鐘的短時間內，西班牙人很少會失手，當卡斯提亞射手被部署在長槍兵身後或者船上以及要塞頂部時，他們往往能夠殺死成百上千的敵軍。

在同時代的歐洲戰爭裡，戰術和武備正處於復興之中，就連最有紀律且裝備最精良的瑞士、西班牙長矛手，也在馬里尼亞諾（Marignano，一五一九年）、拉比克卡（La Bicocca，一五二二年）和帕維亞（Pavia，一五二五年）等戰役中，被火繩槍手轟得支離破碎。如果以精心控制的齊射模式進行射擊，新式火槍就能撕裂那些快速移動、訓練優良的歐洲長矛手組成的縱隊。而當火繩槍手們面對數目更大，組織卻不夠良好，防護也相當低劣的阿茲特克戰士集群時，其武器的效力無疑就會變得更大。就算阿茲特克人曾經繳獲過火繩槍，並掌握其使用方法，這樣的技術在沒有科學研究體系支撐的狀況下也會迅速停滯下來：火繩槍僅僅是歐洲火器持續進化中的一環而已，用不了多久，燧發擊發技術、更好的槍膛鑄造方法、膛線技術和性能提升的火藥，將會不斷提升火器的威力。

對於長矛手和火繩槍手在平原上的合成戰鬥方法，西班牙人擁有將近一個世紀的作戰經驗——火繩槍手會走出方陣，射擊，退到矛尖組成的牆壁後方裝填，然後再走上前去射擊——他們以此挫敗了歐洲貴族騎兵的衝鋒。在面對近乎裸體的墨西哥步兵時，這些久經考驗的卡斯提亞方陣幾乎無懈可擊。對歐洲的火藥優勢持懷疑態度的人應當記住：土著部隊蜂擁而上的戰術——祖魯人就是個極好的例子——早在連發槍時代之前，便成就了西方槍炮殺人無數的威名。

西班牙人的紀律享有盛名。火炮、火槍和弩在面對敵軍衝鋒集群時依次射擊，形成了可怕的交替火力網。很少有火繩槍手或劍手會在直接上級戰死之前逃跑，相反，一旦受人尊崇的「誇奇潘特利」——裝在竹架上，由著名戰士背負的花哨旗幟——倒下或被奪走，阿茲特克軍隊中的地方軍就很可能土崩瓦解。個人勇氣和高超武藝並不總是與作戰紀律同在，而作戰紀律在西方很大程度上被定義為留在佇列當中和戰友並肩作戰。

令阿茲特克人最為恐懼的東西，莫過於西班牙火炮，有的火炮有輪子，或者安放在車輛上，西班牙人的火炮中至少有一部份是射擊更快的後裝火炮。關於在為期兩年的戰爭中，科爾特斯的士兵實際使用火炮的數量和種類（許多火炮在「悲傷之夜」中丟失了），各種資料的資料互不相同，但西班牙人應該帶上了十～十五門火炮，包括小型的隼炮，也有較大的射石炮。在對付阿茲特克暴民時，如果這些火炮使用得當，它們就是極為致命的武器，它們既能射出葡萄彈——由較小的鐵彈組成的霰彈，也能打出重達十磅的大實心彈和石彈。小型的後裝隼炮幾乎可以每一分半鐘射擊一次，其直瞄距離為五百碼，曲射時可以打到接近半英里之外。只要瞄準了正在衝擊的墨西哥人，每次齊射都會將戰士的四肢、頭部和軀幹撕裂開來。

西班牙編年史對科爾特斯的馬匹和它們給阿茲特克人帶來的十足恐懼著墨甚多。在最後一次特諾奇蒂特蘭攻城戰時，他麾下大約有四十匹馬。墨西哥人起初認為它們是奇怪的半人馬，或是能夠和騎手交談的神物，後來才意識到它們是類似某種巨型鹿的大型食草動物。馬匹給戰鬥帶來明顯優勢，比如恐怖、偵察、運輸和機動力等，而且它們載著披甲槍騎兵驅馳時完全勢不可擋，這讓貝爾納爾・迪亞斯・德爾・卡斯蒂略稱它們爲西班牙人「倖存下來的希望」。

從歷史上看，擊敗騎兵的唯一方式是集群作戰，就像法蘭克人在普瓦捷曾做過的那樣，或者是像瑞士密集方陣一樣使用加長的長矛，又或者像法國人一樣朝著迫近的騎乘衝擊展開地毯式火槍射擊。阿茲特克人既缺乏自耕農步兵傳統，又不曾進行過衝擊作戰，更沒有任何火器，因此無法進行上述這些行動。如果他們嘗試大規模集結部隊來阻塞衝鋒騎兵的道路，他們很快就會受到火炮齊射而遭到削弱。因此，在炮兵予以協助的情況下，西班牙騎兵在衝擊敵軍，用騎槍刺殺單個的阿茲特克人，或者迫使敵軍成群聚在一起尋求保護，反過來又爲科爾特斯的火炮提供了更好的目標，這種戰術被證明極爲致命。

和古代的馬匹不一樣，科爾特斯的坐騎並非矮種馬，而是由摩爾人帶到西班牙的大號阿拉伯馬孕育出的安達盧西亞柏柏爾—阿拉伯馬。後來的英國觀察者聲稱，西印度群島的馬是他們所見過的最好馬匹。它們的龐大體型和騎手的專業技能——像桑多瓦爾和阿爾瓦拉多一樣的西班牙貴族自幼便開始騎馬，成了在馬上使用騎槍戳刺的高手——構成了一幅可怕的殺戮景象：

> 一打騎手就能給一大群印第安人造成巨大破壞，這令人印象深刻：事實上，似乎騎手並不是直接造成傷害的，而是這些「半人馬」（用迪亞斯・德爾・卡斯蒂略的話說）的突然出現導致了印第安人士氣大為低落，從而讓他們膽怯，讓西班牙步兵能夠以新的力量向他們衝擊……印第安人不知道應當如何對付這個超自然的、半人半動物的野獸，只是麻木地站在那裡，讓猛擊的馬蹄和閃耀的刀劍把他們擊

倒。」（J・懷特，《科爾特斯和阿茲特克帝國的隕落》，一六九）

並非所有致命的武器，都是從西班牙帶來的物品。一些最具殺傷力的武器存在於征服者自己的腦海裡，只有在戰鬥急切需要的狀況下，殺人機器的潛在藍圖才從腦袋裡蹦出來成爲現實。西班牙人迅速意識到，在墨西哥的龐大財富中包含著不曾透露的——也未被觸碰過的——可以用於歐式武器的原材料，其範圍從製造船隻和攻城器的優良木材一直延伸到製造刀刃的金屬礦和火藥原料。

將自然資源視爲文化或軍事的唯一推動力的看法相當流行。倘若眞是如此，我們就應當記起，阿茲特克人坐擁戰爭資源的富礦——這可是充滿火藥、鐵、銅和鋼原料的整個次大陸。事實上，令阿茲特克人毀滅的不是缺乏礦產，而是缺少系統探究抽象思維和科學技術的方法。阿茲特克人之所以沒有車輪，可能是因爲他們沒有馬，但他們也完全沒有其他基於輪子的戰爭和商貿工具——獨輪車、人力車、水輪、水車輪子、滑輪、齒輪——因爲他們既沒有科學理性傳統，也沒有興趣去研究無利可圖的東西。

西班牙人的理性方法，在他們臨時建造戰爭機械上體現得最爲明顯，這遵循了可以追溯到古典時代的攻城器與船舶設計方案。在「悲傷之夜」前夕的痛苦戰鬥中，西班牙人於幾個小時內建造了三架移動木戰車（*mantelete*），它們是能夠移動的木塔，可以保護火繩槍手和弩手在步兵頭頂上射擊。科爾特斯發現堤道被弄斷時，他下令建造移動橋樑——這一歐洲專長可以追溯到凱撒在高盧和日爾曼的戰役。在逃出特諾奇蒂特蘭後，西班牙人著手製造火藥，其中硫黃就是從附近的「煙山」〔海拔一七八八八英尺的波波卡特佩特山（Mount Popocatépetl）〕上收集來的。西班牙人給了土著金屬匠人相關設計和指導，讓他們協助製造十萬多個銅箭頭供土著弓使用，還要另行製造五萬支金屬弩矢，供西班牙弩使用。在最後的攻城戰中，爲了節約火藥，西班牙人甚至建造了一台巨型投石機——儘管它被證明毫無效果，因爲它的絞盤、武備和彈簧部件顯然是來自業餘人士的錯誤設計。

最令人印象深刻的工程項目，是馬丁．洛佩斯讓預先建好的十三艘雙桅帆船下水。這些船長度超過四十英尺，船身最寬九英尺，是像槳帆戰艦一樣的龐大船隻，它用風帆和劃槳驅動，卻又是平底船，吃水僅有兩英尺，是根據特斯庫科湖狹窄且沼澤化的水域特意設計的。每條船上載有二五人，能夠攜帶一定數量的馬匹和一門大炮。爲了建造這樣的船隻，西班牙人徵發了成千上萬的特拉斯卡拉人拖拽木料，運輸從維拉克魯斯擱淺的船上搶救出來的鐵制工具。洛佩斯隨後讓他精心組織的土著工作隊把雙桅帆船徹底拆散，出動了大約五萬人的龐大隊伍充當搬運工和戰士，將它們翻山越嶺運到特斯庫科湖。當它們於乾旱季節抵達特諾奇蒂特蘭後，洛佩斯組織建造了一條十二英尺寬，深度約與寬度相當的運河，讓船隻通過運河從沼澤地駛入湖中相對較深的水域：這個工程動用了四萬名特拉斯卡拉人，時間長達七週。

雙桅帆船被證明是整場戰爭中的決定性因素，有三分之一的西班牙人力被用於操縱它們，船上還配備了將近百分之七十五的火炮、火繩槍和弩。這些帆船保持了堤道通行自由，確保了西班牙營地在晚上的安全，在敵軍戰線虛弱部位裝載步兵登陸，強制封鎖周邊，削弱城市，有條不紊地粉碎了數以百計的阿茲特克獨木舟，並將重要的食物和補給輸送給分散在各地的西班牙部隊。它們將特斯庫科湖從西班牙人的主要弱點轉變成了最大的優勢。它們高聳的甲板阻止了阿茲特克人登船，爲射擊和裝填的火繩槍手和弩手提供了充分掩護——這是西方人在運用步兵和海軍混合戰術時的傳統特點：

然而，在這最後的總結當中需要指出，特諾奇蒂特蘭有一個不適用於薩拉米斯的重要特徵：特諾奇蒂特蘭和最終的勝利、戰爭的終結是同義的，薩拉米斯則並非如此。在薩拉米斯，文明受到了挑戰，在特諾奇蒂特蘭，文明則被粉碎了。也許在所有歷史當中，沒有任何一場類似的海戰勝利能夠結束一場戰爭，並徹底終結一個文明的存續。（C・迪奈爾，《征服墨西哥中的海軍力量》，一八八）

儘管雙桅帆船是在距離特斯庫科湖超過一百英里的地方建造的，但它們在阿茲特克當地水域作戰時將證明，在工程方面這些船隻遠比整個墨西哥文明史上建造的任何艦船都更為巧妙——只有通過二千年裡都在西方普遍存在的對科學和理性的系統化探究，才能實現這一業績。

西方軍事傳統的幾乎所有要素都確保西班牙人能夠獲得勝利，克服數量劣勢、補給缺乏和未知地理等問題。戰爭結束後，征服者之間產生了數十萬頁的西班牙文訴訟檔、正式調查檔和司法令狀，這證明了每個戰士所具備的強烈自由感和名譽感：這是一種個人所具備的對公民軍隊的感覺，即便是科爾特斯或西班牙王國，在沒有憲法支持的前提下，也無法剝奪公民個人的權利和特權。在前去迎擊納瓦埃斯的路上，科爾特斯的一些士兵抓住了阿隆索・德・馬塔（Alonso de Mata），他是一位攜帶法律檔和召回他們領導人的傳喚文書的特使。接踵而來的則是關於德・馬塔官方地位的法律爭論，最終，當後者無法提供證明他是國王所屬的真正公證人的相關文件，從而無權擔保他帶來命令的真實性時，這場爭論才宣告結束。

事實上，在十六世紀的西班牙，自始至終都存在一種強烈的政治自由感，也許它的最好體現是胡安・德・科斯塔（一五四九～一五九五年）的專題論述《公民政府》（*Govierno del ciudadano*），它論述了在憲政國家中公民的恰當權利和行為。大約與此同時，科爾特斯的一位傳記作者，赫羅米諾・德・布蘭卡斯（Jerónimo de Blancas）寫下了《關於阿拉貢的評論》（*Aragonesium re-rumcomentarii*，一五八八年），論述了阿拉貢君主政體的契約特徵，以及它與政府立法、司法部門的關係。

卡斯提亞人參與決定性的可怕戰鬥的推動欲望，無論是在特諾奇蒂特蘭的街道上，在堤道上，還是在奧通巴平原上或者特斯庫科湖上，都始終旺盛，而這一點墨西哥人並不具備。後者偏愛陽光明媚的盛況，戰士的地位、宗教性儀式和捕獲戰俘的方法在有些時候是作戰中必不可少的要素。在整場戰爭中，來自新大陸和西班牙的熱心商人和承包人停泊在維拉克魯斯，向科爾特斯提供子彈、食物、武器和馬匹。

征服者不管是由桑多瓦爾、奧爾達斯、奧利德還是阿爾瓦拉多指揮，都是把自己的性命託付給一個抽象的指揮與服從體系，而並不僅僅是託付給像科爾特斯那樣的富有吸引力的領導人。主動性在整個征服進程中給予了科爾特斯難以計數的優勢。他麾下的士兵口無遮攔的頻繁抱怨和西班牙官方正式審計和調查的威脅，也迫使科爾特斯在和他的主要副手討論戰略、制定戰術時充分考慮，因為他們知道一旦失敗，就會出現大量批評。所有這些西方軍事傳統的組成部份都給予了西班牙人極大優勢。但在最後的分析當中，還要指出一點，約有二千年歷史的理性主義傳統確保了埃爾南·科爾特斯的戰爭工具能夠比敵人的工具多殺死成千上萬的人。

理性與戰爭

從石器時代開始，人類總會進行某種科學活動，達到增強戰爭組織的目的。但自希臘人以來，西方文化就已經會利用某種抽象思維，在遠離宗教干涉和保持政治自由的情況下討論知識，並策劃結合自由與資本，將理論突破性地運用到實際中，以這種方式來推動軍事的發展。這些努力帶來的成果，便是西方軍隊在殺戮他們對手時的技術能力始終在持續增長。通常情況下，希臘重裝步兵、羅馬軍團步兵、中世紀騎士、拜占庭艦隊、文藝復興步兵、地中海槳帆戰艦和西方火繩槍手裝備的破壞力要比其對手強得多。難道這很值得奇怪嗎？即便西方人的敵人通過繳獲或購買西方兵器來加強自己的裝備，就像奧斯曼人、印第安人和中國人所瞭解到的那樣，也不能保證技術上達到平等——鑒於歐洲武器設計與生產是不斷進化的，一旦武器過時，西方人就會創造出新的武器。創造性從不是歐洲人的專利，更不用說超群智力了。更確切地說，西方人創造優秀武器的意願，也時常倚賴於它無可比擬的效仿創意能力——就像三列槳艦、羅馬西班牙短劍、星盤、火藥的組裝和改進所證實的那樣，西方人總是渴望用借鑒、採納乃至剽竊的方法獲取創意，而絲毫不顧及新技術被引入時給社會、宗教或政治等領域帶來的震動。

學者們正確地指出，歐洲人既沒有發明火器，也不曾壟斷火器的使用權。然而，大範圍製造、分發火器並努力進行提高其致死性的研究，這樣的行為只屬於歐洲人。從十四世紀引入火藥到現在，火器上的所有主要改進——火繩、燧發、擊發火帽、無煙火藥、線膛、米尼彈、連發槍和機槍——都是在西方產生，或在西方幫助下出現。總體而言，歐洲人不會使用或進口奧斯曼土耳其和中國的槍炮，他們也不會反過來去學習自己給予亞洲或非洲的軍火設計。

在技術上持續創新、不斷取得進步的想法體現在亞里斯多德《形而上學》中的格言裡，因此也能看出，西方文明中前人哲學家的理論，有助於希臘知識整體的某種持續發展。在《物理學》（二〇四B）中，他承認，「在所有發現之中，由其他人交付給後人的此前勞作的結果，會讓接受結果的人逐漸進步」。西方技術發展在很大程度上是經驗主義研究，人們通過感官知覺、觀察和試驗現象獲取知識，記錄此類資料以獲得不受時間影響的發展成果，這些成果通過以後的集體批評和修正，變得越發準確。在西方文明的開端，有亞里斯多德、色諾芬和埃涅阿斯（Aeneas Tacticus）點亮知識的燈塔，但在新大陸，則沒有任何人可以擔當他們的角色，這就解釋了為何若干個世紀之後，科爾特斯能夠在新大陸製造火炮和火藥，而與此同時阿茲特克人則無法使用他們俘獲的西班牙火炮；為何特諾奇蒂特蘭周圍土地的致命潛力在此前若干個世紀里都無法得到開發，卻在西班牙人到來後寥寥數月內就開採出火藥和礦石。

西方的技術優勢，不僅僅是十六世紀軍事復興的結果，也並非歷史的偶然巧合，更不是自然資源預先決定的宿命，而是基於古代研究方法所獲得的成果。西方人這種特立獨行的理念，最早可以追溯到希臘人。儘管據傳理論數學家阿基米德曾說，「整個工程行當都是骯髒且卑鄙的，每種技術都導致它本身走向純應用和純利潤」，但他的器械——起重機和傳說中聚光加熱的大型反射玻璃——卻把羅馬人攻陷敘拉古的時間延遲了兩年。第一次布匿戰爭中的羅馬海軍，不僅僅是在仿效希臘人和迦太基人的設計，而且發明出「烏鴉」這樣的創新性改進——一種將敵軍戰艦拖離水面的起重機（原文如此，但按照絕大多數學者的看法，所謂的「烏鴉」是一種輔助跳幫的吊橋，可以幫助羅馬軍隊發揮其肉搏方面的優勢，而回避相對薄弱的航海技戰術。——譯者註）——由此確保了他們的勝利。早在美國的B—29轟炸機在東京上空扔下凝固汽油彈之前，拜占庭人就使用銅管噴射希臘火這樣的壓縮爆炸物——這是一種由石腦油、硫黃和石灰調配成的藥汁，和燃燒彈的原料一樣，這種藥汁即便被水澆著也可繼續燃燒。

軍事知識也不僅是經驗主義的。在西方，軍事知識得到了抽象化的提升，並且得以刊登發行。從阿里安（《戰術理論（*Taktike theoria*）》）和韋格蒂烏斯（《羅馬軍制論（*Epitoma rei militaris*）》）開始，到十六世紀關於彈道學和戰術的浩繁參考書（例如路易吉·柯拉多（Luigi Collado）的《實用炮學手冊（*Practica manual de artiglierra*）》（一五八六）

或者尤斯圖斯・利普修斯（Justus Lipsius）的《論羅馬軍隊（*De militia Romana*）》（一五九五～一五九六）〕，西方軍事手冊將第一手知識和抽象化的理論研究融入了實際建議當中。與之相反，最爲傑出的中國和伊斯蘭軍事著作，儘管雄心勃勃並且面面俱到，在實際的殺戮藍圖上卻不夠實用，它們往往被嵌入宗教、政治或哲學，其間塞滿了從阿拉到陰陽的理論，討論著冷與熱、多與少的哲學。

在戰場上的英勇表現，是人類的固有特徵。但以大規模生產武器的能力來抵消這樣的勇猛，則是一個文化現象。就像亞歷山大大帝、尤里烏斯・凱撒、奧地利的唐・胡安和其他西方指揮官一樣，科爾特斯往往能無情地消滅數量上居於優勢的敵軍，這不是因爲他們自己的士兵總能在戰爭中表現得更好，而是因爲西方人的指揮官始終受到監督、西方軍隊堅持理性至上的理念，同時秉持著科學傳統。

市場——或資本主義的殺戮

雷龐多，一五七一年十月七日

支持戰爭的經費，應當源於積累的資本，而非強徵到的貢金。

——修昔底德，《伯羅奔尼薩斯戰爭史》，一・一四一・五

槳帆船戰爭

無處可逃

眼前這些奇怪的船隻，是商用駁船嗎？奧斯曼帝國海軍的槳帆艦隊正準備開始戰鬥，但此時在司令官穆阿津札德・阿里帕夏（Müezzinzade Ali Pasha）的視野裡，前方幾百碼遠處的海面上卻出現了六艘古怪的前所未見的艦船。也許它們是某種補給船？不過它們顯然船體嶄新而身形龐大——而且這些龐然大物正在緩慢地向司令的旗

艦「蘇丹娜」號衝來！事實上，這六艘巨大的怪船是新近建造的威尼斯加列亞斯戰艦（Venetian galleasses）。每艘船上都有接近五十門重炮——這些火炮密集排列在左右兩舷，從艏樓和艉樓甲板上方進行射擊，彷彿在艦上各處轟鳴一般。每一艘這種新奇的海上怪物，都能投射出比歐洲最大的划槳戰艦還多六倍的炮彈，僅就火力而言，一艘這樣的怪船，就相當於蘇丹海軍裡一打普通槳帆船。

在平靜的海面上，加利亞斯戰艦能夠機動自如，憑藉風帆和船槳向各個方向機動、開火。現在，這六隻龐然大物中有四隻開始有條不紊地轟開阿里帕夏的槳帆船——正如一份當時的記載所述：「持續不斷的炮火風暴，是如此的可怕。」大量的葡萄彈和五磅實心彈，撕開了土耳其人的甲板。而少數命中土耳其船水線的三十磅乃至六十磅鐵制實心彈，則摧毀了整整一支土耳其分艦隊——在火炮的可怕威力下，人、鋪板和船槳的碎片混雜在一起，難以辨認。

「巨艦，有大炮的巨艦！」據說，土耳其船員們曾經在射來的致命炮火面前這樣尖叫。在加列亞斯戰艦的指揮官中，有兩位分別名叫安東尼奧·布拉加迪諾（Antonio Bragadino）和安布羅奇奧·布拉加迪諾（Marantonio Bragadino），他們剛剛聽說兄長瑪律坎托尼奧（Marcantonio）幾週前在賽普勒斯遭到了可怕的折磨並被殺死了。現在這兩兄弟催促數以百計的炮手不斷開火，在這個週日的上午，他們決定不留任何戰俘以報復土耳其人。

儘管整個奧斯曼艦隊在規模上要大得多，但如果阿里帕夏的戰艦不能越過加利亞斯戰艦，迅速與基督徒聯合艦隊展開近戰的話，也會在海上被敵人有條不紊的炮火撕成碎片：

> 海面上，到處都能看見被擊毀的船隻上散落下來的人員、桁端、船槳、木桶、炮管和各種武器裝備，僅僅六艘加利亞斯戰艦本來不該造成如此巨大的毀滅，這是椿難以置信的事，因為迄今為止尚未

有人嘗試把它們投入到海戰前線。（K．M．塞頓，《教皇和東地中海》，一〇五六）

大部份基督徒觀察者都相信，在槳帆船間的正式戰鬥開始之前，奧斯曼大艦隊就有三分之一的船隻被打散、失去作戰能力或是沉沒海中。僅僅四艘歐洲戰艦在三十分鐘內的射擊——六艘加列亞斯戰艦中有兩艘位於右翼，漂離了位置，因而幾乎沒有參戰——就擊毀了大量的土耳其槳帆船，多達一萬名土耳其海員也隨之落入海中。阿里帕夏通過這些奇怪的加列亞斯戰艦，看到了未來海戰的些許亮點，這種新的戰爭模式不依靠撞角、士兵登艦或槳手來取勝，而是憑藉大規模製造出的鐵質火炮、高聳甲板和大型船體稱雄海上。

雖然如此，奧斯曼艦隊中央戰線還是有一部份戰艦向前突破，最終繞過猛烈的炮火衝到唐．胡安（Don Juan）的王家號（La Reale）周圍——這是一艘足以被稱爲「巨大」的槳帆船，它從塞維利亞的造船廠下水，由胡安．包提斯塔．巴斯克斯（Juan Bautista Vázquez）本人富有藝術氣息的手加以裝飾，親王的旗幟上繡著花哨的耶穌受難像。只需要觀察基督徒戰線的中央部份就能注意到西班牙、威尼斯和聖座（Holy See）的聯合部隊，在那裡，唐．胡安左右兩側戰艦的指揮官，分別是教皇國船長馬可安東尼奧（Marcoantonio Colonna）——他在即將發生的戰鬥中英勇戰死——和年過七旬的威尼斯人塞巴斯提安．韋涅羅（Sebastian Veniero）。得益於唐．胡安奇特的天才和雅量，熱那亞人、威尼斯人和西班牙人三者搖搖欲墜的聯盟得以在協同戰術指揮下有效運作著。

隨著遭遇痛擊的土耳其戰艦接近神聖同盟大艦隊，教士們急忙跨上甲板，在槳帆船撞擊前的最後時刻祝福船員。教士中有許多人全副武裝，他們不僅要給信徒們提供精神上的慰藉，還要給予物質上的支援。「我的孩子們，」唐．胡安在撞擊前幾分鐘告訴他的士兵，「我們來到這里要麼得勝，要麼死亡，一切皆是天意。」在雷龐多，神聖同盟艦隊里的每條船都裝飾著耶穌受難像。著魔一般的戰鬥方式，出現在基督徒而非想像中「狂熱」的穆斯林身上。所有基督徒，都被傳說中奧斯曼人最近在賽普勒斯和科孚島（Corfu）犯下的暴行激怒了，他們確信，這是他們在決定性會戰中與土耳其艦隊交戰，爲數十年來伊斯蘭教徒襲擊基督徒海岸復仇的最好也可能是最後的機會。

不久，八百名基督徒和土耳其士兵就在蘇丹娜號上展開一場混戰。這是一艘華麗的槳帆船，甲板全都用拋光的黑胡桃木製成。但不管蘇丹娜號有多麼美麗，它還是缺乏王家號上用於防禦登船的保護網，因而蘇丹娜號成爲兩軍戰線最中心的屠場，這是十字架與新月之間名副其實的海上戰場。基督徒們大部份身著鐵製胸甲，使用火繩槍射擊，他們幾乎兩次攻入阿里帕夏座艦中央，但隨後又被成群湧來的土耳其人擊退。較小的奧斯曼加列特（galliot）戰艦在戰鬥之初加列亞斯戰艦的舷側炮擊中倖存下來，這些船隻接連地停在兩艘絞殺在一起的旗艦附近卸下援軍，他們把希望寄託在土耳其耶尼切里近衛軍佔據絕對優勢的人力和戰鬥技能上，也許這些戰士能夠抵銷西班牙和義大利步兵的更好的火器、鎧甲和團隊凝聚力。在另一邊，更多的基督徒戰艦也停靠在蘇丹娜號一旁，卸下火繩槍手生力軍加入到爭奪阿里帕夏座艦的戰鬥中。

許多歐洲槳帆船要比同類的奧斯曼戰艦更爲龐大，西班牙戰艦尤其如此。它們更爲高聳的甲板讓登船隊能夠直接跳到土耳其戰艦上，同一時間，還有數以百計的基督徒炮手留在甲板上向下射擊，把炮火傾瀉到正遭到圍攻的敵軍弓箭手頭上，自己一點也不用擔心受到傷害。基督徒也偏愛大規模衝鋒的作戰形式——西班牙人更是如此，在這種戰鬥中，紀律、凝聚力和純粹的數量優勢能夠壓倒耶尼切里士兵的個人勇氣和武藝。

唐·胡安本人手持戰斧和闊劍，親自率領士兵發起最後一次衝鋒，這一次終於徹底戰勝了蘇丹娜號上的船員。正當阿里帕夏用小弓射出箭矢時，一發火繩槍子彈擊中了他的腦部，阿里帕夏隨即倒下。很快，他的頭顱就被掛在一柄長槍上，放到王家號的後甲板上示眾；他珍愛的來自麥加的鍍金綠旗從桅杆上被扯了下來，教皇的錦旗取而代之。奧斯曼艦隊中央戰線上還有九十六艘戰艦，但當船員們看到他們的海軍司令被斬首，蘇丹的旗艦現在也成爲唐・胡安個人的戰利品之後，恐懼就席捲了整個戰線。西班牙人把他們自己的船隻拖到一邊，遠離這艘死亡之船，前往基督徒艦隊正遭到圍攻的右翼，尋找其他的捕獲對象。

與此同時，阿戈斯提諾・巴爾巴里戈（Agostino Barbarigo）——他在幾天後死於眼部的可怕創傷——指揮下的基督徒左翼，則被狡猾的穆罕默德・錫羅科「舒盧奇」（Mehmed Siroco，「Suluk」）指揮的戰線更長的奧斯曼右翼包圍，並被推向埃托利亞的陸地（Aetolian mainland）。事實上，唐・胡安艦隊三個分隊所構成的戰線，全長不過七千五百碼，更爲綿長的奧斯曼戰線也許會繞過兩翼襲擊神聖同盟海軍的後方，海軍司令對此的擔憂完全正確。不過巴爾巴里戈憑藉優異的操艦技術完成了輝煌壯舉：他的戰艦反向划槳向後開進，拖住了大部份位於他戰線前方的敵艦，隨後他開始指揮用火炮掃射敵艦甲板，等待佔據數量優勢的土耳其槳帆船登船，從而反過來將敵艦引誘到海岸邊。巴爾巴里戈麾下，有來自威尼斯兵工廠的最好的槳帆船，其中有「基督復活」號（Christ Raised）、「命運」號（Fortune）和「海馬」號（Sea Horse），儘管他在數量上處於劣勢，但他的戰艦和船員在品質上都要優於奧斯曼土耳其的。

一旦土耳其士兵耗盡了他們的弓箭——許多箭頭是淬過毒的——錫羅科和巴爾巴里戈之間的戰鬥就成了又一場步兵之間的陸戰。狂暴的基督徒們身著鎧甲手執火器，以密集的橫隊和縱隊在甲板上推進。在基督徒們看來，他們能夠有條不紊地屠戮土耳其農民。這些農民中的大部份人很快就耗盡了弓箭，既沒有金屬護身，也沒有火繩槍提供掩護，耶尼切里也不會幫助他們。在槳帆船甲板上的近距離交戰中，火繩槍的射擊撕裂了毫無甲冑的土耳其人，幾乎每發子彈都會造成傷亡。穆罕默德・錫羅科也會很快丟掉他的腦袋，隨後，這位艦隊司令的無頭屍體被拋入水中，狠狠羞辱了一番。（根據Niccolò Capponi，Victory of the West：The Great Christian—Muslim Clash at the Battle of Lepanto，Da Capo Pr，二〇〇六年書中的材料，穆罕默德・錫羅科並未當場戰死，而是受傷被俘，並在戰鬥結束四天後傷重不治。——譯者註）他的五十六艘戰艦中，絕大部份都被基督徒擊沉或俘獲，船員也都被殺死。基督徒沒有放過任何降兵或傷患。按照神聖同盟的說法，沒有一艘土耳其槳帆船得以逃脫，也沒有任何一艘船上的船員能夠倖免。

巴爾巴里戈的部隊堅持要處死他們所發現的每一個奧斯曼水手或士兵，儘管他們的對手已經被殺戮的景象嚇得目瞪口呆，大部份人也毫無自衛能力。同時，神聖同盟的士兵們也解放了數以千計身陷枷鎖的基督徒划槳奴隸——在雷龐多之戰中，最後一共有一萬五千名划槳奴隸被解放。義大利和西班牙的記載一再讚揚拯救歐洲奴隸的業績，卻僅僅用寥寥數語承認大部份死在雷龐多的土耳其人也許是在甲板上乞求寬恕時被殺，甚至是在無助地漂浮在海面上的艦船碎片中時慘遭屠戮。然而，保全唐・胡安左翼所付出的代價依然高昂。威尼斯海軍領導人中的大部份精華——馬里諾・孔塔里尼（Marino Contarini）、溫琴佐・奎里尼（Vincenzo Querini）、阿戈斯提諾・巴爾巴里戈的侄子安德里亞（Andrea Barbarigo）——都在這場嚴峻的交戰中陣亡。

此時，只有熱那亞老將吉安・安德里亞・多雷亞（Gian Andrea Dorea）指揮的基督徒右翼還面臨險境。多雷亞向右側漂移了很遠，而他在維持基督徒戰線完整時又顯得遲緩而懶散。戰後，神聖同盟的海軍將領們發誓說多雷亞是在橫向開進遠離唐・胡安的中央戰線，而非徑直向前與土耳其艦隊交戰。難道這個狡猾的熱那亞人正如後來傳說的那樣，希望讓他自己的戰艦免於可能降臨的毀滅？無論如何，剛剛與阿里帕夏中央戰線接戰的基督徒槳帆船也開始擔憂：倘若多雷亞繼續向右側進行機動，保護他麾下的本國部隊免遭可怕而充滿傳奇性的海盜烏盧奇・阿里（Uluj Ali）的包抄和攻擊的話，那麼基督徒中央戰線上的槳帆船就會暴露其側翼了。

在幾分鐘之內，他們最擔心的糟糕狀況就發生了。基督徒戰線的右翼和中央之間出現了一個空隙。烏盧

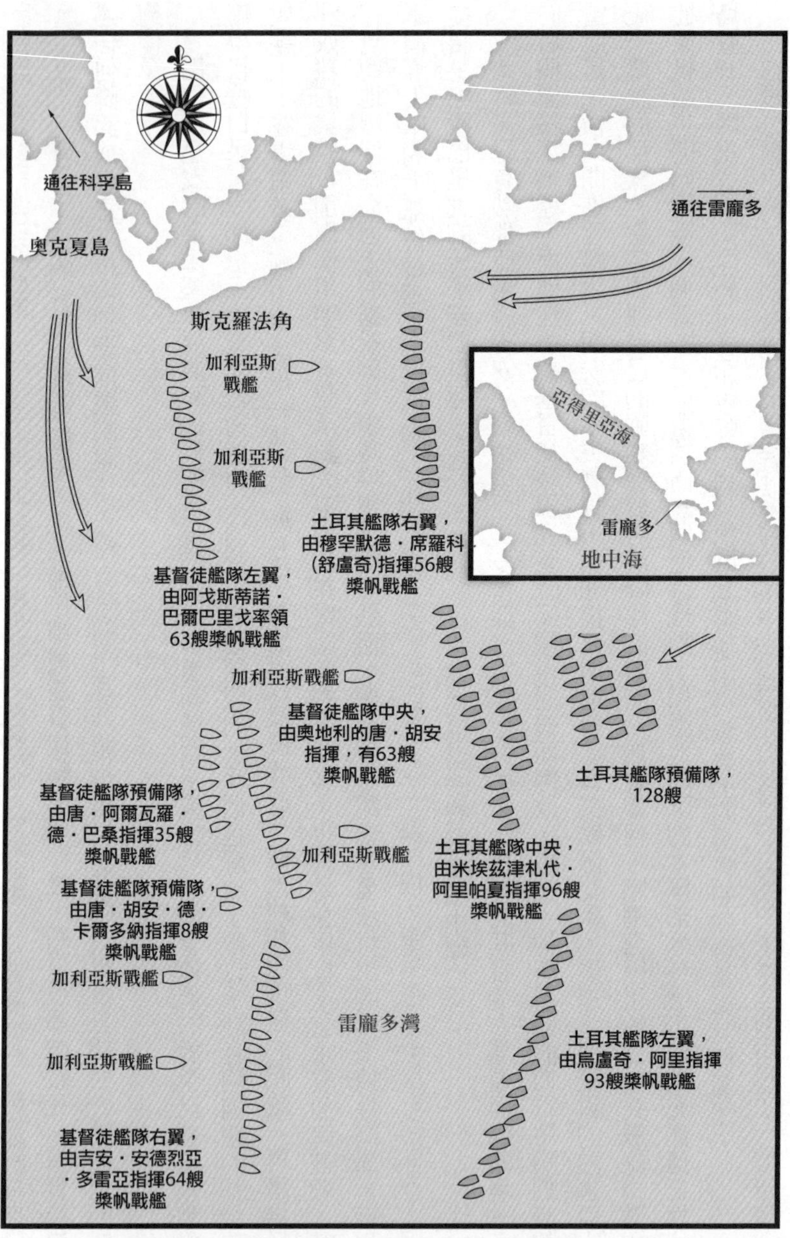

雷龐多海戰，1571 年 10 月 7 日

薩拉米斯海戰是海軍史上規模最大、混亂程度最高——同時也是死傷最為慘重的一役。在歐洲藝術家們手中，這場海戰被重塑為一場擁有高聳船艏的地中海槳帆戰艦之間的較量，雖有失真之處，但他們至少把握住了當時二十五萬海軍戰士擁擠在數百艘戰艦上的情景。這些人在划動船槳或登上敵艦，要麼盡情殺戮、要麼溺水無助——這一切都發生在數千碼見方的狹小空間裡。

地米斯托克利。他一手創建了雅典艦隊，並策劃了波斯艦隊的覆滅，奠定了雅典帝國的基礎。在這之後，那些他所拯救的公民們投票決定將他放逐，並且在地米斯托克利不在場的情況下將這位英雄判處死刑。

在浮雕中，大流士和薛西斯兩位同時出現。兩人都曾入侵希臘，也都以失敗收場。在浮雕中，他們的形象近乎神祇——表情僵硬而冷漠，這樣的風格與鮮活的希臘塑像截然不同。

東方與西方的碰撞。這是一幅來自龐貝古城的地板鑲嵌畫。畫中，亞歷山大衝向大流士三世，兩人的反差攝人心魄——大流士雖然被衛士們簇擁在皇家戰車上，卻依然面有懼色，反倒是單槍匹馬的亞歷山大正努力衝鋒陷陣，只求近身肉搏，有人認定這幅畫是伊蘇斯之戰的重現，但這幅畫看起來更像是揉合了多場戰鬥的要素，把亞歷山大四次卓越的勝利兼收並蓄起來。

一尊希臘化時期的亞歷山大半身像。亞歷山大的面龐如奧林匹亞諸神一般威嚴。雕像體現出的是亞歷山大大帝的活力、俊美，以及凝視的眼神中所透露出的遠見卓識。

在夏爾・勒布倫（Charles Le Brun）的巨幅油畫中，在高拉米加，亞歷山大正的軍隊正追亡逐北，清掃滿是俘虜和戰利品的戰場。真實的情況恐怕要可怕得多：超過五萬具屍體被留在原地，在10月的驕陽下慢慢腐爛。

波斯雕像，其形象顯示出波斯帝國軍人的整齊劃一、毫無個性。觀察浮雕可以發現，士兵未穿金屬護甲、帶頭盔，也沒有重型盾牌來保護自己。

古典時代的雕刻家和作家們不約而同地表現出對漢尼拔·巴卡的喜愛。儘管漢尼拔身上充滿了典型的非西方軍人的特徵，背信棄義、傲慢自大與殘忍無情，但是他精湛的戰術、無盡的勇氣和極度的頑強，也得到人們發自內心的讚賞。值得注意的是關於漢尼拔，所有留存至今的文學藝術作品都來自他敵人的文化圈。漢尼拔的敵人摧毀了他的國家、他的家庭，也迫使他自盡結束生命，但在關於他的記載中，他的敵人卻多半表現出同情，並為他披上一層浪漫的外衣。

一幅15世紀晚期的手稿插圖。插圖嘗試表現出坎尼之戰中龐大軍隊的碰撞與面對面戰鬥的殘酷。然而，文藝復興時期戰爭模式顯然更為溫和，一旦將之套用到古典時代的暴力場面下，其表現力便顯得過於蒼白了，對於一場超過10萬人參加的戰鬥野缺乏直觀概念，在那樣的戰鬥中，每分鐘都有數以百計的人死於殺戮。

卡爾・馮・施托伊本（Carl von Steuben）關於普瓦捷之戰的浪漫作品。作品展示的是法蘭克戰士「緊密猶如堅冰」的陣形。此戰中，站位密集、穿戴索甲的長矛士兵粉碎了伊斯蘭騎馬武士一輪又一輪的衝擊。這場戰役被視為成功保衛基督教世界的一個重大事件。在普瓦捷，信念戰勝了數量——這體現了宗教的價值。這場戰役往往被後人當成一場騎兵之間的較量——正如下圖所展示的一樣——但事實上，絕大多數法蘭克士兵也許是下馬戰鬥的。

《追擊敗軍》。儘管這張圖的作者選取了典型的戰鬥模式，把法蘭克人描繪成騎馬作戰的士兵，但畫中他們長矛的密集程度與方向，都與古典時代步兵方陣開戰的姿態別無二致。

這張墨西哥城地圖，通常被認為出自科爾特斯本人的手筆，帝圖本身便顯示出這座城市的宏大規模與其中的巨額財富。城中龐大的人口據估計達到了20萬人之多，這些人的食物都通過大量穿行於湖上的小獨木舟來運送。

赫南·科爾特斯。通常在畫中他都被描繪為一個經過國王犒賞、衣錦還鄉的騎士；真實情況卻非如此，他在貧困和絕望中死去，那些得意於他的征服而獲得財富的人卻不願意幫他。

一幅西班牙木刻畫，畫中的蒙特蘇馬身著戎裝。事實上，這位印加人的皇帝根本就沒有參加過戰鬥，在他的帝國首都被西班牙人摧毀幾個月之後，他自己也死於非命。

晚期墨西哥畫作中，突出表現了西班牙鋼製武器在攻擊毫無保護的血肉之軀時所產生的致命效果。在這幅描繪托克斯卡特爾(Toxcatl)節的作品中，一百二十名西班牙人殺死了超過三千名沒有武裝的阿斯特卡貴族，代價僅僅是數人受傷。

一幅關於西班牙人如何攻城的畫作顯示，攻城者武器先進、陣形緊密；而阿斯特卡人在數量方面佔絕對優勢，護甲更少，他們試圖用突襲的方式奪取西班牙人的堡壘。不論是西班牙人或是墨西哥人，同時代的觀察者都認為，歐洲武器是征服者們取勝的關鍵因素。

對於十六世紀的歐洲人來說，在雷龐多，基督徒能夠迅速集結出一支龐大的艦隊，這証明基督教世界在抵禦穆斯林侵略時所併發出的強大力量。這幅場景宏大的油畫出自喬爾喬・瓦薩里(Giorgio Vasari,1511-1574)之手。畫中，代表正義與邪惡的超自然力量，觀看著六艘龐大的加列亞斯戰艦引領著神聖同盟的龐大艦隊向前進發。畫家將槳帆戰艦的陣形排得十分密集，給人以明確信息: 這場海戰更像是陸戰。在混亂的戰鬥中，數以百計的戰艦很快地糾纏在一起，這一點就更為明顯了。

對許多歐洲插圖畫家而言，描繪雷龐多海戰時，刻畫數以千計奧斯曼水手生命中的最後一刻是個頗為流行的主題。根據目擊者留下的記錄，可以拼湊出一幅可怕的景象：身披長袍的倖存者攀附在失事槳帆戰艦的殘骸上，之後，他們要麼被大海波濤吞沒，要麼被基督徒戰艦上的長矛刺死。對奧斯曼人而言，他們絕大多數的傷亡都出現在戰鬥結束之後；我們可以相信，這三萬人的損失中，多數死於溺水或敵人清掃戰場時被處決。

羅克渡口幾乎可以說是個無險可守的地方；儘管如此，在幾小時之內，不列顛士兵就利用布袋和箱子構築出一個牢不可破的堡壘。

開芝瓦約國王。他低估了他的敵人；在羅克渡口之戰後，他訪問了倫敦，這才不得不讚嘆英格蘭所擁有的巨大資源。

切姆斯福德勳爵。針對祖魯的權力中心，他決定兵分三路，這樣分兵的結果是，不到一年的時間，龐大的祖魯帝國便灰飛煙滅。

在伊桑德爾瓦納，第24團幾乎全軍覆沒，只有在羅克渡口糾受簡單任務的B連倖存下來。這是在經歷了嚴峻考驗數天後，五十名倖存的B連官兵的合影。布隆海德中尉在照片右側下方。

這張圖中的祖魯武士乃是當時非洲南部最可怕的軍人，但事實證明，他們無法擊垮由一群不列顛來復槍兵組成的方陣，也不能攻破後者構築的工事。

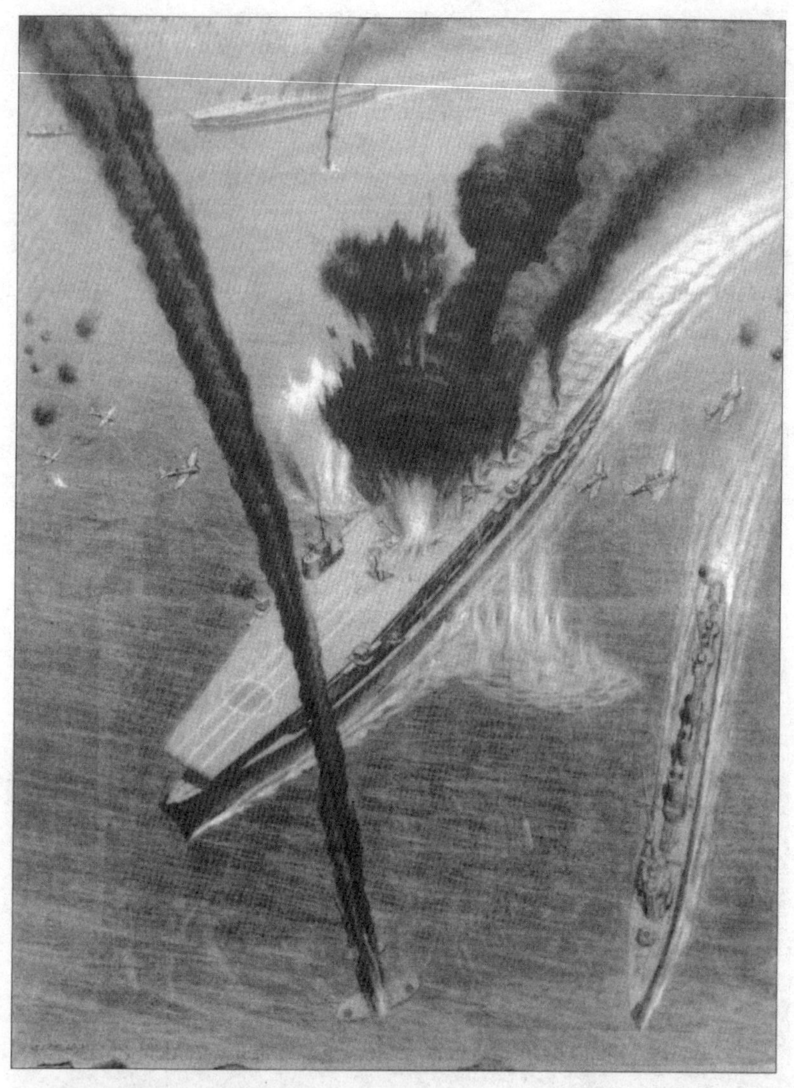

在格里芬・貝利・科爾(Griffin Baily Coale)的中途島水彩畫中，赤城、加賀兩艘日本航空母艦都已經在美國俯衝轟炸機的第一輪攻擊中被擊中起火。畫中還能看到一架零式戰鬥機拖著濃煙栽向大海，它是被突然出現在高空的美軍野貓式戰鬥機擊落的。在日軍航母的木質甲板上，因為到處都是加滿油料、掛載炸彈的飛機，這意味著美軍只要命中少數炸彈，就能讓這些航母因為連鎖爆炸而陷入火海。戰鬥結束之後，美軍飛行員報告說，日本航母甲板上的旭日圖案自然成了轟炸機瞄準的目標。

約克城號首先被日本帝國海軍的俯衝轟炸機與魚雷轟炸機擊傷，之後又遭到日本潛艇的魚雷攻擊，最終沉沒。，在這之前，約克城號曾經在珊瑚海海戰中嚴重受損，但奇蹟般地迅速修復了。

珍珠港的設施與人員保證了中途島海戰中美軍能有三艘而非兩艘航空母艦參加戰鬥。倘若日本人也有類似的能力，那麼他們將在中途島擁有六艘航母，對美軍形成壓倒性的優勢，

到了1942年，美國的SBD與TBD轟炸機都已經顯得過時了。然而，在中途島海戰中，呼嘯著俯衝投彈的SBD轟炸機群(如圖)依舊被証明是致命的武器。在更低的空域，TBD魚雷機未經計劃的悲壯攻擊與壯烈犧牲，為俯衝轟炸機爭取到不受干擾的投彈機會。

在日本帝國海軍中，山口多聞海軍少將也許是最有能力的指揮官。這張圖中留下了他的身影，此時他感謝了自己的的參謀人員，並準備隨自己的旗艦飛龍號一同沉入大海。

在中途島海戰之前，大黃蜂號上的第八魚雷機中隊成員中，沒有人參加過任何一次戰鬥任務。上述中隊成員，大多數在戰鬥開始的數分鐘內便戰死了，只有喬治·蓋伊(第一排左四)倖存。蓋伊的飛機也被擊落，但他成功逃生，並在水中的救生筏上觀看了整場戰鬥，從三艘美國航母上起飛的八十二架TBD復仇者轟炸機的機組成員中，只有十三人在攻擊之後倖存，而這些飛機發射的魚雷無一命中目標。這些轟炸機在攻擊規避狀態下的日本航母時，飛行時速不超過每小時七十英里，而它們的上方，日軍的零式戰鬥機以超過三百英里的時速俯衝而下，傾瀉的彈雨把魚雷機打成了篩子。

1968年的春節攻勢中，美軍在人口密集的市中心區域作戰，同時還受到了緊密的媒體監督肘，但依然在當地粉碎了越共的抵抗。美軍的成功源自裝甲部隊與砲兵的毀滅性打擊、持續的空中支援，以及小隊海軍陸戰隊高度的紀律與毀滅性的戰鬥風格。上圖中，海軍陸戰隊在順化的石質城堡中，控制了一座塔樓作為據點。

奇・阿里和一打奧斯曼槳帆船立刻湧入這個裂口，直奔精疲力竭的基督徒中央，開始攻擊他們戰線的側翼和後方。這讓人想起了亞歷山大在高加米拉的超凡戰術。基督徒在戰鬥中的大部份損失都是這時造成的。受驚的槳帆船遭到來自舷側的攻擊，又沒有機會轉身開火回擊。烏盧奇的海盜開始貪婪地拖走他們的戰利品，數量上處於劣勢的威尼斯和西班牙槳帆船——其中有三艘是由傳奇人物彼得羅・朱斯提尼亞尼（Pietro Giustiniani）指揮下的馬爾他騎士操艦的——此時甲板上雜亂地堆積著死者和傷者。但對奧斯曼人來說不幸的是，烏盧奇的最後一搏是由貪欲掌控的，他停下來拖走戰利品而非繼續猛打猛衝，轟開更多的敵軍槳帆船。

同盟中兩位最爲勇敢的海軍將領胡安・德・卡爾多納（Juan de Cardona）和聖克魯茲侯爵阿爾瓦羅・德・巴桑（Alvarode Bazán），此時率領著擁有四十多艘尚未投入戰鬥的槳帆船的基督徒預備隊——神聖同盟軍已經對這樣的意外狀況有所準備。在已經獲勝的基督徒中央戰線里槳帆船分隊的協助之下，預備隊戰艦上的火炮開始向烏盧奇展開轟擊。短短幾分鐘內，基督徒的大炮就趕走了海盜。要是烏盧奇沒有砍斷拖纜逃離的話，他的整支部隊都會被打得粉碎。然而多雷亞的膽怯還是讓基督徒付出了昂貴的代價。但是烏盧奇的成功逃離無疑更爲嚴重：他是地中海依然健在的唯一一位土耳其海軍指揮官，他將會在次年執掌蘇丹麾下艦隊的重建，一五七四年，在他的督戰下成功地奪下突尼斯。

現在，基督徒在整條戰線上——中央、右翼和左翼——都取得了勝利。勝利部份源自那些被置於艦隊戰線前方大約一英里處的加列亞斯戰艦，它們在戰鬥伊始提供了致命的密集炮火；歐洲槳帆船上的火炮在品質和數量上的優勢同樣對戰鬥的結果影響很大，歐洲人鋸短槳帆船的船頭，讓火炮從艦艏的炮位射向土耳其戰艦的水線。土耳其人的還擊炮火瞄得太高，射得太慢，最後甚至無力還擊了。不誇張地說，幾乎在每個場合，基督徒的戰艦都在炮火對射中摧毀了他們的敵人。一旦槳帆船絞殺在一起，戰鬥就成了步兵在甲板上的作戰，歐洲人——尤其是其中的西班牙部隊，總數達到了二萬七千八百人，當中有七千三百人是德意志雇傭兵——被證明在戰鬥中優於土耳其步兵。西班牙人的火繩槍重十五磅~二十磅，能夠將兩盎司重的子彈射到四百碼到五百碼之外，粉碎行進路途上的一切血肉之軀。只有在奧斯曼士兵湧入勢單力孤的基督徒槳帆船，把它們淹沒在箭矢的海洋裡，並制服受傷的守衛者時，土耳其軍艦才能偶爾取得勝利。在狹小空間內使用重裝步兵展開衝擊戰方面，奧斯曼人缺乏經驗。在這種場合下，集體的團結和紀律會帶來勝利，個人的勇武和靈活則不會。

到星期日下午三點三十分為止——這時距離加列亞斯戰艦開火僅僅過去四個小時多一點，戰鬥就已經結束了。在戰鬥中，平均每分鐘有超過二百五十名穆斯林和基督徒戰死，而雷龐多之戰中總的死亡人數，則達到了四萬人之多，還有成千上萬的人受傷或失蹤。巨大的傷亡數字，使得這場戰役和薩拉米斯、坎尼和索姆河一起並列為海陸戰爭史上最為血腥的單日屠戮之一。當戰鬥結束時，奧斯曼帝國龐大地中海艦隊的全部槳帆戰船中，有三分之二要麼成了漂浮在水上的廢物，要麼被離開的基督徒槳帆船朝著西方拖走了。

浮動的臭陰溝

雷龐多的戰場上有接近十八萬人，他們在現代士兵難以想像的條件下划船、射擊、互相刺殺。雙方槳帆戰艦的污穢程度令人震驚，這些船在一定距離以外看起來很優雅，但仔細檢查後就會發現它們十分骯髒。一旦雙方戰艦在殊死搏鬥中纏在一起，它們就不再是古代寓言裡地中海白色浪濤間滑行的光亮船隻，而是帶來死亡的可怕的浮動平臺。過去的二千年，在很大程度上，海上戰鬥的根本性變化並非來自技術進步或航海設計的發展，古典時代的希臘三列槳艦和威尼斯槳帆戰艦在尺寸、構造和動力方面都有相似之處。實際上，船隻的服役或適航條件直到不久之前才發生變化，這種變化尤其體現在強制身披枷鎖的槳手進行勞動、更大規模的上艦水兵以及在遠洋進行距離更長的航行等方面。

在公元前四一五年，雅典人的侵略艦隊從比雷埃夫斯（Piraeus）趕往西西里島時，需要進行爲期數週的迂回航行才能抵達目的地，每天晚上，他們都把輕巧的船隻拖上岸過夜；相比之下，十六世紀的槳帆船更爲沉重，其航線卻時常直接穿越整個地中海。在理論上，槳帆船可以攜帶二十天的淡水補給——因而可以在不給划槳奴隸留出足夠休息空間的前提下，在夜間繼續航行。此外，小亞細亞、西班牙和法國三地之間橫跨地中海的航行，在一五七一年已經變得尋常可見。在這種航行中，船隻也時常會連續幾天晚上不停靠安全港口，而這樣的遠航，在古典時代則是聞所未聞的。

在雷龐多海戰中，有許多大型威尼斯槳帆戰艦的長度達到了一百六十英尺，船身最寬部份可以達到三十英尺。戰艦兩邊各有二十～四十排船槳，一把四十英尺長的巨型槳需要五個人一同划動，這使得槳手人數上升到古典時代的兩到三倍。通常只有在趕往或離開戰場時，戰艦才會升起風帆，在戰鬥中，如果從後方刮來的風會增強突襲的效果，也會短暫升帆。甲板上盡可能地擠滿了水兵、弓箭手和火繩槍手，有時，四、五百名槳手和士兵的總重量甚至幾乎使戰艦傾覆。每艘槳帆戰艦上都有接近二百名不參與航海工作的步兵登船隊，除此之外，每艦還有十英尺～十二英尺長的撞角和多達二十門的火炮可用於攻擊敵艦。大型火炮位於船頭和船尾，數量更多的三、四磅火炮則雜亂地分佈在甲板的舷側上。許多槳帆戰艦的主炮是一尊巨大的銅製一七五毫米火炮，重達數噸，可以將六十磅重的實心彈射到一英里之外。

槳帆船是一種十分脆弱的艦船，即便在小風暴面前也很容易傾覆（在十六世紀末，由於壞天氣，地中海沿岸的基督徒國家每年幾乎都要損失近四十艘槳帆船），但同時，它也是一種非常容易建造的艦船。優良的標準化設計使得槳帆船能夠在二十分鐘內保持八節甚至更高的爆發速度，它的低矮舷側，使得水兵們能夠橫穿甲板迅速跳到被捕獲的船上。然而，過分擁擠的划槳手以及人和海的過於接近讓船隻在運輸過程中極爲悲慘，在戰鬥中也可能成爲藏骸所。槳帆戰艦和它們的船員們會遭到猛烈的撞擊，被雨點般的實心彈和葡萄彈痛打，被榴彈點燃，還會遭到小型火器和弓箭的掃射。缺乏高聳甲板、裝甲和結實頂蓋保證，幾乎每次猛烈炮擊都會導致可怖的傷亡。

根據同時代歷史學家詹皮耶特羅・孔塔里尼（Gianpiertro Contarini）的說法，雷龐多周圍的水域是一片血海——成千上萬的基督徒和土耳其人在水中不斷失血，直至死亡。此外，在漂泊的屍體中，還有數以千計的傷患緊緊抱著各類雜物掙扎求生。有目擊者說，高過土耳其槳帆船的基督徒戰艦使用甲板炮火將敵船徹底擊碎，並用火繩槍掃射一切敵人。那些被困的耶尼切里禁衛軍由於他們的體格、花哨服裝和豎立羽翎成爲易受攻擊的目標，在猛烈的火力下不得不蜷成一團，在划槳長椅下方尋求庇護。最終，耶尼切里在耗盡彈藥後向致命的基督徒炮手們扔出在甲板上能找到的一切東西，甚至包括檸檬和橘子進行還擊。

如此多參戰者被侷限在如此狹窄的空間內——通常，每艘船上多達四百名的槳手和士兵只佔據三千立方英尺的空間——因此，不管是用肌肉力量還是用火藥反應所驅動的彈丸和箭鏃，幾乎總能找到目標。在古典時代三列槳艦的撞擊中，大部份死者是被淹死的，而在十六世紀的海戰中，人們也同樣經常死於弓箭和炮火，而那些被鎖起來無法動彈的槳手們則往往遭到登船隊的成批屠殺。槳帆船是用於相對平靜水域的巧妙設計——地中海上基本上沒什麼大風大浪，火力和速度使得它們成爲可怕的商船掠食者。但一旦槳帆戰艦遭遇了槳帆戰艦，彼此之間的長處就互相抵銷了，這導致戰鬥更像一場混亂的陸戰較量，而非操艦技術的比拼。

對於槳帆戰艦上大部份小型火炮而言，其極限射程不超過五百碼。考慮到緩慢的開火速度——對奧斯曼艦隊尤其如此——大部份戰艦在接近目標前，只能進行一次齊射，而後就在進攻者瘋狂地重新裝填時展開了撞角撞擊或是登船戰。在雷龐多，歐洲艦隊眞正的優勢在其火炮數量更多、重量也更大。威尼斯的炮兵是整個世界上技藝最爲優良的炮兵，因此歐洲人能夠集中火力，在奧斯曼槳帆戰艦接近並準備登船時突然開火，以數十門重炮的一輪齊射全殲第一波敵軍攻擊部隊。

火炮、火繩槍和枷鎖在身的奴隸槳手的組合，大大提升了古代劃槳戰艦的威力，在雷龐多海戰中造就了可怕的殺戮。儘管古典時代薩拉米斯海戰的總損失要超過雷龐多海戰，但戰爭的殘酷程度則是二千年前的船員們所無法想像的。在雷龐多，常常能見到整條船上的船員們——包括槳手和數以百計的散兵——在鉤船、登船和互相掃射時，遭遇敵方人員的殺傷火炮以及在直瞄距離上的火繩槍的射擊，並因此慘遭屠戮。詹皮耶特羅・孔塔里尼說，在每條船上，劍、彎刀、鐵錘、匕首、弓箭、火繩槍和燃燒彈這些武器到處造成殺傷，引起了巨大的混亂。一份西班牙資料則提到，在戰後人們發現，右翼的一條槳帆船上所有人非死即傷。對於地中海的歐洲海軍，一個不言自明的眞理是：由於缺乏奧斯曼艦隊的人力，歐洲人只能越發依靠火藥來從事肌肉不能完成的工作，這對威尼斯海軍來說尤其如此。槳帆船上進行的戰鬥中，參戰者也遠比陸戰時更爲脆弱，在超載的船上幾乎沒有足夠轉身的空間，周圍的海洋則切斷了一切撤退通道。基督徒的鎧甲和奧斯曼人的長袍、錢袋使得士兵一旦被拋入或不愼落入水中，便少有一直漂浮的機會。大部份甲板都特意打蠟、上油，以妨礙闖入者在船上立足，讓他們落進水裡。

奧斯曼土耳其軍隊不僅使用劍手和弓箭手登船，還常用戰艦的撞角進行衝擊。但到了雷龐多的時代，火炮能夠發射重達三十磅以上的鐵彈或是石彈，這足以洞穿低矮的槳帆船。在洶湧的海洋上，這意味著只需要一次齊射，就能在幾分鐘內讓船隻沉沒，帶著枷鎖的槳手們也就隨之葬身魚腹。許多土耳其槳帆船在雷龐多沒有被當成戰利品拖走，而是被擊沉或放棄了，因爲基督徒的炮火已經徹底將其擊毀，登船隊無需登上船隻。當四周密佈著火炮、能夠向任何方向開火的新式歐洲戰船出現時，古典戰法中船頭伸向前方、船靠著船、一齊發起進攻以防敵軍突入的戰術已經沒有那麼重要了。為了節省火藥和鉛彈，在齊射之後，乘坐小船的基督徒會使用長槍來刺殺他們在海上發現的任何倖存的土耳其人。

相對而言，大量銅鑄火炮的出現，最終註定了撞擊戰術的消亡：每在船上安放一門五千磅重的火炮，就意味著要使用更多的槳手，使得載重更大的槳帆船在航速上不至於下降。但增加槳手數量又意味著船隻進一步增重，需要更大的甲板空間。這樣的矛盾表明，在槳帆船依然適於航海的前提下，其體積與重量必須符合物理定律的約束——這與如何供養並維持四百名槳手、船員和炮手是截然不同的問題。

解決問題的答案，是更大型的三桅蓋倫船（three-masted galleons），而非頗具創新性且裝備精良的加列亞斯戰艦。前者沒有船槳，卻有更高的甲板和更寬闊的帆。蓋倫戰艦本身就具備充足的甲板面積，能夠容納數量日益增長的重炮和數以噸計的彈藥，並在減少船員數量的前提下保持足夠的推進動力。槳帆船只能適應地中海的航海條件，而蓋倫船更大的船體則能夠保證在海況較差的大西洋和太平洋上的航行需要，足夠儲存補給的空間可以讓船隻在海上停留數個星期之久。與西班牙和法國不同，奧斯曼帝國沒有大西洋沿岸的港口，因而到了十七世紀仍然缺乏跨洋航行經驗和建造一流蓋倫船的技術。即便是在波斯灣和紅海等伊斯蘭勢力控制的水域上，歐洲戰船也要比奧斯曼槳帆船更為常見。

雷龐多的名字，讓人聯想到這樣的乾淨畫面：花哨的文藝復興風格旗幟、龐雜的歐洲藝術大師油畫和各種迷人的基督教的紀念活動與紀念品。然而，在一艘十六世紀地中海槳帆船上的真正生活，幾乎令人無法忍受。大部份連續服役的戰艦會在五年內腐爛得不適於航海。古代三列槳艦較少使用奴隸槳手，因此給每個槳手更多的生活空間，而雷龐多 時代槳帆船上則塞滿了奴隸，通常五個奴隸一起被鎖在劃槳長椅上。奴隸槳手在他被鎖著的地方大小便，在洶湧的海洋上甚至時常會隨地嘔吐。他們只穿一條很短的束腰布，無法抵禦海水、雨水或霜凍——更不用說航海季節中漫長的地中海夏日，以及隨之而來的酷熱了。十六世紀的槳手也不像他們的航海前輩一樣，能夠自由地到岸上搜尋食物，他們也不會在夜間上岸尋找庇護所，因此他們往往不得不整天在長椅上工作、睡覺、吃飯。乾燥的餅乾和一杯酒是當時的標準食物配給，這與古代雅典海軍中自由人槳手的配給——蛋糕等充裕補給——大不相同。擁有一百艘此類船隻的艦隊，就如同有四萬張饑餓嘴巴的浮動城市一樣，一旦整支艦隊被拖進港口，就會迅速耗盡當地的食物儲備。與此同時，數以噸計未經處理的污水則被隨意排出，在港內四處造成揮之不去的瘴氣，傳播疾病並帶來死亡。

同時代的記載裡，也提及了許多離奇的細節，可以說明海上航行的恐怖之處。水手、水兵和槳手都戴著灑有香水的圍巾來掩蓋惡臭，防止嘔吐，據說這是地中海地區男性傾向於使用氣味強烈香水的原因。當蒼蠅、蟑螂、蚤、虱和老鼠在槳帆船上氾濫成災，四英寸厚的甲板里塞滿了細碎垃圾時，船長們有時會在近海暫時淹沒船隻，期望完全浸沒在海裡幾個小時清除掉船中的害蟲——尤其是極爲挑剔的馬爾他騎士團船長們更傾向於如此。當四、五個人一個挨著一個被日夜鎖在一起，悶在其他人的蚤、虱、糞、尿和汗水裡面時，肆虐的瘟疫能夠殺死整個艦隊裡的船員——通常情況下最常見的疫病是痢疾和傷寒。這就是一五七一年十月七日發生衝突時，將近二十萬名絕望海員的服役環境。

雷龐多的文化與軍事創新

雷龐多位於希臘西岸外，處於奧斯曼控制下的巴爾幹和基督徒的西地中海之間，是歐洲和它的敵人發生海戰的合適地點。不論東西方何時在地中海遭遇，科林斯灣外的水域總和戰爭有所關聯，就像在亞克興（Actium，公元前三一年）和普雷佛紮（Prevesa，一五三八年）附近發生的兩場大海戰一樣，而薩拉米斯也就在科林斯地峽以東不到二百英里處。奧斯曼艦隊在成功征服了賽普勒斯後，正計畫在位於今天的納夫派克托斯（Naupactus）旅遊社區的小海灣裡過冬，這個小海灣位於科林斯灣西北海岸內側。一旦春天來臨，蘇丹的海軍司令阿里帕夏麾下的船員完成休整，他就期望能夠在遠離伊斯坦堡的地方展開新一輪劫掠，也許甚至能夠像去年八月奪取賽普勒斯那樣，對歐洲人控制的海岸再次發起大規模入侵。

爲了回應土耳其人對馬爾他的進攻（一五六五年）、一五七一年八月對法馬古斯塔（Famagusta）基督徒的屠殺，以及在這之後奧斯曼劫掠者不斷出現在歐洲海岸的狀況，威尼斯、西班牙和教皇國最終組成了一個龐大但卻有些不牢固的聯盟。到一五七一年早秋爲止，新成立的基督徒神聖同盟聯合艦隊已經從西西里出發，橫渡了亞得里亞海。因爲地中海冬天的氣候太過起伏不定，往往使得划槳戰艦間無法展開決定性會戰，所以基督徒在冬季來臨之前拼命尋找奧斯曼大艦隊試圖展開較量。聯軍擔心在距離西歐不遠處越冬的龐大奧斯曼艦隊隨時可能會直接穿越亞得里亞海，在義大利沿海地區甚至威尼斯本地肆意劫掠、綁架、屠殺。

最終，教皇庇護五世（Pope Pius V）讓西班牙的腓力二世（Philip II）和威尼斯元老院（Venetian Senate）相信，與其讓自己的小規模艦隊被蘇丹麾下的龐大海軍逐個捕獲並擊敗，還不如讓聯合艦隊冒險一搏，一勞永逸地將土耳其的威脅趕出西地中海。教皇警告說，如果他們無法在這個秋天找到奧斯曼艦隊的話，那麼在軍事行動中難得一見的協同性就完全有可能喪失。是孤軍奮戰還是與蘇丹談判，每個基督教國家都將不得不面對這個問題。早在九月二十八日夜間，土耳其大艦隊停泊在科林斯灣西北部不遠處的消息，就傳到了停泊在科孚島的神聖同盟艦隊那裡。唐・胡安的艦隊在一週前剛抵達埃托利亞海岸，他說服了麾下正在爭吵的海軍將領們，讓他們在次日，也就是十月七日，週日的早晨進攻土耳其人。他用簡短的講話終止了爭論：「紳士們，商討的時刻已然過去，戰鬥的時刻即將來臨。」和在薩拉米斯一樣，爭吵不休的歐洲人在戰鬥中面對的敵人，是統一獨裁的亞洲人。

在船隻數量方面，神聖同盟明顯處於劣勢，奧斯曼人至少比他們多三十艘槳帆戰艦，至於輕型戰艦數量更是懸殊；在兵力方面，土耳其海軍也超出神聖同盟兩萬人之多，基督徒在戰術領導力上的優勢和航海技術上的微弱領先，無法彌補數量上的巨大差距。同盟的海軍司令，奧地利的唐・胡安，是西班牙查理五世（Charles V of Spain）的私生子，現任國王腓力二世的異母弟弟。在十六世紀的地中海世界，威尼斯與熱那亞海軍可謂是將星雲集，我們可以舉出一連串優秀而頑強的將領兼海員：塞巴斯蒂安・韋涅羅，時任克里特島總督，未來他將成為威尼斯元首；彼得羅・朱斯提尼亞尼，時任墨西拿執政官；瑪律坎托尼奧・科隆納，雷龐多教皇國分艦隊的指揮官；阿戈斯提諾・巴爾巴里戈，神聖同盟艦隊的左翼司令。和這些人相比，後起之秀唐・胡安更加富有天份，而他在戰場上的表現也更令人印象深刻。

時人記載，唐・胡安的無私、執著和熱情團結了那些近乎絕望的南歐國家，阻止了土耳其人繼續西進，尤其是經由西地中海沿岸城市攻入歐洲的意圖。關於這個年僅二十六歲的親王的所有浪漫事蹟，我們沒有必要全部相信——比如關於他的寵物狨猴，他豢養的馴獅，或是戰鬥開始前片刻，他在旗艦王家號甲板上跳了一支吉格舞的傳說——我們只需知道，當時很少有人能夠將這樣一群互不服氣的對手團結在一起，形成聯盟。頗具商業化頭腦的威尼斯人，十分不情願與他們之前的交易夥伴奧斯曼人作戰，只有在遭到毀滅威脅時才投入戰鬥。至於西班牙帝國，在與土耳其人作戰的同時，也還需要時刻做好與義大利人、荷蘭人、英國人和法國人交鋒的準備。在教皇國，關於地中海正逐步變成伊斯蘭勢力的內湖的警告，很少有權貴會去相信，考慮到教皇往往熱衷於在歐洲王朝繼承戰爭中不斷施展陰謀的習慣，更是如此。無論如何，幾十年以來基督教徒們頭一次發現，同盟的掌舵人換成了一個堂堂正正的領袖——比起中飽私囊或是犧牲整個歐洲來爲自己的母國爭取權益，他對於如何遏制伊斯蘭教傳播更感興趣。（在戰後，唐．胡安捐出了屬於他個人的戰利品——雷龐多戰役總虜獲的十分之一用於照顧艦隊裡的窮人和傷患，此外他還捐出了墨西拿城出於感激送給他的禮物——三萬金杜卡特。）

接近雷龐多外海時，基督徒艦隊一共擁有超過三百艘戰艦，這些各式各樣大小不一的艦艇分屬威尼斯、西班牙、熱那亞以及其他國家：二〇八艘槳帆戰艦，六艘加列亞斯戰艦，二十六艘蓋倫戰艦（這些戰艦姍姍來遲，並沒有在戰鬥中發揮作用）以及其他七十六艘較小的戰艦。這支龐大艦隊的總兵力，則包括了多達五萬多名槳手和三萬多名士兵——這是自十字軍東征以來，世人前所未見的龐大泛基督徒聯軍。然而，這支軍隊在規模上仍然要小於蘇丹那支接近十萬人的艦隊，土耳其艦隊擁有二百三十艘主力戰艦和八十艘其他各類戰艦，在數量方面佔據上風。儘管如此，事實最終證明，基督徒槳帆戰艦的品質優勢而非奧斯曼槳帆戰艦的數量優勢決定了雷龐多海戰的勝負。威尼斯槳帆船是地中海上設計最好、航行也最穩定的戰艦，它也是土耳其同類戰艦的範本。西班牙戰艦也要比奧斯曼戰艦建造得更好、更結實。唐．胡安在請教了他的威尼斯將領後，給聯軍槳帆戰艦提供了奧斯曼艦隊所未知的新發明，諷刺的是，這場海戰雖然是自亞克興海戰以來最大的划槳戰艦會戰，但它恰恰意味著劃槳戰艦即將走下海戰的舞臺。雷龐多將是海軍史上最後一場大規模槳帆戰艦戰鬥。

首先，基督徒鋸掉了他們的槳帆戰艦的撞角，這意味著使用撞擊戰術的時代已經過去。比起安裝撞角，艦上多安放一門火炮顯得更爲有用。此外，撞角也會影響艏樓上火炮的射界，導致炮手必須向高處射擊，以免炮彈打到自己的船艄。去除撞角之後，基督徒的槳帆船擁有了更好的視野和安放火炮的更大空間，能夠直瞄射擊前進道路上的敵艦。在雷龐多，基督徒火炮的平直炮擊撕裂了奧斯曼槳帆船的舷側，而大部份土耳其火炮進行的齊射，則都高高地、無害地飛過基督徒戰艦的外側索具和桅杆。雙方在炮擊效果上的巨大差距，歸功於唐·胡安和他的海軍將領，他們意識到炮火能比槳帆戰艦的銅質撞角擊沉更多的奧斯曼戰艦。

威尼斯兵工廠的生產能力，以及西班牙工匠的專業技術，確保了基督徒槳帆戰艦在武備狀況方面要遠好於土耳其戰艦。這不僅因爲平均每艘槳帆戰艦上的火炮數量更多——神聖同盟的戰艦上共有一八一五門火炮，相比之下，規模大得多的奧斯曼大艦隊只有七百五十門——還在於每門基督徒戰艦上的火炮，在鑄造、保養方面都要比奧斯曼同類武器做得更好。威尼斯人在戰後發現，被俘獲的數百門土耳其火炮不夠安全，也沒有使用價值——這一判斷得到了對現存奧斯曼火炮的現代冶金學分析的支持。取勝的歐洲人發現，這些武器僅有的用處就是作爲戰利品展示或者被當成廢料回收，在自由市場中，這樣低劣的武器只能用作原料而已。考慮到歐洲火炮市場充滿競爭，到處充斥著義大利、英格蘭、德意志和西班牙工坊的最新設計，爲了銷售利潤方面的考量，這些破爛貨還是被當成船錨或者壓艙物比較好。

基督徒也擁有更多的小型迴旋炮，它們猛烈轟擊奧斯曼槳帆戰艦，爲登船部隊清掃道路。甲板上的歐洲士兵身著重型胸甲，這樣的裝備使得數以千計的士兵幾乎不會受到土耳其人弓箭的傷害。火繩槍是一種笨拙的武器，更多的基督徒並不使用它進行戰鬥，儘管如此，在使用火繩槍向大群狹窄空間里的士兵開火時，射手還是可以在三百碼到五百碼的遠距離內殺死敵人。因此，土耳其海軍副司令佩爾塔烏帕夏曾提醒他的指揮官們，盡量避免聚到一起作戰，因爲他們自己的士兵是沒有火器的封建徵召兵，無法和披甲的火繩槍手作戰。雖然以現代的眼光看來，原始的火繩槍並不準確，但在海戰中，基督徒火槍手能夠安全待在登船網後方，將這些武器倚在甲板上瞄準大群土耳其船員進行射擊。由於槳帆戰艦上人群的密集程度，以及船隻撞擊、糾纏在一起的混亂場景，一個火繩槍手可以輕易射中目標。

在火器使用方面，歐洲火繩槍部隊有更多的經驗和更好的訓練，因而與數量上遠少於自己的奧斯曼同行們相比，他們的火藥和槍炮更可靠，並且射速是奧斯曼人的三倍。與弩相比，奧斯曼人的反曲複合弓的確是致命的武器，它們具備更好的射程、準確度和射擊速率，但掌握這樣一件武器需要數年的訓練時間，而且在射擊了幾十發箭矢後，弓手就會疲憊不堪。此外，弓也不可能像弩或是火器那樣被迅速大量製造出來。傳統上，歐洲人強調將盡可能多的致命武器發到盡可能多的人手上，他們很少考慮射手的社會地位問題，也不擔心有效使用武器所需要的狀態與訓練程度。

在歐洲人看來，軍事技術對於社會的影響遠不如其作用來得重要，然而蘇丹卻像關注印刷機一樣關注武器本身。在土耳其的最高統治者看來，武器不應成爲社會和文化不穩定的源頭。通常狀況下，即便耶尼切里和其他訓練水準更低的奧斯曼部隊接受了歐式武器之後，他們也無法採取合適的集群步兵戰術，因爲這會與穆斯林戰士的英雄信念和職業部隊的精英地位相抵觸：「奧斯曼人並未像西方那樣使用密集步兵的步槍戰術，也沒有讓一大群長槍兵一致行動，而是依靠每個火槍手或是神射手作爲單個戰士進行戰鬥，爲了死後天堂的位置而戰。」（A・惠特克羅夫特，《奧斯曼帝國》，六七）

在雷龐多，更重、更多的火器，更快的射擊速率，更可靠的彈藥和訓練狀況更好的炮手，爲歐洲增添了無數的優勢——要是船長們不會恐慌，逕直駛向可怕的土耳其艦隊中心就更能夠發揮這一優勢了。數十年來，歐洲海員們的小群商船往往會在地中海被土耳其海盜截住，他們的沿海村莊也時常被奧斯曼槳帆戰艦突如其來的進攻摧毀，是唐・胡安一個人的努力，才讓他的海軍將領們第一次相信，戰鬥的優勢完全在歐洲人一邊。這一次，奧斯曼人被困住了，他們被迫在白天應戰，直接面對歐洲最優秀的軍事航海技術的組合，而這場戰鬥也是歐洲人最終能夠將壓倒性優勢的火力投入戰爭的最好例證。

與歐洲對手相比，北非和土耳其的戰艦數量更多，更輕巧，武備更少，它們依靠的是更多的數量、更快的航速、出其不意的突襲，以及高度的敏捷性——這使得土耳其人能夠在沿海水域進行襲擾，並取得對敵艦隊機動性上的優勢。從設計上來說，土耳其戰艦是用於護衛商船、參與兩棲作戰並支援攻城戰的，而不是用來擺好陣形與歐洲戰艦展開正面炮火對決的。不幸的是，阿里帕夏忘記了這些土耳其艦隊的先天優勢，選擇了直面基督徒可怕的火力，與敵人對射火炮，展開一場決定性的海上戰鬥。這是一場世界上其他任何一支艦隊都不可能取勝的陣地戰——英格蘭的蓋倫戰艦和炮手組成的艦隊除外。然而，阿里帕夏在某種程度上別無選擇，因爲歷史大勢既不在槳帆戰艦一邊，更不在奧斯曼軍事一邊：在雷龐多海戰後不到二十年，兩三艘不列顛蓋倫戰艦，就可能裝備和地中海上的整支土耳其艦隊相同數量的鐵製火炮。

六艘加列亞斯戰艦的設計可以追溯到希臘化時期的抽象化船隻研究，它們的存在，外加火炮和火器方面的數量優勢都幫助歐洲艦隊佔據了上風，除此之外，基督徒還製造出鋼製登船網來保護自己的槳帆戰艦和那些瞄準敵人的射手。唐．胡安後來聲稱，沒有一艘基督徒戰艦曾被奧斯曼人登船，這都是保護網的功勞——如果這個說法屬實，那保護網確實是個相當令人震驚的發明。雙方艦隊中的槳手方面，也存在質的不同。在十六世紀，威尼斯海軍政策分歧中的很大一部份，是關於共和艦隊船員組成的討論。在幾十年裡，威尼斯人逐漸接受了一個理念：爲了讓他們自己的艦隊在規模上與奧斯曼大艦隊相匹敵，就需要增加成千上萬的不同來源的槳手——這一數目遠超過共和國能夠充當槳手的自由公民的數目。起初，威尼斯人雇用外國槳手，然後又將兵源改爲本國的窮人，最後則把罪犯也招募進來——在罕見的情形下，他們也會使用俘虜和奴隸。其他義大利邦國和西班牙也面臨同樣的迫切需求，他們也都在很晚的時候，以極不情願的態度使用了奴隸槳手。儘管雷龐多之戰中的雙方都使用了奴隸槳手，但神聖同盟中依然有自由槳手服役，聯軍也傾向於讓參戰奴隸獲得自由。相比之下，土耳其槳帆船上的基督徒奴隸在戰前受到威脅，除了低頭划槳之外，其他行動都是死路一條。有一些跡象表明，在戰鬥中至少有幾條船上的奴隸發起了暴動。

實際上，在土耳其艦隊中，沒有任何一個自由人戰士——戴著鐐銬的槳手不是自由人，耶尼切里不是自由人，根據封建兵役徵集來的農民不是自由人，改宗的將領和海員不自由，甚至阿里帕夏自己也不自由。在戰鬥中，一水之隔的基督徒將領們是自由的貴族，其中許多人甚至不是職業軍人，與唐·胡安分享指揮權的七十六歲威尼斯律師塞巴斯提安·韋涅羅就是平民出身，而指揮教皇國分遣隊的義大利貴族兼地主瑪律坎托尼奧·科隆納同樣不是行伍出身。這些驕傲並且經常隨性的人，沒有一個會因為在雷龐多戰敗，或因為教皇、威尼斯總督或是國王腓力二世的一個念頭而被處決。相比之下，阿里帕夏和他的指揮官們知道，一場難堪的失敗之後，蘇丹會需要足夠數量的人頭來承擔罪責。

雷龐多的神話

一萬五千多名基督徒奴隸在雷龐多獲得了自由，而在蘇丹這邊，有超過二百艘槳帆船和接近一百艘較小船隻被毀或丟失。戰爭的結果，使得義大利本土免受奧斯曼的海上入侵。在戰鬥的餘波中，歐洲人玩笑似的產生了直接航向金角灣或解放摩里亞（Morea）、賽普勒斯和羅德島上希臘語人群的想法。基督徒艦隊——現代之前地中海上最大的艦隊——遭受的損失是八千～一萬名死者、二萬一千名傷患、十艘槳帆戰艦。與此相比，有三萬名土耳其人在雷龐多被殺死，其中有許多人是熟練的弓箭手，短短幾年內無法培養出他們的繼任者。數以千計的人就在他們的槳帆戰艦被拖走時被殺死，更多的人則被留在原地淹死，或是在清理戰場時被奪取性命。戰後，基督徒們乘坐小船射死或刺死依然在水中活著的任何奧斯曼人，劫掠者則尋找戰敗土耳其貴族的私人錢財、衣物和珠寶。根據基督教史書上的記載，只有三四五八名土耳其戰俘。考慮到這是一場近十萬人參加的會戰，這個數字低得令人震驚。六千名耶尼切里突擊部隊中的大部份人也死去了。歷史學家詹皮耶特羅・孔塔里尼認爲，這支精英部隊中，有數千人被打死。成千上萬的奧斯曼傷患並沒有留下任何記錄，他們中的許多人必定受了可怕的槍傷。一百八十艘各類戰艦——大部份後來發現已經無法修復——被拖到了科孚島，幾十艘被衝到了埃托利亞沿海，只有屈指可數的幾艘返回了雷龐多。

這一損失對蘇丹而言可謂倍加慘重，因爲他和歐洲人不一樣，既沒有製造成千上萬支新火繩槍的能力，也沒有組建一支由徵召兵組成的新軍的能力。槳手——更不用說軍火製造者和設計者了——必須從歐洲海岸以雇傭兵、背教者或者奴隸的形式弄來。考慮到歐洲製造的火器價格低廉、數量豐富並易於使用，大部份鑄造品質較高的火炮都不得不進口：

> 輕兵器對海戰發展的主要影響，並不像我們認為的那樣是以增強火力的形式直接體現，而是以大量削減訓練需求的形式間接發生。在慘重的人員損失面前，依靠火繩槍的國家較之依靠反曲複合弓的國家，擁有更大的恢復能力。讓西班牙村民變成火繩槍手很容易，但讓安納托利亞農民變成反曲複合弓高手，則幾乎是不可能的。（J・吉爾馬丁，《火藥與槳帆戰艦》，二五四）

三十四名奧斯曼海軍將領和一百二十名槳帆戰艦指揮官的損失，使得蘇丹的大規模替代計畫成為現實——在此後的十二個月內，土耳其確實完成了一百五十艘由尚未乾燥的木材建成的戰艦，並製造了大量粗製濫造的火炮——蘇丹的新海軍也會缺乏有經驗的海員、弓箭手和老練的槳帆船長。

西方以外的人們總是抱怨歐洲對紀念儀式的壟斷，並難以忍受西方人對歷史藝術本身的控制，這完全是有道理的。雷龐多戰役的後果，比任何其他事都更不公平，一場西方式「勝利」的故事，很快就通過印刷出來的歷史書籍、委託製作的藝術品和到處流傳的通俗文學，傳播到數以百萬計的人們中間。在所有這些紀念形式當中，沒有任何內容涉及從奧斯曼土耳其人的角度看待這場會戰。與此相反，我們只聽說蘇丹在戰後發出的要殺死伊斯坦堡所有基督徒的威脅，以及大維齊（grand vizier）的自嘲——按照他的說法，這場戰敗「只是修剪了」奧斯曼的鬍鬚，並沒有刮掉它——此外，就是無數海戰死者家屬的哀歎而已。少數幾份關於會戰的土耳其記述並不具備文學性，也沒有廣泛刊印發行，它們是乾澀的、政府批准的、格式僵化的記載。除了少數伊斯坦堡政府精英之外，幾乎不會有任何其他讀者對其發生興趣。如果書記官還沒有全部被流放或處決的話——塞蘭基（Selânki）、阿里（Ali）、洛克曼（Lokman）和澤伊雷克（Zeyrek）——這些有著細緻描繪的宮廷編年史表明，奧斯曼的資料把土耳其人的失敗歸咎於阿拉的憤怒和對迷失正途的穆斯林所犯罪行的必要懲罰。對大眾不夠恭敬和生活放縱的含糊指責僅僅強化了政府對其子民的憤怒，至於蘇丹的裝備、指揮和海軍組織中存在問題，則沒有什麼解釋或分析。

與之相反，在義大利文和西班牙文的材料中，則有數十本充滿激情的第一手著述傳遍了地中海地區，儘管這些材料時常在事實和分析方面互相抵觸。就像我們不知道阿布德・阿—拉赫曼在普瓦捷或是墨西哥人在特諾奇蒂特蘭的感想一樣，對於土耳其人在雷龐多的體驗，我們同樣幾乎一無所知。通過研究二手材料，我們能夠得知非西方文明的人們在戰鬥中的狀況，而多數情況下，只有在歐洲人進行相關研究並出版著作之後，這樣的材料才能獲得。因此，薛西斯、大流士三世、漢尼拔、阿布德・阿—拉赫曼、蒙特蘇馬、謝利姆二世（Selim II）以及祖魯王開芝瓦約麾下幾乎所有士兵的姓名，都已經失諸史冊了。少數倖存下來的姓名，在很大程度上還得益於埃斯庫羅斯、希羅多德、阿里安、普魯塔克、波里比烏斯、李維、伊西鐸爾（Isidore）、迪亞斯、羅塞利（Rosell）、孔塔里尼、科倫索主教（Bishop Colenso）或哈特福德上校等人的努力，他們以波斯人、阿非利加人、阿茲特克人、奧斯曼人和祖魯人所沒有的精神與政治傳統進行書寫，才拯救了一批關於其他民族的珍貴材料。

今天，西方在軍事史上的排他性壟斷地位幾乎依然毫無改變。地球上的六十億人更有可能按照歐美的觀點而非伊拉克式的理念來閱讀、傾聽或觀看海灣戰爭（一九九〇年）的記載。關於越南戰爭的故事也大體上來自西方，即便對美國干涉最犀利的批評者，也很少信任來自共產主義越南的官方公報和歷史。在所謂的公元五〇〇年到一〇〇〇年間的歐洲「黑暗時代」，依然有比整個波斯或奧斯曼帝國時期更多的獨立歷史記載得以發行。不管是在薛西斯還是蘇丹轄下，也不論是《古蘭經》中或是河內政治局發佈的材料裡，歷史都不是真實的——至少在西方寫作觀念中，真正的歷史恐怕會讓這些政權不快和困窘，或者褻瀆某些所謂神聖的事物。

這就是允許異議聲音和自由表達的社會的特性。諷刺的是，在歐美公民公開指責他們自己政府的軍事行動時，卻實質性地增強了西方文明的信用度，並強化了其對知識傳播的壟斷地位。在雷龐多的情況正是如此：大部份歐洲、美洲、非洲甚至亞洲的讀者，都更有可能通過英文、西班牙文、法文或義大利文的記載瞭解這場戰鬥，也可能是從賽凡提斯、拜倫或莎士比亞的著作中間接瞭解，但他們卻不會從以土耳其文撰寫的、同情奧斯曼的編年史中得知任何關於這場海戰的具體情況。

基督教世界中，從未有過雷龐多戰後慶祝那樣的盛況。遍及整個義大利和西班牙的人們，唱著讚美頌紀念這場偉大勝利，教會也向上帝獻上了表達讚美和感謝的傳統頌歌。梵蒂岡創制了一個特別的玫瑰經十月瞻禮（October Devotion of the Rosary）（十月的第一個主日。——譯者註），至今仍然有少數義大利教堂紀念這一瞻禮日。在那個冬天後來的大部份日子裡，繳獲的土耳其地毯、旗幟、武器和頭巾綴滿了威尼斯、羅馬和熱那亞的街道與商店。特別鑄造的紀念幣上印上了這樣的字樣：「蒙上帝恩寵，在對土耳其人戰爭中取得海戰大勝的一年。」甚至在歐洲北部的新教地區，也有數以十萬計的木刻、版畫和聖牌流傳。長著雙翼的聖馬可獅出現在遍佈威尼斯的勝利紀念物上。威尼斯大畫家韋羅內塞（Veronese）、維琴蒂諾（Vicewtino）和廷托雷托（Tintoretto）繪製了雷龐多之戰的巨幅油畫。這幅巨作中最出色的描繪，莫過於奪取阿里帕夏旗艦的過程，以及巴爾巴里戈受到致命傷時的景象。由瓦薩里繪製的相關主題的著名壁畫依然裝飾著梵蒂岡。在教皇的宮殿中，還有數十件紀念這場巨大勝利的紀念物和繪畫。提香爲腓力二世繪製了一幅紀念肖像，在這幅畫中，就在勝利看上去像是從雲層上來到凡間之時，西班牙國王站在聖壇上，將他的兒子唐·費爾南（Don Fernando）高舉向天，一個被俘的土耳其人被作爲近景陪襯，而燃燒的敵軍艦隊成爲遠處的景觀。

在墨西拿，爲表達對唐·胡安將這座城市從土耳其艦隊威脅下解救出來的感謝，安德莉亞·卡拉梅奇（Andrea Calamech）雕刻了一尊親王的巨像——直到今天，這件瑰麗的藝術品依然令人印象深刻。費爾南多·德·埃雷拉（Fernando de Herrera）的《雷龐多之歌（*Canción de Lepanto*）》直至今天仍然是現代西方文學詩集的常見選段。米格爾·賽凡提斯作爲一名在此戰中手臂受傷而致殘的老兵，多年後在他的《唐·吉訶德》裡，寫下了令雷龐多走向不朽的隻言片語：「在那裡死去的基督徒比倖存下來的勝利者還要快樂」。未來的英格蘭國王詹姆斯一世（James I）此時還是個男孩，他爲了紀念雷龐多，寫下了數百行的史詩。在斯特拉福特，年輕的莎士比亞也顯然受到了深刻影響：在他後來的戲劇中，有位公爵名叫普羅斯佩羅（Prospero），這是以那場會戰中一位著名的義大利貴族命名的，而他的奧賽羅也被設定成替威尼斯人效勞的勇士，曾經參與保衛賽普勒斯島的戰役，抵抗過土耳其人的進攻。

大部份畫作和流行歌曲，都將基督徒那令人印象深刻的勝利歸因於上帝的干預。但更多的同時代世俗歷史學家在尋求戰術層面的解釋時，卻並不確定神聖同盟是怎樣在幾個小時內，就使得數個世紀以來土耳其人入侵的努力化爲泡影的。爲何數量上處於劣勢、互不協調並且直到戰前還互相爭執不休的歐洲人，在並不熟悉的敵方水域，在遠離本土基地、各國政府還互相憎惡的情況下卻取得了勝利？是幸運帶來了勝利嗎？——就在唐·胡安的艦隊駛入奧斯曼艦隊中央時，風向突然發生變化，加快了他麾下槳帆戰艦的速度，又或許是微風將基督徒開火時飄散的煙霧吹到了敵軍眼中？還是相對平靜的海面缺少降雨的天氣，確保了步履艱難的加列亞斯戰艦能夠在土耳其艦隊面前輕鬆機動、搶先瞄準，同時也保證了成千上萬支基督徒火繩槍擁有乾燥的發火設備？從戰爭結果來看，至關重要的是，奧斯曼人愚蠢地接受了基督徒的挑戰，儘管後者的戰艦排水量更大，武備也更好，在決定性會戰中將佔據優勢。加列亞斯戰艦一旦打出開場齊射，看起來就能夠向任何方向射擊，所以交戰雙方的同時代人都注意到，即便是不屈不撓的土耳其人也「變得害怕起來」。所有的記述都在很大程度上將基督徒的勝利，歸因於六座浮動堡壘和它們在戰鬥開始時對奧斯曼戰線前端的轟擊。

又或許基督徒的優勢是在精神方面？雷龐多之戰發生在一個星期天上午，船員們甚至在準備好殺戮之前，還在甲板上接受了教士們的彌撒。就在幾天前，基督徒在科孚島上得到了賽普勒斯陷落、奧斯曼人背信棄義地屠殺了法馬古斯塔所有人質和戰俘的可怕消息。在雷龐多之戰的船員中反覆講述最多的故事是關於當地的英勇守軍領袖瑪律坎托尼奧·布拉加迪諾遭受酷刑並慘遭分屍的恐怖記述：他在得到投降後可以安全離開的承諾後，被活活剝皮實草。唐·胡安的船員也看到了奧斯曼人最近在科孚島上的瀆神行爲——褻瀆基督徒的墳墓，拷打教士，綁架平民，侮辱教堂。同時代的所有記載都評論說，基督徒步兵一旦登上土耳其槳帆船，就以近乎非人的兇猛方式進行戰鬥。

又或許雷龐多戰鬥的結果應當歸因於唐·胡安出色的戰地領導能力？畢竟是他維持了整支大艦隊中義大利、西班牙和威尼斯槳帆戰艦間的協調工作。除了這位親王，同樣重要的還有教皇與腓力二世表現出的政治才能。然而，在最大程度上抵消掉奧斯曼人的英勇表現與龐大數量的是大量的第一流歐洲戰艦，這些戰艦配備了強大的火力，也擁有裝備更好的士兵——這恰恰證明了西方資本主義經濟體系下的設計、製造以及分配武裝方式的優越性。數量龐大的火炮、火繩槍、弩，以及製造精良的船隻，在戰鬥中抵消掉了奧斯曼人的數量優勢、土耳其士兵令人恐懼的名聲，以及奧斯曼帝國部隊在本土水域作戰的便利。因此，所有這一切在沒人能夠預見到勝利的結果的情況下，就已經使得神聖同盟獲得了很大的機會來爭取勝利——畢竟基督徒聯軍在凝聚力、指揮和戰術方面都占盡上風。

歐洲與奧斯曼人

一個破碎的大洲

十六世紀的中歐和東歐，仍舊遭受著從公元六世紀以來東方勢力的圍攻。當北非和小亞細亞被伊斯蘭教統一起來，成爲龐大的奧斯曼霸權治下的行省與附庸國時，歐洲卻由於宗教傾軋陷入更大的破壞當中。基督教世界已經分裂成羅馬天主教和東正教兩個部份，到了十六世紀，新教分立，建立在民族、文化、語言親和力基礎上，不再單純向梵蒂岡效忠的民族國家在英格蘭、法蘭西、荷蘭、義大利、西班牙等地勃然興起，基督教世界變得越發碎片化了。

在十世紀早期，法國就趕走了最後一批伊斯蘭襲擊者，但是在十六世紀的很長一段時間內卻和奧斯曼結盟。這份友誼並不總是沒有回報的：在一五三二年，法國人在奧斯曼的幫助從熱那亞手中奪取了科西嘉島，讓土耳其海軍司令巴巴羅薩的槳帆艦隊——這支艦隊被指定由基督徒俘虜划槳——在法國港口（一五四三～一五四四年）過冬。這就難怪在會戰的上午，奧斯曼海軍司令哈桑・阿里（Hassan Ali）自信地催促土耳其人離開港口，駛出科林斯灣，在外海展開會戰，因爲對面的基督徒「來自不同國家，有著不同宗教習俗」，無異於一盤散沙。

隨著奧斯曼人將越來越多的目光投向西方——不僅是爲了更多的奴隸和虜獲品，也是爲了歐洲的武器和製成品，西方世界則將注意力轉向了更遙遠的西方與南方。新發現的美洲航線，以及沿非洲海岸的貿易線路提供了不一樣的致富途徑，既無須與土耳其人戰鬥，商人們也不用忍受穿越奧斯曼佔據的亞洲地區的漫長商路，以及隨之而來的高額關稅。到十六世紀爲止，一盤散沙的西歐不僅沒有受到統一東方的威脅，反而自行發展出一系列新的商業中心——馬德里、巴黎、倫敦、安特衛普，西方世界自身也變得越發強大，而這些城市對東地中海窮鄉僻壤的興趣則日益降低。

考慮到奧斯曼帝國境內與其他新商貿路線相比的普遍停滯狀態，巴爾幹和東地中海諸島被西方國家視爲並不值得爲之與土耳其艦隊爭鋒的雞肋之地。大部份被當作奴隸役使的基督徒，終究是不值得解救的東正教徒，畢竟西歐人早在君士坦丁堡陷落前很久就和拜占庭人之間存在宿怨。即便基督徒對抗穆斯林，或者說東方對抗西方是一場始終存在的戰爭，英法兩國有時也會無視這場聖戰的必要性，有時甚至還會向蘇丹伸出援手，而威尼斯則變得越發依賴與土耳其沿海地區進行貿易。雷龐多將是歷史上最後一場幾個西方大國僅僅因為相同文化與宗教基礎便團結起來，對抗伊斯蘭世界的大會戰之一。

然而，整個伊斯蘭世界，甚至奧斯曼帝國本身仍然在人口數量、自然資源水準和領土面積方面超過任何一個地中海基督教國家。雖然如此，一旦南歐諸國能夠團結起來進行大規模遠征的話，伊斯蘭勢力反而會成為弱勢的一方。在少數幾次僅有部份國家結成同盟的場合——在中世紀發生的偉大的第一次十字軍東征是最好的例子——西方甚至能夠在宗教改革、火藥發明、探索大西洋之前很久，就在遠離歐洲的地方取得勝利。歐洲的軍事能力是從古典時代一脈相承下來的，並非發明火藥或發現新大陸之後帶來的僥倖成功。第一次十字軍東征以法蘭克人佔領聖地而告終，表明西方擁有用陸路和海路運輸並供養軍隊的卓越能力，這在伊斯蘭世界裡無人能夠實現。在少數幾次外部勢力攻入歐洲的場合——例如薛西斯統治的波斯人、摩爾人、阿拉伯人、蒙古人和奧斯曼人，外部勢力的君王們處於統一的帝國或是宗教軍隊首領位置，他們的西方對手卻是孤立的、分裂的，甚至時常互相爭執敵對。不過，在基督教世界中罕見的合作努力很快就逐漸消失了。到十四世紀為止，再也沒有任何一支可以與十字軍相提並論的泛歐洲聯軍能夠越過地中海，發動遠征。然而，即便是在宗教和政治領域分裂破碎的狀況下，在伊斯蘭侵略面前，歐洲仍然相對安全，因為這樣的入侵所需要的後勤專業技術和重裝步兵數量，甚至超出蘇丹所擁有的資源。在十五世紀，奧斯曼土耳其統一了亞洲、巴爾幹和北非的很多地區，而且得益於以武力推進宗教傳播的方針，它境內的人民大體上接受了同一個神明，這就使得分裂的歐洲處於相當程度的劣勢。就像伊斯蘭征服開始之初的八世紀一樣，許多互相交戰的基督教西方小國，會遭到一個龐大的宗教政治統一體持續的攻擊。

奧斯曼知識份子和毛拉（mullahs）們並不將戰爭視爲天然錯誤的行爲。在土耳其內部，也不存在一個知識階層抵制吉哈德思想——這與西方人對和平主義乃至「正義戰爭」理論日益增長的興趣不可同日而語。沒有一本伊斯蘭小冊子，有類似伊拉斯謨或其他人提出的主張，將戰爭從本質上闡述爲邪惡的東西，並認爲只能在最緊密的道德約束環境下才能進行這種邪惡的行爲。歐洲的公民可以從古典時代的遺產裡繼承個人自由觀點，從基督教信條中接受精神兄弟的想法，但西方的生存事實上取決於他們在多大程度上忽視了殺戮總是有罪的這一想法。

因此，歐洲人依靠傳承自更早年代的西方傳統來抵抗奧斯曼人，這些傳統包括：在決定性會戰中殲滅敵軍、在資本主義制度支援下製造出充足而有效的武器、通過公民軍隊的理念將大量公民送上戰場。幸運的是，隨著基督教在中世紀的演化，在西方已經很少有與個人利益或資本主義相悖的信條。如果說教士們都有一段時間擔心生計的話，那他們在允許教友盡其所能攫取利潤時，就不會帶有任何罪惡感了。

到雷龐多會戰時爲止，對於羅馬曾經在北非、近東、小亞細亞和大部份巴爾幹地區設立的諸行省，歐洲已經失去了控制，東地中海的沿海水域也是如此，它被穆斯林牢牢控制著，越來越受到伊斯坦堡的影響。奧斯曼人發現，一個鼓吹對異教徒開戰的統一宗教，有利於多文化龐大帝國的擴張。宗教戰爭的政策，使得非西方人擁有了前所未見的道德驅動與宗教狂熱，這種作戰時的瘋狂姿態，甚至在迦太基人、波斯人和匈奴人的猛烈入侵中也未曾被歐洲人見到過——儘管上述這些民族都曾經入侵過歐洲，在一段時間內甚至試圖將希臘和羅馬併入自己的版圖。

然而，儘管基督徒一盤散沙，他們依然對蘇丹的軍隊保持著巨大優勢。西方在軍事上的支配地位，在羅馬陷落後有所下降，但歐洲的大部份國家一千多年來都潛藏著古典時代的文化傳統——理性主義、公民軍隊、資本主義形式、自由思想、個人主義、對重裝步兵和決定性會戰的依賴，這些因素使得它們擁有遠超過自身人口、資源或領土比例的軍事力量。歐洲的主要問題不再是普遍的和平主義，而是幾乎毫無間歇的戰爭：在查理的王國（Charlemagne's kingdom）終結後的中世紀，由於缺乏中央政權的制約，西方文明的內戰以近乎自殺的方式進行著，歐洲王公們之間不斷進行極為血腥的自相殘殺。

義大利城市共和國和西班牙帝國境內的槳帆戰艦製造技術要比亞洲先進得多，也要靈活得多，更有可能不斷進化發展以應對海上的新挑戰。土耳其艦隊的全部組織架構乃至術語都是抄襲威尼斯或熱那亞的，這和中世紀早期伊斯蘭艦隊效法拜占庭航海技術和海軍管理一樣。雙方的划槳方式相似程度令人驚訝——這種方式顯然是義大利人專門設計出來的。所有的軍事創新——從鋸掉槳帆戰艦撞角到創造加利亞斯戰艦和使用登船網——都首先在歐洲出現。軍事科學中，關於戰略與戰術的抽象理念在新的火藥時代復活，同時也成了西方所專有的領域，因此，兩支艦隊的指揮官們都是歐洲人這一點可以說絕非巧合。蘇丹本人更青睞出身義大利叛教者的海軍將領，他們熟悉歐洲的習俗與語言，因此更有可能使他的槳帆戰艦跟上敵軍在創新領域的步伐。

基督徒艦隊中的士兵，並不全是能夠自由投票的公民——畢竟此時只有威尼斯和少數幾個義大利邦國是共和政體，然而神聖同盟的船員，主體也並非奴隸。奧斯曼艦隊的情況則恰恰相反，其中堪稱精銳的耶尼切里禁衛軍和划槳奴隸一樣，都無權對政治事務說三道四。土耳其劃槳奴相比基督徒划槳船員更有可能逃跑，至於歐洲戰艦上的普通士兵的地位，則是自由人，他們不像土耳其敵人那樣是屬於某個帝國貴族的財產：

在整支艦隊當中，基督徒奴隸的腳鐐都被打開了，並且他們都配上了武器，還得到了自由與獎賞的承諾，以鼓勵他們英勇作戰的行為。穆斯林奴隸則相反，固定他們的枷鎖被仔細檢查，還敲下鉚釘，並給他們戴上手銬，讓這些人除了划槳之外做不了任何事。（W・斯特淩—麥斯威爾，《唐・胡安傳》，一・四〇四）

此外，這場決定性的會戰，是那些被北非海盜和土耳其槳帆戰艦頻繁騷擾困擾的基督徒精心選擇的。神聖同盟的艦隊希望與蘇丹的艦隊迎面對戰，殺死每個奧斯曼人。後者的部隊則停泊在冬營裡，對戰鬥的態度遲疑不定。而且在基督徒艦隊當中，有各式各樣的個人想法和個性在起積極作用。來自西班牙、義大利、法蘭西、英格蘭和德意志的冒險者，以及馬爾他騎士團、其他各個宗教修會的貴族，甚至還有新教徒和至少一名武裝婦女都是參戰人員的一部份，他們直到第一輪射擊開始前幾秒鐘還在互相辯論、爭吵，這最終給予了大艦隊多元化意見，並使得指揮官能夠根據變化的戰鬥狀況盡可能做出快速反應。即便是西班牙的基督教王國專制政權，同樣也要在民事和司法的監督和審查下行事，並且這樣的政府在損害個人自由的程度上，也無法與蘇丹統治下的極權主義政權相提並論。

然而，使得基督教小邦結成的聯盟能夠獲得勝利機會的，還是它們令人印象深刻的能力。它們不僅建立了資本主義體制，製造出優秀的船舶，還能大規模生產火器並雇用技藝嫻熟的船員，考慮到它們有限的人口和領土，這更是一項偉大的創舉。儘管在雷龐多，代表歐洲力量的只有三個真正的地中海大國——教皇國、西班牙和威尼斯，但這三個國家的經濟總和要比整個奧斯曼帝國的國民經濟規模大得多。早在艦隊出航前，教皇國的大臣們就已經積攢了維持二百艘槳帆戰艦作戰一年的全部資金（包括船員和補給費用在內）。

最為引人注目的城邦國家

威尼斯共和國和奧斯曼土耳其的區別，是對陣雙方在經濟生活上巨大差異的一個縮影——這個城邦國家所能提供的物產和服務，在規模上要遠小於法蘭西、西班牙或英格蘭。在雷龐多會戰發生時，威尼斯本土人口還不足二十萬。這個城邦的領土侷限在北義大利數百平方英里的小圈子裡，以及東地中海、希臘、克里特、亞得里亞海沿岸的一些商業前哨。與此相反，蘇丹則統治著百倍於威尼斯的人口，有著遠多於它的木材、礦石、農產品和貴金屬儲備。威尼斯固然在東西方之間從事著有利可圖的貿易，但蘇丹控制著比這個小小城邦大上一千倍的土地。然而，在軍事資產、貿易、商業和對地中海的影響等方面，威尼斯在整個十六世紀中僅僅依靠自身的實力，便幾乎可以與奧斯曼相匹敵了。

顯而易見的是，威尼斯的力量，來自它根據現代專業化與資本主義化生產原則來製造戰爭武器的不可思議的能力——該國每年七百萬杜卡特（ducat）的收入中，有五十萬留作大兵工廠的活動經費，在這裡威尼斯人生產出成千上萬支火繩槍、火繩鉤槍和火炮，還製造乾燥過的木材，保持穩定數量的戰略儲備。除了數十家小型私人造船廠之外，還有一個公會確保在危急時刻能夠提供準備好的船隻——這有點類似第二次世界大戰中的美國戰時生產委員會，在私人企業的支持下管理生產和勞動，以此在短時間內創造出新的生產線。雷龐多之戰結束三年後，法國君主亨利三世（Henry III）出於娛樂的目的，在威尼斯大兵工廠親臨一線檢查生產，據說那裡竟在一小時內完成了一艘槳帆戰艦的組裝、下水和裝備！即便在通常條件下，大兵工廠也能在幾天內下水一整支槳帆艦隊，它對船舶生產、融資操作和批量製造原則的完美結合，在二十世紀前都顯得無可比擬：

根據（威尼斯）十人議會（Council of the Ten）的命令，有二十五艘武裝齊整、配備了航海設備的槳帆船將被儲備在水池裡。其餘船體和上層建築保持完好的槳帆船則被保存在陸地上，一旦用麻纖和瀝青塞滿船縫就可以下水。它們存放的兩座船塢及其前方的水域都保持清潔，因而它們能夠迅速下水。每條槳帆船都標上了數字編號，它的索具和其他設施上也標記著同樣的數位，因此它們能夠儘快組裝起來。（F．萊恩，《文藝復興時期的威尼斯艦船與造船者》，一四二）

蘇丹將威尼斯大兵工廠的複刻版放在了金角灣（Golden Horn）附近，那裡的造船工匠是從那不勒斯和威尼斯雇來的，希望能夠複製威尼斯的成功（對於成果，可以說是評論不一：外國訪客看到許多火炮被隨意堆放，因為大部份火炮是從基督徒軍隊中偷來或搶來的，而非在這座建築裡製造的）。但是，如果說土耳其人建立一支現代化槳帆艦隊的能力，取決於它進口或偷竊西方產品與技術的努力的話——它憑藉這個幾乎在兩年內彌補了在雷龐多的損失——威尼斯的力量則在於更大範圍內的思維、政治與文化的獨立發展，而這在東方是找不到的。無論人口多麼龐大、自然資源多麼豐富、領土面積多麼巨大，也無論劫掠到多少擄獲、通過強制稅收斂聚多少財富或者吸引到多少外國人才，西方式的實力永遠無法通過這樣的方式獲得。

威尼斯大兵工廠的建立，源自其資本主義體系和立憲政府機制的自然發展，伊斯坦堡的獨裁政權完全無法想像出這樣的製造業奇跡。威尼斯由一個選舉出來的最高行政長官（總督）和大體上由貴族商人組成的元老院聯合統治，這個政府允許從貿易中滋長出的資本主義在相對低稅負的環境下發展，並且保證個人財產是合法所得，不會被充公。此外，威尼斯的公司也被賦予了法律保護，成為不屬於任何個人的、任人唯才的經營實體，從而能夠超越任何個體，在利潤的基礎上判定成敗。一個威尼斯公司並不依賴於任何個人或家族的生命、健康或地位，而是完全依靠根據諸如投資、回報之類抽象商業原則，加上股票、股息、保險、海事貸款等金融工具輔助下行動的效率來獲取利潤。由於國家承擔了製造商船的昂貴投資，又提供了海上保護，因此只有少量資本的小商人也可以在競爭船舶和商貿路線使用權時與大公司競爭。到雷龐多之戰發生時為止，每年有超過八百次出入威尼斯港的商業航行——每天，來到港口的船隻數量都會增加至少兩艘。

國家支持的資本主義體系在自由的社會環境裡運作，並經由共和國選舉出來的公會進行監督，所有階層中擁有才能的人都相信，這是地中海沿岸最適合商業經營的社會氛圍。要解釋威尼斯槳帆船為何在整個地中海中設計最佳、武裝狀況最好的問題，除了共識政府體制、自由市場環境和投資刺激等原因之外，理性主義和公正質詢也功不可沒。在亞洲，沒有任何事物能夠像歐洲融會交流思想的精神市場那樣，極大地促進致命武器的發展——這一點可以從范諾喬・比林古喬（Vannoccio Biringuccio）的《火法技藝》（*Pirotechnia*，威尼斯，一五四〇年），尼古洛・塔塔格利亞（Niccolò Tartaglia）的《新科學（*nova scientia*）》（威尼斯，一五五八年）和路易吉・柯拉多（Luigi Collado）的《實用炮學手冊（*Practica manual de artiglierra*）》（威尼斯，一五八六年〔義大利語〕；米蘭，一五九二年〔西班牙語〕）上刊登的關於銅炮與鐵炮效力的實證研究中管窺一斑。這些正式的論文中，常常會在附錄裡增補威尼斯和熱那亞各個委員會的年度報告，以及來自造船高手本人那裡更多的非正式文本。像特奧多羅（Theodoro）這樣的專家，在一五四六年就針對大兵工廠內槳帆船的生產做過報告。思想交流的自由和理性主義的古典遺產——這在唐・加西亞・德・托萊多（Don García de Toledo）對航海技術、船舶推進和武備所作論述（馬德里，約一五六〇年）或佩德羅・德・梅迪納（Pedro de Medina）的《女王號航海記（*Regimento de navegación*）》（塞維利亞，一五六三年）中表現得十分明顯——這些東西意味著，歐洲人將第一手經驗和抽象理論結合在一起，以此大大推進了造船業和航海業科技的進步。軍事研究是威尼斯高等教育的一部份，以威尼斯附近的帕多瓦大學（University of Padua）為中心。在那裡，著名的加里布埃洛・法洛皮奧（Gabriello Falloppio，一五二三～一五六二年）和法布里庫斯・阿奎彭登特（Fabricus Aquapendente，一五三七～一六一〇年）指導下的科學與醫學研究舉世無雙。在繪畫方面，丁托列托（Tintoretto）、喬爾喬內（Giorgione）和提香（Tiran）保持著義大利文藝復興時期在希臘藝術啓發下的優秀傳統；與此同時，像阿爾杜斯・曼努提馬斯（Aldus Manutius，一四五〇～一五一五年）這樣的出版商很快就建立起了歐洲最大的出版中心，他本人專注於印刷著名的阿爾杜斯版希臘羅馬古典書籍。

相比之下，出版社直到十五世紀晚期才被引入伊斯坦堡，即便到那時候，政府也由於擔心印刷術會傳播對政權有害的資訊，而在很長時間內禁止建立出版社。伊斯蘭教本身從沒有經歷過不受限出版的時期，也沒有接觸過大規模自由宣傳知識的想法。大部份廣爲人知的奧斯曼文藝作品是受宮廷生活啓發的，同時服從於帝國和宗教審查制度，這兩點可以說是西方人聞所未聞的。理性主義的存在，則被認爲與《古蘭經》的政治首要地位相抵觸，後者作爲蘇丹權力的核心內容顯然不能動搖。奧斯曼境內由於沒有眞正意義上的大學，而出版社和促進抽象知識流傳的廣泛閱讀體系也從未建立，土耳其人從槳帆船戰爭中得到的知識僅僅出現在實際操作培訓和地中海海員們口口相傳的傳統當中。

和土耳其人相比，威尼斯的優勢並不在於地理、自然資源、宗教狂熱或是對持續交戰與襲擾的執著，而是在於它的資本主義體系、共識政府制度以及不計較利益而對研究的執著投入。只有在上述狀況下，技藝嫻熟的航海工程師、船員和訓練有素的海軍將領才能夠勝過奧斯曼在領土、歲入、遊牧民族的戰士文化傳統以及單純人力資源上的優勢。蘇丹尋求著歐洲的商人、船舶設計師、海員，進口火器，甚至肖像畫家；而與此同時，幾乎沒有一個土耳其人能夠發現歐洲需要他們的服務。

奧斯曼主義

也許，雷龐多之戰對陣雙方經濟上最爲明顯的差異，能夠從基督徒俘獲的阿里帕夏旗艦上發現的那十五萬枚金幣上體現出來。在其他奧斯曼海軍將領的槳帆戰艦上，勝利者也發現了幾乎同樣規模的小金庫。由於土耳其帝國缺乏銀行系統，而阿里帕夏擔心觸怒蘇丹後家產被沒收，同時也是爲了在稅吏面前小心隱藏資產的需要，他把個人的龐大財產帶到了雷龐多的海上。當海軍司令在海上被殺，他的座艦沉沒後，這份財產便在戰後被敵人洗劫了。如果像他這樣一個奧斯曼社會最高層人物——蘇丹的妹夫，而且正爲他的統治者參與一場偉大聖戰——在伊斯坦堡都不能進行安全的投資，也無法隱藏資產的話，那成千上萬更加不幸的普通臣民就更不能奢望這一點了。

富裕的奧斯曼商人時常暗地裡到歐洲投資，挑選昂貴的歐洲奢侈品進口；他們也可能考慮到未來被沒收錢款的危險，由此選擇隱藏或埋藏他們的積蓄。其結果是，即便在奧斯曼帝國的首都，人們也習慣性地缺少對教育、公共建築和軍事遠征的投資。也許當亞當．斯密寫下以下這段話時，腦海里想的正是阿里帕夏：「的確，在那些不幸的國家，人民隨時有受上級官員暴力侵害的危險，於是，人民往往把他們財產的大部份藏匿起來。這樣一來，他們所時刻提防的災難一旦來臨，這些人就能隨時把財產轉移到安全的地方。據說，在土耳其和印度這種狀況是常有的事，我相信，在亞洲大部份國家同樣如此。」（《國富論》）無論如何，數以千計居住在伊斯坦堡的威尼斯人和其他義大利人、希臘人以及猶太人、亞美尼亞人一起，促進了龐大的東西方貿易網路的發展。像歐洲火器、製成品和纖維這樣的高附加值產品，通常會被用於交換亞洲的原料商品棉花、絲綢、香料和農產品。形成鮮明反差的是，威尼斯人認爲，他們沒有必要去接納從事奢侈品貿易和銀行儲蓄的土耳其專業人士來增強自己的經濟。

奧斯曼十分封閉的經濟，其背後的政治與宗教組織結構是既開明又可怕，既高效又靜止，既合乎常理又保守的——在大部份方面，這個體系都與資本主義市場經濟格格不入。傳統中所描繪的腐敗、無能的奧斯曼官僚政府是誤導的，其謬誤程度和近來的修正主義者幾乎相等——後者把奧斯曼政府描繪得如果不是更先進的話，也幾乎與歐洲同類機構不相上下了。在雷龐多會戰時，奧斯曼的政治、經濟和軍事實踐與歐洲傳統的區別已經達到了登峰造極的程度。首先，軍隊和政府的官僚是由奴隸充當的——他們的數目高達八萬人，甚至可能更多——這些人要麼從奴隸販子那裡購買，要麼在戰爭和劫掠中奪取，要麼是作爲德米舍梅制度（*devshirme*，每四年從被征服的基督教行省中選取合適的基督徒青年強迫其改宗伊斯蘭教）下的強制「賦稅」徵收而來。在這些年輕的基督徒俘虜中，最優秀的人物會接受奧斯曼語言和宗教教育，並在政府和軍隊中獲得高位，最後成爲蘇丹本人忠誠而有價值的終身奴隸。

這種官僚體系，造就了一個持續流動的政府和軍事精英階層。這個階層並不向天生爲穆斯林的人口持續開放，也不會依靠世襲或朝代進行自我複製。德米舍梅制度下的兒童並不憑藉出身或財富得到提拔。由此，土耳其人製造出某種程度上的精英管理體系——這是柏拉圖在他的《理想國》當中所提模式的一個可怕版本——在這一模式當中，少年會和他們的父母分離，接受公共教育，依靠本身的成就得到提拔，從而激發他們爲國家效力的欲望。德米舍梅制度確保了蘇丹擁有一批忠誠的核心追隨者，他們沒有父母，也沒有給自己子女取得向上流動地位的想法：後者生來就是穆斯林，因而沒有資格充當政府候補官員或是耶尼切里新兵。偷盜基督徒少年的行爲固然受到巴爾幹大部份被征服臣民的憤恨，但被拐走兒童的父母有時也能夠得到這樣的安慰：相比在當地以農奴身份過著赤貧生活，在蘇丹的政府裡爲帝國服務的方式也許會給他們的孩子更好的未來。

任用改宗基督徒擔任官員的方式，消除了土生土耳其人獲取權力並滋生暴動的一些威脅，同時還為整個帝國提供了伊斯蘭教活力的證明——真主能夠將最好的基督徒少年轉化成蘇丹最忠誠最虔誠的穆斯林臣民。在帝國存在的幾個世紀裡，數以百萬計的基督徒被俘獲並改宗。在雷龐多，大部份軍事指揮官，控制艦隊後勤的官員，耶尼切里和奴隸槳手原本都是基督徒，他們也都是被迫改宗伊斯蘭教的奴隸。

德米舍梅制度也體現了宗教滲入奧斯曼社會各個方面的程度。十六世紀奧斯曼最偉大的海軍將領海爾丁·巴巴羅薩（Khaireddin Barbarossa）、烏盧奇·阿里和圖爾古特·阿里帕夏（Turghud Ali Pasha）在出生時都是歐洲基督徒。蘇丹的母親許蕾姆蘇丹（Hürrem Sultan）是蘇萊曼大帝的妻子，她則是一個教士的女兒，來自烏克蘭基督徒家庭。雷龐多會戰時的帝國大維齊即帝國首相穆罕默德·索庫爾盧（Mehmet Sokullu），則是一個來自巴爾幹的斯拉夫人。奧斯曼在武力上取得成功的秘訣一定程度上就是它與歐洲的矛盾關係，它既追求歐洲，又厭惡歐洲，既劫掠歐洲，又與歐洲貿易——它總是一邊歡迎西方商人，一邊綁架歐洲少年，一邊雇用背教者罪人。奧斯曼的首都是受到尊崇的歐洲城市君士坦丁堡，並非東方城市，這本身就承認了接近西方帶來的固有金融優勢。

正如之前阿契美尼德君主統治小亞細亞的方式一樣，這個帝國完全操縱於蘇丹之手，蘇丹本人是由他父親的奴隸後宮的一個成員養育的，因此在理論上也是一個奴隸，此外，他還是阿拉的僕人。一五三八年，蘇萊曼大帝曾在宴飲時寫下的話，讓人想起了大流士或薛西斯：

> 我是真主的奴隸，世界的蘇丹。憑藉真主的恩典，我是穆民社區的首領。真主的全能和穆罕默德的奇跡伴隨著我。我是蘇萊曼，麥加和麥迪那的呼圖白（*khutbah*，聚禮日祈禱前的演說）上頌念我的名字。我是巴格達的王（*shah*），拜占庭土地上的凱撒，埃及的蘇丹，我把艦隊派往歐羅巴、馬格里布

> （maghrib）和印度的海域。我是奪取了匈牙利王冠和王座，讓他們成為卑微奴隸的蘇丹。彼得總督（Voivoda Petru）揚起頭來發動叛亂，而我的馬蹄已經將他踏入塵土，而且我征服了摩爾達維亞（Moldavia）的土地。（H．伊納爾哲克，《奧斯曼帝國》，四一）

繼承權會傳到統治者許多子嗣當中最有野心的一個人手上，在權力的競爭中，候選者母親在後宮中的地位，以及可能高達數十名互為對手的兄弟姐妹的性命都懸於一線。蘇丹的女兒們生下的大部份男性嬰兒都會在出生後被殺。任何一點宮廷陰謀、下毒和肆意處決的內容，都讓人想起蘇埃托尼烏斯在《羅馬十二帝王傳》裡的記載。不管是東方還是西方，獨裁政治已經足夠糟糕了，而這種統治與精英階層在繼位時決定新強人的放血儀式結合後（決定繼位人選後依照慣例將繼位者的兄弟們這些具備爭奪王位條件的人屠戮），更是災難性的。因此，在雷龐多的兩支艦隊代表了政治與宗教組織上的兩個不同極端——奧斯曼海軍是由蘇丹的奴隸組成骨幹；基督徒艦隊則是自治國度的同盟，其中一些還是由選舉出來的政府來治理。

奧斯曼在十五世紀的驚人擴張依靠兩大奇跡：其一，團結遊牧民族，向西面和南面攻取並劫掠附近更古老、更定居化的富裕國家的能力——對拜占庭、巴爾幹北部的基督徒采邑、埃及的馬木路克、安納托利亞東部和伊朗伊斯蘭政權的攻擊都是這種能力的標誌；其二，徵收棉花、香料、絲綢、農產品等東方財富，將它轉運到歐洲換取武器、船隻和製成品的手段。只要奧斯曼軍隊能夠奪取新土地，獲得新的戰利品，找到新的奴隸來源並壟斷東西方間的貿易通道，那麼不管帝國的行政管理中存在多少經濟和政治上的不穩定性，不管這導致了怎樣的內在低效，它都能夠繼續擴張並保持繁榮。

從理論上講，蘇丹擁有帝國境內的所有土地；從實踐來看，最好的莊園會被分配給軍政顯貴。所有的財產都被課以沉重的賦稅。在這裡，並沒有爲數眾多、能夠投票的公民土地所有者階層。地方官員的任命完全落入了那些有能力徵收貢品或是擁有莊園的貴族手中，而大部份土耳其本族官員，甚至包括維齊在內，都要配備通過德米舍梅制度獲取的基督徒奴隸作爲助手。奧斯曼軍事人力資源的主體並非來自耶尼切里，而是來自蒂瑪律體系（*timar* system，在這一體系中，軍事領主會得到被征服的土地，並對土地上的人們擁有近乎絕對的控制權。在繳納了帝國賦稅後，蒂瑪律特即擁有蒂瑪律的領主。——譯者註）可以保留從他名下農民那裡收來的剩餘利潤，以便在戰時召集部隊。如果說耶尼切里是外部出身的奴隸士兵的話，那麼奧斯曼軍事的其他部份大體上就是對地方領主負有義務的農奴組成的陸海軍。這樣一個不自由的勞動體系與歐洲軍事形成了鮮明反差，歐洲人要麼從本國人口中徵召大量的戰士和槳手（例如威尼斯），要麼就從公開市場上以簡明易懂的合同招募士兵。奧斯曼的徵兵體系初看起來有「不需要開銷」的優勢，並且是建立在地方的信任和戰友情誼上，而非基於薪水之上。但是仔細審視之後，我們會發現，就強制徵召士兵的軍事本質而言，整個蒂瑪律徵召方式保持良好運轉需要諸多因素的配合：對外征服能夠持續不斷提供新的土地，獨裁的蒂瑪律特在戰場上能夠保持英明的領導，戰爭徵召時間相對較短不至於妨害農業生產，而且帝國必須不斷取勝以提供虜獲品。

在所有專制統治中，都會存在某種權力制約體系。這種制約要麼來自宗教界的批評，要麼源於商業或知識階層的必然崛起。然而，在奧斯曼人的統治之下，國家的政治權力從來沒有與伊斯蘭教的控制分開過。無所不在的穆斯林意識形態的影響將絕大部份商業與精神生活置於《古蘭經》的主導之下。雖然穆斯林學者能夠創造出與《古蘭經》相關的教學與註釋，但這並不是大學裡進行的、能夠帶來軍事創新、技術進步或經濟復興的真正研究：

奧斯曼學術受到了傳統伊斯蘭觀念的影響，將宗教學習視為唯一真正的學問，其目的僅在於理解真主的世界。篤信《古蘭經》和先知的傳統，構成了這種學習的基礎，理性為宗教服務。宗教科學的方法是，首先在《古蘭經》中尋找關於一個論點的證明，然後在先知的教義中尋找，接著搜尋有記錄的先例，個人推理僅僅被當作最後的手段。（H．伊納爾哲克，《奧斯曼帝國》，一七三）

儘管近來的修正主義學者努力否認將奧斯曼經濟視爲「停滯」的十九世紀觀點，但伊斯蘭教對自由市場活動的有害影響必然比文藝復興時期的基督教對歐洲資本主義的有害影響大得多。首先，在奧斯曼帝國中，從來沒有一個眞正的供需體系，也沒有損益體系，更不用說利息概念了：「伊斯蘭教斷然反對利益在所有經濟交易中的存在。《古蘭經》中的利率（*riba*）概念並不僅限於貸款利率。從字面來看，它意味著在金錢或物品的物理方面超過某物。」（M．喬杜里，《伊斯蘭經濟理論》，一五）

在土耳其，不存在眞正的銀行。事實上，第一家奧斯曼銀行是由歐洲投資者創辦的，時間在一八五六年。私人的貨幣財富更可能被埋藏或隱蔽起來，而不是作爲存款或投資。價格是由政府法令規定的，並受到行會的嚴厲監控。私有財產並未受到憲法保護，反而隨時可能被帝國的強制機構沒收。稅款被隨意設定在高位，在執行稅收時各種規則又顯得反覆無常。地主永遠不可能猜到稅吏何時會來，來的頻率會有多高，也不知道他們到底需要多少。奧斯曼帝國龐大的官僚和軍事體系吞噬了預算，吸收了可用資本。帝國臣民的識字率很低，不超過百分之十的人口能夠閱讀。這裡也沒有眞正的世俗大學來培育金融或外交階層。毛拉們所擁有的莊園規模很大，而且受到了免稅的優待，伊斯蘭教衆本身也往往能夠以高利貸違反《古蘭經》的原則爲由減免借貸。

因此，在世界經濟發生巨大轉變，例如大量來自新大陸的金銀湧入市場、西歐的蓋倫船開拓了前往東方的替代貿易路線的時候，奧斯曼人卻發現自己相對歐洲人而言，根本無力調整固有的經濟體系。任何獨立的、較小的歐洲國家——威尼斯、西班牙、英國、法國或是荷蘭——都能夠建造在規模上與蘇丹海軍相當的艦隊，儘管它們並沒有奧斯曼帝國的巨大的領土和人力。總之，在雷龐多會戰這段時間，奧斯曼帝國在抵達了它輕易擴張的最高點後，遭遇了一個災難性的卻又很合理的後果：

> 隨著軍事擴張陷入停滯狀態，土耳其開始受到沉重的壓力。因為歲入減少，帝國也就不能繼續維持適當規模的陸軍和海軍，這反過來又減少了軍事層面的選擇。於是，這個體系開始相當不雅地快速墮落下去，消耗並吞噬自身的財富。稅收被繼續提高，甚至導致人口減少。對軍政官員而言，他們很快就覺察出獲取個人財富的途徑是購買和利用公共職位。腐敗早在十六世紀中葉，蘇萊曼允許出售官職就已出現，而且所謂統治機構成員也就是帝國官僚階層裡的土耳其精英們，其私人財富也在同一時期迅速增長。（E・鐘斯，《歐洲奇跡》，一八六）

雷龐多的意義

學者們傾向於將雷龐多視爲一場導致了戰略僵持的戰術勝利。在以決定性優勢擊敗土耳其艦隊之後，神聖同盟未能充分利用它的優勢——近一年的時間裡地中海上只有很少的奧斯曼戰艦。基督徒沒有奪回賽普勒斯，也沒能解放希臘。僅僅過了兩年，由於亞洲貿易被切斷導致歲入減少而苦苦掙扎的威尼斯，就不得不與蘇丹媾和結束戰爭。在接下來的兩個世紀裡，奧斯曼人繼續推進，他們將會征服克里特，深入匈牙利，最終來到維也納城下。不到一年之後，蘇丹效仿威尼斯大兵工廠的軍火基地終於建立，在那裡，歐洲工程師們操作船塢，建立起了一支全新的伊斯蘭艦隊，儘管戰艦的品質令人生疑。

然而，像普瓦捷一樣，雷龐多依然是東西方關係史上的分水嶺事件。這場戰役之後，西地中海得以保全，伊斯蘭的槳帆戰艦很少冒險越過亞得里亞海——和西班牙的穆斯林在普瓦捷會戰後不會繼續對北歐造成威脅一樣。一旦奧斯曼人在雷龐多被擋住，西地中海持續長期的自主地位就不再受到懷疑。雷龐多戰役的勝利，確保了歐洲與美洲間橫跨大西洋的貿易繼續持續，這不僅讓歐洲因爲新大陸的寶藏而變得富裕，經過非洲之角與東方貿易的商業利潤不斷增長，也讓奧斯曼帝國顯得越發微不足道。在一五八〇年，穆罕默德·伊本—埃米爾·艾斯蘇德埃米爾（Emir Mehmet ibn-Emir es-Su'udi）寫道：「歐洲人已經發現了跨洋航行的秘密。他們是新世界和通往印度大門的主人……信仰伊斯蘭的人們並沒有最新的地理科學資訊，也不理解歐洲人佔據海上貿易的威脅。」（W·艾倫，《一六世紀土耳其的權力難題》，三〇）

雷龐多的勝利，也證明了歐洲不必全體團結起來就能擊敗土耳其人：由幾個南地中海國家匆忙組成的聯盟，就足以擋住建立在政教合一與專制基礎上的笨拙的奧斯曼帝國。隨著歐洲在自由市場、新教信仰和全球貿易下的人口與經濟活力愈加增長，東西方間的不平衡也越發加劇。相比之下，源於小亞細亞東部草原的奧斯曼軍事文化雖然擴張較爲輕易，但此時已經達到極限。這個帝國第一次發現，自己需要面對比衰落的拜占庭和巴爾幹地區其他孤立王國強大得多的敵人——西方國家能夠不斷改進火藥武器，建立先進的防禦工事，製造出優秀的船舶並更新軍事戰術，以此輕鬆擊敗土耳其這個依賴戰士個人武藝的國家。

就地中海上十字與新月兩者之間的槳帆船海戰而言，也存在一個極具諷刺意味的狀況。到一五七一年爲止，北大西洋地區的英國、法國和荷蘭所擁有的船隻，都已經比在雷龐多作戰的古老槳帆船更爲先進，數量也更多。即便在奧斯曼帝國和南歐國家爭奪它們眼中世界軍事霸權的時候，那些擁有北方遠洋海軍的國家已經鞏固了在新大陸和亞洲的殖民地，並控制了貿易路線上的據點，並證明真正的戰略重點已不再是地中海。在火炮與風帆並重的新時代，將二百~四百人裝到一艘划槳戰艦上作戰的做法毫無意義，因為這樣一艘船會在遠距離就被船員人數僅有它一半的風帆戰艦輕鬆擊毀。到一五七一年為止，西班牙人是地中海上最為優秀的水手，但在不到二十年內，西班牙無敵艦隊的蓋倫戰艦和火炮，將被證明在各方面都遜色於擁有更好火炮、船員、軍官和風帆的英國艦隊。

最後，唐．胡安在雷龐多證明了，南歐人不再需要畏懼土耳其人，後者在長達數個世紀穿越巴爾幹地區的推進中，曾令整個基督教世界感到恐懼。隨著西班牙收復失地運動（一四九二年）以及雷龐多海戰的勝利，軍事力量的未來已不再是騎手、遊牧民族或海盜，而是返回到古典時代的舊範式：卓越的技術、創造資本的經濟體和公民軍隊組織。奧斯曼帝國曾依賴遊牧戰士的勇猛、購自歐洲的槍械和軍事知識以及基督教世界內部天主教、東正教和新教之間的巨大分歧取得勝利，並在此基礎上建立起一個輝煌的軍事帝國。然而，一旦拜占庭最終崩潰，而歐洲開始與亞洲展開海上貿易，奧斯曼帝國易於攫取的資本來源便枯竭了。蘇丹會發現購買或效仿技術變得越來越昂貴，而土耳其帝國的管理者還會在模仿歐洲的過程中學到，即使歐洲軍事科學被銷往外部世界，這些科學本身也並不是靜止的，而是處於不斷的變化之中。「全世界都知道，」賽凡提斯在《唐．吉訶德》中這樣提及雷龐多，「相信土耳其人不可戰勝是何等的錯誤。」

資本主義、奧斯曼經濟和伊斯蘭

爲什麼在雷龐多的奧斯曼帝國艦隊是爲了獲得戰利品、劫掠虜獲以及對西方貿易徵收關稅和歲貢的產物，而威尼斯和教皇國的船隻則在更大程度上是在銀行業、工業、殖民和探險中資本的紅利？爲什麼奧斯曼和其他伊斯蘭國家用原材料交換歐洲人的製成品會成爲定律？爲什麼在伊斯坦堡會有叛教者身份的歐洲工人、軍火及船舶設計師和雇傭兵指揮官，但少有土耳其同行在西方得到聘用？爲什麼不是歐洲從奧斯曼帝國那裡學到大規模製造火炮和槳帆戰艦的秘訣？爲什麼新式的加列亞斯戰艦沒有出現在土耳其艦隊裡，卻出現在基督徒艦隊中？

伊斯蘭世界從未充分發展出眞正意義上的市場經濟，因爲在這裡，任何經濟體系一直處於沒有自由的危險之中，而賺取利潤的理念還與《古蘭經》相對立，這樣的特徵在政治、文化、經濟和宗教等諸多領域都別無二致，因而不受約束的經濟理性主義顯然不受歡迎。關於伊斯蘭教和自由市場間的模糊關係，目前依然存在學術爭議。幾個世紀以來，歷史學家和經濟學家都在試圖解釋，爲什麼歐洲在過去能夠將它的力量投射到伊斯蘭世界的核心，爲什麼今天伊斯蘭國家經濟規模遠遠小於西方國家，比如，爲什麼一個小小的以色列的國民生產總值就超過北非沿海的所有伊斯蘭國家的經濟總量。

在類似這樣的辯論中，出現了奇怪的夥伴組合。持進步論觀點的西方學者盡力主張，阿拉伯國家的經濟與西方相比僅僅有所「不同」，而不是效率更低，因爲歐美觀察家並沒有將伊斯蘭文化的益處計入考量：較低的犯罪率，更牢固的家庭，更少的無理由消費，更多的慈善捐贈。他們還補充說，幾個世紀以來，伊斯蘭國家已經找到了巧妙規避宗教對複利（compound interest）正式限制的方法——但這樣偷偷摸摸的行動和煩瑣的程式本身就損害了資本的便利。奇怪的是，伊斯蘭經濟學家有時會採取一個非常不同的——也更誠實的——方法，承認伊斯蘭教中的道德限制對資本形成的固有阻礙。在今天的伊斯蘭國家中，宗教和道德對物質主義、純粹的經濟理性主義產生的限制，許多人反而感到自豪。

如果說，在雷龐多的奧斯曼艦隊不如其歐洲對手先進，一個歐洲國家就能組建並負擔與蘇丹的整個帝國相當的艦隊的話，那麼時至今日，當我們觀察超過十億人的整個伊斯蘭世界——儘管很難稱之爲一個整體——則會發現，儘管石油生產和出口創造了巨大財富，但整個伊斯蘭文明本身哪怕在只面對一支西方軍隊時都處於明顯劣勢。正如威尼斯可以在槳帆戰艦方面與奧斯曼相匹敵一樣，現在法國、英國或美國單獨一家所擁有的空軍、戰艦和核武器，都超出了整個伊斯蘭世界的總和。在小居魯士聘請「萬人遠征軍」爲他爭奪王座的兩千四百年後，奧斯曼效仿威尼斯大兵工廠後五百年後，薩達姆．海珊還是使用來自石油貿易的收入從西方商人那裡購買他所有的武器，而他的石油產業也是依靠雇用西方技術專家創建並維持的。

自由資本是進行任何大規模戰爭的關鍵，是西塞羅所稱的「戰爭之源」，沒有它，軍隊就不能徵召、補給或作戰。資本是技術創新的源泉，它與自由密不可分，時常與個人主義的表現有關，因此成爲古往今來軍事勝利的關鍵。資本主義誕生於西方並擴張到整個歐洲，從交替出現的、源於西方的社會主義和共產主義模式中生存下來。在最近一次資本主義理念震撼全球之時，人們發現，它與個人自由和民主密不可分，這在相當程度上體現了西方從薩拉米斯時代一直到海灣戰爭時期的軍事支配地位。在過去和現在，西方和伊斯蘭文明在達成資本主義經濟的途徑方面，都存在極大的差異：

儘管民主資本主義是人類經驗的發展成果，但伊斯蘭教的基本經濟信條則是神啟的。因此，對一個穆斯林來說，他的經濟生活並不完全是一個物質主義職業，或是此世的天職。穆斯林經濟的刺激因素既來自獲得財富的個人驅動力，也來自他希望成為真主忠實僕人的願望。因此，穆斯林從事經濟活動時的計算意圖和方式必須是合乎教義的。（M・阿布杜―勞夫，《一個穆斯林對民主資本主義的思考》，六〇）

資本主義——即便是十六世紀的地中海資本主義——所追求的並非社會正義，也不是「合法」的「意圖」或願望。恰恰相反，其理念一如既往地是承認人的永恆貪婪——這對建立一個承認天然利己的體系很關鍵。讓十七世紀的賽普勒斯人和希臘人憎恨土耳其人的，並不僅有種族和宗教仇恨，還有奧斯曼統治逐漸破壞他們本身經濟和物質生活的行爲。作爲遙領地主，威尼斯人在地中海東部對他們講希臘語的佃農和農民的態度，就和他們後來的繼承人奧斯曼帝國一樣無情——今天在威尼斯依然可見的富麗宮殿就足以證明他們對地中海東部財富的榨取——但他們的出口貿易知識，他們在地中海港口以最高價格出售農產品的能力以及他們開辦一些產業的習慣，都催生出一定程度的繁榮經濟。

對於受壓迫的農民而言，從長遠來看，奧斯曼統治下的稅收將明顯低於歐洲人治下，因爲後者創造了更多的資本，這些資本的一部份最終在很大程度上造福了民衆。我想，在古代和現代的受壓迫者心中存在的對資本主義的極大憎惡，不僅源自隨之而來的巨大貧富差距，獲利者和受害者間不公平的、涇渭分明的天然界限，我想也來自一個根源：在自由市場經濟下，許多因爲少數人貪婪而受害的人，仍然要比那些在用意良好的烏托邦社會主義中生活的人狀況更好。要讓窮人認知到他們能夠從道德卑下的有錢人那裡得到好處，這是一件困難的事，況且這個結果也并非出身富有之人的意圖。

雷龐多，一五七一年十月七日

對一個資本主義體系而言，要讓它運轉，國家就不得不保護自由市場，不控制、不干擾。由於政治和宗教兩方面的原因，這是蘇丹不能做的事：奧斯曼人對貿易平衡毫無概念……奧斯曼的貿易政策源於一個古老的中東傳統，國家必須特別關注城市裡的市民和工匠不會遭遇生活必需品和原材料的短缺。因此，這樣的政權始終歡迎且鼓勵進口，並阻礙出口。」（H．伊納爾哲克，《奧斯曼帝國及其在世界歷史上的地位》，五七）

資本主義並不僅僅意味著進行商貿，還帶來了包括保險、企業、簿記、股息、利息、自由獲取資訊、政府爲財產和利潤提供官方保護的複雜基礎架構。沒有自由價格和自由市場機制對人們所需、所願做出最好的判斷，高效的生產就是不可能的，因爲上百萬人的欲望和要求很難立刻顯現出來，人們只能對此進行糟糕的猜測，而猜測的結果又時常被強制中央集權國家的政府所忽略。

雷龐多爲身處困境的地中海西方世界爭取了時間，西方文明用跨洋市場帶來的更強大力量，取代了已經喪失的、古典政治體系下團結的力量。中世紀時期（公元五〇〇～一五〇〇年）歐洲已經進行了一系列抵抗，互相爭吵的小君主們將阿拉伯人、維京人、蒙古人和奧斯曼人的一系列進攻擋在歐洲中部之外，並進行了十字軍東征和收復失地運動反攻回去，而新的西方民族國家不僅對伊斯蘭世界發起攻勢，還將戰火帶給非洲、澳大利亞和新大陸的土著部落。這並非意味著在伊斯坦堡沒有人才，事實上，在那裡出現過不少卓越的天才人物：位於博斯普魯斯海峽的土耳其燈塔有含鉛玻璃窗，燈籠使用浮在油上的油繩助燃，這種燈塔遠遠優於歐洲的設計。奧斯曼帝國還有許多傑出的數學家、醫療作家和工程師。但是，所有這些思想者在工作時，通常都與同一時期歐洲的研究資料隔絕開來。沒有人在國內享受到廣泛的制度化支援——他們甚至還需要擔心自己的工作可能招致來自伊斯蘭激進主義的負面反應。

奧斯曼帝國所缺乏的，是將個人才智轉化爲生產力的系統，因此，任何創造都不能造福民衆。在這樣的體系裡，執政者總是要優先考慮國家、宗教或文化利益，因此不能生產出令民衆富裕的批量貨物。最終的結果是，當蘇丹能夠聘用威尼斯船舶設計師，仿照威尼斯大兵工廠設立造船廠時，卻沒有任何本土的理論和實踐能夠幫助奧斯曼的船舶建造業繼續發展，或確保它在遠離西方範本後不斷創新。要做到這一點，就需要競爭性招標、不受限制地追求利潤，以及與整個地中海整合的貨幣化經濟，同時也必須在小亞細亞建立出版業、銀行業和大學。如果無法出現其中任何一個要素，蘇丹就不得不使用他源自征服、貢稅和掠奪的巨大資本，去購買它無法自產的東西——這樣的國策使得他的士兵永遠不會得到像他們的西方敵人那麼多、那麼有效的武器。成千上萬的人就因爲那些原因死在雷龐多。

戰爭與市場

最基礎的資本主義形式出現在古希臘，這種來自古代的遺產，有助於解釋爲何後古典時代的歐洲人在因爲宗教和政治上的原因自相殘殺數個世紀後，依然保有自主權並免於非西方人的入侵，同時還和更爲統一的穆斯林對手一樣富有。盈利（*kerdos*）這個詞，在希臘語的表達中無所不在。雖然古典學者之間仍然存在「現代主義」和「原始主義」的分歧：兩者對於無限制市場的程度與對資本主義理論的抽象理解存在不同意見，但對於公元前五世紀的希臘，特別是對帝國時期的雅典而言，經濟活動中存在越來越多的共識。經濟應當是分散的、受供需調節的，其特點是應該包括成熟市場、利潤、銀行和保險的理念，同時政府對神聖不可侵犯的私有財產權和繼承權應當進行有力的保障。

到公元前五世紀中葉時，希臘人敏感地意識到，金錢和市場正開始在戰爭中發揮作用。後來像柏拉圖和亞里斯多德那樣的保守派感歎，戰鬥已經不再是重裝步兵方陣間的勇氣較量，而是成爲一項不受約束的事業。只要有錢，就能讓軍隊士兵遠離家鄉，領薪水，在陸地和海上進行戰鬥。而增加雇傭軍的員額，引入複雜的武器裝備如艦隊、攻城器和弩炮等，也僅僅需要金錢就能夠辦到。是資本，而非勇氣，決定誰生誰死。在公元前五世紀至前四世紀的西方，對戰爭決策和經濟活動的道德約束似乎已被廢棄，大約在同一時間，在外交禮節、武力和道德經濟層面依靠道義而非純粹商業原則行事的、尙處在萌芽階段的有限戰爭思想也走到了終點。這種變化的動力，主要源自資本主義體系和民主理念：設計師們需要建造出比他們的競爭對手更好的武器，並以此獲利，而統治者則努力以盡可能便宜且致命的方式，武裝盡可能多的部下。

在修昔底德《伯羅奔尼薩斯戰爭史》的第一卷中，偉大的民主政治家伯里克利斯（Pericles）提醒他的雅典同胞，在對抗伯羅奔尼撒半島上那些眼界更爲狹隘的農業國家的戰爭中，他們固有的軍事優勢，是由自己的市場經濟體制提供的。伯里克利斯的結論是：

> 那些耕種自己的土地的人，在戰爭中更願意拿自己的生命而非金錢去冒險，因為他們相信他們能夠在戰鬥中倖存下來，卻不確定金錢會保存下來。因此，儘管伯羅奔尼薩斯各邦能夠在單獨一場對陣戰中擊敗其他所有希臘人，但在對抗一個在體制上與他們完全不同的軍事強權時，他們未必會如此好

運。（《伯羅奔尼薩斯戰爭史》，一．一四三．二—三）戰爭的勝負由金錢來決定，即便斯巴達人也勉強承認了這樣的觀點。阿基達馬斯國王（King Archidamus）在大約和伯里克利斯同一時期（公元前四三一年），警告他懷有偏見的戰友們：「戰爭不再是重裝步兵軍備的問題，而是金錢的問題。（《伯羅奔尼薩斯戰爭史》，一．八三．二）

在隨後的希臘化時代里，用金錢贏得戰爭這種新穎的觀點變得毋庸置疑。亞歷山大對阿契美尼德國庫的劫掠，促進了其後兩個多世紀裡東地中海地區的軍事復興，相對較小的操希臘語王朝核心統治著塞琉古（Seleucid）亞細亞和托勒密埃及龐大的亞洲人口，因爲這兩個王朝建立了精密的交易制度、精細的農業合作體系，並擁有大規模雇傭軍，具備使用複雜攻城器、操作投石機及建造艦隊的能力——只有將阿契美尼德王朝的舊國庫轉化爲流通領域的鑄幣，在此基礎才能實現上述一切改變。羅馬是古典世界里出類拔萃的資本主義戰爭機器，其軍事活動能力首次以經濟上的可行性來衡量——這得到了豐富的帝國書面材料和銘文記錄的證明，其中提到了承包給私人經營者的複雜後勤補給系統。古典文化與其在地中海東部和北方的敵人不一樣，它在軍事上的成功，一定程度上是基於鑄造錢幣的能力、對私有財產的尊重和對自由市場的經營。

到了帝國晚期，觀察家們很快指出，羅馬的軍事無能，是因爲貨幣貶值、稅收過高，以及政府進行的低效價格管制、腐敗的官方商人、對農民不加約束的徵稅所導致。籌集資本的理想制度在操作中走向反面，吞噬了人民的儲蓄，清空了一度充滿富庶自耕農的鄉村。但是，即使在帝國崩潰和隨後的「黑暗時代」與中世紀時期，歐洲人也善於製造各種更爲出色的大宗軍用物資，從甲板到無與倫比的雙刃劍、十字弓和希臘火。正因爲如此，許多西方國家都曾發佈法令，禁止其商人向潛在的敵人出口此類武器。

倘若有人想要替代使用資本主義來籌集戰爭資金的方式，他們要麼使用簡單的脅迫來徵召部隊——不支付報酬強行徵用戰士，要麼在戰利品的許諾下召集部落民展開劫掠。這兩種方法都可能召集出龐大而充滿鬥志的軍隊：韋欽斯托科利（Vercingetorix）麾下二十五萬人的高盧軍隊幾乎在阿萊西亞（Alesia，公元前五二年）擊敗凱撒，而成吉思汗（一二〇六～一二二七年）和帖木兒（Tamerlane，一三八一～一四〇五年）率領部眾進行的入侵行動，則佔據了亞洲大部份的土地，這些都是最爲明顯的例子。正如我們在之後的章節將會看到的那樣，祖魯國王開芝瓦約召集了兩萬名戰士，在伊桑德爾瓦納屠殺了英國軍隊（一八七九年）。但是，即使是那些最勢不可擋的部落，也不能眞正長時間維持一切——糧草、醫療和薪水都是一支擁有複雜武器體系的軍隊所需要的元素。在某種程度上，農民、生意人和商隊得不到報酬就會拒絕工作，如果沒有固定的薪水和供應合同的話，幾乎不可能維持起一支常備軍隊。

無論現代還是古代，對於那些沒能接受資本主義理念和私營企業信條的國家而言，如果它們進行足夠長時間的戰爭，最終就會遭遇到西方軍隊，並感受到其不受道德影響並且不受約束的市場補給能力。在這種狀況下，非西方軍隊的人員數量、出色領導力和戰場上的勇氣都無從發揮；更小規模，領導力更差的西方軍隊完全無視敵人的優勢，因爲他們由那些能夠從戰爭中獲取利潤的人進行支援，後者提供了更好的供給、裝備和武器。阿里帕夏在雷龐多的失敗並非由於他戰術愚蠢，也不是因爲耶尼切里缺乏勇氣，甚至不是因爲土耳其缺乏金錢。之所以成千上萬的奧斯曼的忠誠戰士會在埃托利亞（Aetolia）外海遭遇悲劇性的損失，是因爲基督徒們或多或少接納了無神論體系下的市場資本主義：它產生了足夠數量的加列亞斯戰艦、火繩槍、火炮、防登船網以及批量生產的槳帆戰艦——還有敢於冒險的指揮官們，這些人在得知戰爭模式的改變之後，毫不猶豫地鋸斷撞角來迎接新的戰爭時代。

第三部

控制

Control

紀律——武士不總是士兵

羅克渡口，一八七九年一月二十二～二十三日

他們看似擁有自由，卻並非完全如此——法律是他們的主人，他們對法律的敬畏更甚於士兵對你的恐懼。法律命令他們做什麼，他們就做什麼；而這命令永恆不變：在交戰中，無論面對什麼敵人，無論多麼寡不敵眾，絕不能逃跑，而應當堅守在自己的行列中，要麼在那裡勝利，要麼在那裡死亡。

——希羅多德，《歷史》，七・一〇四

殺戮場

「各就各位」

伊桑德爾瓦納（Isandhlwana）戰鬥的最後時刻，無疑十分慘烈。安東尼・鄧福德（Anthony Durn ford）中校的二

百五十名納塔爾（Natal）土著騎兵，與恩格瓦尼（Ngwane）以及巴蘇陀（Basuto）部落的三百名步兵，在數小時的猛烈齊射中，摧毀了祖魯人的進攻浪潮，此時卻耗盡了彈藥。不幸的是，鄧福德的土著人分隊在部署時沒能組成防禦方陣。這支隊伍稀疏地沿著山脊徒步展開，形成了一條六百～八百碼的鬆散陣線，士兵們端著未上刺刀的卡賓槍，向敵人射擊。鄧福德像伊桑德爾瓦納營地的其他英軍指揮官一樣，大大低估了祖魯團級單位的規模。因此，在上午大部份時間裡，他都毫無必要地將部隊暴露出來，在離營地較遠的地方採取行動。作為伊桑德爾瓦納的高級指揮官，他沒能將守備部隊排成類似標準英式防禦體系的陣形。鄧福德和他的士兵們將為他自己愚蠢的戰術佈置付出生命的代價。數千祖魯人輕易地湧過他們脆弱的行列，刺殺他們，追擊他們；敵人很快就出現在輜重車之間——而且還殺到了正規軍的後方！沿著英軍戰線的每一處，幾乎都能看到因拼命尋找補充的彈藥而使射擊越來越緩慢的士兵。

頂住英軍近一個小時有序齊射的屠殺後，祖魯人第一次可以如願使用他們致命的阿塞蓋短矛（assegais）了。他們和歐洲營地的隨營人員展開近身格鬥，這使得他們不再遭受來福槍火力的猛烈攻擊，這樣的攻擊曾經粉碎了他們穿越開闊地的最初攻勢。一旦交戰被局限在營地內，這些赤裸雙腳、攜帶鋒利短矛的輕裝武士，面對負擔沉重的英國敵人時事實上是佔據優勢的——英軍大多使用笨拙的馬蒂尼–亨利單發來福槍，這種槍被設計用來在一千碼之外殺人，而不是五碼。「*Gwas Unhlongo! Gwas Inglubi!*」（「戳死白人！戳死那些豬！」）在任何英國或土著騎手仍有機會幸運地奪取坐騎，並不顧一切衝出人群時，祖魯人這樣高喊著。

同一時間，東北方大概六百碼處的英軍步兵——久經沙場的第二十四團約四百名皇家來福槍團成員——仍然活著，他們開始散開，分成若干個互相隔絕的小方陣，每個方陣五十人或六十人，有條不紊地朝四面八方的祖魯人傾瀉著火力。他們中的幾十個人，在彈藥告罄後相互握手，然後舉起刺刀衝向敵人。有的人使用小刀，搶奪敵人的短矛，盡可能多地殺死祖魯人。戰鬥之後，祖魯人稱，一些徒手的英軍士兵最後死命揮動空膛的槍支來戰鬥，或者赤手空拳擊打敵人。一旦彈藥不濟，所有英軍士兵都被敵人的攻擊所壓倒，祖魯武士由此得以在投擲短矛的距離內發動進攻，而英國人自己只能射出零星的來福槍火力。

第二十四團的英勇毫不出人意料。該團早就被當時的人描述爲「沒有男孩新兵，只有飽經戰爭滄桑的成熟男人，士兵們大多蓄鬍。這些人保持著出色的紀律和對勝利的信念，他們會堅守在陣地上，確保每發子彈都能命中目標」（M．巴爾索普，《祖魯戰爭》，六一）。但是切姆斯福德勳爵（Lord Chelmsford）將部隊分散後，第二十四團的剩餘兵力太少，而且還缺乏易於補給的彈藥，他們在戰鬥中從沒有組成大型防禦方陣，因此在以小股兵力戰鬥或被圍困時，他們全軍覆沒的命運也就註定了。似乎他們的軍官們像在坎尼的羅馬將領一樣，完全忽略了自身西式紀律的優點與自己在進攻中的強大實力。

一度長達二千五百碼的英軍戰線，呈半圓形雜亂無章地環繞在伊桑德爾瓦納山的斜坡，此時已經有近兩萬名祖魯武士毫無顧忌地進入了防線之內。英軍指揮官亨利．普萊恩（Henry Pulleine）和安東尼．鄧福德中校在己方遭到屠戮的前一刻，終於認識到這種部署根本無法對抗祖魯人。梅特拉加祖魯（Methlagazulu），參加過戰鬥的一名祖魯老兵，後來講述了英軍中校鄧福德生命中的最後幾分鐘：

> 他們殊死抵抗，有的用手槍，其他的用劍。我不斷聽到某人喊「開火」，但我們人數遠遠超過槍擊能夠應付的數量，我們將他們全都殺死在原地。一切結束後，我看著這些人，發現一名手臂懸在吊帶上的軍官，有著濃密的小鬍子，他被卡賓槍手、普通士兵和其他我認不出身份的人圍繞著。（《一八七九祖魯戰爭故事》，三八）

直到一八七九年一月二十二日下午二點，戰鬥才結束，此時距離祖魯軍隊包圍營地之初不到兩個小時。第二十四團的六個連中，只有區區十數人成功逃生。二十一名軍官當場被殺。伊桑德爾瓦納營地中原有的一千八百人絕大部份戰死了——其中包括九百五十名英國正規軍，殖民地志願兵，以及營地和輜重隨員，連同八百五十名各納塔爾團的非洲土著兵。在混亂中，僅有極少數分散逃跑的人得以在大混亂中騎馬逃到安全的地方。幾個小時後，切姆斯福德勳爵的中央支援部隊才趕回到屠殺的地點：

草叢中鋪滿屍體。每具軀體都殘缺不全，腹部被剖開，祖魯人相信，這是為了釋放死人的靈魂。這裡，展示著士兵頭顱圍成的可怕圓圈；那邊，一名小男孩鼓手被倒吊在大車上，喉嚨被切斷。一位納塔爾騎警和一名祖魯戰士倒斃在地，在他們倒下時相互卡住了對方，那名騎警撲在對手上面。兩名分別來自雙方的戰士躺在了一起，祖魯武士的頭顱被刺刀貫穿，而白人士兵被短矛捅入胸膛。一名第二十四團的士兵被短矛從背部刺入，身邊還倚著另外兩把短矛，矛刃都嚴重彎曲近乎對折起來。這裡到處都是類似的景象。（D．克萊莫爾，《祖魯戰爭》，九六—九七）

實際上，英軍從此再未在現役部隊中使用未成年男孩——他們已經發現伊桑德爾瓦納的五名小孩都被祖魯人切掉生殖器並塞入自己嘴裡。許多祖魯武士都會剁下英軍屍體上蓄鬚的下巴，作爲勝利的紀念。還有其他一些人將屍體的腸子搗成肉醬，更進一步地褻瀆這些無頭的軀幹。許多頭顱被擺成圓圈。相應的，每當英軍馬蒂尼—亨利來福槍點四五口徑子彈的怪異轟響破空而過，隨之而來的景象，便是受害者的肢體被炸飛，兩頰和臉被炸開，胸腹部裂開大洞——這意味著戰場上祖魯人的屍體要比英國軍隊多得多，給參加伊桑德爾瓦納戰役的一代人留下了抹不去的傷痛。後來的歐洲觀察者們提到，年老的武士們在戰鬥過去數十年後仍處於痛苦之中，他們失去了手臂或腿，身體上更是充滿著觸目驚心的醜陋彈痕。

布爾殖民者（Boer settlers）在南非和當地人進行了一個世紀的戰鬥，他們在實踐中學到，數量居極度劣勢的歐洲人，甚至只裝備開火緩慢的低精度前裝燧發槍，都可以擊敗五十倍乃至上百倍的祖魯軍隊——如果一切都遵循周詳的謀劃的話。紀律正是關鍵。一座安全的營地必須建立在灌木林中，用笨重的補給大車環繞四周，並相互連接構成一座臨時防禦車陣——將車輛卸載、移動以及用鎖鏈結成一道堅固壁壘，是項費時費力的煩瑣工作。防禦者每隔一小時就要派出偵察兵與巡邏隊，因爲祖魯人習慣在廣闊的草地中潛行，即便數量巨大也不容易暴露。彈藥必須貯備於營地中央，能夠在大車之間自由分配，確保單發來福槍的火力能夠持續下去，由此將行動更快速的祖魯人阻擋在工事外。理論上講，射手們還應當肩並肩地站在一起，射出密集的子彈，以防祖魯人從防禦者之間躍過，湧入間隙——如此還能提升團隊士氣，也有利於開火中的交流。

假如還有時間的話，首先應清除車陣周邊地面的主要障礙物，爲步槍手提供開闊的射擊場地；然後散佈荊棘枝和破碎的玻璃瓶，如能挖掘壕溝和構築土牆來延緩赤足武士的衝擊更好。野戰火炮——如果條件允許的話，早期的加特林機槍也很適合——應當控扼住車陣薄弱的位置，將一波又一波進攻者推向兩側來福槍的火力網中。爲了戰勝坐享人數、速度和出其不意等天然優勢的祖魯人，這些都是必須要完成的部署。以寡擊衆的歐洲人想要贏取戰鬥，就不得不在祖魯武士衝入己方陣線前將其遠距離射殺。然而，英軍在伊桑德爾瓦納並未遵循其任何既有的縝密方針。這是爲什麼呢？

伊桑德爾瓦納戰役，是祖魯戰爭中雙方的首次大規模較量，此時英軍軍官們還沉浸在最初的傲慢情緒中，根本沒認識到祖魯人極其擅長動員成千上萬的武士進行長距離奔襲，且能夠在不被發覺的情況下靠近乃至進入英軍營地。馬蒂尼—亨利來福槍可以在一千五百碼外瞄準，致命的點四五口徑子彈重達四百八十格令（grains），即便在很遠的距離精度也不會下降很多。儘管如此，它並非自動武器，只能單發射擊。經驗豐富的步槍手，標準的彈藥攜行量是七十發子彈，可以一分鐘射出十二發。但是每發過後需要重新裝填，這意味著鬆散的英軍陣線，如果遠離防禦工事和支援方陣，就很有可能被行動迅捷的祖魯武士的衝擊所淹沒，因爲大批進攻者會蜂擁圍住還在笨拙摸索子彈的單個步槍手。即使最好的步槍手，也需要花五秒鐘退去前一發彈殼，裝填新的子彈，瞄準，射擊；而在長時間的開火中，連這樣的射擊速度都無法保證。如果彈藥供應稍有中斷——伊桑德爾瓦納就發生過好幾次——由此打斷了英國士兵的齊射迴圈，就會使得行動迅速的祖魯戰士們能有機會縮短至關重要的戰鬥距離並衝過殺戮地帶，進而突破並摧毀英軍戰線。就算彈藥袋滿載，一名快速射擊的槍手會在五、六分鐘內耗光子彈，然後就會陷入重圍，只能進行近身肉搏。

美國內戰末期，斯賓塞連發槍和亨利來福槍已經投入使用，公元一八六四年秋到一八六五年初穿越喬治亞和卡羅萊納的謝爾曼麾下聯邦軍，已經裝備了這兩種槍。美國平原上常見的溫徹斯特一八七三杠杆式點三二口徑連發來福槍，射速是馬蒂尼—亨利的三倍，達到每分鐘三十發，完全壓過了馬蒂尼的十發或十二發。但不列顛根深蒂固的軍事保守主義（早期的棕貝斯燧發滑膛槍作爲標準步兵武器保持數十年），認爲連發武器在對付執矛土著的殖民地戰爭中並不具備決定性作用的傲慢心理，加上短視的財政政策，對能遠距離發射大子彈的重型強力來福槍的渴求，所有這些因素都阻礙了英軍採用射速更快的小口徑來福槍。祖魯戰爭，是歐洲部隊最後一次用單發來福槍與土著作戰，在伊桑德爾瓦納也沒有加特林槍爲當地駐軍提供連發火力。

一八七九年一月二十二日早晨，英軍指揮官完全沒有意識到需要謹慎戰鬥。祖魯蘭（Zululand）的英軍統帥切姆斯福德勳爵想要在伊桑德爾瓦納進行這樣一場戰鬥：以騎兵、炮兵支援的步槍手，去對抗整個祖魯軍事力量。進行正面戰鬥的強烈欲望，可以解釋為何切姆斯福德會無視二十二日早晨和中午從被圍的營地傳來的大量訊息。他認為，應當歡迎祖魯軍隊出現在開闊平原，而不是害怕。英軍已經尋得一場決定性的最終會戰，一場不會持續太久、代價又很低的戰役。現在握有優勢的是他們。

他們真正憂慮的是一場曠日持久的游擊戰，包括不斷發生的小規模戰鬥和伏擊，而不是在光天化日之下進行的歐洲式軍事對抗。切姆斯福德在伊桑德爾瓦納的營地擁有火炮和超過五十萬發來福槍彈。此外，那裡還有一流的部隊，比如第二十四團，他們具備豐富的齊射經驗，能用持續的步槍火力打擊一千碼處任何襲來的土著敵人，三百碼之外的敵人則會被他們徹底殲滅。至少切姆斯福德是這樣想的。

大約兩萬名武士組成的祖魯主力部隊已經開拔多日，距離伊桑德爾瓦納營地的距離也遠不止五英里。祖魯人和阿茲特克人一樣，他們的戰鬥方式由儀式化戰爭發展而來，仍然偏好在白天蜂擁而上進行打鬥，而且這群人總是明目張膽地接近對手，並試圖進行他們著名的側翼機動——這也使得他們成了紀律嚴明的英軍步槍手陣線的最佳標靶。切姆斯福德勳爵瞭解這些因素，所以並未流露出多少擔憂。四十年前，一八三八年十一月的恩卡姆河畔（後來以「血河」而聞名），安德列・比勒陀利烏斯不就帶領區區五百名布爾牧場主擊敗一萬二千名祖魯人，殺死三千人，並擊傷數千人之多嗎？和英軍不同的是，布爾人當時還是使用開火慢、精度低且笨重的燧發滑膛槍，他們從防護良好的車陣後面，有條不紊地射擊迎面衝來的祖魯人超過兩個小時，然後派出騎手追殺，又消滅了數以百計的傷患和潰兵。

那麼，除了天真與傲慢的心態，還有什麼能促成四十年後伊桑德爾瓦納的錯誤呢？一八七九年，不列顛全軍分成三支笨拙的縱隊，共一萬七千人入侵祖魯蘭。七百二十五輛大車和七千六百頭牲畜，組成了漫長輜重車隊，馱載著補給、帳篷、火炮，以及為預計兩到三個月短期戰役準備的大約二百萬發彈藥——這足夠射殺每一個祖魯男人、女人和兒童十次之多。儘管英國步兵、土著輔助部隊和殖民者組成的混合部隊人數不足祖魯軍隊的三分之一——其中正規軍步兵稍稍超過五千四百人——切姆斯福德還是計畫將部隊進一步分成三部份，向祖魯在烏倫迪的據點前進，在行軍時這些縱隊間隔四十~七十英里，穿過二百英里長的邊境線。通過這樣的安排，他可以將祖魯人逼入一場決定性會戰，從而避免游擊戰，也可以防止祖魯人對英屬納塔爾（British-govemed Natal）的大規模突然襲擊。

祖魯蘭缺乏良好的道路，因此七二五輛大車幾乎無法全部以單列縱隊行進。英軍擁有多次和南非其他部落戰鬥的經驗，最近也曾經襲擊過祖魯村寨，他們相信任何非洲土著的衝鋒，都無法抵擋歐洲人的來福槍火力。他們的自信最終被證明是正確的，然而，這樣的信心多少需要一些富有紀律性的防備措施才能成爲現實。

切姆斯福德本人跟隨中央縱隊在伊桑德爾瓦納紮營。但此後，他在發生戰鬥當天的早晨，將二千五百人派到營地之外去搜索據說有兩萬人的祖魯大軍，留下遠少於派出部隊人數的士兵在營地里，因此進一步分散了自己手頭的兵力。在九點三十分切姆斯福德接到警告，留守伊桑德爾瓦納的英軍正遭受攻擊，而此時他不過剛離開十二英里。然而，切姆斯福德依然相信普萊恩和鄧福德的部隊只是碰上了敵軍的偵察兵而已，並非眞正陷入險境。因此，從早晨剩餘的時間到中午，一支規模遠大於伊桑德爾瓦納守軍的部隊就駐守在距離營地不過四小時路程的地方，卻沒有派出支援——儘管切姆斯福德得知了一系列的消息——他的部隊被包圍，處境危險，但他卻毫無動作。很明顯，他認爲，他自己比身處伊桑德爾瓦納的普萊恩更靠近祖魯主力部隊，而營地守軍完全可以自行解決遇到的小麻煩。事實將證明，他的判斷完全錯誤。假如一接到普萊恩的情報便即刻返程的話，切姆斯福德還有可能在戰鬥白熱化階段趕到伊桑德爾瓦納，將營地守軍的實力恢復到最初的水準，從而防止屬下們的戰術錯誤釀成大禍。

亨利·普萊恩中校，以及輕率的鄧福德，都應當承擔起這場災難的大部份責任。切姆斯福德離開之後，普萊恩在敵人第一次進攻期間就沒有將部隊部署成方陣，他從未參加過實戰，更不用說指揮如此大建制的一支戰鬥部隊了。和常規做法相反，不到六百人的小部隊被部署用於掩護營地超過一英里的正面——這條戰線太長，根本不能建立起穩固的防線。事實上，普萊恩還命令他四散的連隊向祖魯人前進，組成一條戰線，試圖和鄧福德的騎兵連成一片。後者愚蠢地率領部隊轉移到距離營地很遠的地方，然後又撤退回來。在這樣的機動過程中，土著人騎兵稀疏的戰線和英軍正規軍步兵連隊之間，已經拉開了太遠的距離。

英國人手裡並沒有保留任何預備力量；他們的左側翼完全沒有設防。在祖魯人進攻之初，英國人就未能建立起一個完整的環形防線，大車、帳篷等都沒有任何防禦。一部份人從帳篷中衝出來參戰，沒有攜帶刺刀或者儲存的彈藥。這是祖魯人夢寐以求的最好狀況。激戰中，一度有十五分鐘的間歇——接近一千碼的地方，上百名最勇敢的武士被英軍初次齊射的火力炸成碎片，祖魯人有點手足無措——此時普萊恩仍有第二次機會將部隊撤至營地，在那裡他們可以利用大車、食物和彈藥補給箱等障礙物重組陣形，以方陣抵擋敵人的衝擊。可是，也許是受到驚嚇、缺乏經驗，或者沒有適當評估部隊身處的危機，他並沒有下達改變陣形的命令。

在前一天晚上，車輛並沒有拖到一起部署成防禦陣形，因此，此時的營地延伸超過四分之三英里。切姆斯福德在戰役初期下達過命令，務必要構築車陣，最好還要挖掘壕溝，但後來在伊桑德爾瓦納他並沒有堅持這兩項舉措。他宣稱，自己已經計畫第二天就離開伊桑德爾瓦納的臨時營地。他後來又聲稱，其手下那些經驗欠缺的趕車人本可以用一個晚上的時間完成車陣工事，但是地面太硬，很難挖掘壕溝，而那片天然陡坡能確保高地安全，萬一遭受攻擊，此地是個不錯的射擊場。對於準備工作的欠缺，營地中幾乎所有具備應對祖魯人經驗的殖民地軍官都曾發出過警告；只有第二天早晨跟隨切姆斯福德離開的人得以倖存。

切姆斯福德的親筆公文——包括要求每晚建築堅固的防禦營地，部隊之間建立頻繁的聯繫，進行持續不斷的騎兵巡邏，以及時刻緊繃神經準備對付祖魯人突襲——都僅僅停留在書面上而已。在實際操作中，他帶著錯誤的觀念在指揮，以爲配備馬蒂尼—亨利來福槍的一兩千名歐洲人，就能夠在這片土地上橫行無阻。儘管營地里還有五十萬發點四五口徑子彈，但幾乎所有守軍在祖魯人最後大開殺戒之前就打光了自己的彈藥儲備。彈藥集中存放在一個中央軍火倉庫的沉重木箱裡，箱蓋被銅條和螺絲牢牢扣緊，並且沒有公平地分配給各個連隊。隨著戰鬥的進行，沒過多久，鄧福德的土著部隊已經無法回到軍火庫進行彈藥補充了。一名吹毛求疵的軍需官甚至拒絕給其他殖民地和土著連隊進行補給，理由竟然是他們錯誤地打開了本屬於第二四團的箱子！倖存者的記錄中提到，絕望的人們嘗試用刺刀撬開沉重的箱子、掏出子彈，然後瘋狂奔回遠處的戰線繼續開火。就近找到可用彈藥的補給人員，通常不得不跋涉半英里把它們送到更遠處的步槍手那裡。甚至在做出災難性的決定，放棄鞏固營地之後，英國人還派出超過一半的部隊在戰前的早晨進行徒勞的搜索，並將剩餘的防守人員分散在無法防禦的位置上。儘管如此，如果大批彈藥能在防禦戰期間得到有效分發的話，英軍仍然有機會抵擋住祖魯人的進攻。

第二十四團各連被數量上佔絕對優勢的敵人壓垮後，一些人逃回輜重車旁尋找掩護和子彈。根據祖魯人的口述記錄，揚哈斯本上尉是最後戰死的人之一，他在輜重車上不斷開火，直到被包圍上來的大群敵人用槍打死。祖魯人的記述強調了不列顛軍人在最後一刻的紀律：「啊，伊桑德爾瓦納的紅衫軍，他們人數是如此之少，戰鬥時卻又如此英勇！他們像岩石一樣倒下，死後依舊守在各自的位置上。」（D·克萊莫爾，《祖魯戰爭》，八六）許多目擊者稱，鄧福德集合起一小部份步槍手形成環形防線，在他們有限的彈藥告罄之際，在高喊「開火」時依然保持著精確的節奏。在最後射擊與戳刺帶來死亡的可怕時刻，沒有任何一個營的正規英國步槍手潰散或是逃跑——要知道他們面對的，是四十倍於己方的敵人。

伊桑德爾瓦納山上的大屠殺就此結束了。這是英國殖民史上最有啓示性的災難，儘管這場戰役本身在損失方面並不是最慘重的。倫敦輿論很快抓住釀成悲劇的集體無能來做文章，但卻很少有人提及，此戰之中有二千名祖魯人被當場殺死，另外還有二千人不是垂死掙扎就是傷勢嚴重失去戰鬥力。所以，祖魯戰爭中英軍唯一一次明顯的失敗，卻給祖魯民族帶來了整個戰爭中最大的損失。戰鬥的每一分鐘裡，那些註定會死的防守者們，打死打傷了超過三十名祖魯人！由於營地里實際上只有不超過六百人使用馬蒂尼—亨利來福槍進行射擊，我們可以推測出，在全軍覆沒之前，平均每名英軍打死打傷了五到七名祖魯人。

開芝瓦約國王（King Cetshwayo）得知這樣一場「勝利」的消息後，悲痛地說道：「一支短矛刺入了我們民族的身體中。沒有足夠的淚水來悼念這些死去的戰士了。」摧毀一支小規模的英國駐防軍隊的戰鬥，讓他的武裝力量付出傷亡近十分之一的代價。科涅利烏斯·維涅當時是祖魯部族的訪客，在他的記錄中，婦女和孩童們在一名死於伊桑德爾瓦納名叫姆桑杜西的戰士所歸屬的群寨里群聚哀慟。在戰鬥後幾週的時間裡，類似的場景一定重複上演了幾千次：「不論是走進或者接近村子，他們都在柵欄前哭泣，哀痛至極時甚至在地上打滾；不僅如此，直到夜幕降臨，他們撕心裂肺的哭聲依舊沒有消失，反而持續下去，撕扯著每個人的心。」（C．維涅，《開芝瓦約的荷蘭人》，二八）從祖魯人的戰爭角度來看，英軍的失利意味著雙方敵對行動已經徹底結束。畢竟，經過一場正面會戰，一支敵對部族已經被消滅，因此理應停戰。「聽到自己的人民戰勝了白人，國王很高興，」時任開芝瓦約的荷蘭語翻譯的維涅寫道，「同時他也相信戰爭應當就此終結，畢竟他認爲白人已經沒有更多的士兵了。」（C．維涅，《開芝瓦約的荷蘭人》，三〇）

另外一個團的祖魯生力軍，正朝著距離六英里之外的羅克渡口前進，去攻擊一小股人數略超過一百的英軍分遣隊。這支部隊的成員大多數是人到中年的預備役人員，總數超過四千人。英國分遣隊正在暗中戍守著一處供給站和醫院。一旦這支落在後面的英國部隊被殲滅，其餘的英軍肯定會明白沒必要繼續毫無意義的征途，撤回到納塔爾。之後發生的事件，將成爲祖魯戰爭最具有諷刺意義的事件。接收到敵襲的報告之後，擔任羅克渡口（Rorke's Drift）指揮的兩位名不見經傳的中尉，在第一時間就加強了陣地防禦，組成緊密陣線，並下令自由分配彈藥。在接下來的十六個小時裡，他們成功地利用英軍的紀律，抵消了整支祖魯生力軍巨大的人數優勢和英勇無畏的作戰精神，守住了陣地。

「難以想像還有比這更糟糕的陣地」

與伊桑德爾瓦納的高地不同，羅克渡口的一切都有利於祖魯人。兩座小型石結構建築相隔大約四十碼，它們曾經是農舍，後來被改建成傳教站，不適合防禦。英軍將其中一座建築佈置成了醫院，其中的三十五名傷病員不得不想方設法加入營地的臨時防禦之中。房屋的屋頂是茅草，這意味著儲藏室和醫院可能會被點燃。更糟的是，據點周邊三面的高地很快都被祖魯人控制了。陣地四周有一定數量的障礙物——果園、圍牆、溝渠、建築物等，它們既妨礙火力的發揮，也爲奔跑中的祖魯戰士提供掩護。

營地南邊是奧斯卡貝格丘（hill of Oskarberg），其高度使敵人狙擊手能自由射擊沿北面胸牆部署的防守者。此外，數百支最新式的歐式步槍已經落入祖魯人之手；幾個小時之前，他們在伊桑德爾瓦納還獲得了超過二十五萬發點四五口徑的子彈。下午五點剛過時，進攻開始，此時天色漸漸暗了下去，開展攻勢的祖魯人得到了夜幕的掩護，進攻者開始包圍這個小小的據點。「難以想像還有比這更糟糕的位置」，一名軍官這樣評論羅克渡口的英軍防禦。這支不列顛人分遣隊的兵力，只有在伊桑德爾瓦納覆滅的那支大部隊的百分之五；更何況高地的存在，以及附近的地形似乎都註定了他們厄運難逃。

這支雜牌軍中甚至沒有一個經驗豐富的高級軍官。小小駐軍的指揮官，名譽少校亨利·斯伯丁（Brevet Major Henry Spalding）在正午前不久從羅克渡口出發，去赫爾普馬卡（Helpmakaar）尋求援軍，將基地留給了兩名低階軍官指揮。臨走前他叫來他的副官約翰·查德（John Chard），命令後者接過指揮權；同時補充說，在他離開的短暫時間裡，幾乎不可能會有任何敵對行動出現。守備部隊的大部份人很不滿，因爲眞正參與戰鬥贏得榮譽的機會，出現在位於北面數英里之外祖魯蘭核心區域的伊桑德爾瓦納，英軍的中央部隊正在那裡試圖徹底擊敗祖魯人的軍隊；而他們自己卻停留在納塔爾的一處邊界補給站，遠離傳聞中的前線。

約翰·查德中尉幾週前才來到南非，他被分配到了皇家工程部隊；此時他正在監管下游數百英尺渡口處一艘擺渡船的施工。而他的同僚岡維爾·布隆海德中尉，則是第二十四團第二營B連的指揮官，該團其他連隊全都在伊桑德爾瓦納被殲滅。查德和布隆海德都沒有戰鬥經驗，而且事實上後者的聽力還受過嚴重的損傷。同時，他們也確實不是上級眼中優秀的軍官，一名上司曾經將布隆海德評價爲「無可救藥」的人。他們的個人記錄裡，沒有任何內容能夠預示，在即將來臨的十個小時裡，在拼上性命的交戰中，他們能夠展現出偉大的英雄主義精神和出色的領導才能。也許一位前任軍士長曾經對局勢有所幫助，他的名字是詹姆斯·道爾頓，這位身高六點二英尺、膀大腰圓的五十歲老兵可謂久經沙場，他是軍需所的負責人，似乎參與了許多關於基地防禦的關鍵決策。

除了自然條件不利於防守以及缺乏經驗豐富的高級指揮官外，這座基地在兵力上也處於極大的劣勢。這裡總共只有一百三十九名英國士兵，其中尚有三十五人因爲傷病臥床不起。去掉廚師、傳令兵和車夫，實際上步槍手才八十人而已。伊桑德爾瓦納的部隊遭到滅頂之災的消息傳來之後沒多久，整整一個團的精力充沛的祖魯部隊就開始進發。這支祖魯部隊的兵力達到四千人，對於潰逃的歐洲士兵和驚慌失措的土著輔助部隊來說，這是一個令人不安的數字。本來這些敗軍也許能援助被圍困的羅克營地，幫助駐軍避免交鋒，騎馬繼續向西撤退到納塔爾。英方記載提到，祖魯的進攻非常偶然並且自動產生的，較爲可能的原因是祖魯部落首領認爲，切姆斯福德的大部份補給都在羅克渡口，佔領這個基地既可以填飽數千祖魯人饑餓的肚子，又能徹底摧毀中央部隊的補給儲備。

用八十名步槍手，實現將近二千名步槍手所無法達成的勝利，這樣的想法似乎很荒謬。不過事實上，西方人經常在兵力處於劣勢的情況下作戰——有時還是相當大的劣勢，比如在薩拉米斯、高加米拉、特諾奇蒂特蘭、雷龐多和中途島等戰役中都是如此。然而在上述戰例中，西方軍隊都至少有幾千人可以抵抗敵人的大軍。甚至柯爾特斯在最後一次進攻墨西哥城時，麾下都有數以百計的歐洲士兵，而不是區區幾十個人。正如我們在前面的章節中已經見到的，數量上的不足，固然可以由技術上的優勢、高昂的戰鬥意志、優秀的步兵、充足的補給和嚴明的紀律來彌補，但是歐洲人也需要凝聚力或者火力優勢才能對抗數以千計的敵人。亞歷山大五萬人的軍隊在戰鬥中可以擊敗二十五萬波斯大軍；但如果公元前三三一年十月一號的早晨，他麾下只有一萬人的話，波斯的馬紮亞斯就會憑藉兵力優勢徹底壓倒帕米尼奧所在的馬其頓左翼，也許戰鬥將會以馬其頓軍隊戰至最後一人，最終慘遭屠戮而收場。

幾名英國士兵被派往附近赫爾普馬卡的營地尋求增援。在那裡，偶然會出現幾個在伊桑德爾瓦納的屠殺中倖存的士兵，他們大多是納塔爾殖民地卡賓槍團的成員或騎警。這些散兵遊勇騎著馬路過營地，卻拒絕加入防禦。在此之前，沃斯中尉率領一百名殖民地騎兵離開了伊桑德爾瓦納，在羅克渡口駐防，當這些士兵們看到祖魯進攻部隊的規模後，他們就逃跑了。殖民地部隊的逃離，使得基地駐防軍失去了潛在的一百支馬蒂尼—亨利來福槍，本已捉襟見肘的防守力量顯得更為薄弱。在這些部隊逃跑的時候，史蒂芬森（Captain Stephenson）的非洲土著步槍手很快也潰散了，包括史蒂芬森本人和幾名歐洲軍士都離開了自己的位置。查德的人射殺了一名策馬狂奔的士官。

潰兵的到來，對士氣產生了明顯的影響。在伊桑德爾瓦納的災難得到確認，與祖魯人進攻羅克渡口英軍駐地的兩到三個小時之間，英國士兵們已經看到一連串的殖民地和土著部隊騎馬來到駐地，散播恐怖的流言，然後驚惶逃離。同時，駐地周邊防禦人數的減少，也改變了抗擊祖魯人的整個計畫。如果在敵軍即將進攻的消息傳來時，查德和布隆海德能有四百五十人左右的兵力來守衛那片矮牆的話，那麼哪怕只有一百個技巧熟練或者起碼能使用來福槍射擊的人能夠加入他們，他們還算是挺幸運的——即便有這幾百人，當他們分配在臨時搭建的土牆上時，也只能保持每十二英尺部署一名射擊手。查德很快做出決定，內牆的防禦工具還需要加強，以便一旦人手不足、結構薄弱的外部壁壘不可避免地被攻破，還能有一個內圈防禦工事來進行抵抗。

敵軍顯得十分強大。這支來襲的四千人大部隊，指揮官是開芝瓦約國王的兄弟達布拉曼齊親王（Prince Dabulamanzi）。他違背了國王的兩個命令：第一，國王下令不許從祖魯蘭進入英國治下的納塔爾，而羅克渡口剛好橫跨在兩者的邊界上；第二，不要進攻任何一支駐守在防禦工事之後的英軍。達布拉曼齊統率的是開芝瓦約軍隊中兩支平均年齡較大的部隊——包括三千～三千五百名烏圖爾瓦納（*uThulwana*）和烏德洛科（*uDloko*）團的戰士，他們都是四十一～五十歲的已婚男子。此外，他還擁有一千名年齡剛過三十歲，隸屬因德盧—埃恩懷（*inDlu-yengwe*）團的未婚青年。所有這些人，都在伊桑德爾瓦納的戰役中被用作預備隊。在羅克渡口的攻勢開始之前的數小時裡，他們正在追殺平原上四散奔逃的絕望的潰兵和傷患。達布拉曼齊的祖魯軍隊安全渡過布法羅河（Buffalo River）進入納塔爾後，他立刻將上述三個團的人手整合起來，準備讓所有軍隊對英軍據點進行攻擊。在他麾下的部隊中，只有少部份勇士曾經參加過在過去十年裡部族間的爭戰。最重要的是，他們相對而言沒有經驗，也沒有看到多少伊桑德爾瓦納屠殺的場景：僅僅一個下午的時間裡，祖魯民族十分之一的成年男子就非死即傷。

所有人都覺得，他們回家之前起碼要讓短矛嘗嘗鮮血的味道，特別是在己方同袍在伊桑德爾瓦納突破英軍戰線時取得了驚人的戰果的背景下。最後，一部份祖魯士兵擁有自己的火槍，而少數士兵還在伊桑德爾瓦納繳獲了近八百支馬蒂尼—亨利來福槍以及數十萬發子彈。如果祖魯人在派出大部隊正面衝擊北牆薄弱部份的同時，能將射手部署在營地上方的奧斯卡貝格山上進行支援的話，也許他們在第一次衝鋒時便能拿下整個基地。

然而，對於這些祖魯人而言，未知的問題在於，他們並不瞭解防守羅克渡口的第二十四團B連士兵們的西方軍人本性。這些英軍士兵就像利奧尼達斯麾下在溫泉關殊死拼殺的斯巴達戰士一樣，他們幾乎沒有機會逃跑，只能在基地中等待殘酷的戰鬥和可怕的命運。英軍士兵中，至少八十人是正規軍士兵或者精英射手，這些人通常能夠在三百碼之外擊中祖魯戰士，並打中一千碼之外密集的大群敵人。所有這些士兵都在堅定信念的支撐下，決心無論生死都堅守在自己的位置上。更可能的情況則是所有人都瀕臨滅頂之災，畢竟雙方的人數差距是如此明顯。爲何英軍會選擇在毫無希望的情況下繼續進行戰鬥？他們的戰鬥意志源於紀律，這種紀律由不列顛軍隊的訓練和規章鑄就，由士兵對軍官的敬畏得來，由士兵之間的友愛和忠誠支撐。這些士兵能夠躲在臨時工事的後方進行戰鬥，因此祖魯人無法像在伊桑德爾瓦納般成功施展側翼機動和滲透來取得勝利。要奪取這個基地的建築群，祖魯人將不得不直面來福槍和刺刀的攻擊，並越過臨時圍牆攻入工事，殺掉裡面的所有人才能取得最終勝利。

在這場戰鬥中，英軍的射擊在十小時內都保持著穩定的狀態——這些紅衫軍在近距離內有條不紊地用點四五口徑步槍的火力撕裂祖魯人的軀體，用銳利的刺刀捅穿祖魯人裸露的手臂、腿和腹部。英軍步槍手擁有圍牆保護，因此祖魯人很難用短矛刺中他們的肩膀或是脖頸，因此進攻者把希望都寄託在己方的狙擊手身上，後者能從高處的斜坡上射擊衣著顯眼的紅衫軍。從二十二號下午到二十三號清晨，查德和布隆海德（Bromhead）將他們小規模駐軍的火力發揮到了極致，英軍陣地席捲著名副其實的火力風暴，數以百計的祖魯武士被密集的鉛彈擊中而戰死沙場。這樣的殺戮並非是難以想像的，畢竟英軍嚴格地遵循正規軍事實踐和戰場紀律，這使得依靠胸牆防禦的士兵能持續不斷地射擊。在戰鬥中，他們甚至沒有休息的時間，由於火藥的燒灼以及馬蒂尼—亨利來福槍的巨大後座力，他們的肩膀、臂膊和雙手都被熏得發藍，還被撞出斑斑血跡。

羅克渡口的十六個小時

一八七九年一月二十二日下午三點三十分。收到伊桑德爾瓦納屠殺噩耗數十分鐘後，查德、布隆海德以及道爾頓（Dalton）一致認定，用行動緩慢的牛車帶著傷患從羅克渡口撤離已不可行。因此，他們並沒有慌亂地逃離，反而命令拆除所有營帳，丟棄在院子的周邊作為障礙物。接下來，他們勘察了周邊的環境，並馬上設計出一道防禦圍牆。兵站裡有充足的重型餅乾箱和玉米袋，假如在一個小時左右的時間裡將這些雜物堆積成齊胸高的某種類型的防禦牆，作為工事就能給士兵提供有限的保護。此時查德作為皇家工程部隊成員的專業能力，對守軍而言具有無與倫比的價值。他和布隆海德，還有道爾頓即刻組織起工作組，開始搭建一道連接兩幢石質建築、停放好的車輛以及石頭畜欄的矮牆，構築起一個矩形的防禦陣地。士兵們和沒有逃走的土著部隊一起工作，將一百磅重的餅乾箱和二百磅重的玉米袋堆積到五英尺的高度，以便步槍手瞄準和裝彈的時候能得到一些防護。

這些袋子簡直是天賜良物，其重量和密度使得敵人的子彈無法穿透，同時敵人也幾乎不可能將這面麻袋圍牆推翻。醫院外牆還鑿出一些洞口，傷病員們可以透過孔洞射擊從南面接近的祖魯士兵。在這項臨時趕工完成的不可思議的壯舉中，軍官、土著士兵、傷病員和英國徵募兵一起工作，在略多於一小時的時間內構築了一段長約四百碼的防禦工事——所有這些工作，都在危機迫在眉睫之際完成。幸運的是，工事北邊地形稍微抬升，玉米袋搭成的護牆剛好與之結合，使得從外面看牆的高度在許多地方超過六英尺。沒有祖魯人可以躍過這樣的高度，他們在進攻時只能迎面衝向英軍的子彈和刺刀。

一八七九年一月二十二日下午三點三十分。由於查德相比布隆海德的軍階略高，所以他掌握了整支防禦部隊的指揮權。他回到河邊，收集起關於他正在建造的渡船的工程資料，帶走水運工具和工程設備，同時將渡口的人員撤離。他現在得到了多名信使的消息，數以千計的祖魯人正朝他這裡進發，這些野蠻人剛剛屠戮了數量二十倍於查德所部的軍隊，儘管如此，他和手下的人都沒有表現出任何驚慌。相反，查德還和布隆海德仔細地沿著臨時工事的環形防線走了一圈，確保所有位置的牆面都達到了四英尺高。確認這一點之後，他們下令停止工作，保證筋疲力盡的士兵在總攻發起前能夠獲得充足的休息。

第二十四團的步槍手們以適當的間隔進行部署，滿載的彈藥袋和成堆的子彈就放在腳邊。每把槍上，都裝好了刺刀。這兩名低階軍官幾乎沒有在非洲參加過任何戰鬥，更不要說擁有任何面對祖魯人的經驗了，但他們的作為，卻和在伊桑德爾瓦納的軍階更高、經驗更豐富的指揮官們形成了鮮明對比。查德和布隆海德的正確部署給予了這些以寡擊眾的戰士們一個生存的機會，在伊桑德爾瓦納的士兵們則不可能倖免於難。

一八七九年一月二十二日下午四點三十分。祖魯人來了，零星槍聲不斷響起，由於土著士兵和殖民地部隊突然逃跑，第二十四團第二營B連只剩下不到一百名英國正規軍士兵的小部隊，防守者不得不重新安排，分配到已經削弱的圍牆防守兵力中。查德認識到，現在部隊規模大大縮減了，原來的工事在戰鬥中可能很快會顯得周長太長不適合防守——畢竟現在他只有一百名出頭的狀態良好的士兵，而不是四百五十人——因此他用餅乾箱搭建了第二道牆，這道牆由北至南連接儲藏庫和北牆，倘若西北方向的外牆被突破，就能有效提供一個更小的環形防禦工事來掩護里面的士兵。

一八七九年一月二十二日下午五點三十分。在北面的玉米袋圍牆處，英軍開始猛烈開火。英軍陣線在這裡延伸太長，最爲薄弱，而且糟糕的是附近還有不少自然障礙——果園、柵欄，僅僅三十碼外有一條溝，緊靠英軍防禦陣地周邊有一些灌木叢和一段六英尺高的牆——這些障礙掩護了奔跑進攻的祖魯人的行動，給他們協調攻勢的機會。與此同時，從南面奧斯卡貝格山的斜坡處，一些祖魯人使用繳獲的馬蒂尼—亨利來福槍向北牆英軍防守者的後背射擊，偶爾還能擊中目標。人數有千人之多的因德盧—埃恩懷團，叫喊著「*Usuthu! Usuthu!*」的戰吼奔跑著衝擊南牆的防線。數分鐘之內，整個基地都遭到了攻擊——來自奧斯卡貝格山的狙擊火力，短矛手對胸牆的反覆人浪衝鋒，還有隱藏在溝裡、柵欄後、英軍圍牆外樹叢中的分散射擊，讓英國守軍疲於應付。

接下來的一個半小時裡，幾十名北牆的英軍士兵摧毀了祖魯人的一次又一次進攻浪潮，進攻者很快發現，在越過玉米袋壘成的圍牆時，無法躲開子彈或者刺刀的攻擊。英軍的主要問題則是射擊後的來福槍正在發熱。持續射擊中，馬蒂尼—亨利來福槍的槍管漸漸變紅，質地較軟的銅彈殼一塡入就開始膨脹，卡住後膛，有時會阻止彈藥發火。士兵不得不用一根清潔杆將變形的彈殼搗出來——這便給了祖魯人小戰鬥群體在牆下聚集的機會，他們開始相互幫助翻越障礙。作爲回應，布隆海德組織起精銳步槍手在牆內進行刺刀反衝鋒，將那些已經

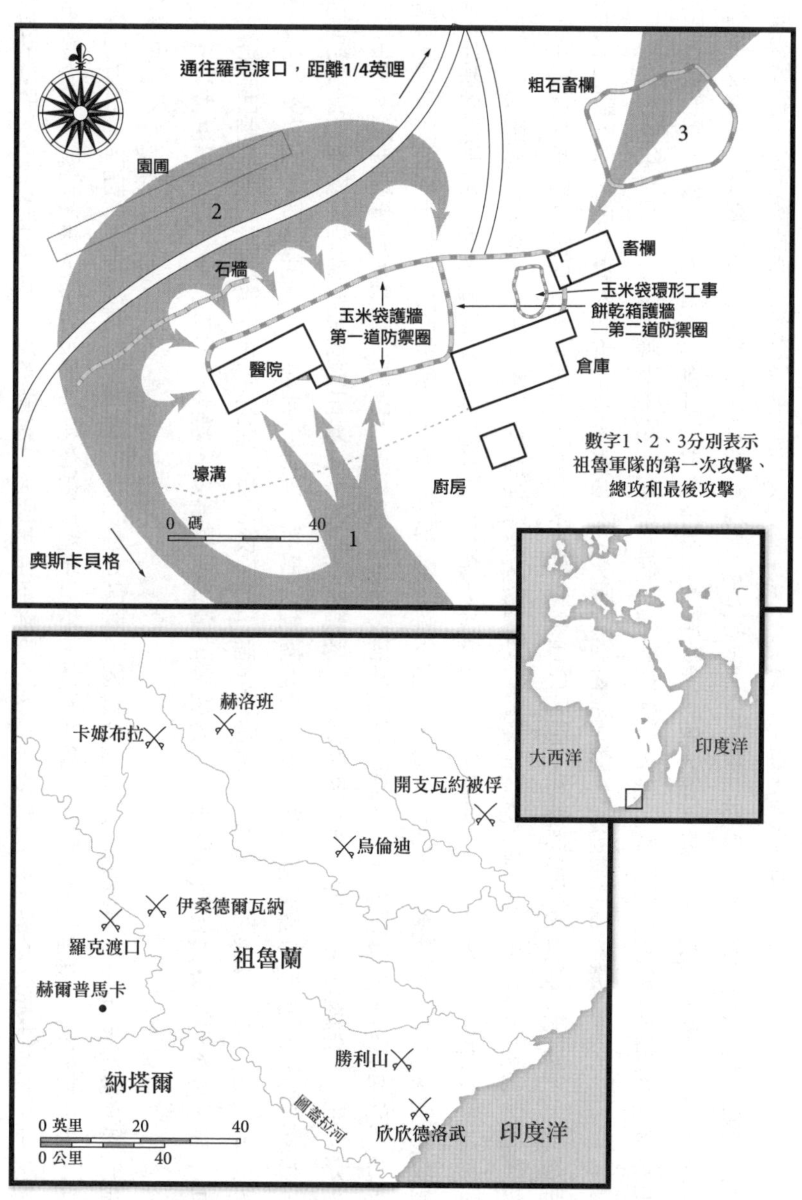

羅克渡口之戰，1879 年 1 月 22~23 日

躍過牆壁的祖魯人撕成碎片。英軍的傷亡人數也在不斷增長，這大多數是後方躲在奧斯卡貝格山上射擊的數百名祖魯人所造成的。幾乎沒有步槍手死在祖魯短矛之下。倘若祖魯人能夠協調好他們的來福槍火力，並且進行準確的射擊，他們將能夠輕易打死英軍所有的駐守部隊，因為他們有數百名射手，而英軍射擊部隊的規模則小到不足百人。

一八七九年一月二十二日晚上七點。夜幕降臨時醫院燃起大火，傷病員面臨被燒死的威脅，而一旦醫院失守，整個西側基地的防禦體系也將分崩離析。後面的一個多小時是一場英雄式的逃亡，醫院中只有八人未能逃生。差不多在同一段時間裡，查德命令全部守軍撤退到南北向的餅乾箱子圍牆構成的第二道防線之後。在他已經遭到減員的部隊防守著原來周長三分之一的環形防線時，儘管時間倉促，他又下令建造另一道也是最後一道防禦工事。這個最後的避難所，是由九英尺高的玉米袋搭建的環形堡壘，足夠庇護從醫院撤離的人員，英國人還能從這第二道牆上越過前面步槍手上方進行射擊，雖然如此，槍手們賴以掩護的外牆仍然逐漸被攻破了。

在基地外平原上的某個地方——也許就在祖魯人包圍圈之外僅僅幾千碼——斯伯丁少校終於率領他承諾的援軍，從赫爾普馬卡騎馬狂奔而來。然而他一見到醫院熊熊燃燒的火光以及基地之外的祖魯大軍，就轉身離去，並將這只預備隊帶回赫爾普馬卡。看起來，他認為自己的部下和整個營地都已經被毀滅了。假如斯伯丁繼續進軍的話，他仍然有很大的可能殺入重圍，在交戰高潮之際提供一批至關重要的援軍。

一八七九年一月二十二日晚上十點。在近五個小時的持續開火後，戰鬥的局勢轉而慢慢有利於英軍。查德中尉在他的官方報告中寫道：「雜亂的射擊持續了整個晚上，敵人嘗試進行了好幾次攻擊，被我們逐一擊退，直到午夜之後，敵軍進攻的積極性才有所減弱。我方的士兵在射擊時保持了最大限度的冷靜，沒有浪費一槍，醫院燃燒的光亮也給我們的射擊帶來了巨大的幫助。」（《一八七九祖魯戰爭故事》，四六—四七）

隨著黑夜的到來，奧斯卡貝格的祖魯狙擊手也逐漸失去目標，在這之後他們就加入了祖魯大軍的攻勢當中。英國人新構築的環形工事周長更短，而且將堅固的儲藏倉庫囊括進來成爲南牆，大體上消除了駐守護牆的士兵們遭受後方敵人射擊的威脅。正如查德所提到的，醫院燃燒的火光產生了意想不到的效果，它照亮了和營地相臨近的區域，使得衝向英軍陣地的祖魯人暴露在光照之下。儘管英軍遭受了大量傷亡，但縮小的防禦圈使得步槍手們可以在這條最後防線上以更緊密的站位進行射擊，這使得來福槍的火力比之前更集中，彈藥的供應也更有效率。英軍已經極度疲憊，從他們分秒必爭搭建防禦設施開始已經過去了七個小時；祖魯人的情況則更加糟糕，這些祖魯士兵們基本上兩天沒進食，而且在沒有任何休息的情況下連續行軍並戰鬥了十二個小時之久。

一八七九年一月二十二日晚十一點三十分。英軍放棄了一段石頭圍欄，那里曾是整個周邊工事東北部的樞紐。現在，英國人只剩下一個周長不到一百五十的防禦圈。很多人的刺刀——約二十一英寸長的可怕的三棱鋼制利刃——已經彎掉或者扭曲變形。他們的槍管已經發熱，不僅會灼傷雙手，還常常堵塞產生故障。大多數英國人相信，只要三千人左右的祖魯部隊從山上發起衝鋒，就能最終消滅這支小小的守軍。這支被圍困在小防禦圈中筋疲力盡的部隊也許不會想到，祖魯人在他們步槍的火力下遭受了極其慘重的傷亡，而且在午夜來臨之際，這些進攻者也因爲極度的饑餓與疲勞而無法繼續攻勢了。

祖魯人仍舊在試探英軍火力，並繼續著翻越圍牆的嘗試，雖然他們總是無功而返。進攻者往往在奮力拖拽英軍來福槍槍管時被射殺或是刺死——燒紅的鋼鐵也會在混戰中灼傷雙手和胳膊。但是午夜之後，祖魯人已經很少發動攻擊，此時查德和布隆海德派遣一半人手去修復玉米袋圍牆，分配彈藥，並把儲水車拖到防禦圈內，準備迎接黎明時可能到來的最終戰鬥。

一八七九年一月二十三日淩晨四點。破曉的第一束光線灑向戰場之時，查德巡視了戰場上的殘骸，命令士兵們再次加固牆體，在戰鬥過的地方搜集祖魯人的武器，並小心翼翼地探查基地外的平原。他們發現，祖魯人已經神奇地從這個殺戮場中消失了，但士兵們仍舊堅守在工事中，等待著可能出現的總攻。

一八七九年一月二十三日早上七點。一個龐大的祖魯人佇列，突然出現在基地四周的山脊上，然後這些敵人似乎又緩緩離去了，他們放棄了圍攻。事實上，此刻只要進行最後一次衝鋒，英國的守軍就必敗無疑。也許祖魯人同樣因過於疲憊和饑餓而難以繼續攻勢，又或者他們偵查到了遠處切姆斯福德勳爵的解圍軍隊。偵查人員發現了三百五十一具敵人的屍體；那些掙扎著爬行並最終死去的也許還有二百人。後來的報告指出，祖魯人死亡數大約在四百~八百之間，因為戰後幾週里，直到羅克渡口以外幾英裡的範圍內都能找到倒斃的祖魯戰士。一般說來，在整個祖魯戰爭里，英國人都大大低估了祖魯人的死亡數，這是因為戰鬥結束後，他們幾乎不會離開戰場超過半英里去清點屍體，也不會考慮到他們射中的大多數祖魯人都會在缺乏醫療、食物和水的情況下艱難爬行，直到死去。英軍只戰死十五人，受傷十二人。哈弗德中校和切姆斯福德的救援部隊一起在第二天抵達。面對這片曾經是要塞的廢墟，哈弗德做出了如下評價：「根據這裡的景象以及我的感受，此地彷彿是遭受過一場風暴的摧殘，屍體就像是被胡亂扔到這片土地上一樣，唯一完整的，是戰場中央一座玉米袋子壘成的小小環形工事。」（D·查爾德，《亨利·哈弗德中校的祖魯戰爭日記》，三七）

戰後，根據英軍的統計，他們消耗了超過兩萬發子彈，由於實際上只有一百名左右的士兵進行了射擊，子彈消耗量顯得非常之大。在超過八小時持續的開火中，駐軍平均每人用掉了二百發點四五口徑子彈。平均每名英軍士兵殺死或擊傷五名左右的祖魯人。每一名紅衫軍被殺，就有超過三十名祖魯人倒下。這和在伊桑德爾瓦納的情況完全相反：

在這兩次戰鬥中，祖魯人採用了相同的簡單策略，包圍敵軍，進行大規模的密集進攻，沒有複雜的謀劃，但是勇氣非凡。羅克渡口一戰證明，只要一個連數量的冷靜的步槍兵，就能能夠抵擋四千祖魯人的進攻—當然要符合幾個基本的前提：①組成緊密的戰鬥陣形；②擁有基本的防禦牆，或者車陣，以便在掩護下進行射擊；③準備足夠的彈藥。前面兩條經驗已被布爾人反覆強調；第三條則是進行戰鬥的基本要素。由此我們可以得出不容置疑的結論：伊桑德爾瓦納的災難和羅克渡口小勝的不同之處在於，兩名能力並非特別出眾的中尉採取了其長官所忽視的基本預防措施。（A．勞埃德，《祖魯戰爭》，一八七九，一〇三）

在祖魯史上最偉大勝利的二十四小時裡，開芝瓦約國王兩萬人的部隊卻在伊桑德爾瓦納和羅克渡口損失超過四千名武士。戰鬥之後，仍舊有兩支敵軍部隊留在他的土地上；被激怒的不列顛正緊急派出數以千計的生力軍，報復祖魯人所進行的屠殺。祖魯人的國家並沒有經驗去對抗一支由紀律嚴明的步槍手組成的近代軍隊，這樣的軍隊能夠依照指揮進行瞄準、射擊，以及重新裝彈，進行自由射擊時也能根據目標的距離和類型，遵循嚴格的條令使用武器。

爲何英軍會在羅克渡口戰勝如此強敵？很顯然，他們有更好的食物供給，醫藥治療，還有彈藥；他們的士兵射擊更加訓練有素。更爲重要的是，他們制度化的紀律體系確保了士兵的射擊能夠形成一道穩定的彈幕，這是非洲人在以往的土著戰爭中前所未見的。不列顛擁有工業化的、完全資本主義的經濟體系，這帶來了足夠的經費，用於運送並供應數以千計士兵到遠離國土的地方作戰。歐洲科技造就了馬蒂尼—亨利來福槍：一種可怕的槍，它彈丸大，精度高，能徹底殺死被擊中的祖魯成年人戰士。

整個戰役期間，英國軍官們力圖通過正面交戰的方式，以決定性的會戰來確定戰爭的勝負。在羅克渡口護牆上十六個小時的交戰中，數十名英軍士兵以積極進取的自主行動改善了防禦，他們是：代理軍需助理官道爾頓（維多利亞十字章），防守者里的中堅力量；軍醫雷諾德（維多利亞十字章），他建立了臨時醫療站；士兵胡克（維多利亞十字章），他將傷病員從醫院救出。圍牆上的所有射手都是憑著明確的權利意識和責任感加入軍隊，對團里的戰友們則保持了絕對的忠誠。步兵團的紀律要求，士兵們應當保持開火，直到子彈消耗殆盡或者自己陣亡爲止；而嚴格的英國武器訓練體系，也保證了他們通常都能擊中所瞄準的目標。一八七九年一月二十二日，羅克渡口的守軍在戰鬥中證明，他們是當時世界上最危險的一百個人。

帝國之路

為何與祖魯人作戰？

大多數的國家衝突，看似由邊界爭端而起，卻又並非如此簡單。一八七九年的英國—祖魯戰爭也是如此，這場戰爭表面上是由祖魯蘭和歐洲人控制的納塔爾、德蘭士瓦（Transvaal）之間對於確切邊界的分歧引發，但事實上，這場不可避免的衝突更多是因爲殖民者們對更多土地、勞動力和更好的安全狀況的渴求。除了以遭到悍然攻擊爲藉口，英國沒有其他明顯的理由來入侵祖魯蘭。甚至倫敦的大多數國務大臣們都不想在這個時候在南非進行一場戰爭，因爲此時帝國更爲關鍵的利益所在地是印度、阿富汗和埃及，這些地方都需要大英帝國資源的全力投入。交戰雙方的觀察者都發現，並不存在一支進入納塔爾或德蘭士瓦，挑起爭端的祖魯軍隊。事實上，開芝瓦約國王曾多次下令，要求他的軍隊避免穿過祖魯蘭邊境進入它國。

從十七世紀到十九世紀，當渴求土地的荷蘭和英國牧場主和農場主們最初定居於南非部份地區時，該地區的其他部份相對而言尚且人煙稀少。祖魯蘭是許多部落世代居住之地，比較之下，歐洲人忽視了對此地的開發。然而，到一八七九年戰事爆發時，非洲西南的土地大體上被列強瓜分殆盡，與開芝瓦約國王控制下自治且人口稠密的祖魯王國，形成了明確的邊界。在一八七九年一月初，切姆斯福德勳爵就已經率領一支超過一萬七千人的混合部隊渡過布法羅—圖格拉河（Buffalo-Tugela River），在南非高級長官巴托・弗里爾爵士（Sir Bartle Frere）的指令下入侵祖魯。切姆斯福德表面上是「保衛」納塔爾，實際任務則是尋找祖魯軍隊，在戰鬥中摧毀他們，俘虜開芝瓦約，從而瓦解獨立的祖魯國家。英國—祖魯戰爭從一開始就是侵略祖魯人民的戰爭，其目的在於，永久性地消除龐大的土著部隊集結起來並穿越人口相對稀疏的英國和布爾定居區邊界所帶來的威脅。德蘭士瓦行政官員謝普斯通直言英國人對祖魯軍隊的擔憂：「假如開芝瓦約的三萬勇士及時轉變爲雇用勞動力，祖魯蘭將成爲富饒和平之地，而不是現在這樣的情形——這個國家對其自身和近鄰，都是長期性威脅的源頭。」（J．蓋伊，《祖魯王國的毀滅》，四七）

在祖魯人與鄰近德蘭士瓦的布爾人經歷了多年的邊界爭端後，祖魯蘭的邊界完整性問題早已被交給英國贊助的邊界調查委員會，該委員會迅速向弗里爾報告稱，爭議中的土地可能是屬於祖魯人的！委員們發現，是英國人默許的布爾人入侵，而不是祖魯帝國的擴張激化了邊界危機。由於歐洲人的天性，尤其是布爾人的特點——他們採用大牧場經營的方法，每個獨立的家族差不多都需要數千畝的土地來進行生產——這帶來了一種荒謬矛盾的本地景象：殖民地需要大量的原屬於土著部落的土地，但是又缺乏密集的人口來防禦其徵用的大範圍區域。和祖魯蘭接壤的納塔爾省中，超過百分之八十的土地——大約一千萬英畝——歸屬於僅僅兩萬名歐洲人，只剩下二百萬英畝價值最低的農村土地被丟給三十萬非洲本地居民去爭奪。歐洲殖民者自身缺乏必要的力量來保護他們大膽奪取的東西。

實際上，英國政府對吞併祖魯蘭沒什麼興趣——那裡的天然財富稀少，疾病蔓延，本地人自尊心強，難以控制——由於缺乏證據證明祖魯人有入侵納塔爾或者德蘭士瓦的意圖，英國軍隊一八七九年進犯的眞正理由也成了一個謎。直接的動機很可能源自地方長官被賦予的行動自由，畢竟弗里爾是個行事方式難以預測的人。弗里爾決定不惜一切代價迅速開戰，他相信，歷史大勢毫無疑問地對祖魯奇特的軍國主義模式不利，而且隨著祖魯蘭被征服，人們也許會認爲，是他建立了一個全新的龐大的南非聯邦，並成爲殖民地的總督。

弗里爾和他的參謀始終對大約擁有四萬武士的祖魯軍隊心存疑慮，一個不到二十五萬人口的國家卻能動員集結出如此龐大的一支軍隊，令英國人難以安眠。按照弗里爾的想法，在歐洲殖民地的邊界，如此強大的土著軍力的存在，早晚會釀成災難，尤其是在考慮到在過去一個世紀中祖魯人這個好戰民族的征服史，以及白人殖民者對牧區的不斷需求，戰爭就更加不可避免了。弗里爾明顯掩蓋了一個事實，祖魯軍隊始終處於動員的狀態，但還是與英國保持了大概三十七年的和平，長期的穩定狀態是由歐洲人打破的。頭腦更爲清醒的納塔爾總督亨利·布林沃爵士（Sir Henry Bulwer）認爲，英國應當尊重己方調查委員會的成果，但他的觀點被好戰份子們忽略了。弗里爾相信，應該將大英帝國政府的保護範圍延伸到富有侵略性的布爾定居者頭上，後者渴望英帝國軍隊去打敗自己的老對手祖魯人。

弗里爾急於挑起敵意，他抓住三椿事件大做文章，聲稱戰爭不可避免。西哈約（Sihayo），一名祖魯酋長，從受英國保護的納塔爾逮回他兩名不貞的妻子，然後在祖魯蘭將她們處刑——這觸動了弗里爾意識里大英帝國領土不可侵犯的理念，以及普遍標榜的十九世紀英式道德準則。這一事件發生之後，開芝瓦約國王拒絕交出西哈約。英方的反應正如因拐騙事件而誓師航向特洛伊的希臘諸邦國王們一樣，他們認爲這個問題關乎榮譽，必須立即做出反擊。接下來發生的另一事件，則是沿祖魯蘭與納塔爾之間圖格拉河行動的一支英帝國考察隊被扣押。這些考察隊員未曾受傷害，但扣押他們的祖魯狩獵隊肯定會懷疑，繪圖考察就是正式呑併某些邊界地區的前奏。最後，更令弗里爾惱火的是很多傳教士最近逃離祖魯蘭，他們稱皈依基督教的祖魯人受到虐待，甚至有時會被開芝瓦約處死。

弗里爾的決策很大程度上基於此類二手訊息，以及祖魯人明顯不會在自己的國度裡如英國紳士般行事的看法。他確信，自己已經得到了入侵祖魯蘭君主國的合法開戰理由。他向開芝瓦約發出最後通牒，要求對方放棄強力的軍事組織系統，解散龐大的軍隊。祖魯國王的回應有著多種版本的翻譯，在不少資料中還被曲解，但事實上開芝瓦約的話極其坦率而驕傲：

> 我以前告知過謝普斯通（英國駐祖魯蘭代表），我不會進行殺戮嗎？他跟白人提過我有做出如此約定麼？假如他是這麼做的，那他誤導了他們，我確實會殺人；但不要認為我會用殺戮的方法來處置任何事。白人為什麼會做出無端的指控呢？我還沒有開始殺戮；至於我的行為，那完全由我國的習俗決定，我不該背離。為什麼納塔爾的總督要干涉我的法律？我曾跑到納塔爾去指摘他的法律嗎？……
>
> （D·莫里斯，《血洗長矛》，二八〇）

布爾和英國殖民者都渴望得到廉價勞動力，用於拓展農場，並建設德蘭士瓦和納塔爾殖民地，然而，南非的奴隸制度數十年前便已失去合法地位。他們顯然痛恨四萬祖魯成年男子成爲軍人的事實，農場主們希望這些非洲人毫無武裝地通過邊界，作爲貧窮的廉價移民勞動力替他們賣命。接替切姆斯福德擔任英軍總指揮結束戰爭的加尼特・沃爾斯利爵士，在他的日誌中提到了英國視角中戰後理想狀態下的祖魯蘭：

> 與殘酷對待人民的罪犯開芝瓦約相比，我們和他的區別在於：他不經審判就會處決他人，在他的統治下，生命與財富皆岌岌可危。憑藉一直維持的軍事系統，他阻撓人們成家和正常工作，使得他們貧窮不堪……在未來（大英帝國治下），所有人都能自由婚娶，隨意來去，並選擇雇主，他們會如我們期望般變得富裕，這個民族也會興旺起來。（A・普勒斯頓，《加尼特・沃爾斯利爵士的南非日誌，一八七九—一八八〇》，五九）

另外，當地業主們很樂於有一支規模可觀的英國軍隊來保護殖民地——祖魯戰爭期間，大英帝國實際上耗費了大約五百二十五萬英鎊的軍費，以盡力滿足軍隊的補給需求。馬匹和牲畜所有者，車輛製造者，納塔爾的牧民都很歡迎戰爭，因爲這意味著大幅哄抬價格良機的到來。那些試圖增加對南非資金和人力投入的殖民地居民們也有著類似的看法。切姆斯福德和納塔爾的英國軍官們也期待一場輕鬆、迅速和光榮的勝利，這能幫助他們在軍隊裡的晉升。軍官之間存在激烈競爭，他們希望在即將到來的入侵行動中有所作爲——大家都認爲，這是一次時間很短、相對安全而且充滿機遇的軍事冒險，大英帝國的軍人能夠輕鬆擊敗雖然勇敢但在技術上極度落後的敵人。

歐洲人與其他民族

在人們更爲廣泛的觀念中，對待本地土著居民的、典型歐洲人的英國式的奸詐態度才是戰爭的導火線，這種態度奇怪地混合了沙文主義、崇尚暴力的帝國主義和常受誤導的善意。對不列顛而言，開芝瓦約的軍隊是其人民「文明化」機會的障礙，因此後者理應欣然接受一個「優等」種族的宗教與文化。基督教的到來，能終結祖魯人的一夫多妻制度，阻止任意謀殺和處刑的惡習，消除一系列可怕的風俗——同類相食、毀損屍體、缺乏羞恥感地赤身裸體、雞奸，並禁止與勇士淨禮（purification of warriors）密切相關的、在傳教士們看來很離奇的一系列儀式化生殖習慣——「烏庫—赫洛邦哈」（*uku-hlobonga*），或者叫「股間（大腿之間）性交」，是指未婚勇士不用生殖器插入的性行爲，還有「蘇拉—伊曾貝」（*sula izembe*），是指已婚武士在「擦拭斧頭（wipe the ax）」戰鬥後的完整性交。英國法律還禁止開芝瓦約國王臣民的隨意相殘，帶來了安定團結而不是四處流浪的人民，因爲尊重私人財富和促進更高的生存標準才能夠爲有效的資本主義經濟提供必要基礎。

公元一八五六年，英國人指出，在一場邪惡的內戰中，開芝瓦約屠殺了他兄弟麾下超過七千名武士，及其所部族群另外的兩萬人口，包括老人、婦女和兒童。圖格拉河畔那片殺戮之地後來以「馬塔姆博」（Mathambo）亦即「白骨之地」著稱。更早在位的恰卡（Shaka）曾經屠戮的人數，更是在開芝瓦約手中犧牲者的十倍之多。與阿茲特克統治者一樣，祖魯國王在部落戰爭中和任意妄爲的謀殺樂趣中屠戮的土著居民人數，遠多於歐洲人在征服戰場上殺死的數量。即位前夕，開芝瓦約便已殺害了每一個嫡親兄弟、庶兄弟、堂表兄弟，以及祖魯蘭內部任何能威脅到他王位繼承權的遠親。

英國軍隊的強大，似乎足以證明歐洲模式的優越性——這或許也是弗里爾和切姆斯福德在準備進行他們所一廂情願的快速征服前夕心中所期望的情況。不管怎樣，一八七九年一月十一日，英軍還是跨過了邊界，弗里爾驕傲地寫道，「願上帝保佑，讓我們數週之內便擺脫長期困擾著所有殖民地人民的噩夢」（C．古德費羅，《大不列顛與南非聯邦，一八七〇—一八八一》，一六五）。

與西班牙人在墨西哥以及美國人西部擴張的經歷一樣，英國對祖魯蘭的征服，產生了一系列可預測的事件，這些事件在過去四個世紀裡，代表了歐洲人進入亞洲、美洲、大洋洲和非洲時的基本模式。到一八〇〇年止，歐洲只有一點八億人口，而全世界有九億人，但是歐洲人以不同的模式佔領或控制著全球幾乎百分之八十五的陸地。一八九〇年時，全球三分之二的遠洋船隻都屬於英國，世界範圍內半數海運貿易由英國船隊運作——大多數的越洋運輸行為要麼由英國推動，要麼使其帝國受益。英國工廠的生產能力，外加帝國艦隊及商人的運輸效能，意味著部隊和補給可以在數週之內被投送到全球任何地方——歐洲之外沒有任何國家具備如此能力，歐洲國家中也只有寥寥數國能與之比肩。有觀點認為，不列顛之所以在亞洲、非洲、大洋洲和美洲都擁有據點，僅僅是因為他們是唯一能夠輕鬆做到上述這一點的民族。

十六世紀的早期歐洲海上探索，首先引發了零散的殖民活動，最終隨之而來的則是全面的入侵和征服。為數不多的歐洲人——東南亞的法國人，美洲的西班牙人，中非的德國人，以及無處不在的英國人——通常都會因為直接吞併土地的行為，或是因為侵入當地人的狩獵、放牧區域尋找礦藏、黃金、港口或淡水而激起反抗。殖民者和商人們隨著探險隊出現，並試圖在新的土地上永久定居下來。法律文件——不論是西班牙國王的許可，還是英國官員的冗長公告——很快制定出臺，向目不識丁的土著統治者宣讀，用西方式的藉口為吞併行為辯護。在一支歐洲軍隊屠殺愚昧的土著敵人之前，宣讀一系列的自己的苦衷，雖然古怪，但卻是典型的西方式慣例。弗里爾勳爵和當年的科爾特斯一樣，以法律和道義上的權利為公開前提，審慎地宣佈他對整個國度的毀滅：他發佈了包含十三點要求的聲明，不識字的開芝瓦約肯定無法讀懂；就算把這些理論翻譯過去，對方也不能完全領會。

最初的小型遠征隊伍往往因爲歐洲人指揮上的自負，對技術的過度依賴，以及對當地軍隊巨大的規模的無知而遭到滅頂之災——「悲傷之夜」（*Noche Triste*）及在伊桑德爾瓦納發生的情形，和在印度支那、美洲、中非以及印度的其他無數慘敗都存在著共同點。歐洲火器後來在十九世紀的擴散，爲土著人民帶來一定幫助，小巨角（Little Big Horn，一八七六年）被屠殺的美國騎兵，阿富汗邁萬德（Maiwand，一八八〇年）之戰潰敗的英軍，還有阿杜瓦（Adwa，一八九六年）之戰被埃塞俄比亞人擊敗的義大利人，都可以證明這一點。十九世紀晚期，通過自由貿易獲得易操作的步槍和大量彈藥的土著人，在取得一點小小的勝利之後，幾乎馬上就再次遭遇了更爲明智、裝備更精良、統率更得力的西方軍隊，後者發動進攻不僅僅是爲了更多的土地，同時也是爲了復仇和徹底地征服有時甚至徹底毀滅一個民族。

縱觀殖民鬥爭，在歐洲人看來，土著人對歐洲死者的褻瀆——墨西哥城金字塔上被獻祭的西班牙人、在伊桑德爾瓦納被開膛破肚者、在喀土木被斬首的英國人——爲他們消滅土著人提供了充足理由。根據他們思想中關於交戰的公平法則，只要有歐洲人在正面戰鬥中被殺，就理應加以報復。當歐洲人發現己方被攻破的小要塞充滿被斬掉首級、割去頭皮或開膛破肚的屍體後，都會無比憤慨。在他們看來，這種將罪惡加之於死者或者婦女和兒童的行爲與交戰無關，比他們用加農炮和步槍撕裂土著武士軀體要邪惡得多——這是在戰鬥中對抗活生生的勇士階層的行爲。

像蒙特蘇馬、「瘋馬（Crazy Horse）」和開芝瓦約這樣的部落領袖，有時會以富有同情心的形象出現在歐洲史料里。除了基督教傳教士和探險家通過口頭訪談收集的資訊，當地沒有文字記錄。土著酋長們經常天眞地認為歐洲闖入者的敗退意味著對抗的結束，而完全意想不到自己對一支歐洲前衛部隊的暫時勝利意味著他們將要面對西方人的第二波攻勢。西方人很樂於用復仇的藉口鞏固自己的征服計畫。

在對美洲、亞洲和非洲四個世紀的殖民史中，土著人同類相食、人祭、破壞屍體、謀殺戰俘、偶像崇拜、一夫多妻等陋習，以及缺乏成文法律的落後體制，都是歐洲人侵吞領土的典型藉口。歐洲人與他們的對手不同，法國人、西班牙人以及英國人認為殺死成千上萬的土著人是不得已的舉動，他們將其視為西方化的艱難進程，是改善本地人民命運的必經之路。不列顛的傳教士、高級宗教官員和學者對帝國擴張中的貪婪舉動大加反對，他們希望直面問題，通過改良或者同化來補救：祖魯人應當西方化，成為文明的大英臣民，從而擺脫專制壓迫和自身的野蠻愚昧。即便是最受自由主義影響的批評家，也只有很少數人（如果不是沒有的話）建議，歐洲人應該返回家鄉，和平地離開祖魯——畢竟這意味著聽任土著人隨意殺戮，繼續他們之間的部落戰爭。

在征服過程中，歐洲人首先會拿某地區中人口最多、最好戰的部落開刀，將其作為征服目標。像科爾特斯或切姆斯福德這樣的指揮官，通常用大量土著同盟軍輔助自己的軍隊，畢竟在理論上，阿茲特克國家或祖魯國家的垮臺，將會結束地區動亂，並且贏得此前曾經受到那些好戰政權殘酷壓迫的民族的支持。提供火器或者歐洲出產的商品給當地人，也能確保在美洲或非洲總是有大量的部落分遣隊加入歐洲遠征軍。這些土著人渴求劫掠，也希望自己免遭仇敵的傷害，並貪圖西方貿易者手中的其他各種商品。我們不應忘記，許多土著人是部落長年仇殺的犧牲者，他們痛恨阿茲特克人和祖魯人遠甚於歐洲人。

至少在第一代的殖民戰爭中，有一種很典型的情形，即西方人用技術與紀律對抗土著人的勇氣和數量。祖魯人和阿茲特克人都不會製造火器；他們也無法理解讓士兵組成陣列，井然有序且緊密協同地進行衝鋒或射擊的作戰方式；他們同樣不能從肉搏戰鬥開始前直至結束，始終將己方軍隊置於指揮之下，以西方式決定性戰鬥的方式解決爭端。過去幾十年中，祖魯人通過繳獲或貿易獲得了不少火槍，但是英國持續正規的密集齊射理念——認眞的訓練和全面的紀律體系產生的結果——卻和他們的非洲式戰爭風格完全不同，難以模仿。即使在伊桑德爾瓦納後祖魯人獲得了大約八百支現代馬蒂尼—亨利步槍和成千上萬發彈藥，他們的射擊依舊顯得零散而缺乏準確度，幾乎總是沒有任何殺傷效果。

理論上講，伊桑德爾瓦納戰後的祖魯國家軍隊與英軍中央部隊的殘部相比，不但裝備更好，更具有二十倍於英軍的人數優勢。但是正如雷龐多的奧斯曼火槍手未曾熟諳歐洲人的密集滑膛槍陣形和齊射一樣，祖魯射手也不過是把火槍當作比當地武器更好用的兵器——一根更具穿透力的棍棒，或者射程更遠的標槍——它們僅僅加強了單打獨鬥的能力，而這才是祖魯的傳統。祖魯人差不多總是瞄準得過高，他們射擊時就像投擲標槍一樣，認爲槍彈拋射出去後會很快失去動能，急劇下落。儘管他們在伊桑德爾瓦納繳獲了大量野戰火炮，甚至拖走了彈藥車和補給車輛，祖魯軍隊還是無法部署能夠對抗英軍的炮兵——他們不僅僅缺乏使用重炮的經驗和知識，也沒有足夠的戰場紀律去按規定時間間隔裝彈、瞄準和射擊重型武器，更沒有熟練的馭手來將牲畜套上彈藥車。

港口和遠洋船隻是歐洲力量的核心，它們爲衝突提供了源源不斷的火器和補給。祖魯戰爭中，人力、槍炮、食物和彈藥持續從開普敦和德爾班運來。伊桑德爾瓦納災難後，一整支嶄新的英國軍隊——近一萬名補充徵召的士兵和超過四百名軍官——從英格蘭出發不到五十天便抵達納塔爾。土著軍隊通常無法理解維拉克魯斯（Vera Cruz）或德爾班（Durban）不過是個運輸站，西班牙或英國征服者從數千英里之外擁擠不堪、躁動難安的歐洲將所需人力運到那里——耗時僅僅幾週而已。

阿茲特克、伊斯蘭或者祖魯軍隊總是依靠快速包圍和側翼機動來取得勝利，這種戰術對鄰近的土著部落非常有效。這樣的戰鬥方式不需要太多臨時的變陣，他們憑藉更好的訓練、更高的機動性、龐大的數量和武士的英勇，用伏擊或者恐嚇的手段來擊退規模更小、行動遲緩的歐洲分遣隊——他們還成功利用了當地茂密的灌木叢、森林或者熱帶雨林等地形地貌。但甚至在與歐洲人的決戰中，土著人都沒有完全拋棄傳統的戰鬥儀式，這意味著土著戰士不太可能進行夜戰，也很少借軍事勝利之勢不受限制地展開追擊。更有甚者，這些土著戰士有時將文化（宗教祭典，戰前舞蹈以及盛宴和年度豐收慶典）或者自然（季節性因素，異常的天象）現象完全置於戰鬥功效之上。切姆斯福德勳爵入侵後，開芝瓦約集結了軍隊，然後命令他的巫醫爲大約兩萬名前線部隊人員催吐。集中進行催吐之前，要花三天時間對部隊進行補充和檢閱，然後讓他們禁食直到全軍「淨化」爲止，這嚴重削弱了祖魯武士的體能。

西方人從希臘時代起，也發展出一系列的戰爭儀式：戰前牲祭，長篇演講，音樂演奏；休戰期間的宗教節日；儀式性地盛裝出行和日常陣形操練。但是這些傳統儀式有時會被操縱，時常遭到延誤，甚至在軍事需求與其相左時全被拋開。可以預見的是，大多數歐洲軍隊戰前沒有禁食、嘔吐、淨化或自殘的儀式，這些因素會妨害士兵的戰場效能。歐洲軍隊進行戰前準備時，更有可能讓士兵得到朗姆酒的配給，堅定的動員演講，或是通過射擊儀式進行最後的紀念。從希臘時代起，戰前牲祭和儀式一直是裝樣子，因爲它們的作用與其說是眞的要和神意相通，還不如說是激發士氣。

歐洲人願意無視他們的基督教信仰或自然需求，無論晝夜，一年三百六十五天，每天都可以投入戰鬥。惡劣的天氣、可怕的疾病和險峻的地理環境，都被看作可以用恰當的技術、軍事紀律和資本征服的簡單障礙，極少被當成天降憎恨或某些全能意志敵意的表達。歐洲人看待暫時挫折的態度，通常也與他們在亞洲、非洲、美洲的對手不同。失敗並非上帝發怒的徵兆或者不幸的命運，而是戰術、後勤或技術的瑕疵所導致，通過嚴謹的審視和分析，在下一個場合總能得到輕鬆補救，歐洲人幾乎總是會有下一次機會，一直到征服成功爲止。正像其他所有西方軍隊那樣，也正如克勞塞維茨所言，祖魯蘭的英軍將戰爭視爲政治的延續。與祖魯人不同，英軍不會將戰爭視爲勇士個人積累戰利品、女人和威望的機會。

土著民衆站在歐洲人一邊作戰的情況，比個別歐洲人士爲土著奮戰的情況要常見得多。科爾特斯在墨西哥得到了成千上萬特拉斯卡拉人的協助，在非洲也有所謂的「卡菲爾（Kaffirs，異教徒）」與英軍一起作戰。阿茲特克人和祖魯人都發現，基本上沒有歐洲人願意和他們一道抗擊其他白人入侵者。納瓦埃茲想要摧毀的是科爾特斯本人，而非西班牙的事業，因此在他失敗後，大多數士兵加入了進軍特諾奇蒂特蘭的行列。約翰・鄧恩（John Dunn）曾短暫幫助過祖魯人，但是一八七九年的英國—祖魯戰爭中他很快重新加入英國一方。儘管所有布爾人都很不齒英國在非洲的統治，但沒有一名歐洲人在開芝瓦約的隊伍中對抗英國人。相反，數以千計的非洲人加入了各種各樣的殖民地團。

歐洲人的主要困難還是在於和來自歐洲的土生殖民者間的戰鬥；非洲的布爾人和美洲人都曾發起反抗英國的獨立戰爭，造成其損失慘重，他們的武器、紀律和戰術在很多情況下都不亞於英國統治者，有時甚至還會佔據優勢。以布爾人爲例，布爾戰爭里的短短一週，亦即一八九九年十二月十一日至十六日，僅僅在馬格斯封泰恩（Magersfontein）、斯托姆貝赫（Stormberg）和科倫索（Colenso）三場戰役裡，就有將近一千八百名英軍戰死，其數目遠遠多於一八七九年整場戰爭中祖魯人所殺英軍的人數！

許多學者很不情願討論歐洲軍事優勢的問題，因爲他們要麼是把這和範圍更大的、有關智力或道德準則的議題混同起來，要麼就關注歐洲人偶然的挫敗，把它們當成是典型例子，而無視西方優越性的一般規律。實際上，歐洲人能夠在遠離歐洲、後勤上面臨巨大的困難、戰鬥人員相對缺乏、對惡劣地形和氣候也不熟悉的情況下征服非歐洲人，與智力、道德準則或是宗教優越性沒有任何關係，而是再次顯示了一種特殊文化傳統的延續，這種傳統從古希臘人開始，在戰場上爲西方軍隊帶來了不同尋常的利益。

祖魯滅亡之後

羅克渡口的戰果，與十九世紀後期在剛果、埃及、蘇丹、阿富汗和旁遮普反覆上演的戲碼一樣，足以成爲殖民戰爭的典型。羅克渡口勝利之後，切姆斯福德勳爵率領一支大大強化的隊伍，重新入侵祖魯蘭。除了年初在因埃贊（Ineyzane，一月二二日）、因托姆比河（River Intombi，三月十一日）、埃索韋（Eshowe）小據點的圍攻（二月六日～四月三日），以及赫洛班（Hlobane，三月二七～二八日）的幾場殘酷的僵持外，英軍之後還進行了三次決定性會戰，分別在卡姆布拉（Kambula，三月二九日）、欣欣德洛武（Gingindhlovu，四月二日）和烏倫迪（Ulundi，七月四日）展開。這三次最終會戰的前兩次，英軍和殖民者部隊在駐防營地殲滅進攻的祖魯人，後者發起近乎自殺式的衝鋒，血戰到底。

戰爭的最後一場會戰發生在烏倫迪，開芝瓦約國王指揮部附近。一個英軍方陣——由火炮和加特林機槍支撐——從容地離開設防營地，步入正面交戰。他們很快便遭到祖魯人的攻擊，後者已然明白衝擊工事是徒勞的，但沒有意識到，在能夠無障礙射擊的開闊平地上，試圖擊破一個堅固的歐洲步槍方陣同樣是愚蠢的行爲。不到四十分鐘，大約由四千一百六十五名歐洲人和一千一百五十二名非洲人組成的英軍方陣擊退了兩萬祖魯人，殺死至少一千五百人，擊傷三千人，傷者中又有很多人在東躲西藏中迷失直到死亡。

戰鬥結束後，英軍和祖魯人的屍體都被埋葬在烏倫迪的戰場；按照西方的標準方式，英軍爲他們消滅的人立起一塊碑：「紀念公元一八七九年爲保衛古老祖魯秩序在此倒下的英勇武士」。英國人和墨西哥的西班牙人與西部的美國人一樣，不僅擊敗了人口衆多的敵人，而且在此進程中摧毀了他們的自由和文化。絕大部份書籍不斷宣揚傳奇般固守羅克渡口的小股英國紅衫軍，而絕口不提被馬蒂尼—亨利步槍撕裂的數千勇敢祖魯武士的英名。在這種態度下，祖魯人悲劇性地加入了成千上萬被殺死和遺忘的波斯人、阿茲特克人還有土耳其人的行列，無法成爲鮮活的個人，而是歷史學家筆下「四萬被殺」或「損失兩萬」的蒼白數字。相反，西方歷史編纂的動力——天賦自由和理性主義傳統——在於詳細地紀念他們爲數較少的殺手。沒有希羅多德，貝爾納·迪亞茲·德爾·卡斯蒂略，或是詹皮耶特羅·孔塔利尼的青史一筆，戰鬥中人們的英勇就將隨著屍體腐爛而消逝。

一八七九年一月祖魯戰爭爆發時，開芝瓦約握有大約爲數三萬～四萬可支配使用的部隊。六個月後，英軍在祖魯蘭的各個戰場上殺死了至少一萬人，毫無疑問，戰後死於傷勢的人數更多。有關祖魯人陣亡數位還缺乏準確的記錄；但是缺乏醫療體系的致命問題和馬蒂尼—亨利點四五英寸口徑子彈的可怕威力，必然使得戰爭期間有數千傷患死於休克或感染，或者只因爲失血過多而死亡。馬蒂尼—亨利步槍沉重而平緩的射彈，加上加特林機槍和火炮的可怕火力，能在人體上製造恐怖的窟窿，少數倖存祖魯老兵的殘肢斷體和醜陋疤痕證明了這一點。即便是在英國殖民史上最糟糕的一天亦即一八七九年一月二十二日，英軍還是在伊桑德爾瓦納、羅克渡口和因埃贊殺死了超過五千祖魯人，死亡人數占整支祖魯軍隊的百分之十二至百分之十六。

到戰爭結束時，祖魯人大多數的牲畜要麼被殺，要麼被肢解，或是被盜走。帝國軍團的組織系統被瓦解——英國利用虛假的和平，將開芝瓦約的王國分解成十三個敵對酋邦，這是一個阻礙祖魯蘭繁盛，防止其對抗臨近歐洲殖民地的未來戰爭的解決方案。英軍爲了一八七九年的「勝利」僅僅付出了一千零七名士兵和七十六名軍官的代價，另有小規模但數位不確定的軍人死於熱病和傷勢。六個月的戰事中，儘管在各種戰鬥裡英軍處於一比四或一比五的兵力劣勢，但英國士兵平均每殺死十個或更多祖魯人才損失一人。英國的入侵和戰場征服，以及相當寡廉鮮恥的戰後處理手段，將祖魯人民分裂為虛弱的敵對派系，一個獨立的國度從此終結，祖魯民族的整個生存方式已經在事實上被摧毀了。

祖魯的強與弱

恰卡

祖魯人的好戰性格，在非洲無出其右。在非洲大陸上的數百支部落中，任何軍隊在組織體系和指揮結構方面都不及祖魯「伊普皮」（*impis*，團）的複雜精巧。大陸土著戰爭中，也沒有其他部落的紀律能與祖魯人相媲美。在當地軍隊中，祖魯人獨樹一幟，很大程度上棄用了投射武器，轉而使用短矛進行肉搏交戰。儘管如此，數量極少的英軍卻能在短短幾個月時間內摧毀非洲最可怕的軍事力量。他們是如何做到的？

和西班牙人入侵前夕的阿茲特克帝國情況相同，在歐洲人十九世紀期間抵達納塔爾時，祖魯還是一個相對較新的國度。公元一八〇〇年前的近三百年中，祖魯民族不過是一些操班圖語（Bantu）的遊牧部落，他們緩慢地遷入現今的納塔爾和祖魯蘭。但是在十九世紀初，眾多恩古尼部落（Nguni tribes）中的姆泰特瓦部首領丁希斯瓦約（Dingiswayo, a chief of the Mthethwa），通過整合被擊敗的部落組成一支民族軍隊，迅速擺脫了班圖人僅靠襲掠和小股行動的傳統戰爭模式。

丁希斯瓦約以打造一支專業軍隊的方式來建立一個聯盟國家，他拋棄了過去儀式化戰爭裡主要使用只會造成擦傷的投射兵器的做法：這種條件下傷亡相對較輕，非戰鬥人員大多不會捲入戰鬥。在位八年的（一八〇八～一八一六年）丁希斯瓦約顛覆了西南非洲班圖文明的古老傳統，他沒有消滅或奴役擊敗的其他部落，而是將它們兼併進來。與此同時，他尋求與沿海的葡萄牙人進行貿易，讓平民生活從屬於軍事訓練，由此奠定了祖魯帝國的基礎。他最得力的副手，小祖魯部落的革命性領導者恰卡實際上掌控了帝國（一八一六～一八二八年），並且以連老丁希斯瓦約都無法想像的方法，使這一帝國能夠提供數量龐大的常備軍。恰卡的軍事變革標誌著祖魯勢力的崛起，這個軍事機器組成的王國，在被英國征服之前延續了六十年（一八一六～一八七六年）之久。在一八二八年被其兄弟殺害之前，恰卡完全轉變了非洲人的戰爭方式，抵抗了白人的入侵。他在交戰中屠殺了五萬敵人，同時也在獨裁心態日益頻繁發作時，無端謀殺了數千本國民眾。恰卡十二年的統治，遺留下一個鬆散的專制聯盟，擁有大約五十萬臣民和一支近五萬戰士的國家軍隊。在祖魯人的全新帝國形成的數十年裡，可能有一百萬非洲土著人民被殺或死於饑餓，這都是恰卡帝國夢的直接後果。因此，南非的歷史變遷，體現出了一個歐洲殖民軍事經歷中多數人並未意識到的狀況：在非洲、亞洲和美洲，不論是土著部落還是歐洲人，殺死的己方人民通常都要多過不同種族間的相互殺伐所造成的傷亡。比如在一八二〇～一九〇二年間，恰卡和他的繼任者們所殺死的祖魯人比切姆斯福德勳爵還要多，而布爾人比開芝瓦約屠戮了更多的英國人。

一個枕戈待旦的國家

關於祖魯軍事有許多富有傳奇色彩和虛構的內容，但是我們可以摒棄他們的戰士因強迫禁欲或使用致興奮藥物而善戰的流行觀點，甚至還可以否認他們從英國或荷蘭貿易者那裡學會團級體系以及包圍戰術的看法。婚前的祖魯人擁有大量的泄欲方法，戰役中攜帶大量鼻煙，偶爾抽下大麻，飲用清淡的啤酒，還從他們過去幾十年擊敗部落武士的經驗中創造了大大促進戰鬥力的方法。祖魯人軍事組織化的一般理念，甚至包括製造高品質金屬矛頭的知識，可能都來自對早期歐洲殖民軍隊的觀察；儘管如此，完善的、以年齡劃分部隊的體系，以及野牛式進攻的法則，卻完全是由祖魯人自己發展出來的。

不可否認的是，祖魯的強大實力來自其軍事效能的三項傳統資源：人力、機動性和戰術。在這三方面，祖魯人的作戰方法，幾乎與所有土著非洲人的戰鬥方式不同。在班圖部落在恰卡領導下對東南非洲的征服中，在英國征服之前的十九世紀的大部份時間裡——期間丁甘國王（Kings Dingane，一八二八～一八四〇年）、姆潘德國王（King Mpande，一八四〇～一八七二年）、開芝瓦約國王（一八七二～一八七九年）相繼即位——祖魯控制了二十五萬～五十萬人口，能夠集結大約由三十五個「伊普皮」組成，規模為四萬～五萬人的軍隊，其數目是其他任何非洲戰場的黑人或白人軍隊的數倍之多。

與大多數來自蠻荒之地的部落軍隊不同，祖魯人不是以臨時組織的烏合之衆進行作戰。他們不會按照習俗約定展開儀式化戰鬥，而是放棄了非殺傷性的投射武器交戰方式。祖魯「伊普皮」是其基礎社會風俗的折射，這個社會的各方面都追求不斷獲得戰利品，並滿足每個臣民直接進行殺戮的欲望。如果說阿茲特克戰士追求以俘虜記錄來提升地位的話，那麼祖魯人就是以在敵人的血泊中「清洗他的短矛」來換取小小的社會地位，或是開創出新的貴族家族。

整個祖魯國家都被軍團化了——與古典斯巴達的方式相似——祖魯人通過建立年齡分級體系來完成全民軍事化，這樣的組織甚至取代了原有的部落從屬關係。男孩們在這個社會大軍營裡，將經歷正規軍事訓練，在十四、五歲時作爲後勤人員參戰。大多數祖魯男子在青春期後期進入「伊普皮」時已是羽翼豐滿的武士，能夠在一天內赤腳奔跑五十英里。單身漢組成的大隊被安排進終身兵團，男人不允許正式結婚，直到他們年近四十時才會得到專門的補償；因此，建立一個獨立家庭的能力成了軍隊中一條巨大的社會分割線。在恰卡的體系之下，高達兩萬人之多的三十五歲以下男性保持未婚，保持長期服役的狀態。即使是更年長的、能夠合法娶妻建立自己的「克拉爾（kraals）」亦即自主家庭的戰士，也通常會投身到漫長的戰役之中。

在戰士中強制「禁欲」的看法也是誇大的，因爲祖魯男子會與女人例行公事地進行除完全插入以外的各種性交行爲。當然，「禁欲」意味著武士不能擁有由長期伴侶組建的獨立家庭，也不能在三十歲之前和處女發生關係。這種制度導致年輕女人懷孕的拖延，使得祖魯人口繁殖力下降。這樣的年齡分級的習俗，實際上可能是恰卡在人口已然過剩的形勢下，意圖控制祖魯蘭人口的方式，由此就能抑制在人口壓力下過度放牧牲畜對草地造成的不可持續性利用的狀況。

無論這種按年齡分類進行兵團編組的獨特方式其確切原因何在，最終，這樣的方式在軍隊中產生了不同尋常的團隊精神，因爲「伊普皮」——以與衆不同的名稱，奇異的髮式，珠寶，毛皮和盾徽而著稱——作爲同齡武士組成的大隊，在整個生涯中常常都會作爲獨立的單位參加戰鬥。從戰術上講，祖魯進攻模式簡單而有效。陣形部署被稱爲水牛角，每個「伊普皮」被分成四組，兩個較年輕的團組成陣形的側翼或「角」。如此部署的兩翼快速在敵軍兩邊展開，旨在包圍對方，並擊退其對陣形的「胸膛」或者說「伊普皮」中老兵團的進攻，當交戰全面展開時，「腹」也就是年長的後備軍會上前戰鬥。可想而知，考慮到祖魯人借助草叢和灌木神出鬼沒、全速包圍和接近受驚之敵的作戰方式，以及在近戰中用鋒利長矛和沉重棍棒了結對方的可怕能力，這樣的標準化進攻在平原上與敵對部落對抗，被證明是十分成功的戰術。

恰卡在位時，軍隊大規模放棄了投擲用短矛，代之以用於刺擊的阿塞蓋短矛（assegai）——即現在被稱作「伊克爾瓦（*iKlwa*）」的短矛，這一名字源自將其從敵人腹部或背部中拔出時的聲音——和高大的牛皮盾。新的阿塞蓋短矛比原來投擲用短矛擁有更重和更大的鐵刃，它經常和大盾配合，作爲從上往下進行刺殺的武器。和同樣靠近敵人進行面對面交戰的羅馬軍團士兵一樣，當祖魯士兵快速逼近，並猛烈刺出阿塞蓋短矛時，他往往還能用盾擊打敵人。他的阿塞蓋短矛矛刃相對尺寸較小，較爲鋒利，更類似於一把羅馬短劍而不是一支希臘短矛。每名武士還揮舞一把圓頭棒或者是尾部突起的硬木棍棒。與鄰近的其他非洲部落迥然不同，祖魯人喜好肉搏戰，而不使用投擲兵器。他們期待與敵人直面相對，憑藉更非凡的勇氣、武器技巧和肌肉力量將對方擊敗。祖魯武士鮮亮的服裝——包括多種多樣的羽毛，牛尾流蘇，以及皮製項鍊和頭飾，以及懾人的戰吼，用短矛擊打盾牌時發出的可怕聲音，再加上戰前的舞蹈，都是爲了在開始進攻之前恐嚇敵人。

在一場戰役裡，一支祖魯「伊普皮」能在三天之內行進一百~二百英里，因爲他們只攜帶少量食物或補給，主要靠俘獲敵人的牲畜來生存。年輕的男孩們，即「烏迪比（*uDibi*）」，帶著睡墊和能保證他們緊跟「伊普皮」行軍的充足食物。一旦追上敵人，「伊普皮」的頭領會安排各團組成陣形的角、胸和腹部。軍隊奔跑接敵，這是爲了在數分鐘之內包圍和擠壓敵軍陣形，只要取勝，人們便能在收工回家前洗劫敗者的領土。終生進行的使用阿塞蓋短矛和圓頭棒的訓練，加上「伊普皮」的堅韌和專業化的快速包圍戰術，爲祖魯武士在肉搏戰中贏得了顯著優勢。然而，無論過往還是現在，頌揚祖魯勇氣的人都忘記了，整個祖魯軍事體系存在顯著的內在軍事弱點，這些內在缺陷使祖魯軍隊不僅在面對如英軍之類的歐洲正規軍時脆弱不堪，而且甚至面對處於數量劣勢、訓練欠佳的布爾和英國殖民地民兵也是如此。

首先，儘管祖魯戰士經受過嚴酷的軍事訓練歷程，隨後又被分配至他們所屬的團裡，服從於終生性的甚至時常顯得殘忍的紀律約束，但他們由此產生的英勇和兇狠的作戰風格，並不能和歐洲軍事紀律理念相匹敵。歐洲理念強調的是紀律、縱隊和橫隊的緊密陣形、同步展開的集群齊射、嚴密的指揮鏈、戰略戰術的抽象概念以及成文的軍事法典。祖魯軍隊的各個團之間一旦發生衝突，士兵們會在兩敗俱傷的內鬥中大肆爭吵乃至戰鬥至死，其兇殘程度遠遠勝過英軍各團士兵間的典型拳擊爭鬥。

其次，祖魯軍隊中也不存在真正的指揮體系，各個團時常會拒絕服從來自國王的直接命令——烏圖爾瓦納（*uThulwana*）、烏德洛科（*uDloko*）和因德盧—埃恩（*inDlu-yengwe*）懷團在羅克渡口都無視開芝瓦約禁止進攻設防陣地、不許攻入納塔爾的命令，這幾個團各自爲戰，也沒有統一的指揮。烏圖爾瓦納和烏德洛科團很大程度上憑運氣才遇上了因德盧—埃恩懷團，而較爲年輕的因德盧—埃恩懷竟然膽敢邀請達布拉曼齊親王（Prince Dabulamanzi）參加戰鬥，這才把親王手下兩個資格較老的團投入到對羅克渡口的匆忙進攻當中。除了鬆散且公式化的攻擊計畫之外，祖魯人並沒有任何系統化的訓練，也沒有成緊密隊形行軍的方法，這導致他們在實戰時陷入了大規模的混亂中；同時也意味著，他們在撤退時幾乎必定會演變爲單純的潰逃，進攻中也不會以有序的波次展開。當祖魯人直面敵軍戰鬥時，他們是以個體爲單位作戰的；各個團並未依靠緊密佇列和同時戳擊長矛在首次交鋒中實現突擊效果。在進攻羅克渡口時，祖魯軍隊發動的一系列毫無協同的攻擊，導致了嚴重的兵力浪費。與此相反，倘若祖魯人能夠展開突然的集群突擊，計畫在幾分鐘內將數以千計的戰士集中到壁壘上的一點，那麼他們便一定能夠衝開守軍兵力不足的防線。

最後，祖魯戰士生活在充斥著精神力量和巫術的世界裡，這與不敬神的歐洲人形成了鮮明的對比：後者強調的是抽象規則、軍事條令，以及能夠進行冷酷殺戮的步槍、加特林機槍與火炮組成的軍事力量。對祖魯人來說，早在戰鬥開始前，巫醫們就用獻祭的牛腸、藥草和水調製成藥劑，給予戰士們力量，幫助他們克服即將到來的考驗。祖魯人對飲食進行嚴格控制，還要服食催吐劑（這只會削弱他們的耐力）和禮儀性質的人肉片。在殺死一名敵人後，他會把屍體中的腸子取出來，從而讓靈魂離開軀體，阻止它對自己施加報復。巫師們力求以像巫術一樣的的咒語向敵對部落施法。祖魯人相信，英國士兵在己方損失甚少的狀況下，屠戮數以千計猛攻中的祖魯人的神秘能力，同樣也只能以魔法，而不是以訓練、科學和紀律的邏輯來解釋。因此，祖魯人儘管每每慘敗，卻絲毫不肯改變戰術，而是借用迷信來解釋己方部隊接近英軍戰線時遭遇的神奇鉛彈彈幕。

在祖魯人心中，只有巫術才能解釋爲何英國人用他們的步槍殺死了數以百計的人，而祖魯人在使用繳獲的同類武器時，卻一直只能命中少數目標，他們幾乎總是射得太高（這是爲了給予子彈「魔力」），從沒有協作發起齊射。在祖魯人遭遇卡姆布拉慘敗後，倖存的戰士們確信英軍一方擁有超自然生物的協助，因此盤問科爾內留斯・萬（Cornelius Vign），爲何會有「如此多前所未見的白鳥從白人一邊飛過他們（祖魯人）頭頂？爲何他們會遭到穿著衣服、肩上扛著步槍的狗與猿的攻擊？其中一個人甚至告訴我他還看見大車營地裡面有四頭獅子。他們說，『白人並沒有公平交戰；他們用上了動物，給我們帶來毀滅』。」（C・維吉恩，《開芝瓦約的荷蘭人》，三八）在其後針對歐洲人的進攻中，依然滿是部落習性的祖魯人用他們的步槍射擊爆炸的火炮，認爲榴彈裡面有小白人，會跳出來殺死落在當中的任何人。在戰爭結束後，（祖魯）老兵們確信他們是被英國人懸在軍隊頭頂上的鐵幕擊敗的，這也許是對紅衫軍打出的鉛彈彈幕或英軍刺刀反光所做的神化解釋。

勇敢與怯懦

祖魯人的戰術是固定的，歐洲人可以預見其行動方式。一個英軍的防禦營地或者方陣在面對祖魯人進攻時，能夠預料到的是，祖魯人在進攻一開始的兩面包圍運動，不過是其主力「胸」部陣形推進的前奏。雖然理論上，「腹」部陣形是一支機動後備，他們卻不受中樞指揮，因此不會針對敵軍陣線中準確的抵抗點或弱點。這支部隊經常完全不參與戰鬥，假如「胸」和「角」的初始進攻失敗，那麼他們很可能會逃遁。

祖魯軍隊擁有令人印象深刻的機動能力，這種能力的來源是多方面的，但有兩個關鍵因素經常被忽視。這支軍隊因為缺乏任何輪式交通工具來運輸相當規模的預備彈藥，所以攜帶不了多少火器，因此儘管在英國入侵前的數十年內，已經有將近兩萬支滑膛槍和線膛槍進入祖魯蘭，祖魯人也無法很好地加以利用。況且由於不攜帶任何糧食，祖魯軍隊不得不在士兵精疲力竭、饑餓而死之前取得速勝。倘若在黎明之前，祖魯軍對羅克渡口最終發動一次協同攻擊，他們就很可能打破英軍防線。然而事實上，在清晨時，祖魯圍攻者已經超過兩天未曾進食了，他們的身體也處於最虛弱的狀態。

現代學者可以很輕易地嘲弄切姆斯福德那支部隊，調侃輜重的笨拙和部隊的行動遲緩。然而，是英軍而非祖魯人能夠在飽食後投入每場戰鬥，更何況他們始終擁有著充足的補給和近乎無限的彈藥和武備。英國大車也許看上去十分滑稽——十八英尺長，六英尺寬，高達五英尺以上——並且在任何地方都需要十～十九頭牛來拉動，甚至在祖魯蘭的硬地上都只能一天行動五英里。但是這樣的一輛輜重車，可以裝載多達八千磅的槍支和彈藥以及大量的飼料、食物和水。在後期的戰鬥中，任何衝進英軍營地的祖魯人，都饑餓到直接在戰鬥白熱化時打開繳獲的補給——後來從他們屍體嘴裡發現的、已經吃下的一部份食物能夠證明這點。

在非洲的豔陽下，全副武裝、行動笨拙的英國士兵形象，成了一副諷刺畫，看起來似乎英國兵都是一些脫離實際，沉溺於偏見和物質享受的人。但事實遠非如此，英國戰士遠比輕裝、敏捷的祖魯敵人更為致命。直至近年來，諸如滅絕成性的恰卡那樣的祖魯人，才開始被美國校園文化神化成某種悲劇性的、強大而致命的自由鬥士，儘管事實上他既不可怕也不熱愛自由。在非洲，真正最致命的戰士，是一名面色灰白的英軍士兵，身高稍過五英尺六英寸，體重一百五十磅，輕微營養不良。這樣的人通常是從英格蘭的工業化貧民區徵召而來，超負荷地攜帶著十磅重的步槍、背帶，沉重的包裹里有大約六十磅的食物、水和彈藥。這樣一名毫不引人注目的戰士，在戰爭中的幾乎每次作戰中，都能擊倒三名甚至更多的祖魯人。

大多數祖魯「伊普皮」沒法成為一個有凝聚力的整體去打擊敵人，祖魯士兵也沒有護甲，這就使得祖魯矛兵們即便在面對部落敵人的戰線時，也無法進行正面的衝擊。祖魯盾牌作為個人防具和武器使用，因此武士們無法組成防禦盾牆。祖魯人面對敵人只能蜂擁而上，這和阿茲特克人以小群體衝入敵人陣線進行刺殺劈砍的方式很相似。如果「伊普皮」面對的進攻者處於兵力上的優勢地位，或者意志動搖、陣形鬆散，祖魯人就能發起成功的衝鋒和包圍攻勢。但是，在面對一個要塞化的陣地或是英軍步槍手組成的防禦方陣時，整個祖魯戰線的進攻都會失利，然後在面對持續的齊射或者隨後的刺刀衝鋒時出現潰散。

即使獲得火器，祖魯人也沒能轉變其固有的戰術，少數射手們仍舊自顧自地零散開槍，而其他武士繼續用短矛進攻，毫無配合可言。儘管在一八七九年英國—祖魯戰爭前五十年裡，有大量可用槍支流入了祖魯蘭，但祖魯人從未學會戰線衝鋒或進行有序的射擊，開芝瓦約也從來沒有得到易於理解的火器裝塡發射理論。雖然馬在兩個多世紀前就被引進南非，祖魯人也只是少量使用，沒有將它們飼養繁殖起來，或是採用任何方法建立一支巡邏騎兵部隊——這使得在戰爭中，英軍始終擁有更多的機動哨探，戰後進行追擊時也擁有一支致命力量。

上述種種情況的綜合結果，往往就是這樣一種景象：祖魯人同時攜帶著傳統冷兵器和歐式熱兵器，發起雜亂無章的進攻，數以千計的戰士衝向敵人，其他的就在遠距離隨機放槍，期望以絕對的數量優勢、喧嚷和速度驚嚇或者瓦解對手。在伊桑德爾瓦納，稀疏的英軍陣線、陣形中的缺口和糟糕的彈藥供應，使得祖魯人獲得了偶然的勝利。在隨後所有其他交戰中——赫洛班（Hlobane）的夜間慘敗是顯著的例外——祖魯人毫無協同的衝鋒戰術演變成自殺行動。當這樣的進攻失敗後，祖魯指揮官也不會下達有序的撤退命令，更不用說用且戰且退拖住敵人，或者組織預備隊掩護撤退了。整個祖魯的「伊普皮」有點類似羅馬邊界上的日爾曼部落，他們輕率地從敵人眼前崩潰和奔逃，毫無準備。一旦「伊普皮」的衝鋒陷入崩潰，恐懼感就開始彌漫在戰場上。在祖魯戰爭中，數以千計的祖魯士兵都被英軍騎兵隨心所欲地用騎槍刺殺、用槍打死，或者被馬刀砍得血肉模糊。

英方記錄中，有數百起事件展示出祖魯人無可比擬的勇氣——他們以四、五十人爲一組，無畏地衝向正在迸發槍焰的加特林槍管，還有幾百名戰士在馬蒂尼—亨利步槍將強力的子彈送入他們的頸部和臉上之前，踩踏著自己人的屍體，與羅克渡口的英軍步槍手進行白刃格鬥。烏倫迪決戰的初次交鋒中，法蘭西斯·科倫索（Frances Colenso）寫道，「一名孤單的祖魯戰士，被若干槍騎兵追趕，發現自己已經無處可逃。他轉而面向敵人；絲毫沒有懼色地展開雙臂，露出他的胸膛迎向鋼鐵兵器，然後面對敵人倒下，這是一名眞正勇敢的士兵所應該做的」。（《祖魯戰爭的歷史及其源起》，四三八）在南非的部落戰爭中，祖魯人在近一個世紀裡，憑藉他們無可匹敵的勇氣、武力、速度，以及龐大的數量，成就了決定性的勝利，在那個時代他們往往是宰殺敵人的屠夫。然而，當他們與訓練有素、嚴守紀律的英國步槍手陣列作戰時，正是曾經使他們成功的模式導致了這個國家的自我毀滅。

祖魯人已經拋棄了很多南部非洲的傳統軍事儀式化行爲——投射戰爭，表演式競爭，爲贖金而俘虜，但開芝瓦約仍舊認為，即將到來的與英國的戰爭是一次簡單的軍事武力展示。在他的思維裡，他的軍隊只需戰鬥「僅僅一天」，然後就能與英國人達成協議。如果這位祖魯領袖同時審視過伊桑德爾瓦納的勝利和羅克渡口的失敗，他們很可能會丟棄整個傳統作戰方式，發起一場游擊戰爭，伏擊行進途中的英國輜重車隊，並不惜一切代價避免攻擊工事完備的英軍陣地和步兵方陣。戰爭爆發時，開芝瓦約似乎已經感覺到，假如他們避開掘壕固守的英國步槍手，只在夜間、運動中或者出其不意的情況下與歐洲人作戰的話，那麼一切有利因素都會傾向祖魯人一邊。

和英國對手相比，祖魯人擁有更為龐大的軍隊，熟諳地形，而且已經得到了三支英軍部隊前進方位的明確警告。此外，祖魯蘭缺少公路，大部份地區未被繪入地圖，河流溪流交織流淌，間以遍地的丘陵、溪穀及峽谷——這樣的地形幾乎無法讓滿載的車輛通行，即使是在好天氣下也不可能一天行駛超過五英里。倘若祖魯人不斷攻擊英軍輜重部隊，很有可能令英國軍團因補給難以為繼而深陷敵境，最後，英國人很可能退出這場戰爭，畢竟無論是身處倫敦的首相，還是總參謀部的官僚，都無法對這些部隊進行實際上的支援。然而，習俗、慣例和傳統還是促使祖魯「伊普皮」的角、胸、腹陣線如往常一樣發動進攻——所以這些武士也如往常一樣，遭到英軍步槍手的成批屠戮。

自恰卡統治以來，祖魯人以對王室命令的服從而聞名——這個殘忍的國王習慣於絞殺在他出現時打噴嚏、發笑或僅僅是看著他的人，雖然如此，祖魯國王無處不在的恣意懲罰從長期來看是在削弱祖魯的凝聚力和核心控制力。從丁希斯瓦約和恰卡到開芝瓦約，幾乎每位主要的祖魯領導人都被謀殺，最後這一位也很可能是在英國征服祖魯後被毒殺而死。開芝瓦約的父親姆潘德在位超過三十年（一八四〇～一八七二年），最終獨自死在熟睡之中，算是罕見的善終。但這樣的美好結局，是在他晚年放棄對於自己「伊普皮」的大部份權力，並將其轉交給他的兒子之後才享受到的。

英軍的情況則與此相反。他們通常按成文的法律和條例執行判決，鞭打和囚禁的刑罰都是依法有據。士兵們或多或少都明白他們會碰到什麼，在英軍中，無論罪犯級別高低，均可得到相對統一而可以預測結果的司法審判，每個人都擁有不受恣意處刑的權利。就絕大多數情況而言，官兵們服從命令是因爲相信其合理性，而非因爲畏懼。沒有英國軍官或治安官擁有祖魯或阿茲特克國王式的、淩駕於下屬之上的絕對權力。英格蘭的小型專業軍隊，比之開芝瓦約雲集千萬的「伊普皮」更能代表國民軍事組織：前者將軍事生涯理解爲公民習慣和價值觀的體現，後者的社會卻是軍隊的影子而已。雖然英國擁有千百萬人口，但其軍隊規模卻很小，而即使是女王本人也不能未經任何審判就對某名士兵施加刑罰。

勇氣並不是戰爭獲勝的一定要素

英軍的傳統

在一八七九年，世界上還存在著比英國殖民軍規模更大、組織更出色的歐洲軍事力量——尤其是在法國和德國。殘酷的美國內戰（一八六一～一八六五年）和短暫而激烈的普法戰爭（一八七〇～一八七一年），宣告了大規模騎兵和緩慢行進整齊戰列戰術的終結。機槍、新式連發步槍和榴彈摧毀了王公們最後的貴族自負情懷，開啓了近現代工業化戰爭的黎明。與此相反，英軍在滑鐵盧（一八一五年）之後進行的殖民戰爭，除了個別例外（比如災難性的一八五四～一八五六年克里米亞戰爭），對抗的敵人都沒有現代化的武器、精心打造的要塞或者複雜的戰術。結果便是英軍成為一支特別的反潮流的軍隊，他們越來越發現自己被排除在時代之外，遠離現代西方大規模徵召並裝備新兵的策略。維多利亞式軍隊反映了英國社會的等級劃分，在海軍中這一點尤為明顯。由於英國軍隊沒有受到其他更現代化的歐洲和美洲軍隊的挑戰，因此直到最後一刻都沒有拋棄過去時代的戰術，並且仍舊以血統出身而非功績作為晉升的首要標準。

只是在祖魯戰爭前十年，英國戰爭部次長愛德華．卡德韋爾（Edward Cardwell）才進行了一些有意義的改革嘗試，比如取消軍官職位的購買，改善入伍條件，並力推採用現代步槍、火炮和加特林機槍。然而直到一八七九年，仍然只有十八萬英國士兵——遠少於羅馬帝國的二十五萬——鎮守一個跨越亞洲、非洲、大洋洲和北美的帝國，在這個帝國內部，混亂頻頻出現在印度、阿富汗、南非和西非。英軍的問題，並不僅僅在於數量不足和內在的等級偏見。這支軍隊還承受著長期債務危機的折磨——這導致薪餉不濟和武器過時。即使在禁止貴族逐級購買軍官職位後的十九世紀晚期，相當多的軍官還是些思維僵化保守的老古板，他們懷疑地看待科學以及隨之而來、促成社會工業化的機械專業。儘管指揮蹩腳和缺乏資金，傳奇式的紀律和訓練還是挽救了英軍。大英帝國仍舊擁有一支非常有效的國家軍隊。絕大部份英國紅衫軍，比世界上其他任何國家的軍隊都更加訓練有素、積極求戰。當組成他們著名的方陣時，這些軍人能進行持續、精准而致命的步槍火力齊射，是歐洲乃至全世界當之無愧的最好的士兵。

在羅克渡口攻勢之前的幾分鐘裡，沒有一名英國正規軍士兵在數千祖魯人接近前加入殖民者和土著部隊的逃竄行列。相反，不到一百名能夠行動的人，在十六小時內倚靠圍牆連續射擊超過兩萬發步槍子彈。在此前幾個小時的伊桑德爾瓦納血戰中，英國正規軍第二十四團幾乎所有正規連隊都在原地覆滅，而不是逃之夭夭。一名參與屠殺的祖魯老兵烏胡庫後來這樣回憶英軍最後的頑抗：

他們被包圍得水泄不通，背靠背站立著，把一些人環繞在中間。他們的彈藥現在打完了，除了一些近距離還能打到我們的左輪手槍。我們從短距離上投擲阿塞蓋短矛，殺死很多人後才能破壞方陣。我們終究用這個方法戰勝了他們。（F．克蘭恩索，《祖魯戰爭歷史及其源起》，四一三）

祖魯人到達羅克渡口前一刻，查德中尉的人射殺了一名和史蒂芬森上尉的納塔爾土著分遣隊一起逃竄的歐洲軍士。查德覺得沒有必要在報告中提到這次射擊，英國軍官團也承諾不調查這次行爲，畢竟這明顯是擊斃擅離職守的殖民地軍士的公正舉動。後來，加尼特．沃爾斯利爵士（Sir Garnet Wolseley）甚至批評了在伊桑德爾瓦納英勇拯救女王軍旗的兩個人——梅爾維爾和科格希爾少尉。沃爾斯利的觀點是，當麾下被圍攻的士兵還活著並仍在戰鬥的時候，英國軍官在任何情況下都不能離開營地。在步兵抵抗崩盤後，逃離伊桑德爾瓦納的少數騎兵部隊後來順理成章地受到了質疑。

在通比河（Intowbi River）那場較小的災難過後，哈瓦德中尉由於在麾下士兵被祖魯人包圍時自己跑出去求援，受到了軍事審判。儘管哈瓦德被軍事法庭宣佈無罪，沃爾斯利將軍還是堅持要將他的異議在全軍各團前進行宣讀。沃爾斯利厭惡一名英國軍官拋棄自己的士兵卻只是抱歉了事的想法，他闡明了自己對軍隊傳奇式紀律核心的信任：

一名軍官越是發現他的隊伍處境無助，就越應該忠於職守與他們共命運，不論結局是好是壞。因為英國軍官的地位為世人所尊敬，他在軍隊士兵中擁有相當的影響力。士兵們會覺得，不論發生什麼事情，自己在危機中能夠絕對信任的是軍官，任何情況下軍官都絕不會拋棄士兵自己逃走。我們軍事史裡記載的大多數英勇行為，應歸功於這種英國士兵對軍官的信任；由於這項軍事法庭的判決動搖了信念的根基，我覺得有必要將我對該判決的重要異議正式公佈出來。（D·克萊莫爾，《祖魯戰爭》，一四三）

英國軍隊的主力會組成横隊和方陣。在横隊當中，每列有三到四排士兵——通常分別俯臥、跪地和站立——這些士兵按照命令輪流開火、裝塡，五到十秒鐘後再次開火。即使是使用單發的馬蒂尼—亨利步槍，整個連隊準確的射擊次序依然能夠確保近乎穩定的彈幕覆蓋。而如同盒子般四角爲直角的方陣，則能夠保證輜重處在安全的中心位置，庇護傷患和預備隊——方陣的完整性保證沒有英國士兵會在陣形邊沿的任何一點逃跑。爲了確保對火力的控制，英軍時常會在戰場上每隔一百碼的距離上打下木樁，讓槍炮軍士修正開火順序，讓步槍手校準目標。

英國槍騎兵對祖魯人的屠戮，同樣因其訓練有素的周密步驟而顯得可怕：

劍橋公爵屬第十七槍騎兵團是個充滿驕傲的部隊。「犧牲或光榮」是他們的座右銘，巴拉克拉瓦（Balaclava）戰役中的英雄表現是他們曾獲得的榮耀。德魯里—勞（Drury-Lowe，該團團長）將他們精心排好，就像是在閱兵一樣……看著身穿藍色制服、臉龐白皙的騎手們跨在高大的英國馬上，他們看上去像是機器一般，制服規整一絲不亂。德魯里—勞領著他的團呈縱隊前行，當地形抬升時，他下達命令：「小跑—組成中隊—組成橫隊！」然後，將士兵排成兩列縱深，「快步跑！」戰馬向前騰躍，然後當鋼鐵騎槍隨之向前時，三角旗搖曳招展，「衝鋒！」接著步兵在方陣中爆發出喝彩。這個騎兵團迅速追上撤退的祖魯人，騎槍也像阿塞蓋短矛一樣毫不留情，騎手攻擊一個又一個祖魯武士，槍起槍落，無情地刺穿著敵人的身體。（D·克萊莫爾，《祖魯戰爭》，二一四）

何謂西方式紀律？

遭到攻擊時，展示勇氣是任何戰士共同的美德。無論來自哪裡，任何戰士都能表現出不同尋常的英勇。在服從指揮的同時又能展現勇氣的特徵，也並非西方軍隊獨有。原始部落和文明化軍隊都從恐懼乃至戰士們對首領、將軍、國王或獨裁者的敬畏中獲得勝利。在羅克渡口英國基地的北部圍牆上，緊抓紅色的馬蒂尼—亨利步槍槍管的祖魯人，和幾秒鐘後用點四五口徑步槍彈沉著地將他們撕成碎片的英國人一樣勇敢。祖魯戰士幾乎和英軍士兵一樣服從自己將軍的指揮，他們無所畏懼地用人浪衝擊著駐防陣地。

然而到最後，是祖魯人——只要國王點個頭，他們就會被處決——而不是英國人，逃離了羅克渡口：

這看起來很矛盾，為何進攻中如此英勇的人，會在行動最終失敗後驚慌逃竄。不過這對祖魯人而言似乎也並不矛盾。對他們來說，如果其進攻最終失敗，他們就會認為，逃走是理所應當的事了……一旦一個人開始逃離戰場，影響將會蔓延全軍。就連恰卡自己的團，有時也會逃跑。這就是祖魯人戰鬥的傳統結局。他們要麼摧毀敵人，要麼就是以潰逃收場。（R·伊格爾頓，《他們像獅子一樣戰鬥》，一八八）

在羅克渡口戰役的幾個小時以前，大多數「伊普皮」在伊桑德爾瓦納取得他們最大的勝利後，就帶著戰利品解散回家了——相反，六個月後英軍在烏倫迪屠殺祖魯人之後，兇殘的英國槍騎兵連續若干小時追殺踐踏敗逃的祖魯軍隊，根本不停下來休息。為什麼勇敢又順從的祖魯人在勝利或失敗之後，和同樣勇敢且順從的英國士兵相比缺乏紀律呢？

從古希臘時代起，西方人就在探索，怎樣能將個人的勇敢、對領袖的服從，與更廣義上的來自紀律、訓練與平等主義的更為制度化的勇氣區分開來。自希臘化時代的傳統開始，歐洲人便已經著手將所謂的不同勇氣類型，從個人行動的大膽輕率一直到將整條戰線凝聚起來的共有勇氣構造成一個層級體系——按照他們的說法，前者只會偶爾成為贏得對手的原因，後者才是取得長久勝利的關鍵。

舉例來說，根據希羅多德在普拉提亞會戰（Plataea，公元前四七九年）後的記載，斯巴達人沒有獎勵阿里斯托得穆斯（Aristodemus）的勇猛，後者因為在溫泉關沒能參戰而受辱，就在此戰中直接衝出己方陣列，近乎自殺式地攻擊波斯人。相反，斯巴達人給予波西多尼烏斯（Posidonius）很高的評價，因為他勇敢地和同伴一起在方陣中戰鬥而「沒有盲目求死」（希羅多德，《歷史》，九・七一）。希羅多德暗示阿里斯托得穆斯並沒有理性地戰鬥，這名瘋狂的戰士之所以如此作為，只是因為去年夏天，他因故錯過了在溫泉關光榮戰死的機會，被人認為失去榮譽而想加以挽回而已。

古希臘對於勇氣標準的建立，與訓練和紀律密不可分：重裝步兵憑藉冷酷的理性而非狂熱戰鬥。一個合格的重裝步兵理應珍愛自己的生命，並且樂於為城邦奉獻一切。他在戰鬥中取得勝利的標準，並不在於他殺了多少人，或者展示了多麼了不起的個人勇武，而在於他能在多大程度上幫助戰友前進，或是戰敗後如何保持秩序，以及在遭受攻擊時能否保持陣形。

對群體神聖性的強調，不僅僅是斯巴達人的精神，也是通行於整個希臘城邦世界的普遍法則。在古希臘文學作品中，我們可以頻頻發現關於士兵之間團隊凝聚力的相同主題——只要獻身保衛自己同胞和文明的事業，所有的公民都能夠成爲優秀的戰士。修昔底德的《伯羅奔尼薩斯戰爭史》第二卷中，雅典將軍伯里克利斯在葬禮演說上提醒公民大會，眞正勇敢的人並非那些狂暴的人，這些人「只因處在邪惡的狀態下，便有了不珍惜自己性命的最佳藉口」。這種人，按他的說法，「不奢望過上更好的日子」。當然，眞正的勇氣則體現在「那些即使承受著災難，其表現得也相當與衆不同的人身上」。（《伯羅奔尼薩斯戰爭史》，二・四三・六）

我們從希臘著作裡，瞭解到堅守行列、一致行動和嚴守紀律的必要性，這些因素遠比單純的力量和勇武重要得多。普魯塔克寫道，士兵們攜帶盾牌是「爲了確保整條陣線的利益」（《道德論集》，二二〇A）。眞正的實力和勇氣，是帶著一面盾牌屹立在陣列中，而不是在捉對廝殺裡殺敵無數並成爲史詩和神話的良好素材。色諾芬告訴我們，這樣的團體凝聚力和紀律，來自自由擁有財產的業主們：「戰鬥和下地幹活一樣，離不開他人的幫助」（《家政論》，五・一四）。會被懲罰的只是丟棄盾牌、破壞陣形或是引發恐慌之輩，而絕不是那些沒能殺夠敵軍的人。

相似的，西方人在看待裝備華而不實、高聲嚎叫或是發出恐怖雜訊的部落戰士時，如果對手在這樣的展示中，沒有秩序井然的行進以及對行列的保持，那麼他們的眼神裡也只有蔑視。「可怕的外表可不會造成什麼傷害」，埃斯庫羅斯如是說（《七雄攻打底比斯》，三九七—三九九）。修昔底德描寫斯巴達將軍伯拉西達進攻伊利里亞村民時的演講，是西方在古代對部落式戰爭的輕蔑總結：

進攻開始時，他們會給沒見過他們的人帶來恐懼。他們的人數似乎多得可怕；他們的高聲叫喊令人難受；他們在空中揮舞兵器的方式很是嚇人。但是當他們遇到那些能夠堅守陣地，抵抗他們進攻的軍隊的時候，事情就完全不同了。他們作戰時毫無秩序；他們沒有固定的陣形，因此一旦他們的軍隊在作戰中受到壓迫，他們並不羞於放棄自己的陣地；既然逃跑和進攻一樣不失榮譽，他們的勇氣甚至永遠難以經歷考驗……這種烏合之眾，一旦他們的第一次衝鋒遇到堅強的抵抗，他們便會退去，遠遠地發出威脅，以誇耀他們的勇敢；但如果對手在他們面前退卻的話，他們就會迅速地進行追逐，極力利用他們的優勢，表現他們在沒有危險的時候是多麼勇敢。（《七雄攻打底比斯》，四・一二六・五—七）

在進攻強固的陣列時，祖魯人遠比伊利里亞人能堅持到底；儘管如此，修昔底德對於戰場上兩種不同行為——叫喊、虛張聲勢，與堅守陣線（所謂的「常規戰鬥秩序」）的對比，套用到英國—祖魯戰爭上也並不顯得過時。在這兩場相隔千百年的戰爭裡，能夠以陣形進行操練、接受並執行命令、服從中央指揮鏈的士兵，在戰鬥中更可能以團隊和陣列的方式共同行進、停止和撤退。時間將證明，這樣有序的戰鬥體系，相比一群隨意進退的亂軍，能更有效地殲滅敵人。

古典時代的範例

亞里斯多德作為希臘時代思想家中的典型，解析了勇氣的特性，對其與利己主義、服從和紀律的關係進行了最為系統化的分析。在解釋為何某些類型的勇氣比其他的更可取、更具永恆性（跟國家的理念和對政府的信賴不可分割）這個問題時，他幾乎與其他希臘思想家都所見略同。他謹慎地分析了五種軍事行動中的勇氣，並將其中之一公民勇氣放在優先位置。這種勇氣只屬於公民士兵，因爲在國家與同胞公民們面前，他們不希望表現出懦弱的一面，而且他們還渴望獲得公眾給予無私奉獻之人的榮譽認可。「人」，亞里斯多德附和伯里克利斯的說法，「勇敢起來不應當是被迫的，勇氣本身就是高尚的事物。」（《尼各馬可倫理學》，三．八．五）

亞里斯多德同樣認可第二類明顯的勇氣，那就是訓練有素或裝備精良的士兵能具備的勇敢，這種勇敢源於他們握有的物質優勢。但是他警告人們，這些據稱是勇敢的人可能名不副實：一旦他們短暫的優勢消失，很可能就會逃離戰場。此外，亞里斯多德承認第三類表面上的勇敢，常常被誤認爲眞正的勇氣：這種勇敢是那些瘋狂的戰士所具備的狂熱之勇，他們毫無理性，因爲痛苦、癲狂或暴怒而戰鬥，對於死亡或同伴的福祉毫不關心。這同樣是一種曇花一現的勇氣，當魯莽的勁頭停住時，它就會消失得無影無蹤。

亞里斯多德眼里的第四和第五類勇敢，儘管分別來自盲目的樂觀主義和無知，同樣也能夠滿足關於勇氣的準則。有些人在戰爭中表現出英勇，僅僅是基於錯誤的認識，因此也難以長久。有的人勇敢則是因爲他們以自己的偏好判斷事物，相信此時命運站在自己這一邊；然而此類戰士往往會對戰場形勢做出錯誤的估計，同時他們也沒有意識到，有利條件是變化無常的，可能在幾秒鐘之內就徹底改變。無論何種情況，他們的勇氣都不是基於價值觀和內在特點，更不是來自有序產生的精神支撐，因此無法持久，在戰鬥的白熱化階段也不夠穩定。

由此類推，某些人在無知狀態下的勇猛戰鬥，只是因爲他們錯誤地感覺優勢在自己一邊；一旦他們意識到自己身處險境，他們馬上就會逃離戰場了。與樂觀主義者的情況一樣，這種無知無覺的狀態帶來了相對的勇氣，卻無法形成一個絕對的價值觀。柏拉圖在他的對話錄《論勇氣（*Laches*）》中，表達了同樣的觀點，在書中他借蘇格拉底之口辯稱，眞正的勇氣，是士兵在行列中奮戰和維持陣列的能力，即使他知道將要面對怎樣的逆境也毫不退縮——這和那些看似英雄的人，只因爲所有條件都有利於他時才奮勇作戰形成了鮮明的反差。

在西方文明體系裡，人們很早就將紀律的理念制度化為堅守陣列和服從長官的行為，在他們看來，長官們的權威來自憲法賦予的權利。雅典少年們——那些守衛比雷埃夫斯港（port of Piraeus）和阿提卡（Attica）內陸地區的年輕新兵，會進行一年一度的誓約儀式，其中包含如下的承諾：「無論我身處戰線哪個位置，我都不會拋棄戰友……任何時候我都準備好服從明智行使權威的人，服從已經公佈施行和未來將會生效的審慎明智的法律。」（M．陶德，《希臘歷史銘文》（牛津，一九四八）第二卷，二〇四）像色諾芬和波里比烏斯這樣的作者，將軍隊比喻成一連串牆壁組成的壁壘，每一面牆都是一個連隊，每塊磚都是一名士兵——是紀律的砂漿將士兵和連隊固定在準確的位置，確保整個壁壘的完整性。用色諾芬的話說，缺乏紀律約束的軍隊一團混亂，「像一群人離開一個劇院時一樣」。（《論騎兵指揮官》，七．二）古典時代的文化不鼓勵民兵畏懼掌權者，也不煽動魯莽衝動之勇。士兵們在戰鬥中的位置和移動，以及頭腦和精神上對指揮的接受程度，都應當是可預見的。在戰鬥的高潮階段，所有人在面對死亡時，都可能會丟掉對國王的敬畏。勇敢——如亞里斯多德所言，也可以成為易變的情緒。哥薩克人就像現代軍事史學家筆下的遊牧戰士一樣，在追擊中膽大妄為，但是當角色反轉，他們在發現自己與敵軍部隊展開衝擊戰時，則變成了可憐的膽小鬼。

羅馬軍團走得更遠，他們試圖將公民的勇氣與官僚制度結合起來，通過訓練、緊密陣形中士兵的密切聯繫、軍團制度以及否認個人勇武的態度達到這一點。在羅馬，公元一世紀初的著名猶太史學家約瑟夫斯對羅馬人的戰場優勢曾做出過評論，這段評論相當著名，時常為人引述：

> 倘若你看到羅馬軍隊的行動的話，就能理解，這個帝國完全是他們的英勇所造就的，而不是命運的賜禮。他們不會等到戰爭爆發才來操練武器，也不會在和平年代無所事事，只在需要的時候才動員起

來。完全相反，他們似乎出生時手中就拿著兵器；他們絕不會中斷自己的訓練，或是等到危急時刻才行動……他們的演練就像不流血的戰鬥，他們的戰鬥則不過是血腥的演練。（《猶太戰爭》，三．一〇二—一〇七）

近四百年後，韋格蒂烏斯在公元四世紀撰寫了一本羅馬軍事體制手冊，他再次將訓練和組織視爲羅馬取得勝利的根基：「確保勝利的不是單純的數量和天生的勇氣，而是技巧和訓練。我們可以看到，羅馬人民之所以能夠征服世界，無非是因爲他們在軍營裡進行訓練，在戰爭中進行實踐。」（維格蒂烏斯，《羅馬軍制論》，一．一）韋格蒂烏斯的著作在法蘭克和其他中世紀西歐日爾曼君主中相當流行，因爲他強調建立嚴守紀律的陣線和縱隊來進行戰爭。在蠻族君主的眼中，他的作品展示了如何恰當引導條頓式的狂熱戰士，將其轉變成精力充沛但嚴守紀律的步兵。

操練，佇列，秩序和指揮

源自歐洲軍隊的紀律是通過訓練和機械記憶來制度化一種獨特勇氣類型的嘗試，這種紀律能夠在士兵穩定佇列、保持秩序時得到最好的體現。西方人執著地熱愛操練密集隊形，這並非是沒有道理的：倘若戰場上局勢不妙，所有人都想要逃跑的話，訓練和信仰就能阻止這種集體潰逃的發生。解決問題的關鍵，並非在於讓每個人都成爲英雄，而是創造出一群戰士，他們在總體上比缺乏訓練的人更能勇敢面對敵人的衝鋒，即便激鬥正酣時還能服從上級命令，並始終忠誠保護自己的同袍。他們對永久性的、持續存在的公民體系保持著不變的順從，而非追隨某個暫時性的部落、家族或友人。

人們怎樣獲得紀律，然後又將其保持若干世紀之久？古希臘、羅馬和後來的歐洲軍隊，從訓練體系以及士兵—國家間的明晰成文協議中找到了答案。十七世紀的指揮官，比如拿索的威廉·路易（Willian Lonis of Nassau），他將歐洲人集中使用火力的傾向，和古希臘羅馬作者筆下強調維持緊密方陣與軍團的戰術直接聯繫起來。秩序井然的行軍方式，以及組成戰線的能力，都帶來了直接而更爲抽象的優點。當軍隊以密集陣形移動時，能實現更快速和有效的部署，傳達命令也更爲便捷。密集縱隊和橫隊的陣形是火力集中化的基礎，這兩種佈陣方式使得步槍隊的持續齊射成爲可能。此外，訓練體系本身還能從思想意識上強化士兵對命令的貫徹程度。與戰友同步前進的意願，來源於一名西方士兵對指揮官命令迅速而準確的執行。如果一名士兵能在陣列中找到自己的位置，與同伴一起協調前進並保持行列的話，這樣的人相比那些無紀律的雜牌兵，肯定更能服從其他關鍵性命令，在良好的指揮下使用武器，最終徹底擊敗敵人。

西方人特別強調一種奇特的觀念，即適時集中兵力：

> 但事實上很明顯的是，這種密集陣列的操練方式，並沒有出現在大多數國家的軍隊和軍事傳統中。從世界範圍看，古代的希臘人和羅馬人，以及近現代的歐洲人利用心理效果來適時集中兵力、保持團隊的方法，只是一個特例而已，並非軍事史上的通行原則。那麼，為何歐洲人在發掘密集佇列操練的非凡潛力方面，擁有一技之長呢？（W·麥克尼爾，《始終在一起》，四）

麥克尼爾（W.Weil）繼續給自己的問題提供了各種各樣的答案，但他整個探討的核心依舊是公民社區理念，或者說，是自由人與軍事組織達成協定，由此獲得相應的權利並承擔對等的義務。在這樣的環境下，即使是高度個人主義的西方人，也不會將軍事訓練看作是壓迫，而是將其當成平等主義的體現——在這樣的訓練中，所有背景各異的士兵，都被轉化成身著制服，外觀統一而行動一致的整體，此時個人特徵和差異化的地位都暫時消失了。麥克尼爾相信，訓練在很大程度上是「古代希臘羅馬自由概念的印記，是積極的、共用的公民權」。我們可以補充的是，在希臘重裝步兵方陣的密集佇列中，每個人都佔據著一個與其他人相當的位置，就像在公民大會中的情況一樣，每個男性公民都具有和其他人一樣的權利——古希臘鄉村從根本上促進了平等主義，那裡農場星羅棋佈，沒有大地產的存在。

如果要舉一個更爲現代的例子的話，這就像青少年們進入佛吉尼亞軍事學院（簡稱VMI）的新生班級的情況一樣。在那裡，他們馬上會被剃掉頭發，拋棄平民的服裝，並且學習如何步調一致的行進和操練——在這裡，他們的等級觀念、種族思想與政治態度都消失了，一切元素統統都融入軍校生統一外觀、步調一致的高唱頌歌的佇列中。即使是最兇暴的街頭流氓或摩托車匪幫——他們帶著烏茲衝鋒槍，多年來在對抗同類暴徒中積累了豐富的槍戰經驗——他們依舊是一群烏合之眾，無法在戰鬥中抗衡武裝起來的ＶＭＩ學員團。和暴徒相比，ＶＭＩ學員中或許沒有人品行不端留下前科，或是在盛怒之下射殺過他人，但他們依舊擁有更強的戰鬥力。當然，這些學員與納粹德國或史達林蘇聯軍隊裡走正步的步兵相比，仍然有不同之處，那就是他們完全明白自己的服役狀況，同時軍法體系也會保護他們不受隨意的懲處——與此同時，這些人也同意，倘若他們恣意妄爲地使用暴力，就會受到重罰。這就是訓練和紀律的力量，通過文明的洗禮，人們從部落式和血親家族式的義務體系中，昇華出公民軍隊的忠誠理念。

以某種觀念來說，在行列和陣形中進行戰鬥的方式，恰恰是西方式平等主義的基本表現，在思維一致、訓練有素的同伴組成的磨滅個人特質的方陣中，戰場外所有的等級差異都消失得無影無蹤。我們可以推測，在第一次布匿戰爭中迦太基人雇用斯巴達戰術大師科桑西普斯（Xanthippus），和十九世紀後期日本人徵召法國和德國野戰教官的行為，是基於同樣的理由：不論是方陣兵還是步槍手，他們試圖創造出自己的士兵，希望這些戰士能夠在行列中操練和前進，以西方人的致命方式進行戰鬥——羅馬人和美國人都很快發現了迦太基人和日本人的進步。約二千年前的韋格蒂烏斯，就概述了西方軍隊中這種強調訓練的獨特狀況：

對新兵進行軍事訓練之初，就應當進行走正步的操練。這樣做的原因，是因為無論行軍時還是戰鬥中，首先要勤加注意的，便是始終使全體士兵保持一致的步伐。要達到這樣的境界，只有依靠堅持不懈的操練，如此才能使士兵們學會在快速運動的同時保持陣形。如果一支部隊在遭遇敵人時被分割，而又不能保持嚴整的隊形，那將是非常危險的事情。（《羅馬軍制論》，一．一．九）

歐洲人軍事紀律傳統的核心就是對防禦的強調，或者說正如我們在希羅多德的著作中所見到的，歐洲人相信，士兵堅守在佇列裡的行為，遠比成為一名優秀的殺手更為重要。亞里斯多德在《政治學》（七．一三二四b，一五ff）中，講述了非城邦人民的古怪風俗，這些人都異乎尋常地注重殺死敵人——斯基泰武士在殺死一個人之前，不能從一個儀式性的杯子中飲酒；伊比利亞人將尖刺環布在武士墳墓的四周，代表他們在過去戰鬥中殺死敵人的數目；在交戰中砍倒一個人之前，馬其頓人都必須在腰間綁韁繩而不能掛腰帶——這些與城邦人民的習慣形成了鮮明對比。祖魯軍隊同樣遵從古老的部落傳統，戰士接受柳條編成的項鍊，後者標誌著一名戰士得到證實的擊殺敵人的數目。

就像亞里斯多德也曾指出的那樣，西方軍隊強調的內容包括防禦時的凝聚力——這種凝聚力與軍隊的訓練和秩序有著緊密的聯繫，同時也對保持陣地或陣形的完整極端重視。西方軍隊中所有的軍事條例都清楚表明，懦夫是不顧形勢逃離陣形或是拋棄佇列的人，而非沒能成功殺敵達到某一特定數字的人。一名阿茲特克戰士，靠著擊倒和捕獲一連串的貴族俘虜來建立威望；而一名西班牙的火槍手或長矛手，則以保持在戰線中的位置爲自己的最高使命，對他來說，自己保持橫隊或縱隊的協同一致最爲重要，他應該支持己方的隊形，幫助整支軍隊默默地碾碎敵人的陣列。在祖魯戰爭中，英國人和祖魯人一樣，有其固定的進攻模式，戰鬥的方式也可以被預見。然而，英國人的軍事體系突出陣形、訓練和秩序，並將能夠維持以上這些軍事要素的人視爲戰場上的勇者。從理論上來說，士兵應該作爲一個整體進行戰鬥——他們發動齊射，有秩序地進行集群衝鋒，沒有命令絕不後退，從不輕率地發動追擊，也不會在追擊時花費太長的時間——這樣的軍人，才能擊敗敵人，取得勝利。

一八七九年的英國—祖魯戰爭，爲祖魯式勇敢與英國式紀律的較量，提供了極好的注腳。然而，儘管祖魯軍人經常被描述成像英軍一樣英勇的戰士，卻沒人會聲稱他們是擁有紀律的士兵：

> 關鍵的發明是國家的產生，也就是用公民社會取代血親家族的社會。公民政府是文明與野蠻的分界線。只有真正意義上的國家，才能支撐起龐大的軍隊。同樣只有國家才能用紀律約束人民，使其成為士兵而非蠻勇的武士。唯有政府能指揮士兵走向戰場，而非要求武士參加劫掠；也唯有政府才能懲罰拒絕作戰的人……原始部落的戰士，缺乏有組織且結構完善的政府的支撐。這樣的野蠻人不願屈從於紀律，也沒有能力或者耐心服從明確的指揮。他只能從捕殺動物的過程中，學習到某些膚淺的戰術準則……同時他也太過關注眼前的戰鬥，而無法從長遠考慮，策劃戰役的進行與發展。（H・特尼—海伊，

《原始戰爭》，二五八）

羅克渡口的參戰者中，有十一人獲得了維多利亞十字章——幾乎每十個參戰士兵中就有一人得到了這一獎勵。儘管我們有若干目擊材料顯示，英軍的神槍手們遠距離射殺了大量的祖魯人，但並沒有人因爲殺人的數量而獲獎。現代評論家認爲，這樣濫發獎勵的行爲，正是爲了緩解伊桑德爾瓦納災難帶來的負面情緒，同時消除公衆對英軍士兵戰鬥能力的質疑，這種質疑在維多利亞時代可謂極其常見。至於眞實情況，或是或否，沒人能說清。然而，在漫長的軍事歷史中，很難再出現和羅克渡口相似的例子：一支兵力處於一比四十劣勢的軍隊，在敵人的圍攻中非但能夠存活下來，而且每損失一個防守者，便能殺死二十名進攻者。當然，在那個年代裡，世界的其他地區幾乎沒有和歐洲士兵一樣訓練有素的戰士，絕大多數歐洲士兵在戰場紀律方面，也難以匹敵十九世紀末的英國紅衫軍，他們才是眞正意義上精銳中的精銳。

個人主義

中途島，一九四二年六月四日～八日

在人民不能獨立自主地生活，而被專制統治所支配的地方，不可能存在真正的軍事力量，這樣的民族僅僅是在表面上善戰罷了……因為一旦人們的靈魂遭到奴役，對於讓自己承擔風險去增強別人力量，他們顯然不樂意拋棄一切去執行這樣的任務。相比之下，獨立的人民是在為自己而非他人的利益冒險，因此他們願意並且渴望直面危險，因為他們自己能享有勝利的獎賞。因此，制度的設計，對軍隊能夠展現出的勇氣來說意義重大。

——希波克拉底，（《論空氣、水和環境》，一六，二三）

漂浮的地獄

中途島海戰的第一天，亦即一九四二年六月四日的早晨，海戰史上最大的航空母艦會戰正如火如荼地進行著。在大洋上，有兩處死亡之地尤爲引人注目，其中之一，是正在遭受美國俯衝轟炸機空襲的四艘日本航空母艦。當敵襲不期而至時，日本帝國海軍所有的飛機都停放在甲板上加油和重裝彈藥。汽油箱、高爆炸彈和各類彈藥散落在甲板上，它們都因爲日本人的大意，暴露在美國人投下的、雨點般的五百磅重和一千磅重的炸彈之下。至於機庫甲板下方，各種軍火和魚雷的放置同樣亂成一團。緊張忙亂的船員們還在徒勞地努力，試圖將飛機上計畫用於中途島登陸進攻的武器裝備換下來，換上合適的彈藥。日本人的偵察機剛剛發現在東面不到二百英里外巡弋著美國航母艦隊，因此南雲忠一中將（なぐも ちゅういち）正試圖對其發動一次突然襲擊，然而並沒有預案。

現在，這些日本航母處於易受攻擊的罕見狀況下，如果一發一千磅重的炸彈命中甲板——上面滿是加好油料、全副武裝的戰機，那就會引起一連串的爆炸，最終令整艘船化爲灰燼，並在數分鐘內沉入海底——只要兩分鐘，一千磅重的爆炸物便能摧毀工人們五年辛苦工作的結晶，讓六千萬磅鋼材打造的艦隻化爲烏有。中途島海戰期間，日本帝國的戰鬥序列中，包括了三艘重要的航母——赤城號、加賀號和蒼龍號，它們都是在之前六個月裡三場戰鬥中連續獲勝的老兵。此時此刻，恰好在這幾艘戰艦毫無防備的情形下，美軍轟炸機從兩萬英尺高空開始急速俯衝而下，而下方的日艦卻完全無法觀測到它們的到來。在一九四二年六月四日上午，十點二十二分到二十八分，在這不到六分鐘的時間裡，日本航母艦隊中最令人驕傲的幾艘戰艦全部葬身火海，而第二次世界大戰太平洋戰場進程也由此被迅速扭轉過來。與那些歷史上的偉大海戰——阿提密喜安（Artemisium，公元前四八〇年），薩拉米斯（Salamis，公元前四八〇年），亞克興（Actium，公元前三一年），雷龐多（Lepanto，一五七一年），特拉法爾加（Trafalgar，一八〇五年），還有日德蘭（Jutland，一九一六年）的情況不同，中途島海戰是在開闊的海洋中進行的：無論船員是否被燒傷，一旦他們失去了在海上的安全平臺而孤立無援，很可能就永遠都無法找到海岸或是小船來逃生了。

排水量三萬三千噸的加賀號，以及其上的七十二架轟炸機和戰鬥機，很可能首先遭到了美軍VB—6和VS—6中隊二十五架SBD無畏式俯衝轟炸機的進攻，領軍的是美國企業號航母上技藝高超的韋德・麥克拉斯基（Wade McClusky）少校。九架麥克拉斯基指揮的戰機衝破了可怕的對空防禦炮火，直指日艦。隨後，所有這些戰機以超過每小時二百五十英里的速度俯衝向下，開始投彈。四發炸彈命中了目標。日軍的飛機本來已經加滿油，掛齊彈藥準備起飛，但在短短幾秒鐘後，這些戰機開始爆炸，飛行甲板上滿是飛機爆炸產生的裂縫和空洞，附近的人員幾乎都被炸死。甲板上的任何金屬物體——扳手、管線、配件——在爆炸中成了致命的霰彈，它們四處飛濺，劃出詭異的運動軌跡，撕碎沿途的人體組織。在第一輪命中之後，又有兩發炸彈擊中這艘航母。船上的升降機被打成碎片，下層機庫裡等待的所有戰機也被引燃。一顆炸彈炸毀了航母的島式上層建築，艦橋上所有的軍官當場陣亡，其中包括加賀號的艦長。

轉眼間，加賀號的動力系統就停止了。這艘戰艦像死了一樣完全停在水中，隨即爆炸聲開始響起。對於航空母艦來說，裂成兩段迅速下沉的情況非常罕見。快速的航母通常不會被戰列艦截住，並且遭到後者巨大炮彈的轟擊；而即便在被魚雷擊中的情況下，航母在主力戰艦中也算是生存能力較強的——事實上，這種情形也很難得，因爲巡洋艦和驅逐艦組成的保護網始終護衛著航母本身。然而，在中途島外海的情況卻不同尋常，就在幾分鐘時間內，加賀號的八百名船員已經因爲爆炸而被活活燒死、被彈片肢解或是直接被高熱汽熔化了。艦對艦的空中打擊方式，是炸彈、魚雷、機關炮與航空燃料的致命組合，儘管飛機對戰艦進行攻擊時，並不像戰列艦使用十六英寸海軍炮那樣射出恐怖的炮彈，但呼嘯而下的金屬機翼也會帶來可怕的死亡體驗。半年前，在珍珠港，日軍對美國戰艦也做過同樣的事情。不過現在，他們自己燃燒的航母不是停靠在碼頭邊，而是航行在公海上，距離日本控制的領土有數百英里之遠。在這些鋼鐵巨獸上的日軍獲得救援和醫療的微弱希望，只能來自其他的日本艦隻，而後者自己也正遭受空襲，因而行動謹慎，極力避免和正在爆炸燃燒的航母太過接近。因爲恥於令天皇失望，少數軍官選擇和他們的戰艦一起沉入大海。

幾乎是在加賀號遭受打擊的同時，她的姊妹艦，三萬四千噸的赤城號——南雲中將的旗艦——正載著編制六十三架戰機里的大部份航行。這艘戰艦被同樣來自企業號航母的迪克．貝斯特（Dick Best）和VB—6轟炸機中隊第一分隊至少五架ＳＢＤ俯衝轟炸機，以完全同樣的方式逮個正著。儘管在這支較小的空襲編隊中，飛機都只攜帶了五千磅重的炸彈，但此時的赤城號同樣全無防備——至少四十架加滿油料、全副武裝的飛機正在啓動，準備前去摧毀約克敦號。攻擊中，至少有兩到三枚美軍炸彈擊中了航母。爆炸先是燒毀了起飛中的日軍戰機，衝擊波在甲板上撕開大洞，隨後，蔓延的大火到達了下層，直抵易燃的油料櫃和軍械庫。據草鹿龍之介（くさかりゅうのすけ）海軍少將記載：

> 此時甲板已經起火，對空炮和機關炮自動燃燒起來，它們都是被船上的火焰引燃的。四處都是屍體，無法預知接下來什麼將被擊中……我的手腳都被燒傷，其中一隻腳尤其嚴重。事實上，我們就這樣拋棄了赤城號——所有人都顯得張惶失措，沒有任何秩序。」（W．史密斯，《中途島海戰》，一一一）

與陸戰中被襲擊的一方不同，在海上行駛的航母中，船員們面對炮彈和炸彈時沒有那麼多的逃跑途徑，他們逃生的範圍被限制在小小的飛行甲板以內。在瓜達爾卡納爾島（Guadalcanal），如果一名步兵遭遇可怕的炮擊，他可以逃跑，挖掘掩體或者尋找隱蔽處；而在中途島外海一艘爆炸的航母上，一名日本海兵不得不選擇是被活活燒死，在船體內窒息而死，在紅熱的飛行甲板上被猛烈掃射最終無處可去，還是跳入水中，等待偶然出現在太平洋溫暖水流中的鯊魚將他吃掉。落水日本人的最好願望，是被美軍船艦救起，這意味著他能在美國戰俘營裡生存下去，獲得安全的庇護所。反觀美軍，水手或飛行員在中途島海域最糟糕的噩夢，便是被日本海軍俘獲，他們將會被迅速審訊，接著就是斬首，或者被綁上重物從船舷拋下。

對進攻一方來說，海軍俯衝轟炸機命中目標的概率，和多發動機轟炸機在兩萬英尺及以上高空進行的高海拔「精確」轟炸相比，顯得更高——至少在俯衝轟炸機飛行員沒有被他們自己引起的爆炸吞沒，或被敵人擊落，或無法從一次過於貼近敵軍甲板的俯衝中脫身時是如此。中途島海戰，證明了單架無畏式俯衝轟炸機攜帶一枚五百磅重的炸彈，在靠近目標上方一千英尺高空進行俯衝攻擊，比三～四英里高空十五架B—17組成的整個中隊更具破壞力。雖然每架B—17可以投下八千五百磅的爆炸物，但轟炸效果卻並不明顯。

美軍俯衝轟炸機投下的這樣一顆炸彈穿進了機庫，點燃了赤城號儲存的魚雷，即刻將船體由內到外徹底毀壞。和英式航母不同的是，較爲快速靈活的日本航母與美國航母一樣，並沒有裝甲強化的甲板。他們的木製跑道只能給下層貯藏的燃料、飛機和炸彈提供拙劣的防護——而跑道自身又很容易被旁邊準備起飛的戰機引燃。赤城號上有超過二百人在幾秒鐘內陣亡或失蹤。一名日本海軍軍官和著名飛行員、當時在赤城號上服役的淵田美津雄（ふちだ みつお）回憶起航母內部處處災難的場景：

> 我從一架梯子上蹣跚爬下，然後走進待命室。這裡已經被那些在機庫甲板上受到嚴重燒傷的受害者擠滿了。很快又有幾顆炸彈引發新的爆炸，令整個艦橋都震動起來。起火的機庫散發出的濃煙衝過通道進入島式上層建築和待命室，迫使我們尋找其他避難處。當我爬回艦橋時，我發現加賀號和蒼龍號

都已經被擊中，升起了濃稠的黑煙柱。這一幅景象令注視者陷入極度的恐懼中。（淵田美津雄、奧宮正武，《中途島，日本註定失敗的戰役》，一七九）

在這場災難中，帝國艦隊最優秀的海軍飛行員頃刻間化爲烏有。損失慘重的還有日本海軍技能最爲嫻熟的航空勤務員，他們是數量稀少且不可替代的專家，長期服役，經驗豐富，能在上下搖擺不已的航空母艦上，對飛機進行快速裝掛彈藥、維護和添加燃料等高難度工作。

在這不可思議的六分鐘裡，第三艘日本航母，一萬八千噸的蒼龍號也將經歷她的兩艘姊妹艦所承受過的地獄式打擊。此次打擊由馬科斯·萊斯利（Max Leslie）和美軍約克敦號航母的第三轟炸機中隊完成，該艦現在僅位於一百多英里之外。在攻擊中，蒼龍號的七一八名船員很快葬身火海。美軍俯衝轟炸機裝備的炸彈都不是有效的穿甲武器，在任何情況下，這都是一個明顯的弱點。即使命中的是木製飛行甲板，此類炸彈通常都無法穿透過去，在下層的軍械庫、引擎和油箱中爆炸。幾分鐘之前，四十一架美國魚雷轟炸機的攻擊完全失敗了，現在似乎僅憑無畏式的小型炸彈又很難穿入航母脆弱的內部並將其擊沉。然而，在加賀號和赤城號的戰況中，更輕的美軍炸彈有著意外的收穫：由於三艘航母的戰鬥機都在準備起飛，上午十點二十二分時，日軍航母上最脆弱的目標，實際上正是它們的木製甲板。暴露在甲板上、滿載彈藥和燃油的日本轟炸機和戰鬥機，用自己的汽油和炸彈直接引爆了航空母艦。在這罕見的情勢下，一枚美國炸彈，在甲板上引發了數十次的爆炸。

蒼龍號受到襲擊時，在加賀號以東，赤誠號以北，距離這兩艘燃燒的航母十～十二英里，同樣正準備釋放戰機，對三支美國航母編隊進行一次密集的空中打擊。萊斯利的十三架俯衝轟炸機悄無聲息地從一萬四千英尺高空俯衝而下——而日軍戰鬥機當時正在海平面上方不遠處，忙於完成對萊姆·梅西（Lem Massey）最後剩下的

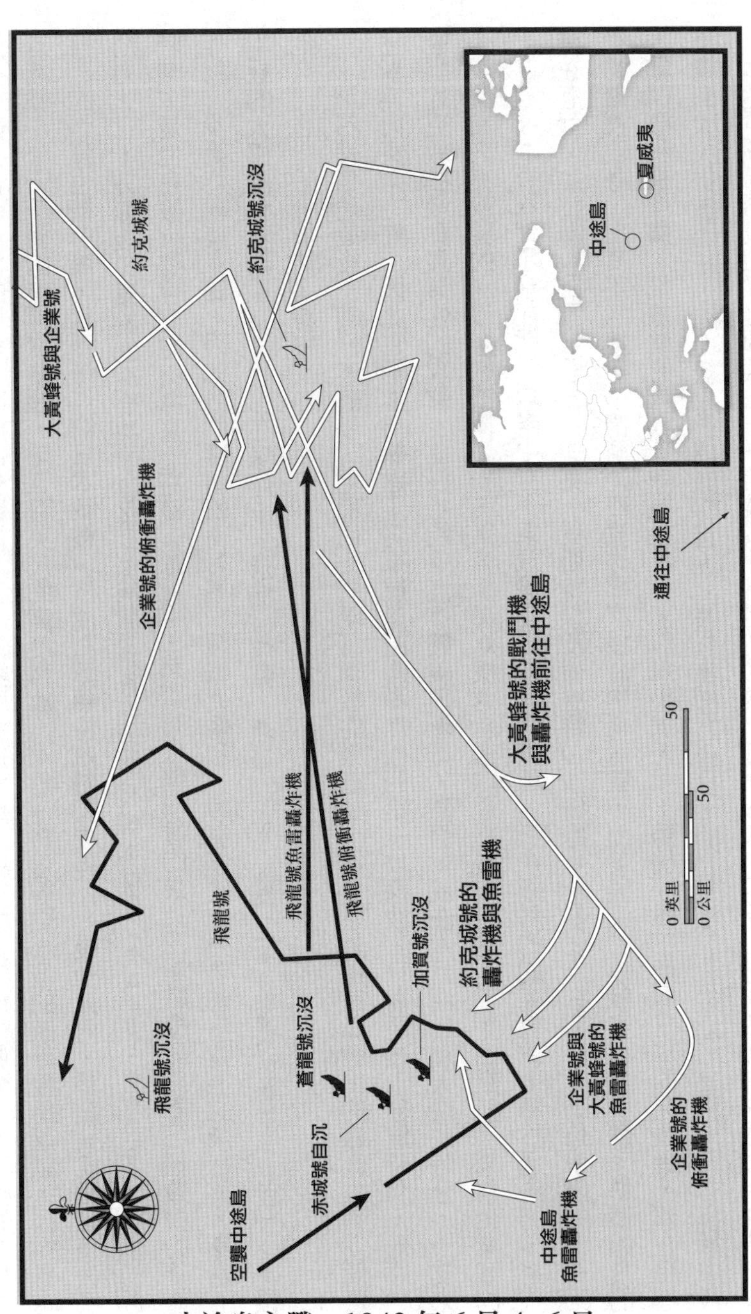

中途島之戰，1942 年 6 月 4~6 日

幾架美國魚雷轟炸機的屠殺，因而沒有顧得上在上方雲層進行巡邏。約克敦號的飛行員至少有三枚炸彈擊中了蒼龍號——一千磅的炸彈從略超一千五百英尺的高度釋放——迅速將這艘更小型的航母變為煉獄，因為日本人自己的炸彈也被引爆，猛烈爆炸的日本戰機、汽油和彈藥將船體撕成碎片。幾秒鐘內，蒼龍號就徹底喪失了戰鬥力。三十分鐘後，棄船的命令被下達了。人們看到蒼龍號艦長柳本柳作（やなぎもと りゅうさく）將軍的最後時刻，是他在被火勢吞沒的指揮臺上高喊「萬歲」。萊斯利攻擊中隊的最後四架戰機認為對已經毀損的蒼龍號作進一步轟炸純屬多餘，因此他們轉而俯衝對準一艘戰列艦和一艘驅逐艦。一名蒼龍號上的飛行員，身處下層甲板的大田達也看到：「一切都在爆炸——飛機、炸彈、油箱」（W．洛德，《不可思議的勝利》，一七四）——很快他自己也從船邊被炸入海中。

第四艘也是最後一艘日本航母、更現代化的兩萬噸級的飛龍號，在上午對中途島發出的轟炸攻勢期間已經逐漸漂向東南方向，因此它基本上躲過了美軍航母俯衝轟炸機的第一攻擊波。只需要幾十分鐘時間，飛龍號就能對約克敦號發動毀滅性的攻擊，並很可能擊沉這艘美國航母。然而，就在六月四日那天晚些時分，一支來自企業號和約克敦號的、沒有戰機掩護的美軍俯衝轟炸機返航編隊最終發現了它。下午四點前，來自企業號的二十四架SBD找到了飛龍號，編隊中有十架飛機還是從受到重創、正在傾斜的約克敦號上轉移過去的。這些戰機在厄爾．加拉赫（Earl Gallagher）、迪克．貝斯特以及德維特．沙姆維（Dewitt W．Shumway）三位中尉的帶領下，從雲層裡現身，出其不意地向下俯衝。四枚炸彈直接命中飛龍號，而美國人的攻擊也再次引燃了準備起飛的日本戰鬥機和轟炸機。飛龍號的飛機升降機從甲板上炸飛出去，撞上艦橋。幾乎所有日軍的死難者，都在甲板下層遇到大火拼被困住，死亡總人數超過四百人。飛龍號艦長山口多聞（やまぐち たもん）少將，日本海軍中最富有智慧也最具侵略性的指揮官之一，在艦橋上和他的戰艦一起沉沒——這是一個無法彌補的損失，許多人確信他將是帝國海軍聯合艦隊司令長官山本五十六的接班人。一名副官向山口報告說船上的保險箱裡還有錢，也許能夠搶救出來，少將卻命令他不用多管。「我們需要錢在地獄裡吃頓飽飯。」他小聲說道。（W・洛德，《不可思議的勝利》，二五一）

在不到十二小時的時間裡，二一五五名日本海軍人員陣亡，四艘艦隊航母毀損並很快沉沒，超過三三二架飛機，連同他們技能最精湛的飛行員在襲擊中蕩然無存。在整場海戰結束前，又有一艘重巡洋艦被擊沉，另一艘遭到重創。赤城號、加賀號、飛龍號和蒼龍號，是帝國艦隊的驕傲，這四艘戰艦都是參加過對抗中國、英國和美國戰役的老兵，現在它們都永遠安息在太平洋海底了。六分鐘後，太平洋海戰的走勢開始轉而有利於美國，交戰僅僅六個月時間，美軍大規模的報復攻勢已經令日本海軍軍令部深爲驚懼。

從嚴格的軍事角度來看，中途島的死亡數目並不大——兩隻艦隊的損失，加在一起也沒有超過四千人。這樣的損失，只佔羅馬在坎尼或者是波斯在高加米拉損失的一小部份；而戰鬥付出的代價，也少於薩拉米斯、雷龐多、特拉法爾加和日德蘭這樣殘酷的戰役——或者是日本在萊特灣（Leyte Gulf）受到的屠殺式打擊。然而，這幾艘航母的沉沒，代表著無數個日夜寶貴的技術勞動與不可替代的資金投入轉瞬間化爲烏有——這是日本賴以進行戰爭、摧毀美國艦隊和太平洋基地的唯一力量。一天之內，超過一百名最優秀的航母飛行員死亡，這相當於日本一年內所有畢業的海軍飛行員。美國人的技術、經驗和人力原本就佔據決定性優勢，因此日本的軍事失敗並非什麼戲劇性的後果。所有美國海軍行動的總指揮恩斯特・J・金（Ernest J・King）將軍在回到華盛頓後總結稱六月四日的中途島海戰是三百五十年裡日本海軍第一次決定性的失敗，這場海戰的勝利恢復了太平洋海軍力量的均勢。

此外，這些沉沒的航空母艦本身也無可取代。整個「二戰」期間日本僅僅下水了七艘類似的龐大艦隻；與此相反，直到戰爭結束爲止，美國有超過一百艘艦隊航母、輕型航母和護航航母進入服役序列。美國人還建造和修復了二十四艘戰列艦——儘管他們在珍珠港損失了近乎整個戰列艦隊（原文如此，但事實上，美軍在珍珠港受到損失的僅僅是其太平洋分艦隊的一部份戰列艦，其他輔助艦隻的損失更是有限——譯者註）——以及無數重型、輕型巡洋艦，驅逐艦，潛水艇和支援艦隻。在戰爭的四年裡，美國人每建造十六艘主力戰艦，日本只能建造一艘。

對日本人來說更糟糕的是，日本海陸軍飛機的最高月產量也只是剛剛超過一千架而已。到一九四五年夏季時，在美軍的轟炸之下，由於工廠需要進行疏散，而原材料和勞動力嚴重缺乏，總產量幾乎不到原來的一半。相反，每六十三分鐘，美國人就能迅速製造出一架包括大約十萬個零件的複雜的B—24重型轟炸機；美國飛機製造業擁有的工人不僅在數量上大大超過日本，在生產效率方面更是後者的四倍多。到一九四五年八月，戰爭開始不到四年，美利堅合眾國已經生產出了近三十萬架飛機，以及八七六二〇艘戰艦。從一九四四年中期開始，美國工廠每六個月就能打造一支全新的艦隊，補充的海軍飛機數量堪比中途島所有美國參戰部隊的總和。一九四三年後，美國的新式艦船和飛機包括：十六艘全新的埃塞克斯級（Essex-Class）航母，配備地獄俯衝者式俯衝轟炸機（Helldriver divebomber），海盜式（Corsair）和地獄貓式戰鬥機（Hellcat），以及復仇者魚雷轟炸機（Avenqer torpedo bomber）——無論數量還是品質都超過了日本人所擁有的任何裝備。現代化的艾奧瓦級戰列艦在戰爭的後半程出場，這一級戰艦比日本海軍中服役的任何艦隻都更快速，裝備更精良，活動半徑更大，防禦力更強，即便是和日本人巨獸般的大和號（Yamato）與武藏號（Mushasi）相比，也具有更高的作戰效能。在中途島海戰後的寥寥數月的時間裡，不僅美國海軍和空軍的損失得到了彌補，而且其整個武裝力量更在以幾何級速率增長；相比之下，日本海軍的實力則開始萎縮，其落後而經常遭受轟炸的工廠甚至無法補充在美國槍炮下報廢的艦隻和飛機，更不用說增加日軍保有裝備的總量了。威尼斯兵工廠的快速製造能力，以及坎尼戰役之後羅馬軍團的恢復速度，彷彿在這裡得到了再現。

當然，六月四日早晨美軍在進行轟炸時也付出了不小的代價。黃蜂號損失了十二架野貓戰鬥機中的十一架，約克敦損失五架俯衝轟炸機和戰鬥機，企業號損失十四架俯衝轟炸機和一架戰鬥機。但是這些損失和幾分鐘前美軍魚雷轟炸機近乎完全被屠戮的狀況相比，依舊在可以承受的範圍內。

破壞者的末日

可以通過兩件密切相關的事件，來理解在中途島發生的事情：在戰鬥中，先是一整支美國空軍部隊被日本戰鬥機飛行員消滅，在此之後沒過多久，同樣全軍覆沒的結局則降臨到日本航空母艦的頭上。中途島海戰中，駕駛笨拙老舊ＴＢＤ破壞者魚雷轟炸機的飛行員們，徹底陷入和日本航母同樣的窘境，但恰恰是他們拉開了六月四日清晨美國航母攻勢的序幕。從某種意義上說，美國魚雷轟炸機被日本零式戰機殲滅的結局，一些野貓式戰機的纏鬥，都爲那些駕駛俯衝轟炸機潛伏在雲端的戰友們贏得了攻其不備的機會。所有美國魚雷轟炸機都英勇地逼近日本艦隊，但沒有擊中目標。在日本人的炮火下，幾乎所有戰機都被擊落，帶著每架飛機上的兩名駕駛員落入大海。衝向日本航母的ＴＢＤ機群上一共有八十二人，只有十三人生還。儘管如此，在中途島，兩名日本海航指揮官之一的淵田美津雄（Mitsuo Fuchida）還在海戰前夕的官方報告中嘲笑美國人缺乏戰鬥意願。

二十世紀三〇年代中期服役的ＴＢＤ破壞者魚雷機，直到戰爭爆發都不具備摧毀任何戰艦的能力；事實上，駕駛員和後座炮手在這種飛機上猶如置身於飛行棺材裡一般。當TBD裝載專用的一千磅重的老舊魚雷時——這種魚雷很不可靠，很可能會從目標底下毫無損害地穿過，即使擊中目標也有可能啞火——飛機時速便很難達到一百英里。在掛滿彈藥時，這種飛機的作戰半徑只有一七五英里。當TBD攻擊反向航行、航速三十節的艦隻時，只能被迫緊貼海面，以低於六十英里每小時的實際相對速度緩慢拉近和目標之間的距離——這還是沒有逆風的狀況。此外，全副武裝時這種飛機幾乎無法爬升。如此漫長和毫無掩護的攻擊過程，使它們很容易成爲日本零式戰機的靶子。在中途島的戰場上，日本的零式戰鬥機有時會組成四十架或更多架的密集編隊，以三百英里的時速自高空蜂擁俯衝而下，追逐敵機。此外，和美軍過時的飛機相反，一九四一年的日本魚雷轟炸機能以近三百英里的時速進行俯衝攻擊，並且可以在更大的作戰半徑內攜帶更重也更有效的魚雷武器。

在六月四日當天，在四十一架攻擊日本航母的魚雷機中，有三十五架被擊落——在當代美國軍事實踐中，這是一件很難被理解的事：現在我們的部隊擁有的壓倒性技術、物質和數量優勢，出於對損失少量戰士的擔憂而時常不投入到戰鬥中。大多數駕駛破壞者魚雷機（Devastator）的飛行員，從未嘗試過在一艘航母甲板上攜帶魚雷起飛——現在他們身處老舊的飛機中被指派執行任務，缺乏返程的燃料，去攻擊一個他們不瞭解具體情況也尚未定位的目標（在戰爭的最後一年裡，美軍被日本使用神風戰機自殺式飛機，用自身去撞擊戰艦——譯者註）的方式所震驚；但此時，這些破壞者在中途島接收到的出擊命令，也和勒令機上的飛行員自殺沒有多少區別。

中途島海戰，是過時的TBD魚雷轟炸機參加的最後一次重要海戰；在中途島，有一些海軍飛行員已經駕駛少量新的替代品格魯曼TBF復仇者上天。它們配備新式魚雷，到戰爭結束時，這一型號的魚雷機創造了針對日本艦隊低空進攻的驚人紀錄。復仇者的速度是破壞者的近兩倍，攜帶的武器彈藥也兩倍於後者，這樣的武器在進攻中能令敵人吃到更多的苦頭。儘管如此，在中途島，任何一艘航母載機編隊中的老式TBD戰機都無可替代——事實上，在五月二十九日作爲用於替換老飛機的復仇者中，有十九架從佛吉尼亞的諾福克（Norfolk）抵達珍珠港（Pearl Harbor），這天就在大黃蜂號（Hornet）開拔前往中途島的一天之後。這批飛機中只有六架通過輪船運到了中途島，供海軍陸戰隊使用。如果復仇者取代了所有三艘航母上的破壞者的話，美國人擊沉敵艦的數量會更多，而飛行員的損失肯定會更小。話雖如此，正如我們所見，就某種意義而言，中途島海戰最終之所以能夠成爲決定性事件，恰恰是由於這些老舊戰機脆弱的機身：當日本艦隊面臨的危機來自高空而不是低處時，是這些脆弱的魚雷機吸引了貪婪的零式戰機去追趕它們。不管怎樣，海軍歷史學家薩繆爾・艾略特・莫里森（Samuel Eliot Morison）用李維對坎尼戰役的回憶來類比這場戰役，給他的整篇文章冠以「對魚雷轟炸機的屠殺」之名。確實是名副其實的可怕屠殺。

六月五日早晨，約翰・沃爾德隆（John C・「Jack」 Waldron）少校，大黃蜂號VT-8魚雷轟炸機中隊指揮官，在起飛前向同僚們散發了最後的命令。油印報紙以一段悲傷的話作爲結尾：

> 我最大的願望，就是我們能獲得有利的戰術條件，但倘若我們的處境越發糟糕，我依舊希望我們中的每個人都能竭盡全力去摧毀敵人。如果只有一架飛機能夠成功切入進行投彈，我希望機組成員能勉力飛行，命中目標。上帝將與我們同在。祝大家好運，希望你們能夠順利著陸，讓敵人下地獄吧！
>
> （G・普朗格，《中途島奇跡》，二四〇）

上午八點零六分，傑克・沃爾德隆從大黃蜂號起飛，開始了他人生中最後一次飛行，率領十五架破壞者去攻擊日本艦隊。幾乎就在剛剛起飛之後，就立即出現問題了。大黃蜂號上的三十五架俯衝轟炸機和十架野貓戰鬥機被雲層遮擋了視線，迅速超過了遲緩的破壞者。沃爾德隆被落在後面，只能獨自尋找和攻擊航母——這是一項幾乎不可能成功的任務，因爲既沒有野貓戰機抵擋零式戰機的進攻，也沒有高飛的無畏式俯衝轟炸機轉移帝國艦隊的防空火力。相反，整個日本艦隊的海空防禦都將對上沃爾德隆中隊以一百英里時速掠過水面的緩慢戰機。大黃蜂號俯衝轟炸機的進展更糟糕，它們根本就沒有發現日本艦隊，因此也沒有投下哪怕一枚炸彈。考慮到這是一個缺乏有效的雷達和先進導航儀器的時代，並且當時編隊中的飛機大多由經驗不足的飛行員駕駛——大黃蜂號的飛行員從來沒參加過正式行動——他們卻要飛過無邊無際的太平洋，尋找下方一個微小的目標，大黃蜂號的戰鬥機和俯衝轟炸機失敗的搜索，恐怕並不像某些歷史學家的記錄中那樣，是一件難以理解的事。

日本艦隊爲了躲避清早來自中途島的空襲，進行了大量迷惑性的機動，因此南雲中將麾下航母到達的方位，與美軍參謀計算好讓己方艦隊中的轟炸機和戰鬥機預定到達的位置相比，多少有些偏差。沃爾德隆本能地預見到敵軍的變化；他馬上轉向往北，指揮第一支美國海航中隊尋找日本艦隊。

沃爾德隆缺少戰鬥機掩護，也沒有友軍轟炸機在上方吸引敵人，他意識到自己和同僚們將是首批展開進攻的美國航母飛行員。這些人一致認爲，就算他們都能從戰鬥中生還，在用魚雷打擊日本艦隊後，戰機也沒有足夠的返航燃料。儘管如此，沃爾德隆仍舊通過電臺告知大黃蜂號，他將不顧一切地前進。（大黃蜂號的）馬克·米斯切爾（Marc Mitscher）艦長回憶說，沃爾德隆「承諾他會衝向任何阻礙，他很清楚自己的中隊將步入毀滅，沒有任何安全返回母艦的機會」。（S·莫里森，《珊瑚海、中途島和潛艇行動，一九四二年五月至一九四二年八月》，一一七）

首批來襲的零式戰機擊落了一架沃爾德隆的TBD，接下來的幾分鐘有十四架魚雷轟炸機也陸續被機槍和機關炮打成了篩子。只有極少數飛機接近並向赤城號和蒼龍號投下了魚雷，但事實上它們全部都錯過了目標。

那些被機槍火力擊毀後沒有爆炸的破壞者殘骸撞向海面，在入海瞬間解體，四分五裂的機體以一百英里的時速劃過浪濤、四處翻滾。人們看到沃爾德隆的最後一個瞬間時，他還站在燒得灼熱的駕駛艙中堅持控制飛機。他的直覺和駕駛技能，最終引導著第八魚雷轟炸機中隊衝向日本航母。然而不幸的是，大黃蜂號上原本應該支援他的轟炸機和戰鬥機仍舊在他後方，大多找不著目標，在遙遠的高空繼續飛行——而他自己卻正駕駛一架TBD破壞者衝向敵艦。

現代戰爭中的步兵戰鬥無疑是無情而殘忍的，但海軍飛行員在戰鬥中受到的傷，往往更加可怕，而且他們在被擊中之後幾乎完全沒有生還的機會。我們通常會想像，飛機的金屬外殼、玻璃頂棚和飛行員底下裝甲加固的座椅，會使槍炮的彈丸偏離，從而給那些成爲敵人目標的駕駛員提供一定的防護。事實上，由於戰鬥機常常被高速飛行的彈幕擊中，子彈和快速移動的目標在相撞時，擊穿的瞬間產生的壓力往往能將飛行員撕裂。再者，「二戰」時期的海軍飛行員是坐在數千磅的燃料上，高爆燃性物質近在咫尺，倘若敵軍炮火和曳光彈引燃這些致命的混合物，瞬間就能令飛行員從人間蒸發。

在中途島，駕駛一架滿載彈藥的破壞者，無異於在慢行道上開著一輛福特平托（這是一款油箱存在安全隱患的跑車——譯者註），並在車尾部和座位下都裝著炸藥，而其他更快速的駕駛者會在它們經過時用機槍射擊引燃這個火藥桶。與陸上戰鬥中對傷患的照料不同，在空中，即使是表面上的非致命傷都很難得到快速的處理，因爲飛行員不能撤退到後方去。被擊中只是慘劇的開始，而非結束。一發導致失血的炮彈，也會傷害乃至摧毀飛機本身，在幾秒鐘後，更糟糕的情況發生了，彈丸撞擊油箱，爆炸的汽油形成接踵而至的火球。即使在平日，海面上客機失事後，墜落的地點往往佈滿屬於航空器的細小金屬碎片——而乘客更爲破碎的軀體，則常常會在巨大衝力和之後延燒的火勢作用下化爲齏粉，或者被焚燒得無法辨認。

在航母發動的一次理想攻勢中，破壞者應當最後出場。SBD無畏式俯衝轟炸機一馬當先，從一萬五千英尺的高空呼嘯而下，同一時間，更快速的野貓式戰鬥機從更高的位置下降，掩護這次攻擊。一旦敵軍艦船和飛機忙於應付，那些老邁的魚雷機理論上就可以在海平面高度偷偷潛入這場混戰，並發射他們的魚雷。然而事實上，由於美軍導航方面的混亂，沃爾德隆的破壞者戰機要承受所有日本防空火力和空中進攻的衝擊。沒有一架第八魚雷轟炸機中隊的戰機倖存。那天清晨八點離開大黃蜂號的三十名飛行員中，只有海軍少尉喬治H·蓋伊（Esign George H·Gay）從這場屠殺中生還；儘管負傷，他還是在飛機撞上海面時蹣跚爬出，然後在日軍沒有發現的情況下漂浮待援，直到第二天下午被一架美軍救援飛機救起爲止。第八魚雷機中隊的厄運，只不過是六月四日三支魚雷機轟炸中隊遭遇的第一場屠殺而已，我們只能通過蓋伊事後的描述，才瞭解到其他二十九名中隊成員生命最後時刻所發生的事情。

在那天早晨一邊倒的射擊對抗中，致命的零式戰機定期返回航母，重新加油和武裝。赤城號的一名目擊者記錄道：「勤務人員向返回的飛行員致以歡呼，拍打他們的肩膀，大聲喊出鼓勵的話語。只要飛機做好了重新啓動的準備，飛行員便點頭示意，向前推動油門杆，咆哮著飛回天空。這樣的場景在孤注一擲的空中搏鬥進程中一再上演。」（淵田美津雄、奧宮正武，《中途島，日本註定失敗的戰役》，一七六）美軍飛行員就算沒有被這些零式戰機擊落，也很難重返戰場了；大多數從下沉的轟炸機裡爬出來的人，都在敵人的掃射中死去。根據已有的資料，兩名海軍飛行員在中途島被俘虜，受到審訊，在短暫的關押後就被綁上重物拋下船去。日本巡邏艦的慣例是先審問俘虜，榨取敵軍情報，然後「適當地處理掉他們」。

日本航母艦隊的總體士氣極度高漲，甚至近乎狂妄。爲什麼不呢？到目前爲止，艦隊還沒有遭受過一次眞正的挫敗，他們極度蔑視嘲弄美國船員、步兵和飛行員的戰鬥力。從一九四一年十二月七日戰爭爆發起，僅日本航母編隊就擊沉或擊傷了八艘戰列艦和兩艘巡洋艦（珍珠港，十二月七日），以及炸毀和擊沉英國戰列艦反擊號和威爾士親王號十二月十日距關丹（Kuantan）不遠處），巡洋艦休士頓號和馬布林黑德號（爪哇以北，一九四二年二月四日），英國巡洋艦埃克塞特號、康沃爾號和多塞特郡號（二月二七日芝拉紮〔Tjilatjap〕附近和四月五日在可倫坡附近）。同樣是這支日本艦隊，將三支盟軍的航母編隊送入海底，或是使對方受到沉重打擊（四月九日，在特亭可馬利〔Trincomalee〕附近擊沉競技神號，在五月八日珊瑚海〔Coral Sea〕海戰中擊沉列克星敦號，擊傷約克城號）——而付出的全部代價，不過是幾艘驅逐艦和一艘輕型航母。在準備進行中途島戰役時，美利堅合衆國的整個太平洋艦隊，只有一艘戰列艦和三艘航空母艦還能參戰。前飛行員奧宮正武（Masatake Okumiya）以及航空工程師堀越二郎（Jiro Horikoshi），總結了戰爭前半年日本海空軍取得的驕人勝績：

> 戰爭最初六個月裡，敵軍和日本船艦的損失比例，完全實現了海軍「理想戰鬥條件」的內容，即「只在擁有制空權的條件下，進行一場決定性海戰」。在太平洋戰爭之前的十年裡，我們已經訓練飛行員，讓他們毫無保留地相信，在掌握制空權的情況下進行海上交戰一定會取得勝利。太平洋戰爭初期階段的神奇戰果，很好地支持了這樣的信念。」（堀越二郎、奧宮正武，《零戰》，一五三）

這份信心經常導致日軍對被俘士兵毫無理由的殘忍行爲，他們將投降視作懦夫之舉。緊接珍珠港之後的威克島（Wake Island）戰役初期，日本水兵就極其殘酷地虐待被俘美軍水手，在將他們用船運往日本和中國的集中營之前，通常會用猛烈的棒擊來施加刑罰。至少有五名美國人在一艘船的甲板上成了斬首儀式的犧牲品，在將他們的屍體丟下海之前，歡呼的日本水兵會將死者的身體徹底肢解。太平洋戰爭開始時的野蠻行爲，部份由於內在的種族仇恨，部份來自二十世紀三〇年代日本軍國主義者對古代軍事禮儀中武士道核心精神的歪曲，某種程度上也是出於對歐洲人長期殖民亞洲壓抑的憤怒。儘管如此，日本人的戰爭方式很快就會受到美英盟軍的反擊。這種交戰雙方相互之間的憎恨，足以解釋中途島參戰人員的緊張狀態和亢奮情緒。

戰場殺戮結束後，對投降者以及手無寸鐵的俘虜的屠殺和折磨，在日軍士兵中幾乎是普遍的行爲，在中國、菲律賓和太平洋戰場皆是如此，日本人暴行的頻率遠高於英國人或美國人。盟軍集中營和日本集中營之間毫無可比之處，後者有令人毛骨悚然的醫藥實驗和例行的射殺俘虜行爲。當然，美國人實際上造成了更大規模的慘劇，例如對日本城市的轟炸，和對廣島、長崎的原子彈襲擊。但是在美國人眼裡，無差別的地毯式轟炸作戰和謀殺戰俘並不能相提並論。這是徹底的西方式戰爭特點，源自古希臘在光天化日之下挑選場地進行殺戮的習俗，這種習俗在羅馬時代得到發展，在中世紀得到進化，在基督教世界中依舊存在，這是關於正義戰爭（*ius in bello*）的概念。

盟軍也進行了大規模殲滅敵人的行動，但那幾乎都是通過公開和直接的進攻完成的，並事先表明了自己的意圖。這樣的大規模攻擊往往是報復性的，盟軍會在敵人的火力下發動攻擊，而不是在營地裡偷襲，或是停火後背信棄義地進攻。日本的防空火力和戰鬥機會嘗試射擊跳傘的敵軍轟炸機機組人員，這些人被迫在敵佔區著陸後，經常會被日本人處決。對美國人而言，日本人在抵抗盟軍對他們城市和工業區轟炸的正面交戰中，是「毫無規則約束的」。他們知道美軍飛機會來，他們應該想像到，自己發動戰爭、在中國和太平洋地區以最爲野蠻和殘忍的方式攻擊他國，必然招致報復。美國人可以進一步分析得出結論：只要他們在轟炸時，是在實際的火力對射中殺死敵人，同時將轟炸這種方法作爲破壞日本帝國軍事工業基礎的努力之一，那一切幾乎就和正面戰鬥沒什麼不同。日本人的思路則與此相反，他們只會計算轟炸中死亡的人數，然後指出，成千上萬死於美軍轟炸的本國無辜公民，要比日本戰俘營裡審訊者和衛兵處決、肢解的美國俘虜多得多。

雙方的這種分歧，在東西方衝突的歷史中處處可見：對於殺死失去反擊之力戰俘的行徑，西方人予以譴責，而在正式戰鬥中，他們自己裝備更精良的部隊，對敵人公開和「公平」的大屠殺卻顯得理所應當。非西方人將敵人對於他們相對裝備簡陋的士兵及更加脆弱的市民的機槍掃射、炮火密集轟擊和地毯式轟炸看成是野蠻之舉——而他們自己卻經常肢解和處決戰俘。在這種意義上，科爾特斯和切姆斯福德勳爵會因爲阿茲特克和祖魯人屠殺俘虜而義憤填膺，但是他們自己會覺得，激烈交戰中從後方追殺數千缺乏防護的土著美洲人和祖魯人的行爲，則顯得十分正當。英國人驚懼於敵人在伊桑德爾瓦納斬首和褻瀆死者的行爲，但又認爲烏倫迪會戰時，用機槍掃射數百攜帶短矛的祖魯武士是公平的對決。站在美國人的立場而言，使用燃燒彈進行轟炸的戰術，以及一九四五年三月僅一週之內就燒死二十萬居住在東京的日本士兵、工人和市民，同時又將日本戰俘安置到美國內陸相對人道主義的戰俘營的行爲，體現了完美的軍事理性；對日本人來說，屠殺墜機的B—29飛行員的舉動（往往是倉促進行的斬首），只不過是爲他們幾十萬被燒死同胞進行的一次小小報復。

沃爾德隆第八魚雷機轟炸中隊在針對蒼龍號的充滿厄運的攻勢以日本人的屠殺告終，大約就在同一時間，另一個破壞者中隊——歐仁・林塞（Eugene E・Lindsey）率領下來自企業號航母第六魚雷轟炸機中隊的十四架魚雷轟炸機——飛過了赤城號航向加賀號。儘管企業號的魚雷轟炸機機組比沃爾德隆的部下經驗更爲豐富——他們中有一些人參加過最近在馬歇爾群島（Marshall Islands）和威克島的戰役——就像大黃蜂號的戰機一樣，林塞的TBD們沒有戰鬥機護航，沒有俯衝轟炸機的協助，除了魚雷機之外的其他飛機仍潛行在高處雲層裡。一開始對日本艦隊位置的錯估，雲層的遮掩，還有魚雷轟炸機、戰鬥機和俯衝轟炸機之間太大的高度差距，意味著這批破壞者也和企業號的護航戰鬥機早早失去了聯繫。後者再沒有發現來自同一航母的魚雷轟炸機或俯衝轟炸機，最終一彈未發，返回母艦。

支援飛機完全不在場的狀況，意味著第六魚雷轟炸機中隊也將遭遇不可避免的屠殺。然而，日軍輕鬆擋下第二波次魚雷機攻勢的結果，卻給了帝國艦隊的海軍炮手們錯誤的安全感——有些軍官覺得，甚至不需要從空中進攻美國人的航空母艦，他們就可以擊敗整個美國海軍。赤城號上的空軍指揮官源田實恰當地將破壞者比作疲憊的騾子。經過數小時對抗陸基轟炸機和航母魚雷機的戰鬥之後，帝國艦隊的船員發現，儘管美國人表現了出人意料的英勇，但是技術不純熟，並且缺乏經驗，駕駛著過時的飛機和使用低等級的魚雷徒勞地嘗試攻擊。這樣的評價，幾乎在各方面都十分正確。

隸屬於日本人遭受攻擊航母的二十五架零式戰機，改變高空巡邏的路線，呼嘯而下直撲第六魚雷轟炸機中隊，此時後者距離日本艦隊還有數英里之遙。十五分鐘時間裡，日艦的對空火力和戰鬥機的攻擊就撕碎了笨拙的破壞者，美國人本來分成兩部份從加賀兩邊發動進攻，兩支分隊卻雙雙遭遇滅頂之災。林塞的飛機第一個被擊中並很快起火。最終，在上午九點五十八分，自林塞中隊離開企業號兩小時後，四架尚存的ＴＢＤ接近到可以對加賀號啟動魚雷的距離。然而，沒有一架飛機命中目標。這四架飛機，是第二攻擊波十四架飛機中僅有的生還者。除了這些飛機的機組成員以外，另外二十名飛行員和投彈手已經消失在了大海中。日本人對ＴＢＤ的屠殺還在繼續。

六月四日上午八點，一個個中隊的飛機從三艘美軍航母上起飛，在中途島附近的洋面上攻擊日本艦隊，現在，最後一波魚雷機攻勢——約克敦號上萊姆·梅西第三魚雷轟炸機中隊的十二架破壞者——到達蒼龍號的時間，剛好是大黃蜂號和企業號的ＴＢＤ墜入海中之時。和其他受命運支配的魚雷轟炸機一樣，梅西的到來也沒有戰機護航，他和他的部下完全暴露在日本防空炮火和空中力量的攻擊之下。甚至只有五架ＴＢＤ戰機能接近並向蒼龍號發射魚雷，其中三架的射擊遠遠偏離了目標。六到十架零式戰機緊咬第三魚雷轟炸機中隊的殘部一直到航母附近，迫使遲緩的美國飛機下降到離海面只有一百五十英尺的高度。

梅西和早先的沃爾德隆還有林塞一樣，都在這一天的上午犧牲。在駕駛一架老邁的破壞者時，技巧和勇氣都毫無作用。第三魚雷轟炸機中隊裡，最終返回的寥寥幾人報告說梅西的飛機是被擊中的第一架，最後有人看見他時，他剛從燃燒的駕駛艙中蹣跚爬出，站在自己飛機的機翼上。約克城號吉米・薩奇指揮小小的戰鬥機護航編隊，正在梅西上空數英里處與零式戰機勇敢地交戰，他們寡不敵衆，無法給第三魚雷轟炸機中隊提供任何幫助。又一次，由於運氣不佳、飛行員普遍能力不足和參謀工作的失誤，綜合導致了第三艘美國航母大黃蜂號上整支俯衝轟炸機大隊和戰鬥機中隊完全沒有參與對日本艦隊最初的攻勢。大黃蜂號所有的野貓戰機和無畏式戰機不是回到了母艦，便是在中途島緊急迫降或是因爲缺乏燃料而墜毀海中。只有沃爾德隆的魚雷機中隊發現敵人，而他們在發動失敗的攻擊之後，遭遇了全軍覆沒的厄運。

到日軍擊敗第三波美軍魚雷機的進攻爲止，零式戰機組成的艦隊保護屏障正陷入混亂，這些飛機的高度也下降到接近海平面，沒能在艦隊所需求的高空排列成嚴整的陣形搜尋敵軍的俯衝轟炸機。早晨的戰鬥過後，許多日本戰鬥機在航母上著陸，進行燃油補充和重新裝載炸彈，艦隊的防空火力完全集中用於在海平面上摧毀那些難逃厄運的魚雷轟炸機。然而就在這時，奇跡發生了，就在第三波次也是最後一個波次的TBD攻勢被擊退那一刻，來自企業號和約克城號的飛翔在高空的無畏式轟炸機，彷彿經過精心安排一般恰好出現了。第一批一百零二架來自美軍航母的機群，既沒有被擊落也沒有失蹤，仍舊保留有整整五十架俯衝轟炸機——這少於初始攻擊力量的三分之一——他們隨之發動進攻。現在，輪到美國人在日本戰艦中造成極度驚慌的時刻了，無畏式轟炸機毫不遲疑，從一萬五千英尺高空俯衝而下，猛烈的攻擊很快就引燃了赤城號、加賀號和蒼龍號。

對生活在二十一世紀的現代美國人而言，這些超過半個世紀前的航母飛行員——在座駕被零式戰機撕裂之時，梅西、沃爾德隆和林塞身處火海，正努力從飛機中解脫出去——在「二戰」後的暗淡歲月裡，被作爲英雄主義的超凡典型受到後人景仰。他們的名字甚至出現在早期的美國硬漢派漫畫中——馬克斯·萊斯利、萊姆·梅西、韋德·麥克拉斯基、傑克·沃爾德隆——這些被命運吞噬的戰士不是年輕的十八歲新兵，而且往往已經結婚生子了。在有必要的情況下，爲了捍衛一切他們所珍視的事物，在短短數秒內他們不得不拋下家人，憑藉著超乎意志的熱情，駕駛著他們老舊的飛機衝向日本艦隊上空，在炮火中走向生命的終點。人們也許會感到疑惑，在一個充斥著鄉村音樂，放映著妮可（Nicoles）、阿什利（Ashleys）和傑生（Jasons）影像的美國，能否再次看到類似的壯舉。

帝國艦隊出動

中途島海戰是第二次世界大戰中最大的海戰之一，它也像兩年後的萊特灣海戰一樣，是海戰史上最爲紛繁複雜，也最具決定性的戰鬥之一。雙方在國際日期變更線（international date line）兩側激戰了三天，戰區範圍廣達一千英里。這場海戰見證了日本航母對中途島的進攻，航母間的魚雷和俯衝轟炸攻擊，零式戰機和美軍岸基、艦載機的空中格鬥，潛艇的魚雷攻擊和驅逐艦的反潛攻擊，以及日本戰列艦與重型巡洋艦希望與美軍航母和巡洋艦展開炮戰的徒勞努力。一九四二年六月的第一週，在浩瀚的太平洋上空、海面與水底的軍人們充滿熱情地努力戰鬥著。

作爲日軍成功奇襲珍珠港的設計師，山本（Yamamoto）海軍大將在中途島—阿留申攻勢（Midway—Aleutian offensive）中集結了近二百艘戰艦——航空母艦、戰列艦、巡洋艦、驅逐艦、潛艇、運輸艦——其總計噸位超過了一百五十萬噸，由超過十萬名水手和飛行員操縱，還有二十名海軍將領指揮。僅僅在中途島戰場上就有八十六艘戰艦參戰。因此，從參戰人員數量角度而言，日美艦隊的交戰規模接近了東西方之間在薩拉米斯（十五萬～二十五萬人）或雷龐多（十八萬～二十萬人）的大戰。直到兩年後美國人在萊特灣海戰中組建出一支更爲龐大也更爲致命的大艦隊爲止，駛往中途島的日本艦隊是海戰歷史上規模最大、實力也最爲強勁的艦隊。

赤城號、加賀號、飛龍號和蒼龍號航空母艦上的飛行員，是日本最優秀的飛行員，比他們在美國艦隊上的菜鳥同行們多出了許多年的經驗。整支大艦隊號稱在航空母艦和運輸艦上擁有接近七百架艦載與岸基飛機，僅僅在中途島附近就有三百餘架。日本人對在中途島——「夏威夷的前哨」——取勝極爲自信，以至於他們將這場戰役設想爲規模更爲宏大的作戰行動的前奏：在理想情況下他們將於一九四二年七月初派出常勝的航母部隊進攻新喀里多尼亞（New Caledonia）和斐濟（Fiji），當月底對雪梨和盟軍在澳大利亞南部的基地展開轟炸，而後於八月初集結整支艦隊對夏威夷發動毀滅性打擊。

到一九四二年早秋爲止，隨著佔領中途島，山本對不知所措、毫無防備的美軍發起閃電般攻勢的夢想就將得以完成。在喪失了太平洋上的所有基地，被切斷了通往澳大利亞的補給線，美國的太平洋艦隊也最終沉沒後，美國一定會爭取以談判取得和平——這一和平將確認日本對亞洲的控制，在太平洋上明確劃出美國的影響力邊界。B—25中型艦載轟炸機於四月十八日對東京突然發起的轟炸，也僅僅讓日本統帥部確信，需要加速執行在太平洋上掃除美軍的夏季最終計畫。

學者們時常能夠找出山本計畫中的諸多錯誤，這份計畫將被證明是過分複雜、缺乏協調的，此外它還有著太多的目標：征服中途島，佔據阿留申群島西部的一些島嶼以及殲滅美軍航母艦隊，這些目標很難一起實現，有時甚至會互相衝突。因此，日軍艦隊被分成了一系列互不連續的機動部隊——至少分為了五個部份，而每個部份自身又有諸多從屬部份——這些部隊過於分散，互相之間常常毫無聯繫，以至於日軍從未能在任何一個地方集中，發揮他們的數量優勢。

在理想狀況下，山本的艦隊會在作戰之初派出超過十五艘潛艇進入中途島以東，儘早偵查出從夏威夷或西海岸趕來的美軍艦隊的航線。潛艇能夠為海上搜索飛機提供燃料，也能夠預先告知主力艦隊正在接近的敵軍艦隊規模與數量，之後向開進中的敵軍主力艦射出魚雷。但由於美軍對日軍整個攻擊模式的優秀情報工作，幾乎所有潛艇都來得太晚了。它們未能向山本提供任何關於美軍開進的消息。在海戰初期的多數時間裡，它們都落到了美軍艦隊大部份戰艦的後方，對美軍事實上已經遠離中途島等待日軍航母來臨的消息毫無知覺。

隨後，細萱戊子郎（ほそがや ぼしろう）海軍中將會率領包括二艘輕型航母、六艘巡洋艦、十二艘驅逐艦、六艘潛艇、其他各類艦船，以及旨在佔據阿留申群島的二千五百名陸軍在內的北方部隊出擊，此次進攻在戰術上被證明是成功的，但並未給日軍帶來任何戰略優勢。儘管佔據中途島能夠讓日軍進攻夏威夷和美國艦隊司令部，但日本海軍部中沒有人能夠解釋佔據白令海上一兩個駐紮少數美軍部隊，毫無工業，距離夏威夷和美國西海岸都極為遙遠的寒冷小島有何長遠意義。

針對中途島本身，日軍則將會派出南雲中將的第一機動部隊，它擁有赤城號、加賀號、飛龍號和蒼龍號航母，此外還有二艘戰列艦、三艘巡洋艦、十一艘驅逐艦的支援。在航母上的飛機通過反覆出擊轟炸削弱了島嶼防禦後，田中賴三（Raizo Tanaka）少將會指揮十二艘運輸艦和三艘作為運輸艦的驅逐艦搭載五千名士兵佔據中途島。要是佔領軍需要得到掩護，或是美軍艦隊打算吞下誘餌，試圖阻擊入侵的話，粟田健男（くりたたけお）中將會以四艘重型巡洋艦和兩艘驅逐艦提供進一步火力支援，前來增援的還會有近藤信竹中將麾下更龐大的艦隊——兩艘戰列艦、四艘重型巡洋艦、一艘輕型巡洋艦、八艘驅逐艦以及一艘輕型航母。日軍設想美國海軍會遲遲無法抵達戰場、受損嚴重、舉動也將幼稚可笑，還會不顧一切地進攻相繼出現的誘餌船，結果讓更爲龐大也更爲致命的帝國航母和戰列艦坐等上鉤，逐一痛擊。

接著，藤田類太郎（Ruitaro Fujita）少將會以兩艘水上飛機母艦和兩艘小戰艦佔領附近面積狹小的庫雷島，以期建立岸基空中部隊，利於對中途島進行偵察，也利於攻擊美軍艦隊。在海上交鋒中，美軍沒有什麼武器能夠與日軍重炮相比擬，要是美軍航母失去了空中保護或是發現自己距離日軍快速艦隊過近的話，美軍的武器庫裡將沒有任何東西能阻止日軍戰列艦炸毀美軍戰艦。

日軍大艦隊的核心則在其他地方。由高須四郎（たかすしろう）中將指揮的四艘戰列艦，兩艘輕型巡洋艦以及十二艘驅逐艦位於遠離中途島的北方，它們和山本大將由三艘戰列艦、一艘輕型巡洋艦、九艘驅逐艦、三艘輕型航母組成的主力部隊——其中包括巨獸般的排水六萬四千噸的大和號戰列艦，其十八點一英寸火炮能夠將巨型炮彈打到二十五英里開外——待在一起。這支位於北方的部隊會掩護對阿留申群島所展開的攻擊的側翼，要是美軍在中途島阻擊日軍入侵的話，理論上它還要趕回中途島西南方向……在山本看來，他已經將海軍部隊打造成了環環相扣的鐵鍊，這將捆住美軍，阻止他們所有的西進行動，確保不再出現美軍轟炸日本本土的狀況。儘管日軍計畫極爲複雜，其中也存在一定程度的簡單邏輯：通過將艦隊部署在阿留申群島和中途島之間從而封鎖北太平洋，山本確保了他的北方部隊或南方部隊能夠把數量上嚴重居於下風，正處於混亂當中的美軍趕出來。不到一百名美軍稚嫩魚雷機飛行員的犧牲，就毀掉了山本殲滅美軍太平洋艦隊的詳盡構想，這是多麼奇怪啊！

兩個集群間的漫長距離，也意味著數量上居於劣勢的美軍無法同時保護中途島與阿留申群島。在進攻阿留申群島和中途島的部隊，以及協同出擊的戰列艦和巡洋艦隊完成入侵的同時，山本的戰列艦和航母將作爲某種機動後備力量存在，開赴美軍展開反擊的地點。膽小的美國人不可能在阿留申群島與中途島被佔領之前露面，到了那時候，他們就會遭遇從新近獲得的基地上飛來的岸基轟炸機和不需要保護人員運輸艦的日本艦載飛機。由於日本艦隊迄今爲止尚未失敗，在品質上也佔有優勢，因此擊敗實力較弱、經驗也不足的美國艦隊就無須合兵一處了。

對日本人而言，表面上的唯一問題是他們假定數量上遠處於下風的美國人會自高自大、猝不及防，而不是降低姿態耐心等待。南雲中將在戰鬥前夜的敵情報告中總結稱：「儘管敵軍缺乏作戰意志，相信它還是可能對我們的佔領行動進程發起攻擊。」山本顯然無法設想此前已被擊敗的美國人能夠預計到登陸中途島，更不會想到他們也許能夠率先集中三艘航母攻擊南雲麾下的日軍航母部隊。但美軍在戰艦和中途島上都安裝了雷達，中途島事實上作爲不沉的航母而存在。

按照美軍不顧一切地在中途島附近展開航母作戰的方案，雙方實力對比大致相當——四艘日本航母迎戰三艘美國航母，後者得到了島上的空中支援。按照拿破崙的方式，賈斯特·尼米茲（Chester Nimitz）海軍上將會著手對付山本設下鐵鍊的各個部份，逐一摧毀孤立鏈條，直到雙方實力對比更爲均衡：首先擊沉日本艦隊核心——航空母艦，然後阻止戰略上更爲重要的中途島登陸，最終在有必要的狀況下對山本的戰列艦和巡洋艦展開空中打擊。

僅僅將這支龐大艦隊集結起來進行部署，就意味著日本戰艦需要離開母港大約一千八百英里，即便在抵達目的地後，一些戰艦之間的距離可能還有一千英里之遙。如果要保持無線電靜默的話，這支大艦隊的各個組成部份將很難保持聯繫——考慮到日軍這個笨拙計畫的關鍵要素在於誘出美軍數量上處於劣勢的艦隊，與此同時出動從南到北的優勢兵力蜂擁而上，這個劣勢就極其關鍵了。

為了應對上述日軍艦隊，美軍只拼湊出三艘航空母艦——包括受損嚴重的約克城號，它在珊瑚海之戰中幾乎被擊沉，剛剛修復到可以航行。羅伯特・西奧博爾德（Robert Theobald）少將率領一支由兩艘重型巡洋艦、三艘輕型巡洋艦、十艘驅逐艦組成的小艦隊被派往阿留申群島，但這支艦隊部署得很糟糕，沒有起到任何阻止日軍登陸或攻擊敵軍艦隻的作用。美軍在夏威夷連一艘可以部署到中途島方向的戰列艦都沒有。與此相反，尼米茲上將匆忙集結了他手上所有的戰艦——大約八艘巡洋艦和十五艘驅逐艦。十九艘潛艇在中途島和珍珠港之間來回巡邏。

日軍的計畫運作起來相當不便，但考慮到帝國艦隊在各級戰艦上的龐大數量優勢，以及日軍經驗豐富得多的船員，計畫本身並非註定失敗。但正如我們將要看到的那樣，在計畫、作戰和戰後的關鍵階段，各級美軍士兵表現得異常富有革新精神，甚至近乎古怪，而且總是難以預知。在美軍中，當來自上級的命令相當模糊甚至根本不存在時，大部份人都不怕承擔主動制定方針政策的責任——這一習慣與帝國艦隊中控制作戰的方式恰恰相反，而這一方式也在相當程度上反映了日本社會固有的主流價值觀與看法。其結果是，美國人在計畫執行出現失誤時會當即予以更改，當正統攻擊方式徒勞無功時便轉而試驗具有創新性的攻擊方法——這與基督徒在雷龐多鋸掉他們的撞角以增加火炮準確度，或科爾特斯派士兵前往火山口補充火藥儲備不無相似之處。

西方與非西方的日本

中途島之戰中的美軍只在雷達和通信方面享有技術優勢。美軍一線航母上的戰機——野貓戰鬥機、毀滅者魚雷機、無畏式俯衝轟炸機——都無一例外劣於同類的日軍戰機，後者擁有更高的速度、更優越的機動性和更可靠的武器裝備。日本魚雷到一九四二年爲止都在世界上首屈一指，美國的魚雷則可以被認爲是同類武器中最糟糕的產品。輕便、高速、易於建造的零式戰鬥機是工程天才的產物。一九四一年的美國陸軍航空隊裡沒什麼東西能夠達到它的水準。四艘日本航母本身也和英國與美國航母一樣現代化。日本還製造了海上最龐大的戰列艦：大和號與即將下水的武藏號，它們的龐大噸位和武器裝備遠遠優於戰爭爆發之初的任何一艘英美戰列艦。

顯然，美軍在中途島的勝利，並非源於戰後某些日本觀察者所稱的西方技術優越性。事實上，作爲日本社會擁抱西方科學和工業化生產的大規模革新中的一部份，日本在半個多世紀的時間裡已經吸收了許多西方軍事組織原則和裝備技術。到二十世紀初，日本這個自然資源匱乏的國家已經通過在相當大程度上接受西方戰爭方式，成爲貨眞價實的世界大國。中途島的日軍戰艦是西方軍事科學的具體化產物，並非源自亞洲軍事科學。

直到一九四五年爲止，日本從未被西方人殖民或征服過。它和歐洲之間距離遙遠，又接近秉持孤立主義和內向型做法的十九世紀的美國，還缺乏誘人的土地和充裕的資源，加之數目龐大的饑餓人口，這都使得日本對西方征服者而言並不具備吸引力。然而，在十九世紀日本與西方首次發生遲來的接觸後，它就有意識地決心效法西方，並不排斥西方的工業生產技術和技術研究方法，而是在它們的基礎上加以提高。雖然飛機是美國發明的，自力推進的鐵甲艦和航空母艦是英美創造的，以油料爲動力的海上艦隊理念也純粹是歐洲人發展起來的，但到一九四一年爲止，日本人在艦隻和飛機設計方面已經與英國人和美國人並駕齊驅，在某些方面甚至超過了他們。和其他亞洲國家（尤其是中國）不一樣，日本在十九世紀末逐步開始忽略它原有的文化禁忌，全盤接受西方資本主義、產業化發展和軍事行動的理念。即便是日本的文化保守分子也不得不承認，僅僅依靠超人的勇氣和武士的力量無法抵禦來自西方的野蠻人和惡魔。日本的生存將依靠採用歐洲武器和大規模生產方法——而日本人的聰明才智則會在每個必要的步驟上對其加以改進。

在十六世紀中期首次與葡萄牙人接觸，並從他們那裡學到火器製造技術後，日本人在數十年內就給整支軍隊裝備了改進後的火炮和火槍——在此進程中威脅到了武士階層的存在，後者的軍事資本建立在精神性的、反技術的、排外的、反現代化的基礎之上。出於這些新技術的反動，封建領主們逐步解除了人民的武裝，此外，作爲對外國各方面影響的全面禁令的一部份，他們還阻止了武器的進一步輸入。海船被禁止建造。基督教被宣佈爲非法，大部份外國人遭到驅逐。到一六三五年爲止，日本再一次斷絕了與「大鼻子的，滿是臭氣的」野蠻人的接觸，這一狀況要到馬修．佩里（Matthew Perry）將軍指揮一支強大的美國海軍艦隊於一八五三年駛入江戶灣才會發生改變。到當時爲止，日本的技術進步已經全然停滯下來，在全國上下的武器庫裡都只能找出少數古老的火藥兵器可以用於抵抗美軍。

佩里的火炮和榴彈，他的蒸汽動力艦隊，以及他麾下攜帶線膛槍的陸戰隊隊員讓日本人接受了外國船舶進港的行爲。當佩里於一八五四年從中國趕回日本後，日本人正式簽署了允許美國船舶進入日本水域，並在周邊海域自由航行的條約。幾個歐洲國家隨即跟進，開始與日本貿易，介入整個亞洲大陸的事務。然而，這些羞辱卻帶來了根本性的變化。與中國和東南亞國家的東方式憤恨相反，日本人由於認識到帝國拒絕西方科學的愚蠢，對外國入侵的反應並不局限於單純的憤怒。在進行了少數徒勞抵抗後，日本文化發生了意識形態和物質層面的廣泛而前所未見的變革，它開始全面接受西方製造業與銀行業。

到十九世紀的最後二十五年為止，日本軍閥的權力已被終結。一八七七年，裝備著傳統日本刀和火繩槍的武士們在薩摩發起了最後一搏的暴動，結果被一支以徵兵方式組成的、採用歐式訓練與裝備的軍隊徹底擊敗。這向日本人證明了西方戰爭方式視階層、傳統和民族遺產如無物，悄無聲息地在戰場上發揮效力。武士家族那時已經僅僅是古老而奇怪的活化石，全國團結在天皇身後，開始了效法現代歐洲民族國家的努力：

> 步槍和火炮的訂單雪片般飛向法國……當德國於一八七一年擊敗法國後，日本人迅速轉向了勝利者，改變了學習對象。很快日本士兵開始走鵝步，效法普魯士步兵戰術。日本海軍軍官大部份來自一度反叛的薩摩藩，他們向英國皇家海軍學習，時常經年累月搭乘英軍戰艦出海。日本的新式戰艦也會在英國製造，因為英國統治了海洋，而日本人希望學習最優秀的國家。日本的西方化並不局限於軍事事物，西方的藝術、文學、科技、音樂和風尚也在日本繁榮興旺。大學生們盡情接觸一切西方化的東西……而武士們也變成了工業家、鐵路巨頭和銀行家。（R．埃哲頓，《大日本帝國的武士》，四四）

其結果是，日本得益於完全西方化的、在組織和裝備上都優於亞洲其他任何武裝力量的軍隊，到一八九四年為止已經將中國趕出朝鮮。就在中國人僅僅毫無章法地進口歐洲槍炮和艦船，繼而普遍抗拒建立自己的現代化武器產業所需的必備基礎時，日本陸軍和海軍則享受著本國萌芽中的武器產業成果，並採用了歐洲的最新戰術條令，還加上了他們自己的創新努力，例如發起夜襲的戰術，以及判斷出敵軍薄弱環節後立刻展開大規模攻擊的策略。

在公元一九〇〇年的義和團事變中，日本遠征軍被證明是所有開赴北京、援救使館的歐式部隊中武裝、紀律和組織最爲良好的軍隊。當日俄戰爭於一九〇四年爆發時，日軍儘管在數量上處於相當的劣勢，但很快就證明不僅他們的海軍和陸軍在組織架構和紀律方面都要優於規模更龐大的俄軍，而且連日軍的火炮、戰艦、彈藥和現代化補給手段都要遠遠優於對手。日本海軍的火力尤爲致命，其射擊精度、射擊速率都遠遠優於俄軍，射程也要高出對手一籌。

武器史上最令人印象深刻的革命之一就是，日本在略多於四分之一個世紀的時間（一八七〇～一九〇四年）裡，就在軍事上幾乎與歐洲列強中的最優秀者並駕齊驅。儘管缺乏俄國和中國這些近鄰的人口與自然資源，但日本已經證明它憑藉第一流的西方化軍隊可以擊敗數量上遠多於自己的敵軍。因此，對於眼下流行的關於地形、煤鐵之類的資源或對疾病的遺傳敏感性等自然因素在很大程度上決定文化活力和軍事能力的學說，日本卻提供了一個經典的反例。在它獲得持續一個世紀之久的奇跡性的軍事支配地位之前、期間和之後，日本本土都並未發生變化，而眞正改變的則是它在十九世紀熱烈效仿與本國遺產全然不同的西方傳統元素的態度。

不僅日本海陸軍將領們在穿著和頭銜上與歐洲同行類似，他們的艦船和火炮也幾乎一樣。對日本的亞洲敵人而言不幸的是，西方化的日本軍隊並非一閃而過的現象。日本並沒有把西方武器和戰術作爲有若干個世紀之久的日本軍事學說的輔助品或是炫耀外表，而是利用它們對日本軍隊進行了激進的、根本性的、永久性的重組，而這將讓它支配亞洲。

然而，日本對西方技術的廣泛接受，卻並不總像一開始看到的那樣。日本依然存在著頑固的文化傳統，它會阻礙科學研究和武器研發過程中眞正的、不狹隘的西方方法。日本人總是對他們自己非常危險的西方化努力持有一種曖昧的態度：

在佩里到訪後，日本人只得承認西方技術遠遠優於本國技術（如果不是承認西方文化其他各個方面也完全佔優勢的話）。對任何一個民族而言，這樣的承認都是令人不快的，對日本人來說就尤其如此了，因為他們與地球上的大部份民族不一樣，懷有對「大和」民族自身的偉大、內在優越乃至神性的信念。日本人在思考自身價值時的矛盾心理，顯得尤為痛苦。由於許多人自慚形穢，因此他們開始害怕並厭惡西方人，就像他們之前害怕並厭惡中國人一樣。當西方人後來被證明並非不可傷害時，摧毀他們的誘惑就開始滋長了。（R．埃哲頓，《大日本帝國的武士》，三〇六）

最為不幸的是，日本政府開始慢慢形成一種官方立場，為國家在全盤接受來自完全不同文化（而且據稱是腐敗又野蠻的文化）的技術與產業進程中的錯亂進行系統性的辯護。最終出現的答案，是極為種族主義和沙文主義的：歐洲人不僅因為他們的頹廢、醜陋、臭味和自我中心而受到譏笑，還被描述為天生受溺愛、嬌生慣養又軟弱的人，這些懶人無法依賴男子氣概中的內在勇氣，只能憑藉聰明的發明和機器來取得勝利。

早在二十世紀初，日本人就對歐洲技術和日本文化間的全部關係，作過一個老練的解釋：日本人是一個極為優秀的武士種族，他們僅僅需要接受一些嫁接自國外的理念來讓日本更為英勇的戰士在公平的競技場上較量。因此，就在工業家和科學研究人員推動日本經濟和軍事沿著歐洲路線現代化時，多數日本人依然留在相當大程度上等級化、專制化的亞洲社會中。日本對西方自由主義理念的拒絕，正如對歐洲科學的效仿一樣強烈。

日本繼續被晦澀難懂的恥辱感控制著，它支配著公眾行為的各個方面，規定了普通日本人應當怎樣表達情感，在公開場合如何行事，怎樣在房屋和消費品上花費金錢。對天皇的忠誠是絕對的。頹廢的、西方意義上的個人主義則沒有緊隨歐洲技術的引入腳步進入日本。軍方享有對政府近乎完全的控制。因此，經典的悖論便立刻出現了：現代化的、快速發展的西方武器和軍事組織難道能夠融入穩定的日本文化，又不帶來個人主義、自願組成的政府、自由放任的資本主義和自由表達等政治文化後果嗎？本書的一個論點便是，西方戰爭方式不僅基於技術上的優越性，還有一整套政治、社會與文化體制確保了西方的軍事優勢遠超過單純擁有尖端武器。優良的技術是無法僅僅靠進口獲得的，爲了確保技術不至於立刻變得停滯不前，最終遭到荒廢，也必須接受隨之而來的自由質詢、科學方法、無約束研究和資本主義生產。

日本國內缺乏大規模的自然資源，歐洲法西斯主義在二十世紀二〇年代和三〇年代的崛起，歐洲殖民主義者的種族主義歷史，美國針對亞洲移民的歧視，這些因素都有助於在「二戰」前夕鞏固日本民族主義者和右翼軍國主義者的地位。對一個像日本那樣沒有土地和物質儲備，卻要負擔龐大人口，又被歐洲在新加坡、澳門、菲律賓和東南亞的殖民地環繞，面對著美國在太平洋上的強大軍事存在的小國而言，用嶄新的礦石重製武士的古老英勇血脈是自然而然的結果。武士道的古老騎士信條，日本民族乃是天選民族的神道理念，以及武士傳統的趾高氣揚在工業化時代變成嚴厲而明確的種族主義理念（它認爲外國人是軟弱膽怯的），因此當不可避免的戰爭爆發時，自然會發生最糟糕的暴行了。

戰前日本軍事思想存在至少兩個主要基礎。首先是國家宗教神道教——體現人神天皇的完整皇權，日本民族的神聖來源，還有日本的天命。在這方面，日本的政治權威與宗教權威的混合與阿契美尼德帝國、阿拉伯帝國、阿茲特克帝國或奧斯曼帝國類似，完全與它們所對立的西方國家相反。其次則是古老的封建武士信條，它被十九世紀的軍國主義者重新詮釋並包裝爲武士道。武士道主張雖然武士是中世紀的精英，但他們的價值觀也能用於現代化民族國家的日本。

日本文化的另一旋律是對外國事物揮之不去的猜疑，而一九三一年與中國爆發衝突則讓引進最新技術創新變得更爲困難。好戰的日本越是想得到民族主義的又是西方化的軍事力量，美國和英國就越不可能給予它方便的信貸、最新的技術和進口資源。在國內，日本越是想效仿外國軍事硬體上的最新設計，它自身的虛僞就表現得越明顯。畢竟，它又一次從表面上被貶抑爲腐敗又低等的社會「借」來高新科技，然而同時又拒絕沿著西方的路線進行激進的政治與文化重構（那本可以確保日本與西方在技術上保持持續性的平等地位）。在二十世紀的剩餘時間里，同樣的悖論也會給許多第三世界國家造成麻煩：購買西方技術，與維持、改造、創造技術，乃至培訓出能夠使用並提高技術的公民階層並不是一回事。以日本爲例，它在中途島擁有比美國更好的飛機，但日本文化對個人主義、自由和政治的理念卻與西方文化大相徑庭。日本軍部政府的崛起，以及他們對天皇崇拜的堅持，持續壓制著自由辯論、個人主義和民衆抗議，但當時正是需要採取更開明的研究方法和產業政策的時候，因爲這對於日本武器產業的持續發展和創新才最爲重要。西方針對日本軍國主義的敵意，加上日本本身拒絕接受開放自由社會，導致技術創新普遍停滯，偶爾還會出現無力利用本國優秀人才的狀況。

儘管在一九四二年六月的中途島，日本海軍就技術層面而言與美軍相當，甚至還有優於美軍之處，但只要美國政府、私人產業和公民階層爲戰爭展開總動員，這樣的均衡態勢就無法持久。事實上，在偷襲珍珠港後短短一年半時間內，日軍不僅在數量上少於美軍，而且在關鍵的航空設計、火炮、坦克、雷達、核研究、醫療、食物補給、基地建築、大規模生產軍需物資方面都遠遠落在美國之後。到一九四四年爲止，日本的航空部隊、陸軍和海軍大體上依然在使用與開戰時一樣的裝備，而他們的美國同行則在生產一九四一年幾乎無法想像的飛機、艦隻和車輛。

至於美軍兵器在中途島劣於日軍，其唯一理由就在於「一戰」結束後美國出現了普遍的自我滿足，這一差距又因爲國內當時存在烏托邦式的世界和平理念、孤立主義信念和後來的經濟蕭條而愈演愈烈。到一九四一年年底爲止，美國人依然還處於從將近二十年對軍備的嚴重忽視中甦醒過來的過程之中，還要承受緩慢的經濟增長和很高的失業率。相反地，日本人在將近十年的時間裡，把他們國民生產總值中的很大一部份投入到國防支出當中，儘管日本國民生產總值要比美國小得多，其國防投入比例卻遠高於美國，此外，日軍還從中國戰場上獲得了多得多的第一手實證研究。在中途島，日軍擁有在品質和數量上都處於優勢的飛機與戰艦，不過這也許是他們在戰爭中最後一個佔據雙重優勢的時刻。

實際上也沒有任何證據表明，西方化的日本軍隊對於接受迎面衝撞的西方方式參與決定性會戰會有任何的遲疑。日本海軍在表面上和美國海軍一樣具備很強的攻擊性。日本在十九世紀接受了德國式正面衝擊和集群突擊戰術，這樣的戰術在面對美軍機槍、自動步槍和野戰炮時，將被證明只會帶來災難。日本的巨型戰列艦證明了它的海軍企圖使用優勢火力在火炮對戰中摧毀敵軍水面艦艇，正如它在一九〇四年與俄國人作戰時那樣。千眞萬確的一點是，日本本土的武士戰爭軍事傳統有著強烈的儀式性元素，這一元素有時甚至會被置於實用意義之上，例如，儘管火器早在十六世紀就爲日本人所知曉，它卻在此後二百年中多少落入非法境地。到一九四一年爲止，日本海軍和美國海軍一樣富有攻擊性，在參與戰鬥至死的迎面衝突時，他們時常擁有同樣的戰鬥意願。和西方武器一起引進日本的，還有西方式的正面攻擊理念。

在採用西方戰爭方式時，日本人眞正處於明顯劣勢的地方，是他們未能利用這樣的決定性戰術，發起一場全面殲滅、毫無憐憫的戰爭。這一恐怖的實踐方式大大背離了他們的武士傳統。日本人在面對與他們截然不同的西方理念時備感不適：西方人不施詭計便找出敵軍，在充滿仇恨的突擊戰中進行交鋒，在這種戰爭中，擁有更強火力、更好紀律、更多人數的一方會具備決定性的致命性優勢。

與此相反，在一九〇四～一九〇五年與俄國的戰爭和一九三一～一九三七年與中國的戰爭中，日軍取得了一系列漂亮的會戰勝利，但這樣的勝利本身卻時常是不完整的，也並不一定是整體戰略計畫的一部份：這一戰略計畫要求徹底殲滅敵軍，直至敵方喪失發動戰爭能力為止。日本人對如何在戰場上殺死成千上萬參戰人員所知頗多，而且他們甚至願意面對塹壕陣地發起自殺性的英勇正面衝擊，犧牲己方的士兵，但日本人在軍事上的如此勇猛卻並非西方人所需要的，那種勇猛應當可以讓人們不斷發起持續性的突擊戰，直到其中一方取勝或被殲滅為止。在日本和伊斯蘭戰爭方式中，奇襲、突然攻擊、戰場上的災難和恥辱都是迫使敵方坐到談判桌上妥協的手段。

在太平洋戰爭中，日軍對以一系列正面作戰為代價的牽制和奇襲手段頗為偏愛，這時常意味著他們過於取巧，反而錯過了取勝的關鍵機會。在對珍珠港戰果輝煌的突襲進攻讓美國人失去防禦能力後，日本方面並沒有任何後續計畫去持續轟炸夏威夷，迫使其降服，乃至襲擾西海岸港口，摧毀太平洋航母艦隊的最後避難所。與此相反，南雲中將的航母在十二月七日亦即週日上午的最初攻擊過後，便立刻離開了夏威夷，對供給整個太平洋艦隊的、至關重要的儲油槽不加打擊，也沒有搜索未被發現、未曾接觸的美軍航母。在中途島前若干個星期的珊瑚海海戰中，日軍的戰術勝利卻導致了戰略失敗，當時美軍的頑強抵抗令日軍感到震撼，而且日軍還損失了數十名最優秀的航母飛行員，因此推遲了對莫爾斯貝港（Port Moresby）的入侵。中途島海戰和之後的萊特灣大海戰都見證了日軍戰術的失敗，而這一失敗很大程度上是因為他們天真地認為應當欺騙敵軍，而非遭遇敵軍並將其擊毀，從而選擇分散己方部隊：

他們對奇襲的評價過高，這在戰爭之初極其有效，因而他們總是覺得自己能夠出奇制勝。他們喜愛牽制戰術——將部隊部署在奇怪的地方，以此迷惑敵軍，將敵軍拖到基地之外。他們相信海上的決定性會戰和陸上有著相同特徵——誘使敵軍進入不利戰術處境，切斷敵軍撤退路線，攻入側翼，隨後集中兵力展開殺戮。（S·莫里森，《珊瑚海、中途島和潛艇行動，一九四二年五月至一九四二年八月》，七八）

日軍的機動性和詭詐不只反映在山本大將對戰爭雙方相對工業能力的名言之中——他可以在六個月內在太平洋上興風作浪，但之後就無法保證什麼了。更確切地說，日本軍方的幾乎所有重要戰略家都承認，他們對與美英展開全面戰爭的全新處境倍感不安，因為那需要不斷與英美艦隊展開正面衝突。在一九四一年，日本軍方高層中似乎沒有人覺察到，奇襲美國會在西方人眼中引發全面戰爭，而在這種全面戰爭中，美國要麼就毀滅它的對手，要麼就在這一進程中讓自己遭遇毀滅。不過，認為民主社會虛弱且膽怯的想法是非西方人的歷史性錯誤，這可以一直追溯到薛西斯入侵希臘。儘管西方的共識政府不會迅速被惹怒，但它卻通常選擇殲滅戰——將米洛斯城邦（Melians）從愛琴海地圖上抹去，在迦太基土地上撒鹽，把愛爾蘭變成幾乎一片荒蕪，在重新佔據耶路撒冷之前將其廢棄，將整個北美土著人文化趕入保留地，用原子彈轟炸日本城市……因此，共識政府是比軍事君主和獨裁者更為致命的敵人。儘管偶爾會使用漂亮的詭詐或奇襲手段，也有採用「間接路線」取得戰爭勝利的明確記錄，比如伊帕米儂達（Epaminonda）對美塞尼亞（Messenia）的大規模襲擾（公元前三六九年）和謝爾曼向海洋進軍就是著名的範例，但西方軍隊一直認為，發動戰爭的最經濟的方式是找到敵軍，集結足夠的力量將其擊敗，隨後直接挺進，公開在戰場上將其殲滅。這一切都是源自迅速、徹底、決定性地終結敵對狀態的文化傳統。「二戰」中美國海軍的作戰行動，就是一系列向西朝日本推進，發現並殲滅日軍艦隊，在物理上消除一切屬於日本的領土，一直打到日本帝國本土為止的持續努力。中途島海戰中參加戰鬥的美國水兵，也是一千兩百多萬人動員進入武裝力量的龐大徵兵中的第一波。按照羅馬人在坎尼會戰之後或民主政權在「一戰」中的行爲方式，美國政治代表們投票表決贊成對日開戰。民意測驗顯示，全國公衆幾乎一致贊成對在珍珠港犯下罪行之人發動恐怖的滅絕戰。在這場戰爭裡，美國也會自始至終持續展開選舉，它的民選政府發動了共和國歷史上最爲激進的工業與文化革新，將這個國家變成了龐大的武器生產基地。

與此相反，日本人只是偶然引入了歐洲在十九世紀對共識政府和公民軍隊的理念，而這兩點都在二十世紀三〇年代被軍部政府弄得名聲敗壞。日本軍事思想家認爲，要想把一支規模龐大、精神飽滿的軍隊送上戰場，教導全體人民對天皇產生狂熱奉獻精神，讓他們一致相信日本民族必將統治世界是好得多的方法，而且這一方法也更符合日本人自己的文化傳統。只有少數聰明又博學的軍官對日本武士精神評價頗高（原文如此，根據上下文應該是對美國評價頗高——譯者註），大部份人認爲沒有必要讓公衆去辯論日本攻擊世界上最大的工業強國是否明智：

> 西方人不理解的是，日本在現代化和西方化的表面之下，實際上卻仍然是東洋人。日本由封建主義變成帝國主義的速度之快，使得只想學習西方方法而不想學習西方價值觀的領導人，來不及或者無意去發展自由主義與人道主義。（J．托蘭，《日本帝國的衰亡》第一卷，七四）

他們只聽說在阿留申群島取得了「大捷」。與此形成鮮明反差的是，美國選民不僅立刻得知了戰鬥細節，還可以在戰鬥打響之前，就從一家主流報紙上得知日本通信密碼已被破譯的關鍵資訊。在日本，個人主義從屬於群體共識：

> 因為它（日本領導層）浸透在國家意識形態之中，因此它難以（如果不是無法的話）用冷靜的現實主義方法和科學方法分析軍事局面。日本的軍事訓練強調指出，「精神動員」（日語原文為精神教育）是部隊備戰時最重要的一方面。從本質上講，那是用日本國家意識形態的精神和原則進行灌輸：個人對國家的認同和他對天皇意志的服從。這是對早已在學校中進行的灌輸過程的繼續。日本實施徵兵制的原因之一就在於，這給軍方提供了事實上以武士道和皇道理想培養全體男性人口的機會。（S．亨廷頓，《士兵與國家》，一二八）

其結果是，日本在戰爭中的多數場合都出動了規模龐大且高度渴望戰鬥的部隊。在中途島海戰中，日本的武裝士兵人數要遠多於美國，他們也顯得精神飽滿、渴望戰鬥。但日本人缺乏公民軍隊理念，亦即缺乏自由公民階層通過投票創造向共識政府提供兵役的條件這一理念，這也意味著日本存在著與西方截然不同的戰士：他們依靠的時常是老一套狂熱主義而非對契約的忠誠，是精神而非冷靜的理性，整體劃一要蓋過個人主義，在犧牲之外他們還欣然接受自殺，官方評價會傾向於表揚無名的民族精神並以此替代對個人的表彰。這些更爲細微的文化差異在中途島表現得相當明確，這也有助於解釋爲何在數量上處於優勢的敵人會被如此徹底地擊敗。

關於日本看似明顯的自然資源劣勢，它的較少人口以及很小的國土面積已經說明了很多問題。但在中途島，日本有途徑從它新近獲得的帝國爲艦隻攫取足夠的石油，爲它人數上遠多於美軍的水兵獲得足夠的食物。我們應當記住日本的人口接近美國一半。日本在太平洋上不斷擴大的帝國領土，帶來了具備戰略意義的充足金屬、橡膠和石油補給，而且它已經在裝備軍隊方面領先了整整十年。從實際角度而言，因爲俄國邊境自一九四一年起已經基本上平靜下來，日本佔據的中國東北地區在一九四一～一九四二年間也大體相對安定，日本事實上只是在與英美在太平洋的軍事存在展開單獨交戰，不像美國，它當時則要把大部份裝備和絕大部份兵力投入到擊敗德國人和義大利人，補給成千上萬英里之外的英國人、中國人和蘇聯人上。是美國而不是日本處於不妙又不智的兩線作戰困境之中，而且它的盟友水準低劣，敵人又極爲致命。雖然美國明確採取了先擊敗納粹的方針，但日本卻把幾乎全部資源投入到進攻亞太地區的英美軍隊上。在半個多世紀的時間裡，日本人已經完成了將西方經濟與軍事實踐應用到本國，創建現代化海軍和高端工業化經濟的關鍵性的工作。至少在一兩年的短暫時間裡，對歐洲技術的長期持續改造會讓日本能夠與任何一個西方軍事列強相匹敵，正如它在「二戰」前六個月的一連串海戰勝利所證明的那樣。在衝突開始後，日本擁有的是來源可靠的原物料資源，以及由日本種族優勢、武力價值和帝國命運的信仰哺育出的充滿活力的軍隊。

宗教熱忱、武士道、切腹、與船偕亡和神風攻擊等要素，在勝利中給予了日本人傲慢的本錢，在失敗中則使得他們陷入狂熱與宿命論。但這樣的行爲時常會對世俗的戰爭本身造成負面影響，而且會被證明無法與「頹廢的」敵人隨心所欲的個人主義理念相匹敵。即便在戰艦沉沒後，依然需要艦上的優秀海軍將領繼續服務。富有經驗的飛行員作爲指導者的價值，要遠大於駕駛自殺式轟炸機的價值。直言不諱的下層軍官才是可貴財富，沉默之人則不是。對受辱的失敗進行評估，而非自殺了事，這也許是可恥的，但這樣的經驗積累在戰爭中不可或缺。一旦指揮技藝嫻熟的將領取出自己的腸子，他的經驗也就隨之喪失了。同樣的道理，海軍將領們應當允許自由的聲音，聽取來自聰明的日本水兵們的第一手經驗。統治者無需去害怕那些知情且容易激動的選民，而需要與天皇爭論戰略的戰爭策劃者，常常會比僅僅在天皇面前鞠躬的戰爭策劃者取得更大的成果。

儘管日本聲稱要爲它在朝鮮、東南亞、中國和太平洋諸島上征服的東方人同胞創建一個大東亞共榮圈，它卻並沒有允許可以自由投票的公民階層存在的持久傳統，也不讓非日本的亞洲人通過加入日軍，有朝一日與日本人享有同樣的憲政保障和自由。日本的生死繫於種族牌——將美國定義（並妖魔化）成「白種人」，因而日本就成爲同屬人類但明顯更爲優越的「黃種人」。中途島之戰時的日本國內不存在任何自由媒體，也沒有任何選舉，眞正行使權力的是表面上聽從天皇使喚的軍事專制政權。其結果則是教人訝異的異常狀況，儘管日本周邊的國家曾被法國、荷蘭、德國、英國和美國種族主義者和帝國主義者在數十年中施加了繁重的壓迫，但土著人在起初歡迎亞洲解放者後卻更有可能去幫助「白種人」美國人，而不是他們的亞洲同胞日本人。前者的民選政府終究有可能在一段時間後將獨立賦予它的屬地和衛星國，而後者的專制政權（它自我定義在種族層面而非思想層面）卻只會進行經濟剝削，並不會在未來給予任何平等機會。較之天皇的意願威壓下的卑微靈魂，民主社會中的人類心靈更有可能發生改變與進步。

儘管美國人在理論上是一種文化而非種族（不過以黑人爲例，他們在許多州裡依然被可恥地剝奪了投票權，在太平洋戰場上作戰時也被隔離，時常充當廚師和勤務兵），日本軍國主義的全部信條依靠的則是日本對「劣等」亞洲屬民的種族優勢這一隱含假設。要是日本接受了西方的民主傳統，在文化上轉向個人主義和自我表現，它本有可能激起整個亞洲奮起抵抗貪婪的歐洲人。不過，要是出現那種狀況，也許就沒有必要發生第二次世界大戰了。

要是說這些自由體制的缺乏在一九四二年六月四日約束了日本的總體戰爭努力的話，在中途島這樣的機動迅速、交戰距離遙遠的會戰中，日本軍事文化本身的嚴格控制才被證明是至關重要的，它在多數場合下表現爲單純缺乏個人主動性。對戰鬥的仔細審視表明，美國人對個人主義的內在信仰在每個場合都被證明是決定性的，而這一信仰本身正是漫長的自願組織政府和自由表達傳統的產物。能夠解釋美軍不可思議勝利的遠不是幸運、突然或意外，而是美軍個人自身的力量。

中途島戰場上的自發性和個人主動性

將錯綜複雜的士兵與國家關係簡單提煉爲以下結論——中途島戰場上的美國人是個人主義者，而日本水兵和飛行員則是不假思索的機器人——那就未免太過誇張了。服從是幾乎所有文化中軍事生活的特徵。倘若沒有指揮鏈，命令和軍事紀律就不能存在。中途島的美國海軍是具有高度紀律性的，也有成千上萬富有想像力且智慧的日本士兵的確盡了最大的變通努力以補救六月四日的災難。

話雖如此，個人主義在傳統日本文化中是個有所不同的概念，日本國民在若干個世紀中都不認爲選舉產生的代議制機構，按照自己意願書寫和表達，或者爲糾正冤屈而自主展示有必要存在：

讓個人服從於集體，為了家庭、村莊和國家的利益犧牲個人利益（在這些利益無法相比較的情況下，通常會認為較大群體的利益應當佔據優先地位）的自願行為，與家庭、村莊和國家維持和睦的壓力混合在一起，任何對團結構成威脅的行為在道德上都是錯誤的，挑戰現狀從而製造衝突的人必定是犯錯者。（R道爾，《日本土地改革》，三九三）

即便是那些憤恨老一套歐洲中心論說法的學者——亦即不同意日本人很少珍視個人主義，因而也對共識政府本身評價極低這一說法的學者——也承認日本人對個人發展的理念與西方實踐截然不同：

對西方讀者而言，即便是在二十世紀三〇年代生活在德國的讀者而言，建立在分層的存在基礎上的、支撐日本軍部的威權主義金字塔看上去也必定是令人窒息的，也令人備感束縛。我們當中有多少人願意讓個性完全服從於家庭、村莊和國家？不過，並沒有理由去得出不屬於這一社會頂層的日本人認為自己正在窒息而死，或是被耳提面命的結論，即使他們正處於這種狀態，也同樣不能得出他們對此介意的結論。（R．斯梅琴斯特，《戰前日本軍國主義的社會基礎》，一八二）

我們並不打算認為，具備十足幹勁和高度紀律的日本士兵在能力方面不及美國的戰士，事實上，日本士兵普遍是勇敢的，也無一例外願意為他們的天皇而死。更確切地說，在像中途島這樣的複雜拉鋸戰中，乃至說在整個太平洋戰爭當中，帝國艦隊都因為日軍缺乏局部主動性而浪費了無數良機。事實上，缺乏主動性在日本社會中與其說是例外，還不如說是典型。對於帝國海軍在中途島的戰敗，前海軍高級軍官淵田美津雄和奧宮正武，進行了類似修昔底德式的分析：

歸根結底，不僅是在中途島海戰中，而且是在整個戰爭中日本戰敗的根源深深地蘊藏在日本的國民性裡。我國國民有一種違背理性和容易衝動的性格，所以行動上漫無目標，往往自相矛盾。地方觀念的傳統使我們心胸狹窄，主觀固執，因循守舊，對於即便是必要的改革也遲遲不願採用。我們優柔寡斷，因此易陷於夜郎自大，這又使我們瞧不起別人。我們投機取巧，缺乏大膽和獨立精神，習慣於依賴別人和奉承上司。（淵田美津雄、奧宮正武，《中途島，日本註定失敗的戰役》，二四七）

在中途島海戰中，美國人對個性而非群體共識，對自發性而非死硬服從，對不拘禮節而非等級制度的堅信至少體現在四個重要方面——對日本海軍密碼的破譯、對約克城號航母的修復、美國海軍指揮層的天性、美軍飛行員的行爲——這些因素，都被證明對戰爭的結果有決定性的影響。

密碼破譯者

美日之間最爲明顯的反差，出現在收集情報的關鍵領域，它可能早在開戰前就決定了戰鬥結果。正如深入敵後的諜報和秘密情報搜集工作一樣，對時常變動的密碼進行破解也是一門精細的藝術。它融合了複雜的數學技巧，語言學的複雜知識，對秘密資訊傳播背景的社會學和歷史學瞭解，對無線電通信過程的熟悉，對傳輸的明確消息——或者更確切地說，可能消息——的常識性評價估量。英國破解德國頂級密碼的卓越努力範例（布萊切利莊園〔Bletchley Park〕破譯德國國防軍被統稱爲「超級機密」的密碼電報）就表明了最優秀的密碼破譯者們是個人主義者，他們還常常是古怪的思想家、來自各行各業的人士，不過他們的整體形象，卻時常被此前安坐在大學數學系與語言系裡的破譯者過份代表了。

當具備如此高度創造力的頭腦得到了自主的權利，而且大體上免於軍事紀律約束時，其能力便會發揮到極致。在嚴格的軍事管理中，破譯者的角色不僅是不大合群的，還與軍管理念極端相悖。美國海軍的密碼分析員們不修邊幅又不遵傳統，看上去就像四〇年後在加利福尼亞矽谷中創造了電腦革命的非正統叛逆者一樣。在「二戰」的所有參戰者當中，英國人和美國人是最老練而優秀的密碼破譯者，他們軍方的正式密碼破譯部門可以追溯到「一戰」和自主大學的時代；而日本人在這方面則是最差勁的，這一點絕非偶然。

在日本艦隊抵達中途島周邊地區之前，美軍高層指揮官們就大致知道了山本大艦隊的位置、航向、日程表和目標。美國人發瘋一般地做出努力，鞏固一度極遭忽視的中途島防務，爲其配備飛機、火炮和部隊人員；美國海軍快速集結，做好了反擊準備。而日軍潛艇未能找到美軍艦隊，更不用說發起攻擊了。美國航母安全抵達戰略地點等待正在趕來的日軍戰艦……這一切都源於美國海軍對日本人加密電報的破譯。到一九四二年五月中旬，中途島上轉眼間遍佈火炮、飛機和守軍，即便日軍艦隊消滅了美軍航母，日本侵略軍也難以輕易佔領中途島主島。

引領美國海軍破譯日本海軍頂級密碼（這套密碼以「JN-25」之名爲人所知，包括大約四萬五千個五位元數字）的人物通常被認爲是約瑟夫·羅奇福特（Joseph J. Rochefort）海軍中校和勞倫斯·薩福德（Laurence Safford）海軍中校。羅奇福德對他的工作坦陳如下：「檔案工作搞得不好，不過我把材料統統都記在腦子裡了」。（G·普朗格，《中途島奇跡》，二〇）他腳趿拉拖鞋，身著睡衣，主管著擁有非同尋常自主權的太平洋艦隊戰鬥情報局（以「HYPO」之名爲人所知）。而在珍珠港的一間沒有窗戶的地下室裡的薩福德，則多少給予了這一部門破譯日軍電報密碼，猜測最貼切含義的自由發揮的能力：

> 判斷這兩人究竟誰更古怪顯得相當困難。薩福德在一九一六年畢業於安納波利斯海軍學院。他是讓制服裁縫和勤務人員感到絕望的人物之一。他留著「瘋狂教授」的髮型，由於說話速度跟不上思考速度，講話也不連貫，他的長處在於純數學方面。羅奇福特脾性溫和，富有獻身精神，爲人方正，但也固執己見，精力十足，對等級和官僚體系毫不耐煩，他的頭腦並未受到正統軍官訓練的約束。（D·範·德爾·瓦特，《二戰之太平洋戰爭》，八八—八九）

羅奇福特手下緊密協作的團隊，從傳統的尼米茲上將那裡得到了全力支持，儘管上將手下各類人員的外表和「HYPO」的運作方式讓他頗感煩擾。美軍高層指揮官的確對這些非軍方人士各式各樣的自由思考和千奇百怪多少有些不爽，像金上將便對他們的行動不感興趣。但他們在日軍中的同行要想如此不修邊幅、無視禮節、身著奇裝異服、不去保持一絲不苟的記錄，則完全難以想像。日本人也根本無法想像，容忍一群知識份子和各類怪人對軍事生活的普遍不屑——給予他們這種自由和豁免的特權——是推動戰爭事業的前提。

研究中途島的大部份嚴肅學者都毫不猶豫地認爲，羅奇福特的努力對美軍勝利貢獻良多。薩繆爾．伊里亞德．莫里森總結說，中途島「是一場情報的勝利，是勇敢機智地運用情報的勝利」。（《珊瑚海、中途島和潛艇行動，一九四二年五月至一九四二年八月》，一五八）日本退役軍人兼歷史學者淵田和奧宮則在他們對現代歷史上日本海軍首次大敗的分析中一致認爲：

> 美軍提前發覺日本的攻擊計畫，是日本失利的唯一最主要的和直接的原因，這無可置疑。從日本方面來看，敵人情報工作這一成就轉而成為我方的失敗——我們沒有採取充分的保密措施……但是，說它是美國情報工作的勝利，其意義還不止於此，這一次敵人情報工作的積極成就是重要的，但同樣重要的是在反面，亦即日本情報工作的糟糕和無能。（《中途島，日本註定失敗的戰役》，二三二）

羅奇福特和他的團隊的個人主義，以及他們在美國軍方內部正常運轉的能力與自由，是西方強調個人表現和主動性的悠久傳統代表，而那又是共識政府、資本主義市場和個人自由帶來的紅利。僅僅因爲一個腳趿拉拖鞋的美軍軍官知道日軍正在迫近，就導致成百上千的勇敢日本水兵最終葬身中途島戰場。

約克城號的修復

如果說情報工作給了美國人日軍攻擊計畫的提前預警的話，約克城號航母在受損後令人驚訝的修復則保證了有三艘而非兩艘美軍航母將迎戰南雲中將的四艘航母。約克城號上的飛行中隊在擊沉日軍航母中扮演了關鍵角色，這艘航母也吸引了日軍的全部反攻火力，使其遠離企業號和大黃蜂號，若非如此，日軍本可以輕易取勝。如果沒有幾天前在珍珠港對母艦的創新性修理工作，吉米．薩奇的野貓式戰鬥機，馬克斯．萊斯利表現優異的SBD俯衝轟炸機將無法出現在戰場上，萊姆．梅西的破壞者轟炸機隊的犧牲也無法實現。

約克城號在中途島戰前不到一個月受了重創，它在五月八日的珊瑚島海戰中至少被一枚炸彈直接命中，還吃了無數的近失彈。日本海軍的轟炸機毀滅了飛行甲板，摧毀了船體內部的廊道和艙壁，將它的速度降到了二十五節，還破壞了它的裝甲帶。幾發近失彈像深水炸彈一樣毀壞了它的油管，導致出現大量溢油。它在五月二十七日跌跌撞撞地開回了珍珠港，船內的電纜和油管均已損壞。它的飛行中隊也因爲日軍的飛機和防空火力損失慘重。無論如何，日本人都相信約克城號已經沉沒在珊瑚海。大部份美國專家估計約克城號的徹底檢修需要至少耗時三個月，具備完全適航能力則需要六個月的時間。

然而，約克城號抵達珍珠港幹船塢沒幾分鐘，修復工作就開始進行了。早在船塢積水被徹底排乾之前，工程師、維修技術員以及各類施工者就在尼米茲上將本人的陪同下腳蹬高筒靴走到巨艦周圍，檢查損傷狀況，記錄所需物資。數以千計的工作人員立刻投入行動中：

一千四百多人—船體裝配工、造船工人、機械師、焊工、電工—湧入船體內部、上方和下方；從當天起，他們和碼頭工作人員們在兩個晝夜裡輪班工作，建造了修復船舶結構強度所必需的艙壁支柱和甲板，更換了在爆炸中受損的電線、儀器或裝置。（S．莫里森，《珊瑚海、中途島和潛艇行動，一九四二年五月至一九四二年八月》，八一）

上百個電弧焊機耗盡了島上的電，當地居民因而抱怨停電。許多工作既沒有藍圖也沒有正式指令，都是匆忙上陣完成的：

沒有時間去尋找圖紙或草圖了。人們直接把鋼樑和鐵棒帶到船上開工。碰到損毀的航母骨架時，就用燃爐把壞得最糟糕的部份燒掉；鉗工們則在修剪新的斷面，把它裁到切合擊傷部位輪廓為止；裝配工和焊工們進入航母，把新的部件「釘」到合適位置上，隨後繼續從事下一項工作……（W．洛德，《不可思議的勝利》，三六—三七）

其結果是，在約克城號於五月三十日亦即週六上午抵達後不到六十八個小時，它就在電工和機械師依然身處甲板的情況下，裝載了新的飛機，補充了飛行員之後離開了幹船塢。就在約克城號航母駛出港口，迎戰南雲中將的航母之後，最後一名修理人員才乘坐摩托艇離開。爲了紀念這一驚人的業績，雖然這艘航母正在西進，也不會像許諾中的那樣最終得以向東返航，但軍樂隊們卻打趣地在修補好的飛行甲板上奏起了「加利福尼亞，我來了」。

翔鶴號與瑞鶴號是日軍中最新生產也最爲致命的兩艘航母，當後者（此處原文有誤，應爲前者——譯者

註）同樣離開珊瑚海戰場返航後，日本人針對船隻損傷和飛行員損失的反應卻大有不同。日軍艦隊的航空指揮官三和義勇（みわよしたけ）大佐對駛入吳港海軍基地的翔鶴號（它在約克城號抵達珍珠港之前十天到達吳港，其結構性損傷也少得多）總結得出，它的損傷並不嚴重，但還是需要三個月的修理工作。儘管美軍在珊瑚海之戰中並未觸及她的姊妹艦瑞鶴號，但瑞鶴號還是損失了百分之四十的飛行員，因此在整場中途島戰事當中，它儘管船況優良，卻依然待在港口裡等待飛機和飛行員的補充。美國人和日本人在修理珊瑚海之戰中受損船隻的強烈反差，是那麼顯而易見：

> 他（尼米茲）必須使用每一艘可用的航空母艦，因而他要求竭盡全力搶修約克城號使其能夠參戰。迅速修復「約克城號」是一項巨大的成就，是一個帶戲劇性的初步勝利。相比之下，日本人在修理翔鶴號和對瑞鶴號進行補充問題上拖拖拉拉，滿以為沒有這兩艘參加過襲擊珍珠港的戰艦，他們也能把美太平洋艦隊吃掉。（G．普朗格，《中途島奇跡》，三八四）

要是角色掉轉過來，富有主動性的命令和修理工們出現在吳港而非珍珠港，南雲中將就能使用六艘航母對付兩艘美軍航母，而不是歷史上的四艘日軍航母對三艘美軍航母。在那種狀況下難以想像企業號和大黃蜂號會逃脫被擊沉的命運。

我們知道美軍指揮層堅持要求迅速修復約克城號的舉動相當英明。但大部份埋沒在歷史記錄中的則是成百上千美國焊工、鉚工、電工、木匠和補給軍官的個人決斷和即興創造力，他們在沒有書面命令的狀況下自行決斷，將一艘幾乎被毀滅的船隻變成了浮動的武器庫，它對擊沉南雲中將的第一航母艦隊大有幫助。

指揮中的靈活性

山本司令長官爲中途島海戰制訂的龐大戰術計畫缺乏靈活性。在他更加精明的下屬當中，很少有人不斷努力，讓他們的司令長官認識到帝國艦隊的資產分佈得太過廣泛，讓他瞭解到把珍貴的飛機和艦船投入到阿留申作戰行動是浪費，讓他意識到，奪取一千英里之外的島嶼，並同時殲滅美軍艦隊的矛盾戰略是如此荒謬。尊重上級的悠久傳統，加上珍珠港戰後山本的聲望，妨礙了認真提出和聽取意見的做法，進而導致任何可能的計畫變更都不復存在。南雲中將的參謀長草鹿少將注意到了許多高級軍官對山本計畫懷有個人保留意見，「事實上，這一計畫聯合艦隊司令部早已確定，我們只好全盤接受」。（G．普朗格，《中途島奇跡》，二八）

山本難以操作的戰略框架幾乎篤定了一定會出現戰術問題，這也反映了日本帝國軍隊指揮層內部抑制主動性和獨立性的等級制度。對中途島之戰中日軍領導層的批評通常集中在南雲中將於六月四日上午做出的關鍵決定：①他下令出動原本可以保護艦隊的大部份戰鬥機，和轟炸機一起攻擊中途島；②他還決定派出全部四艘航母上的轟炸機立刻攻擊中途島，並未留有防備美軍航母突然出現的預備隊；③他在得知美軍航母出現後做出了關鍵決定，並未立刻出動艦載機，而是下令將裝載的炸彈換成對艦魚雷。在這三個場合，於一九四四年六月在塞班島地堡中自殺的南雲都簡單地遵照日本海軍標準流程行事，卻沒有意識到對美作戰與過去會有多麼大的不同，輕鬆擊敗猝不及防、衆寡懸殊、缺乏經驗的敵軍的經驗已經不再適用了。

至於攻擊中途島本身，每次轟炸機出擊都需要有大批戰鬥機護航是日本艦隊的傳統作戰流程。但中途島上空的兩個狀況讓這一教條式做法並不適用於六月四日：中途島上的戰鬥機防禦作戰效能不高，這意味著轟炸機只需要得到極少量戰鬥機護航就能很好地命中目標；日軍不能確定美軍艦隊位置，這就表明在南雲的航母上空保留一支龐大的戰鬥機預備隊，抵擋可能出現的美國海軍攻擊，顯得相當必要。然而，南雲和他的軍官們都不認為有必要修改長久以來堅持的信條來適應當下的狀況。

南雲將他的幾乎所有航空力量都投入到中途島，這是一個無法移動的目標，島上也沒有能夠嚴重威脅到日本艦隊或其飛機的戰鬥機或轟炸機基地。無法移動的中途島必定不會消失在南雲的情報之中，當天上午的一系列失敗轟炸出擊也證明中途島無法毀滅他的航母。與此相反，靈活機動又無法探測到的企業號、大黃蜂號和約克城號航母則必定能夠做到以上兩點。

要是南雲留下一半轟炸機作為預備隊，做好一旦發現美國艦隊就展開攻擊的準備，與此同時還將實力完整的戰鬥機留在航母上，那麼這就是新穎且離經叛道的做法。倘若南雲如此行事，他依然可以一直對中途島發動規模較小卻有規律的轟炸出擊，就像他偵測美國海軍存在時所做的一樣。在海戰中，當即傾其所有出擊有時是個良策，若干分鐘後美國海軍將領們就會如此攻擊南雲，但這只是對付快速移動的航母時的備用策略，因為航母的俯衝轟炸機極為致命。不過這一戰法在對付飛機老舊、明顯無法傷害到海上艦船的島嶼守軍時毫無意義。南雲集中力量去對付對他沒法造成什麼傷害的錯誤目標，與此同時又忽略了能夠將他的戰艦送進海底的目標；不過，山本大將的大計畫也應當遭到嚴厲指責。

更為關鍵的則是，在南雲的轟炸機迅速出發攻擊剛發現的美國航母之前，他做出了為轟炸機更換彈藥的決定。讓轟炸機攜帶魚雷而非炸彈，無疑會產生無可否認的優勢，但這樣做的話，全部四艘日本航母的飛行甲板上會立即堆積出亂成一團的汽油、武裝飛機和炸彈，從而抵消掉一切優勢。南雲也害怕在沒有戰鬥機護航的狀況下立刻出動轟炸機；戰鬥機飛行員在襲擊中途島的戰鬥中精疲力竭，還要參與防禦作戰，還要補充油料。然而，他缺乏護航的俯衝轟炸機至少可以發現美軍艦隊，有些轟炸機應當還能突破美軍防禦，給戰艦造成損傷。

是不惜一切代價殲滅敵軍、讓飛機遠離目標飛行甲板的渴望，讓斯普魯恩斯將軍在傍晚時分出動企業號和約克城號上的每一架俯衝轟炸機去攻擊飛龍號。儘管沒有任何戰鬥機支援，美軍還是把日本航母炸成了碎片。

用炸彈轟炸陸上設施，用優秀的日本魚雷攻擊艦船是個好辦法。但戰鬥中很少會留有使用好辦法的空間，它需要的卻是在瞬間做出適應實況的改變。在航母間的戰爭中，一支艦隊的飛機應當留在己方上空保護戰艦，或是長途出擊獵殺敵軍戰艦。正如淵田和奧宮指出的那樣，「南雲選擇了自以為正統的和比較安全的方針，但是從那時起他的幾艘航空母艦就註定要遭劫了」（《中途島，日本註定失敗的戰役》，二三七）。雖然草鹿將軍後來承認，保留相當數量全副武裝的飛機，一旦敵軍航母出現就起飛攻擊的做法是明智的保險手段，但他還是認為在中途島海戰中沒有必要如此謹慎：「要求讓一半部隊處於無限期的戰備狀態，以等待也許根本不在這一海域活動的敵艦隊，這是第一線的指揮官所難以容忍的。」（G．普朗格，《中途島奇跡》，二一五）

最後，日軍在使用航母和戰列艦時採用了嚴格遵照制度乃至陳舊僵化的方法，但這無法適用於高度動盪不定，而且時常發生變化的太平洋戰場的實際戰況。在對抗美國人的戰爭中，理論上主要任務在於炮擊其他戰列艦，將巡洋艦和驅逐艦轟成齏粉的戰列艦不再是象徵國家威望的工具。相反，它們在掩護價值更高的航母時表現得最為有效，考慮到它們龐大的防空武器庫為不可替代的航母提供了保護，它們可以環繞航母，以確保減弱迫近的潛艇和飛機的攻擊力度（一般而言，戰列艦是更能誘惑飛行員的目標，但它們更難遭到空中打擊，裝甲防護更好，在魚雷面前防禦能力也較強），還能在保護運兵船的同時，用它們龐大的十六寸和十八寸火炮削弱岸基目標。

要是山本的所有戰列艦都環繞著南雲的航母，隨後在夜間駛往中途島轟擊跑道，很可能會有更多的美軍轟炸機被擊落，會有多得多的岸基與艦載機將攻擊目標從日本航母轉移到這些令人無法忽視的主力艦上。一旦山本的戰列艦主力不斷炮擊中途島，也就沒有必要出動艦載機轟炸中途島了。然而，戰列艦卻未曾參與任何作戰行動。在戰爭中的大部份時間裡，日本的大和號與武藏號巨型戰列艦，以及其他類似的戰列艦都是完全無用的資產，日本人很少能夠在太平洋海戰中恰當部署戰列艦。與此相反，美國人經歷過珍珠港的災難，並得知英國的威爾士親王號、反擊號戰列艦以及無數重型巡洋艦被日本海軍轟炸機擊沉後，迅速賦予了戰列艦全新角色。從那時起，海軍的巨獸們就在有必要的情況下被配屬給航母，就像在沖繩發生的狀況那樣，它們可以保護航母，吸引火力，或者像在菲律賓或諾曼第灘頭那樣，炮擊敵方陸軍。

在理想狀況下，航母編隊應當以鬆散隊形推進，以分散來自空中的打擊。不幸的是，日本人以恰好相反的方式接近中途島：即便在主力戰列艦相距甚遠的情況下，他們依然把四艘航母以盡可能接近的方式排列。要是日軍編成相互之間距離在五十英里以內的兩到三支航母機動部隊，讓四艘分散的航母互相配合發起空中打擊，其效果就要好得多。他們可以借此稀釋敵軍轟炸機的攻擊強度，就如同美軍第十六、十七特混編隊所做的那樣，讓此前已經受損的約克城號承受所有日軍炸彈，使距離較遠的企業號和大黃蜂號免遭任何攻擊。若是把性格暴躁、極其好鬥的山口將軍部署到距離加賀號和赤城號五十英里的地方，讓他直接掌握飛龍號和蒼龍號上的航空資源，以及在兩支航母機動部隊周圍環繞著的大約一打的日本戰列艦，想像一下這樣的中途島海戰中會發生什麼吧！不過，那時的戰術就不能依靠海軍大將（他實際上還無法與外界溝通）絕對權力掌控下等級森嚴的指揮層了，它需要的是真正的非中央集權化，還要求統帥部具備橫向且富有彈性的架構。

美軍指揮體系就要有彈性得多，而艦隊命令本身也足夠寬鬆，在執行過程中能夠讓美軍根據中途島之戰的展開狀況隨時予以調整。尼米茲實際上就是在指導弗蘭克．弗萊徹（Frank J. Fletcher）將軍和斯普魯恩斯（Raymond A. Spruance）將軍憑藉美軍獲得的情報遊弋在佔據優勢的日本艦隊側翼，利用他們手頭的一切東西展開猛烈攻擊，當日軍水面艦艇衝過來救援時便立即撤退。美軍的攻擊計畫，乃至戰艦部署本身的細節則留給指揮官弗萊徹和斯普魯恩斯來完成。尼米茲的命令既要求「採取強有力的消耗戰術給敵軍造成盡可能大的損失」，又要求「你們必須遵循不輕易冒險的原則。這一原則須理解爲：若無把握使優勢之敵遭受較之我更大的傷亡，則須避免暴露自己，免受其打擊」。（G・普朗格，《中途島奇跡》，九九－一〇〇）

與此形成對比的是，正如斯普魯恩斯將軍和弗萊徹將軍完全自主地一發現戰機就投入幾乎全部美軍航空部隊打擊日軍一樣，南雲中將認爲以「正確」方式展開攻擊是他義不容辭的責任。像斯普魯恩斯和弗萊徹這樣的行動可能是急躁的，但考慮到航母戰中第一次打擊時常能夠消滅敵軍的報復能力，毀滅足以讓成百上千架次飛機升空的平臺，因而此類行動也是基於第一次打擊往往最爲重要的經驗知識。

當日本海軍高級將領之間出現罕見的分歧時，這樣的緊張狀況時常會以奇怪的形式主義方式表現出來，起到適得其反的作用：他們會提出辭職乃至自殺，會以競爭性的努力爭取接受而非推諉批評，會因爲出現戰術失誤而決心和戰艦一起沉沒贖罪，甚至早在珍珠港戰役期間，南雲將軍和山口將軍就因爲對後者的航母部署方式存在爭議，雙方展開競爭性較量。不拘禮節又輕鬆的美軍指揮體系是多麼與之相異啊！弗萊徹將軍身處受損的約克城號上，他讓斯普魯恩斯將軍做出了出動艦隊艦載機這一關鍵決定，不擔心雙方會爭奪指揮的榮譽，也不怕兩人之間產生什麼怨恨。他當時心裡清楚得很：

在第二次世界大戰中領導美國艦隊取得首次海戰大捷的將領將會成為眾望所歸的英雄，將會名垂青史，流芳百世。但是，當他意識到他已不再可能最有效地指揮空中打擊力量時，他把指揮權交給了斯普魯恩斯。這是一種無私的、真誠的、愛國主義的行為。現在，尼米茲和斯普魯恩斯的聲譽都超過了弗萊徹，然而弗萊徹是他們兩人之間的紐帶，是一個有頭腦、有個性的人才，他讓一個天才充分地發

揮了才能。（G．普朗格，《中途島奇跡》，三八六）

日本和美國的軍事傳統都褒揚司令官親臨戰地的行爲，自從出現重裝步兵將領親臨希臘密集陣前排作戰的文化以來，這一行爲也一直是西方軍事實踐的特徵，但在中途島這樣龐大規模的複雜戰區裡，美國人早已做好了爲實際功效而放棄形式的準備。想出了一整套完全不可行計畫的山本大將就身處大和號上。但由於日軍保持了無線電靜默，而大將的旗艦又遠離航母戰場，戰地指揮官和日本統帥部就幾乎沒有任何即時直接通信的可能。山本對中途島海戰的控制就如同薛西斯在坐落於山丘的皇位上俯瞰薩拉米斯一樣，但前者所得到的第一手戰鬥進程資訊要遠少於後者。

與之相比，身處珍珠港的尼米茲海軍上將卻幾乎能立刻對一九四二年六月傳來的事態進行評估，對他的海軍將領們保持經常性的勸告。事實上，無論是在實際距離層面還是電子層面，坐在珍珠港辦公室裡的尼米茲都要比位於海上戰列艦上的山本更接近中途島之戰。就日本傳統而言，司令官應當位於艦隊中最重要的戰艦上（在這場航母交戰中，司令官竟需要待在一艘戰列艦上！），經驗豐富的航母指揮官要做好與他的戰艦一同沉沒的準備，對來自上級的戰術藍圖無條件接受是有紀律性和軍人氣質的表現（但這並不一定是在軍事上有效的表現）。就像某些趾高氣揚的軍閥一樣，山本制訂了他的正式計畫，命令部下服從計畫，然後就乘坐龐大的、引人注目的（也是和戰鬥極不相關的）大和號，在相對的孤立和寂靜之中脫離了戰場。

不幸的是，他的對手很少留心武士傳統，卻在制訂新的應急計畫乃至偶爾交換指揮權的過程中保持著持續不斷的電子通信和隨機應變的協商。美國海軍將領們傾向於將他們正在下沉的船隻上的人員全部撤離，從而在船隻沉沒時蒙受相對較少的人員損失，這一做法頗具代表性。他們不願和舊戰艦一起沉沒，而是渴望得到新的戰艦，不願被消耗在失敗之中，而是希望從失敗中學到東西。當成千上萬的水兵試圖在船隻沉沒的最後時刻逃生時，他們並不關心羅斯福總統的照片是否可能會很快沉入太平洋底部。

並非所有的海戰都需要想像力和適應能力。像哈爾西和弗萊徹這樣古怪、好鬥又自行其是的美國海軍將領，有時也會因爲自己攻擊性過強而讓艦隊幾乎陷入危險之中，珊瑚海系列會戰、瓜達爾卡納爾島爭奪戰和萊特灣的勝利便是證明。但總的來說，「戰爭迷霧」的存在，使得制訂的計畫在交火幾分鐘後便告過時，快速反應、創新性和主動性的價值要時常勝過墨守成規的戰法、一致同意方能執行的要求以及對等級與禮儀的堅持，這些都是航母戰爭中不言自明的道理。就這一層面而言，在戰場上獨立行事的士兵要優於循規蹈矩的士兵，根據當時實際狀況決定作戰方式的軍官要好過遵照公認常規做法的軍官。

飛行員的主動性

美國人擁有過時的飛機，多數技藝生疏的飛行員，以及近乎於零的航母作戰經驗。然而，他們的確反覆發起空襲，在作戰當中，具備高度個人主義的飛行員們使用了無法預料的出擊方法和離經叛道的進攻方法，結果打亂了日軍航母艦隊，使美軍最終得以將其殲滅。航母上的日軍觀察員們對美軍岸基飛機和艦載機的前八次攻擊中表現出的技術生疏大爲搖頭——在不知從哪裡冒出的第九波俯衝轟炸機毀滅他們的艦隊時，他們又大感驚駭了。

學者們時常評論說，以中途島爲基地的陸航轟炸機和海航飛行員未能對日本艦隊造成任何實際損害。這些人駕駛著老舊的布魯斯特水牛、沃特捍衛者，新的復仇者魚雷機，落後的海航ＳＢＤ俯衝轟炸機，野貓戰鬥機，B—26掠奪者輕型轟炸機和B—17空中堡壘發起攻擊。然而，他們的反覆進攻雖然缺乏配合，各自爲戰，也沒有什麼技巧，卻是幾乎連續不斷的，因此產生了讓日軍始終手忙腳亂的效果，對日軍至關重要的戰鬥機很快就出現損耗，時常需要補充燃料和彈藥。早在航母最終被打得起火之前，中途島上的戰機就出擊了五次，這些出擊常常由自作主張的飛行員們所發起。

在決定性戰鬥前一天即六月三日午後不久的時候，九架陸航的B—17轟炸機離開中途島攻擊距離該島尚有六百英里正在迫近的日本艦隊。這些飛行員並沒有作戰經驗，攜帶的炸彈也不足十一噸。他們並未命中任何目標。隨著B—17轟炸機在幾個小時後返回中途島，一隊混雜的PBY偵察機又起飛了，儘管這些飛機很難達到一百英里每小時的速度。每架飛機都盡可能帶上了一枚魚雷，徑直開往日本艦隊，隨即發起了一次突然夜襲。儘管第二次出擊更爲奇怪，但它除了給一艘油輪造成了些許輕傷外，幾乎沒有獲得任何成功。

次日清晨七點，正當日軍航母艦載機出發攻擊中途島時，來自島上的美軍魚雷轟炸機和B—26轟炸機再次嗡嗡作響地飛向南雲中將的航母艦隊。事實上並不存在什麼飛行計畫，更不用說中隊間的協同戰術了。赤城號上的小川大尉認爲整場攻擊都是無效的——當帝國艦隊的零式戰鬥機擊落了大部份復仇者和一架B—26時（一共四架B—26），這一判斷得到了證實。美國人又一次一無所獲。

在此次攻擊過去一個小時之後，十五架B—17抵達日本艦隊上空，開始了第四次轟炸。空中堡壘從將近兩萬英尺的空中扔下炸彈，其中只有少數接近了目標，雖然美軍事後聲稱給日軍造成了難以想像的傷害，但他們事實上再次一無所獲。幾分鐘後，海航的十一架破舊捍衛者轟炸機出現，飛到距離海面僅有五百英尺的地方，開始了老一套的滑翔轟炸攻擊。它們也未能取得任何戰果。

來自中途島的全部五次攻擊都是自發的，參戰的包括海航、陸航和海軍的飛行員，至少有五種不同轟炸機攪和進了這場大雜燴，攻擊高度從五百英尺延伸到二萬英尺，飛機作戰準備不足，魚雷瑕疵眾多，炸彈也無法給現代化裝甲艦造成嚴重傷害。在這些攻擊完成後，所有日本戰艦都毫髮無損，而中途島上的飛機則損失了一半，然而，日本艦隊由於連續若干小時的警戒和射擊變得疲倦。企業號、大黃蜂號和約克城號上的三波破壞者機群那時已經出現在天際，準備開始它們自己徒勞的魚雷襲擊。在淵田大佐和奧宮中佐對來自中途島的攻擊的總結當中，尤其強調了日軍怎樣忙於應付前五輪美軍出擊：

> 我們普遍認為，敵人的攻擊技術不足懼。但說來奇怪，正是由於敵人的攻擊直到此時沒有取得任何成果，倒是大大有助於美國的最後勝利。我們忽略了採取一些明顯必要的預防措施。如果採取了這些措施，也許能夠避免幾小時後發生的慘敗。敵岸基飛機所做的看來是徒勞無益的犧牲到頭來並沒有落空。（《中途島，日本註定失敗的戰役》，一六三）

正如我們所見，來自三艘美軍航母的魚雷機飛行員同樣富有主動性，當然，考慮到他們的低劣裝備和可憐經驗，他們很快也會面臨同樣的命運。不過公允地說，幾乎沒有海軍飛行員準確定位到日本艦隊位置。大黃蜂號的戰鬥機和俯衝轟炸機並未找到敵軍，在第一波美軍攻擊中的一五二架戰機中，有四十五架、或者說接近三分之一的戰機從未遇敵。與中途島的無線電通信也是相當艱難的，在飛行員起飛後，就沒有什麼新的消息傳遞給他們了，而日軍卻突然掉頭，朝著遠離中途島的方向開進。美軍飛抵日軍上空需要大約一個小時的時間。在這段時間裡，敵軍艦隊會出現在上次報告位置以北三、四十英里的地點，在理論上不會遭到來襲的轟炸機攻擊。而這些飛機已經進入了行動極限，燃料儲備很低，而且飛向了錯誤方向。

許多美軍航空指揮官忽略了標準作戰命令，而是通過自己的主動行動發現了日軍。大黃蜂號上的破壞者轟炸機指揮官傑克．沃爾德倫告訴他的中隊，「只需隨我前進，我會把你們帶到他們頭上」（W．史密斯，《中途島》，一〇二）。他正確地判斷南雲在得到美軍航母的相關報告後會改變航向，因此最終的確實現了這句話，而且把部下帶向死亡。沃爾德倫的才幹確保了他能夠發現日軍，也保證了他麾下的戰機會被擊落，在屠戮美軍破壞者的過程中，日軍戰機也會忽略來自高空的俯衝轟炸機的威脅。要是沃爾德倫沒有改變航向，他就永遠無法發現敵軍艦隊，日軍擊退其他進攻就要輕鬆得多，也會做好等待SBD的準備。

與此類似的是，當韋德．麥克拉斯基率領企業號上的俯衝轟炸機抵達一五五英里開外的集結點時，他的飛機也沒有發現任何日本艦隊。他同樣出於本能當即做出判斷：南雲的航母已經改變了航向（日軍嵐號驅逐艦當時正在追上南雲艦隊，它的航跡有助於麥克拉斯基判斷）。因此開始向北展開針對日本航母漫長的徹底搜索，在幾乎用盡轟炸機燃料儲備時最終將其發現。要是麥克拉斯基沒有猜測或是沒有猜對，又或者他在試圖通過無線電獲得命令時來回盤旋，企業號上的轟炸機就會像大黃蜂號一樣對戰鬥毫無作用。要是赤城號和加賀號都得以逃脫，那麼企業號或大黃蜂號就必定會承受來自這兩艘航母艦載機的怒火。這就難怪企業號的艦長喬治．莫里稱麥克拉斯基的主動行為是「整場作戰行動中最重要的決定」（G．普朗格，《中途島奇跡》，二六〇）。

在實際的轟炸行動中，當美軍飛行員個人在見到受損的日本船隻需要更多「照顧」時，或是當感覺他們的炸彈扔到新目標頭頂上更好時，他們也會做出違背最後接到的命令、倉促變更作戰方式的決定。即興改變目標的作戰理念，確保了飛龍號被擊沉，重型巡洋艦最上號被重創。這兩艘日軍戰艦所遭到的毀滅性打擊，都源自原本奉命攻擊其他地方的美軍轟炸機。

這樣自由思考的美國飛行員一旦受到自己魯莽而具備傳染性的熱情影響，就時常會表現得相當無能——如果不是極端危險的話——正如我們在中途島之戰裡失敗的岸基攻擊中曾看到的那樣。B—17轟炸機的許多次倉促出擊是有勇無謀的，其中一架B—17甚至攻擊了一艘美軍潛艇。B—24轟炸機在六月六日做出的夜間轟炸威克島的不明智努力，最終導致淒慘的失敗——飛機並未找到島嶼，此次飛行任務的指揮官克拉倫斯·廷克少將自此音信全無。雖然如此，日軍和美軍的偵察機、戰鬥機和轟炸機飛行員們之間的比較反映出美軍飛行員擁有強得多的創造力和適應能力。正如整場太平洋戰爭中自始至終表現的那樣，自主性在中途島得到了回報。

西方戰爭中的個人主義

因爲美國決心毀滅日本，而非僅僅消除日本的軍事威脅，英勇且智慧的日本水手和飛行員會讓美國人在中途島後的三年內損失成打的航空母艦、戰列艦和驅逐艦。在瓜達爾卡納爾、塔拉瓦（Tarawa）、貝里琉（Peleliu）、硫磺島（Iwo Jima）、沖繩以及所羅門群島外海的一系列海戰中，成千上萬不同軍種的美軍將被計畫良好、組織優良的日本進攻屠戮。然而令人驚訝的事實依然存在：不到四年時間裡，美國在完全毫無防備的狀況下遭遇奇襲後，依然在將主要兵力投入到歐洲戰場的同時，在並未依靠萬歲衝鋒、神風攻擊和儀式性自殺的狀況下，不僅擊敗了數量龐大、久經沙場的日軍，而且摧毀了日本這個國家本身，終結了它作爲可怕的軍事大國和現代化工業國存在的半個世紀歷程。日本的海軍、陸軍和空中力量不僅輸掉了太平洋戰爭，也在這一進程中不復存在。

其結果是，到了一九四五年八月，日本的狀況比起一個世紀前的一八五三年——當佩里準將在那時抵達江戶灣，加速了日本的西方化進程時——還要糟糕得多。長達一個世紀並沒有附帶自由化的西方化未能使日本躋身西方大國之列，反而讓它被西方大國毀滅。美軍在大約四十五個月內完成了前所未有的殘酷成就，對這一成就至關重要的是倚賴於個人創新的悠久傳統，這與東方對群體一致、服從帝國或神聖權威、個人從屬於社會的強調形成了鮮明反差。終結日本的開端是中途島，日本人在那裡損失了最好的飛行員、無法替代的空勤人員以及航母艦隊的核心人員——而最為重要的是，在短短三天內他們的自信心就土崩瓦解到可怕的地步，以至於他們開始害怕與天邊的美軍戰艦交戰，而不像原先那樣熱切求戰。

在西方軍事效能中，個人主義長期以來發揮著作用，通常情況下它會在戰場上以三個層次表現出來：統帥部、普通士兵自身，以及給予戰士武裝、將戰士送上戰場的社會。所有文化都可以創造出才華傑出、氣質高度獨特，並且能夠運用獨立思考和直覺的軍事領袖。羅馬遭遇了許許多多富有天份的部落軍隊領袖和東方君主——朱古達、維欽斯托克利、布狄卡、米特拉達梯——他們的才能時常可以帶來戰場上的勝利。但是，他們的個人主義，以及其他類似他們的人的個人主義，很大程度上並非這些人所處文化的特徵，卻與他們享有絕對權力的程度相關。因此，在他們死後——所有羅馬的敵人通常都會戰死或自殺——他們的民族解放戰爭就隨之崩潰，這表明他們的君主政治、神權政治和僭主政治烙印很少能夠創造一連串天才軍事領袖，更何況，一個只有追隨者的國度，永遠無法依賴自身的創造性和自主性來發動戰爭。

同樣的說法對法老、位於新大陸上墨西哥和秘魯的統治者、中國皇帝以及奧斯曼蘇丹等獨裁者的王朝也一樣成立。他們也同樣把軍事權力集中到自己手中，並不鼓勵下屬臣民的主動性，確保勝利的機會並不在於軍事上的即興創造，卻只依靠他們自己時常出錯的判斷。與此相反，像地米斯托克利、斯巴達的萊山德（Lysander）、西庇阿・阿非利加努斯、傑出的拜占庭將領貝利撒留（Belisarius）、科爾特斯以及喬治・巴頓（George Patton）和柯帝士・李梅（Curtis LeMay）等人，卻與他們自己的國家發生爭吵，被同樣自由思考的下屬們包圍，而且並不僅僅依靠紀律維繫部隊，還熱衷於開發部隊的主動性。

身處西方軍隊佇列中的士兵，時常會運用其他社會中未曾發覺的獨立思考潛質。這讓我們在此想起曼提尼亞會戰（battle of Mantinea，公元前四一八年）中阻止會戰的「老人」，他警告斯巴達高層指揮官們，軍隊的部署並不明智；身處小亞細亞（公元前四〇一年）的色諾芬萬人遠征軍間（他們就像被雇用的殺手團夥一樣形成了移動的武裝民主社團）存在著無情的交換意見；在十字軍東征當中，各種各樣的古怪的法蘭克貴族團體之間互相爭吵得就像與敵軍作戰一樣；雷龐多戰前，各種脾氣糟糕的海軍將領間也是爭執不斷；十九世紀身處印度與非洲的英國職業士兵，儘管高層指揮表現平庸，他們的作戰技能與想像力卻帶來了成功。

所有人都時常作為個體行事，作為人類也會珍惜自己的獨立與自由。但正式承認，乃至時常從法律層面承認一個人對個人行為的自主領域——社會、政治和文化方面——則是獨一無二的西方理念，這一理念會令大部份非西方世界感到驚駭，有時這些驚駭還顯得頗為有理有據。與自願組織起來的政府和對政治自由的法律承認不同，個人主義是一個文化存在，而非政治存在。西方的政治與經濟將自由賦予了抽象和具體意義上的個人，在此過程中培養了個人的好奇心和主動性，而這在沒有真正公民，沒有自由政府和市場的社會中是聞所未聞的。個人主義是西方政治與經濟的回報。

正如我們曾在薩拉米斯和坎尼那樣的案例中所見到的那樣，詭詐的個人主義源自更為宏大的西方自由、立憲政府、財產權和公民軍國主義傳統。雅典公民大會投票贊成了對西西里的災難性遠征（公元前四一五～前四一三年），隨後以堅定英勇的方式讓雅典在戰爭中繼續堅持了九年——這與十九世紀的英國議會或二十世紀的美國國會極其相似，後者批准了各種政治與經濟政策，將對戰爭的努力託付給成千上萬人身自主且自由思考的公民。從公元前五世紀哲學家普羅塔哥拉的斷言「人是萬物的尺度」，到由西方法學家們起草、聯合國於一九四八年接受的《世界人權宣言》（「各聯合國國家的人民已在聯合國憲章中重申他們對基本人權、人格尊嚴和價值以及男女平等權利的信念……」），存在著長達二千五百年之久的個人自由傳統，以及對個人而非政治、宗教集體的固有信念，非西方國家在這方面無法與之比擬。無論這是善念還是惡念，在東方，一頭神牛有時會比一個人的性命還要重要；皇帝相比普通人則是不可侵犯的存在；一個人一生的目標，或許就是爲了一場宗教朝聖；在戰爭中，爲了一個精神領袖，戰士們時常需要發起自殺性的衝鋒來證明忠誠；一名戰士還必須冒著他（她）的生命危險，只爲救出皇帝的相片……沒有多少西方人能相信上述理念。

與此相反，日本依賴的是堅定的服從——正如過去二千五百年中，西方的大部份敵人所依賴的一樣——而非具有獨立思維的司令、有創新精神的士兵和完全獨立自主的立法機構。嚴格的等級制度和個人對日本天皇神性的完全服從，意味著最終決定日本政策的是一小撮軍國主義者的想法，而他們既不需要得到日本人民的批准，更不需要告知日本人民。就像古典時代東方帝國的龐大軍隊一樣，中央集權控制和大眾意識所鑄就的軍隊，得到了良好的訓練，擁有巨大的規模，並且充滿戰鬥意志。但這樣的軍隊，在面對公民軍隊國家發起的反擊時——這樣的國家依靠成千上萬自由思考個體的集體智慧——則會變得相當脆弱。

隨著太平洋戰爭的終結、日本社會的毀滅和軍國主義者的名譽掃地，阻礙這個國家全面接受西式議會民主及其一切伴生物的百年路障最終被搬開了。戰後引入的立憲政府帶來了土地的再分配。媒體自由、抗議自由、婦女解放和中等消費階層的出現也是美國佔領的回報。其結果是——如果不採用日本對個人與社會角色的極端重新解讀的話——至少在世紀之交，日本擁有了世界上領導最爲優秀、最能創新、技術上最爲先進的軍隊之一，而這支軍隊也處於選舉產生的立法機構、行政長官的完全控制之下，還受到民間的稽查。

如果說日本過去對西方軍事研究和發展的失之偏頗的接受，最終在世紀之交將日本帶到幾乎與歐美軍隊同一技術水準上，那麼，它目前對西方政治和社會體制更爲全面的接受已經確保了它在軍事上——至少在軍事技術層面上——與當今的任何一個歐洲國家幾乎相當。在二十一世紀裡，只要日本拋開漫長且好戰的歷史中的固執，繼續以前所未有的程度去鼓勵個人才能和創新，它在武器領域的科學進展終將掙脫效仿的桎梏。

秉持異議與自我批評

春節攻勢，一九六八年一月三十一日～四月六日

考慮到我們所要對付的敵人，西西里遠征所犯的錯誤，與其說是由判斷失當所致，不如說是在於計畫遠征的人執行不力。在派出第一批部隊之後，他們並未採取必要措施予以支援，反而忙於處理個人的恩怨，競爭對人民的領導權，因而不僅敷衍了事地進行戰爭，也使國家內部政策陷入混亂……即便如此，直到遠征的領袖們最終互相敵對，陷入帶來毀滅的個人爭鬥後，遠征軍才最終失敗。

——修昔底德，《伯羅奔尼薩斯戰爭史》，二・六五・一二～一三

針對城市的戰鬥

西貢，美國大使館

西貢一片寧靜祥和，就像在假日裡一樣。元旦節慶和慶祝陰曆新年的各式活動，在實質上產生了長達三十六小時的休戰期。無論如何，越共很少會用大規模部隊對越南南方的中心城市展開公開進攻。然而，在一九六八年一月三十一日早晨，這一切都改變了，而且毫無預兆。南越全境，或者說從西貢美軍司令部收到的驚慌報告中所瞭解到的南越全境，都在幾分鐘內遭到敵軍的滲透和攻擊。共有一百多個南越城市、村莊和鄉下小村，正被敵軍進攻的浪潮席捲而過。對美軍指揮官而言，這樣的場景乍看上去完全違背常識。他們確信敵軍從不會大舉進攻，特別是在一九六七年，猛烈轟炸逐漸使戰爭態勢向不利於北越即越南民主共和國的方向轉變之後，更應該如此。

美國在此地的權力中心，是南越首都西貢，在人們的想像中，它是一個神聖不可侵犯的要塞。軍事援助越南司令部（MACV）作爲提供軍事與民事支援的龐大網路，其核心堡壘便是美國大使館，它的圍牆由醜陋的混凝土修築而成，牢不可破的外觀象徵著美國的驚人實力與龐大投入——是美國阻止了來自北方的共產主義滲透，從而最終在南方建立起資本主義民主國家。在二十年前的第二次世界大戰中，美國取得了精彩的勝利，繼而又在一九五三年解救了資本主義的「自由」韓國，因此在越戰最初幾年裡，美利堅依然懷著戰無不勝的感覺作戰。在美國人眼裡，解決東南亞問題的關鍵並不在於擊敗敵軍，而在於找到敵軍並將其引誘出來戰鬥，隨後美軍壓倒優勢的火力就會立刻將對手徹底摧毀。

但城市街道與密林一樣，都不利於西方式的戰爭手段。如果美國人打算公然轟炸、射擊敵人，以此將數以千計的共產主義分子燒成灰燼的話，那麼北越軍隊的應對之道，則是偷偷在夜間進攻，而且他們甚至不打算虛偽地遵守規則，把目標限定在作戰人員之內。的確，就連大使館也是他們的進攻目標——事實上，大使館是敵軍於一月三十一日凌晨三點左右，在全國範圍內發起全面進攻時的第一個目標。大約四千名越共游擊隊員參加了這次戰鬥，其中許多人身著平民服裝，他們還很快得到了滲透進來的北越正規軍部隊的支援。這些人對在西貢的幾乎所有南越和美國政府機構展開了攻擊。根據這個魯莽的計畫，數以百計的骨幹精銳部隊，對越南共和國軍隊（ARVN）司令部、無線電臺和電視臺、員警大院、政府機構以及軍人、員警和美國官員的私人住宅展開了突擊，意圖掀起人民的總暴動，從而展開他們許諾已久的民族解放戰爭。

十九名越共突擊隊員計畫強攻進入密閉的美國大使館，擊敗一小隊猝不及防、正在睡覺的衛兵。一輛卡車和一輛計程車將他們運了過去，隨後突擊隊員在院牆上炸開一個洞，殺死了五名美軍陸戰隊隊員，隨後開始徒勞地用榴彈和自動武器攻擊大使館主樓的厚重大門，期望能夠進入真正意義上的使館辦公室。倘若幾個小時之後，廣播電視向全國播送越共在埃爾斯沃思·邦克（Ellsworth Bunker）大使本人的辦公室窗戶裡若隱若現的畫面，美國公衆將會做何感想？

事態並不會如此發展。在五個小時內，直升機就把美軍空降兵運到了院子裡。美軍殺死了全部十九名敵軍滲透組的成員，確保了使館的安全。敵軍的此次攻擊就像當天早晨針對阮文紹（Nguyen Van Thieu）總統府邸和其他南越、美國建築的數十次攻擊一樣，完全出乎意料，卻也同樣遭遇了失敗。按照北越那些制訂計畫的人物的吹噓，這些突擊將標誌著針對美軍及其「傀儡」南越軍隊的全面起義，他們也以此鼓勵下屬部隊：

勇猛前進，不斷展開決定性的進攻，結合政治鬥爭和軍事爭取，消滅盡可能多的美軍、僕從軍和傀儡軍……克服一切艱難困苦，為連續進攻作戰付出犧牲，最大程度展現你們的革命英雄主義。準備好粉碎敵軍一切反撲，在任何情況下，都要堅持革命立場。（M．吉伯特、W．海德編著，《春節攻勢》，二一一）

然而，西貢的大部份居民更擔心的事情，則是缺乏安全感的街道，以及間或出現的射擊。擔驚受怕的美國和南越軍政官員們在數以千計的私人住宅里自行設置障礙，並開始向任何可疑人物射擊。

很少有越南人願意推翻他們自己的政府，更不用說美國人了，當地居民中的絕大多數只是在一邊旁觀，幾乎沒有人參與共產黨的「起義」。大部份人仔細地觀望著越共取得勝利的程度——他們正在掂量形勢的變化，等著看是共產黨還是美國人會在不久之後掌握生殺予奪的大權。就像跟隨科爾特斯屠戮其他土著墨西哥人的特拉斯卡拉人，或是在祖魯蘭調配給切姆斯福德的部落非正規軍一樣，南越人做好了和那些具有可怕戰鬥力的西方人並肩作戰的準備，對抗共產黨——但前提是，美國人必須確保他們能夠獲得軍事勝利，並向越南提供長期的固定援助。而現在，就連美國人自己的大使館都已經處在攻擊之下了！

上午十點左右，美軍正在清理一片狼藉的使館大院時，邦克大使在數十架電視攝像機和數十名記者的陪同下繼續上班。這些媒體人士中的不少人曾向國內發出內容荒誕的電報，聲稱越共曾在一段時間內佔據了美國大使館，還控制了使館主樓。事實上，錯誤的資訊不僅來自新聞界。身處國內的林登．詹森（Lyndon B．Johnson）總統急匆匆向全國保證，這次敵人的突擊與其說是個重要軍事行動，倒不如說更像底特律貧民區的騷亂。至於指揮駐越美軍的威廉．魏摩蘭（William Westmoreland）將軍，則堅持向全國聲明，這些有預謀、有計劃的進攻只不過是試探性的佯攻，目的在於吸引美軍從遠在北方的雙溪（Khesanh）圍攻戰上抽調資源。不過他還是歡迎敵軍這樣集中起來，因爲這爲佔據壓倒性優勢的美軍火力提供了更爲明顯的目標；在政客們爲這場攻勢發愁時，魏摩蘭卻從中看到了取得決定性勝利的機會。

魏摩蘭起初猜測春節攻勢是規模巨大的佯攻，這個想法在次月被證明是錯誤的，但他的另一個觀點則不無道理——成千上萬的越軍現在更有可能出現在開闊地帶，並因此變得易受攻擊，很快就將被殲滅。過去三年裡，魏摩蘭在越南所進行的全部努力，就是要創造傳統的西方式決定性會戰條件，在這種會戰中，美軍可以依靠其訓練和紀律俱佳的衝擊式作戰步兵，以及巨大的技術物資優勢發動打擊，進而摧毀敵軍，勝利回國。美國人在越南遇到的問題，和所有西方人在海外作戰時遇到的問題大體上是一樣的，那就是敵軍總是不願意投入大規模會戰，轉而將戰爭變成滲透戰、叢林戰、恐怖炸彈襲擊和巷戰。在撤退而非會戰中，大流士三世與亞歷山大大帝保持了安全距離；阿布德·阿—拉赫曼劫掠那邦尼市（Poitiers）的行動，遠比與查理·馬特在普瓦捷展開遭遇戰要成功得多；阿茲特克人有時會在夜間突襲取勝，或者在山間小道上出其不意打敗西班牙人；倘若開芝瓦約選擇伏擊英軍輜重而非迎頭衝擊紅衫軍的方陣，那麼祖魯人也許就能取得更好的戰果。

在下個星期裡，六千萬名身處國內的美國人，在電視上看到的戰鬥畫面，與之前第一夜進攻時多少有些不同。鎂光燈下的照片裡，包括了一些死在使館大院里的美軍影像。坦克和自行榴彈炮在西貢的街道上橫衝直撞。報紙頭條上，赫然寫著「戰爭的魔爪觸及西貢」。一幅尤爲令人煩惱的畫面整天出現在電視上：阮玉鸞（Nguyen Ngoc Loan）將軍對著一名被捕的越共滲透分子腦袋開了一槍。那名戰俘屬於滲透部隊中的一部份，該部隊此前射殺了阮玉鸞手下的許多安全部隊成員，其中還包括一名待在家中的軍官及其妻兒；此外，不穿制服、身著平民服裝的敵軍特工並不該得到與被俘士兵相同的待遇。然而這些事實都在新聞導致的狂熱中被人遺忘了。爲《生活》雜誌拍下這張照片的合衆社攝影師埃迪·亞當斯（Eddie Adams），贏得了普立茲新聞攝影獎。

這些腦漿四濺的血腥影像，似乎成爲春節攻勢的縮影，讓人覺得整個戰事一片狼藉——垂死的美國人無力保護他們大規模遠征軍的神經中樞，而腐敗的南越盟友則射殺沒有武裝的無辜者——而公衆卻在這個時候得到保證：「曙光就在隧道的盡頭。」在美國人看電視的時候，他們一定會懷疑勝利是否眞的觸手可及，同時爲了應當相信誰、又該相信什麼而頭痛不已：

> 關於春節攻勢，最重要的圖片是埃迪．亞當斯拍下的照片：一位南越將軍射殺一名雙手反剪在背後的男子。對此，最令人印象深刻的評論，是彼得．阿內特（Peter Arnett）從檳椥（Ben Tre）發回的詛咒式警句，「為了拯救這座城市，我們有必要先毀滅它」。為報導春節攻勢中的事件而特別頒發的唯一一項普立茲獎，於兩年後授予從未踏足越南的西摩．赫什（Seymour M．Hersh），因為他曝光了美軍在美萊村屠殺一百餘名平民，這本身就說明了一些事情。」（D．奧伯道夫，《春節攻勢！》，三三二）

在大使館之外，富壽賽馬場也發生了一場激烈戰鬥，那是一個數條林蔭大道交會的交通中心，有足夠空間協調一整支軍隊，因此被越共作爲進攻要點佔據。賽馬場周圍的房屋裡塞滿了數以百計的狙擊手。美軍部隊和越南共和國軍隊展開了長達一個星期的逐屋作戰，最終才得以鎖定敵軍的位置並將其逐走。越共的士兵們極少會投降，幾乎需要全部殲滅才能取得勝利。然而在電視上，美軍卻因炸毀住宅招致指責，好像沒人注意到，即便是節日休戰當中，越共的狙擊手仍然在城裡射擊美軍陸戰隊隊員。

消滅掉全部有組織的滲透人員，將他們擊殺或逐出西貢，消耗了大約三週時間。第七步兵師第三營的一個陸戰連隊奮力突擊富壽賽馬場，與越共的一個營展開了城市交火中典型的殘酷戰鬥：

無後座力槍在牆上炸出了空洞，榴彈發射器伸進鋸齒形的殘垣斷壁向內射擊，隨後士兵們爬進冒煙的入口。隨著戰鬥的持續進行，數以百計驚恐的平民從裝甲運兵車旁邊逃過。隨著這隊士兵逐步靠近賽馬場，他們繼續與越共在激烈的逐屋戰鬥中展開角逐。武裝直升機從空中俯衝下來，用多管機炮和火箭彈齊射炸開建築物。到那天（一月三一日）下午一點為止，這個連已經向前推進了兩個街區。隨後越共退到了混凝土制公園長椅後方的塹壕陣地上，他們還利用部署在賽馬場看臺上混凝土塔里的重武器進行火力支持。（S．斯坦頓，《美軍的興衰》，二二五）

浴血順化

更爲慘烈的城市戰出現在遙遠的北方，接近非軍事區（DMZ）的省會順化——它曾是統一的大南（Hué）帝國的美麗首都，擁有大約十四萬居民。儘管順化是南越第三大城市，而且位於北越邊界附近，但其此前所受的戰火侵襲依然相對較少。這樣的狀況很快就將發生變化。幾乎就在美國大使館遭到攻擊的同時，兩個整編團外加兩個營的北越軍隊兵分三路突入城市，在戰鬥中北越投入的兵力數量最終會上升到接近一萬兩千人。很快，他們就和滲入順化的部隊接上了頭，後者混在慶祝春節的人群中進入了城市。北越軍隊迅速突破了兵力不足的越南共和國守軍，隨後佔據了「皇城」——這是一座大型要塞，俯瞰著遍佈古代宮殿廟宇的舊城。

一旦控制住局面，北越軍隊就有組織、有計劃地將特工網路撒布下去，廣泛搜尋南越士兵、官員、親美份子和外國人。大約有四千~六千人被捕獲，其中的大部份被打死或槍決。醫生、教士和教師是北越特別針對的目標。最終，人們在萬人坑里發現了三千具屍體，至於其他人則成了文件檔案中的「失蹤人口」。儘管西方記者很快就遍佈順化的街頭巷尾，但很少有人對這些處決事件做出評論，甚至還時常有人否認集體處決曾經發生過。

以陸戰隊為先導的美軍反擊十分猛烈，此後經過持續二十六天毫無間隙的戰鬥、坦克攻擊、增援和空襲，這才讓美軍奪回了幾乎被夷為平地的皇城。和西貢一樣，陸戰隊隊員們在私人住宅里進行搜索時，往往在遭到敵軍射擊之前，對敵軍所在地點及其身份一無所知：

> 我最終開始理解為何我們會在穿越街道時經歷這麼大的麻煩。這些房屋裡有許多是單層住宅，但有兩棟是兩層樓房，為在那裡等待的北越軍（NVA）提供了有利的射擊陣地。在我們試圖跑過街道時，北越軍可以立刻從這些陣地上朝下方的我軍直接瞄準射擊。這一點相當明顯，我們也清楚地理解了自己的處境，所以我們把還擊火力瞄準街對面的房屋門窗，那是最有可能被敵軍當作射擊陣地的地方。我們沒有意識到的是，北越軍也在街道上從房屋之間連通良好的塹壕陣地上朝我們射擊。（N．沃爾，《綠色相位線》，一五九—一六〇）

美軍曾接受過機動戰和殲滅戰的訓練。在這種戰爭中，他們漫步於濕地和叢林，參與激烈而短暫的交火，而後呼叫炮兵轟擊和空襲，接著返回要塞化的、相對安全的駐地。像重裝步兵或切姆斯福德勳爵的紅衫軍一樣，戰爭的要點在於找到敵軍，隨後憑藉西方軍隊更為強大的火力將其擊敗——畢竟火力本身是優越的訓練、技術和補給的產物。儘管魏摩蘭將軍聲稱春節攻勢是敵軍的失誤，認為這帶給他的部隊一個罕見機會，能夠在空曠地帶與北越軍作戰。然而，縱觀整個春節攻勢期間，只有少數幾次敵軍的進攻最終導致了傳統的西方衝擊式戰鬥。更爲頻繁發生的情況則有所不同，在巷戰裡，美軍爲了從火力優勢中獲得好處，就不得不呼叫炮兵和空軍對越共狙擊手藏身的城市住宅展開轟擊，但毀滅這些敵人一方面會導致南越的屋主疏遠美軍，同時也留給美國國內媒體抨擊的話題。

越共和北越軍以小股獨立部隊單位在夜間滲透進入順化，還時常不著制服參加戰鬥。他們成群結隊地從窗戶和牆壁後方用自動武器、迫擊炮和榴彈發射器射擊，陸戰隊隊員展開的反擊讓人想起斯大林格勒——在這種戰鬥中，需要一個街區接著一個街區地驅逐敵軍，在這期間得摧毀數以百計的房屋。通常，美軍所面臨的選擇很簡單：要麼被隱蔽良好的狙擊手隨機幹掉，要麼就得用榴彈炮和空中轟炸摧毀整棟建築——雖然建築本身往往是歷史古跡，美軍也不得不出此下策。

> 他們沒刮過鬍子，滿身污垢，全身覆蓋著從粉碎的磚石建築上掉下來的塵土。汗水和血斑掩蓋了他們勞累的神情。這些軍人一連穿了兩週的制服，他們的肘部和膝蓋在破軍衣上裸露出來……這些本被訓練為兩棲機動反應力量的陸戰隊隊員，現在成了鼴鼠士兵。他們像一群髒亂的老鼠一樣停滯不前，在倒塌房屋的垃圾堆裡俯身行進，身邊是被炸出彈坑的院牆、被擊毀的汽車、倒下的樹木和電線。死亡在等待著他們，死神的降臨隨時有可能到來，許多人將永遠不知道死亡從何而來。（G・史密斯，《圍攻順化》，一五八）

儘管如此，敵軍在不到一個月的時間裡就被趕出了順化。最終，雙方的死亡人數統計出現了戲劇性失衡的狀況。美軍和他們的南越盟友——精銳的黑豹連被授予了突擊皇宮、消滅敵軍最後據點的榮耀——一共殺死了

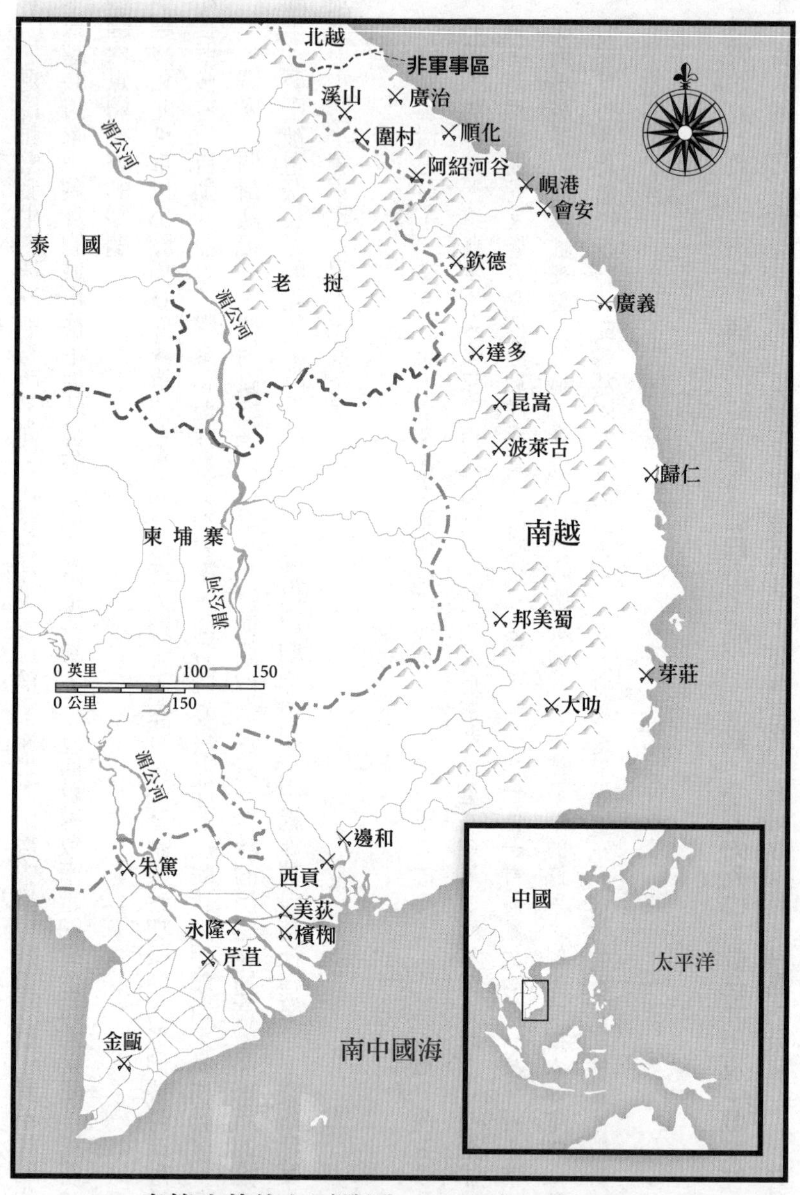

春節攻勢的主要戰鬥，1968 年 1 月 31 日

五一一三名敵軍。相比之下，只有一四七名美軍在作戰中喪生，另有八五七人受傷——這樣的死亡數字，在兩次世界大戰中都意味著美軍取得了重大勝利。然而在順化自由漫步的記者卻忽視了雙方各自的損失，對更大規模的戰術形勢也毫無興趣。與此相反，他們多數時候是在骯髒的街道戰鬥中採訪美軍士兵。他們時常發回簡短的採訪，就像一名陸戰隊隊員在一分鐘的射擊間隙接受的下列採訪一樣：

問：最艱苦的部份是什麼？

答：（我們）不知道他們身處何處——這是最糟糕的事情。他們可能在四周轉移，在下水道裡奔跑，在路邊溝裡埋伏，什麼地方都有可能。他們可能在任何地方。我們只是想活下來，過了今天再活過明天。我們只是想要回家然後上學去，就是這樣。

問：你曾經失去過任何朋友嗎？

答：好多人。我們在前幾天損失了一個弟兄。這事真讓人煩，真的。（S．卡爾諾，《越南》，五三三）

這是西方戰爭史上第一次，數以百萬計士兵的雙親、兄弟姐妹和朋友在安全的起居室裡看著激戰中的士兵——事實上，這也是在任何時間、任何地點發生的任何衝突中的第一次。任何國家的記者都能夠拍下死傷者的影像，他們在大多數時候能夠自由行動、觀察並發回他們自己編寫的報導。這些報導可以在幾小時內（如果不是幾分鐘的話）被記者以可怕的彩色圖片的方式傳回國內，讓享有投票權的美國公眾聽到、讀到或看到。即時視訊通信時常是以縮減的無背景片段形式出現，在這方面的技術突破與西方傳統上對無限自由的強調結合後，其結果就是導致人民對戰爭的強烈反感迅速出現。這種情況在過去極其少見，即便是針對雅典遠征西西里、歐洲征服美洲或英國在祖魯和布爾戰爭中行徑的異議也沒有達到這種程度。

就在美國人在電視中看到殘忍殺戮的圖片，看到對滿腹牢騷的陸戰隊隊員的採訪時，陸戰隊隊員們似乎覺得南越友軍不願與他們一道衝擊敵軍的堅固陣地，同時認爲北越敵軍相當致命，但此時幾乎沒有報導提到北越對無辜者進行的屠殺。至於猝不及防、數量處於劣勢的美國陸戰隊的戰績，即他們以不到一五〇人戰死的代價，在三個多星期里就把一萬名敵軍從要塞化的城市中心趕走的驚人表現，更是沒有多少人表示出一絲一毫的欣賞。儘管順化之戰變得相當殘酷，它還是一場令人印象深刻的美軍勝利，也許是能夠和「一戰」或「二戰」中任何英勇行爲相匹敵的壯舉。然而這一次，美利堅的軍隊卻沒有得到人們的認可。

雙溪

北越軍和越共於一月三十一日破壞了爲期三十六小時的春節停戰，並以八萬多人的軍隊對西貢、廣治（Quangtri）、順化、峴港（Da Nang）、芽莊（Nha Trang）、歸仁（Quinhon）、昆嵩（Kontum）、邦美蜀（Banmethuot）、美萩（My Tho）、芹苴（Can Tho）和檳椥等主要城市發起了有組織的進攻。在百分之五十的南越軍放假離隊時，南越的四十四個省會中有三十六個遭到了進攻。然而，除了西貢和順化之外，大部份地方在一個星期內就趕走了滲透進入的敵軍。這一反擊本身就是驚人的壯舉，因爲美軍實在猝不及防——關於入侵規模和時間的警戒情報早在數週前便已發出，但內部矛盾不斷的軍事援助越南司令部高層卻基本上忽略了它。

雖然只有相對較少的部隊滲入了西貢和順化這類大城市中心地帶的關鍵設施，但在戰鬥之初，北越軍還是實現了遠遠超過美軍及其盟友實際損失的心理效果。他們很快就發現，攻勢並沒有必要取得勝利，只需攻克一些原先被認爲安全的地域，再堅守若干天，就可以導致美國內部非難和不滿的爆發。此外，美軍指揮層起初並不清楚敵軍的意圖。魏摩蘭將軍本人認爲，春節攻勢只是將美軍從雙溪包圍戰拖走的牽制戰術。然而，與之相反的想法倒更有可能成立：早先在雙溪展開的包圍戰是爲了吸引美軍的注意力，爲北越在此後一週發起對城市的進攻提供了便利條件。

春節攻勢正式開始前十天，一月二十一日早晨五點過後不久，數以千計的北越炮兵對美軍雙溪基地展開了猛烈炮擊，這是總攻的一個組成部份。雙溪是位於非軍事區附近的一個前進區駐防點，其作用在於切斷來自北越的人員和軍需補充。在一月的最後一週裡，基地被圍的消息傳遍了世界。許多報紙將這次圍攻戰稱爲又一個奠邊府（Dien Bien Phu）——一九五四年，法國在奠邊府的駐軍幾乎被殲滅，共有一萬六千名倖存者投降。

然而，每日展開的空襲、每小時運來的補給、寮國和越南難民相對安全的疏散活動，以及不間斷的交通，以上這些因素保證了六千名在雙溪被圍的士兵處於相對較好的狀況。那麼，他們在被圍的雙溪繼續堅持，是否代表著很大的戰略價值呢？這一點很難說清楚。美軍選擇堅守這個孤立據點作爲誘餌，這似乎是吸引北越軍以整師兵力投入開闊地帶交火的精心計畫；他們也有可能是在擔心，反戰抗議加劇之際，選擇於美國大選年撤退會暴露政府關鍵性的弱點。不管決定堅守的原因如何，雙溪的戰況遠非奠邊府可比，在這裡，美軍毀滅性的火力又一次得到了展示。當年，數量上處於劣勢的法軍在鄰近中國邊境的北越領土上被分割包圍，並且沒有足夠的空中支援，處境孤立，而現在的美軍，不僅位於非軍事區以南，可以得到日常補給、增援，與後方的聯繫既輕易又頻繁，而且火力充足，能夠向敵軍傾瀉成噸的彈藥。雖然如此，被圍的陸戰隊隊員依然處於久經沙場的北越士兵的汪洋大海之中，而且對於具體任務，他們自己也多少有些不確定。美軍在雙溪地區的最終計畫到底是什麼？雙溪到底是魏摩蘭宣稱的非軍事區防禦鎖鑰，未來在寮國軍事行動的要地，還是區區一個導致敵軍傷亡的殺戮地帶，一旦解圍即告放棄？

北越的老兵們突襲了雙溪附近的圍村，擊潰了當地的寮國—南越駐軍和他們的美軍顧問團，從而控制了通往雙溪的所有陸上道路。很快，雙溪基地就遭到幾乎不間斷的炮擊——在某些日子裡，雙溪遭到了多達一千發炮彈、火箭彈和迫擊炮彈的轟擊，這種攻擊的目的在於拖垮陸戰隊和摧毀機場。北越軍裝備了一些蘇聯和中國生產的最新武器，例如一二二毫米口徑的重迫擊炮、地對地導彈、火焰噴射器、坦克以及一三〇毫米重炮，這其中大部份武器的基本設計可以追溯到「二戰」期間德、法、美等國的同類裝備，同時進行了相應的改進。數以千計的中國和蘇聯顧問秘密在北越展開工作，他們不知疲倦地向北越增運火炮、訓練炮兵。

儘管北越擁有新式致命武器，但是美軍的反擊依然具有可怕的威力，這次反擊是步兵戰歷史上最爲致命的炮擊和空襲之一。從一九六八年一月二十日到四月中旬，在將近三個月的圍困戰中，美軍一共投下了一一〇〇二二噸炸彈和一四二〇八一發炮彈。按照某些人的估計，美軍實際上總的炮彈消耗超過了二十萬發。這種令人驚訝的火力需要不斷地重新補充，最終，超過一萬四千噸補給通過空運進入雙溪——而這一切都在敵軍持續火力的威脅下進行。數以千計的北越軍人，在營地周圍的叢林裡被美軍的火力燒成灰燼。按照大部份學者的估計，北越的死亡和重傷人數在一萬人左右，這相當於他們起初對美軍進行圍困時投入兵力的一半。

雙溪的戰鬥，成了一場對越共軍隊的可怕屠殺。就在美國本土政府內外的人們進行抗議，反對讓陸戰隊隊員爲了防衛一個前哨據點而無謂犧牲時，數以千計的北越年輕士兵在突擊一個小小機場的失敗努力中死去，但在公開場合，北越人卻對付出如此犧牲的邏輯保持沉默。一位美國空軍飛行員對敵人自取滅亡式的戰鬥作了如下評論：

在二月中旬，這塊地方看著就像越南的其他地方一樣，山地連綿不絕，叢林茂密，在密佈的樹林中能見度極低。五個星期之後，叢林變成了真真切切的荒漠—大塊大塊傷痕累累的裸露土地，幾乎沒有一棵樹還挺立著，整個一片彈片與彈坑的景象。（T・胡普斯，《干預的界限》，二一三）

不到二百名美軍戰死，另有一千六百人受傷，其中八四五人已被空運疏散。當我們考慮到雙溪及其附近圍村的戰鬥損失，以及四月份試圖進行陸上救援（珀伽索斯行動，Operation Pegasus）時的傷亡，再加上運輸機、戰鬥機飛行員的損失，實際上的總損失數字無疑會高一些。然而，在雙溪戰場上每戰死一名美國人，還是會有五十名越南人喪生——這相差懸殊的數據接近了西班牙人和阿茲特克人在墨西哥，或是英國人和祖魯人在南非時進行殺戮的可怕交換比率。

在整場圍攻戰中，美國媒體非但沒有對這樣的單方面殺戮表現出絲毫驚訝，反而從頭到尾都在預計一場慘敗。春節攻勢剛剛開始，就發生了情報船「普韋布洛」號（*Pueblo*）在朝鮮水域被俘的事件，此時《生活》雜誌就警告其讀者，美國在全球範圍內的受挫，會以「隱約逼近雙溪的可怕殺戮」而落幕。在圍攻戰進行了一個月後，美軍的反擊火力已經穩定在相當高的水準，小亞瑟・施萊辛格（Arthur Schlesinger, Jr・）依然於三月二十二日在《華盛頓郵報》上寫道，「不管我們做什麼，我們必須不能重演奠邊府。」他繼續警告美國人，「讓我們的勇士不要因爲將領們的愚蠢和總統們的固執而犧牲」。小奧利弗・丘布（Oliver E・Chub, Jr・）在《新共和（*New Republic*）》上附和了普遍存在的歇斯底里式呼籲：他回顧了俾斯麥對德國士兵與干涉巴爾幹的相對價值評論，表示雙溪「還值不上一個陸戰隊員的生命」。〔俾斯麥在談論巴爾幹半島的重要性時認爲，該地「還不如一個波美拉尼亞擲彈兵的骨頭重要」——譯者註〕他總結說，這場圍攻戰「極易以越南戰爭中前所未見的軍事災難告終」（B．奈爾第，《空軍與雙溪圍攻戰》，三九—四〇）。與此同時，在圍攻戰開始後的三個星期裡，以聯隊建制出現的B—52轟炸機，在被圍的基地周圍劃出了一個網格體系，每九十分鐘，就有三架轟炸機使用高爆彈和凝固汽油彈用地毯式轟炸的方法抹去一個一乘二公里的網格，如此晝夜不停——這是若干年後海灣戰爭轟炸戰術的預演。按照上述方法，空軍開始有條不紊地摧毀陸戰隊壁壘周圍一公里範圍內的幾乎所有活物。

雙溪圍攻戰於四月六日結束，在春節攻勢達到頂點後，這場仍在進行的最後較量至此告終。但到了六月底，美軍援越司令部在認定己方已經取得防禦戰的勝利之後，便下令廢棄基地。六月五日，雙溪被美軍夷爲平地！美國人在幾個小時內就完成了北越共產黨人在幾個月內都無法完成的事。雖然出於確保陸上運輸隊與被困陸戰隊會合的目的，美軍曾經不計較任何勞動力的消耗，在幾週之前修理好了附近九號公路上的所有橋樑，但這些橋樑此時也被有計劃地全部炸毀了。在春節攻勢和之後的停火中，美國人顯然決心放棄他們之前壁壘森嚴的非軍事區，並取消在接近北越邊境前沿防禦區裡部署的部隊。曾在將近三個月里勇敢直面持續火力的陸戰隊隊員們聽到這一消息後怒不可遏，幾乎發生了暴亂；他們認爲，繼續據守基地的行爲，而非殺死敵軍的數量，才代表他們逝去的朋友至少能夠死得其所。

到了一九六八年四月，在即將展開的美國總統大選中，雙方都在談論減少美國在越南的軍事存在，要麼是通過羅伯特．甘迺迪談判撤軍的許諾，要麼是休伯特．韓福瑞（Hubert Humphrey）暫停轟炸的暗示，要麼是理查．尼克森逐步「越南化」的另行解決方案。正如美軍太平洋艦隊司令、海軍上將尤利西斯．格蘭特．夏普（Ulysses Grant Sharp）在美軍於雙溪取得驚人勝利後所述，「他們在華盛頓因爲春節攻勢變得歇斯底里，對和平的渴望都有些走火入魔了，他們已經下定決心，就算我們贏不了戰爭也要儘快將其終結」（B．奈爾第，《空軍與雙溪圍攻戰》，一〇四）。美軍在被圍地區的英勇防禦，北越軍遭遇的駭人損失，以及突如其來放棄雙溪的行爲，這些都象徵著在一九六八年晚春越南發生了變化——變成了一個泥潭。在這個泥潭裡，軍事行動與價值觀或戰爭進程並不一定能夠關聯起來。較之順化，雙溪更好地反映了高層指揮的無能，陸戰隊隊員的英勇與紀律，空軍令人驚訝的技術優勢——以及許多美國媒體完全歇斯底里的態度，這種態度在戰爭中習慣性地降低了美軍傷害敵人的能力，而且只是在戰後才對越共軍隊的傷亡和痛苦狀況誇大其詞。也許南越駐美大使裴豔（Bui Diem）的言論，最好地總結了春節攻勢既勝且負的悖論：

此後不久，我就清楚美軍從越南完全撤軍只是個時間和形式的問題了。在這件事的意義上，一九六八年的春節攻勢，可以被當成五年後戰爭終結的序幕。因此，它便是第二次印度支那戰爭的高潮。事實上，對我而言，春節攻勢因為美國公眾的自以為是和誤讀曲解，從潛在勝利的景象裡，嗅到了失敗的意味。（M·吉伯特、W·海德編著，《春節攻勢》，一三三）

雖勝尤敗

泥潭

在春節攻勢過後，美軍時常吹噓他們在整場越南戰爭中從未遭遇重大失敗。即便把整個美國干預時期計算在內，除了少數配備美國顧問的大院遭到突襲，一度被敵軍攻佔外，這一吹噓也大體上成立。儘管爲期數月的春節攻勢中，有好幾個不同的階段，但戰局的第一階段基本上在不足一月時間內就結束了。到一九六八年二月底，順化已經解圍，雙溪保衛戰也在四月初勝利結束，在攻勢的第一週後，其他小城市也肅清了敵人並重獲安全。

儘管媒體對攻勢做了聳人聽聞的報導，民意調查依然顯示，大部份美國公民在整個春節攻勢期間都支持美國繼續干涉越南局勢。根據某調查資料統計，百分之七十的公民希望美軍獲得軍事勝利，而非撤退了事。沃爾特·克朗凱特（Walter Cronkite）自越南歸來後，卻告知數百萬美國人，他們的軍隊正陷於困境，而且「唯一理性的解脫方法……將是談判，並不是作爲勝利者，而是作爲一個有榮譽感的民族」（D·肖爾沃特、J·阿爾伯特，《美國窘境》，二九），但對大部份美國人來說，他們依然願意支持一場自己認爲能夠取勝的戰爭。至少在短期內，美國軍方在越南面臨的問題，並非軍事行動缺乏國內多數人的認可，而是肆無忌憚、富有影響力且極爲時髦的少數派批評者的增長——這些活動家對立即終結美國干涉的關注，遠甚於大多數支持者對維持干涉的關注。

如果把問題嚴格限定在軍事層面，那麼我們會發現，春節攻勢也許是一場悲劇，但遠非戰敗。眞正的大災難是美軍在勝利後沒能利用越共軍隊的混亂，反而暫停了轟炸，這樣就給了敵人虛弱的印象，並讓敵人感到美國並未對勝利感到歡欣鼓舞。事實上，春節攻勢的決定性勝利標誌著美軍開始從根本上削減對越戰的投入。一九六五～一九六七年的大規模增兵，很快導致在越南的美軍總兵力達到一九六八年四月四日的五四點三萬人的最高峰，其後則驟然下降，在一九七二年十二月一日跌落到不足三萬人，最終在一九七三年停火後全部撤離。詹森總統似乎意識到了他所處的窘境——贏得了戰爭，卻在美國國內輸掉了公共關係戰，在春節攻勢開始後一個月，他於一九六八年二月二十八日向內閣發表演講：

我們需要小心提防像魏摩蘭回來時說他看到了「隧道盡頭的曙光」這種話。我們現在承擔著春節攻勢的衝擊。胡志明從不用去參加什麼選舉……他在許多方面就像希特勒一樣……但我們，總統和內閣，則被稱作殺人兇手，（媒體）卻從不對胡先生說這種話。種種跡象都在這裡。他們都在說「結束戰爭」，但你從來看不到任何媒體人出現在那裡（越南）。他發動了春節攻勢，破壞了休戰，對四十四座城市進行攻擊，使得戰爭局勢升級，這一切都是在我們暫停轟炸時發生的。這就像是鄉村律師在做了平生最偉大的演講後，他的客戶依然被電刑處死一樣。我們現在的處境正是如此。（M・吉伯特、W・海德編著，《春節攻勢》，四三）

就連北越人也承認他們遭遇了慘痛失敗。大約四萬名越共和北越正規軍在幾週內戰死。敵軍在一九六八年一年的死亡人數，就超過了美軍在超過十年的整個干預期間的戰死數量。共產黨將地方幹部投入巷戰的戰略被證明是十足的災難。這遠沒有導致總起義，只是以可怕的殺戮告終，導致了越共在南方的基層組織於此後兩年裡被毀滅。在春節攻勢後，民族解放陣線（NLF）事實上就基本沒什麼軍事武裝了。它需要在喪失了最富有經驗的組織者的狀況下從頭開始重建。這就是越南人因爲完全不理解美國在空中力量、軍隊紀律和補給上的全面優勢，而在美軍的致命攻擊之下付出的慘重代價——美軍的優點在戰場上同樣可以暫時抵消掉猝不及防、低劣的指揮和國內社會不穩所帶來的負面作用。

有各種共產黨高官都承認了春節攻勢的可怕代價。陳文茶（Tran Van Tra）上將雖然採用了他典型的虛假言辭來回答問題，卻依然坦承了與美軍直接交手的災難性錯誤所導致的嚴重損失：

我們沒有根據科學的分析，沒有仔細權衡各種因素，在某種程度上從主觀願望出發採取行動。正因為如此，儘管這次進攻是天才的、有獨創性的、適合時機的決策，組織實施果敢、出色，整個戰場配合默契，全體指戰員無比勇敢、捨生忘死，取得了極其巨大的勝利，在越南南方和印支地區造成了富有戰略意義的轉折，但是，我們也在人力和物力方面，特別是各級幹部蒙受了重大犧牲和損失，使我方力量明顯削弱。（R．福特，《春節攻勢！》，一三九）

如果北越人都知道他們輸掉了春節攻勢，那為什麼在大部份西方觀察者看來敵人事實上獲勝了呢？這種感受，很大程度上源自攻勢爆發前夕過高的期望。在反戰運動的刺激下，四面受困的美國軍方於一九六八年初過早地向公眾保證，美軍正在贏得戰爭勝利。作為這個過分樂觀評價的一部份，軍方又犯下了錯誤，承認美軍並不足以立刻在戰場上擊敗敵軍，從而導致狀況惡化。到一九六八年為止，如果想要停止國內的反戰運動，繼續維持公眾對戰爭的支援，美軍就需要至少完成另外四個同樣重要的目標：北越在持續四年的激烈地面戰後已經到了屈服邊緣的證明；南越最終能夠承擔主要防務的強而有力的證據；美國能夠以最小化的傷亡完成迅速撤軍的保證；南越成為自由且人道的民主國家的信心。

儘管春節攻勢顯然是以美軍獲勝而告終，但這場勝利卻使得以上這些虛妄的幻想徹底破滅。春節攻勢表明，達成上述所有這些目標都困難重重；與之相反，北越雖然戰敗，如果不考慮其犧牲式策略所付出的人員代價，那麼他們反倒是以一種似是而非的方式，證明了長期戰略的先見之明。只要北越人願意承擔成千上萬人戰死的代價，以此換取與美軍交戰的機會，那麼時間就總是在共產黨一邊。因此，一位美軍情報官員這樣概括武元甲（Vo Nguyen Giap）將軍殘酷的消耗戰略：「他的軍隊並不是一支將棺材運回北方的軍隊；武元甲用運回國內

的美軍棺材數目來衡量自己的勝利程度。」（G·李維，《美國在越南》，六八）

只要蘇聯和中國繼續向北越提供尖端武器，只要越共繼續向具有影響力的美國記者、學者、和平主義者擺出解放者和愛國者而非破壞和談者和恐怖主義殺手的姿態，只要美國軍方依然根據荒謬的交戰法則進行常規戰爭，採取清點屍體而非奪佔陣地的計算方式，那麼北越人就能夠以自由國度即將來臨的諾言，招募到充足的人手——並且總能夠以可憐的比率，殺死一些美國人。一名阿茲特克使者曾警告科爾特斯，聲稱墨西哥人可以用死亡二百五十人的代價殺死一個卡斯蒂利亞人，即便如此依然能夠獲勝。在現代語境下，這一警告對魏摩蘭將軍有著深遠影響——並不是因為戰場上美國人太少或敵人太多，而是因為從政治角度而言，美軍實際上存在著死亡數字的上限。美國統治集團也許相信越南戰爭是針對暴政的、長達二十五年的全球鬥爭中的一場代理人戰爭；但美國人民越發懷疑把他們的財富和兒子送到那麼遠的地方是否有必要，特別是在中國人和俄國人不可能通過越南抵達美國海岸的時候。倘若威斯特摩蘭是公元一五二〇年身處特諾奇蒂特蘭的科爾特斯，他可能會回去向卡洛斯國王（原文誤作菲力浦——譯者註）報告阿茲特克人的威脅，請求下達命令，在推進之前要求得到更多的征服者。實際上，科爾特斯認同了阿茲特克使者關於交換比的威脅，因此確確實實地計畫著用每一名征服者的性命，來換取二百五十阿茲特克人的死亡！

在春節攻勢當中，共有八十萬難民離開村莊，其中許多人成群結隊趕往西貢，使得這座城市的人口很快就膨脹到接近四百萬。美國發起的名為「民事行動與革命性發展支持」（CORDS）的安定鄉村計畫，幾乎成為一個災難。隨著人們希望的散去，鄉村是不可能徹底安全了。對順化的攻擊、屠殺和突入美國大使館建築群的行動，震撼了許多南越人。倘若連身處西貢市區的美國官員都無法免於攻擊，那居住在鄉村裡的越南人又能有多安全？雙溪作為非軍事區附近的重要基地，還經歷過一場英勇的保衛戰，隨後也遭到放棄，還被夷為平地——

美國人顯然沒有考慮到如此舉動具有的象徵意義，而這場戰爭本身就充斥著各種象徵主義的手段。空軍部次長湯森・胡普斯（Townsend Hoopes）的話，概括了美國人的沮喪：

對我們所有人而言，有件事十分明確：春節攻勢的實際境況，與十一月時人們熱情洋溢的樂觀態度形成了鮮明的反差。這表明，事實上美國無力控制局勢，我們也並未走向勝利，敵軍依然擁有可觀的實力與活力—公允地看，這足以消除聯軍將輕易取勝的想法……即便是堅定秉持保守主義的《華爾街日報》，也在二月中旬表示，「我們認為，如果說美國人民還沒有準備好的話，他們也應當開始接受這樣的狀況：我們在越南所做的全部努力都將會毀滅，一切都將在我們腳下分崩離析」。（T・胡普斯，《干預的界限》，一四六—一四七）

美軍在春節攻勢中獲勝後，繼續要求增派二十萬六千名士兵，外加二十五萬名預備役人員——這樣的要求很難向美國人民表明，美國武裝力量正在取得地面戰爭的勝利。胡普斯稱此次增兵的要求為「昏招」。在沒有新戰術，也沒有長期戰略的狀況下，援越司令部領導層還幻想得到規模更大的、超過目前最高達到五二點五萬人數量的美國駐軍。當然，美國人民會感到疑惑：難道二十多年前，美國不是在諾曼第用更少的部隊，在更短的時間內擊敗了德國國防軍嗎？於是，增兵的要求被忽略了。

美軍在越南保存下來的記錄，因為對敵軍死亡數目的不準確估計而廣受詬病，但它在記錄美軍自己的死亡人數方面必然最為精確。因此，大部份觀察者相信春節攻勢導致一千～二千名美軍死亡。美國人對他們的小夥子們以未曾聽聞的一比三四十的比例殺戮敵軍漠不關心。他們不像軍方那樣關注敵方死亡人數，而是像武元甲將軍一樣關注美軍死亡人數——然後他們發現這個數字已經飆升到難以忍受的一週戰死三百人甚至四百多人。

美軍處於長達二千五百年致命軍事傳統的巔峰，但美國的戰役策劃制定者卻完全忽略了整個西方軍事遺產的信條，這是多麼奇怪的一件事啊！科爾特斯同樣面臨衆寡懸殊的困境，並且遠離國內援助，處於奇怪的氣候環境之中，部隊內部矛盾積累到近乎叛亂的程度，還面臨著被召回國內的威脅，他面對的是毫不留情的狂熱敵人，以及反覆無常的盟友——儘管如此，至少他還知道，無論是他自己的士兵，還是西班牙王國，對他能數出多少具敵軍屍體都漠不關心，所有人的注意力都在於他能否在軍隊大體倖存下來的同時佔據特諾奇蒂特蘭，從而終結敵軍抵抗。切姆斯福德勳爵也被軍隊內外的批評困擾，面臨解職的威脅，而且對敵軍的實際規模、特性和位置一無所知，招致了布爾殖民者、英國理想主義者和土著部落盟友的懷疑——他仍然能夠意識到，儘管數以千計的祖魯人死在他致命的馬蒂尼—亨利步槍下，除非他能夠橫掃祖魯蘭，摧毀王家柵欄村莊的核心並俘虜國王，不然戰爭就會持續進行。

美國將領們從未完全領會或者說從未成功向華盛頓的政治領導人傳達一個簡單教訓：如若南越土地並不安全，也難以據守，而敵對的北越卻並未遭到入侵，也沒有受到失地辱國的教訓，他們的軍隊也沒有喪失戰鬥力，那麼殺死敵軍的數量就幾乎沒有任何意義。大部份（如果不是全部的話）美國高層軍官服從了災難性的作戰規則，這保證了他們麾下的英勇士兵會在毫無決定性軍事勝利可能的狀況下戰死。似乎數以千計來自美國頂級軍事學府的畢業生們竟對他們自己的西方戰爭方式的致命傳統一無所知。

類比，真實與虛假

修昔底德在《伯羅奔尼薩斯戰爭史》（公元前四三一～前四〇四年）的第六、七部中記載了雅典領導人和公民在大艦隊遠征西西里（公元前四一五～前四一三年）時，所犯下的一連串錯誤。他先是告訴我們，雅典人對於派遣艦隊的決定有過激烈爭論，而那些要求雅典出兵、使其擺脫敘拉古壓迫的西西里盟友，則被證明是腐敗、奸詐、軟弱的，最終在戰鬥中更是毫無價值。雅典遠征計畫的總設計師亞西比德（Alcibiades）甚至早在參戰之前，就被反復無常的公民大會召回國內。他最終向敵軍提供幫助，在斯巴達安頓下來，投奔了這場持續二十七年之久的伯羅奔尼薩斯戰爭中雅典的主要對手。

其餘的雅典指揮官——萊馬庫斯（Lamachus）和尼西阿斯（Nicias）——則是優柔寡斷、心胸狹窄之輩，而且儘管他們從雅典帶來的軍隊擁有壓倒性優勢的實力，卻始終懷疑雅典會陷入無法取勝的戰爭泥淖之中，並堅信由此將會帶來一場政治災難。事實上，年老守舊的尼西阿斯不情願向敘拉古發起決定性攻擊的態度，以及動輒要求大規模增援的舉動，似乎源自對自己政治未來的擔憂，而非出於戰略上的明智考量。儘管修昔底德曾經感慨，若是雅典人能夠及時派出增援部隊，這場戰役就有可能以勝利告終，但他本人對當時的歷史記載則與上述結論相悖。他告訴我們，雅典人派出的不是一支大艦隊，而是兩支——在人員、船隻和補給數量方面，都超過了他們遠征軍將領的要求。

最終，他對西西里戰事的記載，就像是一齣索福克勒斯式的悲劇，又正如奧馬爾·布雷德利（Omar Bradley）將軍對二十世紀五〇年代早期與中國人開戰假設的評論，「錯誤的時間，錯誤的地點，與錯誤的敵人進行的錯誤戰爭」。西西里終究是一個嶄新的作戰區域，距離雅典有八百英里的海路，攻擊的對象則是並沒有直接與雅典敵對的大城邦，而在戰役進行期間，希臘本土的斯巴達軍隊甚至可以暢通無阻地開進到雅典城下。

難怪修昔底德告訴我們，面對持續傳來的海外遠征軍陷入僵局的消息，以及將領對於人員與物資不斷增加的需求，雅典公眾很快就喪失了信心。不論古今，在一個共識政府所在的社會當中，當海外軍事行動被證明花費高昂、生命損失極大並且無望獲得最終勝利時，反對的呼聲就會高漲起來。就這一層面而言，美國的反戰情緒是可以預計的。在西方歷史上，當西方國家處於顯然難以獲得勝利的少數狀況下時，民眾便會抗拒本國的軍事行為，越戰中美國國內的抗議，並沒有脫離歷史的戲碼。不過那些戰爭其實未必對國家的長遠利益有害，儘管的確不利於戰場上不幸的士兵。

對於越南，美國人在地區和地緣上的目標一開始就不大清晰：我們試圖確保越南南方的獨立反共政權安全存在下去，並依靠這一政權終結共產黨對東南亞的大舉入侵。但在實現上述看似明確的目標時所使用的方法卻要模糊得多，從未有人仔細考慮過如何才能取得勝利，也沒有人認眞推算過最終所需要付出的代價。在二十世紀六〇年代初，美國人認爲，在理想狀況下他們能夠爲南越訓練一支先進的民主軍隊用於抵抗侵略，兩、三年內，改組後的越南共和國國軍就能像大韓民國國軍一樣足以自衛。然而，這需要大約三萬名美軍近乎永久性地沿非軍事區設防，以確保和平。心懷感激的越南人民會支持新生的民主政權，志願加入軍隊，使國家免於共產黨統治，畢竟後者在過去已經導致大量平民死亡和流離失所。至少美國人這麼想。

然而，到一九六四年爲止，共產黨表現得越發頑強，南越政權則愈加虛弱，美國人民也比想像中更加疑慮重重。在一九六四年年底到一九六五年年中之間的某個時段，詹森總統開始選擇了一個災難性的戰略：將戰爭逐步升級，卻不改變此前小規模美軍部隊作戰時的基本準則。總統對軍事事務一無所知。他派出數十萬美軍前往越南與第三世界共產黨作戰——部署超過五十萬人的軍隊，每年投擲一百二十萬枚炸彈，每個月殺死數以千計的敵人，每週戰死三、四百名美軍——同時卻對在盟國和敵國中引發的地緣政治和國內政治關切毫無察覺。投入這樣一支規模龐大的軍隊卻又無法取勝，只會導致蘇聯察覺到美國實力虛弱、國內越發不穩，並且感受到南越政府令人注目的無能，然後採取進一步的冒險舉動。一旦一個帝國在軍事冒險中投入如此龐大的資源，時間就會變成敵人而非盟友，正如無法在戰場上即刻贏得勝利就會產生懷疑的浪潮一樣——這對任何霸權都是致命的——而這浪潮還會影響到戰場之外，衝擊到那些本就心神不寧的盟友和國內公民。

然而美國還是在將近十年時間裡，堅持在既沒有明確戰區界限，甚至連大後方也沒有的非常規作戰地區展開一場常規戰爭。因爲它的整體戰略目的在於阻止共產主義在亞洲傳播，同時，還要盡一切代價避免與蘇聯或中國發生衝突，哪怕是間接或意外衝突也應當予以回避，所以，每當固執的籌畫者們就美國戰略變化展開爭論時，就會產生諸多悖論。總體而言，多方妥協後的政策使得在港口佈雷的舉動相當遲緩——直到一九七二年，美軍才被允許佈雷；由於擔心殺死其他共產黨國家的供應商和顧問，美國政府也沒有批准清除敵人在河內和海防重要的政府設施。關於入侵北越，也存在絕對且不容置疑的禁令。爲運載戰爭補給提供動力的城市發電廠和補給倉庫也長年被設爲禁區。在戰爭中的大部份時間裡，美軍都不允許大規模部隊進入柬埔寨、泰國或寮國，但敵軍恰恰在那裡設置了大量的補給倉庫和部隊避難所。軍方強調的是空中打擊、炮擊以及建立築壘防禦基地，而非在城市和鄉村發起旨在消除越共的、企圖明確的游擊進攻和持續的反暴動努力。

然而諷刺的是，儘管美國政府的策略模糊不清而且欠缺考量，因此進行了誤導性的限制戰爭的工作，但美國的力量仍然使得這場殺戮持續將近十年之久。在亂成一團的越南，無差別地轟炸叢林被視爲可以接受的軍事實踐，而更加人道的、對河內工廠和碼頭進行準確攻擊卻不被接受——其結果便是，美軍在失敗的攻勢中犧牲了成千上萬美國人的生命。在戰後，前往河內的參觀者會驚訝於這座城市似乎在轟炸中損失極少——儘管反戰活動家們斷言，美軍曾在街道上殺死了數以千計的人，並幾乎將這座首都夷爲平地。

詹森和尼克森政府認爲他們能夠在這裡實現韓國模式——儘管韓國政府相當腐敗，儘管有一支龐大的中國軍隊投入戰爭，儘管有接近五萬名美軍喪生，儘管朝鮮戰爭的作戰方式有嚴格的政治因素限制，但美國還是在某種程度上贏得了勝利。但他們時常誤讀了南越與韓國的相似之處。就蘇中兩國與美國相對實力對比而言，這兩個敵對國家在一九五〇年時要比一九六五年時弱得多。在上一場戰爭中，蘇聯和中國都無法對美國海岸形成可信的核威脅。此外，美國政府還低估了中國傳統上對美國常規軍力的畏懼，沒能夠記起共產黨在朝鮮戰場上由於美軍的空中打擊和炮擊死亡八十多萬人，多半不願意在越南重複慘敗。不去激怒擁有核武器的共產黨大國，固然需要處事謹慎，但多數情況下，對俄國人和中國人的反應過度關切，卻不恰當地限制了美國的反擊範圍。

到一九六五年爲止，由於美國人確信可能出現範圍更廣的干預，局勢甚至可能升級到核衝突的級別，因此他們避免在北越水域和蘇聯船隻發生衝突，不越境追擊敵軍戰機，也不敢將河內威脅到需要中蘇直接干涉才能保住政權的程度。看起來，詹森政府寧願美國人在中俄志願者手上悄無聲息地喪生，也不願讓他們死在公開戰鬥裡。此外，在朝鮮戰爭中，美軍飛行員很快就主宰了朝鮮的天空，而在一九七二年的越南，蘇聯和中國提供了精良的防空裝備和人員——八千門高射炮，二百五十個地對空導彈連，兩三百架現代化噴氣式戰鬥機，數以千計的外國顧問，這意味著在任何持續進行的轟炸戰役中，美國飛機的損失數量都會不斷攀升。越南的森林覆蓋率也比朝鮮高得多，由於遮天蔽日的叢林掩蓋了敵軍部隊的具體位置，這讓準確轟炸變得更爲困難。

更爲重要的是，韓國總統李承晚獲得的國內支持要高於任何一位南越領導人。李承晚能夠把自己僞裝成對抗北方的史達林主義者傀儡政權從而保護韓國獨立的人——這一方式也正是胡志明在越南採取的僞裝手段，他提醒越南人，美國只是一連串帝國主義入侵者中的最後一個，終將步日本和法國的後塵被趕出越南土地。在朝鮮，美國人相信，是他們堅持戰鬥的努力，阻止了指向日本的共產主義浪潮。與此相反，只有很少人相信，丟失越南會導致共產主義的影響範圍超出東南亞——而且幾乎沒有美國公民或士兵關心東南亞的安全。生活在一九六四年的美國人，和戰後初期亦即冷戰之初的二十世紀五〇年代的美國人相比，是截然不同的一群人——他們更為富裕，更傾向於變革，對二十年來全球範圍內針對共產主義的、代價高昂的持續對抗往往感到厭倦。

最後，美國在朝鮮面對的是統一的共產主義集團的實際威脅，但到一九六五年時，許多美國人有一種幼稚的想法：

> 此時中國和俄國近乎是敵人，而越南是中國的傳統敵人，至於柬埔寨、寮國和泰國，這些國家的共產黨從未完全團結起來，反而在它們之間，以及它們和越南共產黨之間有著一段漫長的敵對歷史，因此，讓美國的盟友以及美國本國人相信，在越南發生的共產主義侵略會威脅到歐洲或美國，就更為困難了。越南的共產主義儘管看上去可能相當討厭，卻並未對美國的國家安全構成任何明確威脅。要是越南位於非洲或西亞，而不是在中國邊境上，共產黨從法國殖民者或當地反共政權手中奪取政權，只會引起很短時間的關注罷了。」（D·奥伯道夫，《春節攻勢！》，三三四）

要是美國能夠決定性地贏得戰爭，上述所有考慮就都無關緊要了。但想像中的勝利，在現有的戰爭條件下卻是無法實現的——數以百萬計的美國人因此變得憤怒而刻薄，將他們的軍事和政治領導人評價為無知又無能。

斷層線

早在一九六五年，即春節攻勢開始前三年，媒體和流行文化思潮一致認爲這場戰爭不僅錯誤，而且越發不道德，由此引發了美國軍事與政治集團內部在戰爭行爲的認知方面出現巨大斷層。激進主義左派，亦即共產主義者、社會主義者、和平主義者的老同盟，與較新的持不同政見者和無政府主義者結合在一起——這一派系的範圍從湯姆・海頓（Tom Hayden）、珍・方達（Jane Fonda）、阿比・霍夫曼（Abbie Hoffman），延續到蘇珊・桑塔格（Susan Sontag）、瑪麗・麥卡錫（Mary McCarthy）、拉姆齊・克拉克（Ramsey Clark）和貝雷根兄弟（Berrigan brothers），他們都公開支持美國撤軍。他們接受失敗——如果不是歡迎失敗的話，便是認爲美國扮演了老套的帝國主義、種族主義和剝削階級的角色，於是，這場戰爭在他們看來，與美國歷史上的許多醜聞毫無二致。事實上，許多人希望對美國將領和政客提起訴訟，對他們的戰爭罪行進行審理。

此外，還有許多不那麼極端但也許同樣天眞的傳統自由主義者，隨著戰爭的進行，他們也變得有些歇斯底里了。他們把北越人想像成歐洲社會主義者那樣，認爲越南戰爭純粹是一場「內戰」——儘管北越暴行的證據可以一直追溯到二十世紀五〇年代初期，而且蘇聯與中國正在直接介入這個國家的內部事務。另外，南越人不支持共產主義的態度也是十分明顯。這兩個派別都呼籲美國立刻撤軍，對北越的軍事勝利要麼公開讚賞，要麼保持中立。

民主黨中間路線派別依然信奉冷戰中的圍堵政策。但是在春節攻勢之後，持不同政見者，以及像羅伯特・麥納馬拉（Robert McNamara）那樣曾在詹森政府中任職的人感到，要想在越南獲勝，其代價未免太過高昂，在美國社會內部造成的對立也太過嚴重。許多人質問，美軍部隊爲何沒有部署到更該去的地方，尤其是那些抵抗蘇聯和中國對歐洲和韓國發起入侵的「防波堤」地區。總體而言，到一九七〇年為止，這樣的中間派呼籲以談判解決問題，認為美軍只有逐步不可逆地撤離越南，才能使得美國自己免於被國內矛盾撕成兩半。

至於保守主義者，他們內部同樣處於四分五裂的狀態。在巴里・高華德（Barry Goldwater）和喬治・華萊士（George Wallace，他在一九六八年的競選夥伴是柯帝士・李梅）這樣極右派的眼裡，看不到有什麼因素可以阻止美國使用一切可能手段（包括入侵北越，甚至可能使用戰術核武器）來快速而勝利地解決戰爭。他們相信，美國相對於北越在軍事戰術方面擁有巨大的優勢，相對於俄國和中國也在戰略上佔據上風。在他們眼中，美國缺乏的不是實力，而是意願。

至於更為主流的共和黨人中，也有很多人對交戰的軍事法則感到憤怒，但他們依舊相信，根本無須全面入侵北越或向北越宣戰，僅僅憑藉有力的地面戰就能夠相當快地贏得勝利。因此，他們主張對北越展開更廣泛的轟炸，深入寮國、柬埔寨和泰國展開突襲，在空中發起深入到中立國的追擊，在敵軍港口佈雷，並對越南水域展開封鎖。到一九七〇年為止，理查・尼克森主導下的越南化政策就是他們的信條，他們希望持續進行的美軍轟炸可以鞏固南越人的抵抗能力。

最後，一些主流民粹派和保守主義孤立派人士，包括參議員韋恩・莫爾斯（Wayne Morse）、麥克・曼斯費爾德（Mike Mansfield）以及《華爾街日報》的編輯們，認為越南已經超出了美國的利益範圍，不值得任何一個美國人為此犧牲。然而，他們對撤軍的呼籲的重點在於美國正在亞洲浪費數目駭人的生命和資本——這與那些主張撤軍的激進主義左派大相徑庭，後者關心的似乎是越南人，而不是美國的死者。

其他斷層就沒有那麼意識形態化了。例如，南方人對美國的「榮譽」高度珍視，通常會支持使戰爭走向勝利的升級戰爭的方針，而那些生活在新英格蘭和西海岸的人則更有可能鼓吹立刻撤軍。黑人和西班牙裔領袖視抵制戰爭為爭取更大公民權利的組成部份，與自由主義白人結為同盟，因此通常贊成不惜一切代價迅速結束戰爭——儘管他們的選區有相當一部份人前往越南服役、犧牲。婦女傾向於視和平高於勝利。受過高等教育的人即便不傾向於承認戰敗，也希望重新分析戰爭的成本，而那些沒有大學文憑的人則更可能支持美國官方政策。

倘若簡單地以是否支持戰爭作為區分，那麼傳統中將人群分為「共和黨」與「民主黨」的二分法，其意義顯得極為有限。即便是更為刻板的二分法「鷹派」和「鴿派」，也時常升級成「法西斯分子」和「共產分子」的對立，最終變成「戰犯」和「叛國者」——這一切都讓人想起修昔底德在他的著作《伯羅奔尼薩斯戰爭史》第三部中對科敘拉（Corcyra，科孚島，公元前四二七年）停滯狀態的描述。修昔底德提到一個自願組織而成的社會，倘若面臨使其削弱的戰爭，就會逐步去除它辛苦培養的薄薄一層文化偽飾——那些曾經顯得文明、謙遜和誠實的表現逐漸剝落，可以預見，這些文明的外衣成了極端主義下的第一批受害者。在一個自由社會裡，倘若進行著一場看似無法獲勝又不受歡迎的戰爭，一旦人們對戰爭中的行動和花費意見不一時，所有以上這些內部份裂的狀況都在預料之中。早在西方文明處於初始階段之時，伯羅奔尼薩斯戰爭期間阿里斯托芬的戲劇、歐里庇得斯的悲劇和修昔底德的歷史，就提供了足夠多的先例，讓人們看到對於戰爭的異議與反對。但越南戰爭期間的抗議問題，則與漫長的西方反戰傳統相去甚遠，也許這可以歸納為西方文化中三個新出現的因素。

首先，電子時代的來臨，使得殺戮的景象會即刻出現在電子螢幕上。幾乎沒有美國軍事領導人意識到這一媒體革命的後果，他們對電視記者和攝影記者絲毫不加約束。要是歐洲人直接看到索姆河之戰的衝鋒場景，或是美國公民看到奧馬哈海灘的殺戮，與此同時，記者又在廣播中發表評論強調美軍從波濤洶湧的大海衝向堅固陣地的瘋狂，那麼第一次世界大戰和第二次世界大戰也許就會有不同的結局。事實上，關於索姆河的電影剪輯已經震撼了英國公眾，要是有更多的電影，要是這些電影被即時放映，英國公眾可能就根本不會支持戰爭了。

等到美國高層最終意識到媒體對戰爭報導的革命性變化程度後，時間已經太晚了：

> 幾間位於西貢的燃燒房屋的圖片，在語調陰沉的電視播音員口中，就成了首都發生毀滅的例證，給人留下了這樣的印象—毫無疑問，這種災難性的影響，就是整個西貢的景象，或者至少是那座城市大部份地區的樣子。從一件事上歸納出整體結論，是人類的天性，而這一直是公眾對於越南形成扭曲觀點的第一因素，這也必然助長了美國在一九六八年春節攻勢後的悲觀情緒。（M．泰勒，《劍和犁》，二一五）

視覺影像擁有自發闡述的能力，因此帶來新的需要，即針對圖像的即時編輯與評論，這對記者的誠信和能力提出了更高的要求——而那時派往越南的記者則沒有多少經驗，也未曾得到過充份引導。數百萬人可能會看到一名美軍士兵燒毀了一座村莊，但卻沒有實況報導告訴他們為何會這麼做。轟炸順化的景象在世界範圍內得到廣泛播放，隨之產生了反美主義浪潮，而共產黨人在同一座城市中殺死數以千計無辜民眾後留下的萬人坑，卻沒有同時在美國電視螢幕上出現。

其次，越南戰爭是在美國歷史上文化與政治變化最為劇烈時進行的，此時民權運動、婦女解放運動、搖滾樂、吸毒和性革命此起彼伏，這種狀況使得戰爭被當作所有反體制活動的催化劑，也成為各種持不同政見者的聚焦點。攝影記者和電視團隊在唱反調時運用了這一嶄新媒體文化，從而使他們有別於過去戰爭中的紙媒報導者。要是美軍當中那些希望在越南短暫執行任務的未來巴頓們純粹是出於積累作戰經歷和說明材料為將來的晉升做準備的話，職業記者也可能同樣因為炒作美軍的醜行或無能行為的特殊例子迅速獲得名望。因此，許多高級軍官和記者——儘管他們對戰爭態度相異，卻在各自的職業行爲特性上十分相似——都習慣性地向美國人民撒謊，這一點令人遺憾，但考慮到美國干預的性質，又在意料之中。

最後，二十世紀六〇年代早期的美國處於經濟繁榮的巔峰，它實現了此前任何一個文明都未曾見證的普遍富裕水準。其結果是，數以百萬計的美國持不同政見者——學生、知識份子、記者——可以在不用從事過去那種單調機械勞動的狀況下，獲得旅遊、空閒和金錢。已經有數百萬人能夠享受一度只屬於一小部份貴族的自由、流動和富裕的生活方式。在過去，被限制在校園裡的窮學生們需要長時間地進行學習，還要擔憂畢業和未來的工作，而教授們則很少離開校園，時常承擔繁重的教學任務，而在二十世紀六〇年代早期的美國，數以百萬計的激進分子擁有可供旅行的時間與自由，也有能夠擴大抗議和激進主義行動能量的金錢。

電視媒體爲巡迴記者、衛星傳輸、空中旅行和調查報導提供了龐大的預算。大學給予不同政見者免除學費、延遲徵兵的待遇，以及自由主義獎學金。補助、休假、獎學金和有津貼的出版方式，爲原本貧窮的學者提供了出版書籍的機會，他們也得以傳播對戰爭的批評意見。反戰運動成了投入億萬資金的產業，正如在越南的巨額開支一樣，它的存在完全依靠美國資本主義經濟的龐大生產力。由此帶來的結果，是抗議程度時常逾越傳統的異議界限，直接爲敵人提供幫助，正如北越人後來承認的那樣：

> 我們的領導人每天都會在上午九點收聽世界新聞，跟蹤美國反戰運動的發展。像珍·方達、前任司法部長拉姆齊·克拉克這樣的人以及外交使節訪問河內給了我們在不利的戰場局勢面前堅持下去的信心。當珍·方達穿上一件紅色越南服飾，在記者招待會上表示她對美國在戰爭中的行徑備感羞恥，將會與我們一同奮鬥時，我們感到欣喜萬分。（L·索利，《一場更好的戰爭》，九三）

在西方戰爭的漫長歷史上，很難相信會有比越南戰爭更艱難的戰爭，在這場戰爭中，美國士兵會有此前的戰士根本想像不到的一群敵人：時常指責他爲國效勞，還爲敵人提供幫助的本國公民，在任何時間、任何地點都可能是越共恐怖分子和滲透分子的越南平民，以及他自己的政府——它以軍事邏輯之外的東西作爲決策基礎，限制了士兵對敵人的報復地點和報復方式。

越南的神話

美國新聞媒體相對較快地對越南戰爭做出了大體正確的描述：華盛頓的軍政高層時常誤導戰爭，偶爾會對戰爭進程撒謊。美軍戰術——尤其是對叢林和森林的地毯式轟炸——大體是無效的，如果不是時常產生非人道且負面效果的話。免除兵役的方法不夠公正，南越政府時常撒謊，而其交戰法則更是古怪滑稽。

記者們指責美軍高層在這場奇怪戰爭過程中相當無能，這樣的批評非常正確。在部署到越南的五十三萬六千名士兵中，只有百分之十五是作戰部隊。儘管由於恐怖分子和滲透分子的存在，越南境內沒有絕對安全的地方，但大部份老兵實際上和敵軍沒有多少接觸。當極少數前線士兵服役一年，至少適應了戰爭的嚴峻考驗後，他們就又被突然派回國內去了。多數軍官不會在實戰中服役六個月以上，而一些後方基地則充斥著游泳池、電影院和夜總會。

這樣嚴峻的問題自然需要公開曝光。對這樣一場遠離美國邊境又未曾公開宣戰的戰爭，在對戰爭目的、戰爭行爲和戰爭道義性進行重新審視時，異議顯得極爲珍貴，也極有助益。軍事革新，亟須的立法機構對總統權力濫用的限制，對美國海外干預是否明智展開的全面審視，都源自反戰運動。在一九六八年之後，美軍變得相對精幹，作戰也更爲靈活，在克賴頓・艾布拉姆斯（Creighton W・Abrams）將軍指揮下，消除了許多媒體著重曝光的劣跡。最終，與古代雅典對西西里發動的災難性遠征這一案例一樣，越戰是又一個典型：在距離國內如此遙遠的地方，投入巨大的財富與人力，而這樣的戰爭事實上並不合乎美國利益。冷戰的交戰法則，讓美國既無法完全切斷共產黨的補給線，也不能入侵北越，接受了這樣的法則後，這場戰爭根本無法迅速取勝。

然而，在對美國政策的整體批評中，時常會出現某種歇斯底里的情緒——對一個自由、富裕的西方社會而言，對這種情緒的容忍是可以預知的，畢竟從柏拉圖到黑格爾，西方社會已經忍受了足夠多批評民主的人。這種批評遮掩了真相，批評的作者們卻在身後留下了神話。其結果就是今天很少有人知道，美國在春節攻勢或一九七三年對北越的懲罰性轟炸中取勝後，一個獨立的、非共產主義的南越是否能夠存續下去——要是關於戰爭進程的真相，或者北越共產黨人的卑劣歷史與行徑能夠準確而嚴肅地向美國人民報導的話，這本不該是個問題。同時，即便媒體繼續謊話連篇的報導，我們還是能夠推斷，要是共產黨未能在一九七五年征服整個國家的話，被殺死或被迫流亡海外的越南人會少得多。

關於春節攻勢，西方媒體報導的一切幾乎都是誤導性的，其誤導程度就和北越宣稱的巨大軍事勝利，或美國軍方保證的共產黨攻勢不會產生任何長期的持續的政治後果，也不會導致美國政策變化一樣。在《大故事》（Big Story）一書中，資深記者彼得・布列斯特拉普（Peter Braestrup）用兩卷本的巨著，曝光了西方媒體就春節攻勢公佈的欺騙資訊，有時他們簡直是在講述一個徹頭徹尾的謊言。在他看來，以美軍引人注目的英勇爲特徵，講述美軍苦戰得勝的故事，既不符合有利於記者職業生涯的轟動效應，也與記者們通常會有的反戰情緒背道而馳。

儘管南越政府並非傑弗遜式的美國統治體系，但關於民族解放陣線或北越享有南越大眾支持的說法也決不正確。在春節攻勢之前，共產黨吹噓──這一吹噓也被原樣報導了──在一千四百萬南越人中，生活在他們直接控制地區的就有一千萬人，因此自然會歡迎春節「解放」。事實上，大部份南越人生活在越南共和國軍隊和美軍設立的安全區內，而且幾乎沒有人加入總起義。在越共的春節攻勢失敗後，大部份人更感到了共產黨的可怕。順化也並沒有完全變成廢墟，這座城市遠不是荒無人煙，也沒有被完全放棄，而是在接受了無數噸來自美國的援助重建物資之後繼續屹立。到這一年年底為止，大部份難民已經返回家鄉，城市所發揮的作用比之戰前還要大得多。雖然如此，媒體的報導依然是截然相反的：他們繼續聲稱「贏得順化的唯一方法就是毀滅它」。

這一錯誤的評價是對彼得·阿內特（Peter Arnett）著名報導的附和，他報導了一名美軍軍官對湄公河三角洲檳椥爭奪戰的總結：「為了拯救這座城市，我們有必要毀滅它。」（D·奧伯道夫，《春節攻勢！》，一八四）然而，除了阿內特本人之外，幾乎沒有任何證據能夠表明哪個美軍軍官曾說過這句話。對驚訝且憤怒的美國公衆而言，這番話是美軍在春節攻勢中故意使用盲目戰法還擊的證明。阿內特從未給出這段話的所謂來源，沒有指出這名軍官的姓名。他也沒有提出任何其他人──平民或軍人──能夠證實這一表述。找出有罪軍官的軍事調查最終一無所獲。事實上，身處檳椥的美國顧問在被越共打垮之前，確實有可能呼叫了空襲，以避免自己被消滅，而這樣的轟炸也許真的會導致平民傷亡。但並沒有證據可以表明美國人有意毀滅了檳椥，也無法證實這一毀滅行為源自官方政策。

對越南南方或北方的轟炸也並非針對無辜平民，在北越軍和越共炮兵的無差別轟擊和游擊隊的進攻當中，有更多的平民慘遭屠戮。美軍的轟炸和使用落葉劑也沒有讓越南的土地變得荒蕪。在一九六二～一九七一年之間，只有百分之十的鄉村土地上被噴灑了落葉劑，而這些土地上僅僅居住著不足百分之三的人口。在春節攻勢那一年，進口新稻種的種植面積擴大到了四萬公頃。到一九六九年，稻米產量已經達到了五五〇萬噸，是第二次世界大戰以來產量最高的一年。一九七一年，美國稻種催生了奇跡，產生了南越歷史上最高紀錄的稻米產量——大約六百一十萬噸。到一九七二年爲止，在美國的壓力之下，南越政府最終把二百多萬英畝土地分配給將近四十萬農民——而在那時的北越，基本上不存在任何私有財產，二十世紀五〇年代有成千上萬的人時常僅僅因爲有兩英畝土地就被掛上資本家的牌子，要麼喪生，要麼流亡海外。眞正毀滅了越南農村經濟的是越共對鄉村的滲透和在一九七五年之後正式實行的耕地集體化，儘管當時是和平時期，依然導致各種農業生產全面崩潰。到二十世紀七〇年代末，越南儘管身處亞洲，周圍有富裕的日本、印尼和韓國，卻已經是世界上最貧窮的國家之一，瀕臨全面饑荒。越南在二十世紀八〇年代和九〇年代的經濟好轉，完全是依靠引入一定程度的市場化改革。

並非所有對美國出兵越南予以批評的人，都是有原則的持不同政見者。即便在戰爭過去後很久，許多人依然公開承認他們歡迎共產黨取勝，因此以浪漫主義的方式看待春節攻勢。這一看法反映的，與其說是戰地狀況的眞實寫照，還不如說是他們自己的意識形態：

> 更為普遍的是，春節攻勢對在美國重建某種社會主義存在的嘗試，起了強有力的推動作用……隨著暴動者躍入視野，「呼喊著他們的口號，懷著讓人精神崩潰的憤怒戰鬥」，我們意識到他們不僅是高貴的犧牲者，還將贏得這場戰爭。我們沿著他們的努力勢頭前進，希望能夠與越南革命者聯合戰鬥（春節攻勢讓民族解放陣線的旗幟成了一個象徵），弄清楚我們新發現的「權力屬於人民」應當怎樣在美國實現……攻勢向人們展示了社會主義不僅是道德立場或學術信仰，也能夠實際體現在人民聯合行動中。
>
> （M．傑托曼等編，《越南和美國》，三七六）

這些人對順化屠殺、北越在春節攻勢中的整體失敗、南越和美國對共產主義的厭惡完全不理不顧，反而將北越在節日休戰中的殘忍進攻和屠殺稱爲「敏捷且平和」的行爲。

儘管南越政府極其腐敗，有時還相當殘暴，他們卻從未像北越那樣展開大規模屠殺。早在順化屠殺之前，共產黨就弄出了一連串骯髒的處決與迫害記錄，但它們卻被戰爭的批評者遺忘或忽略了。北越從沒有打算誠心參加於一九五六年舉行的全國大選，那本該讓全體越南人自由地進行非強制投票；在一九七六年，這樣的「自由」選舉以共產黨贏得百分之九十九的票數告終。當這個國家最初分裂時，十分之九的難民是從北方趕往南方的——用腳投票的難民總人數最終接近了一百萬。二十世紀五〇年代早期，共產黨組織的土地集體化中，被處決的越南人遠不止一萬人，事實上，這一數字可能接近十萬——這是於一九七七～一九七八年間發生的柬埔寨大屠殺的序曲。然而，著名的反戰批評家後來還是申訴說：

我們是那些在越南的人嗎？是那些抵抗美國，希望臨時革命政府迅速消失，南方被北方強行統治的人嗎？我不是。難道我們會預見到越南就像匈牙利發生革命後一樣出現和解嗎？這是我所期望發生的事情。難道我們能夠預知再教育營的整條鎖鏈，被施加到數以萬計未經審判就被處以無限期監禁的人身上嗎？難道我們能夠估計到，解放者會在若干年後，被國際特赦組織作為侵犯人權者譴責嗎？難道我們能夠預測到數以十萬計的船民會登船離港，向他們極為珍視的祖先和土地告別嗎？」（H．索里茲伯里編，《重新審視越南》，二四四）

答案是「當然能夠」。對任何觀察過北越在戰前數十年裡的殘暴人權記錄的人來說，這是顯而易見的。也許美國異議分子的最大道德罪惡是他們後來對柬埔寨的大屠殺幾乎一致地保持緘默——那著實是整個二十世紀裡最爲可怕也最不人道的事件。少數就這場殺戮撰文的異議分子也時常將紅色高棉歸咎於美國——似乎是那些與共產主義戰鬥的人們導致了共產主義的勝利，並最終引發共產黨的大屠殺一樣。

不過，並非所有批評美國戰爭方針的人，都會在咖啡館裡擺出一副學術姿態。有數以百計的美國人訪問了河內向北越提供援助。湯姆・海頓和珍・方達向戰場上的美軍廣播敵方宣傳內容，據說還用一位北越英雄的名字「Troi」命名自己的兒子（後來改名Troy）。在戰爭進程中，大衛・哈伯斯塔姆（David Halberstam）撰寫了一部對胡志明幾乎全盤讚頌的傳記（*Ho*〔New York〕，一九七一）。像馬丁・路德・金這樣的傑出自由主義者，也錯誤地聲稱北越人是受了美國憲法理想的影響，而我們的轟炸則像是納粹在「二戰」期間的暴行一樣。赫伯特・阿普特克和蜜雪兒・邁爾森（Michael Myerson）這樣的共產黨員，則向美國人保證戰俘都受到了良好對待。這兩個人都曾和敵方高級官員會晤，在北越電臺接受採訪，隨後對共產事業的貴族們發表演講。

總體而言，前往北越的美國訪客視共產黨人爲「英雄」，而非戰犯。曾在河內見過美國戰俘的大衛・迪林傑（David Dillinger）說，對美國戰俘的折磨拷問是一場「戰俘騙局」，是尼克森政府編造了無辜美國戰俘遭到折磨的報告。迪林傑武斷地認定，「唯一可以核實的、對北越手裡的美國戰俘進行的折磨，是國務院、五角大樓和白宮對戰俘家人的折磨」。（G・李維，《美國在越南》，三三六）安・威爾斯（Anne Weills）在很久之後的反思中，對激進分子的感受做了最好的總結：「你應當理解，對我們這些身處反戰運動中的人而言，得到前往越南、在巴黎會見阮氏萍閣下（Mm・Binh，民族解放陣線代表團團長）的許可，被視爲極大的榮譽。這些人是我們眼中的男女英雄。」（J・克林頓，《忠誠的反對》，一二四）艾倫・金斯伯格（Allen Ginsberg）寫過一首詩：「讓越共擊敗美軍吧！……若這是我的希望，我願我們戰敗，讓我們的意志粉碎，讓我們的軍隊潰散。」（《詩選，一九四七——一九八

○》，四七八）

諾姆・喬姆斯基於一九七〇年訪問河內，他在戰爭結束後若干年所說的話，最好地總結了反戰活動家對美國的頑固看法：

> 我們進攻了一個國家，殺死了幾百萬人，將土地一掃而空，進行化學戰，然後扔下了依然一團糟糕、人們還在因為炸彈而死亡的地方撤退了，我們實行了廣泛的化學戰，受害者數以十萬計。在這一切發生後，我們所問的唯一一個人道主義問題，卻是他們會不會送來在轟炸他們時被擊落的美軍飛行員的消息。那就是唯一一個可供討論的人道主義議題。你得去納粹德國才能找到這樣的怯懦與邪惡。（J・克林頓，《忠誠的反對》，一九五）

讓記者和反戰活動家們失望的是，法國記者讓・拉庫蒂爾（Jean Lacouture）後來在一次採訪中承認，他在報導戰爭時的推動力，很大程度上是意識形態而非眞相。而此人的讚頌性質書籍《胡志明（Ho Chi Minh）》則是哈伯斯塔姆所撰傳記的一個資料來源：

> 我的行為有時更像一個激進分子而非記者。我掩飾了北越在抗美戰爭中的一些缺點，因為我相信北越人民的事業足夠美好，足夠正義，因此我不該暴露他們的錯誤。我相信曝光北越政權的史達林主義天性是不合時宜的，尤其是在尼克森正轟炸河內的時候。（G・塞維編，《美國人在越南的經歷》，二六二）

凱斯・比奇（Keyes Beech），一位原美國駐亞洲資深記者，在美國戰敗後十年對戰爭中的報導提出了一些看法：

> 媒體助長了戰爭的失敗。噢，是的，它們的確這麼做了，這不是因為什麼驚天陰謀，而是因為報導戰爭的方式。人們似乎時常遺忘的事情是，這場戰爭是在美國而不是越南輸掉的。美軍從未輸掉一場戰鬥，但他們從未贏得這場戰爭……前往那座可憐又貧窮的首都（河內）的訪客，時常聽聞他們的越南主人抱怨，與過去的好日子相比，他們現在受到了（西方）媒體的敵視待遇。（H・索里茲伯里編，《重新審視越南》，一五二）

媒體同樣創造了關於美軍和自越南歸來老兵的全部神話。老兵們遠沒有被戰爭經歷折磨得精神失常、受困於創傷後壓力症候群（PTSD, post-tuaumatic stress disorder），或是墮落成酒鬼、嗑藥者，他們和在此前戰爭中歸來的老兵一樣適應良好，精神病患者所佔比例也不比總人口中的對應比例高。

> 把越戰老兵描繪成能夠充分適應社會，並未受到戰爭煩惱的人，會削弱反戰宣傳，因此越戰老兵正在融入社會，或是已經良好地融入社會的證據，就被針對美國政府亢奮而尖銳的指責淹沒了。（E・迪恩，《地獄在顫抖》，一八三）

至於駐越美軍的吸毒率，也並不比國內平民中的同年齡組高。與此相反，大部份老兵後來都對親密戰友無意義的逝去，以及他們無法贏得戰爭的結果表示悔恨，更對此後發生的共產黨奪權、遷移營、船民和柬埔寨大屠殺表示痛責。在那些曾於越南服役過的士兵當中，有百分之九十一的人後來表示他們樂於參戰。

黑人和西班牙裔在越南的死亡人數，和他們在總人口中所占比重也並非不成比例，美國政府更沒有策劃某種種族主義陰謀來滅絕某些種族。湯瑪斯·塞耶（Thomas Thayer）在進行了詳盡統計之後，總結得出的結論是，「儘管有各類反面傳言，但就戰死數目角度而言，黑人並未在越南承擔並不公平的負擔……戰死的典型美國人，是在陸軍或陸戰隊中服役的白人正規軍士兵，年齡只有二十一歲甚至更低。」（《無前線的戰爭》，一一四）根據記錄，百分之八十六的死者是白人。

如果可以對負擔不公這一現象進行什麼歸納的話，那麼它大體上是個階層問題。在越南前線作戰部隊服役的人，絕大多數是南方州和農業州的下層白人，其人數與佔據的人口權重不成比例，在他們中三分之二的人並非來自徵召兵，而是自願從軍。這些年輕人所處的社會經濟環境，與那些誤讀他們的記者、那些指責他們的反戰活動家和學者，以及那些指揮極爲低劣的軍隊高級將領，形成了巨大反差——後者倒是大體上來自中上層階級。階層問題反而被那些反戰活動家們所忽略。也許這解釋了爲何像《獵鹿人》（*The Deer Hunter*，左翼戰爭記者彼得·阿內特稱之爲「法西斯垃圾」）這樣的流行電影，克里登斯清水復興合唱團（Creedence Clearwater Revival）的音樂（如《幸運的兒子》），布魯斯·史普林斯汀（Bruce Springsteen）的早期歌曲（如《關燈》、《生於美國》）都遭到了持精英主義態度的越戰批評者的忽視或譴責——這些作品大體上發自受歧視種族或社會下層，和他們對戰爭行爲中的不平等狀況所持態度有關。然而，士兵們絕沒有變得瘋狂、兵變不斷或是感到幻滅，大部份志願來到越南的美軍士兵英勇作戰，後來也保持了熱情，仍舊爲服役而自豪。在曾經前往越南的美軍士兵當中，有百分之九十七的人得到了光榮退役的待遇。

在一場持續了十多年，戰鬥條件極端惡劣，又未曾正式宣戰的戰爭中，美軍士兵這樣的態度和行爲就尤爲令人驚訝了。對那些老兵而言，越南戰爭是比「二戰」殘酷得多的戰爭——這再一次體現了美國士兵的優異表現。儘管如此，這一點也很少得到報導。例如，在太平洋戰場上，步兵在四年時間裡平均每人作戰四十天；而越南戰場上的作戰士兵，在一年服役期間里平均要與敵軍戰鬥二百多天。

大部份在一九六八～一九七三年間出版的關於越南戰爭的美國書籍，都顯得不夠準確。和祖魯戰爭或中途島的同時代記載不一樣，這些書始終是在有選擇性地使用資料，提供旨在誘發國內輿論偏頗觀點的材料，或是捍衛過去在準確性和道德上都可疑的觀點、立場或者行爲。大部份記述把整個章節用於記載美軍在美萊村屠殺大約一百名無辜平民的行動，卻幾乎沒有人關注到，共產黨在順化冷酷地進行處決後，留下了將近三千個墓穴。反戰運動的巨大而無人承認的悲劇在於這個運動自身缺乏可信度、公正性，而其鼓吹者又熱衷於誇張事實。正如美國軍方在越南糟糕透頂的過分行爲一樣，它玷污了公開提出異議的權利，毀壞了嚴格審查軍事行動的神聖的西方傳統。

後果

統一的越南

美軍在春節攻勢後，繼續進行了爲期五年的戰爭。隨著美軍地面部隊和空中支援部隊於一九七三～一九七四年間撤出越南，南越的最終失敗已是確定無疑。由於不再需要擔心美軍轟炸，蘇聯和中國提供的援助逐步增加。就在一九七三年通過談判達成和平協定後，北越立刻向南方輸送了四倍於一九七二年戰時運輸量的軍事補給——他們對美軍不會空襲這批補給極有信心。和美國留下了成千上萬部隊確保停戰協定執行的朝鮮不一樣，幾乎所有美國士兵都在一九七三年三月之前離開了。在共產黨發動的大規模攻勢下，西貢於一九七五年四月三十日陷落。然而，北越爲勝利付出了極爲可怕的代價——至少一百萬人戰死，失蹤和受傷者數量可能也有這麼多。最終，就算只和南越軍隊比較，共產黨方面的戰死人數也比他們高四倍。

許多人指責美軍在十多年的轟炸中可能無意中殺死了五萬名平民。如果這一數字屬實，那它無疑是戰爭的可怕悲劇性後果，反映了糟糕的事實——空軍爲了切斷補給輸送，時常對鄉村小道、叢林和村莊進行無差別轟炸。但考慮到相對於北越總人口的比例，這一不幸數字依然表明，北越的平民死亡人數遠少於「二戰」期間的德國和日本——而且與在共產黨對城市發動的無差別炮擊、火箭彈襲擊以及恐怖襲擊中喪生的據信大約四十萬名平民相比，這也只是個小數字。在這場失敗中，除了在國內付出的社會與文化代價外，美國一共死亡了五萬八千人，還花費了超過一千五百億美元。

共產主義的勝利，給越南帶來了比戰爭年代更多的死亡，更大規模的流離失所——這在多數狀況下源自更長時期內的饑餓、監禁和逃亡，而非立即發生的大規模屠殺。日本和法國的佔領，曾在過去導致越南出現一定程度的流亡現象，但在這個國家的歷史上，像一九七五年共產黨奪權後人民大規模逃離南越的現象，卻是其他任何時期無法比擬的。準確的流亡數字依然有待爭議，但大部份學者都認為，有一百多萬人乘船離開，還有數十萬人通過鄰近的泰國乃至中國從陸路逃離。最終的流亡數字大大超過了一九五四年越南分裂時超過一百萬難民長途跋涉南下的紀錄。僅僅美國最終就接收了七十五萬越南人和其他東南亞人，其他西方國家也接收了一百萬人。那些死在漏水船隻或風暴中的人的數量在五萬到十萬之間；為了離開越南，大部份人選擇去賄賂共產黨官員，結果他們又在公海上被越南海軍洗劫。應當注意的是，到一九八〇年為止，越南共產黨在一場全國範圍內的民族清洗運動中，還流放了數以千計的華人。

在西貢陷落後的頭兩年（一九七五～一九七七年）中，東南亞的平民總死亡人數——包括死於柬埔寨大屠殺、當場處決、集中營的惡劣環境的人數，再加上未能順利逃脫的難民——幾乎達到了美國干涉的主要十年（一九六五～一九七四年）期間平民死亡人數的兩倍。當被問起為何成千上萬的醫生、工程師和專業人員會被送進集中營時，一位北越官員說，「我們必須除掉資產階級垃圾」。然而，胡志明市的共產黨媒體主管私下裡卻這樣評論移民美國，「只要打開國門，所有人都會在一夜之間離開」。（S．卡爾諾，《越南》，三二，三六）

關於再教育營死亡人數的相關資料並不存在，但據信其死亡人數應當數以千計——僅僅在南越境內就建立了四十座再教育營。共產黨的精英們很快就挑出最豪奢的美國和南越住宅，將其作為自己的駐地。按照美國左翼的說法，南越是被腐朽獨裁的政權所統治，這一點是完全正確的，但他們盜竊的手段，與一九七五年奪取政權後的共產黨政府相比則要遜色得多。在後者的統治之下，就連中國和蘇聯船隻都需要通過行賄才能在海防卸貨，而地方官員則通過向希望離開國家或集中營的人們提供方便而大發橫財。關於戰後越南的大部份媒體記載都並未指出，事實上東南亞爲和平付出的代價更甚於抗美戰爭時期，共產黨官員們在停戰後的二十四個月裡殺死或驅逐的本國人，比美國人在十年戰爭中殺死的當地人還多。

根據冷戰批評家們時常嘲笑的多米諾骨牌理論，在短期內，事態的確進一步惡化了。在越南、柬埔寨和寮國淪入共產黨治下後，泰國在一段時間內成了兩種意識形態的對抗鋒線，因此被迫與美國結合得更爲緊密。一九七五年之後，隨著戰爭在阿富汗、中美洲和東非爆發，蘇聯非但沒有收斂，反而表現出了更強的對外干預傾向。越南的軍隊在戰後非但沒有削減規模，反而得到了進一步的擴張。它很快就僅次於中國和俄國，位列世界第三大陸上力量——它的前線士兵和準軍事部隊合計達三百萬之多——隨後這個國家還與柬埔寨和中國開戰。曾參與反戰運動的美國極端分子中，很少有人爲在一九七五～一九八○年間被殺的數十萬亞洲人抗議。不過那時，雙方的死者也都是共產黨人了。

越南戰爭的經歷，成了人們所能想像的、戰爭中自由社會最糟糕狀況的案例——這場測試，針對的是從根本上被扭曲的自由批評機制。在測試中，許多異議分子都極端愚昧，他們的即時通信工具極爲強大，他們對敵人的同情更甚於己方士兵。然而，即便是存在如此批評者的狀況下，即便處於這樣特別的環境下，美國的力量也並未長期衰弱下去。考慮到民主資本主義在二十世紀八○年代和九○年代必然發生的大發展，這一潮流最終沖走的是越南的前保護人蘇聯，越南淪陷於共產主義之手並非一系列後續事件的先兆。到目前爲止，世界上一九二個自主國家當中，仍舊有一七九個具備某種眞正的立法機構，其代表也由選舉產生。而越南就像卡斯楚（Castro）的古巴一樣，曾經站在歷史的錯誤一邊，現在仍然如此。

決定論者會爭辯說，越南遲早會自由，美國發動的戰爭，很大程度上只是個無足輕重的戰場，讓美國人付出了不必要的損失，但並未影響到蘇聯共產主義的主要圍堵政策，也沒有導致對全球範圍內民主消費資本主義的衝擊。一定程度上的多米諾骨牌效應的確存在，但它們的影響實在太小，並不具備全球範圍內的重要性。另外，戰爭的支持者也許依然能夠計算出，越南戰爭的確削弱了共產主義，對保衛菲律賓、馬來西亞和新加坡有所幫助——而美國最終的失利，則使得成千上萬的東南亞人死於或受困於貧窮和暴政，直到不可阻擋的西式自由浪潮在二十一世紀觸及他們為止。對於成千上萬名參加這場被錯誤引導的十字軍遠征的美國人和越南人而言，他們參戰的目的，原本是為了阻止後來發生的暴行，結果他們卻戰死沙場，腐爛在泥土中。美國撤軍後不久，還有數百萬人死在東南亞。對所有這些人來說，關於越南遠景未來的「假設」都已經毫無意義了。

越南與西方的戰爭方式

駐越美軍絕非無能之輩，在日常軍事行動中，這支部隊表現出傳統西方式的致命要素。儘管存在關於猖狂吸食毒品和煽動叛亂的誇張報告，即便戰爭明顯無法取勝，即便國內存在規模可觀的嚴厲批評，美軍士兵依然保持良好紀律，訓練有素。不管徵兵有多麼不平等，公民軍隊的理念依然相當程度上存在於美國境內。隨著投票年齡的最終變動，所有超過十八歲的美軍士兵，都能夠在全國大選中發出自己的聲音，可以向記者自由表達他們對軍事服役條件的意見。在越共和北越軍當中則絕非如此。據信，大部份美國士兵通過投票，選擇了支持繼續軍事干涉越南的領導人。當他們在越南作戰時，總體而言，多數美國人眞心實意地希望他們留在那裡；當他們開始離開時，大部份美國人也確實希望他們離開。反過來看，投票和自由意見表達依然不是越共軍隊或北越軍隊的特徵。最終，就連獲勝的共產黨人都意識到這兩者的主要不同之處。前越共將領范春安（Pham Xuan

An）後來懷著反感評論說：「二三十年前關於『解放』的一切談話，一切密謀，一切組織，最終產生了這個貧窮破舊的國家，最終領導它的是既殘暴且具有家長作風的幫會，這一幫會由教育狀況低劣的理論家們組成。」（L．索利，《一場更好的戰爭》，三八四）

美國人爲自由而戰，爲解放他們與之作戰的人們而戰。但荒謬的是，儘管越南人在戰爭中幾乎享受不到任何自由，對自由的渴望卻驅使許多越南人加入僞裝成獨立戰爭的共產主義事業。越南農民們得到了關於「解放」戰爭的許諾——解放（libertas）是個很有羅馬共和意味的概念，並非源自越南本土文化。但由於共產黨人已經連續和日本人、法國人、美國人戰鬥了大約三十年，他們從沒有機會能夠和平管理國家，因而始終無法履行做出的承諾。這一幻想在一九七五年勝利後驟然消失，那時被延遲了三十年的民主言論實踐，終於可以開展起來了。前越共支持者段文遂（Duang Van Toai）解釋了一個似是而非的現象——他和其他人爲何會幫助一個與自由極端相悖的運動：

> 就像其他在越南和美國參與反戰運動的人一樣，我被民族解放陣線宣導的政治綱領迷惑，其中包括著名的正確方針——民族和解不報復政策，不結盟外交政策，獨立於美國、俄國和中國之間……在日本人統治之下，有近二百萬越南人死於饑餓，但沒有一個人逃離越南。在西貢政府的戰時統治下，數十萬人被逮捕、被監禁，但沒有一個人逃離國家。然而那些傾向於河內，或者被河內宣傳術迷惑的人卻聲稱，船民是經濟難民……但在這些難民當中……也有越共，有曾經的反戰運動領袖，甚至還有越共前任司法部部長。你可以想像，倘若一個國家的司法部部長都需要流亡，那麼這個國家的法律狀況將是何等的糟糕！（H．索里茲伯里編，《重新審視越南》，二二五）

越共和北越激勵軍隊的方式，並非否定自由選舉、否定私人財產與否定自由的意見表達，而是使用一個非常西方化的理念——創建官員由選舉產生，擁有自由媒體的「共和國」。其結果是，爲共產主義（共產主義本身也是可以追溯到柏拉圖的西方烏托邦思想在十九世紀產生的一個分支）效力的越南人，事實上懷有獲得西方式理想個人自由和國家獨立的錯誤希望，而成爲民族主義者抵抗外國人的戰士。與此相反，他們在一九七五年——三十年戰爭後的第一個和平場合——發現，他們自己的政府實際上並非共和國，他們自己也決非自由。整場越南戰爭中，另一個不爲人知的諷刺之處在於，抵抗美國的人們卻把美國式的許諾化入自己的抵抗，但這種許諾絕非美國的實際情況，這虛幻的夢想不僅蒙蔽了他們自己的士兵，也騙過了許多美國學者和記者。越南的官方名稱是越南民主共和國，這一命名並非來自東南亞的神聖傳統，也不是對史達林主義的曲解，而是源自希臘和羅馬的自由語言。然而在越南，既不存在民主，也沒有一個共和國。

美國給越南帶去了過量的武器裝備、戰爭補給和消費品，吸引了一百餘萬農民從鄉村趕往業已過於擁擠、人口多達三百萬的西貢，並在此過程中創造了蓬勃發展的經濟。總的來說，生活在美國資本主義體制下的人們發現，從上萬英里之外跨海船運或空運物資，要比中國或俄國向它們門口的衛星國輸送物資容易得多。通常情況下，美國武器也要比敵人的武器好得多，在通信、飛機、雷達、船舶和裝甲車輛方面尤其如此。當越共和北越在武器裝備上和美國居於平等地位的時候——大部份此類狀況出現在自動步槍、迫擊炮、反坦克炮、地雷和榴彈上，那純粹是進口中國和俄國武器的結果，而這些武器從根本上說又是效仿歐洲設計，或者根據歐洲研究傳統展開研究的產物。蘇聯武器生產和發展的歷史，就是一個效仿西方武器的故事，它在「二戰」期間得到美國的援助，一九四一～一九四五年在東線繳獲並模仿德軍武器，戰後招募德國科學家，通過諜報和利用背叛者不斷趕上西方設計；歸根到底，還有在十八世紀和十九世紀引入英國、法國和德國顧問幫助沙皇實現軍事現代化。

越南人缺乏本土科學傳統來製造殺戮工具——本土製造的殺傷力很低的竹木陷阱除外。沒有西方式的武器，共產黨人就會被消滅。越南的軍事組織和紀律也同樣是舶來品。北越軍中像「師」和「將軍」那樣的概念，以及自動武器訓練和步兵戰術，都是效仿蘇聯和中國的樣板——而它們又是來自西方軍事體系的舶來品。不可否認，北越軍按照當地現實條件，對作戰行動進行更動，然而，在戰爭中，美國人是被與M—14和M—16步槍極其相似的自動步槍殺死的。而在他們面對的敵人中，從列兵、尉官的軍銜表，到連、團級組織結構，幾乎與己方完全一樣。這是極大的諷刺。一個近乎專家的人才能夠區分美軍八一毫米迫擊炮和北越軍八二毫米迫擊炮結構的不同。

儘管北越幾乎全盤引進了西方的武器和組織結構，但美國人很快發現他們自身的軍事理念——從自由精神、個人主義，到極好的補給、精細的裝備，以及對展開決定性衝擊戰的渴望——也絕非停滯不前。儘管補給線長得可怕，而且缺乏明確的前線和火線，受限的交戰準則又抵消了西方傳統的決定性會戰優勢，國內還存在反戰浪潮，但美軍還是在戰爭中不斷進化，最終被證明優於北越軍。

沒有一支一九四四年的美軍會在沒有被批准越過萊茵河，也不可以隨意轟炸柏林的前提下，身受束縛地與德軍在法國作戰。要是美國人只是在叢林裡作戰，只佔據日本殖民帝國的城市，許諾不轟炸東京，不在日本港口佈雷，也不侵犯它的本國土地，而同時記者和批評家們還會訪問東京，在日本廣播電臺向美軍士兵播送節目，恐怕贏得第二次世界大戰的將會是日本。無論是羅斯福還是杜魯門，都不會在諾曼第成功登陸或一九四五年三月毀滅性地轟炸東京後，與希特勒或史達林進行談判。二戰中的美國士兵是在追求勝利的過程中戰死，而不是在為了避免失敗或是向極權政府施壓、使其參與停戰談判時戰死。在戰爭中，不使出全部軍事力量進行攻擊，或是向敵人保證存在撤退的避難所的態度，以及限制軍事打擊目標、在願意展開談判的前提下於任何時期內停火的做法，都是荒唐至極的行為。

對於施加在作戰行動上的奧威爾式的束縛（Orwellian impositions），美軍本身的應對並不好。後方部隊的數量猛增——大約百分之八十到百分之九十的駐越美軍，實際上從未參與過實戰。一年的「旅遊」期，使得許多新兵會在參戰的頭幾個月裡戰死，而當倖存者在戰鬥中表現得更為明智，更有可能教給其他人在戰場上的存活訣竅時，他們卻又被調回了國內。軍方時常把越南戰爭變成美國式官僚主義的噩夢：「援越司令部參謀機關目錄足有五十多頁長。它包括了一名參謀長，兩名副司令和他們的參謀機關，一名負責經濟事務的副參謀長，兩位元處理各類事務的副手，一名參謀秘書，三個完整的參謀組，一個總參謀處，一個特別處，一個人事處。」

（R．斯佩克特，《春節攻勢之後》，二一五）

有時候，堅持在會戰中公開而直接的戰鬥方式，只是反映了傳統西方戰爭的表像——衝擊戰、直接進攻和壓倒優勢的火力——卻並不具備奪佔並控制財產的附帶結果。用優勢火力轟開敵軍，用訓練有素的步兵突進的作戰方式，完全是屬於亞歷山大大帝和查理．馬特的歐洲軍事傳統。用巨大的代價奪取土地，然後將其放棄則並不屬於這一傳統。以一九六九年五月十日為例，第一〇一空降師師長梅爾文．蔡斯（Melvin Zais）將軍將他的部隊投入到對「漢堡山」（Hamburger Hill，九三七高地）的廣受詬病的強攻之中。在可怕的交火中，他麾下強攻山嶺的部隊戰死五十六人，與此同時則殺死了超過五百名敵軍。就在蔡斯回應來自國內政客的嘈雜攻擊時——有人指責他付出十比一的交換比，明顯是在浪費美國人的生命——美軍在奪取高地後突然又將其放棄，蔡斯在不經意間總結了西方的全部戰爭方式，以及這一戰爭方式在越南為何不一定能帶來戰略勝利的原因：

那座高地位於我的作戰區域內，那裡是敵軍所處的地方，那就是我進攻它的地方……如果我在另一座高地上找到敵軍……我向你保證，我也會對其發起攻擊……的確，就地形而言，九三七高地並不具備特別重要的意義。然而，敵軍駐紮在那裡的事實卻至關重要。（G．李維，《美國在越南》，一四四）

這場有限戰爭忽略了奪取並保護土地的原則。本質上，美軍作戰只是為了避免極其腐敗的南越戰敗，而並不是為了擊敗北越久經考驗的共產主義軍隊——不管這是出於明智地避免更大規模衝突的必要原因，還是因為錯誤而無端的、對蘇聯和中國潛在干預可能性的擔心。這場戰爭是對美國政治智慧的公眾投票，而不是對西方軍事力量的真正試金石。從過去到現在，很少有人會懷疑美國本可以贏得越南戰爭，許多人只是不清楚是否應當參戰而已。

誰輸掉了戰爭？

儘管我的觀點與近來的流行理論相悖，但我始終認為，媒體自身不會導致越南戰爭失利。記者並沒有設法從軍事勝利中抓住政治失敗。事實上，他們只是強調美國時常犯下的錯誤和南越的腐敗，但並未對北越的暴行、共產主義在亞洲的殘暴歷史，以及相關的地緣政治利害關係給予相稱的關注，因而加速了美國影響力和戰鬥能力的崩潰。他們渲染相對較小的美軍失利、誇大共產黨小勝的能力時常改變民意，從而讓他們對決定戰爭進程的美國政治家們擁有過度影響力。

然而，儘管擁有勇敢的士兵、優良的裝備和充足的補給，最終還是美軍指揮層自己輸掉了這場戰爭。軍方高層之所以會輸掉這場戰爭，是因為他們沒有預料到，自己無法適應讓這場戰爭變得相當艱難（但並非無法取勝）的政治稽查和監督條件。保守主義者和堅持原則的自由主義者，對美國當時戰略荒謬之處的評估都是正確的：前者要求美國贏得任何一場它承擔的戰爭；後者則堅持認為，考慮到政治環境，美國無法贏得勝利，因此不該繼續戰鬥。一旦全國人民理解了戰爭繼續打下去的必需條件，那麼考慮到戰鬥所要付出的代價，就能得出投入戰爭並不符合他們利益的結論。美軍可以輕鬆贏得它想打的那種戰爭，但卻不知道如何按照所要求的方式獲勝——雖然如此，倘若付出足夠的勇敢和智慧，這場戰爭依舊可以打贏。因此，美軍對數十萬越南人為嗜殺成性的政權（這個政權將會很快奴役全國，毀滅經濟）奮戰的原因一無所知，卻不停地展開魯莽轟炸——在越南，平均每平方英里的土地上落下了七十噸炸彈，全國上下男女老少每人可以均攤到五百磅炸藥。不考慮人類苦難和共產主義治下越南不幸的話，一位俾斯麥流派的現實主義者會指出，在相對無足輕重的國家，投入如此多的人員和資本並不符合美國的地緣政治利益；而倘若對共產主義治下的越南不聞不問，當冷戰從對土地的爭奪轉變成對全球經濟、技術和大眾消費文化的爭奪時，這個國家就可能會像過去令美國頭疼時一樣，變成令共產主義鄰國也煩惱的國度。

如果媒體和記者不向國內發回帶有偏見的片面報導，不告訴美國人他們的政治家和軍事高層自相矛盾，戰爭結果依然會如此收場。長期秉持的言論自由和自我批判的西方傳統最終並沒有毀滅美國，儘管這樣的傳統使其在越南的努力最終失敗了。越南共產黨人贏得了戰爭，失去了和平，屠殺了自己的人民，摧毀了國民經濟——這一切都發生在一個封閉的、審查一切資訊的社會裡。儘管美國具有自我厭惡的癖好，而美軍也輸掉了這場戰爭，但這個國家卻贏得了和平，其民主和資本主義範例贏得了前所未有數量的擁護者，它改革後的軍事體系經過考驗，並沒有變弱，而是越發強大。

越南戰爭的記錄——書籍、電影和官方檔案——依然幾乎是西方壟斷的事物。反戰活動家們指責這一資訊上的壟斷——儘管他們那時仍然在自由社會裡出版書籍，發表演講，從而幫助著西方在出版領域的壟斷。當共產黨的戰爭記載版本出現在紙面或影像上時，它們立刻就成了懷疑的目標。幾乎沒有人懷疑這樣的資訊不可能得到自由出版，政府控制的知識傳播也不夠可靠。與此相反，儘管美國政府和它的批評者無數次撒謊，但它們很少在同一個問題上同時撒謊。在有著各類互相衝突記載的市場上，大部份觀察者會發現，自由才是眞相的保證，因此這些人不會在北越、中國或俄國記載中尋找眞實情況。美國人在越南戰爭中的經歷——不管是高貴還是可恥——依然幾乎是只屬於西方的故事。

戰爭中的審查、監督與自我批評

儘管越南戰爭中的公民稽查、保留異議和自我批評與西方過去的實踐相違背，但它在內在精神上依然沒什麼新鮮內容。在雅典劇院舞臺上嘲笑伯里克利斯（「海蔥頭」）的方式，與美國校園嘲弄魏摩蘭將軍（「Waste-More-Land」）的方式毫無二致。是伯里克利斯而非魏摩蘭，因爲在戰俘前額烙上烙印而招致雅典批評家的攻擊。珍·方達和她的國家的敵人一起冷嘲熱諷，正像雅典右翼分子在伯羅奔尼撒戰爭即將結束的幾個月裡討好斯巴達一樣。請記住，柏拉圖在一陣近乎叛國的咆哮中，稱薩拉米斯大勝是個錯誤，認爲這讓雅典人變得更糟糕了。

對埃斯庫羅斯而言，戰爭只是「戰神的食物」。索福克勒斯視戰爭爲「我們的憂愁之父」。即便是帝國主義者伯里克利斯也將戰爭視爲「全然的愚行」。「他們把當地變成一片荒漠，然後稱之爲和平」，是塔西陀對羅馬軍隊在殖民戰爭中行爲的評價。無論是勃魯蓋爾（Brueghel）、戈雅（Goya）還是畢卡索，在西方歷史、戲劇、演講、詩歌和藝術材料中，總是有著對當代衝突和戰爭普遍荒誕性的直率批評。歐里庇得斯的戲劇在將近兩萬名能夠投票的雅典公民面前演出，它們反映出了伯羅奔尼撒戰爭期間對人員和物資損耗認識的演化過程。在伯羅奔尼薩斯戰爭中，中立國家三十年來的饑荒、政變和毀滅以及西西里發生的災難，與越南戰爭的相似性要遠高於與「二戰」的相似性。歐里庇得斯的《特洛伊婦女》在雅典屠殺米洛斯人（公元前四一五年）後不久上演。根據其中的內容，特洛伊人中，不僅士兵蒙受了戰爭之苦，連無辜的妻子、母親和孩子也被捲入。喜劇作家阿里斯托芬（Aristophanes）也寫了幾部劇作——《阿卡奈人（*Acharnians*）》《和平（*Peace*）》和《呂西斯特拉特（*Lysistrata*）》——調侃流水一般的戰爭耗費，並展現出奸商和自大狂們的嘴臉，這些敗類對自身利益的興趣要遠大於對公民利益的興趣。當劇情講述一支斯巴達軍隊行經雅典鄉村時，雅典大衆看到，他們自己的公民肆意詆毀強制疏散並與斯巴達繼續作戰的政策。

珍・方達、湯姆・海頓和貝雷根兄弟也許背叛了國家，但他們叛國的程度遠不如在公元前四八〇年站到「米底」一方的希臘人，這些人在薩拉米斯加入了波斯軍。西貢的新聞發佈會——以「五點鐘傻瓜（Five O'Clock Follies）」聞名——也許是尖刻的，其特徵是無休止的指控和反指控，但它們並不比地米斯托克利和他的聯合艦隊長官們在薩拉米斯前夜差點動手的爭吵更激烈；也無法與西班牙人和義大利人在雷龐多會戰之前若干小時內出現的絞刑執行與近乎公開戰爭的衝突相提並論。媒體也許毀了魏摩蘭將軍的名聲，但這一毀壞程度，遠不及說長道短的雅典公民大會對英雄地米斯托克利的詆毀，後者被流放出國，死於國外，在國內也受人厭棄。對越南戰爭的批評毀了林登・詹森，但伯羅奔尼撒戰爭中的反對風暴，則導致伯里克斯利被處以大筆罰金——他最終精疲力竭、疾病纏身，在這場為期二十七年的戰爭中的第三個年頭過去之前就逝世了。

正如北越異議分子不會在華盛頓抗議己方士兵在順化所進行的殺戮一樣，薛西斯的宮廷就像河內政治局，不容許任何異議或審查。讓我們再一次記起在薩拉米斯被肢解的腓尼基海軍將領，或是可憐的呂底亞人皮提奧斯，這些人都錯誤地認為他們能夠和大王爭論些什麼。對於薩拉米斯的希臘人，坎尼的羅馬人，雷龐多的威尼斯人，羅克渡口的英國人以及在中途島和越南的美國人而言，人能夠投票，能夠說出自己想說的話，這原本就是自然而然的事情。然而，這樣的自然行為，對波斯人、迦太基人、奧斯曼人、祖魯人、日本人和越南人而言，卻遠非如此。即便是像亞歷山大或科爾特斯那樣的獨裁者，通常也會聽從他們隨從和士兵中的批評意見，而這一方式也是阿茲特克皇帝和波斯大王無法習慣的。

林登・詹森（的名譽）可能被他的國內批評者們毀滅了，但早在數千年前，就連專制的亞歷山大大帝都沒有逃過唱反調的西方人的追究。當亞歷山大詢問哲學家第歐根尼他希望得到什麼時，據說此人回答，讓國王不要擋住他的陽光。亞歷山大無疑是一個暴徒，也是個危險的人，他曾在一段時間內違背了西方式自由的理念，但與波斯的阿契美尼德王朝的君主相比，他只是個業餘獨裁者罷了。亞歷山大與馬其頓將領們發生爭吵的可能性，要遠高於薛西斯和他的總督們發生爭執的可能；亞歷山大在會堂上被德摩斯梯尼（Demosthenes）攻擊的可能性，在街角被哲學家要求讓路的概率，也要比大流士在波斯波利斯宮廷遭遇此類事件的概率高得多。埃爾南・科爾特斯獻給了他的國王整個次大陸的統治權和成船的貴金屬，雖然如此，他晚年時，卻很大程度上被人排斥，過去的魯莽和殺戮給他帶來的並非西班牙王國的持久讚揚和紀念，而是來自教士的嚴厲批評，來自官僚的非難，來自此前同僚的法律訴訟。

隨著將軍們被召到國會列隊作證，參議員和眾議員們被召到白宮給出關於他們「不忠」投票的記錄，國會和總統就戰爭行為發生的衝突貫穿了整個越南戰爭。但與那些羅馬共和派將領不同的是，美國將領很少有自己的獨立軍事指揮機構。美國參議員極少會介入戰場。越戰中新聞界無休止的爭吵和混亂的狀態，可以令坎尼前夜執政官間的衝突黯然失色。盧修斯・埃彌利烏斯・保羅斯（L・Aemilius Paulus）和魯莽的C・泰倫提烏斯・瓦羅（C・Terentius Varo）都是選舉產生的執政官，這兩人互相鄙視，因而他們在為共同指揮的軍隊制訂計畫時相互出現了誤解。法比烏斯・馬克沁斯（Fabius Maximus）的戰略最終改變了第二次布匿戰爭的態勢，但他在一段時間內成了羅馬最不受歡迎的人，並因為他的拖延戰術被稱為儒夫。查理・馬特在普瓦捷取得的成就，時常被後來的史學家忽略，這很大程度上是因為他作為教會土地的沒收者，遭到了教會的妖魔化描述。

科爾特斯在他的征服過程中曾被古巴總督迭戈・貝拉斯克斯宣佈為罪犯。他在墨西哥城的逗留則被潘菲洛・德・納瓦埃斯（Pánfilo de Narváez）抵達維拉克魯斯打擾了，納瓦埃斯身上還攜帶著一份逮捕他的書面命令。貝爾納迪諾・德・薩阿貢神父對他的同胞埃爾南・科爾特斯沒什麼好話，在寫作時卻對被征服者屠殺的土著人感同身受。不管科爾特斯寫給卡洛斯五世多少「官方」信件，我們卻從他的同代人那裡，得到了多少有些不同的故事。巴托洛梅・德・拉斯卡斯（Bartolomé de Las Casas）認為西班牙人對待印第安人的方式令人憎惡，也詳細描寫了征服的罪惡。到科爾特斯死亡的時候，他已經很大程度上被忽略了，也沒有得到人們的賞識，在書面出版物上遭到了嚴厲批評，甚至還窮困潦倒。與此相反，我們在西班牙而非墨西哥的書面資料中看到，很少有對蒙特蘇馬的批評。當西班牙人因科爾特斯的傲慢和殘酷批評此人的成功時，阿茲特克領主們對蒙特蘇馬大加指摘的原因卻僅僅是他未能將西班牙人趕出特諾奇蒂特蘭。沒有阿茲特克人寫下材料，解釋在大金字塔上殺戮成千上萬無辜者的決定，更沒有人對此加以批評。

納塔爾主教約翰・科倫索和他的女兒們，將他們的一生奉獻給宣傳，向英國公眾傳播他們的政府對祖魯人施加的種種暴行。與之相對，英國媒體則發出了關於伊桑德爾瓦納聳人聽聞、也常常並不準確的消息，一方面讓公眾相信有必要召集一支不必要的龐大援軍，同時也率先開始懷疑是否有必要做出如此反應。很少有人的職業生涯從這場戰鬥中得到什麼好處——切姆斯福德或他的後繼者加尼特・沃爾斯利爵士都身敗名裂。科倫索家族在戰爭中代表祖魯人時的活躍態度，在批評英國人不人道行為方面的嚴厲風格，幾乎可以與美國反戰活動家對北越人的同情程度相提並論了。

日本人將中途島戰役解讀為一場己方的大勝，受傷的水手們被關在醫院裡，以確保災難的消息永遠不會傳到公眾耳中。山本海軍大將獨自制訂了錯漏百出的計畫，感到沒有必要多作討論，也不容許存在異議。所有這一切與美軍戰前的公開討論形成了鮮明反差——作戰情報的敏感細節甚至在戰前就被洩露到了報紙上。美軍的戰略則在尼米茲海軍上將召開的公開會議上進行了討論，討論結果則要發往華盛頓，由民選政府予以批准或否決。儘管胡志明自稱是共產黨員，但他與日本軍國主義者的同源關係遠甚於他與美國人的關係。

越南人時常依靠美國學者、宗教人士和知識份子，來完成他們的軍隊無法做到的抵消美國力量的努力。當共產黨污蔑美國人，神聖化北越人的戰役並使之登上世界舞臺時，主要依靠西方媒體而非共產黨媒體或第三世界媒體，這絕非偶然。「美國傀儡」和「資本主義戰爭販子走狗」的說法，在美國校園裡聽起來可能乾淨利索，但這些詞並不真實，也無法讓美國公眾信服或者使他們呼籲停止越南戰爭。僅僅《紐約時報》和《六〇分鐘》就能做到《眞理報》和《工人日報》根本無法做到的事情：勸說美國人民認識到戰爭既無法獲勝也並不正義。對北越人而言，喧囂不已、相當混亂和脾氣糟糕的美國人——威廉・巴克利斯（William F・Buckleys）和珍・方達那樣的美國人——是陰險之人，而並非簡單的壞人或者好人。

那麼，我們應當對西方軍事實踐的最終信條做出什麼評論呢？這一傳統可以追溯到二千五百年之前，有著奇怪的習慣，總是讓軍事行動置於政治稽查和公衆審查之下（儘管這屢屢導致自我毀滅）。當一個動盪不安的西方公民階層指導它的軍人們應當在何時何地如何戰鬥，甚至還允許作家、藝術家和記者們自由乃至放肆地批評己方部隊行爲時，難道會出現什麼好事嗎？難道報導春節攻勢和越南戰爭的案例不能說明公衆審查讓美國輸掉了一場本該獲勝的戰爭嗎？其報導之猛烈與荒謬，讓它足以成爲極爲關鍵的案例進行研究，並讓人懷疑的是，容許對軍事提出異議和進行公開指責，是否明智之舉？

如果說，媒體對最細微的軍事行動都施以放肆批評的行爲以及不間斷的公衆審查，確實傷害了美國在越南的戰爭努力的話，那麼自我批評的機制則有利於修正美軍在戰術和戰略上的嚴重錯誤。艾布拉姆斯將軍麾下的駐越美軍在一九六八年到一九七一年間的作戰表現，要比一九六五年到一九六七年間的表現高效得多，這很大程度上是在軍隊內外保留不同觀點的理念所致。一九七三年的轟炸模式，遠不是毫無效果和無差別亂炸一氣的，通過摧毀北越境內的若干關鍵設施，美軍迫使共產黨回到談判桌前。對河內的戰爭機器而言，尼克森的所謂「中後衛二號」作戰行動，要比三年前那場廣受批評的、無差別轟炸的「滾雷」行動致命得多。如果說一九六五年的詹森政府還不清楚在越南有什麼利害關係，也對最終演化出的新交戰法則一無所知的話，那麼一九七一年的尼克森政府就準確理解了美國的困境。作爲反戰情緒和自由異議的產物，尼克森政府非常清楚其所處困境的特點。

更爲重要的是，春節攻勢並不是一場獨立的戰鬥，越南戰爭本身也不是一場孤立的戰爭。它們都發生在冷戰的全球背景之下，那是一場規模更大、在全球範圍內進行的價值觀與文化的鬥爭。在這一背景下，西方的審查制度，雖然對那些接受命令、被要求擊退春節攻勢的可憐士兵們不利，在較長時間範圍內卻對美國的公信力有著正面影響。爲了擊敗西方國家，往往不止需要擊敗其軍隊，還要徹底消滅其對資訊傳播的壟斷。因此，要消滅的不僅是西方軍人，還要毀滅那些能夠自由表達觀點的資訊傳遞者。

西方軍事實踐中較爲詭詐的部份，是北越共產黨人從未理解的所謂精明和頑強。他們對駐越美軍感到困惑，對美國政府加以指責，但小心翼翼地避免對美國人民發起大規模批評；他們咒罵美國軍方，但讚揚美國的知識階層；他們對傾向性的新聞報導欣喜若狂，但偶爾出現一個講述他們自己流氓政權天性的誠實故事時，卻會感到困惑，認爲自己被傷害了；他們對美國電視報導的西貢「解放」感到自鳴得意，對後來報導船民的內容則大發雷霆。如果說困惑的北越人會對《華盛頓郵報》批評美國軍隊更甚於批評共產黨感到高興，如果說他們對爲何一位美國電影明星能夠在河內的炮兵陣地上擺姿勢，卻不出演設在卡內基音樂廳的愛國主義戲劇感到困惑（而且此人在回國後依然能夠免於牢獄之災），他們也會在被問起一九七六年的「自由」選舉性質時感到憤怒，也對少數勇敢記者最終告訴全世界共產黨在柬埔寨的大屠殺時驚訝萬分。

因此，對軍事行動進行自我批評、公民稽查和普遍非難的奇特傾向，構成了一個悖論。對公開評價的孤立和對軍事錯誤的承認最終帶來了更爲優秀的計畫和針對逆境更爲靈活的反應，事實上，這種傾向本身又是更大視角下的西方個人自由、自願組織政府和個人主義傳統的一部份。軍事行爲要被士兵本人詰問，被身處武裝力量之外的人們稽查、挑剔，被記者向公眾解釋，被通過社論加以評價，還時常遭到錯誤刻畫的認識，這些可以確保問責制度，有助於廣泛交流意見。

與此同時，這種自由理念所帶來的歪曲事實的評論，可能時常會妨礙當時的軍事行動，就像修昔底德本人所觀察到的那樣，柏拉圖在《理想國》中擔憂的那樣，也正如越南戰爭中的春節攻勢那樣。在越南，由於口無遮攔和歇斯底里取代了理性與積極的評價，美國的痛苦可能被延長了，也可能因此導致了戰場上的失敗，但總的來說，美國並沒有輸掉針對共產主義的戰爭。倘若美國是越南那樣的封閉社會，也許美軍很有可能會贏得這場戰鬥，但輸掉的卻是整場戰爭。就像蘇聯那樣，這個國家在干預阿富汗局勢後徹底崩潰——從戰術無能、政治短視和戰略愚蠢這些因素上來看，這是一場與美國干預越南類似的軍事干預，但巨大的差別在於，俄國人沒有自由批評，沒有公開辯論也絲毫沒有對錯誤進行審查的報導。這些機制既能阻礙西方武力的日常戰鬥進程，也能確保西方事業的最終勝利，這是多麼奇特啊！如果說西方對自我批評的信奉，一定程度上導致了美國在越南失敗的話，這一機制也是戰後數十年中，西方全球影響力爆炸性增長的最重要因素——即便數目衆多、極其好戰的越南軍隊在此期間爲一個在國內越發被人厭棄，在國外爲人避之不及，在經濟和道德上都宣告破產的政權奮戰不止，也依舊無法改變這一點。

在今後的數十年裡，越南會變得更像西方，而不是西方變得更像越南。擁有暢所欲言的自由，挑逗性的標題，浮華的曝光，總司令是身著領帶西裝的文官，而非戴著運動太陽鏡、佩戴肩章並挎著左輪手槍的武夫——這樣的一方更有可能最終在戰場內外獲勝。儘管修昔底德對雅典在西西里遠征中的相關愚行大加批評，對雅典公民大會極其口無遮攔的方式也少有讚譽，雅典糾正過去錯誤的能力，以及在無法想像的困境中繼續堅持的驚人毅力還是給他留下了深刻印象。

對雅典這樣一個開放文化的戰爭行爲，我們既然用歷史學家對雅典在遠征態度上朝三暮四、不予支持的尖銳批評開始這一章，也應當用修昔底德的另一個較不爲人知的觀點來結束這一章。敘拉古人（Syracusans）在抵抗雅典人時，表現極好。修昔底德相信，這是因爲他們也身處一個自由社會，「和雅典一樣是民主政治」。（《伯羅奔尼薩斯戰爭史》，七·五五·二）他總結得出，自由社會才是最能抵抗戰爭衝擊的體制：「敘拉古人很好地證明了這一點。正因爲敘拉古人和雅典人特性最爲相似，所以他們和雅典人作戰時，也顯得最爲成功。」（《伯羅奔尼薩斯戰爭史》，八·九六·五）

西方軍事——過去與未來

「對於每個國家而言，戰爭作為對抗其他國家的使命永不休止，並貫穿其存在的整個過程中……至於絕大多數人口中所謂的「和平」，不過是個名詞罷了——真實情況是，任何一個國家在本質上，每時每刻都在與任何其他國家進行著一場沒有硝煙的戰爭。」

——柏拉圖，《法律篇》，（一．六二六A）

希臘的遺產

從希臘城邦時代的早期軍事行動到貫穿整個二十世紀的綿延戰火裡，歐洲軍事實踐總能體現出某種持續存在的特性。正如卷首引語所暗示的，西方戰爭模式的傳承僅僅限於西方文明中，且源於希臘。埃及人軍隊中可沒有個人自由的概念；波斯人也不會將公民軍隊和民事監督的理念引入波斯大王的軍隊裡；色雷斯人不會接受具有科學精神的傳統；腓尼基人無法列成紀律嚴明的長槍方陣來進行衝擊式的戰鬥；至於西徐亞人，則完全沒有由小地產主組成的步兵部隊——正因爲如此，在溫泉關、薩拉米斯與普拉提亞進行戰鬥的希臘軍隊，與古地中海地區任何其他文明的軍事力量相比有著本質上的不同。

這個獨特的傳統，已經流傳了二十五個世紀之久，它的存在一方面解釋了爲何西方軍隊能在絕對劣勢下擊敗對手，另一方面也解釋了西方文明如何能將自己的軍事力量奇跡般地投射到千里之外，離開歐陸，遠達美洲。兵力多寡、戰場地理、食物補給、氣候環境、宗教信仰——這些通常能決定戰爭勝負的因素，卻難以妨礙西方軍隊取勝的步伐，他們倚仗文化作爲自己的王牌，不論是人力還是自然上的挑戰都無所畏懼。即便像漢尼拔這樣的戰術天才，也只能望之興歎。

當然，這並不意味著在之前近三千年的歲月裡，經歷了一系列動盪、暴政與墮落的所有西方軍隊都出自同一個藍本。當年亞歷山大的長槍步兵和現在的美國大兵顯然還有不少差距，而特諾奇蒂特蘭的勝利與薩拉米斯大捷顯得迥然不同。我們應該記住，非西方文明同樣能催生出致命的可怕軍隊，比如蒙古人、奧斯曼人，以及共產黨領導的越南軍隊，在亞洲，他們不僅擊敗了當地的對手，還將歐洲人逼上了絕境。儘管如此，西方人的軍事特色依然顯得致命性危險且經久不衰，從古希臘時代至今跨越了漫長的時間與遙遠的空間之後仍不改本色，卻時常被人們無視——由此可以看出，現在的歷史學家們並不喜歡來自古典時代的傳承，儘管這才是千百年來西方軍事活力的核心內容。翻開本書的各個章節，撲面而來的是一種既視感，這是一種奇妙的感覺，無論是亞歷山大麾下的長槍步兵，還是羅馬軍團的勇猛戰士，或是法蘭克人的鏈甲武士、縱橫新世界的西班牙征服者，英國紅衫軍、美國大兵與海軍陸戰隊，他們身上一再出現的是同一種理念。而正是這種理念，指引著西方文明如何去發動戰爭、如何來取得勝利。

無論敵人來自亞洲、非洲還是新世界，無論對手是帝國臣民還是部落戰士，歐洲人與美國人的軍隊在幾十個世紀傳承的文化加持之下，總能夠以一種致命的姿態獲得勝利——當然，偶爾西方人也會面臨失敗，那是因爲他們的敵人同樣接受了西方式的軍事組織、借用了西方式的武器，或者是把西方軍隊困在了離家千里之外的地方。我們應當注意到，在分析此類案例時我們能夠發現，西方人之所以能夠取勝，並非因爲智力上有什麼與生俱來的優勢，或者是擁有基督教道德觀，事實上他們在宗教信仰與基因層面並沒有任何過人之處。儘管波斯人、迦太基人、穆斯林、阿茲特克人、奧斯曼土耳其、祖魯人和日本人的作戰方式各不相同，但在歷史的長河裡，他們的軍隊依然存在兩個共通性：他們作戰的風格與西方人迥然不同，而且他們的軍隊不會像西方軍隊那樣遠涉重洋出兵征伐。薛西斯、大流士三世、阿布德．阿—拉赫曼、蒙特蘇馬、阿里帕夏和開芝瓦約等非西方領導人，將戰爭視爲神權的爭奪、部落的紛爭或者是王朝更替的較量，也只有在他們這種臆想出的戰爭模式中，速度、詭計、兵力和勇氣能夠抵消掉西方步兵的紀律、歐洲文明的技術與資本所迸發出的巨大力量。蒙特蘇馬無法想像在地中海進行戰爭的圖景，正如阿里帕夏從未見到美洲大陸的陽光一樣。

在我們所審視的區區幾個戰爭史片段中，西方與非西方的界限顯得涇渭分明。生活在公元前四八〇年的希臘水手們，在戰爭來臨之際仍然堅持討論並投票決定戰略、選擇領袖、進行監督，一如他們創造並運作自己的艦隊那般。他們的這種行爲模式和二千年後雷龐多海戰中的威尼斯人頗爲相似，卻和雷龐多海戰中土耳其蘇丹的水兵、薩拉米斯海戰中薛西斯的海軍截然不同，後兩者在法理上都是君主的奴隸而非自由人戰士。同樣的，亞歷山大遠征軍序列中的長槍步兵，在精神上的傳承者是卡萊戰役中的羅馬軍團，以及在羅克渡口戰役和祖魯戰爭中一系列其他戰役裡英勇奮戰的英國士兵。即便寡不敵眾，英國紅衫軍也會按照紀律有條不紊地進行射擊並列成陣形，在衝鋒時也會遵令行事、進退一致。不論是馬其頓步兵還是不列顛射手，戰鬥時都會排成行列整齊的密集方陣，這在歐洲以外文明的軍隊中難以想像。羅馬在坎尼慘敗之後重建軍隊的方式，與美利堅在中途島海戰前幾個月遭遇珍珠港突襲後迅速恢復戰鬥力的特點別無二致。這兩個國家在輸掉一場戰役之後，利用同樣的共和傳統，將那些擁有投票權的自由公民們徵召入伍，鑄造出全民皆兵的強大軍事力量。

一般情況下，高加米拉的馬其頓方陣、科爾特斯的西班牙軍隊、雷龐多的基督教艦隊以及羅克渡口的不列顛連隊，這些西方軍隊在武器上普遍要勝出他們的對手一籌。儘管阿茲特克人擁有豐富的自然資源，他們卻不太可能造出火繩槍、火藥或者是十字弓；奧斯曼土耳其人也沒法製造第一流的青銅炮；至於祖魯人，假若他們想要自己製作馬蒂尼—亨利來福槍，更是天方夜譚——同樣毫無疑問的是，一把火繩槍的致命程度遠遠超過一支標槍，而一門威尼斯五千磅重炮的威力則大大勝於奧斯曼人仿製的同類武器，一枚零點四五英寸口徑的彈頭在殺傷力上也要優於祖魯人使用的長矛矛尖。日本人在十九世紀明白了只有歐洲人才能設計戰列艦，他們對此善加利用使其成爲自己的優勢——在日本海的洋面上，戰列艦能戰勝任何其他浮在水面上的東西。類似的，北越士兵也並未使用他們曾經使用的大刀長矛，而是借鑒了西方人的現代化武器來進行作戰。

當然，西方軍事力量並不僅僅體現在武器的先進性上。在越戰中，風起雲湧的停戰運動和持續不斷的政治干涉，制約了美國軍隊在東南亞的發揮；而納塔爾主教科連索則利用家族資源，發表反對大英帝國入侵祖魯的言論。聖方濟修會的修道士伯納狄諾·迪薩哈岡（Beruardino de Sahagún）在記敘西班牙人征服墨西哥的歷史時，批判了其祖國軍隊的道德水準——這些行事方式是阿茲特克人、越南人或者祖魯人所無法想像的。與科爾特斯和切爾姆斯福德勳爵等人一樣，取勝而歸的地米斯托克利去世時並沒有被視爲英雄，儘管在故鄉他因爲曾經指揮軍隊殺死無數祖國的敵人而贏得了感激。這並不令人感到奇怪。那麼，西方文明中這種保持不同意見的本性，是否削弱了他們進行戰爭的能力呢？不總是如此，至少長期來看不是。西方在批判和監督的傳統下不僅建立起了歐洲式的信任體系，同時還保證了關於戰爭的作品多是出自歐洲；此外，這種輿論模式還提供了一條途徑，使得那些戰場之外的人們對於國家財富和人力該如何使用擁有了發言權，有時這樣的做法便將干戈之爭消弭於無形了。

其他戰鬥呢？

本書中所引用的戰例並不是爲了闡述軍事上某種絕對的眞理，而只是提供一些具有普遍特性的例子。本書里的篇章反映了戰爭中重複出現的主題，而不是對各個時期的戰爭史做連貫詳盡的記錄。這也就意味著，倘若隨機選擇出差不多同一時期或是同一地點發生的其他戰役——例如，普拉提亞戰役（公元前四七九年）、格拉尼克斯河戰役（公元前三三四年）、特拉西美涅湖（公元前二一七年）、科瓦東加（Covadonga，七一八年）、征服秘魯（一五三二～一五三九年）、馬爾他圍城（一五六五年）、珊瑚海海戰（一九四二年），以及仁川登陸（一九五〇年）等，我相信分析得出的結論也會頗爲相似。幾乎在以上所有的戰役中，爭取自由、衝擊作戰、公民軍隊、技術、資本、個人主義、民事監督以及公開討論這些因素所發揮的突出作用顯得如出一轍。從中世紀的希臘火到現代戰爭中的汽油彈，從古希臘的陶片放逐到現代政壇的控告彈劾，從表面上看，它們跨越了一段漫長的歷史，但從抽象意義上來說，它們之間的距離並沒有看上去那麼遙遠。

即便列出一系列西方軍隊的失敗戰例——從溫泉關保衛戰（公元前四八〇年）、卡萊戰役（Carrhae，五三年）、到阿德里安堡（三七八年）、曼茲科爾特（一〇七一年），再到君士坦丁堡圍城（一四五三年）、阿杜瓦戰役（一八九六年）、珍珠港事件（一九四一年），以及奠邊府戰役（一九五三～一九五四年）——並對其進行逐一分析，我們所得到的結論不會大相徑庭。從上述幾個戰例來看，其中的絕大多數情況下，西方軍隊都面對著在數量上處於壓倒性優勢的敵軍，而他們自己則缺乏明智的領導者〔克拉蘇（Crassus）指揮羅馬軍團，拜占庭人則在羅曼努斯（Romanos）的率領下，義大利人在埃塞俄比亞、法國人在越南作戰時的指揮也是一場糊塗〕或者對戰況缺乏充分的準備——更何況他們還遠離歐洲在異鄉進行戰鬥。同時，即便西方人在以上這些戰役中損失慘重，但這些災難本身並不會馬上威脅到希臘、羅馬、義大利、美利堅或者法蘭西的安危。那些具有更大歷史影響意義的失敗——諸如阿德里安堡戰役、君士坦丁堡城陷和奠邊府大敗——要麼處於歐洲邊陲，要麼發生在一個政府或者帝國的末日，同時，勝利的一方要麼擁有西方精神所創造出的武器，要麼有受過西方軍事訓練的顧問對其進行指導。

西方文明的軍事傳承是由其深厚獨特的文化積澱所帶來的紅利。西方軍事特色並不能保證西方軍隊在與非西方軍隊的戰爭中次次取得勝利。羅克渡口戰役中，如果不是查德、布隆海德、道爾頓這三位軍官的傑出表現，英國人很可能全軍盡歿於祖魯人之手。薩拉米斯、雷龐多和中途島戰役的勝利，多虧了軍事上的卓越指揮。戰爭舞臺上的表演者，乃是變幻無常的凡人，而戰爭中的現實情況又是那麼無法預測——酷熱、嚴寒和暴雨都會改變戰局，而在熱帶氣候中作戰的方式和在接近北極圈的高寒高緯度地區作戰又截然不同，是否靠近自己的故鄉進行戰爭也會帶來不小的區別。在非洲、亞洲或者美洲的土地上，西方軍隊就像其他軍隊一樣，時常會遭遇失敗，其士兵也許會被屠戮殆盡——這是因爲他們的領導者往往是愚蠢之輩，而且他們會在錯誤的時間、錯誤的地點被捲入一場錯誤的戰爭。正如本書所指出的，由於文化上的因素，他們在戰場上的容錯率大大超出他們的敵人。

地米斯托克利、亞歷山大大帝、科爾特斯以及二百年來的英美將領們，在戰爭中擁有一些先天優勢，這足以抵消指揮不當、戰術失策、補給受限、地形不利和兵力不足帶來的影響——或者簡單來說，「糟糕的一天」。上述優勢對於戰鬥結果都有著直接的影響，而且它起源於文化層面，並非取決於基因、病菌和地理。一旦大英帝國決定入侵祖魯帝國的領土，後者的敗局就已經註定，伊桑德爾瓦納的勝利於事無補，切爾姆斯福德勳爵的戰術錯誤並無大礙，而祖魯武士們的英勇奮戰顯得毫無作用。

在檢視那些西方軍隊曾面臨的最糟戰況時，例如坎尼或者春節攻勢時，情況越發危急，西方軍隊頑強而致命的優點就越發突出。既然西方人的軍隊容忍反對意見的傳統在經歷越南戰爭的考驗之後依舊能夠被保留下來，那麼這一特色在其軍事體系中的地位就仍然毋庸置疑。在騎士縱橫戰場的「黑暗時代」裡，西方步兵仍舊大行其道，這似乎比之前與之後的時代更能說明問題。自由公民組成的羅馬軍團在坎尼戰役中敗給漢尼拔麾下的迦太基傭兵，這一戰例使觀察者更加仔細地思考公民軍隊的價值所在。至於大英帝國與祖魯的戰爭進程，則揭示了後者擁有非洲國家中最有紀律、組織最好的一支軍隊，這是寶貴的一課，卻也只是個特例，說明了西方式軍事紀律中進退整暇、佈陣嚴謹在取得勝利時無可替代的重要作用。

西方軍事文化的奇特之處

在討論西方軍事體系的優越性時，我們需要精確使用相關術語，而這恰恰是絕大多數戰爭史記載所缺乏的東西。政治自由這一現象僅見於西方，這並非全人類的共同特性。西方式自由所提供的選舉制度與憲政政治，和部落式的自由大有不同，後者僅僅是少數統治者偶爾賜給普羅大衆荒蕪的土地與獨立行事的許可罷了。同樣的，以自由人身份作戰的渴望，不能簡單地和守衛者趕走自己家園中的僭主和外國勢力時爆發出的熱忱相提並論。波斯人、阿茲特克人、祖魯人和北越居民都希望自己民族所居住的土地能夠從外國軍隊的佔領下解放出來，但他們是爲了能夠在文化上取得自治而戰，並不是爲了能夠身爲享有投票權的自由公民這一身份和成文憲法保護下的公民權利而戰。一個祖魯人也許可以在非洲南部的平原上自由漫步，相較於居住在狹小兵營裡的英國紅衫軍，在某種意義上更加「自由」一些；然而，一個祖魯人會因爲他們國王的一念之差而人頭落地，而任何一個英國人都不會遭受這樣的待遇。祖魯人的國王恰卡早已無數次證明了這一點。北越的共產黨人給他們的軍隊承諾，與建立一個西方式「民主共和國」相差無幾——而不是建立一個亞洲人的王朝，不是警察國家，也不是一個封建社會——這是對抗外國入侵者的民族主義戰爭獲勝後的回報。

在任何時代，都存在軍隊之間的大規模對抗；但是，其中只有少數軍事力量會選擇用可怕的衝擊式較量來結束戰鬥，在能夠進行近距離決定性戰鬥時絕不會逃避，更不會轉而用遠端交戰或者陰謀詭計來解決問題。波斯人和奧斯曼土耳其人常能發展出複雜精密的方法來徵募軍隊；而只有西方文明在徵召戰士時，會明確地告訴他們軍事服務乃是他們自由公民身份的重要組成部份，而他們自己將會決定戰爭的時機、方式與目的。在任何文明中，步兵都是常見的兵種，但數量龐大的步兵集團、腳踏實地決不後退的戰鬥風格、面對面近戰的戰術卻是西方軍事的獨門利器——擁有地產的中產公民階層，長期與無地農民和騎馬貴族保持著緊張的關係，這種歷史悠久的傳統造就了西方獨特的軍隊。

對於武器來說，僅僅知道如何揮動或者在使用中進行改進是遠遠不夠的，這無法與發明一種新武器並進行大規模生產相提並論。非洲人和美洲的印第安人能夠使用來自歐洲的來福槍，其中有些人也許會成爲神槍手，個別的甚至能夠學會如何修理槍托和槍管，但他們從來不能夠大量生產這樣的槍械，更遑論去改進出更完善的型號，或是提煉出彈道和彈藥方面的抽象原理來進行更爲深入的研究了。

購買與出售是人類的天性，但對私有財產的絕對保護、制度化信託投資體系的建立，以及對市場概念的理解，則需要後天的學習。資本主義不只意味著賣出貨物，也不只意味著使用貨幣、建立市場。相反，資本主義是一種西方文明所特有的商業實踐，它將個人對私利的欲望與大規模生產商品，通過自由市場提供的服務和制度化保障下的個人利潤、自由兌換、資金存放和私有資產結合起來。

好戰士未必是好士兵。這兩種殺手都十分勇敢，但在強調紀律的軍隊中，團體利益比個人英雄主義更爲重要，士兵們在訓練中被要求按照隊形行軍，按照命令進行團體戳刺、射擊，無論進退都宛如一人——上述行爲對最勇敢的阿茲特克武士、祖魯人或者波斯人來說都不可能做到。每支軍隊都有大膽敢爲的人，但只有少數軍隊會鼓勵士兵發揮主動性並歡迎而非懼怕這樣的創新行爲，因爲獨立思考的士兵在戰爭中的行爲恰如自由公民在和平時期一樣，可能會使某些人憂慮不已。士兵之間的爭論、將領之間的意見不一——無論是希特勒的將軍們還是阿茲特克的領主們——都是軍隊中普遍存在的現象。然而，軍事體系中制度化的批判式態度——士兵聽從政治領袖而非將軍，軍營裡保留法庭，統一執行的紀律需要經過檢討、仲裁與批准——在西方以外的地方聞所未聞。公民能夠自由甚至是肆無忌憚地批評戰爭與戰士，這種傳統是歐洲孕育出的文明獨有的特色。

西方戰鬥力的延續

歷史早已遠去，那麼現在與未來呢？西方軍事體系充滿殺傷力的傳統能否繼續延續下去？理應如此。在一九四七～一九四八年、一九五六年、一九六七年、一九七三年以及一九八二年發生的一系列邊境戰爭中，小國以色列一次又一次決定性地擊敗了其阿拉伯鄰國組成的鬆散聯盟，儘管後者得到了來自蘇聯、中國和法國大批精良武器的援助。在這幾十年裡，以色列的總人口數從未超過五百萬人，而它所面對的敵人們——好幾次包括了敘利亞、埃及、黎巴嫩、約旦、伊拉克以及海灣國家——所擁有的人口遠遠超過一億。儘管邊境無險可守，人口基數小得可憐，開戰時往往猝不及防，但數量上處於劣勢的以色列軍隊卻總能在戰場上展現出高人一等的組織度、補給水準和紀律，它的士兵們訓練好於敵人，也更具有個人主動性——事實上，這支軍隊便是由第一代優秀的歐洲移民所創造的。至於以色列國本身，則是具備自由市場、自由選舉權與自由話語權的民主社會。它的敵人們顯然不具備以上任何一個特點。

從一九八二年四月二日到六月十四日，在不到三個月的時間裡，一支英國遠征軍跨越八千英里的征途，並將防禦嚴密的阿根廷人逐出了福克蘭群島。和英國人相比，阿根廷軍隊距離巴塔哥尼亞海岸（Patagonian coast）只有二百英里，它能夠輕易地得到船隻和飛機帶來的補給。英國人付出的損失只是二二五人的犧牲，其中絕大多數是水兵，他們遭到導彈攻擊喪生於皇家海軍的戰艦上。儘管後勤補給困難且對手又得到了進口武器的援助，同時作爲主動出擊一方的阿根廷擁有出其不意的優勢，但瑪格麗特·柴契爾夫人的政府還是以很小的代價奪回了這個南大西洋上的小群島。資本主義民主社會的聯合王國再一次送出訓練有素、紀律嚴明的戰士，並在這場奇特的小規模戰爭中獲得勝利。顯然，這些英國士兵和阿根廷獨裁政府統治下的軍隊截然不同。

一九九一年一月十七日，美國及其盟國聯軍擊敗了久經沙場的伊拉克軍隊——海珊擁有一百二十萬陸軍、三八五〇門火炮、五千八百輛坦克和五千一百部其他裝甲車輛——在區區四天之內，美軍戰死者不足一百五十人，其中的大多數還是死於無規律的導彈打擊、友軍誤擊或者其他事故。薩達姆·海珊的軍隊就像阿根廷人一樣，裝備著買來的一流武器。伊拉克軍隊中有不少經歷了殘酷的兩伊戰爭的老兵，他們要麼駐守在自己國家的土地上，要麼距離本土並不遙遠。在之前入侵科威特的軍事行動中，伊拉克軍隊完全取得了出其不意的優勢，就像阿根廷人「入侵」福克蘭群島和阿拉伯人在贖罪日戰爭中所做的那樣。在對抗美軍時，伊拉克軍隊可以仰仗通往巴格達的高速公路來輕鬆獲取補給物資。

然而，伊拉克士兵們存在的問題可不僅僅是鬆弛的紀律與糟糕的組織。他們中沒有人眞正瞭解何爲個人自由。在對抗西方軍隊時，伊拉克共和國衛隊所能發揮的作用，和波斯長生軍一樣十分有限。那些被美國戰機轟成灰燼的士兵們並沒有投票決定入侵科威特或者與美國對抗。海珊本人提出的作戰方案沒有經過任何人的審核就直接使用；在他的統治下，伊拉克的經濟不過是海珊家族生意的延伸罷了。他的軍事力量的硬體——從毒氣到坦克和地雷——全部只能依靠進口。任何質疑入侵科威特這一決定是否明智的伊拉克記者，肯定會像呂底亞人皮西烏斯在薛西斯入侵希臘前夜時一樣遭遇厄運。伊拉克的軍事機器本身並沒有入侵歐洲或者美國本土的能力——這支軍隊就在距離庫那科薩和高加米拉古戰場不遠的地方幾乎全軍覆沒。同樣是在這片土地上，很久以前，色諾芬的萬人遠征軍和亞歷山大大帝的馬其頓大軍在亞洲本土將亞洲帝國的部隊徹底擊潰。

分析大多數最近發生的戰爭，我們會發現，即便有些國家完全照搬西方的坦克、飛機和大炮，或者從其他管道獲得西方武器裝備的設計，仍然不能保證最終的勝利。阿拉伯人和阿根廷人將他們的軍官送到國外進行訓練，而這只是白費功夫，至於他們將自己的軍隊組織並塑造成歐洲風格的嘗試，同樣於事無補。對於以色列、不列顛、美國及其海灣戰爭中的諸盟國而言，他們往往能克服後勤困難的問題，在短暫而猛烈的戰鬥之後，相對輕鬆地取得勝利。擁有二千五百年歷史的西方戰爭模式，產生了一種歐洲所獨有的戰爭實踐經驗，並成爲這些國家能夠取勝的關鍵所在。

簡單而言，以色列人、英國人和美國人的軍事體系，在進行戰爭時擁有共同的文化基礎——這種無處不在的傳統是超脫於大炮、飛機等技術兵器的存在。從這個層面來看，西方軍隊與他們的敵人是如此不同，無論他們的對手是否勇敢作戰，都不會影響戰爭結果。在二十世紀的最後幾十年中，沒有任何跡象表明西方文明會將軍事上的統治地位拱手相讓，更不用說在戰場上贏得戰爭。倘若美利堅合衆國能夠不受政治的約束而完全釋放出它軍火庫中可怕的軍事力量，恐怕越戰將會在一兩年內就宣告結束，而戰局也將像海灣戰爭那樣完全處於一邊倒的狀態。

關於未來的軍事場景，人們總是在討論三種可能性:要麼是天下太平，沒有戰爭；或者是偶發性的戰爭；也有可能是一場單獨的、足以毀滅整個地球的世界大戰。我相信，第一種可能性只是美好的幻想，無須討論直接出局。正如古希臘人曾經告訴過我們的一樣，發動戰爭似乎是人類固有的天性，按照古希臘哲學家赫拉克利特（Heraclitus）的說法，「（戰爭）是我們共同的父親」。無論是理想主義者還是悲觀主義者，無論是康德學派的烏托邦主義者還是陰鬱的黑格爾信徒，偶然間都會預想到文明人戰爭的終結。樂觀的人認爲國際審判庭的存在終將帶來世界性的和平，就像近年來聯合國與國際法庭所扮演的角色那樣；悲觀者則哀歎於資本全球化與民主權利化所帶來的全球性停滯，認爲在這樣的大環境下，地球上膽怯而虛弱無力的公民們爲了保持舒適生活將會無所作爲。

克林頓總統執政期間（一九九二～二〇〇〇年）的美國政府顯得過於理想化，又自詡和平主義者，但他簽署施行的海外軍事部署卻比美國二十世紀其他任何一個總統都要多。現代戰爭不僅頻繁發生，其血腥程度往往也更甚於十九世紀。發生在盧旺達和巴爾幹的大屠殺就像是未開化部落的流血衝突，其執行者絲毫不理會國際社會的譴責。在一九九一年的海灣戰爭中美國甚至動員了國民警衛隊作為預備隊，這樣的動員程度甚至超過了冷戰時期發生最嚴重的危機時的情況。供應給全世界的石油產品，很大一部份要麼遭到禁運，要麼燃燒成灰燼，要麼在海上處於危險的境地。在這個年代，貝爾格勒在轟炸中成為一片廢墟，多瑙河脈動的航運被封鎖且徹底切斷；在波斯尼亞和科索沃發生的長達六年的屠殺無人阻止，儘管這兩地距離羅馬、雅典和柏林都並不遙遠。看起來，民族之間、家族之間、部落之間，永遠都會紛爭不斷，不論是否有外來威脅、國際制裁或者歷史教訓，也不論是否存在來自一個單極大國的橫加干涉，這些爭鬥不休的對手們渾然不在意現代戰爭中固有的荒謬的經濟問題。戰爭的進程也許顯得理性，但戰爭的開端卻未必如此。

同樣，儘管在自動武器的使用、指揮環節的安排、軍裝服飾的選擇等方面，世界各國軍隊都漸趨統一且徹底進行了西方化改造，然而這一切並不意味著新生的全球性文化會帶來長久和平。來自不同種族、信仰不同宗教、說著不同語言並且隸屬不同國家的人們，雖然都穿著愛迪達鞋、購買微軟的電腦程式，並且同樣喝可口可樂，卻依舊像以前一樣會試圖殺死自己的敵人——在殺人之後，他們又都回到電視前，在國際頻道上觀看《夢幻島》這樣的電影。

一個頗具個性與想像力的知識份子群體創造了全新的西方化精神文明，然而，放眼一九八二年春季的南大西洋上，面對英國人與阿根廷人互相將對方炸成碎片的景象，他們也只能感歎現實的殘酷。在英國接受教育的阿根廷詩人、小說家喬治·路易·博爾赫斯（Jorge Luis Borges）如此評論這個將兩個文明國家拖入戰爭深淵的愚蠢賭局：「就像兩個禿頭的人爲了搶奪一把梳子而戰一樣。」儘管如此，這兩個國家間的戰爭卻就此開始。倘若他們像尼采筆下「沒有胸膛的人」那樣缺乏氣概的話，他們便不會關心茫茫大海上覆蓋灌木的荒島，而是對週日下午直播的足球賽更有興趣。修昔底德聲稱他所寫下的歷史將會是「任何時代的財富」，他提醒人們，國家發動戰爭的原因可能是爲了「恐懼、自身利益或者榮耀」——而這並不總是違背理性認知、經濟利益或者生存需要。我相信，儘管我們生活在一個頹唐的年代，儘管像柏拉圖、黑格爾、尼采和斯賓格勒預言了陰暗墮落的未來，但榮譽始終會存在，而且不少人在不久的將來會因爲它招致死亡。

誠然，某些傳統西方軍事體系中的關鍵因素已經離我們而去，比如現在美國和歐洲國家的軍隊反倒更像是某種雇傭兵集團。這些傭兵未必是完全職業化的軍人，他們更像是社會中用服役來換取經濟收益的群體，那些和他們屬於完全不同階層的人決定了他們戰鬥和死亡的時間、地點和方式。履行投票權利的美國人，無論是士兵還是公民，都在不斷減少。多數美國人對於他們國家軍隊的本質缺乏認識，也並不理解這個軍事體系與政府和公民權之間頗具歷史意義的聯繫。聯邦政府變成了一個龐然大物，跨國公司也不斷湧現，因此那些作爲自主個體進行工作的美國人——例如家庭農場中的農民、小商人或者在居住地經營的商鋪主——在數量上日漸稀少。對於很多人來說，自由意味著脫離責任，而與此同時，在購物商場、電視節目與互聯網的影響下，人們的生活變得更爲統一而自我滿足，而與理性至上、個人主義和主觀能動性漸行漸遠。那麼，西方世界是否還會有這樣的公民：在中途島奮不顧身英勇戰鬥，在薩拉米斯蕩開長槳划動戰艦，在坎尼的慘敗之後湧入軍隊，重組殘破的軍團？

悲觀主義者也許會因爲看到那些來自美國富裕市郊了無生氣的孩童，而感受到腐化墮落的種子，但我們是否到了崩潰的邊緣呢？我對此並不確定。歷史告訴我們，只要歐洲和美國堅持共識政府、資本主義、宗教自由的制度，不忘政治結社、言論自由與寬容知識份子的傳統，那麼在需要的時刻西方國家依舊能夠將作戰勇敢、紀律嚴明、裝備精良的士兵投入戰場，而他們的殺戮能力，在這個星球上無人能比。我相信，倘若我們的政治體制沒有徹底墮落變質或是被完全推翻，那麼它就能夠在物質主義所帶來的腐化中生存下去。在這個時代，整個有關公民軍隊的關鍵理念與物質條件過於豐富所帶來的享樂主義格格不入；言論自由被用於關注我們自己的錯漏之處，而非用來對付可怕的敵人。歐洲並不總是擁有西方軍事體系的所有元素。在公民軍隊的理念逐漸淡出視野、雇傭兵軍隊取而代之以後，共和政治的影子依舊保護著羅馬帝國，幫助它繼續前行數百年。

至於一場由諸如美、英、法、俄、中這樣的核國家，或者是伊斯蘭世界所發動的全面戰爭，同樣也不太可能發生。在五十年的冷戰歲月裡，美蘇兩個超級大國並沒有使用過它們龐大的核武庫。在蘇聯解體之後，人們沒有理由認爲前述的任何一個勢力會比冷戰時的美蘇更爲好鬥。冷戰留下的遺產是更爲嚴格的自我約束，而非魯莽輕率。在戰略武器方面，無論是核武器還是生化武器，其儲量都在不斷削減。以史爲鑒便可以想像，即便擁有核武器，也未必總能保證和對手形成互相毀滅的均勢。在太空中建造雷射裝置來作爲反彈道飛彈系統，在不久的將來將成爲現實。有矛必有盾，這是適用於整個軍事史的眞理，然而在最近半個世紀核冬天的陰霾下我們卻將之徹底遺忘。到了現在，攻守的天平重又開始向防守的一方傾斜：各國投入大量軍事預算用於研發導彈防禦系統、用於鎭暴的特殊裝備，甚至是可以反彈子彈、抵禦彈片並防護火焰的單兵護甲。

在二十一世紀，任何威脅使用核武器的國家，都會意識到自己將面臨兩個令人不快的選擇：一方面，使用核打擊可能會遭到同類武器的報復；另一方面，在不久的將來，敵人也可能會在導彈抵達目標之前，使用某種方法偏轉其彈道，或者乾脆將其摧毀。精明節制使用武器的方式才是熱戰與冷戰的行爲準則，大膽冒進、浪擲武力的態度顯然不足取。據說，能夠造成瘟疫的生化武器、能夠瞬間殺死大批敵軍的神經毒劑，以及我們無法想像的病毒武器，都有可能在未來將人類滅絕殆盡。對於這種末世論調，軍事歷史學家們做出了自己的回應：在歷史上，無論是警戒部隊、敏銳的邊境防禦體系，還是預防技術和疫苗接種技術以及反情報手段，它們一樣在不斷向前，從不停滯。核威懾針對的是人類本身，而非某種特定的文化現象，因此，所有的國家——即便是那些民主國家——都會奉行「邊緣政策」，將雙方的衝突迫近到戰爭邊緣以盡可能地保證自己的利益。一個支持恐怖分子攻擊曼哈頓島的流氓國家，在核武時代需要銘記的是，核導彈飛行抵達目標的那十五分鐘，可能就是他們自己生命中的最後十五分鐘。

倘若我們既不會享受永世和平，也不會在一場大戰中遭遇種群毀滅，那麼第三條道路，即我們將會生活在隨機發生的卻更爲致命的常規戰爭中，看起來也許是未來幾千年中的主旋律（自第二次世界大戰之後，在戰爭中死亡的人數已然超過了「二戰」）。我們西方人在提及「二戰」這場殺戮時之所以戰慄恐懼，是因爲這場戰爭吞噬了許多西方人的生命。然而我們卻並不知道，更多的朝鮮人、韓國人、中國人、非洲人、印度人以及東南亞的人民的死亡，是由於某些不爲我們所知的戰爭。他們在希特勒和他的第三帝國滅亡之後半個世紀的時間裡，要麼死於政權的崛起和衰落，要麼作爲冷戰前沿的炮灰湮滅於無形。

從這個角度來說，西方軍事的未來似乎更加令人心煩意亂，因爲自從一九四五年以來，西方的武器與戰術逐漸擴散到了整個非西方的世界中，造成了無數的犧牲和死亡。最令人擔憂的情況在於，儘管西方的軍事紀律、武器技術、決定性戰爭觀以及資本主義迅速擴張影響面，但與之相伴的自由理念、公民軍事體系、民事監督模式以及保持異議的權利卻並沒有一起出現。這樣的半西方式獨裁體制已經逐漸浮出水面——核武化的朝鮮或者伊朗——也許很快就會利用購買得來的西方軍事技術、培養出的精英人才，發展出幾乎可以和歐美相抗衡的武器裝備與部隊，甚至最終達到完全獨立自主的境界。而這樣的國家並不會感恩西方軍事體系的源頭，反而會仇視它們的老師。中國仿效歐洲和美國，建立了靈活而網路化的衛星導航系統，卻也兼具其自身特色；而其軍事工業顯得隱秘不公開，不像歐美的軍事工業一樣，始終處於國民的監督之下。這些都是顯示東西方差異的好例子。

在這新時代來臨之際，非西方的文明能否從西方人那裡獲得武器裝備、軍事組織與理論指導，並將其與自己的傳統融會貫通呢？資本主義的伊朗、越南或者巴基斯坦，能否在科學精英的幫助下，不依賴自由公民、個人主義，以及民事監督和對軍隊戰略戰術的審查制度，長期維持一支高科技與高組織度的軍隊呢？或者，這些西方未來的對手，是否僅僅是一時借助了西方文明帶來的東風，隨後因爲在知識、宗教與政治領域的包容性不足且缺乏傳統的根基而會很快被打回原形？這些國家是僅僅會贏得一些偶然的勝利，還是會使用幾十枚裝載核武器的導彈指向我們的城市，成爲縈繞在我們心頭揮之不去的可怕幽靈？

也許某國的軍隊可以每天從互聯網上竊取西方軍事機密，但倘若不能夠將所搜集的資訊公開回饋給民事與軍事領域的領導者，那麼取得的資訊未必會發揮作用，也就無法發揮與其在西方軍隊中所發揮的對等的威力。倘若我們的對手們接受了共識政府、言論自由與市場經濟的理念，他們還會繼續與我們爲敵嗎？也許會，也許不會。但這並非我們唯一需要關注的問題，無論是過去還是現在，西方文明本身都不是鐵板一塊，也從未處於穩定的狀態，其龐大的軍火庫同樣可能把矛頭轉向自己的主人。徹底西方化的軍隊不太可能向傳統西方國家發動戰爭，但這一點從未得到百分之百的確認——至於這類國家之間，同樣存在爆發戰爭的可能。貫穿整個歷史，最爲恐怖的有組織殺戮，並不是出現於歐洲以外的部落社會中，也不是存在於西方文明與其他文明的碰撞中，而恰恰發生於歐洲之內，就在西方國家之間。在我看來，整個世界越是西方化，歐洲式殺戮場所吞噬的範圍越將隨之不斷擴大延伸。

在研究中，我們還應注意到另一個要點。通常，在講述西方軍隊對抗其他文明的戰士時，總會牽涉到歐洲與美洲以外的土地。少數例外，也只是來自亞洲、非洲的敵人或是伊斯蘭入侵者攻擊了歐洲的周邊——薛西斯、漢尼拔以及蒙古人、摩爾人和奧斯曼土耳其人——至於歐洲的文化核心區域，自從羅馬帝國崩潰以後就從未受到任何威脅。時至今日的形勢表明，非西方的軍隊依舊不會在歐洲與美國的境內進行戰爭。假如西方文明境內燃起風煙，那必定是一場內戰，或者是西方勢力之間角逐霸權的戰爭。我相信，在二十一世紀裡，以上的戰爭模式依舊存在，西方戰爭範本以外的入侵和攻擊方式，註定難以成爲眞正的主流。

西方對決西方

隨著民主政體、資本主義、言論自由、個人自由以及全球一體化經濟的理念在全球範圍內傳播擴散，也許世界大戰的陰霾終將離我們遠去。儘管如此，一旦戰爭爆發，其致命程度也將更勝以往，而過去所積累的軍事傳統，將會幫助未來的軍隊在殺戮能力方面更上一層樓。這樣的可怕未來，從現今的戰爭中我們便能管窺一斑——在部落仇殺中，儘管人們對於如何製造出擁有可怕殺傷力的西方武器一無所知，他們卻依然使用這些武器去製造殺戮。

事實上，即將到來的眞正危險，不僅僅是核武器與F—16戰鬥機這類先進武器的擴散，而更在於知識、唯理性論的傳播，在於自由大學的不斷創立，甚至包括民主制度、資本主義以及個人主義在這個世界上的不斷發展——正如我們在書中的戰例分析裡所見到的，這些因素才是戰場上最具有殺傷力的東西。多數人將理性至上、資本主義與民主制度及其附屬價值觀，視為永世和平與繁榮的源頭。也許他們是對的，但同時我們必須牢記，這些理念在過去的歲月裡，同樣也是創造出世界上最致命軍隊的基礎。

在未來，真正的危機與過去曾經經歷過的別無二致。也許西方文明會陷入道德淪喪的困境，而其他文明通過學習也可能獲得看似強大的軍事力量。但以上這些都不足以令人畏懼，反倒是一場將老歐洲與新美洲統統捲入，吞噬西方文明世界的經濟、軍事與政治力量的內戰，才更為可怕。這歷史悠久的陰影始終籠罩著西方世界。區區一場蓋茨堡（Gettysburg）戰役所奪取的美國人的生命，就超過整個十九世紀美國與印第安人戰爭所造成的死亡總和。一小股布爾軍隊在六天戰鬥中所殺死的不列顛士兵，則遠遠超過祖魯人在一年內所造成的殺戮。在整個二十世紀，絕大多數肆虐於地球上的危機，都可以從源自歐洲的兩次世界大戰中找到導火線——德意志的地位變遷、歐洲的分分合合、俄羅斯帝國的崛起與崩塌、巴爾幹半島的繁雜紛爭，以及美利堅登上世界爭霸的舞臺，這一切的一切皆自歐洲而始。

許多人也許會相信所謂的老生常談，認定民主勢力之間不會互相交戰，而統計資料看似也支援這一論點。儘管如此，在西方文明世界中，武器裝備可怕的殺傷力使得容錯率低得可憐。一次內戰，便能在歐洲文明開端之時帶來可怕的殺戮並令文化陷入混亂的深淵。事實上，在西方，共識政府體制的國家常常會與同樣政體的國家互相間征戰不休。雅典背離了自己的文化信仰，攻打了同為民主政體的西西里城邦（前四一五年）。民主的彼奧提亞聯盟（Boeotia）在曼提尼亞戰役（前三六二年）中對抗民主的雅典。在公元前一四六年，羅馬共和國終結了亞該亞聯邦（Achaean federated states）的存在，並將科林斯城夷為平地。到了文藝復興時代，義大利諸邦之間始終處於你死我活的競爭當中。大革命時代的法國和議會統治下的英國勢同水火；民主議會的美利堅合衆國曾與共識政府的不列顛進行了兩次戰爭。在美國，曾經有一個邦聯政府、一個邦聯總統與邦聯議會挑起內戰。在南非，布爾人與英國人各自選舉出代表，最終還是走向刀兵之爭。印度與巴基斯坦的民選領袖曾經多次互相威脅發動戰爭。至於中東的巴勒斯坦議會，甚至從未帶來和平；而隨著巴勒斯坦國自治權的不斷擴大，這個議會和以色列的關係是否會比阿拉法特時代更進一步，尚存疑問。在德皇專權的時代，德意志帝國同樣擁有某種意義上的議會政治；希特勒登上權力寶座，亦是通過選舉而非政變奪權；俄羅斯攻入車臣的決定，也得到了議會的許可。

誠然，民主政體之間發生戰爭的可能性更小，但一旦它們決定互相開戰並且付諸實施，那麼由此產生的衝突將會將西方戰爭可怕的一面暴露無遺。每一個像雅典尼西阿斯（Nicias）這樣的優秀政客，都會有一個像敘拉古的赫莫克拉提斯（Hermocrates of Syracuse）這樣來自民主政體的對手；每一個流水線化生產武器的威尼斯式的軍火庫，都會有熱那亞式的量產船廠進行回應；每一個南北戰爭中如格蘭特一樣的優秀公民軍人，都會有一個如李將軍這樣的畢生對手；每一個像毛瑟（Mauser）這樣的軍械天才，總能遇到一個柯爾特（Colt）這樣的對頭；每一個超凡脫俗、經歷多年學習的德國火箭科學家所研發的武器，都會有一個英國雷達天才用自己的發明針鋒相對。在歐洲或者美洲進行的西方內戰，儘管在奪取生命的數量方面會遠遠超過非洲五十年部落仇殺的總和，但這並不是西方之間的戰爭被稱爲災難的理由。西方文明鬩牆於內的行爲，就像在歷史中曾經得到驗證的一樣，始終威脅著整個文明的存續。無論這種行爲是好是壞，它都成了現代生活方式的催化劑，並成爲工業化生產、技術進步、大衆文化傳播以及政治架構搭建的共同基礎。

今天，自二十世紀三〇年代以來，歐洲再一次經歷了巨大的政治變動。兩德統一之後，新德國影響力的擴張才剛剛開始。歐洲一體化的前景，對於孤懸海外的英國而言，更加使其地位變得模糊不清；與此同時，對美國的共同敵意與嫉妒，似乎也在歐洲大陸內部創造出合作協同的氣氛。至於東部歐洲，由於始終面對既不屬於歐洲也不類似亞洲的俄羅斯，因此一直處在一個左右為難的大環境中。歐洲人對於西方化的日本，顯得既尊敬又害怕——這種情形隨著中國的崛起顯得更加明顯。而朝韓兩國的不確定性關係則使未來蒙上了一層陰影，兩方都堅持民族統一的理念，而南方的資本主義和北方的核武器都有可能成為統一的重要工具。孤立主義在美國得到復興，儘管美國對於全世界政局的干涉達到了一個高峰，但這種擴張性政策的支持率卻滑落到了歷史最低點。在未來，那些在滑鐵盧、索姆河、凡爾登、德勒斯登和諾曼第大屠殺中逝去的鬼魂，仍舊會盤桓在人們的頭頂，揮之不去。

對於西方文明與非西方文明在下一個千年裡的戰爭，我並沒有太多的擔心——無非是更多驟起驟落的衝突，例如中東及其周邊地區的動盪，或者是非洲與南美的可怕暴亂。在這些歷史的小插曲裡，除了偶爾可見一些致命的武器裝備之外，基本與西方傳統無關，這些相互廝殺的人們仍舊使用他們自己的方式進行戰鬥。倘若能夠以史為鑒的話，我們是否可以認為，西方文明將致命的武器指向自己之時，並不會真正威脅到世界的進步與文明的延續？假如果真如此，讓我們祈禱吧，但願美國與歐洲之間能夠繼續維持半個世紀的罕見和平，因為這樣的和平與曾經延綿不斷的紛爭是如此格格不入。我們應當記住，在整個世界不斷西方化的過程中，軍事領域也將經歷同樣的進程，戰爭的本質也會向西方模式靠攏，由此變得更為危險致命。也許在下一個千年裡，全世界的人們都會接受西方式的理念，而這將是一個尤為危險的事情。文化並不只是人們腦海中的概念，一旦涉及戰爭，文化將會成為擁有可怕殺傷力的實體，文化的差異往往能在轉瞬間決定無數年輕人生存還是死亡。

西方文明給整個人類的貢獻，在於它創造了唯一能夠良好運轉的經濟體系，在於它帶來了推動物質文明發展與科學技術進步的理性思維，在於它提供了唯一能夠保證個人自由的政治架構。西方文明中的倫理學與宗教更是將人性中最好的一面發掘出來——同時也創造出最爲致命的軍隊和武器。我希望我們最終將會理解這份西方的遺產。這是一份有毒的厚禮，我們不應拒絕它，也不應爲之感到羞愧——我們應當銘記，我們充滿致命威力的戰爭方式，終究是文明的保衛者，而非掘墓人。

二〇〇一年九月一一日之後的《殺戮與文化》

在精裝版《殺戮與文化》上市大約三週之後，恐怖分子在美國本土發動襲擊，導致近三千名無辜美國民眾喪生。而僅僅過去不到一個月，即十月七日，對於這場罪行的嫌犯，美國政府以空中和地面打擊進行了回應：打擊的對象是基地組織恐怖分子的網路，以及同情該組織並提供庇護的政權，即阿富汗塔利班政權的伊斯蘭激進主義勢力。當我們這些美國人每天閱讀著來自阿富汗坎達哈的新聞，瞭解諸如吉哈德聖戰、伊斯蘭罩袍等名詞，並重溫所謂「在越南的教訓」時，那些看似只存在於《殺戮與文化》書本裡、遙不可及的姓名、民族與地點——亞歷山大大帝，伊斯蘭軍隊，不自由的東方人，以及春節攻勢——現在都近在眼前、眞實可見了。

在本書的結語部份裡，我曾指出，在過去二十年里發生的大事件——包括福克蘭群島爭奪戰、巴勒斯坦的激烈衝突以及海灣戰爭——都支持了本書的理論，體現出二千五百年來西方軍事體系超越時間和空間的總體優越性。我所提出的論點並不關乎道德層面。事實上，我更加傾向於認爲，西方世界在文化、政治、經濟、公民權利以及責任等方面的優勢，最終使得歐洲國家及其繼承者們能夠獲得強大的軍事實力，這種實力超過了西方世界人口與土地所應該表現出來的比例。在過去六個月裡所發生的事件，就像之前二十年中的歷史一樣，再次支持了我的觀點。

儘管「九・一一」事件並不像薩拉米斯海戰或是雷龐多海戰那樣，是傳統意義上數以千計戰士們之間的生死較量，但它依然是一場里程碑式的交鋒。在二〇〇一年九月十一日恐怖襲擊中死去的美國人的數量，比任何我們歷史記載的戰鬥死亡人數都要多。紐約和華盛頓兩地的死亡人數相加，超過列克星敦（Lexington）和康科德（Concord）戰役中的損失，也超過阿拉莫（Alamo）保衛戰或是薩姆特（Sumter）要塞戰鬥中的犧牲人數，也超過了哈瓦那港口爆炸、盧西塔尼亞號（*Lusitania*）沉沒或者珍珠港遇襲時的遇難人數——這些歷史上的襲擊事件，同樣將美國拖入了戰爭。更重要的是，「九・一一」事件並非偏離歷史軌跡的一次偶然，在某種意義上，「九・一一」是伊斯蘭世界和整個西方不斷產生分歧之後的一次高潮表現，它是繼黎巴嫩、沙烏地阿拉伯、索馬利亞、蘇丹、葉門和美國世貿中心美國人遇害事件之後的延續。美國平民死傷慘重，而又一起無緣無故的恐怖襲擊策劃被曝光，再加上多個主權國家都牽涉到針對美國的陰謀中，這一切都引起了美利堅全國上下空前的憤怒，並導致美國做出猛烈的軍事回應，這在海灣戰爭之後還是第一次。

在不到十週的時間裡，美軍徹底摧毀了阿富汗的塔利班勢力。這場戰爭對於美軍後勤而言，無疑是一場噩夢，他們在一個距離祖國六千英里的內陸敵國境內作戰，他們的敵人——恐怖分子及其寄主擁有內外支持，而且此時伊斯蘭世界與西方世界之間的關係也漸趨緊張。儘管困難重重，美國軍隊還是徹底擊潰了他們敵人的政權，用一個共識政府取而代之，並繼續率領盟友打擊全球境內的恐怖分子巢穴，足跡遍及阿富汗、葉門、原蘇聯境內的部份地區以及菲律賓等地。

「九・一一」事件剛剛發生之時，批評家們既不相信美國能夠在阿富汗取得勝利，也不相信在面對一個模糊不清的全球恐怖策源地時，這場戰爭能夠取得多少成功。現在懷疑論者們並沒有從過去的歷史中檢視西方軍事的致命力量，反而拋出理論，認定亞洲次大陸上嚴酷的冬季不可戰勝。他們把俄國人與英國人在阿富汗的慘敗、越南戰爭揮之不去的陰影、恐怖分子的兇殘以及他們塔利班支持者的狂熱特性拼湊在一起，幻想出一副可怕的場景。在針對紐約世貿中心與華盛頓五角大樓的恐怖襲擊剛剛結束時，西方的傳統優勢便已經展露無遺——我國的民選官員冷靜地舉行集會商討對策，被劫持飛機上的乘客們投票決定犧牲自己來拯救數以千計的國人，人們對於死難者家屬進行了自發的、大規模的支持，而龐大的美國軍隊也立即從幾乎全球所有地區被召集起來，枕戈待旦——儘管如此，只有少數人能夠從過去西方國家的成功中獲得信心。在恐怖襲擊發生幾十個小時之後，《殺戮與文化》中第一章到第九章所描述的所有主題，已經走出書本成為現實。

在二十世紀八九十年代，對於遠離本土的恐怖襲擊，美國所做出的回應，是虛弱而混亂的；但對於此次事件，政府的反應卻顯得迅速而頗為有力。國內安全等級得到了迅速提升，而對於境外目標的打擊也得到了批准，美國政府安善撫恤了近三千死難者的家庭，遏制了經濟衰退的勢頭，並消解了那種存在於全世界範圍內的不確定感。對於新近施行的國內安全法案，或許自由意志論者會感到不安——恐怖分子往往以不活躍的狀態蒙混過關，藏身於普通民眾中間——儘管法案得到實施，但美國的社會依舊顯得開放自由，義務的束縛並不能改變這一點。對於某些憤世嫉俗的評論家來說，將作戰行動的代號命名為「持久自由」可能顯得太過單純，但事實上，這樣的語調和主題，恰恰與當年薩拉米斯海戰中雅典槳手們的吶喊如出一轍：他們用「*eleutheria*」作為口號，在戰鬥中激勵彼此。

儘管美國人不再使用全民動員的方式來徵募軍隊（在一個擁有三億人口的國家，這樣的動員將會帶來一支過於龐大臃腫的軍隊，兩三千萬青年會被毫無必要地徵召入伍），公民軍隊的精神卻繼續存在著。我們軍隊中的飛行員、陸戰隊隊員和特種部隊士兵們，本身就具有極高的積極性和紀律性，而且在戰鬥中顯得尤為致命。對於應徵入伍的士兵而言，倘若能夠獲得與自由公民身份對等的權利與義務，那麼他們在紀律性與創造力方面就能夠勝過那些被迫加入軍隊的塔利班份子。這就像布匿戰爭時期，羅馬軍隊固然會遭遇敗績——這一系列的失敗在坎尼到了懸崖的邊緣——然而，正如坎尼之後的羅馬一樣，美利堅在「九．一一」事件之後並沒有繼續衰弱，反而變得更加強大。

恐怖分子偏好以不對稱的方式進行一場看不見硝煙的戰爭，此時攻擊的出其不意與突然到來的恐怖能夠使得較弱的一方戰勝比自己強大得多的對手。儘管如此，美國軍隊仍舊擁有更爲強大的火力——考慮到鐳射和雷達引導的炸彈能夠找到群山之巔山洞中的敵人，並且穿透陡峭的山坡命中目標，他們的優勢就更加明顯了。就像亞歷山大大帝在高加米拉戰役中所進行的決定性戰鬥一樣，美國人堅信，擊敗敵人最有把握的做法，便是直接攻入阿富汗，找到塔利班與基地組織的軍隊，爾後利用空中火力、代理人軍隊以及特別顧問團等手段，對敵人予以迎頭痛擊，在正面較量中盡可能多地殺死恐怖分子及其支持者。

美國軍隊非常重視空中力量，以及其投射出的威力巨大的智慧炸彈，這種武器能夠摧毀特定房屋中的恐怖份子，同時避免殃及無辜。正如之前科索沃戰爭中所體現的那樣，美國軍隊在阿富汗戰爭的空中打擊行動又一次證明，美利堅的武裝力量可以隨心所欲地攻擊敵人，而不會在對手的防空火力下損失任何一名飛行員。當然，隨著二〇〇二年戰事的發展，顯而易見的是，美國仍然需要出動陸軍，將恐怖分子從他們的巢穴中趕出來。在任何環境下，美國的步兵都被證明比他們的敵人更加善於近距離作戰。儘管我們的國家已經不像古典時代的希臘或者共和國時期的羅馬那樣，是由小地產主支撐的農耕國家，但我國依然存在龐大的中產階級人群，這保證了從他們中徵募的步兵相較而言受過良好的教育，能夠獨立思考，並且代表了我們國家的大衆文化。他們的對手則是被強征入伍的貧窮部落民，或是目不識丁的農民。兩相對比，高下立判。也許這樣形容顯得有些過於簡單，但事實就是如此。在普瓦捷戰役個世紀之後，西方的步兵們再一次和那些自稱伊斯蘭戰士的敵人進行了對抗。

在西方軍事體系所有的優點當中，技術優勢無疑是在對抗恐怖主義的戰爭中最有力的工具。正如科爾特斯在特諾奇蒂特蘭時所展示的一樣，勝利女神總是站在西方軍隊一邊。顯而易見的是，基地組織的恐怖分子及其支持者，不可能像美軍一樣擁有龐大的軍火庫，自然也就無法擁有諸如飛機、艦艇和精密地面武器這樣的高科技裝備。在十月初雙方交戰最開始的數週內，美國軍人展現出可怕的能力，他們可以殺死數以百計的敵人，同時不損失一名士兵或是飛行員。至於塔利班及其盟友使用高科技武器的能力——他們最多也就能使用諸如火箭彈、小型自動武器、肩扛式防空導彈這樣的東西，而且還都需要進口。就像阿茲特克人一樣，塔利班及其恐怖份子同盟軍並沒有世俗理性主義的指導，也不會在沒有利益驅使的情況下進行深入的科研探究，這決定了他們不可能創造出足以與美軍分庭抗禮甚或是更勝一籌的致命武器。

從這一方面來看，恐怖分子們就像雷龐多的奧斯曼土耳其人一樣，只能完全依賴西方文化所催生的技術氛圍。他們所能使用的一切高技術設備——從手機、飛機、ATM銀行卡到自動武器、爆炸裝置與防空導彈——全都來自西方社會。

同樣的，美國人雄厚的資本力量也被證明是一個巨大的優勢。「九・一一」事件發生後僅僅幾週，美利堅合衆國不僅通過自由意志的機構——議會投票決定增加軍事裝備開支，同時還募集到足夠的金錢來建立使用這些裝備的軍隊，並對其進行支持和補給。除此之外，一件美國式的強大武器也被用來對付恐怖份子——美國凍結了恐怖分子支持者的銀行帳戶，並阻斷了其進行電子金融操作的管道。由此將美國的敵人們封鎖在了西方金融體系之外，使他們無法通過金融體系來進口武器與補給。

此外，紀律也被證明是美國與其敵人之間的主要差距所在。迄今爲止，在戰爭中沒有任何美國部隊向敵人投降；相反，數以千計的塔利班士兵和數百名基地恐怖分子放棄了自己的事業向敵人交出了武器。反恐聯盟遭受的主要失敗，是美國的代理人——北方聯盟軍隊在戰爭之初的一小段時間內遇到的挫折。有許多記錄談及了基地恐怖份子自殺式的攻擊方式，但迄今爲止，這種狂熱的作戰態度並沒有在戰場上帶來任何廣泛的優勢。眞正可怕的戰場殺手，恰恰是美國士兵。《黑鷹計畫》這本書，以及根據此書改編的電影，成爲他們最爲著名的宣傳材料——美國人也許會處於遠離祖國的地區，在複雜困難的地形上作戰，需要面對數量遠遠超過自己、不惜一切代價也要殺死他們的敵人。就像過去一樣，美國士兵以密集、紀律性小組作戰的風格，使得他們能夠給敵軍造成巨大的傷害。

美國軍隊與眾不同的個人主義行事風格，同樣體現在戰鬥過程中。可怕的新式武器被投入使用，包括像「黛西割草機（Daisy-Cutters）」升級版巨型炸彈或者是熱壓彈這樣的大威力炸彈，它們都能體現出個體士兵、科學家或者製造工人幾乎在瞬間迸發出的創造力，正是這種創造力應對了來臨的挑戰。就像中途島海戰中，損壞的約克城號得到迅速修復並迫回戰場一樣，在九月十一日之後，諸如戰場衛星導引炸彈這樣的新戰術得到大量運用，而新式武器則在戰場上得到檢驗，要麼被接受，要麼得到改進，也有可能被拒絕使用——這一切完全取決於受到委託的個人的意願，而非出於某個政府法令的強制要求。

就在恐怖襲擊發生之後，國內很快便出現了不同的聲音。某些極端言論宣稱美國扮演的世界性角色可能招致了此次攻擊；而更溫和的批評則認爲，對抗這樣一個善於隱藏的敵人既不明智也不現實，更不用說這個敵人高明地將自己融入十億穆斯林的精神認同之中了。在戰爭進行過程中，那些在校園裡和媒體上大唱反調的人們，往往會公開抱怨一系列和軍事有關的話題——比如質疑軍事回擊是否符合道德準則，炸彈是否會波及無辜者，拘留身處美國的中東籍人士是否合理，在古巴被扣押的囚犯應當怎樣處置，以及總統將朝鮮、伊朗和伊拉克稱爲「邪惡軸心」是否恰當，凡此等等。迄今爲止，對於美國政府最爲惡意的批評，也並未在戰場上成爲軍隊的掣肘。如果說這類對軍事行動的公眾監督機制與自由觀點理念並沒有對戰場上的勝負產生直接幫助的話，至少這些批評言論能夠迫使軍隊保持警醒，畢竟他們的一舉一動都處在公開的監督之下。有些共和黨成員聲稱，民主黨的言論是不愛國的體現；民主黨人也反唇相譏，他們認爲共和黨人士帶有無窮無盡的戰爭渴望，簡直是一群齜牙咧嘴的響尾蛇；在這種爭鬥之下輿論往往會取折中的觀點，國家也就能夠同時從愛國主義的熱誠與秉持原則的保留觀點之間取得平衡。從長遠來看，我相信這種激烈爭論的方式，帶來的益處一定遠遠超過弊端。

《殺戮與文化》一書，在大量的報紙雜誌上得到了評論，並在電視和廣播等媒體上被廣泛討論，不論是國內還是國外都是如此。「九・一一」事件的不幸發生，使得本書得以與這個時代聯繫起來，而這原本是不可能的。本書的理論基於文化差異，而非環境因素，因此很快就和其他流行理論產生了矛盾，例如賈雷德・戴蒙德（Jared Diamond）的新近作品《槍炮、病菌與鋼鐵》。其後，我和戴蒙德先生曾在全國廣播公司的節目中討論過西方世界崛起與主宰地位的話題。很顯然，我並不相信，我們對抗恐怖主義的戰爭之所以能夠成功，是因爲美國本身優越的自然環境，或是因爲古希臘人將他們的自然優勢傳遞給了某些鄰國。

總體而言，對於本書的批評大都是正面的——偶爾會有一些教授提出完全的反對意見，不承認西方軍隊能夠比來自其他文化傳統的軍隊更有效率地殺敵。當然，學界人士相比其他人，對於這樣宏觀的看法總是顯得慎之又慎。對於《殺戮與文化》這本書而言，那些來自不同學術領域的專業人士驚訝地發現，自己研究的內容能夠和許多其他學術範疇與時代有如此直接的聯繫：本書涉及古代史研究、中世紀研究、西班牙征服史、文藝復興時期的地中海歷史、大英帝國研究以及美利堅合衆國歷史等。像約翰・基根（John Keegan）、喬弗里・派克（Geoffrey Parker）以及鄧尼斯・蕭華特（Dennis Showalter）這樣的軍事歷史學家們，都爲這本書寫下了熱情洋溢的評論；而爲數不少的雜誌與報紙，例如《華爾街時報（*Wall Street Journal*）》《軍事歷史季刊（*Military History Quarterly*）》《美利堅的遺產（*American Heritage*）》以及《國事評論（*National Review*）》——它們常常邀約我根據本書的視角，定期對現在的戰事進行點評。

對於本書的主要觀點，唯一存在的懷疑聲音來自一個完全未曾預料的地方。在英國，《殺戮與文化》一書被冠以《爲何西方取勝》的標題出版發行，因此激怒了一批在改革派雜誌與報紙上發表文章的記者與歷史學家，這些刊物包括《新政治家（*New Statesman*）》《獨立報（*Independent*）》以及《曼徹斯特衛報（*Manchester Guardian*）》。改革派人物認爲，我的觀點反映出美國人正洋洋得意於目前美國在軍事力量方面的優勢。一位憤怒的評論家甚至認爲這本書是一個WASP式〔這個單詞代表盎格魯撒克遜系的白人新教徒〕的道歉——事實上，希臘人、羅馬人以及西班牙人和義大利人既不是盎格魯撒克遜血統，也非新教徒，而這本書三分之一的案例分析完全是針對基督教存在之前南地中海世界的情況。

在現今的危機中，我感到這本書總會引起爭議，如果說數以百計來自學界和公衆的信件和電子郵件能夠說明點什麼的話。對於本書中關於西方軍隊所持續的勇猛作戰方式，有些人在獲得了同樣的結論之後感到如釋重負。正如一位讀者所說的，「現在我確信我們確實能贏得這場戰爭了」。私下裡，不少學者曾經和我通信，對於本書所預言的西方軍事優越性，他們往往會告訴我一些類似下文的話：「當然，你所說的東西是正確的，但你知道，我們不應該說出那樣的話。」其他人則只是簡單地發給我一堆枝微末節的問題，其中參考了一些意義不甚明確的戰役或者武器，對我的理論進行證實、改進或者否定——仿佛我選擇的這九場二千五百年軍事歷史中最有代表性的戰役，會被一大堆細節所淹沒似的。

當我寫下這段文字時，關於武裝打擊的流言在伊拉克、索馬利亞以及伊朗三國之間徘徊不已，而美國和恐怖份子的對抗仍在繼續。所有這些可能發生的衝突都遠在海外，因此總會涉及可怕的後勤問題——大量的敵人，以及我們北約盟友不確定的援助等等。儘管如此，我依舊堅信，如果美國選擇進行一場領導層認為必要、民衆也相當支持的戰爭，那麼我們將很可能會取勝，並且取得決定性的勝利。以史為鑒我們可以知道，對於一個西方勢力而言，其最可怕的對手往往是另一個西方勢力。而在不久的未來，我相信美國不太可能在幾個月的時間內和歐洲、西方化的俄羅斯或者日本這樣的西方強權進行戰爭。

然而，一個在讀者中反覆出現的反應一直縈繞在我心頭，這個問題也是我從未預料到的。無論是學界還是公衆，大體上都認為這本書關於歷史的總結頗具說服力，無論是在理論方面還是在探究方面都是如此。但同時，許多人也表現出對未來的隱憂。似乎只有少數人能夠領會，西方軍事將要經歷的道路，相比地米斯托克利在薩拉米斯灣、可憐的唐・胡安在皇家號甲板上之時，已經變得光明許多。這幾乎是個怪圈，西方文明的力量越強大，它就越是不安全。美國在這個時代擁有前無古人的全球影響力，但美國人民對於他們文化的道德水準與實力，可不像希臘人、羅馬人或者義大利人在幾乎被滅絕時那樣充滿自信。倘若我們忽視自己現今的實力並任憑這種態度發展，那麼《殺戮與文化》這本書中的最終前提——西方軍隊所面臨的最主要危機，並非是其弱點，反倒是那無可比擬的殺戮能力——依舊將會是我們在目前的衝突中最需要卻也最容易忽略的課程。

VDH

於加利福尼亞州塞爾瑪

二〇〇二年三月十日

延伸閱讀

第一章　西方為何獲勝

事實上，有一個學術流派，專門致力於研究那些對於西方軍事支配地位的不同解讀方式，這些不同的解讀大多產生於 16 世紀之後的歲月裡。其中的重要著作包括：C Cipolla, Guns, Sails and Empires: Technological Innovation and the Early Phases of European Expansionism (Cambridge, 1965)；M Roberts, The Military Revolution, 1560-1660 (Belfast, 1956)；G Parker, The Military Revolution: Military Innovation and the Rise of the West, 1500-1800, 2nd ed (Cambridge, 1996)；J Black, A Military Revolution? Military Change and European Society, 1550-1800 (Basingstoke, England, 1991)；P Curtin, The World and the West: The European Challenge and the Overseas Response in the Age of Empire (Cambridge, 2000)；D Eltis, The Military Revolution in Sixteenth-Century Europe (New York, 1995)；C Rodgers, ed, The Military Revolution Debate: Readings on the Military Transformation of Early Modern Europe (Boulder, Colo, 1995)。倘若想研究對於更早時代軍事革命的議題，可以參考的書包括：A Ayton and J L Price, eds, The Medieval Military Revolution: State, Society, and Military Change in Medieval and Early Modern Europe (New York, 1995)。

關於東西方在技術上的接觸與交流，請參照：D Ralston, Importing the European Army: The Introduction of European Military Techniques and Institutions into the Extra-European World, 1600-1914 (Chicago, 1990)；R MacAdams, Paths of Fire: An Anthropologist s Inquiry into Western Technology (Princeton, N J, 1996)；L White, Machina Ex Deo: Essays in the Dynamism of Western Culture (Cambridge, Mass, 1968)；特別推薦的是 D Headrick, Tools of Empire: Technology and European Imperialism in the Nineteenth Century (New York, 1981)。至於一個內容涉及更爲廣泛的問

題，即歐洲文化活力的內容，讀者不妨參考以下幾本書：D Landes, The Wealth and Poverty of Nations: Why Some Are So Rich and Some So Poor (New York, 1998)，以及 E L Jones 的 The European Miracle: Environments, Economies 和 Geopolitics in the History of Europe and Asia (Cambridge, 1987)。其他可以作爲參考的文獻，包括 L Harrison and S Huntington, eds, Culture Matters: How Values Shape Human Progress (New York, 2000)。

關於西方文化的本質及其在學界受到的評價，有三本優秀的著作對其進行了完善的討論，它們是：K Windshuttle, The Killing of History: How Literary Critics and Social Theorists Are Murdering Our Past (New York, 1996); A Herman, The Idea of Decline in Western History (New York, 1997); D Gress, From Plato to NATO: The Idea of the West and Its Opponents (New York, 1998)。也可以參見 T Sowell, Conquests and Cultures: An International History (New York, 1998)。

相比之下，反西方的批評主義書籍可謂層出不窮，但能夠很好地揭示這一理論本質及其方法論的書，首推以下幾本：K Sale, The Conquest of Paradise: Christopher Columbus and the Columbian Legacy (New York, 1990); D Peers, ed, Warfare and Empires: Contact and Conflict Between European and Non European Military and Maritime Forces and Cultures (Brookfield, Vt, 1997); F Fernandez-Armesto, Millennium: A History of the Last Thousand Years (New York, 1995); M Adas, Machines as the Measure of Men: Science, Technology, and Ideologies of Western Dominance (New York, 1989); T Todorov, The Conquest of America: The Question of the Other (New York, 1984); F Jameson and M Miyoshi, eds, The Cultures of Globalization (Durham and London, 1998)。

對西方統治地位特徵的後現代主義研究，可以參考：M Foucault, The Archaeology of Knowledge (New York, 1972); M de Certeau, The Writing of History (New York, 1988); E Said, Culture and Imperialism (London, 1993); Orientalism (London, 1978); F Jameson, Postmodernism, or, The Cultural Logic of Late Capitalism (London, 1991)。倘若讀者們希望看一看

傳統主義者對西方文明體系的辯護的話，可以參看 S Clough 的作品 Basic Values of Western Civilization (New York, 1960)，以及 C N Parkinson, East and West (London, 1963), N Douglas, Has an Amusing Polemic on the West in Good-Bye to Western Culture (New York, 1930)。

關於西方崛起的生物學和地理學論述，代表性著作包括：J Diamond, Guns, Germs, and Steel: The Fates of Human Societies (New York, 1997); A Crosby, Ecological Imperialism: The Biological Expansion of Europe, 900-1900 (Cambridge, 1986); and M Harris, Cannibals and Kings: The Origins of Cultures (New York, 1978). An effort to balance natural determinism with human agency and culture is found, in W McNeill, The Rise of the West (Chicago, 1991)，以及 W Mcneill, The Pursuit of Power: Technology, Armed Force, and Society Since A D 1000 (Chicago, 1982)。

研究文化與戰爭間關係的大師級著作，首推 J Keegan 的 A History of Warfare (New York, 1993)，可以參考的還有：K Raaflaub and N Rosenstein, eds, War and Society in the Ancient and Medieval Worlds (Cambridge, Mass, 1998)。對於「偉大戰役」的縱覽式著作，包括以下幾本書籍：E Creasy, The Fifteen Decisive Battles of the World: From Marathon to Waterloo (New York, 1908); T Knox, Decisive Battles since Waterloo (New York, 1887); J F C Fuller, A Military History of the Western World (New York, 1954); A Jones, The Art of War in the Western World (New York, 1987)；以及 R Gabriel \ D Boose, The Great Battles of Antiquity: A Strategic and Tactical Guide to Great Battles That Shaped the Development of War (Westport, Conn, 1994)。

第二章　自由——或者說「以你喜歡的方式生活」

薩拉米斯，西元前480年9月28日

關於這場戰役，主要的爭議問題在於戰鬥的具體確切時間、波斯艦隊的規模、地米斯托克利傳說中的計謀以及辨別薩拉米斯海峽中具體島嶼的名字。以上這些內容曾在爲數不少關於希波戰爭的英語歷史著作中進行過討論，舉例來說，包括：J Lazenby, The Defence of Greece 490-479 B C (Warminster, England, 1993); P Green, The Greco-Persian Wars (Berkeley, Calif, 1994)；以及 C Hignett, Xerxes Invasion of Greece (Oxford, 1963)。其他有價值的作品包括 G B Grundy, The Great Persian War and Its Preliminaries (London, 1901)。從某種程度上來說，George Grote 的大師巨著 History of Greece, 2nd ed (New York, 1899) 中第五冊關於薩拉米斯戰役的編年史，仍然是無可比擬的好作品；此書現有一個新版本，由 Paul Cartledge 作序，Routledge 出版 (London, 2000)。

許多學者曾試圖從複雜的地理名稱與互相矛盾的古代記錄中理出頭緒，具體可以參照 G Roux, "éschyle, Hérodote, Diodore, Plutarque racontent la bataille de Salamine," Bulletin de Correspondance Hellénique 98 (1974), 51-94，以及 H Delbrück, Warfare in Antiquity, Vol 1 of The History of the Art of War (Westport, Conn, 1975) 中的相關章節；以及 N G L Hammond, Studies in Greek History (Oxford, 1973)；還有 W K Pritchett, Studies in Ancient Greek Topography I (Berkeley and Los Angeles, 1965)。至於對希羅多德和普魯塔克著作中相關希臘語段落的評論，可以參看 W W How \ J Wells, eds, A Commentary on Herodotus (Oxford, 1912), Vol 2, 378-87，以及 F J Frost, Plutarch s Themistocles: A Historical Commentary (Princeton, N J, 1980)。

古希臘世界中的自由理念曾在一系列書籍中成爲討論話題，這裡介紹的第一本是 A Momigliano, "The Persian Empire and Greek Freedom," in A Ryan, ed, The Idea of Freedom: Essays in Honour of Isaiah Berlin (Oxford, 1979), 139-151；類似的還有 O Patterson, Freedom in the Making of

Western Culture (New York, 1991)。同樣還可以作爲參考的材料包括 M I Finley, Economy and Society in Ancient Greece (New York, 1982)。對於後來雅典大衆理念中薩拉米斯海戰的象徵意義，C Meier, Athens: A Portrait of the City in Its Golden Age (New York, 1998)，以及 N Loraux, The Invention of Athens: The Funeral Oration in the Classical City (Cambridge, Mass, 1986) 都是很好的作品。

關於阿契美尼德王朝的資料，主要來自波斯文獻，並輔以希臘語資料進行補充，這一領域有不少優秀的研究性作品，包括：H Sancisi-Weerdenburg \ A Kuhrt, Achaemenid History I: Sources, Structures and Synthesis (Leiden, 1987); J Boardman et al, eds, The Cambridge Ancient History, 2nd ed, Persia, Greece and the Western Mediterranean C 525 to 479 (Cambridge, 1988); J M Cook, The Persian Empire (New York, 1983); M Dandamaev, A Political History of the Achaemenid Empire (Leiden, 1989)；以及 A T Olmstead, History of the Persian Empire, Achaemenid Period (Chicago, 1948)。在伊朗史研究方面，可以參照 R Frye, The History of Ancient Iran (Munich, 1984) 中關於阿契美尼德王朝的部分章節。至於對大流士給加達塔斯信件的研究，可以參看 R Meiggs \ D Lewis, eds, A Selection of Greek Historical Inscriptions to the End of the Fifth Century B C (Oxford, repr ed, 1989) .

關於希臘—波斯文化關係的更爲深入的研究，來自 D Lewis, Sparta and Persia: Lectures Delivered at the University of Cincinnati, Autumn 1976, in Memory of Donald W Bradeen (Leiden, 1977)，以及 Greek and Near Eastern History (Cambridge, 1997) 中的部分論文；還有 A R Burn, Persia and the Greeks: The Defence of the West, C 546-478 B C (New York, repr ed, 1984)；以及 M Miller, Athens and Persia in the Fifth Century B C (Cambridge, 1997)；特別是 S Averintsev, "Ancient Greek Literature and Near Eastern Writings : The Opposition and Encounter of Two Creative Principles, Part One: The Opposition," Arion ,7 1 (Spring/Summer 1999), 1-39。如果讀者需要一個關於波斯帝國軍隊的概要的話，可以參考 A Ferrill, The Origins of War: From the Stone Age to Alexander the Great (New York, 1985)。

在古希臘海軍與海上力量的概述方面，可以閱讀的材料包括: C Starr, The Influence of Sea-Power on Ancient History (New York, 1989); L Casson, The Ancient Mariners: Seafarers and Sea Fighters of the Mediterranean in Ancient Times (London, 1959)，以及 Ships and Seamanship in the Ancient World (Princeton, N J, 1971)；另有 J S Morrison and R T Williams, Greek Oared Ships 900-322 B C (London, 1968)。如果需要瞭解關於重建古代三列槳戰艦方面的資訊，可以參考 J S Morrison \ J F Coates \ N B Ranov, The Athenian Trireme: The History and Reconstruction of an Ancient Greek Warship (Cambridge, 2000)，以及 An Athenian Trireme Reconstructed: The British Sea Trials of "Olympias," British Archaeological Series 486 (Oxford, 1987)。

目前，研究希臘對波斯偏見相關記載的學術流派逐漸興起，舉例來說，相關書籍包括：E Hall, Inventing the Barbarian: Greek Self-Definition Through Tragedy (Oxford, 1989); F Hartog, The Mirror of Herodotus (Berkeley and Los Angeles, 1988)；以及 P Georges, Barbarian Asia and the Greek Experience: From the Archaic Period to the Age of Xenophon (Baltimore, Md, 1994)。一個觀點比較極端的例子是 P Springborg, Western Republicanism and the Oriental Prince (Austin, Tex, 1992)。

第三章　決定性戰鬥

高加米拉，公元前331年10月1日

關於高加米拉戰役的分析，在許多不同種類的學術材料中都出現過，大多數是在學術刊物上發表的文章，涵蓋範圍相對較小。對於大眾讀者而言，最好先從關注亞歷山大統治時期的純軍事著作開始。有一本短小精悍而優秀的專著講述這場戰鬥本身，這就是 E W Marsden 的 The Campaign of Gaugamela (Liverpool, 1964)。關於高加米拉的論述，同樣是 J F C Fuller 的 The Generalship of Alexander the Great (London, 1958) 一書中關鍵性的討論內容之一；對於這場戰鬥的徹底回顧，還可以參照 H Delbrück 的 Warfare in Antiquity,Vol 1 of The History of the Art of War (Westport, Conn, 1975)，以及 J F C Fuller, A Military History of the Western World, vol 1 (London, 1954)；在 E Creasy, The Fifteen Decisive Battles of the World: From Marathon to Waterloo (New York, 1908) 這本書中也可以找到相關的內容。

關於純軍事領域的著作，還可以參照 J Ashley, The Macedonian Empire: The Era of Warfare Under Philip Ⅱ and Alexander the Great, 359-323 B C (Jefferson, N C, 1998)，以及 D Engels, Alexander the Great and the Logistics of the Macedonian Army (Berkeley, Calif, 1978). N G L Hammond 關於亞歷山大軍隊的研究頗有見地，但關於大帝的統治及其功績等方面，則並非如此，舉例來說，可以參看 Alexander the Great: King, Commander, and Statesman (Park Ridge, N J, 1989); Three Historians of Alexander the Great: The So-Called Vulgate Authors, Diodorus, Justin, and Curtius (Cambridge, 1983)；此外還有和 G T Griffith 合作寫就的 A History of Macedonia,Vol 2 (Oxford, 1979)。

提供有關高加米拉之戰資訊的古代資料來源異常複雜——它們大多是妥協了普魯塔克、狄奧多羅斯、阿裡安和昆圖斯·庫爾提烏斯的矛盾記載之後的產物，討論這一內容的最好書籍莫過於以下幾本：J R Hamilton, Plutarch s Alexander: A Commentary (Oxford, 1969); N G L

Hammond, Sources for Alexander the Great: An Analysis of Plutarch s Life and Arrian s Anabasis Alexandros (Cambridge, 1993); A B Bosworth, A Historical Commentary on Arrian s History of Alexander, Vol 1 (Oxford, 1980); J C Yardley, Justin: Epitome of the Philippic History of Pompeius Trogus, Books 11-12: Alexander the Great (Oxford, 1997); J Atkinson, A Commentary on Q Curtius Rufus Historiae Alexandri Magni, Books 3 & 4 (London, 1980)；以及 L Pearson, The Lost Histories of Alexander the Great (New York, 1960)。

關於亞歷山大的傳記數不勝數，其中一定會討論到有關高加米拉戰役的情況，其中最爲通俗易懂的英文著作有：R Lane Fox 的 Alexander the Great (London, 1973); W W Tarn, Alexander the Great, Vols 1-2 (Chicago, 1981); P Green, Alexander of Macedon (Berkeley and Los Angeles, 1974); U Wilcken, Alexander the Great (New York, 1967)；而 A B Bosworth 在 Conquest and Empire: The Reign of Alexander the Great (Cambridge, 1988) 中的描寫可謂準確而可觀。浪漫化的亞歷山大——他既是國王又是哲學家，同時提倡四海之內皆兄弟——曾經見於 Bosworth \ Green 等人的作品，以及 E Badian 在期刊論文中的論述。在多元文化大潮湧動的今日美國，以及民族矛盾重新升溫的巴爾幹，這樣的亞歷山大形象重又流行起來。

關於西方的起源、決定性戰鬥的傳統，可以參照 V D Hanson, The Western Way of War: Infantry Battle in Classical Greece (Berkeley, 2000)；以及本人的另一部作品 The Other Greeks: The Family Farm and the Agrarian Roots of Western Civilization (Berkeley, 1999)；還有 D Dawson 的 The Origins of Western Warfare: Militarism and Morality in the Ancient World (Boulder, Colo, 1996); R Weigley, The Age of Battles: The Quest for Decisive Warfare from Breitenfeld to Waterloo (Bloomington, Ind, 1991); R Preston and S Wise, Men in Arms: A History of Warfare and Its Interrelationships with Western Society (New York, 1970); and G Craig and F Gilbert, eds, Makers of Modern Strategy: Military Thought from Machiavelli to Hitler (Princeton, N J, 1943)。倘若需要瞭解更多啓蒙階段時散兵戰鬥與「文明人」的衝擊作

戰的區別，可以考慮閱讀 H H Turney-High, Primitive War: Its Practice and Concepts (Columbia, S C, 1971)。

常規的波斯文獻，已經在上一章節關於薩拉米斯的內容中有所討論，不過還有一些作品專門針對阿契美尼德王朝晚期時代，特別是大流士三世統治時期，它們是：E Herzfeld, The Persian Empire (Wiesbaden, 1968); A Stein, Old Routes of Western Iran: Narrative of an Archaeological Journey (New York, 1969)；對於修正主義者視角下的這段歷史，P Briant 的 Histoire de l empire perse (Paris, 1996) 則能提供一個很好的例子。

第四章　公民士兵

坎尼，西元前216年8月2日

關於坎尼戰役的基本史料，來自歷史學家波里比烏斯（3 110-118）和李維（22 44-50）的著作，其他諸如阿庇安的記載、普魯塔克的《希臘羅馬名人傳之法比烏斯》以及凱西烏斯・狄奧的材料，還能在上述基礎上補充一些逸聞趣事。關於戰鬥本身主要具有爭議性的問題在於，波里比烏斯的材料中羅馬人的軍隊規模（86000 人）及其受到的損失（7 萬人）太過於龐大，與之相比李維的數字（羅馬人陣亡 48000 人）更小更可信，但來源卻不夠可靠，如何在這兩者之間尋求平衡顯得異常困難。除此之外，關於漢尼拔是否應該挾坎尼大屠殺之餘威，向羅馬進軍並圍攻城市這一問題，學者們依舊爭執不休，莫衷一是。其他並不十分重要的論戰主題主要圍繞著漢尼拔麾下非洲與歐洲盟軍確切的裝備和戰術——他們使用劍、槍還是兩者並用？羅馬營地的確切位置也是討論的焦點之一。

關於這場戰爭本身的形象化記敘，可以參看 M Samuels, "The Reality of Cannae," Milit rgeschichtliche Mitteilungen ,47 (1990), 7-29; P Sabin, "The Mechanics of Battle in the Second Punic War," Bulletin of the

Institute of Classical Studies ,67 (1996), 59-79；以及 V Hanson, "Cannae," in R Cowley, ed, The Experience of War (New York, 1992)。

而從更廣的角度，諸如地形、戰術與戰略等方面來審視坎尼的話，可以參看以下幾本書籍：F W Walbank, A Historical Commentary on Polybius, Vol 1 (Oxford, 1957), 435-449; J Kromayer \ G Veith, Antike Schlachtfelder in Italien und Afrika (Berlin, 1912), Vol 1, 341-346；以及 H Delbrück, Warfare in Antiquity, Vol 1 of The History of the Art of War (Westport, Conn, 1975) (Berlin, 1920), Vol 1, 315-35.

關於坎尼戰役以及第二次布匿戰爭，在觀點上最爲不偏不倚、研究最爲深入的，莫過於 J F Lazenby 的優秀著作 Hannibal s War: A Military History of the Second Punic War (Norman, Okla, 1998)，這本書提供的敘事體材料由古代文獻提供了嚴密的支援。如果讀者需要更加總體化的參考書籍，不妨一閱 B Craven 的 The Punic Wars (New York, 1980)，以及 N Bagnall, The Punic Wars (London, 1990)。

關於漢尼拔軍事生涯的傳記，普通讀者最適合的莫過於 K Christ, Hannibal (Darmstadt, Germany, 1974); S Lanul, Hannibal (Paris, 1995); J Peddie, Hannibal s War (Gloucestershire, England, 1997)；以及 T Bath, Hannibal s Campaigns (Cambridge, 1981)。對於羅馬的人力資源，以及其動員潛力的研究，可以參看 A Toynbee, Hannibal s Legacy, 2 Vols (London, 1965)，尤其是 P Brunt, Italian Manpower 225 B C -A D 14 (London, 1971)。

對於迦太基的歷史及其政府機構設置，一些書籍提供了完善的材料，它們是：D Soren \ A Ben Khader \ H Slim, Carthage: Uncovering the Mysteries and Splendors of Ancient Tunisia (New York, 1990); J Pedley, ed, New Light on Ancient Carthage (Ann Arbor, Mich, 1980)；以及 G Picard \ C Picard, The Life and Death of Carthage (New York, 1968)。此外，S Lancel 的 Carthage: A History (Oxford, 1995) 一書，對於羅馬一迦太基的關係有著惟妙惟肖的描述。關於羅馬建立帝國、打贏布匿戰爭的更大的戰略視角，在 W V Harris 的 War and Imperialism in Republican Rome 327-70 B

C (Oxford, 2nd ed, 1984) ，以及 J S Richardson, Hispaniae, Spain, and the Development of Roman Imperialism, 218-282 B C (New York, 1986) 兩書中都有討論。

公民軍隊的傳統，以及共識政府體制與軍事能力之間的關係，都是 D Dawson, The Origins of Western Warfare (Boulder, Colo, 1996) 中的論題。同樣的討論也可以在 P Rahe 的 Republics of Ancient and Modern (Chapel Hill, N C, 1992) 一書中找到。B Bachrach 在他一系列的文章和書籍中提出了以下論點：歐洲西部和北部有某種軍事傳統存在並長期持續，從羅馬帝國時代直到中世紀都未曾被打斷。詳細的論述可以在他的 Merovingian Military Organization (481-751) (Minneapolis, Minn, 1972) 中找到。

論述羅馬軍隊的書籍非常多，關於羅馬共和國時期軍團的介紹，首推以下幾本：F E Adcock, The Roman Art of War under the Republic (Cambridge, Mass, 1940); H M D Parker, The Roman Legions, 2nd ed (Oxford, 1971); B Campbell, The Roman Army, 31 B C -A D 37: a Sourcebook (London 1994)；以及 L Keppie, The Making of the Roman Army (Totowa, N J, 1984)。關於坎尼戰役對後世西方軍事思想的影響，可以參看的是：J Kersétz, "Die Schlacht bei Cannae und ihr Einfluss auf die Entwicklung der Kriegskunst," Beitr ge der Martín-Luther Universit t (1980), 29-43; A von Schlieffen, Cannae (Fort Leavenworth, Kans, 1931)；另外還有 A du Picq, Battle Studies (Harrisburg, Pa, 1987)。

第五章　腳踏實地的步兵

普瓦捷，732 年 10 月 11 日

關於普瓦捷戰役的說明，由於許多關於古典時代晚期與「黑暗時代」早期歷史的常用參考資料都在 732 年之前截止，我們幾乎無法找到任何同時代的資訊來加以研究。圖爾的格裡高利所著 Historia Francorum（《法蘭克人的歷史》）截止到 594 年。無名作者所著的 Liber Historiae Francorum（《關於法蘭克人歷史的書》）的記載持續到 727 年。Venerable Bede 的編年史則正好停筆在 731 年，也就是普瓦捷戰役的前一年。

儘管《弗裡德加編年史》(Chronicle of Fredegar) 中的記載僅僅持續到 642 年，但一名續寫編年史的作者在補充材料中對 732 年的戰爭作了簡短的記錄〔J M Wallace-Hadrill, The Four Books of the Chronicle of Fredegar with its Continuations (London, 1960)〕；類似的，另一名佚名的伊西鐸爾編年史續寫者也補寫了同一時間段中發生的事件〔T Mommsen, Isidori Continuatio Hispana, Monumenta Germaniae Historica, Auctores Antiquissimi,Vol 11 (Berlin, 1961)〕。由於缺乏第一手資料的支援，關於普瓦捷這場戰役的進行過程及其重要性，不同學者往往有不同的衡量和估計。在研究關於這一時代歷史的文獻時，讀者會發現，大部分材料認定，這場戰役標誌著封建制度從此崛起，裝備馬鐙的重裝騎兵主宰戰場，西方文明得到拯救——尤其是 20 世紀 50 年代之前，幾乎全部由德語和法語寫成的材料更是如此。然而事實上，更爲嚴肅的記載中，並沒有提到騎兵在普瓦捷發揮過多少作用，甚至可能完全沒有出現在戰場上；封建制度同樣是在普瓦捷之後的歲月裡逐漸發展起來的，在 732 年並不是發揮重要作用的統治體系；至於阿布德·阿-拉赫曼領導下的此次進攻，也只不過是一系列小規模掠襲的一部分，由於西班牙的穆斯林紛爭不斷，而法蘭克人的統治卻日趨鞏固，這使得伊斯蘭勢力跨越比利牛斯山的擴張勢頭逐漸減弱了。更接近事實的情況恐怕是這樣的：普瓦捷並沒有什麼驚人之處，這場戰鬥

中，意志頑強的步兵取得了最後的勝利；戰鬥最終的結局，也並非由什麼里程碑式的技術、軍事領域的突破導致；阿拉伯人的失敗更多歸因於其向北擴張、拉長戰線之後實力的削弱，這場戰役本身的勝利則不能看成是拯救基督教西方的神跡。

關於這場戰鬥本身，可以參考的書籍包括 M Mercier 和 A Seguin 的專著 Charles Martel et la bataille de Poitiers (Paris, 1944)。還有一篇文章特別需要關注，它是 B S Bachrach，「Charles Martel, Mounted Shock Combat, the Stirrup, and Feudalism」。這篇文章可以在同一名作者的著作 Armies and Politics in the Early Medieval West (Aldershot, England, 1993) 中找到。事實上，這本 Bachrach 的論文集，是他關於加洛林時期與墨洛溫時期的騎兵、馬匹以及工事相對重要性的論述，其中的觀點相當引人注目。他的 Merovingian Military Organization (Minneapolis, Minn, 1972)，以及「Early Medieval Europe」同樣值得一看，這篇文章被收錄在 K Raaflaub \ N Rosenstein, eds, War and Society in the Ancient and Medieval Worlds (Washington, D C, 1999)。

關於法蘭克人以及墨洛溫時代後期與加洛林時代前期的人們，以下幾本書提供了很好的研究材料：K Scherman, The Birth of France (New York, 1987); P Riché, The Carolingians: A Family Who Forged Europe (Philadelphia, 1993); E James, The Origins of France: From Clovis to the Capetians, 500-1000 (London, 1982)；以及 H Delbrück, The Barbarian Invasions, Vol 2 of The History of the Art of War (Westport, Conn, 1980)。

關於查理・馬特生平的研究，可以參考的是 R Gerberding, The Rise of the Carolingians and the Liber Historiae Francorum (Oxford, 1987)。較爲有名的兩篇對這場戰鬥的描述，是 J F C Fuller 的 A Military History of the Western World, Vol 1, From the Earliest Times to the Battle of Lepanto (London, 1954), 339-350，以及 E Creasy，的 The Fifteen Decisive Battles of the World: From Marathon to Waterloo (New York, 1908), 157-169。

D Nicolle 在 Medieval Warfare: Source Book, Vol 2, Christian Europe and Its Neighbors (New York, 1996) 中，對 5～14 世紀的歐洲戰爭進行了

概述，其中有爲數不少的比較材料。也許最容易獲得同時分析也最爲透徹的書是 J Beeler 的 Warfare in Feudal Europe, 730-1200 (Ithaca, N Y, 1971)。關於武器裝備、服役情況等方面的細節的材料，即便大多成文於 10 世紀之後，仍然有其價值，一系列標準手冊中都能提供類似的資訊，其中較好的包括 P Contamine, War in the Middle Ages (London, 1984)，以及 F Lot, L Art militaire et les armées au moyen age en Europe et dans le proche orient,2 Vols (Paris, 1946)，後者提供了一系列和此次戰役有關的德語和法語的二手材料。M Keen, ed, Medieval Warfare (Oxford, 1999); T Wise, Medieval Warfare (New York, 1976)；以及 A V B Norman, The Medieval Soldier (New York, 1971) 中也有零星的相關記載。如果讀者對於法蘭克文化後期軍事狀況，以及西歐人民的戰爭的相關內容有興趣的話，不妨參閱 J France, Western Warfare in the Age of the Crusades, 1000-1300 (Ithaca, N Y, 1999)，以及 Victory in the East: A Military History of the First Crusade (Cambridge, 1994)。

D Kagay \ L Andrew Villalon, eds, The Circle of War in the Middle Ages: Essays on Medieval Military and Naval History (Suffolk, England, 1999) 搜集了爲數不少關於中世紀戰爭文化層面的內容，而 T Newark, The Barbarians: Warriors and Wars of the Dark Ages (London, 1988) 一書中也能找到許多繪製精美、還原眞實的插圖。

H Pirenne 在 Mohammed and Charlemagne (London, 1939), R Hodges \ D Whitehouse 在 Mohammed, Charlemagne, and the Origins of Europe: Archaeology and the Pirenne Thesis (Ithaca, N Y, 1983) 這兩本書中，提出了關於所謂「黑暗時代」裡，歐洲文化與歷史大圖景的激動人心的觀點。如果讀者需要關於對中世紀西方知識體系的常規研究材料，可以從 R Dales, The Intellectual Life of Western Europe in the Middle Ages (Washington, D C, 1980)，以及 W C Bark, Origins of the Medieval World (Stanford, Calif, 1958) 這兩本書入手。更爲學術性的討論則可以參看 M Golish, Medieval Foundations of the Western Intellectual Tradition, 400-1400 (New Haven, Conn, 1997)。此外，還可以閱讀一些對「黑暗時代」傳統

視角下的經典研究，如 C Oman, The Dark Ages, 476-918 (London, 1928)。

伊斯蘭教的早期歷史，以及富有擴張性的伊斯蘭軍事文化的建立，P Crone 的 Slaves on Horses: The Evolution of the Islamic Polity (Cambridge, 1980) 一書中有深入分析；在 Meccan Trade and the Rise of Islam (Princeton, N J, 1987) 以及 M A Shaban, Islamic History, A D 600-750 (A H 132) (Cambridge, 1971) 中也有類似的內容。

如果讀者對普瓦捷戰役的長遠影響有興趣的話，不妨一閱 B Strauss 的「The Dark Ages Made Lighter」，這篇文章收在 R Cowley, ed, What If? (New York, 1998, 71-92) 一書中，描寫了想像中法蘭克人在普瓦捷戰敗後發生的情形。

第六章　技術與理性的回報

特諾奇蒂特蘭，1520 年 6 月 24 日～1521 年 8 月 21 日

征服墨西哥歷史的相關問題，在當代學術文化鬥爭中佔據中心地位，人們在使用來自西班牙目擊者的證言，還是西班牙人搜集的阿茲特克口頭敘述方面，存在相當大的爭議。學者們時常會接受西班牙人對於特諾奇蒂特蘭的宏偉以及它的花園、動物園和市場的美麗的描述，但否認同一個作者對食人行爲和體系化的犧牲、人祭和肉體折磨的可怕記載。歐洲「概念」和「範式」被認爲並不適合作爲理解阿茲特克文化的背景，甚至連墨西哥藝術、建築和天文知識都多少被以典型的美學與科學術語加以頌揚。然而，我們這裡的興趣並不在相對道德評判方面，而是集中在相對軍事效能方面，我們不甚關心征服者是否道德，而是關注他們的征服手法。

我們也應當記住，我們目前使用的、基於技術優越層面的軍事推

動力理論並不總是與當時的西班牙記載相符，那些記載錯誤地強調了征服者的道德「優越性」、天生的智慧和基督教美德。

在記錄中，存在許多關於西班牙征服的公正記載，對此並無爭議。在純粹的敘述能力方面，也許依然無可匹敵的是 W H Prescott, History of the Conquest of Mexico (New York, 1843)。對當代英語讀者而言，H Thomas, Conquest: Montezuma, Cortés, and the Fall of Old Mexico (New York, 1993) 是極有價值的。讀者也可以參見 R C Padden, The Hummingbird and the Hawk: Conquest and Sovereignty in the Valley of Mexico, 1503-1541 (Columbus, Ohio, 1967)。關於一些優秀的比較論述，也參見 A B Bosworth, Alexander and the East (Oxford, 1996)。

關於西班牙人的征服，有大量的同時代和近乎同時代的記載。首先是貝爾納・迪亞斯・德爾・卡斯蒂略極爲傑出的文稿：Bernal Díaz del Castillo, The Discovery and Conquest of Mexico, 1517-1521, trans A P Maudslay (New York, 1956)；可靠性時常遭到質疑的埃爾南・科爾特斯信件也值得一看〔Letters from Mexico, trans A Pagden (New York, 1971)〕；以及 P de Fuentes, The Conquistadors: First-Person Accounts of the Conquest of Mexico (New York, 1963)。

關於阿茲特克方面的記述和對西班牙征服的嚴厲批評，見 Bernardino de Sahagún, General History of the Things of New Spain: Florentine Codex, Book 12—The Conquest of Mexico, trans H Cline (Salt Lake City, Utah, 1975)，和米格爾・萊昂-波蒂利亞編纂的文集 Miguel Leon-Portilla, The Broken Spears: The Aztec Account of the Conquest of Mexico,2nd ed (Boston, 1992)。也參見 Fernando de Alva Ixtlilxochitl, Ally of Cortés (El Paso, Tex, 1969)。

科爾特斯的傳記不可勝數，最方便得到的是 S Madariaga, Hernán Cortés: Conqueror of Mexico (Garden City, N Y, 1969) 和 J M White, Cortés and the Downfall of the Aztec Empire: A Study in a Conflict of Cultures (New York, 1971)。近乎同時代的充滿溢美之詞的傳記是 Francisco López de Gómara, Cortés: The Life of the Conqueror by His Secretary (Berkeley, Calif,

1964)，保留了許多其他地方找不到的資訊。

關於 16 世紀的西班牙軍事實踐，可以在 G Parker, The Army of Flanders and the Spanish Road, 1567-1659: The Logistics of Spanish Victory and Defeat in the Low Countries Wars (Cambridge, 1972) 和 R Martínez \ T Barker, eds, Armed Forces in Spain Past and Present (Boulder, Colo, 1988) 中找到相關研究。關於 16 世紀、17 世紀歐洲戰爭的普遍狀況，見 C M Cipolla, Guns, Sails, and Empires: Technological Innovation and the Early Phases of European Expansion 1400-1700 (New York, 1965); J Black, European Warfare 1160-1815 (New Haven, Conn, 1994); and F Tallett, War and Society in Early-Modern Europe, 1495-1715 (London and New York, 1992)。關於 16 世紀西班牙的政治軍事狀況，以及其帝國在歐洲產生的影響，見 J H Elliott, Spain and Its World, 1500-1700: Selected Essays (New Haven, Conn, 1989) 和 R Kagan \ G Parker, eds, Spain, Europe and the Atlantic World: Essays in Honour of John H Elliot (Cambridge, 1995)。

羅斯·哈斯格曾撰寫了一系列關於阿茲特克戰爭的頗有新意的書籍，他希望從土著美洲人角度解釋這一征服：Mexico and the Spanish Conquest (London and New York, 1994); Aztec Warfare: Political Expansion and Imperial Control (Norman, Okla, 1988)；以及 War and Society in Ancient Mesoamerica (Berkeley and Los Angeles, 1992)。關於阿茲特克文化與社會的更大論題，可參閱 P Carasco, The Tenocha Empire of Ancient Mexico: The Triple Alliance of Tenochtitlan, Tetzcoco, and Tlacopan (Norman, Okla, 1999) 和 G Collier \ R Rosaldo \ J Wirth, The Inca and Aztec States, 1400-1800: Anthropology and History (New York, 1982)。

C H Gardiner, Naval Power in the Conquest of Mexico (Austin, Tex, 1956) 和 Martín López: Conquistador Citizen of Mexico (Lexington, Ky, 1958) 提到了西班牙雙桅帆船在特斯庫科湖上的關鍵角色。

關於那些貶低歐洲戰術和技術在征服中的作用的文化解釋，見 G Raudzens，「So Why Were the Aztecs Conquered, and What Were the Wider Implications? Testing Military Superiority as a Cause of Europe s Preindustrial

Colonial Conquests,」War in History, 2 1 (1995, 87-104)，也參見 T Todorov, The Conquest of America: The Question of the Other (New York, 1984); I Clendinnen, Ambivalent Conquests: Maya and Spaniard in Yucatan,1517-1570 (Cambridge, 1987)；以及 I Clendinnen, Aztecs: An Interpretation (Cambridge, 1991)。關於對所有此類解釋的批評，見 K Windschuttle, The Killing of History: How Literary Critics and Social Theorists Are Murdering Our Past (New York, 1997)。

第七章　市場或資本主義的殺戮
勒班陀，1571 年 10 月 7 日

若干個世紀以來，關於雷龐多的記載都籠罩在基督徒的獲勝感之中，它們強調西方對最終阻止了土耳其人在地中海的擴張備感寬慰。對於這場會戰更爲晚近的研究已經引人注目地消除了意識形態偏見。然而，在英文世界裡依然缺乏完全描述這場戰鬥本身、包含新近學術資訊的單行本學術研究本書成書時間略早，現在讀者可以參閱 Capponi, Niccolò, Victory of the West: The Great Christian-Muslim Clash at the Battle of Lepanto, Da Capo Pr, 2006。——譯者注。。其後果是，我們時常忘記除了薩拉米斯和坎尼之外，雷龐多可能是歐洲歷史上屠戮最爲血腥的一天。可以肯定的是，西班牙人和義大利人在戰後屠殺戰俘的數量位列西方歷史之最，那時有成千上萬的土耳其水兵丟了性命。雷龐多會戰可以與索姆河會戰和坎尼會戰並列，作爲人類克服時間和空間的限制，在若干小時內眞正如同字面意義那樣屠戮成千上萬人的能力的見證。

關於此戰，討論義大利文、西班牙文和土耳其文中資料的全面記述，見 G Parker, Spain and the Netherlands, 1559-1659 (Short Hills, N J, 1979); D Cantemir, The History of the Growth and Decay of the Ottoman

Empire,trans N Tinda (London, 1734); A Wiel, The Navy of Venice (London, 1910)；尤其見 K M Setton, The Papacy and the Levant (1204-1571), Vol 4, The Sixteenth Century from Julius Ⅲ to Pius Ⅴ (Philadelphia, 1984). W H Prescott, History of the Reign of Philip the Second,Vol 4 (Philadelphia, 1904) 有關於此戰的動人描寫。除了關於死傷數字、少數幾艘船隻在希臘海岸附近的實際位置和此戰勝利的深遠戰略後果之外，學術界對戰鬥的實際進程並沒有很大爭議。

如果需要更加專業化的評估，見 A C Hess，「The Battle of Lepanto and Its Place in Mediterranean History,」Past and Present, 57 (1972), 53-73，尤其見 M Lesure, Lépante: La crise de l empire Ottomane (Paris, 1971)。在 C Oman, A History of the Art of War in the Sixteenth Century (New York, 1937); J F C Fuller, A Military History of the Western World, Vol 1, From the Earliest Times to the Battle of Lepanto (London, 1954)；以及 R C Anderson, Naval Wars in the Levant, 1559-1853 (Princeton, N J, 1952) 中也有關於勒班陀會戰戰略戰術的寶貴討論。

雷龐多及這場會戰的原始資料，也是 16 世紀戰爭的學術研究中相關章節的研究物件，可參見：G Hanlon, The Twilight of a Military Tradition: Italian Aristocrats and European Conflicts, 1560-1800 (New York, 1998); J F Guilmartin, Jr, Gunpowder and Galleys: Changing Technology and Mediterranean Warfare at Sea in the Sixteenth Century (Cambridge, 1974); W L Rodgers, Naval Warfare Under Oars, 4th to 16th Centuries (Annapolis, Md, 1967)。在 R Gardiner and J Morrison, eds, The Age of the Galley: Mediterranean Oared Vessels Since Pre-Classical Times (Annapolis, Md, 1995) 中有出色的畫作。也參見 F C Lane, Venetian Ships and Shipbuilders of the Renaissance (Westport, Conn, 1975)。

對大衆讀者而言，有著相當數量的易於得到的會戰敘述，它們還配有很好的當代畫作。可參見 R Marx, The Battle of Lepanto,1571 (Cleveland, Ohio, 1966) 和 J Beeching, The Galleys of Lepanto (London, 1982)。在奧地利的唐・胡安傳記中，可以找到關於雷龐多的有價值的資訊，尤其可參閱 W Stirling-Maxwell, Don John of Austria (London, 1883)，以及它對同時代資料的整理校勘；也參見 C Petrie, Don John of Austria (New York, 1967) 的動人敘述。關於基督徒的勝利在藝術和文學上的壯觀紀念，見 L von Pastor, The History of the Popes, from the Close of the Middle Ages (London, 1923). G Benzoni, ed, Il Mediterraneo nella Seconda Metà del 500 alla Luce di Lepanto (Florence, 1974) 這本文集中收錄了一篇英文論文，可以讓大衆讀者瞭解到奧斯曼方面關於此戰的資料：H Inalcik, "Lepanto in Ottoman Sources," 185-192。

關於 16 世紀地中海的經濟社會狀況，見 D Vaughan, Europe and the Turk: A Pattern of Alliances (New York, 1976); K Karpat, ed, The Ottoman State and Its Place in World History (Leiden, 1974); H Koenigsberger \ G Mosse, Europe in the Sixteenth Century (New York, 1968)。關於地理與資本主義的問題，尤其見 F Braudel, Civilization and Capitalism, 15th-18th Century: The Perspective of the World (New York, 1979)，以及 The Mediterranean and the Mediterranean World in the Age of Philip Ⅱ, Vol 1 (New York, 1972) 等著作。也可參見 E L Jones, The European Miracle: Environments, Economies, and Geopolitics in the History of Europe and Asia (Cambridge, 1987)。

關於較早的西方軍事實踐，見 J France, Western Warfare in the Age of the Crusades, 1000-1300 (Ithaca, N Y, 1999)。關於土耳其陸海軍更爲細緻的記述見 R Murphey, Ottoman Warfare, 1500-1700 (New Brunswick, N J, 1999)。關於威尼斯的經濟，見 W H McNeill, Venice: The Hinge of Europe, 1081-1797 (Chicago, 1974)，以及 A Tenenti, Piracy and the Decline of Venice 1580-1615 (Berkeley and Los Angeles, 1967)。

奧斯曼軍事、社會和經濟生活是個廣闊研究領域，但對於帝國架構和它的經濟、軍事開支方法的優秀介紹可以在較爲傾向奧斯曼的 H Inalcik, The Ottoman Empire: The Classical Age 1300-1600 (London, 1973); W E D Allen, Problems of Turkish Power in the Sixteenth Century (London, 1963); S Shaw, History of the Ottoman Empire and Modern Turkey, Vol 1,

Empire of the Gazas: The Rise and Decline of the Ottoman Empire, 1280-1808 (Cambridge, 1976) 諸多研究中找到。更爲晚近的總體研究是 A Wheatcroft, The Ottomans (New York, 1993) 和 J McCarthy, The Ottoman Turks: An Introductory History to 1923 (London, 1997)。

伊斯蘭教和資本主義間的關係是個爭議雷區，西方批評者有時會強調穆斯林治下對市場的固有限制，而穆斯林學者自身則時常指出伊斯蘭信仰中沒有與自由市場不相容的東西。關於此類問題的評論，見 H Islamoglu-Inan, ed, The Ottoman Empire and the World-Economy (Cambridge, 1987); M Choudhury, Contributions to Islamic Economic Theory (London, 1986)；和 M Abdul-Rauf, A Muslim s Reflections on Democratic Capitalism (Washington, D C, 1984)。大衛・蘭德斯曾寫過兩本關於資本主義在東西方關係中角色的出色評估：David Landes, The Rise of Capitalism (New York, 1966)，以及 The Unbound Prometheus: Technological Change and Industrial Development in Western Europe from 1750 to the Present (Cambridge, 1969)。

第八章　紀律——為什麼戰士不總是士兵

羅克渡口，1879 年 1 月 22～23 日

關於這場戰爭的英國官方戰史，注釋繁多，堪稱 19 世紀學術典範：Narrative of Field Operations Connected with the Zulu War of 1879 (London, 1881)。許多極具吸引力的相關回憶錄也已出版。通曉祖魯語的亨利・哈福德被派往納塔爾土著分遣隊，參與了中央縱隊最激烈的戰鬥，見 D Child, ed, The Zulu War Journal of Colonel Henry Harford, C B (Hamden, Conn, 1980)。在 F E Colenso（納塔爾主教之女），History of the Zulu War and Its Origin (Westport, Conn, 1970) 中可以看到對鄧福德上校的辯護，他因錯誤部署而在伊桑德爾瓦納失敗，她還提到一些當時同

情祖魯人的記載。伊桑德爾瓦納和羅克渡口戰後不久，有一名南非的部落老兵留下了一份記述，請參閱 T Lucas, The Zulus and the British Frontiers (London, 1879)。加尼特・沃爾斯利爵士的日記裡有少量關於祖魯戰爭結束的內容：A Preston, ed, The South African Journal of Sir Garnet Wolseley, 1879-1880 (Cape Town, 1973)。一名受雇於祖魯人的布林翻譯科爾內留斯・維尼的回憶錄更有價值，此書由 J W 科倫索主教從荷蘭語轉譯：C Vign, Cetshwayo s Dutchman: Being the Private Journal of a White Trader in Zululand During the British Invasion (New York, 1969)。

J 蓋伊對祖魯人懷有同情地描寫了祖魯王國的崩潰及後續影響，闡述了戰爭的經濟基礎，尤其是英國和布林殖民者的剝削本質：J Guy, The Destruction of the Zulu Kingdom: The Civil War in Zululand, 1879-1884 (Cape Town, 1979)。可參閱 C F Goodfellow, Great Britain and South African Confederation, 1870-1881 (London, 1966)，特別是 J P C Laband \ P S Thompson, Field Guide to the War in Zululand and the Defence of Natal 1879 (Pietermaritzburg, South Africa, 1983)。

關於祖魯崛起和 1879 年英國－祖魯戰爭的經典描述，見 D Morris, The Washing of the Spears: A History of the Rise of the Zulu Nation Under Shaka and Its Fall in the Zulu War of 1879 (New York, 1965). D Clammer, The Zulu War (New York, 1973) 全面涉及了戰爭的各主要戰役；M Barthorp, The Zulu War (Poole, England, 1980)，以及 A Lloyd 的 The Zulu War, 1879 (London, 1974) 囊括了價值極高的闡述；最新資料來自 R Edgerton 的 Like Lions They Fought: The Zulu War and the Last Black Empire in South Africa (New York, 1988)，此書有實際戰鬥的生動記載，以及 S Clarke, ed, Zululand at War: The Conduct of the Anglo-Zulu War (Johannesburg, 1984)。

有關羅克渡口還有大量的專門論著。最著名的大概是 M Glover, Rorke s Drift: A Victorian Epic (London, 1975)，而 J W Bancroft, Terrible Night at Rorke s Drift (London, 1988) 包含了引人注目的插圖和照片。也可參閱 R Furneux 的 The Zulu War: Isandhlwana and Rorke s Drift (London,

1963)。

關於祖魯文化及其短命帝國的書目數量巨大，除了綜合性的記述，還有易於理解的針對主要問題的英語介紹。參見 J Selby, Shaka s Heirs (London, 1971)；經典著作 A T Bryant, The Zulu People: As They Were before the White Men Came (New York, 1970)；和 J Y Gibson, The Story of the Zulus (New York, 1970) 的各種研究。一位美國傳教士約西亞・泰勒留下了祖魯人生活和習俗栩栩如生的記述，見 Josiah Tyler, Forty Years Among the Zulus (Boston, 1891)。有關祖魯軍隊的最佳記敘可能是 I Knight, The Anatomy of the Zulu Army: From Shaka to Cetshwayo,1818-1879 (London, 1995)。

在無數關於 19 世紀英軍的出版物當中，可以參見一小部分樣本 G Harries-Jenkins, The Army in Victorian Society (London, 1977); G St J Barclay, The Empire is Marching (London, 1976); T Pakenham, The Boer War (New York, 1979); M Carver, The Seven Ages of the British Army (New York, 1984)；以及 J Haswell, The British Army: A Concise History (London, 1975)。訓練的重要性，見 W H McNeill, Keeping Together in Time: Dance and Drill in Human History (Cambridge, Mass, 1995)；訓練、勇敢和勇氣特性間的關係，見 W Miller, The Mystery of Courage (Cambridge, Mass, 2000)。

關於部落式戰爭特點的綜合論述，見 B Ferguson \ N L Whitehead, eds, War in the Tribal Zone: Expanding States and Indigenous Warfare (Santa Fe, N M, 1992); J Haas, ed, The Anthropology of War (Cambridge, 1990)；尤其見經典著作 H H Turney-High, Primitive War: Its Practice and Concepts (Columbia, S C, 1971)。

第九章　個人主義

中途島，1942 年 6 月 4～8 日

中途島會戰一方面是許多書籍的主要內容，也常在關於「二戰」期間太平洋戰場軍事行動的綜述性文獻中，成爲同名章節的主題。關於對中途島會戰本身的專題研究，應當以 G Prange (D Goldstein 和 K Dillion 協助)，Miracle at Midway (New York, 1982) 爲起始，該書覆蓋了會戰的主要問題。P Frank \ J Harrington, Rendezvous at Midway: U S S Yorktown and the Japanese Carrier Fleet (New York, 1967) 對約克城號的修理，返回戰場和最終沉沒進行了分析。Walter Lord, Incredible Victory (New York, 1967) 是寫得很好的流行記述，它利用了日本和美國老兵的第一手口頭和書面採訪材料。此外，至少還有四本大體上從美國方面描述會戰的整體研究：A Barker, Midway: The Turning Point (New York, 1971); R Hough, The Battle of Midway (New York, 1970); W W Smith, Midway: Turning Point of the Pacific (New York, 1966)；和 I Werstein, The Battle of Midway (New York, 1961)。

關於太平洋戰場通史的中途島章節，Samuel Eliot Morison, Coral Sea, Midway, and Submarine Actions, May 1942-August 1942, Vol 4 of History of United States Naval Operations in World War Ⅱ (New York, 1949) 依然是價値極高的；J Costello, The Pacific War, 1941-1945 (New York, 1981)；以及 H Willmott, The Barrier and the Javelin: Japanese and Allied Pacific Strategies, February to June 1942 (Annapolis, Md, 1983) 可以對其進行補充。D van der Vat, The Pacific Campaign, World War II: The U S -Japanese Naval War, 1941-1945 對這場會戰有著優秀的總體評價，也包括來自日軍方面的寶貴觀察。在 John Keegan, The Price of Admiralty: The Evolution of Naval Warfare (New York, 1989) 中，中途島被當作戰列艦逐步讓位于航空母艦的代表戰例討論。R Overy, Why the Allies Won (New York, 1996) 也有幾頁關於戰役的敏銳思考，強調了日軍在武器和經驗上的

優勢。D Kahn, The Codebreakers: The Story of Secret Writing (New York, 1996) 和 R Lewin, The American Magic: Codes, Cyphers and the Defeat of Japan (New York, 1982) 討論了美軍情報行動的優勢。

關於日本海軍，在 A Watts \ B Gordon, The Imperial Japanese Navy (Garden City, N Y, 1971) 和 J Dunnigan \ A Nofi, Victory at Sea: World War Ⅱ in the Pacific (New York, 1995) 中有大量有用的照片、繪圖、圖表和統計資料。

兩位參加了中途島－阿留申群島戰役的老兵——淵田美津雄和奧宮正武在 M Fuchida \ M Okimiya, Midway, the Battle That Doomed Japan: The Japanese Navy s Story (Annapolis, Md, 1955) 一書中寫下了來自日本方面的精彩回憶。這本回憶錄視角不偏不倚，自始至終體現出深思熟慮。M Okumiya \ J Horikoshi \ M Caidin, Zero! (New York, 1956) 在太平洋海空戰背景下討論了中途島。同樣有趣的是宇垣纏的日記 M Ugaki, Fading Victory: The Diary of Admiral Matome Ugaki,1941-1945 (Pittsburgh, Pa, 1991)。在 D Evans, ed, The Japanese Navy in World War Ⅱ in the Words of Former Naval Officers (Annapolis, Md, 1986) 中有日本方面對太平洋戰場主要海戰的目擊記載文集。

在 R O Connor, The Imperial Japanese Navy in World War Ⅱ (Annapolis, Md, 1969); P Dull, A Battle History of the Imperial Japanese Navy (Annapolis, Md, 1978); E Andrie, Death of a Navy: Japanese Naval Action in World War Ⅱ (New York, 1957)；以及 J Toland, The Rising Sun: The Decline and Fall of the Japanese Empire, 1936-1945,2 Vols (New York, 1970) 這幾本書中也有來自日本視角的優秀篇章。

關於這場會戰，可以從對戰雙方總司令的傳記中汲取許多資訊。見 H Agawa, The Reluctant Admiral: Yamamoto and the Imperial Navy (Annapolis, Md, 1979); J Potter, Yamamoto: The Man Who Menaced America (New York, 1965); T Buell, The Quiet Warrior: A Biography of Admiral Raymond A Spruance (Boston, 1974)；以及 E Hoyt, How They Won the War in the Pacific: Nimitz and His Admirals (New York, 1970)。

許多書籍討論了日本的西方化進程。在整體上可以參閱 S Eisenstadt, Japanese Civilization: A Comparative View (Chicago, 1995) 和 M Harries \ S Harries, Soldiers of the Sun: The Rise and Fall of the Imperial Japanese Army, 1868-1945 (New York, 1991)。在 J Arnason, Social Theory and Japanese Experience: The Dual Civilization (London and New York, 1997) 中可以找到更具學術性也更詳盡的評價。在 E L Presseisen, Before Aggression: Europeans Prepare the Japanese Army (Tucson, Ariz, 1965); R P Dore, Land Reform in Japan (London, 1959)；尤其是 S P Huntington, The Soldier and the State: The Theory and Politics of Civil-Military Relations (Cambridge, Mass, 1957) 中可以找到日本在 19 世紀接受西方軍事實踐和歐洲技術的詳情。

關於日本軍事史和日本文化在戰爭組織和實踐中的影響，見 T Cleary, The Japanese Art of War: Understanding the Culture of Strategy (Boston, 1991) 和 R J Smethurst, A Social Basis for Prewar Japanese Militarism: The Army and the Rural Community (Berkeley and Los Angeles, 1974). Robert Edgerton, Warriors of the Rising Sun: A History of the Japanese Military (New York, 1997) 提供了日本人對他們征服的民族和戰俘所作所爲的良好討論，指出在 1930～1945 年間的暴行可能是日本軍事實踐漫長歷史中的一個偏差。

第十章　秉持異議與自我批評

春節攻勢，1968 年 1 月 31 日～4 月 6 日

關於越南戰爭的書籍數目可能要多過關於本書中其他所有戰爭的書籍總和，這無疑反映出了美國媒體和出版業的繁盛與影響力，在一定程度上還體現了「二戰」後成長起來的一代美國人的自我沉迷。就越戰行爲的評價存在著明確差異，但它們似乎更依賴於年代順序而非意識形態。在 1965～1978 年間出版的許多書籍對美國在越南的軍事存在和美國戰略懷有敵意，它們要麼是左翼批評家的著作——強調美國軍事存在不夠人道的一面，要麼來自更爲保守的學者——他們指責美國軍事上的無能和政治領導上的軟弱。

但到 20 世紀 80 年代初，統一後的越南並沒有進行自由選舉，經歷了船民大量逃離越南、鄰國柬埔寨發生大屠殺、蘇聯入侵阿富汗和伊朗人質危機後，美國人對越南的認知出現了緩慢但明確的變動。雖然大部分美國人依然認爲這場戰爭是以錯誤方式進行的，而且也許是不必要的，但許多人指出，即便如此，這一事業也是正確而非錯誤的，要是擁有正確的決定性軍事戰略，這場戰爭本可以取得勝利。修正主義者們發覺歷史已經或多或少證明他們是正確的，這些人當中存在著一種自信氣氛；而大部分早期的激烈批評者則抱持著憂心忡忡乃至滿懷歉意的立場，他們中的一些人曾經訪問過北越，讚揚過東南亞的共產主義政權，向戰場上的美國士兵播送無線電廣播宣傳。

關於各個研究主題的概要，見 J S Olson, The Vietnam War: Handbook of the Literature and Research (Westport, Conn, 1993) 和 R D Burns \ M Leitenberg, The Wars in Vietnam, Cambodia, and Laos, 1945-1982 (Santa Barbara, Calif, 1983)。關於春節攻勢本身，起步書籍是有些過時但依然極具價值的 D Oberdorfer, Tet! (New York, 1971)。在 M J Gilbert \ W Head, eds, The Tet Offensive (Westport, Conn, 1996) 中也收錄了關於攻勢的一些富有洞察力的文章。也見 W Pearson, Vietnam Studies: The War in the Northern Provinces, 1966-1968 (Washington, D C, 1975)。在戰爭正史中也有關於春節攻勢的不錯章節，例如 S Stanton, The Rise and Fall of an American Army: U S Ground Forces in Vietnam, 1965-1973 (Novato, Calif, 1985)。P 布列斯特拉普記載春節攻勢的兩卷本研究巨著依然勾勒出美國媒體的確鑿肖像：P Braestrup, Big Story: How the American Press and Television Reported and Interpreted the Crisis of Tet 1968 in Vietnam and Washington (Boulder, Colo, 1977)。在 J Arnold, Tet Offensive 1968: Turning Point in Vietnam (London, 1990) 中可以找到關於春節攻勢的一些有趣地圖和繪畫。

關於美國情報機關未能準確預測春節奇襲，見 R F Ford, Tet 1968: Understanding the Surprise (London, 1995)，它將未能好好利用收集來的出色原始資料歸咎於情報機構間的政治內鬥。在 D Showalter \ J G Albert, An American Dilemma: Vietnam, 1964-1973 (Chicago, 1993) 中有一些價值很高的與戰爭相關的文章，對空中力量在春節攻勢中的角色分析尤其正規；關於春節攻勢過後的軍事行動，見 R Spector, After Tet: The Bloodiest Year in Vietnam (New York, 1993)。

關於曾在越南作戰的士兵統計資料，亦即年齡、經濟背景、服役時間、種族、傷亡率等，請參見 T Thayer, War Without Fronts: The American Experience in Vietnam (Boulder, Colo, 1985)；關於對越戰老兵的誤解，見 E T Dean, Shook Over Hell: Post-Traumatic Stress, Vietnam, and the Civil War (Norman, Okla, 1989)。在 T Hoopes, The Limits of Intervention: An Inside Account of How the Johnson Policy of Escalation in Vietnam Was Reversed (New York, 1973) 中，作者用整個一章論述春節攻勢，並討論了圍繞著春節攻勢在華盛頓發生的一些政治陰謀。

美國在越南失敗的原因在 J Record, The Wrong War: Why We Lost in Vietnam (Annapolis, Md, 1998) 中得到了仔細審視，其認爲首要原因是軍事無能和缺乏政治理性和戰略理性。G Lewy, America in Vietnam (New York, 1978); L Sorley, A Better War: The Unexamined Victories and Final Tragedy of America s Last Years in Vietnam (New York, 1999)；和 M

Lind, Vietnam, the Necessary War: A Reinterpretation of America s Most Disastrous Military Conflict (New York, 1999) 都提到了對春節攻勢的誤讀，以此糾正越南戰爭無法獲勝，在道德上也錯誤的普遍看法，也許 S Karnow, Vietnam: A History (New York, 1983); N Sheehan, A Bright Shining Lie: John Paul Vann and America in Vietnam (New York, 1988) 的通俗記述可以最好地代表這一流俗看法。

在旨在爲修習大學課程的讀者提供資料的原始檔案、演講和文章的諸多文集中，存在著關於春節攻勢的宏大而不清晰的形象，此類文集的編者對美國干涉越南和在越南發生的總體軍事行爲持批評態度。見 J Werner \ D Hunt, eds, The American War in Vietnam (Ithaca, N Y, 1993); G Sevy, ed, The American Experience in Vietnam: A Reader (Norman, Okla, 1989); M Gettleman et al, eds, Vietnam and America: A Documented History (New York, 1995)；和 J Rowe \ R Berg, eds, The American War and American Culture (New York, 1991)。更爲平衡的檔合輯可以在 M Raskin \ B Fall, eds, The Vietnam Reader: Articles and Documents on American Foreign Policy and the Viet-Nam Crisis (New York, 1965) 和 H Salisbury, ed, Vietnam Reconsidered: Lessons from a War (New York, 1994) 中找到（儘管前者是在 1965 年出版的）。關於傾向於對前往北越的抗議分子們的記述，見 M Hershberger, Traveling to Vietnam: American Peace Activists and the War (Syracuse, N Y, 1998) 和 J Clinton, The Loyal Opposition: Americans in North Vietnam, 1965-1972 (Boulder, Colo, 1995)。

關於在順化持續 26 天、逐屋爭奪的戰鬥，近來也存在許多敘述，其中不少是經受戰火考驗的老兵回憶錄。見 N Warr, Phase Line Green: The Battle for Hue, 1968 (Annapolis, Md, 1997); K Nolan, Battle for Hue, Tet, 1968 (Novato, Calif, 1983); G Smith, The Siege of Hue (Boulder, Colo, 1999) 和 E Hammel, Fire in the Streets: The Battle for Hue, Tet 1968 (Chicago, 1991)。關於雙溪，見 J Prados \ R Stubbe, Valley of Decision: The Siege of Khe Sanh (New York, 1991) 的動人敘述，也參見 R Pisor, The Siege of Khe Sanh (New York, 1982)。空中力量在包圍戰中的作用在 B Nalty,

Air Power and the Fight for Khe Sanh (Washington, D C, 1973) 中有著很好的記載，此書是由空軍歷史研究室出版的。

美軍的一些高層人物，撰寫了若干相當不錯的回憶錄，雖然其中充滿修正主義思想，而且顯得較為偏執，但仍然可以作為參考。可以從 W C Westmoreland, A Soldier Reports (New York, 1976); M Taylor, Swords and Plowshares (New York, 1972) 和 U S Sharp, Strategy for Defeat: Vietnam in Retrospect (New York, 1978) 開始閱讀。

殺戮與文化

西方強權崛起的關鍵戰役

CARNAGE AND CULTURE

作　　者　維克多・戴維斯・漢森(VICTOR DAVIS HANSON)
譯　　者　傅翀 吳昕欣
總 編 輯　沈昭明
社　　長　郭重興
發行人暨出版總監　曾大福
出　　版　廣場出版
發　　行　遠足文化出版事業有限公司
231新北市新店區民權路108-2號9樓
電　　話　(02)2218-1417
傳　　真　(02)8667-1851
客服專線　0800-221-029
E-Mail　service@sinobooks.com.tw
官方網站　http://www.bookrep.com.tw/newsino/index.asp
法律顧問　華洋國際專利商標事務所　蘇文生律師
印　　刷　前進彩藝有限公司
一版一刷　2016年11月
定　　價　680元

國家圖書館出版品預行編目(CIP)資料

殺戮與文化 ： 西方強權崛起的關鍵戰役 / 維克多・戴維斯・漢森(Victor Davis Hanson)著;傅翀，吳昕欣譯. -- 一版.
-- 新北市 ： 廣場出版 ： 遠足文化發行，2016.11
面 ； 15.5X23公分
譯自 ： Carnage and culture : landmark battles in the rise of Western power

ISBN 978-986-92811-8-8(平裝)
1.軍事史 2.戰役
590.9　　105019670

廣場